Die Entstehung der Arten und höheren Kategorien

Experimenteller Nachweis des Ablaufs der Evolution

Von

Prof. DDr. et Dr. h. c.

Herbert Lamprecht

Graz und Landskrona

Mit 110 Textabbildungen

1966

Springer-Verlag

Wien · New York

© 1966 by Springer-Verlag/Wien
Softcover reprint of the hardcover 1st edition 1966

Library of Congress Catalog Card Number 66-17555

ISBN-13: 978-3-7091-7942-0   e-ISBN-13: 978-3-7091-7941-3
DOI: 10.1007/978-3-7091-7941-3

Titel-Nr. 9171

Zum hundertjährigen Gedenken
an die Veröffentlichung
der Mendelschen Gesetze

Vorwort

In der vorliegenden Arbeit werden die Ergebnisse meiner über einen Zeitraum von mehr als dreißig Jahren sich erstreckenden, experimentellen Untersuchungen zu den Fragen des Artbegriffes und der Entstehung der Arten zusammenfassend dargestellt. Eine größere Anzahl Einzelfragen behandelnde Schriften sind von mir seit 1940 veröffentlicht worden. Von anderer Seite auf diesem Gebiete vorgebrachte Auffassungen werden besprochen und kritisch beleuchtet.

Den Ausgangspunkt zu diesen Studien bildete ausschließlich der Wunsch, die genisch bedingte Unterlage für die absolut trennende, das heißt unüberbrückbare Barriere zwischen zwei nahe miteinander verwandten Arten klarzulegen.

Als Versuchsleiter des Institutes für Gemüsebau in Alnarp (1925 bis 1932) bestand für mich vor allem die Möglichkeit, ein solches Studium mit Arten der Gattungen *Phaseolus* und *Pisum* auszuführen. Ein im Winter 1929/30 gemachter Fund von zwei auf einer Pflanze von *Phaseolus vulgaris* geernteten Hybridsamen, die ihre Entstehung einer Befruchtung mit Pollen von *Phaseolus coccineus* verdankten, bildete die Anregung zur Ausführung von reziproken Kreuzungen zwischen diesen Arten in großem Umfang.

Für die Möglichkeit zur Durchführung dieser rein theoretischen Studien bin ich dem damaligen Direktor des Staatlichen Institutes für Gartenbau in Alnarp, Professor C. G. DAHL, zu großem Dank verpflichtet.

Seit 1932 als Vorstand der der W. Weibull AG., Landskrona, gehörigen, staatlich subventionierten Saatzuchtanstalt, in der mir u. a. die Züchtung von Gerste, Wurzelfrüchten und Gemüsen oblag, konnte ich diese Untersuchungen nicht nur mit *Phaseolus* in großem Umfang weiterführen, sondern es bot sich die Möglichkeit, entsprechende Studien auch mit Arten anderer Gattungen, wie *Chrysanthemum*, *Pisum* und *Petunia*, durchzuführen. — Für das seitens der W. Weibull AG. hierbei gezeigte große Entgegenkommen sage ich hier tief empfundenen Dank.

Geldliche Mittel für die Ausführung der in Frage stehenden Untersuchungen sind mir ferner seit einer Reihe von Jahren vom „Landwirtschaftlichen Forschungsrat" sowie vom „Staatlichen Naturwissenschaftlichen Forschungsrat" zur Verfügung gestellt worden, wofür ich hier ehrerbietigen Dank ausspreche.

Um beim Leser der vorliegenden Arbeit eventuelle Mißverständnisse zu vermeiden, sei erwähnt, daß sämtliche Merkmale, gleichgültig in welcher Weise sie erhalten worden sind, mit lateinischen Namen belegt wurden. Diese Namen sind daher ausschließlich für die in Frage stehenden Merkmale kennzeichnend. Da für diese Beziehungen zu der Art untergeordnete Kategorien fehlen, bestand auch kein Grund, die laut den internationalen Nomenklaturregeln üblichen sprachlichen Gepflogenheiten zu berücksichtigen.

Graz, im Frühjahr 1966

Herbert A. K. Lamprecht

Inhaltsverzeichnis

Inhaltsverzeichnis IX

Inhaltsverzeichnis   XI

Einleitung

An dieser Stelle soll auf die Hauptaufgaben und Voraussetzungen zur Lösung derselben hingewiesen werden. Es handelt sich hierbei um die Angabe der denkbaren experimentellen Wege zu ihrer Klarlegung.

Schon im Vorwort wurden Artbegriff und Entstehung der Arten als Hauptfragen dieser Arbeit angegeben. Bei einem Herantreten an die Frage nach der Entstehung der Arten erscheint es offenbar selbstverständlich, daß man sich darüber im klaren sein muß, was unter einer Art zu verstehen ist. Kann in dieser Hinsicht nicht eindeutig Bescheid gegeben werden, kann keine unanfechtbare Definition des Artbegriffes aufgestellt werden, wie sollte man dann imstande sein, den Schritt, das Geschehen zu erforschen oder anzugeben, das erforderlich ist oder war, um die Entstehung neuer Arten aus bereits vorhandenen erklären zu können. Ganz dasselbe gilt natürlich auch für höhere Kategorien, wie Gattungen, Familien, Ordnungen usw.

Daß eine Klarlegung des Artbegriffes für das Verstehen der Abstammung von entscheidender Bedeutung ist, wurde von vielen Forschern betont. So sagt z. B. R. Hertwig (1914): „Das Alpha und Omega der Abstammungslehre ist der Artbegriff." Auch jede systematische Gruppierung im Pflanzen- und Tierreich ist schließlich hiervon abhängig. Recht viele Versuche zu einer Definition des Artbegriffes sind im Laufe der Zeit gemacht worden, aber auf den Grund gehende experimentelle Studien fehlten. Ein Überblick über die wechselnde Auffassung der Spezies als naturbedingte Einheit soll später folgen.

Hier eine einfache Überlegung: Auf Grund welcher Feststellungen wird einer Gruppe von Organismen die Valeur einer Spezies zuerkannt? Man kann wohl sagen, ausschließlich auf Grund von visuell beobachteten Merkmalen, die vom Systematiker als artentrennend aufgefaßt werden. Kein Zweifel kann darüber bestehen, daß es sich hierbei oft um eine subjektive Auffassung handeln muß. Rassentrennende Merkmale können als artentrennend aufgefaßt werden. Eine sichere Ermittlung von artentrennenden Merkmalen ist auf diesem Wege allein nicht zu erwarten, wofür zahlreiche Beispiele angeführt werden können (s. u.).

Kennzeichnend für diese Verhältnisse ist u. a. die von dem hervorragenden Botaniker R. v. Wettstein (1924) gegebene Definition der

Spezies: „Die Art kann als die Gesamtheit der Individuen bezeichnet werden, welche in allen dem Beobachter wesentlich erscheinenden Merkmalen untereinander und mit ihren Nachkommen übereinstimmen." Man sieht in WETTSTEINS Artdefinition unmittelbar das ganz Subjektive in den Worten „dem Beobachter wesentlich erscheinende Merkmale".

Ich erwähne hier ein einfaches, aber schlagendes Beispiel für die vollkommene Unhaltbarkeit einer solchen Definition. Es kann nicht vermieden werden, daß durch dieselbe Irrtümer entstehen. Von *Pisum* gibt es erblich konstante und fertile Formen, die statt Ranken Blättchen tragen. Laut den Bestimmungsschlüsseln kommt man auf Grund dieses Merkmals, „unpaarig gefiederte Blätter", zu den *Astragaleae*, näher bestimmt zu *Astragalus*. — Nun haben aber Kreuzungen zwischen dieser rankenlosen und der normal berankten Form gezeigt, daß der morphologisch so auffallende Unterschied nur durch die Allele eines einzigen Gens bedingt wird. Und dieses Gen ist binnen der Art mit allen anderen Genen beliebig kombinierbar.

Mit Hinblick auf die oben geschilderten Verhältnisse wurde von verschiedenen Seiten betont, daß die Kategorien Art, Gattung usw. nur durch vergleichende Betrachtung gewonnene Abstraktionen darstellen. In der Weise, wie die Aufstellung von Arten bisher durchgeführt worden ist, möchte ich diese vielmehr als konventionelle Kategorien bezeichnen.

Auch die bekannte Aufteilung der Systematiker (Taxonomen) in „splitter and lumper" (Aufspalter und Vereiniger) ist in diesem Zusammenhang erwähnenswert. Erstere spalten bisher als systematische Einheiten betrachtete Arten auf Grund von relativ geringen Merkmalsunterschieden gern in weitere Arten auf, die meistens nur Rassen repräsentieren, letztere vermeiden dies soweit wie möglich und vereinigen auch solche Rassen wieder zu Arten.

Andere Verfasser, wie der Genetiker BATESON (1922), sind mit Recht der Ansicht, daß die Arten in ganz anderer, schärferer Weise gegeneinander abgegrenzt sind als die ihnen untergeordneten Einheiten.

Seit ein paar Dezennien kennt man nun gut die inneren Faktoren der Organismen, die für die Ausbildung von Merkmalen verantwortlich sind. Diese sind von dreierlei Art:

1. Die genotypische Konstitution (Genenformel).

2. Die Struktur der Chromosomen, mit der auch immer die Anordnung der Gene variiert.

3. Die Spezifität des Plasmas.

In gewissem Maße kann die Manifestation dieser Faktoren, durch wechselnde Umweltverhältnisse mehr oder weniger beeinflußt, variiert werden, aber die Faktoren selbst werden hierdurch nicht verändert. Der Einfluß der Umweltverhältnisse ist im vorliegenden Zusammenhang daher ohne Interesse.

Die Wirkung dieser drei Faktoren gibt den Hinweis auf die Art der experimentellen Untersuchungen für die Klarlegung des Artbegriffes und der Feststellung des evolutionären Schrittes, der zur Entstehung einer neuen Spezies führen kann.

Zu Punkt 1. Bei der Feststellung der genotypischen Konstitution zweier nächstverwandter Arten dürfte vor allem mit folgenden Möglichkeiten zu rechnen sein. 1. Es könnte ein Unterschied darin bestehen, daß gewisse Gene, als Loci betrachtet, in der einen, aber nicht in der anderen Art vorkommen. 2. Es könnte Gene geben, von denen nur ein Allel in der einen, ein zweites nur in der anderen Art vorkommen kann. 3. Der genotypische Unterschied zwischen zwei Arten könnte auf gewisse Kombinationen mehrerer Gene zurückzuführen sein. Jede dieser drei Möglichkeiten erscheint durch geeignete Kreuzungsexperimente klargelegt werden zu können.

Für die Momente 1. und 2. müßte ein inneres Hindernis für die Überführung solcher artentrennender Gene in eine andere Art vorliegen. Bei der unter 3. angeführten Artbarriere sollte es mittels Kreuzungen möglich sein, die nicht lebensfähigen bzw. realisierbaren Genkombinationen nachzuweisen. In der Literatur wird häufig mit einer Kombination einer größeren Anzahl von Genen als die Barriere zwischen zwei Arten bedingend gerechnet.

Zu Punkt 2. Laut Punkt 2 sollte es Unterschiede in der Chromosomenstruktur geben, die artentrennend sein können, d. h. die einen Isolationsmechanismus aufrechterhalten. Auch diese Möglichkeit ist der experimentellen Untersuchung zugänglich. Sehr aufschlußreich sind in dieser Hinsicht Kreuzungen zwischen Speziesrassen, die u. a. auch vollkommen sterile Hybriden geben können (s. u.).

Zu Punkt 3. Die wirklichen, d. h. durch eine unüberbrückbare, naturbedingte Barriere getrennten Arten sind, soweit bisher bekannt, stets durch ein artspezifisches Plasma unterschieden. Diesem kommt, wie unten gezeigt werden soll, die entscheidende Bedeutung für die Aufrechterhaltung der Artbarrieren via der Synthese der Gene zu. Reziproke Kreuzungen zwischen verschiedenen Arten, soweit solche überhaupt ausgeführt werden können, geben diesbezüglich Aufschluß. Überraschenderweise wird der Artspezifität des Plasmas in Arbeiten über Evolution kaum Beachtung geschenkt.

Terminologie

Für mehrere der hier in Frage kommenden Ausdrücke findet man in der Literatur keine eindeutige Definition. Dieselben Ausdrücke werden nicht selten in mehr oder weniger verschiedenem Sinne benutzt, so daß eine Klarstellung sowie Ergänzung notwendig erscheint.

Intraspezifische Gene. Die verschiedenen Allele von intraspezifischen Genen können binnen einer Art beliebig miteinander kombiniert werden. Sie sind sowohl im homo- wie im heterozygoten Zustand gleich funktionsfähig. Hierbei wird davon abgesehen, daß es Kombinationen von intraspezifischen Genen gibt, die physiologische Schwächen bedingen oder auch in, gewöhnlich, rezessiver Form, den Metabolismus stören und so die Produktion gewisser lebenswichtiger Stoffe inhibieren können. Als Beispiel sei erwähnt eine Kombination von Genen für den Längen/Breiten-Index der Blättchen von *Pisum*, wodurch eine so starke Reduktion der Blattfläche resultiert, daß die Pflanze infolge zu geringer Mengen von Assimilaten keine Samen produzieren kann (LAMPRECHT 1949 b). In bezug auf einen gestörten Stoffwechsel sei an die zahlreichen Chlorophyllgene bei Pflanzen erinnert, oder beim Menschen z. B. an die monogen rezessiv bedingte, juvenile amaurotische Idiotie, die auf die Nichtreproduktion eines einzigen wichtigen Stoffes zurückzuführen ist (SJÖGREN 1930/31).

Interspezifische Gene. Diese zeigen ein ganz anderes Verhalten. Ihre Allele sind stets auf verschiedene Arten verteilt und können durch Kreuzung in nächstverwandte Arten nicht bzw. nur zusammen mit Sterilität überführt werden. Interspezifische Gene bedingen eine unüberbrückbare Barriere zwischen naturbedingten Arten. Im arteigenen Plasma sind interspezifische Gene stets dominant, in artfremdem Plasma sind sie rezessiv und mutieren immer in dominanter Richtung, d. h. zum arteigenen Allel (Näheres s. u.).

Die Progene. Jedem Gen ist ein Progen zugeordnet. Die gleichfalls wie die Gene im Kern liegenden Progene sind für die Synthese der Gene aus vom Plasma zur Verfügung gestellten Stoffen verantwortlich. Genmutationen treffen nicht die Gene selbst, sondern immer die Progene, durch deren Wirkung dann die mutierten Gene synthetisiert werden (Näheres s. u.). Die Gesamtheit der Progene wird als Progenom bezeichnet.

Das Genom. Als Genom bezeichne ich den Inbegriff sämtlicher Gene als Loci betrachtet, also ohne Rücksicht darauf, ob Dominanz, Rezessivität, Homo- oder Heterozygotie vorliegt. Sämtliche einer Spezies angehörigen Individuen sind Träger derselben Gene (nicht Genallele). Dies bedeutet, daß eine bestimmte Anzahl verschiedener intra- und interspezifischer Gene vorhanden ist. Die ersteren können entweder in dominanter oder rezessiver Form, die letzteren, laut allen bisherigen Ergebnissen zu urteilen, bei Homozygotie und vereint mit Fertilität nur in dominanter Form anwesend sein. Dieselben Gene können indessen, ohne daß Ploidie vorhanden zu sein braucht, auch zwei- oder mehrfach vorkommen. Die Gesamtzahl der Gene (fortwährend als Loci betrachtet) kann demnach in verschiedenen Individuen derselben Spezies verschieden sein. Sie weicht vor allem dann ab, wenn es in den Chromosomen Duplikationen gibt.

In solchen Fällen können dieselben Gene infolge verschiedener Nachbarschaft anderer Gene sich etwas verschieden manifestieren; es liegt dann ein Lage-(Positions-)Effekt vor. Solche Gene, die nur zufolge ihrer verschiedenen Lage in den Chromosomen abweichende Wirkung aufweisen, werden aber gleich wie verschiedene Gene mit besonderen Symbolen belegt. Eine das Genom vollkommen wiedergebende Formel, die Genomformel, sollte zweckmäßig alle intraspezifischen Gene in rezessiver und sämtliche interspezifischen Gene in dominanter Form enthalten, wodurch die Gene jeder dieser Gruppe sofort erkennbar wären. In bezug auf intraspezifische Gene soll auch bei mehr oder weniger intermediären Heterozygoten das Symbol für Rezessivität gelten.

Die genotypische Konstitution. Die genotypische Konstitution eines Individuums kommt in der Genotypformel zum Ausdruck, die sämtliche Gene des Genoms mit Hinblick auf Dominanz, Rezessivität sowie Homo- und Heterozygotie enthält. In dieser Formel sollen also gleichviele Gensymbole anzutreffen sein wie in der Genomformel, wenn von der durch Homo- und Heterozygotie bedingten Erhöhung der Anzahl abgesehen wird.

Bei der Aufstellung von Genotypformeln sind betreffs Symbolisierung der Gene zwei weitere Erscheinungen zu berücksichtigen. Erstens gibt es Gene, die in mehr als zwei Formen, also mit multiplen Allelen auftreten. Diese sind durch das Beifügen von hochgestellten Indices zu symbolisieren: z. B. D^{wo} — D^{co} — D^{ma} — d für die verschiedene Ausbildung des Maculums an der Stipelbasis von *Pisum*. Im zweiten Fall handelt es sich um die Symbolisierung der interspezifischen Gene. In genanalytisch klargelegten Fällen (*Phaseolus* und *Chrysanthemum*; s. u.) wurden die beiden Allele eines solchen Gens bis vor kurzem mit verschiedenen Symbolen bezeichnet, die je dem in Frage stehenden artspezifischen Merkmal entsprachen. So wurde für *Phaseolus vulgaris* und *coccineus* das artentren-

nende Merkmalspaar „auf der Innen- bzw. auf der Außenseite der Griffelspirale herablaufende Narbe" durch die Symbole *Int* und *Ext* (von
interior und *exterior*) bezeichnet. Aber es handelt sich hierbei nicht um
zwei Gene, sondern nur um zwei Allele ein und desselben Gens.

Diese Art der Symbolisierung wurde seinerzeit gewählt, teils um die
interspezifischen Gene besonders zu kennzeichnen, teils da bei diesen
Genen das artfremde Allel (also z. B. *Ext* in *Ph. vulgaris*) stets rezessiv
zu sein scheint. Eine Mutation von *Int* zu *int* wäre daher mit *Int*→*ext*
und eine von *Ext* zu *ext* mit *Ext*→*int* zu schreiben. Teils mit Hinblick auf
diese vor allem memnotechnisch wenig günstige Symbolisierung, teils, da
es in vielen Fällen auf Schwierigkeiten stößt, für solche — nicht stets wie
hier klar entgegengesetzte — Merkmale adäquate Symbole zu finden,
werden die interspezifischen Gene nun wie sonstige Gene, aber mit einem
kleinen *i* vor dem Symbol gekennzeichnet, z. B. *i-Int* bzw. *i-int*. Die
dominante Form entspricht dabei immer dem arteigenen Allel. Für
Phaseolus vulgaris gibt demnach *i-int* das artfremde Allel, früher mit *Ext*
bezeichnet, an.

Der Karyotyp. Als Karyotyp wird der gesamte Chromosomenbestand
eines Individuums bezeichnet, wie er durch unsere technischen Methoden
charakterisiert werden kann. Anzahl der Chromosomen, Form und Länge
derselben, Verhältnis zwischen den Armen, Vorhandensein von Satelliten,
sekundären Einschnürungen, Verteilung von Eu- und Heterochromatin
usw. Binnen einer Art können viele verschiedene Karyotypen vorkommen. Die Unterschiede zwischen diesen sind durch Strukturveränderungen in den Chromosomen (Chromutationen) bedingt, wie Translokationen,
Relokationen (Interchanges), Inversionen, Duplikationen usw. Die meisten dieser Veränderungen können sowohl intra- wie interchromosomal
auftreten. Bei der Charakteristik eines Karyotyps ist von einem Standard-
typ auszugehen, wie er für *Pisum* z. B. meine Linie 110 aus Roi des
gourmands darstellt (s. u. bei Hybridensterilität).

Das Karyogenom. Weder die Genomformel noch die Genotypformel
gibt Aufschluß über die Reihenfolge der Gene in den Chromosomen. Dies
tun die Genenkarten. Aber diese geben wiederum keinen Bescheid über
die Lage der Gene im Verhältnis zu den oben angegebenen Charakteristika des Karyoms, wie Lage von Zentromeren, Satelliten, sekundären
Einschnürungen, Bruchpunkten bei Segmentaustausch usw. Eine mit
diesen Merkmalen ergänzte Genenkarte ist das Karyogenom.

Der Karyogenotyp. Dieser stimmt mit dem Karyogenom überein,
berücksichtigt aber überdies Dominanz, Rezessivität sowie Homo- und
Heterozygotie der Gene. Der Karyogenotyp repräsentiert demnach das
vollständigste Bild, das wir von den Chromosomen mit Hinblick auf
sowohl den Inhalt an Genen wie in bezug auf Strukturverhältnisse erhalten können.

Das Plasmon. Ich schließe mich der allgemein üblichen Definition des Plasmons im engeren Sinn (Zytoplasma) an, wonach es die Gesamtheit der zytoplasmatischen Erbträger darstellt. Die Erbelemente der Plastiden werden demnach als nicht dem Plasmon angehörig betrachtet, sie bilden das Plastom (MICHAELIS 1954).

Den für die zytoplasmatischen Erbträger häufig benutzten Ausdruck Plasmagene, die eine Art den Kerngenen entsprechende Einheiten des Zytoplasmas darstellen sollten, finde ich unglücklich, unklar und direkt irreführend. Sehr wahrscheinlich ist sowohl die Genesis wie die Vererbung (von der Art einer Neukombination wie die der Gene gar nicht zu sprechen) dieser Einheiten eine ganz andere als die der Kerngene. Sollen sie besonders bezeichnet werden, so schlage ich den Ausdruck Plasmine vor.

In der vorliegenden Arbeit werden in Artkreuzungen z. T. starke plasmatische Unterschiede zwischen den Elternspezies nachgewiesen. Die hierbei festgestellten Verhältnisse sprechen eindeutig dafür, daß gerade Bestandteile des Plasmons hierfür verantwortlich sind. Es konnten auch zwei Typen von Plasmon nachgewiesen werden, von denen das eine, das Genoplasmon, Stoffe für die Synthese von intraspezifischen Genen liefert, das andere, das Proplasmon, solche für die Synthese der interspezifischen Gene, womit es als artspezifisch aufzufassen ist (Näheres s. u.).

Auto- und Alloploidie. Unter Ploidie (früher Polyploidie) wird seit WINKLER (1916) die Erscheinung verstanden, daß die normal diploide Chromosomenzahl $(2n)$ eine Erhöhung erfahren hat. Bei einer Zunahme der haploiden Chromosomenzahl n auf das Dreifache $(3n)$ wird von Triploidie, bei einer solchen auf das Vierfache $(4n)$ von Tetraploidie gesprochen usw. Ploidie stellt demnach eine Genommutation dar, die sowohl spontan wie durch artifizielle Eingriffe zustande kommen kann.

Der Unterschied zwischen Auto- und Alloploidie wurde bisher folgendermaßen definiert: Je nachdem ob arteigene Chromosomensätze vermehrt bzw. strukturell verschiedene (artfremde) Chromosomensätze vereinigt und vervielfacht werden, liegt Auto- bzw. Alloploidie vor.

Diese anscheinend eindeutige Definition ist insofern mit großer Unklarheit behaftet, als von Alloploidie nur dann gesprochen werden kann, wenn es sich um die Addition der Genome zweier naturbedingter, d. h. zweier durch die Allele von interspezifischen Genen absolut getrennt gehaltener Spezies handelt.

Der bei der bisherigen Definition der Alloploidie gemachte Hinweis auf strukturell verschiedene (artfremde) Chromosomensätze (s. o.) entspricht keineswegs den wirklichen Verhältnissen. Er ist direkt irreführend. Denn erstens gibt es naturbedingte Spezies, die sich wohl in den Allelen von interspezifischen Genen unterscheiden, aber doch gleiche Chromosomenstruktur besitzen (s. z. B. unten bei *Phaseolus vulgaris* und *Ph. coccineus*). Und zweitens kann es binnen derselben naturbedingten Spezies zahlreiche Rassen geben, die durch verschiedene Chromosomenstruktur gekennzeichnet sind (man vgl. unten die Chromutationen bei *Pisum*).

Mit Hinblick auf das Angeführte ist die Definition für Auto- und Alloploidie folgendermaßen zu formulieren:

Autoploidie. Autoploidie ist die Vermehrung des Genoms binnen der naturbedingten Spezies. Hierbei ist es gleichgültig, ob es sich um Rassen mit verschiedener Chromosomenstruktur oder um solche von wechselnder genotypischer Konstitution usw. handelt. Nur müssen alle in Frage stehenden Rassen in Übereinstimmung mit der Definition der naturbedingten Spezies stets „Träger derselben Allele von interspezifischen Genen sein". Autoploide Spezies wurden von mir mit Hinblick auf die Erhöhung der Chromosomenzahl als Superspezies bezeichnet (LAMPRECHT 1959).

Alloploidie. Alloploidie ist die Addition der Genome verschiedener naturbedingter Spezies. Hierbei werden demnach verschiedene Allele von interspezifischen Genen enthaltende Genome vereinigt. Solche Spezies wurden von mir daher als Addospezies bezeichnet (1959). Addospezies sind, da sie sich von ihren Komponenten durch eine andere Kombination von interspezifischen Genen unterscheiden, als selbständige, naturbedingte Spezies aufzufassen.

An dieser Stelle sei erwähnt, daß es in der Literatur zahlreiche, als Arten beschriebene Rassen (von mir als Pseudoarten bezeichnet) gibt (s. u.). Dieser Umstand bringt es dann mit sich, daß bei Auftreten von Ploidie hinsichtlich der Frage, ob Auto- oder Alloploidie vorliegt, Irrtümer unvermeidlich erscheinen.

Kategorien unter der Art. In der Botanik findet man heute die Verwendung folgender der Spezies untergeordneter Kategorien: subspecies, varietas, subvarietas, forma, subforma und in neuester Zeit noch chemotaxa. Früher, bei u. a. v. WETTSTEIN (1898, 1924), wurden auch Modifikation und Mutation benutzt.

In der Zoologie werden benutzt: subspecies, ramus, varietas, mutatio. Bei den Insekten werden unter der subspecies auch natio, morpha und aberratio verwendet.

Hinzuzufügen ist noch, daß die Bezeichnung Rasse verschiedentlich zu treffen ist, ohne daß diese zu den erwähnten Kategorien in irgendeine klare Beziehung gesetzt worden ist. Doch gibt sie bei Tieren gewöhnlich eine der Subspezies unmittelbar untergeordnete Kategorie an.

Mit Hinblick darauf, daß die oben angeführten Kategorien-Bezeichnungen allgemein gebräuchlich sind, sollte man voraussetzen, daß sie auch durch eindeutige Definitionen klar gegeneinander abgegrenzt sind. Wie sollte sonst ein Autor entscheiden können, was in die eine oder andere dieser Kategorien einzureihen ist. Ein Studium dieser Frage zeigt unmittelbar, daß hier ein panta rhei vorliegt. Bezeichnend hierfür ist auch, daß die Internationalen Nomenklaturregeln nur eine Kategorie unter der Art, die Subspezies, berücksichtigen, die in der trinären Nomenklatur zum Ausdruck kommt, z. B. das Coleopter *Carabus monilis scheidleri* PANZ. Aber auch für diese Kategorie kann, wie sich zeigen wird, keine befriedigende Definition gegeben werden.

Für Kategorien unter der Subspezies, wie Unter-Unterart, Unterrasse, Subramus usw., gibt es in den Regeln (Zoologische Nomenklatur 1948) keine Vorschriften und damit auch keinen Schutz. Ganz dasselbe gilt für die Botanischen Nomenklaturregeln.

Bei Besprechung dieser Verhältnisse in der Botanik sollen vor allem die Ansichten WETTSTEINS (1924) und E. DU RIETZS (1930) berücksichtigt werden. Namentlich letzterer hat dieser Frage ein gründliches Studium gewidmet. Für das zoologische Gebiet lege ich zugrunde die Erläuterungen zu den Internationalen Nomenklaturregeln von R. RICHTER (1948) und betreffs der Insekten die Auffassungen von SEMENOV-TIAN-SHANSKY (1910) und ST. BREUNING (1932), welch letzterer in seiner Monographie der außerordentlich rassenreichen Gattung *Carabus* sich mit diesem Problem eingehend befassen mußte.

Erwähnt sei hier vorerst der Begriff Biotyp. Seine Definition stammt von JOHANNSEN (1909) und lautet: Der Biotyp ist der Inbegriff sämtlicher Individuen mit gleicher genotypischer Konstitution.

Der Terminus subspecies ist in sehr verschiedenem Sinne verwendet worden. Von wenig unterschiedlichen Populationen, die ohne weiteres als Formen betrachtet werden könnten, bis zu solchen, wo man im Zweifel sein konnte, ob es sich um eine Spezies handelt oder nicht, findet man das Epithet subspecies benutzt. WETTSTEIN (l. c.) definiert die subspecies als die jüngste Einheit des Systems, deren Ursprung aus einer Art durch noch existierende Übergangsformen nachgewiesen werden kann. Aber gleichzeitig wird hervorgehoben, daß diese Bezeichnung je nach dem subjektiven Standpunkt einzelner in recht verschiedenem Sinne gebraucht wird. DU RIETZ gibt folgende Definition: Die Subspezies ist eine Population von Biotypen, die eine mehr oder weniger distinkte regionale Fazies einer Spezies bildet.

Damit kommt also die Bedeutung der geographischen Verbreitung, besser gesagt der geographischen Isolierung, in das Bild. Und gegenwärtig spielt diese Auffassung sowohl bei Pflanzen wie bei Tieren eine entscheidende Rolle, nicht nur ob es sich um verschiedene Subspezies, sondern häufig auch um verschiedene Arten handelt. So werden geographisch isolierte Populationen mit einigermaßen deutlichen morphologischen Unterschieden teils als Subspezies, teils auch als gute Arten aufgefaßt. RICHTER (l. c.) betont dies, indem er sagt, daß der dritte Name einer

Art, der ausschließlich die Subspezies repräsentiert, bei den Wirbeltieren, Arthropoden, Mollusken usw. meistens als „geographische Rasse" in Erscheinung tritt.

BREUNING (l. c.) definiert die Subspezies als den Inbegriff von sowohl morphologisch wie auch geographisch scharf gegeneinander abgegrenzten Individuen. Übergangsformen zu anderen Subspezies dürfen vorkommen, aber nur in gewissen Übergangsgebieten. Sollten keine solche Übergangsformen vorkommen, dann würde es sich eben um gute Arten handeln.

Der großen Bedeutung, die man, wie eben erwähnt, der geographischen Isolierung als solcher zumißt, kann ich mich nicht anschließen. Es ist doch zu bedenken, daß wenn es in geographisch gut isolierten Gebieten einst zur Entstehung neuer Arten (oder Subspezies) gekommen ist, so kann dies doch niemals ausschließlich der Wirkung verschiedener Längen- und Breitengrade zugeschrieben werden. Für die Erscheinung, daß an geographisch stärker getrennten Gebieten tatsächlich, wie immer wieder festgestellt worden ist, verschiedene Rassen einer Art oder auch verschiedene, näher verwandte Arten (die übrigens nicht selten nur Rassen darstellen) ausgebildet worden sind, scheinen mir folgende zwei gut begründete Ursachen angeführt werden zu können.

Es sind dies erstens die Umweltverhältnisse, durch die eine Population einem ökologischen Druck ausgesetzt worden ist, und zweitens ist es das an so stärker getrennten Lokalen wohl meistens auch verschiedene Ausgangsmaterial. Letzteres ist eine phylogenetische Betrachtungsweise, die man aber einer aktuellen Gruppierung der Kategorien unter der Art nicht gut zugrunde legen kann. Ich betrachte daher die Kombination morphologische Merkmale — ökologischer Reaktionstyp als das für die Aufstellung einer der Subspezies entsprechenden Kategorie Entscheidende (Weiteres s. u.).

Die varietas. WETTSTEIN schlägt vor, den Ausdruck Varietät für Typen zu verwenden, von denen man weiß, daß sie nicht auf äußere Einflüsse (Modifikationen) oder Mutationen zurückzuführen sind. Für solche Typen zieht er auch den Ausdruck *forma* in Betracht. In beiden Fällen soll es sich daher um erblich bedingte Merkmale handeln. DU RIETZ definiert die Varietät folgendermaßen: Eine Varietät ist eine Population eines oder mehrerer Biotypen, die eine mehr oder weniger distinkt lokale Fazies einer Spezies bilden. Wie ersichtlich, unterscheidet sich diese Definition von der von ihm für die Subspezies gegebenen nur dadurch, daß hier lokale statt regionale Fazies steht.

In der zoologischen Literatur findet man die Varietät als der Subspezies zunächst stehende, niedrigere Kategorie. Eine eindeutige Abgrenzung ist aber nicht feststellbar. Für die Insekten hat BREUNING (l. c.) die *natio* und *morpha* als der Subspezies in genannter Reihenfolge zunächststehend angeführt. Dies geschah unter Bezugnahme auf SEMENOV-TIAN-SHANSKI (1910). Folgende Definitionen werden gegeben.

Die natio. Die *natio* bildet einen Individuenkomplex, der wohl geographisch noch halbwegs zu umgrenzen ist, morphologisch aber anderen, verwandten Komplexen so nahe steht, daß eine scharfe Abgrenzung häufig nicht gut möglich ist. Viele Übergangsformen treten auf und Rückschläge sind nicht selten, so daß dann im Verbreitungsgebiet der einen Rasse nicht selten Stücke auftreten, die ohne Berücksichtigung des Fundortes von solchen der benachbarten Rassen nicht zu trennen sind. Hierher gehört die überwiegende Anzahl der in neuerer Zeit als Subspezies beschriebenen Formen.

Morpha. Als *morpha* werden (nach dem Vorschlag von SEMENOV-TIAN-SHANSKI) erstens solche Varianten betrachtet, die an bestimmten Örtlichkeiten (z. B. in gewissen Höhenlagen) oder zu bestimmten Zeiten stets wiederkehren, jedoch naturgemäß kein geschlossenes Verbreitungsgebiet besitzen; zweitens auffallende Gestalts- oder Skulpturvarianten, die in einem relativ hohen Prozentsatz, zum Teil unter ganz bestimmten, oft nicht näher bekannten Umständen neben der Nominatform auftreten.

Die forma. Die *forma* wird von DU RIETZ wie folgt gekennzeichnet. Die Form ist eine aus einem oder mehreren Biotypen bestehende Population, die in einer Spezies-Population, ohne eine distinkt regionale oder lokale Fazies dieser zu bilden, sporadisch auftritt und von den übrigen Biotypen dieser Spezies-Population in einem oder mehreren bestimmten Merkmalen abweicht.

Bei den Insekten entspricht der Form sehr annähernd BREUNINGs *aberratio*. Als solche werden Varianten betrachtet, die meist allenthalben wahllos unter der Nominatform auftreten. Dies gilt besonders, wenn auffallende Abänderungen vorliegen, namentlich wenn solche in der betreffenden Art oder Artengruppe einen gewissen systematischen Wert besitzen. Zum Beispiel rot- oder schwarzschenkelige Formen bei *Carabus cancellatus* ILL. Eine solche Unterteilung erachtet BREUNING für die Darstellung der natürlichen Verwandtschaftsverhältnisse von Lokalrassen für wertvoll. Im übrigen wird erwähnt, daß alle solche Einteilungen künstlich und nur als Behelfe zu werten sind.

Wie ersichtlich, wurden die Kategorien *subvarietas* und *subforma* vorstehend nicht besprochen. Sie können als den Kategorien *varietas* und *forma* gleichgestellt betrachtet werden. Sie weichen von diesen nur in geringeren Merkmalsunterschieden ab. Für eine solche weitere Aufteilung der Kategorien unter der Art sind, man kann wohl mit Recht sagen, ausschließlich subjektive Auffassungen maßgebend. Auf den Begriff *chemotaxa* soll noch unten eingegangen werden.

Der vorstehend gegebene Überblick über die Charakteristik der Kategorien unter der Spezies dürfte die große Unklarheit auf diesem

Gebiete zur Genüge aufgezeigt haben. Die meisten Systematiker sind sich dessen auch wohlbewußt. Zahlreiche Versuche zu Definitionen sind gemacht worden, aber eine auch nur einigermaßen klare Abgrenzung der hier in Frage stehenden Kategorien gegeneinander konnte nicht erreicht werden. Unten soll daher der Versuch gemacht werden, eine bessere Unterteilung der Spezies mit, soweit möglich, eindeutigen Definitionen anzugeben.

Neue Einteilung der Kategorien unter der Art. Für sämtliche dieser Kategorien soll, was auch bisher schon recht allgemein üblich gewesen ist, sowohl für das Pflanzen- wie für das Tierreich die Bezeichnung Rasse zur Verwendung gelangen. Die Rasse soll demnach ein indifferenter Ausdruck sein, der über die systematische Valeur nichts weiteres aussagt, als daß es sich um eine Kategorie unter der Art handelt.

Die taxonomische Unterteilung der Art soll nach folgendem Schema geschehen:

1. Rassen mit vom Typus der Spezies abweichenden, visuell leicht und sicher feststellbaren morphologischen (einschließlich Farb-)Merkmalen,

    a) die überdies deutlich von ganz bestimmten ökologischen Verhältnissen abhängig sind. . . . . **Ökotypus**[1]

    b) die keine sichere und klar zutage tretende Abhängigkeit von bestimmten ökologischen Verhältnissen zeigen . . . . **Varietät**

2. Rassen ohne vom Spezies-Typus abweichende, visuell leicht und sicher feststellbare Merkmale . . . . . . **Reatypus**

Der Ökotypus. Wie aus der kurzen vorstehenden Definition hervorgeht, muß der Ökotypus stets eine Kombination von morphologischen (einschließlich Farb-)Merkmalen mit ausgeprägter Anpassung an bestimmte Umweltverhältnisse repräsentieren. Rassen, die nicht diese

---

[1] Der Ausdruck Ökotypus stammt von TURESSON (1922, 1922 a). TURESSON bezeichnete damit eine ökologische Unterkategorie, die das Ergebnis der genotypischen Antwort auf bestimmte Standortsverhältnisse darstellt.

In großem Umfang verwendet wurde der Ausdruck Ökotypus auch von J. CLAUSEN, D. KECK und W. M. HIESEY (1940, 1945). Diese Autoren verstehen darunter genetisch und physiologisch distinkte, ökologische Rassen (1940, p. 428; 1945, p. 63). Diese okupieren ökologisch getrennte Standorte. Damit entspricht der Ökotypus dieser Autoren auf verschiedene Umweltbedingungen ungleich reagierenden Biotypen. Folgerichtig könnte damit fast jede Rasse, jeder Biotyp, mit verschiedener genotypischer Konstitution als Ökotypus aufgefaßt werden.

Wie ersichtlich, kommt den Ökotypus-Begriffen von TURESSON und CLAUSEN-KECK-HIESEY eine ganz andere Bedeutung zu als dem von mir oben aufgestellten. Sie sind auch zu einer taxonomischen Unterteilung der Spezies nicht, oder wenigstens nicht im selben Sinn, verwendbar.

beiden Forderungen erfüllen, können daher nicht als Ökotypen klassifiziert werden. Wie stark abweichende Merkmale eine Rasse im Vergleich mit dem Typus der Spezies auch aufweist, so soll sie, ohne daß ein sicherer und leicht erkennbarer Zusammenhang mit ökologischen Verhältnissen vorliegt, nur als Varietät bezeichnet werden.

Ein paar Beispiele sollen dies veranschaulichen. *Pisum humile* BOISS et NOË (1856, 1872), die nur eine Rasse von *P. arvense* L. darstellt (s. LAMPRECHT 1951 a), erscheint durch ihren Habitus sehr gut gekennzeichnet: Sehr zarter, niedriger Wuchs mit reicher Stammverzweigung gleich an der Basis, die Verzweigungen etwa im Winkel von 45° nach oben außen abgehend usw. Die *humile*-Rasse ist an nährstoffarme, warme Gebiete angepaßt und kommt hauptsächlich in Felsenritzen in Syrien, im Libanon, im Antilibanon und in Palästina vor. *P. humile* ist demnach ein typischer Ökotypus.

Ein anderer, sehr typischer Ökotypus ist das von BRAUN (1841) als subsp. beschriebene *Pisum abyssinicum*. Diese Rasse ist morphologisch charakterisiert durch schwache Stammverzweigung, Blätter mit nur ein Paar Blättchen und geringen Ansatz von Hülsen. Hierzu kommt ein ganz extremer physiologischer Unterschied, indem die Pflanzen nach Ausbildung von 2 bis 4 Hülsen zu reifen beginnen. Sie blühen später als die frühesten Kultursorten (Cultivare), reifen aber beträchtlich früher. *P. abyssinicum* ist extrem angepaßt an die Verhältnisse in Abessinien mit zwei Regenperioden und damit zwei Vegetationsperioden. In diesen muß *P. abyssinicum* etwa binnen 45 bis 50 Tagen reife Samen produzieren, da es sonst der Hitze zum Opfer fallen würde. (Erwähnt sei, daß dies nicht für alle Gebiete in Äthiopien gilt, es gibt auch solche, wo europäische Cultivare gebaut werden können.) *P. abyssinicum* ist also ein außerordentlich typischer Ökotypus.

Physiologische Unterschiede wurden im vorstehenden Schema absichtlich nicht erwähnt. Sie würden leicht zu Mißverständnissen führen. Aber in Fällen, wo außer habituellen Unterschieden noch auffallende physiologische vorhanden sind, dürfte man sowieso immer in die Gruppe 1 a (Ökotypen) gelangen. Sollten die Beziehungen zu ökologischen Verhältnissen unklar sein, so ist eine Rasse besser als Varietät, denn als Ökotypus zu klassifizieren.

Die Varietät. Die Varietät erscheint mir schon durch die im Schema gegebene Definition eindeutig abgegrenzt und festgelegt. Sobald im Vergleich mit dem Typus der Spezies irgendwelche visuell leicht feststellbaren Unterschiede vorhanden sind, handelt es sich wenigstens um eine Varietät. Hierher gehören demnach auch alle Farbenunterschiede. Erwähnt sei, daß solche Unterschiede, für die kein sicherer Zusammenhang mit einer deutlichen Reaktion auf ökologische Verhältnisse angegeben werden kann, nicht nur unter Pflanzen, sondern, und zwar in noch viel größerer Ausdehnung bei Tieren, besonders bei Insekten, zu finden sind.

Der Reatypus. (= Verkürzung von Reaktionstypus). Von diesem kann gesagt werden, daß dieser Kategorie alle Rassen einer Art angehören, die habituell nicht voneinander zu unterscheiden sind, die aber infolge ihrer verschiedenen genotypischen Konstitution je durch eine bestimmte Reaktion auf die Umweltverhältnisse gekennzeichnet sind. Ein paar Beispiele. *Cychorium intibus* L. kommt in Europa vom nördlichen Skandinavien bis nach Süditalien und auch noch in Nordafrika vor. Ein sicherer habitueller Unterschied ist nicht vorhanden. Aber die Reaktion auf den sehr langen Tag im hohen Norden und auf den kurzen im Süden ist als Rassenunterschied vorhanden. Dabei kann es natürlich geringere Varietätsunterschiede in gleichen Gebieten geben, für die je wiederum Reaktionsdifferenzen vorhanden sein können.

Hervorzuheben ist hier noch, daß nicht nur jede genotypische Konstitution, wie sie durch die Genenformel angegeben wird, einen verschiedenen Reatypus bedingt, sondern daß dieser auch durch die Anordnung der Gene in den Chromosomen abgeändert werden kann. Haben die Gene eine andere Reihenfolge in irgendeinem der Chromosomen, d. h. ist verschiedene Chromosomenstruktur vorhanden, so treten sogenannte Positionseffekte (Lageeffekte) auf. Diese bekunden sich dadurch, daß die Manifestation eines Gens durch nun andere Genennachbarschaft mehr weniger abgeändert wird. Der Metabolismus der Pflanze ist hierdurch ein anderer geworden. Als die für einen Reatypus endgültig entscheidende Grundlage ist daher immer der Karyogenotyp zu betrachten (s. o.).

Werden Rassen von Wildmaterial in Kultur genommen, so bekunden sich bald Unterschiede im Reaktionstyp. So kenne ich z. B. eine aus Kenia stammende Linie von *Phaseolus vulgaris*, die tagesneutral ist, während andere, mit ihr habituell übereinstimmende, Langtagpflanzen sind. Rassen aus den Anden und Mexico sind mehr weniger extreme Kurztagpflanzen.

In einer kultivierten Rasse von *Lycopersicum esculentum* L. kann man durch Auslese Pflanzen finden, von denen die einen auf Magnesium-Mangel stark reagieren, die anderen kaum oder sehr wenig. Im Habitus ist aber dabei kein Unterschied festzustellen. Wildmaterial von Pflanzen ist diesbezüglich noch wenig studiert.

Die Chemotaxa. Die *Chemotaxa*, eine kürzlich geschaffene Kategorie, gehört auch zum Reatypus. Die eben erwähnte Magnesium-Empfindlichkeit kann hierfür angeführt werden. Für viele Biotypen einer Art lassen sich durch papierchromatographische Untersuchungen Unterschiede im Chemismus feststellen. Die *Chemotaxa* sind als durch verschiedenen Chemismus charakterisiert worden. Damit folgt aber, daß sämtliche existierenden Biotypen, d. h. durch eine bestimmte genotypische Konstitution gekennzeichnete Rassen, als solche zu betrachten sind. Sie sind alle auch Reatypen. Man hat sich hierbei vor Augen zu halten, daß die Veränderung irgend eines einzelnen Genallels zu einem anderen stets unvermeidlich auch eine gewisse Veränderung des Metabolismus im Organismus zur Folge hat. Organismen, die nicht auch *Chemotaxa* sind, gibt es nicht. Die Errichtung einer besonderen Kategorie *Chemotaxa* in dem Sinne, wie dies geschehen ist, erscheint nicht nur überflüssig, sondern auch sinnlos.

Aberratio. Als *aberratio* betrachtet BREUNING (l. c.) individuelle Varianten, die mit auffallenden Abänderungen meist wahllos unter der Nominatform (Typus der Spezies) auftreten. Er erwähnt die rot- und schwarzschenkelige Form von *Carabus cancellatus* ILL. Dieser Unterschied ist indessen erblich fixiert, weshalb ich die rotschenkelige Rasse als Varietät bezeichnen würde. Wahllos auftretende Abänderungen sollten nicht erblich sein. Hierher gehören Abweicher, die ihre Entstehung gewissen Umweltverhältnissen zu verdanken haben, wie z. B. veränderte chemische Zusammensetzung des Bodens oder des Wassers. Für solche Abweicher kennzeichnende Merkmale verschwinden unter den Nachkommen gewöhnlich vollkommen. Sie sind demnach als Modifikationen zu betrachten.

Ab und zu können aber auch plötzlich Abweicher auftreten, die neue, erblich fixierte Merkmale aufweisen. Solchenfalls handelt es sich um Mutationen, die entweder einzelne Gene oder auch die Struktur der Chromosomen treffen können. Für solche Abweicher ist der Ausdruck *mutatio* am Platz. Solange man aber die erbliche Konstanz solcher neuer, plötzlich in Erscheinung getretener Rassen nicht experimentell festgestellt hat, soll die Verwendung dieses Terminus besser unterbleiben.

Von den nun besprochenen Termini erscheint *Chemotaxa* überflüssig. Die beiden übrigen Ausdrücke *aberratio* und *mutatio* sind beide gut verwendbar, aber keinesfalls als Charakteristika für eine sichergestellte Kategorie unter der Art. Sie sind geeignet um über die Entstehung von Abweichern in einer Rasse Aufschluß zu geben. Die *mutatio* kann, wenn sie sich als gesicherte, erblich bedingte neue Rasse herausgestellt hat, je nach ihrer Beschaffenheit in eine der drei oben genannten Subkategorien der Art eingereiht werden.

Schließlich soll erwähnt werden, daß es zweckmäßig sein dürfte binnen den genannten Kategorien Rassen, die sich durch für den Habitus z. T. gemeinsame Merkmale auszeichnen, in Sektionen bzw. Gruppen zusammenzufassen.

Die Symbolisierung der Gene. Hierfür sind zweierlei Bezeichnungsweisen in Gebrauch. Allgemein gilt, daß das Symbol von einem lateinischen oder latinisierten Wort abgeleitet sein soll, das womöglich das rezessive Merkmal angibt. Die Verwendung von lateinischen Bezeichnungen für die Merkmale ist sehr zu empfehlen, da diese, gleich wie die Diagnosentexte, in allen Sprachen akzeptiert werden können. Für die dominanten Merkmale wird das Symbol mit großem Anfangsbuchstaben, für die rezessiven mit kleinem geschrieben. Multiple Allele werden durch hochgestellte Indizes angegeben, z. B. D^w — D^{co} — D^{ma} — d.

Polymere Gene, die verschiedene Lage in den Chromosomen haben, werden durch verschiedene Symbole gekennzeichnet. Dies häufig schon deshalb, da sie infolge eines Positionseffektes auch gewöhnlich mehr weniger verschiedene Manifestation aufweisen. Gene, die mehr als einmal vorhanden sind, und je ganz dieselbe Wirkung haben, bezeichne ich mit einer kleinen, etwas tiefer gestellten Zahl nach dem Symbol. So werden z. B. die *Pisum*-Chlorophyllmutanten mit *xantha*-Farbe mit xa_1, xa_2 usw. angegeben. In derartigen und ähnlichen Fällen erscheint es überdies zweckmäßig, die Chromosomenzugehörigkeit solcher Gene, soweit sie bekannt ist, durch eine in Klammern gesetzte römische Zahl anzugeben.

Die zweite Bezeichnungsweise der Gene ist die vor allem bei *Drosophila* verwendete. Ausgegangen wird hierbei von einem möglichst durchweg dominanten Wildtyp. Die Symbole werden auch hier von den rezessiven Merkmalen abgeleitet, die dominanten aber statt mit großen Buchstaben durch ein hochgestelltes * angegeben.

Was die Wahl eines Wildtyps betrifft, so dürfte dies bei sehr vielen Pflanzen auf große Schwierigkeiten stoßen und Unklarheit bedingen. So sind z. B. von *Pisum* wenigstens 20 distinkt verschiedene Wildtypen bekannt, die sich sowohl im Genotyp, wie auch oft in der Chromosomenstruktur unterscheiden. Und bei vielen Wildtypen scheinen folgende zehn Gene fast stets in rezessiver Form vorhanden zu sein: *astr, fr, fru, lf, pu, pur, rup, rups, sru* und *srub*.

Etwa ein Fünftel der bisher bekannten intraspezifischen Gene von *Pisum* (36 von etwa 200) bedingt im heterozygoten Zustand ein intermediäres Merkmal (s. LAMPRECHT 1964, p. 44). In all diesen Fällen ist es also gleichgültig, welches der durch die beiden Allele eines Gens bedingten Merkmale man als dominant oder rezessiv auffaßt. In solchen Fällen erscheint es mir vorteilhaft, das Symbol von dem visuell leichter feststellbaren Merkmal abzuleiten. So z. B. bei *Pisum* die Anwesenheit einer stark orangegelb gefärbten Corona um den Hilumrand, *cor*. Die Heterozygoten, *Cor cor*, haben schwach ausgebildete Corona. In diesem Zusammenhang muß noch hervorgehoben werden, daß das heterozygote intermediäre Merkmal sich je nach der übrigen genotypischen Konstitution mehr oder weniger dem dominanten bzw. rezessiven Merkmal nähern kann.

In allen solchen Fällen erscheint die Verwendung eines eine unbedingte Dominanz angebenden Zeichens wie das * wenig glücklich und sie könnte oft irreführend sein. Um ein Gen hinsichtlich seiner Manifestation (Dominanz, Rezessivität bzw. Heterozygotie) eindeutig zu kennzeichnen, genügt ein Symbol allein in vielen Fällen doch nicht. Weitere Angaben sind im Zusammenhang hiermit unerläßlich.

Mit Hinblick auf das oben Angeführte verwende ich daher stets die ältere, oben zuerst erwähnte und bisher allgemeine Genbezeichnung mit Symbolen mit großen bzw. kleinen Anfangsbuchstaben.

Hinzu kommt noch, daß bei den meisten Fremdbefruchtern, und das ist die weitaus große Mehrzahl der Arten, stets eine Anzahl von Genen im heterozygoten Zustand vorhanden sind. In bezug auf diese müßten demnach mit der * Symbolisierung immer beide Allele angegeben werden. Für solche Gene könnte es vorteilhaft sein, nach dem Symbol für Dominanz ein durch einen Bindestrich mit diesem verbundenes -*h* hinzuzufügen.

Die Chromosomenstruktur. Eine relativ große Anzahl verschiedener Typen von Chromosomenstruktur ist bekannt. Ziemlich allgemein wird der Ausdruck Translokation für Veränderungen irgendwelcher Beschaffenheit der Chromosomen verwendet. Da die Bezeichnung Translokation aber überdies für die einfachste Veränderung der Chromosomenstruktur Verwendung findet, habe ich als Sammelbegriff aller in Frage kommenden Veränderungen den Ausdruck Chromutation eingeführt (LAMPRECHT 1964 a, p. 60).

Die verschiedenen Chromutationen können weitestgehend und distinkt auf folgende fünf Gruppen verteilt werden: 1. Translokationen, 2. Relokationen (Interchanges), 3. Inversionen (Umkehrungen), 4. Duplikationen und 5. Reparationen. Folgende Charakteristik kann für diese fünf Gruppen gegeben werden, wobei das von mir unter 35 Jahren studierte Material von *Pisum*-Kreuzungen zugrunde gelegt wird.

1. Translokationen (Symbol *Tr*). a) Einfache Translokationen *(Tr)*. Bei diesen ist stets nur ein Stück eines Chromosoms an ein anderes transloziert; also bei *Pisum* z. B. *Tr* V→VII. Dies gibt an, daß vom Chromosom V ein Stück an das Chromosom VII überführt worden ist. Es dürfte in der Regel am Ende des anderen Chromosoms angefügt werden, wobei unberücksichtigt bleibt, ob nicht eine Endkappe ohne Geninhalt auch von VII nach V überführt worden ist. Zytologische Ergebnisse sprechen für diese Erscheinung. Mit Hinblick darauf, daß z. B. *Pisum* sieben Chromosomen hat, können auch zwei bzw. drei einfache Translokationen gleichzeitig vorkommen; also z. B. *Tr* I→III + IV→VI + V→VII.

b) Doppelte Translokationen (Symbol *Trd*). Bei diesen sind von ein und demselben Chromosom zwei Stücke an je ein anderes Chromosom überführt worden. Beispiel: *Trd* III←V→VII, was besagt, daß vom

Chromosom V ein Stück an III und ein zweites Stück an VII transloziert worden ist.

Selbstverständlich können auch gleichzeitig einfache und doppelte Translokationen in mannigfaltigen Kombinationen vorkommen. Den Beweis für das Vorkommen von einfachen Translokationen bei *Pisum* erbringen Kreuzungen mit einer Fertilität von 75%. Siehe z. B. unten die Kreuzung Nr. 1017/50 mit 76,5 $\pm$ 1,60% Fertilität.

2. Relokationen (Symbol *Rl*). Als Relokationen (Interchanges) werden im allgemeinen Chromutationen bezeichnet, bei denen zwischen zwei Chromosomen ein gegenseitiger Austausch von je einem Stück stattgefunden hat, z. B. *Rl* III/V.

a) Einfache Relokationen *(Rl)*. Bei diesen sind stets je zwei Chromosomen beteiligt. Im einfachsten Fall handelt es sich nur um ein Paar Chromosomen, wie die eben erwähnte *Rl* III/V, die sowohl genanalytisch wie zytologisch hat nachgewiesen werden können (s. u.). Maximal können bei *Pisum* gleichzeitig drei einfache Relokationen vorkommen, an denen also sechs der sieben *Pisum*-Chromosomen beteiligt sein müssen. Eine einzelne einfache Relokation ist, wenn keine weiteren Komplikationen durch Translokationen oder Duplikationen vorliegen, immer durch einen Fertilitätsprozent von etwa 50, also durch sog. Semisterilität gekennzeichnet. Bezeichnung für zwei einfache Relokationen z. B. *Rl* I/VII + III/V usw.

b) Doppelte Relokationen (Symbol *Rld*). Bei diesen sind immer je drei Chromosomen beteiligt, indem von einem Chromosom zwei Stücke mit je einem weiteren von verschiedenen Chromosomen ausgetauscht sind. Beispiel: *Rld* III/V/VII, was bedeutet, daß vom mittleren Chromosom Nr. V ein Stück mit einem solchen von III und ein weiteres entsprechend mit einem Stück von VII ausgetauscht worden ist. Ein solcher doppelter Austausch führt zu einem Fertilitätsgrad von nur etwa 25% (Näheres s. u.). Mit Hinblick auf die Chromosomenzahl 7 können bei *Pisum* also zwei doppelte Relokationen gleichzeitig vorkommen. Eine doppelte Relokation kann auch mit einer bzw. zwei einfachen Relokationen kombiniert vorkommen, z. B. *Rl* IV/VI + *Rld* III/V/VII usw.

3. Inversionen, Umkehrungen (Symbol *Inv*). Als Inversion bezeichnet man die Erscheinung, daß binnen eines Chromosoms ein Stück umgekehrt, also um 180° gedreht, vorhanden ist. Im Zusammenhang hiermit haben die von der Inversion betroffenen Gene eine andere Reihenfolge erhalten, also statt *A B C D* z. B. *A D C B*. Bei Kreuzung einer solchen Inversionslinie mit einer vom normalen Karyotyp gibt sich dies zytologisch an der Entstehung einer Brücke zu erkennen.

Bei *Pisum* ist bisher nur ein Fall von Inversion bekannt geworden. Die nahe dem einen Ende von Chromosom V gelegenen Gene *Cp*, *Teu* und *Gp* zeigen in der Inversionslinie die Reihenfolge *Gp-Teu-Cp* (s. LAM-PRECHT 1961).

Inversionen sind demnach intrachromosomale Umlagerungen. Man kann sich aber auch vorstellen, daß es nicht nur der typischen Inversion entsprechende Umlagerungen gibt, sondern solche anderer Beschaffenheit. So könnten zwei an den entgegengesetzten Enden eines Chromosoms gelegene Stücke Platz tauschen, wenn sie je ein polymeres Gen enthielten, wie z. B. *Wa* und *Wb* bei *Pisum*. Natürlich sind auch weitere Umlagerungen binnen den Chromosomen keineswegs ausgeschlossen.

4. Duplikationen (Symbol *Du*). Den exakten Beweis für das Vorkommen von Duplikationen z. B. bei *Pisum* bringen Kreuzungen, in denen mit Hinblick auf die bekannte Chromosomenstruktur der Elternlinien z. B. Semisterilität zu erwarten war, aber anstatt dessen eine fertige F_1 resultierte. Ein Beispiel bilden die Ergebnisse von drei Kreuzungen, die zwischen einer Linie mit normaler Chromosomenstruktur (Standardkaryotyp) und zwei anderen Linien ausgeführt worden sind. Die eine Kreuzung war normal fertil, die andere zeigte typische Semisterilität. Die Kreuzung zwischen den beiden anderen Linien sollte demnach auch semisteril sein, aber sie zeigte normale Ferilität. Verursacht wurde dies durch eine Duplikation (s. LAMPRECHT 1954, p. 134—135).

Noch eine ganze Anzahl von Fällen konnte festgestellt werden, in denen auf Grund der bekannten, abweichenden Struktur der Elternlinien eine bestimmte F_1-Sterilität zu erwarten gewesen ist, die aber dann ein ganz anderes Ergebnis gegeben haben. Statt erwarteter Fertilität konnte 75prozentige Fertilität gefunden werden, und in einem anderen Fall resultierte statt 25prozentiger Fertilität typische Semisterilität.

Auch das Vorkommen von etwa 20 polymeren Genen spricht dafür, daß *Pisum* wahrscheinlich eine ähnlich große Anzahl von kleinen Duplikationen in den Chromosomen besitzt.

5. Reparationen. Diese sollen hier nur nebenbei erwähnt werden, da sie in Kreuzungen zwischen Rassen mit verschiedener Chromosomenstruktur mehr weniger verbesserte Fertilitätsgrade als erwartet bedingen können. So kann in Kreuzungen, in denen auf Grund der gut bekannten Chromosomenstruktur der Elternlinien Semisterilität zu erwarten gewesen ist, ein signifikativ höherer Fertilitätsprozent angetroffen werden. So wurde z. B. statt einer erwarteten Semisterilität, auch bei mehrjähriger Wiederholung, statt 50% 54% Fertilität gefunden, ein Wert, der sich als statistisch sicher signifikativ herausgestellt hatte.

Die Ursache dieser Erscheinung will ich in einem Vermögen der Chromosomen erblicken, für ihre Reproduktion ungünstige Strukturen zu normalisieren. Es handelt sich also um eine Art von Regeneration. Eine solche konnte wiederholt festgestellt werden; s. LAMPRECHT 1964 a.

Zusammenwirken verschiedener Chromutationen. Hier soll
nur kurz auf die zahlreichen komplizierten Fälle hingewiesen werden, in
denen das Zusammenwirken mehrerer verschiedener Chromutationen
zu sehr hoher, bisweilen sogar bis zu 100prozentiger Sterilität führen
kann. Solche Fälle sind von ganz besonderem Interesse, da sie zu einem,
wenigstens scheinbaren, vollständigen Isolationsmechanismus zwischen
Rassen führen können, der dann offenbar leicht als artentrennend aufgefaßt werden kann. Später wird über einen solchen Fall bei *Pisum*
berichtet werden. Eine Klarlegung hierbei herrschender Verhältnisse
ist nur mittels Kreuzungen mit verschiedenen Strukturtypen erreichbar.

Die Pleiotropie. Als Pleiotropie bezeichnet man ganz allgemein die
Erscheinung, daß ein Gen mehrere Merkmale gleichzeitig beeinflußt. Auch
die Bezeichnung Polyphänie ist hierfür benutzt worden. Pleiotropie kann
in sehr mannigfaltiger Weise zutage treten, und dies kann sowohl im
Zusammenhang mit der Anwesenheit eines Gens in dominanter, rezessiver oder auch heterozygoter Form der Fall sein.

So gibt es z. B. zahlreiche Gene, die einen Einfluß auf die Gestaltung
der Stipel, Blätter, Blättchen usw. besitzen. Es sind intraspezifische
Gene bekannt, die je einen bestimmten Einfluß auf die Morphologie
von teils vegetativen, teils floralen Teilen der Pflanze ausüben. Aber es
gibt auch solche Gene, die diesbezüglich eine sehr ausgeprägte pleiotrope
Wirkung an den Tag legen. So ist bei *Pisum* eine Anzahl von Genen
bekannt, die den Längen/Breiten-Index von sowohl Stipel, Blättchen
wie Kelchblättern pleiotrop beeinflussen (s. HÄRSTEDT 1950). Es sind
dies Fälle von typischer Pleiotropie, indem jedes einzelne dieser Gene
mehr als ein Merkmal eines Organismus beeinflußt.

Als weitere Beispiele für pleiotrope Genwirkung seien hier noch
folgende angeführt. Die einfachsten und daher leicht verständlichen sind
u. a. die Wirkungen von sog. Grundgenen, deren (in der Regel) Dominanz
für die Wirkung mehrerer anderer Gene verantwortlich ist. So gibt es bei
Pisum zwei Grundgene für die Ausbildung von Blütenfarbe, A und Am.
Die Gene Ar, B, Cr, Ce, die in ihren 16 Kombinationen ebensoviele verschiedene Blütenfarben bedingen, sind bei Rezessivität in A wirkungslos.
Das Gen A hat demnach einen sehr starken pleiotropen Effekt. Dominanz
in A ist auch Voraussetzung für jede Ausbildung von Anthocyan in
anderen Teilen der Pflanze, wie auf Samen, Hülsen, Stipelbasis usw.
Ganz entsprechende Wirkung haben die Gene z und mp für Teilfarbigkeit der *Pisum*-Samen. Die Wirkung der Gene für verschiedene Verteilung der farblosen Stellen auf der Testa, *dem, cal, lob, ve, den, pal* usw..
ist immer von Rezessivität in z und mp abhängig. Diese besitzen demnach
ausgedehnte pleiotrope Wirkung.

Ganz entsprechende Verhältnisse sind bei *Phaseolus* anzutreffen
Auch hier gibt es ein Grundgen P für die Ausbildung gewisser Blüten- und

Samenfarben. *p*-Pflanzen haben stets weiße Samen. Auch für die Teilfarbigkeit dieser sind zwei Grundgene bekannt, die gleichwie bei *Pisum* in rezessiver Form anwesend sein müssen.

Viele pathologische Zustände bei höheren Tieren oder beim Menschen werden monogen rezessiv vererbt. Ein sehr typisches Beispiel hierfür ist die von Sjögren (1930/31) eingehend studierte, ,,juvenile amaurotische Idiotie''. Diese im Alter von etwa 14 bis 18 Jahren zum Tode führende Krankheit ist monogen rezessiv bedingt. Sie ist durch einen ganzen Komplex von verschiedenen Symptomen gekennzeichnet. Die geistigen Fähigkeiten nehmen ab, allmähliches Erblinden, Atrophie der Muskulatur usw. sind zu beobachten. Charakteristisch scheint eine abnorme Fetteinlagerung in den Zellen zu sein. Man kann annehmen, daß das in Frage stehende Gen diese Fetteinlagerung bedingt, im Zusammenhang mit der wahrscheinlich die Produktion eines biologisch wichtigen Stoffes herabgesetzt bzw. verhindert wird. Der ganze Symptomkomplex offenbart sich damit als eine Folge dieses monogen bedingten Mangels an einem bestimmten Stoff. Es ist dies ein ausgezeichnetes Beispiel für typisch pleiotrope Wirkung eines einzelnen Gens. Eine solche allseitige Wirkung eines Gens, wie die letztgenannte, wird auch als Syndrompleiotropie bezeichnet.

Ganz allgemein kann in bezug auf Pleiotropie gesagt werden, daß es kein intraspezifisches Gen geben dürfte, das nicht auch pleiotrope Wirkung hätte. Denn wenn z. B. durch ein Gen auch nur die Quantität einer gewissen Zellsubstanz verändert wird, so bewirkt dies doch immer gleichzeitig eine Abänderung des Reaktionstypus des Organismus, was dem Verlauf einer Kettenreaktion gleichzustellen ist. Es wird demnach nicht nur an einer bestimmten Stelle im Organismus eine substantielle Veränderung zustande kommen, sondern damit folgen auch unvermeidlich Änderungen im ganzen Metabolismus. Das betreffende Gen hat also eine pleiotrope Wirkung. Folgt hiermit gleichzeitig eine Veränderung visuell feststellbarer Merkmale, so wird vom Genetiker unmittelbar die pleiotrope Wirkung des betreffenden Gens registriert. Zahlreiche Beispiele aus sowohl dem Pflanzen- wie dem Tierreich können hierfür angeführt werden.

Die Exotropie. Mit diesem Ausdruck (abgeleitet von *exoticus* = fremd und *tropos* = Beschaffenheit, Gestaltung) will ich die durch artfremde Allele von interspezifischen Genen bedingten morphologischen Veränderungen bezeichnen. A priori könnte man vielleicht auch hier, da es sich nur um die Wirkung eines einzigen Gens handelt, an eine pleiotrope Wirkung dieses Gens denken. Aber im Vergleich mit der pleiotropen Wirkung von intraspezifischen Genen bestehen bei der Exotropie ganz wesensverschiedene und tiefgehende Unterschiede.

Diese sind von dreierlei Art und können folgendermaßen charakterisiert werden:

1. Bei der Pleiotropie beeinflußt ein Gen die Ausbildung mehrerer Merkmale, bei der Exotropie ändert ein Gen (das artfremde Allel) die Manifestation einer ganzen Reihe von intraspezifischen Genen. Hierbei kommt es zur Ausbildung von Merkmalen, die in der betreffenden Spezies oder Gattung sonst nicht anzutreffen sind. So kann z. B. das *Pisum*-Blatt die Gestalt eines *Lathyrus*-Blattes annehmen (Näheres s. u.). Solche Mutanten werden, wie schon früher erwähnt, als Exmutanten bezeichnet.

2. Die Exotropie bedingt in den floralen Teilen der Pflanze tiefgehende Veränderungen, womit stets vollkommene Sterilität einhergeht. Diese Erscheinung, daß artfremde Merkmale im vegetativen Teil der Pflanze immer mit Sterilität bedingenden Veränderungen im floralen Teil der Pflanze einhergehen, ist nur durch die Wirkung artfremder Allele von interspezifischen Genen erklärbar.

3. Ein drittes Charakteristikum der Exotropie ist die außerordentlich hohe Mutationsfrequenz der die artfremden Merkmale bedingenden Genallele im Verlauf der Ontogenie der Pflanze. Alle bisher in genügendem Umfang studierten Exmutanten zeigten diese Tendenz zum Rückmutieren zum arteigenen Allel des betreffenden interspezifischen Gens. Die Mutation findet hier stets von Rezessivität zu Dominanz statt. Im Gegensatz hierzu zeigen intraspezifische Gene, ohne Beeinflussung durch mutagene Agenzien nur eine sehr geringe, aber stark verschiedene Mutationsfrequenz. Im besten Fall erreicht diese meistens nur wenige Promille, ist aber in der weitaus größten Anzahl bekannter Fälle sehr viel geringer, einmal unter Millionen oder noch seltener. Und praktisch genommen alle diese „spontanen" Mutationen von intraspezifischen Genen gehen von Dominanz zu Rezessivität. Auch werden diese Mutationen fast ausschließlich in Gameten bzw. Zygoten beobachtet.

Die Evolution. Dieser Ausdruck wird in der Literatur in sehr verschiedenem Sinn verwendet. Früher, bis etwa zur Jahrhundertwende, verstand man darunter fast stets nur die Entstehung der Arten und höheren Kategorien im Laufe der phylogenetischen Entwicklung.

In den dreißiger Jahren wurde dann ein Gedanke lanziert, den man für sehr befruchtend hielt oder wenigstens so darstellte. Es ist dies die Entstehung von Arten aus geographisch isolierten Rassen. Man bezeichnete diese auch als „Spezies in *statu nascendi*", und den, wie man meinte, evolutionären Verlauf als „speciation". Man vergleiche z. B. JEPSEN G. L., E. MAYR und G. G. SIMPSON (1949). Damit hatte man dem Ausdruck Evolution einen anderen Inhalt gegeben, nämlich zuerst Bildung neuer Rassen aus bereits vorhandenen und darauf aus diesen eine hypothetische Bildung neuer Arten. Man meinte hiermit den Vorgang bei der Entstehung von Arten angegeben zu haben, obwohl keinerlei experimentelle Ergebnisse, geschweige denn Beweise hierfür vorgelegen haben.

Bald wurde der Ausdruck „Evolution" aber von vielen Seiten auch auf niedrigere, unter der Art stehende Kategorien ausgedehnt, so daß man sogar die durch den Menschen veranlaßte Herstellung von Kulturrassen (Sorten) als Evolution bezeichnete. So trägt z. B. eine Arbeit von R. und F. CIFERRI (1957) den Titel "The evolution of cultivated cacao", in der über die Entstehung (Evolution genannt) der Kakao-Populationen von Venezuela berichtet wird.

Hier sei nur betont, daß ich in dieser Arbeit den Ausdruck Evolution ausschließlich im zuerst genannten Sinn, der plötzlichen Entstehung neuer Arten und höherer Kategorien im phylogenetischen Sinn gebrauche.

Problemstellung und Methodik

Die vorliegende Arbeit hat sich u. a. die Aufgabe gestellt, den Schritt experimentell klarzulegen, der getan werden muß, um von einer Art zu einer anderen zu gelangen. Dies soll, kurz gesagt, dem Geschehen entsprechen, das im Ablauf der Phylogenese zur plötzlichen Entstehung neuer Arten und auch höherer Kategorien geführt hat.

Schon einleitend wurde O. HERTWIGS Äußerung zitiert: „Das Alpha und Omega der Abstammungslehre ist der Artbegriff." Und gerade der Artbegriff wurde lange, und wird auch jetzt noch von vielen Seiten als eine Abstraktion, d. h. als ein konventionaler Begriff betrachtet. Man kann ohne Übertreibung sagen, daß diesbezüglich noch immer sehr unklare Verhältnisse herrschen. Als Kardinalfrage kann gelten: Ist die Spezies eine naturbedingte Realität, oder ist sie wirklich ein so unklarer Begriff, wie man demselben immer und immer wieder begegnet. Nicht selten will man sich mit einem Hinweis darauf aushelfen, daß es eben Arten von verschiedener Valeur gibt.

Nun ist das ganze Gebäude der Systematik aus Kategorien aufgebaut und alle diese sind durch morphologische Merkmale gegeneinander abgegrenzt. Jede Art muß Träger wenigstens eines erblich fixierten Merkmals sein, das bei der oder den ihr nächstverwandten Arten nicht anzutreffen ist. Ein solches Merkmal wird daher als artspezifisch bezeichnet. Hierin ändert sich auch nichts, wenn von verschiedenen Merkmalskombinationen gesprochen wird.

Mit Hinblick hierauf fragt es sich, wie sind solche arttrennende Merkmale durch im Innern des Organismus wirksame Faktoren bedingt? Der Einfluß von Umweltverhältnissen ist im vorliegenden Zusammenhang natürlich ohne Interesse. Bekanntlich können sowohl Morphologie wie Physiologie eines Organismus durch von außen zugeführten Substanzen, via Boden, Parasiten usw., mehr weniger stark modifiziert werden.

Hier handelt es sich indessen ausschließlich um durch innere Faktoren bedingte, erblich festgelegte Merkmale. Und hierfür kommen, wie schon einleitend kurz erwähnt worden ist, folgende drei Faktoren in Betracht:

1. Die genotypische Konstitution, der Genotypus.

2. Die Chromosomenstruktur, die sowohl durch eine verschiedene Reihenfolge der Gene im einzelnen Chromosom, wie auch durch den Austausch ganzer Stücke verschiedener Chromosomen charakterisiert sein kann. 1. und 2. geben demnach den Karyogenotypus.

3. Die Spezifität des Plasmas; dieses scheint in wirklich selbständigen Arten niemals dasselbe zu sein.

Arten sollen nun, außer durch spezifische Merkmale, auch durch eine mehr weniger ausgeprägte Sterilitätsbarriere voneinander getrennt sein. Wo keine solche vorhanden ist, kann es sich, wie unten gezeigt werden soll, nicht um Arten, sondern nur um verschiedene Rassen einer und derselben Art handeln. Denn solchenfalls können die vom Standpunkt der Systematik aus als artentrennend aufgefaßten Merkmale durch Kreuzung beliebig neukombiniert werden, womit eine angenommene Artbarriere erlöschen würde. Welche von solchen Neukombinationen, die auch in der Natur durch Fremdbefruchtung immer wieder auftreten, als gegeneinander morphologisch mehr weniger deutlich abgegrenzte Populationen übrig bleiben können, ist eine Frage der Anpassung an ökologische Verhältnisse.

Mit Hinblick auf die in Artkreuzungen auftretende Sterilität und die oben angegebenen, die Artmerkmale bestimmenden Faktoren des Innenmilieus eines Organismus, scheinen mir die Richtlinien für eine solche Untersuchung leicht angegeben werden zu können.

Selbstverständlich ist, daß zu solchen Untersuchungen nur nahe miteinander verwandte Arten in Betracht kommen können. Ist dies nicht der Fall, so sind Kreuzungen entweder überhaupt nicht ausführbar, oder man erhält nur in ganz seltenen Fällen einen Bastard, der aber dann immer vollkommen steril ist. Hierbei ist noch zu beachten, daß in der Ontogenese eines solchen Bastards zuweilen auch Rückmutationen zum maternellen Typ vorkommen können.

Punkt 1. betrifft die Unterschiede im Genotypus zweier Arten. Es liegen hauptsächlich folgende drei Möglichkeiten vor:

Erstens könnte die eine Art Träger von Genen sein, die als Loci betrachtet, in der anderen Art nicht vorkommen.

Zweitens könnte sich der Genenunterschied auf Allele beziehen, d. h. in der einen Art könnte nur das eine Allel gewisser Gene vorhanden sein, in der anderen Art ein anderes Allel derselben Gene.

Drittens schließlich könnte der genotypische Arten-Unterschied durch einen Komplex von Genen, also durch das Zusammenwirken mehrerer Gene bedingt werden. Diese letztgenannte Ansicht findet man bei ziemlich vielen Autoren.

Zu Punkt 2. ist zu sagen, daß Kreuzungen zwischen Arten, Rassen, aber auch Linien derselben Art mit verschiedener Chromosomenstruktur fast immer partielle Sterilität geben. Wenn sie das trotzdem nicht tun, sind hierfür Duplikationen verantwortlich. Der Grad der Sterilität kann, je nach der Beschaffenheit des Materials, außerordentlich stark variieren.

Im vorliegenden Zusammenhang fragt es sich, welche Bedeutung kann eine verschiedene Struktur der Chromosomen für die Aufrechterhaltung einer Artbarriere besitzen? Zur Beantwortung dieser Frage sind recht umfangreiche Studien über das so bedingte Auftreten von Sterilität erforderlich. Diesbezügliche Ergebnisse sind, soweit wie möglich, durch zytologische Untersuchungen zu ergänzen. Bei nicht wenigen Arten stoßen letztere leider auf große, häufig nicht zu überwindende Schwierigkeiten. Eine Voraussetzung, um Chromutationen (Strukturveränderungen) zytologisch nicht nur feststellen, sondern auch in bezug auf die beteiligten Chromosomen klarlegen zu können, ist, daß die Morphologie der Chromosomen dies überhaupt ermöglicht. Hindernisse werden teils dadurch verursacht, daß ausgetauschte Chromosomenstücke gleiche Größe haben können, teils daß bei solchen Translokationen eines der betroffenen Chromosomen nach dem Austausch dieselbe Morphologie aufweist wie ein drittes, an der Chromutation nicht beteiligtes (s. u.).

Punkt 3. Plasmatische Unterschiede können eine verschiedene Manifestation derselben Gene bedingen. Dies bekundet sich vor allem darin, daß die Hybriden nach reziproken Kreuzungen mehr weniger voneinander abweichende Merkmale aufweisen. Dies also trotzdem, daß sie genau dieselbe genotypische Konstitution besitzen. Sämtliche in vorliegender Arbeit besprochenen Fälle wurden in reziproken Kreuzungen studiert. Von besonderem Interesse ist hier die Frage, ob und in welchem Grade die Manifestation der Gene für arttrennende Merkmale betroffen wird.

Mutationen. Eine Frage von sehr großer Bedeutung ist die, welche Wirkung Mutationen in Genen haben, die artspezifische Merkmale bedingen. Mit Mutationen, die laut Punkt 1. oben zu bisher unbekannten Genallelen führen könnten, kann offenbar nicht gerechnet werden. Denn, sollten solche wirklich eintreffen, so würde dies die Entstehung ganz neuer Gene, als Loci betrachtet, bedeuten. Mutationen von unter 2. erwähnten Genen sollten indes darüber Aufschluß geben können, welche

Merkmale ein zweites und nicht arteigenes Allel dieser Gene bedingt.
In der in Frage stehenden Art ist dabei mit dem Auftreten eines artfremden Merkmals zu rechnen und ein solches wird auch in gewissem
Grade darüber Aufschluß geben können, in welcher anderen (bekannten
oder unbekannten) Art, Gattung oder höheren Kategorie es spezifisch
ist. Wie sich in vielen Fällen gezeigt hat, können solche Genallele nur im
arteigenen Milieu zusammen mit Fertilität vorkommen. Die hierbei
zutage tretenden Erscheinungen verdienen daher besonders eingehend
studiert zu werden. Unten wird ihnen ein größerer Abschnitt gewidmet.

Methodisches. Prinzipiell neue Arbeitsmethoden kommen in dieser
Arbeit nicht vor. Die wichtigste ist die genanalytische Untersuchung der
Spaltungsergebnisse von Kreuzungen und Rückkreuzungen zwischen
verschiedenen Arten. Sie wird ergänzt durch zytologische Studien,
namentlich wenn es sich um Abweichungen in der Chromosomenstruktur
handelt.

Der dominierende Wert gründlicher genanalytischer Untersuchungen
kann in diesem Zusammenhang nicht genug hervorgehoben werden. Eine
Artkreuzung, in der die Genbedingtheit sämtlicher Unterschiede zwischen
den Elternlinien klargelegt wäre, würde einwandfreien Bescheid darüber
geben, welche Merkmale wirklich als arttrennend aufzufassen sind. Wenn
z. B. alle Merkmale in beiden Kreuzungsrichtungen überführt und in
fertilen Nachkommen erhalten werden können, dann kann es sich nicht
um naturbedingte, sondern nur um konventionelle Arten handeln. Die
Errichtung solcher Arten ist dann ausschließlich auf die subjektive Auffassung der Autoren zurückzuführen.

In diesem Zusammenhang wird ganz abgesehen von Fällen, in denen
gewisse Genkombinationen zu Letalität oder Subletalität führen oder
nicht fertil erhältlich sind. Letzteres kann aber solchenfalls auch durch
nur physiologische Schwächen bedingt sein, wie z. B. stark verminderte
Assimilationsfläche usw. Diese Erscheinungen sind ebensogut intra- wie
interspezifisch anzutreffen und liegen der genisch-plasmatisch bedingten
Barriere zwischen wirklichen (naturbedingten) Arten nicht zugrunde.
Bei genügend ausgebauten Genenkarten geben Kreuzungen auch sehr
guten Aufschluß über die Chromosomenstruktur, über die Lage von
Bruchpunkten bei Segmentaustausch usw.

Die zytologischen Untersuchungen geben Aufschluß über den Karyotyp und damit häufig auch über Veränderungen der Struktur der Chromosomen. Genanalytisch gefundene Umlagerungen in den Chromosomen,
die sich in abweichenden Koppelungsverhältnissen zu erkennen geben,
können zytologisch mehr weniger bestätigt werden. Umgekehrt können
auch zytologische Befunde wertvolle Hinweise für die Planung von
genanalytischen Untersuchungen geben.

Um neue Mutanten zu erhalten, wurden auch mutagene Agenzien verwendet, teils und vor allem Röntgenstrahlen, Beschuß mit Neutronen, Behandlung mit Chemikalien, wie Äthylenimin usw. Auch spontan sind im Laufe meiner nun etwa 35jährigen Untersuchungen viele Mutanten erhalten worden. Eine beträchtliche Anzahl der artifiziell hergestellten Mutanten war indessen bereits früher bekannt. Allgemein hat sich auch gezeigt, daß spontane Mutationen in stark heterozygotem Material häufiger aufgetreten sind als in homozygotem. Dies gilt ganz besonders für die Gattung *Pisum*. Wie unten gezeigt wird, ist auch eine ganze Anzahl von Mutationen in Genen beobachtet worden, die für die Ausbildung von artspezifischen Merkmalen verantwortlich sind.

Die Frage nach der Entstehung von Arten und höheren Kategorien kann überhaupt erst dann mit Erfolg in Angriff genommen werden, wenn auf Grund von experimentellen Ergebnissen der Artbegriff als eine naturbedingte Realität nachgewiesen worden ist. Die Klarlegung des Schrittes, der von einer Art zur nächstverwandten getan werden muß, bildet hierfür eine *conditio sine qua non*. Es ist daher eine der Hauptaufgaben der vorliegenden Arbeit, den Artbegriff auf Grund von Ergebnissen experimenteller Untersuchungen soweit wie möglich klarzulegen. Die Unterlagen für die Ausbildung von Merkmalen, um die es sich hier handelt, sind schon im vorigen Abschnitt besprochen worden.

Es folgt nun eine Übersicht über die Entwicklung des Artbegriffes seit ältesten Zeiten, d. h. seitdem überhaupt Pflanzen und Tiere auf Grund von Merkmalen gruppiert, klassifiziert worden sind.

Erwähnt sei hier, daß in den Literaturhinweisen im Text mein eigener Name mit Hinblick auf die recht große Anzahl von Arbeiten zu L. verkürzt angegeben wird.

Der Artbegriff vor Lamarck und Darwin

Der Artbegriff hat im Laufe der Zeiten beträchtliche Wandlungen erfahren. Der Zeitabschnitt vor Darwin kann in recht natürlicher Weise in zwei Perioden aufgeteilt werden. Die erste beginnt mit den ältesten Artbeschreibungen im Altertum und reicht bis etwa zur Mitte des 16. Jahrhunderts. Die zweite umfaßt die rund 300 Jahre von Caesalpinus bis Lamarck und Darwin.

Die erste Periode ist ganz dadurch gekennzeichnet, daß die Beschreibung von Pflanzen und Tieren fast ausschließlich von praktischen Gesichtspunkten erfolgt ist. Entscheidend war demnach hierbei, welche für den Menschen nützlichen Produkte erhalten werden konnten. Im übrigen teilte man z. B. die Pflanzen in die drei Hauptgruppen „Bäume, Sträucher und Kräuter" ein. Diese Periode entbehrte also ganz der Gesichtspunkte für morphologische Merkmale, wie sie für die Erkennung von Verwandtschaft zwischen den Arten und damit für die Systematik hätten herangezogen werden können. Es gab nur Einzelbeschreibungen, die keine systematischen Beziehungen zwischen den Arten andeuteten.

Mit CAESALPINUS (1519 bis 1603; s. 1583) wird die zweite Periode eingeleitet. Er scheint der erste gewesen zu sein, der eine Einteilung der Pflanzen anstrebte, die ihre natürliche Verwandtschaft berücksichtigte. Er war der Ansicht, daß die Fortpflanzungsorgane als Grundlage für eine natürliche Einteilung heranzuziehen seien. In Übereinstimmung hiermit klassifizierte er die Pflanzen mit Hinblick auf die Anzahl Samen und die der Samenfächer je Blüte sowie in bezug auf die Lage der Mikropyle (von CAESALPINUS *corculum seminale* genannt).

Die bedeutendsten Gestalten dieser zweiten Periode waren zweifellos JOHN RAY (1627 bis 1704) und CARL V. LINNÉ (1707 bis 1778). Das größte Verdienst für die richtige Gruppierung der Pflanzen in Abteilungen, Familien, Gattungen und Arten entscheidende Merkmale erkannt zu haben, gebührt RAY (1682, 1686, 1688, 1704). Ein nicht geringer Teil der von RAY errichteten Kategorien besitzt noch heute volle Gültigkeit. So die Einteilung in Gymnospermen und Angiospermen, die auf Grund der Kotyledonenzahl vorgenommene Aufteilung der Samenpflanzen in Mono- und Dikotyledonen, die Errichtung von etwa dreißig Familien sowie die von vielen Gattungen und Arten.

RAY hatte einen außerordentlich scharfen Blick für die Valeur von systematischen Merkmalen, wie die Stellung der Blätter am Stamm, den Bau der Infloreszenzen, der Blüten, der Früchte und der Samen. Er hatte damit den ersten großen und richtigen Schritt zur Errichtung eines auf die natürliche Verwandtschaft der Arten gegründeten Systems getan. Wohldurchdacht hat er es vermieden, ein System in erster Linie nur auf den wechselnden Bau eines einzelnen Organs aufzubauen, wie dies später LINNÉ in seinem Sexualsystem getan hat. RAYS große Verdienste in der Systematik umfassen in ähnlicher Weise das Tierreich. Eine eingehende Würdigung seiner Arbeiten findet man bei RAVEN (1950).

LINNÉ konnte bei seinen systematischen Arbeiten auf dem hauptsächlich von RAY gelegten Grunde weiterbauen. Prinzipiell neue Ideen für die Verwendung von Merkmalen zur Gruppierung der Arten in Übereinstimmung mit ihrer natürlichen Verwandtschaft finden wir bei LINNÉ nicht. Sein großes Verdienst liegt in der konsequenten und sorgfältigen Durchführung der schon von seinen Vorgängern verwendeten binären Nomenklatur. Wir verdanken ihm eine genaue Charakteristik von Klassen, Ordnungen, Gattungen und Arten sowohl des Pflanzen- wie des Tierreiches. Seine Arbeiten bilden die Grundlage der jetzigen Nomenklatur; für das Pflanzenreich (abgesehen von den Pilzen und niedriger stehenden Organismen): Species Plantarum 1753 und Genera Plantarum 1754, für das Tierreich: Systema Naturae ed. X, 1758.

Sein Sexualsystem der Pflanzen hatte nichts mit der natürlichen Verwandtschaft und daher auch nichts mit dem Art- bzw. Gattungsbegriff zu tun. Aber es wurde auch von ihm selbst nur als Behelf zur leichteren Bestimmung der Arten betrachtet.

Die Art faßte LINNÉ als eine unabänderliche Einheit auf; er sagte, daß es so viele Arten gibt, wie verschiedene Formen ursprünglich erschaffen worden sind. Die Arten sollten sich seit der Schöpfung unverändert erhalten haben. *„Species sunt constantissimae"*. LINNÉ war der Ansicht, daß durch Züchtung erhaltene neue Varietäten von z. B. Zierpflanzen nicht in das Gebiet des wissenschaftlich arbeitenden Botanikers gehören.

Vielleicht wird diese Ansicht LINNÉs verständlicher, wenn man bei einem Studium seiner Arbeiten wiederholt findet, daß in bezug auf die Beurteilung eines Merkmals, ob es als arttrennend oder nicht aufzufassen sei, offenbar Schwierigkeiten bestanden haben. So genügte in gewissen Fällen ein Unterschied in der Blütenfarbe, um zwei Arten zu kreieren, wie es z. B. mit *Pisum sativum* und *arvense* der Fall gewesen ist (s. L. 1956 sowie unten). In anderen Fällen, vor allem bei Insekten, ist LINNÉ mitunter für Synonymie zu seinen eigenen Arten verantwortlich. So ist z. B. bei den Coleopteren *Leptura testacea* L. (1761) = *L. rubra* L. (1758); s. AURIVILLIUS 1912 p. 207—208; *Xylotrechus liciatus* L. (1767) = *X. rusticus* L. (1758); s. AURIVILLIUS 1912 p. 362. Unter den Coccinelliden ist *Adalia pantherina* L. (1758 p. 368) = *A. sexpuntata* L. (1758 p. 364), s. KORSCHEFSKY 1932 p. 385, 394, 397.

Die Schwierigkeiten, ein Merkmal als sicher arttrennend zu erkennen, bestanden also schon für LINNÉ. Und dies, trotzdem die Anzahl bekannter Arten damals nur einen bescheidenen Teil der jetzt verzeichneten betrug. Auch stammten sie damals meistens aus geographisch viel begrenzteren Gebieten. Diese Schwierigkeiten haben seither, obwohl nun erheblich verfeinerte und tiefer gehende Untersuchungsmethoden zur Verfügung stehen, keineswegs ab-, sondern weiter zugenommen. Viele ältere Arten sind auch in mehrere neue aufgespalten worden.

Es soll schon hier, am Schluß dieses Abschnittes, hervorgehoben werden, daß es sich bei der Klarlegung des Artbegriffes immer und immer wieder um die e i n e K a r d i n a l f r a g e handelt, welche M e r k m a l e s i n d als a r t t r e n n e n d zu betrachten? Und eine eindeutige Antwort wird immer nur durch Experimente erhältlich sein. Mit Hinblick auf die in gewissen Arten sehr große Variation von Merkmalen, die auch einen entsprechend großen Reichtum an Rassen bedingen, dürfte leicht einzu-

sehen sein, daß es bei einer geringeren Anzahl von deutlich verschiedenen
Rassen kaum möglich sein wird, nur visuell zu entscheiden, ob wirkliche
Arten vorhanden sind oder nicht. Kenntnis der ökologischen und Ver-
breitungsverhältnisse helfen hier auch nicht.

Der Artbegriff seit Lamarck und Darwin

Diese Periode, die noch heute als nicht abgeschlossen zu bezeichnen
ist, wird vor allem dadurch charakterisiert, daß man versucht, den Artbegriff mit der Deszendenztheorie, d. h. mit der Unbeständigkeit der
Arten, mit der Entstehung neuer Arten aus niedrigeren Einheiten (Subspezies, Varietäten usw.) in Einklang zu bringen.

Der Gedanke, daß die Arten keine unveränderlichen Einheiten darstellen, ist schon lange vor LAMARCK und DARWIN, hauptsächlich von
Philosophen, als berechtigt betrachtet worden. Aber erst LAMARCK (1809)
hat diesen Gedanken vom naturwissenschaftlichen Standpunkt aus
weiter entwickelt. Er verneinte geradezu den alten Artbegriff, wie er in
der Unveränderlichkeit der Arten zum Ausdruck gekommen ist. Seine
Lehre, der Lamarckismus, läuft darauf hinaus, daß die Lebewesen sich
an verschiedene Umweltverhältnisse anpassen können und so durch mehr
oder weniger starken Gebrauch oder Nichtgebrauch gewisser Organe oder
innerer physiologischer Einrichtungen sich verändern und so zur Entstehung neuer Arten führen können. LAMARCK wird als Begründer der
Deszendenztheorie angesehen, und sicher erscheint, daß er sehr zu einer
wissenschaftlichen Begründung derselben beigetragen hat.

Die durch LAMARCK so veränderte Grundlage des Artbegriffes fand
bei den damaligen Naturforschern indessen wenig Anklang. Entweder
wurde sie, als nicht durch direkte Beobachtungen oder Erfahrungen
gestützt, ignoriert oder auch, wie z. B. durch CUVIER (1840), scharf bekämpft. Daß CUVIER am alten Artbegriff so starr festgehalten hat, ist
übrigens überraschend, da ihm durch seine eigenen paläontologischen
Untersuchungen die großen Veränderungen in der organischen Welt im
Laufe der geologischen Perioden nur allzu gut bekannt gewesen sind.

In nachhaltigster Weise wurde der alte Artbegriff dagegen durch
CH. DARWINS Arbeit "On the Origin of Species by Means of Natural
Selection" (1859) erschüttert. Entscheidend für den Erfolg dieser seiner
Arbeit, die ganz neue Ausblicke in der Naturforschung eröffnete, war
sicher größtenteils, daß er sich auf ein umfangreiches und gediegenes
Material von Beobachtungstatsachen stützen konnte. Ein wesentlicher
Teil dieses Materials stammt von seiner Teilnahme an der fünfjährigen

Expedition der Beagle nach Brasilien-Magelhanstraße-Westküste Südamerikas-Südseeinseln.

Auf die Frage nach dem Ursprung der jetzt lebenden Arten des Tier- und Pflanzenreiches kam er durch seine Beobachtung, daß eine nahe Verwandtschaft zwischen rezenten südamerikanischen Tieren und dort fossil gefundenen, aber doch sicher artverschiedenen, besteht. Dies veranlaßte eingehende Studien der Variabilität der Arten, wie man sie u. a. besonders bei Haustieren und Kulturpflanzen unter dem Einfluß der Züchtung beobachten kann. Die diesbezüglichen Resultate sind in seiner Arbeit "The Variation of Animals and Plants under Domestication" (1868) niedergelegt.

Darwin fand, daß auch in der Natur Einflüsse wirksam sein müssen, die eine Variabilität der Arten zur Folge haben. Diese Variabilität bildet nach Darwin die Grundlage dafür, daß es im Kampf ums Dasein in der Natur zur Auslese der konkurrenzkräftigsten Formen kommen konnte. Darwin betont auch, daß schon die Tatsache, daß Bastardierung zur Entstehung zahlreicher verschiedener Formen innerhalb einer Art führen kann, gegen das Dogma von der Unveränderlichkeit der Art spricht. Die Erfahrungen der Tier- und Pflanzenzüchter zeigten, daß die allermeisten der nach Kreuzung ausspaltenden Formen erblich fixiert werden konnten. Diese Vererbungsfähigkeit neu auftretender Merkmale war für Darwin ein weiterer sehr wichtiger Stützpunkt seiner Theorie.

Zu diesen Beobachtungen kam noch eine weitere, nämlich die ständige große Überproduktion an Nachkommen, deren Anzahl jährlich oder wenigstens binnen sehr kurzer Zeit wieder auf den ursprünglichen Umfang reduziert wurde. Die Auslese der an die Umweltverhältnisse am besten angepaßten Formen konnte sich demnach beständig in einem Material auswirken, das sehr viel größer war, als die Zahl der Individuen, die bei den herrschenden Verhältnissen zu überleben vermochte.

Im vorliegenden Zusammenhang, also in bezug auf den Artbegriff, ist Darwins Ansicht, daß die Varietäten als beginnende Arten zu betrachten seien, von ganz besonderem Interesse. Zu diesem wichtigen Schluß kam Darwin auf Grund der eben erwähnten Erscheinungen: Variabilität binnen den Arten, Auftreten neuer Formen nach Bastardierung, erbliche Fixierung dieser sowie Auslesemöglichkeit der an die Umweltverhältnisse am besten angepaßten unter einer infolge von Überproduktion reichen Nachkommenschaft. Die so entstandenen Varietäten brauchten sich nur so weit voneinander zu entfernen, z. B. durch Änderung des Zeitpunktes der Befruchtung, der Art dieser, der Reifezeit oder durch eine ökologisch starke Differenzierung, so daß eine geschlechtliche Vermischung unterbunden wurde, um als gute Arten betrachtet werden zu können. Die Ursache solcher Differenzierung im variierenden Material einer Art wollte er in den verschiedensten Umwelteinflüssen erblicken.

Diese letztgenannten Ansichten DARWINS sind deshalb von ganz besonderem Interesse, weil sie, abgesehen von ganz unbedeutenden und übrigens variierenden Modifikationen in den jetzigen Arbeiten über Evolution, z. B. DOBZHANSKY (1951), STEBBINS (1950), wiederzufinden sind. Sie gehen in diesen neueren Arbeiten (s. z. B. noch MAYR 1963) unter der Rubrik „die Ausbildung von Isolationsmechanismen". Hier interessieren diese Auffassungen sowohl den Artbegriff wie auch die Entstehung neuer Kategorien.

Nach dem Erscheinen der Arbeit von DARWIN, die nicht, wie MENDELS monumentale Arbeit, totgeschwiegen werden konnte, entstand zunächst ein starker Streit betreffs der Haltbarkeit seiner Theorie. Aber binnen wenigen Dezennien wurde die Auffassung, daß die Art konstant sei, allgemein fallen gelassen und man erkannte, daß die natürliche Verwandtschaft der Arten das Ergebnis phylogenetischer Entwicklung sein muß. Die Deszendenztheorie konnte nunmehr als bewiesen betrachtet werden, und heute zweifelt kaum ein ernst zu nehmender Naturforscher an ihrer Realität.

Schon vor 1900 wurden die Methoden zur Feststellung der Beziehungen zwischen den Arten und damit der Grundlage für die Errichtung eines natürlichen Systems erheblich vertieft. Zunehmend gründlich ausgearbeitete histologische, anatomische, chemische, serologische und andere physiologische Methoden kamen zur Verwendung. Um die Jahrhundertwende, kurz nach der Wiederentdeckung der Mendelschen Gesetze, hegte man die Hoffnung, durch Kreuzungsexperimente tieferen Einblick in die Verwandtschaft der Arten zu gewinnen und damit auch die Beschaffenheit der sie trennenden Barrieren kennen zu lernen. Die Versuche in dieser Richtung haben indessen nicht zu den erwarteten Ergebnissen geführt. Meistens wurden sie wegen zu großer Schwierigkeiten, die durch Störungen damals unbekannter Art bedingt waren und unklare Resultate gaben, aufgegeben.

Aber in einer Hinsicht hatten die Kreuzungsexperimente vieler Systematiker zum Teil einen neuen Gesichtspunkt in bezug auf den Artbegriff an den Tag gebracht, nämlich den der Bastardsterilität. Man war der Ansicht, daß wenn der Bastard zwischen zwei Formen deutlich, hochgradig oder vollkommen steril war, es sich bei diesen um gute Arten handeln sollte. Umgekehrt sollte die normale Fertilität eines Bastards beweisen, daß die Eltern nur als Formen derselben Art zu betrachten seien.

Letzteres ist zweifellos richtig, aber auch heute noch gibt es nicht wenige Taxonomen, die diese Feststellung ignorieren, wodurch immer wieder Rassen zu Arten gestempelt werden. Andererseits beweist aber auch eine mehr oder weniger hochgradige oder in gewissen Fällen sogar vollkommene Bastardsterilität, wie wir jetzt wissen, keineswegs, daß die Komponenten verschiedenen Arten angehören. Teils kann eine Art

Rassen mit verschiedener Chromosomenstruktur enthalten, die bei Kreuzung Bastarde mit hochgradiger oder sogar vollkommener Sterilität geben (s. z. B. L. 1951 a, 1954 a, 1961 a), teils kann der aus der Kreuzung hervorgegangene Bastard einem Genotypus angehören, der infolge von physiologischer Schwäche oder anderen Störungen mehr oder weniger starke bis zu vollkommene Sterilität bedingt. Ja, in gewissen Fällen kann sogar Letalität resultieren (s. z. B. WIEBE 1934).

Die unüberbrückbare Barriere zwischen naturbedingten Arten kommt nicht im Sterilitätsgrad des Bastards zum Ausdruck, sondern in der Nichtüberführbarkeit der arttrennenden Merkmale, die durch die Allele von interspezifischen Genen bedingt werden (s. L. 1948 b).

Für den Artbegriff sehr bedeutungsvolle Entdeckungen verdanken wir den großen Fortschritten auf dem Gebiet der Zytologie, die seit etwa 1925 gemacht worden sind. Diese betreffen in erster Linie die Erscheinungen der Ploidie (früher als Polyploidie bezeichnet), in zweiter Linie den Nachweis verschiedener Chromosomenstrukturen binnen ein und derselben Art. Bei der Ploidie kann es sich entweder um die Verdoppelung des ganzen Chromosomenbestandes einer Art handeln, Autoploidie, oder auch um die Addition der Genome zweier verschiedener Arten, Alloploidie. Im ersten Fall ist das Ergebnis der Ursprungsart sehr ähnlich, indem meistens nur gewisse quantitative Unterschiede zu beobachten sind. Es handelt sich um keine selbständige neue Art, sondern nur um eine Chromosomenrasse. Im zweiten Fall handelt es sich um die Entstehung einer systematisch deutlich unterschiedenen neuen Art als das Ergebnis der Addition zweier verschiedener Genome.

Autoploidisierung kann bekanntlich künstlich leicht durch Behandlung mit Colchicin erreicht werden, Alloploidie dagegen durch gewisse Kreuzungsexperimente, mitunter nach vorhergehender Autoploidisierung. Gegenwärtig ist schon eine ganze Anzahl von Fällen bekannt, in denen die Erzeugung solcher additiver Arten gelungen ist. In einigen Fällen konnten aus der Natur bekannte Alloploide auch artifiziell dargestellt werden, die dann bei Kreuzung mit ersteren ihre Konspezifität bewiesen haben. Eine gute Übersicht des auf diesem Gebiete Erreichten geben CLAUSEN, KECK und HIESEY (1945).

Im Zusammenhang mit diesen Ergebnissen soll indessen besonders hervorgehoben werden, daß auch die Alloploidie nicht imstande ist zur Entstehung neuer Organe oder von Genen für neue Merkmale zu führen. Auf diesem Wege kann es nur zu einer Neukombination und zu einer Bereicherung der durch Allelenkombinationen bedingten Variationsbreite bereits vorhandenen Materials kommen. Die Erscheinung der Ploidie wurde von mir (L. 1959) als additive Artbildung oder Diversition bezeichnet. Die hierbei erhaltenen Arten wurden als „Arten sekundären Ursprungs" oder kurz als „sekundäre Arten" bezeichnet (s. l. c.). Bei der unten folgenden Besprechung experimenteller Studien zum Artbegriff sollen diese Verhältnisse eingehender erörtert werden. Hinzu kommen dann noch die Aneuploidie sowie Strukturveränderungen in den Chromosomen.

Es drängt sich nun die Frage auf, ob und in welcher Weise die vorstehend besprochenen Ergebnisse die Auffassung des Artbegriffes seitens der Systematiker und Genetiker beeinflußt haben. DARWIN betrachtete die Spezies als nicht konstant und die Varietäten als sich in Entwicklung zu Arten befindlich. In bezug auf eine Definition der Spezies sagte er, daß es keine gäbe, die allgemein anerkennbar wäre.

Seither sind viele Definitionen versucht worden. Hier nur einige der wichtigsten Beispiele. Der Botaniker KLEBS (1905) sagt: ,,Zu einer Spezies gehören alle Individuen, die vegetativ oder durch Befruchtung vermehrt, unter gleichen äußeren Bedingungen viele Generationen hindurch übereinstimmende Merkmale zeigen''. Der Zoologe DÖDERLEIN (1902) gibt folgende Definition: ,,Zu einer Art gehören sämtliche Exemplare, welche der in der Diagnose festgestellten Form entsprechen, ferner sämtliche davon abweichende Exemplare, welche damit durch Zwischenformen so innig verbunden sind, daß sie sich ohne Willkür nicht scharf davon abtrennen lassen, endlich auch alle Formen, die mit den vorgenannten nachweislich in genetischem Zusammenhang stehen''.

PLATE (1907 und 1914), der sich eingehend mit der Frage des Artbegriffes beschäftigte, gibt folgende recht ähnliche Definition: ,,Zu einer Art gehören sämtliche Exemplare, welche die in der Diagnose festgestellten Merkmale besitzen — wobei vorausgesetzt wird, daß die äußeren Verhältnisse sich nicht ändern —, ferner sämtliche davon abweichende Exemplare, die mit ihnen durch häufig auftretende Zwischenformen innig verbunden sind, ferner alle, die mit den vorgenannten nachweislich in direktem genetischen Zusammenhang stehen oder sich durch Generationen fruchtbar mit ihnen paaren''.

Der große Botaniker R. v. WETTSTEIN (1924 p. 15) gibt folgende kürzere Definition: ,,Die Art kann als die Gesamtheit der Individuen bezeichnet werden, welche in allen dem Beobachter wesentlich erscheinenden Merkmalen untereinander und mit ihren Nachkommen übereinstimmen''. Zu dieser Definition ist zu sagen, daß sie das Subjektive in ausgezeichneter Weise durch die Worte ,,dem Beobachter wesentlich erscheinenden Merkmale'' angibt, während sie nichts über eine sachliche Unterlage aussagt.

Bei einem Vergleich dieser von Systematikern gegebenen Artdefinitionen werden unmittelbar bedenkliche Unsicherheiten offenbar, die subjektiv verschiedene Deutungen gestatten. So ist es Sache der Botaniker oder Zoologen zu entscheiden, welche Merkmale als Arten trennend aufzufassen sind, dies aber ohne daß eine objektive Grundlage hierfür angegeben werden kann. Und die Abfassung der Diagnosen, auf die so oft Bezug genommen wird, ist gerade von dieser subjektiven Entscheidung abhängig. Man spricht von abweichenden Exemplaren, die durch Zwischenformen mit dem Typ verbunden sind, und die sich nicht ohne Willkür scharf von diesem trennen lassen. Der Begriff Zwischenform scheint sehr geeignet zu sein, Irrtümer zu veranlassen. Die Systematiker scheinen trotz gründlichster Kenntnis des Materials und großer Erfahrung bei weitem nicht immer imstande zu sein, anzugeben, ob es sich in einem gegebenen Fall um ein Merkmal handelt, das zwei nächstverwandte Arten oder eine Art von einer Varietät trennt. Mitunter sind reichlich Zwischenformen vorhanden, mitunter fehlen sie, trotzdem die abweichenden Formen ein und derselben Art angehören können.

Damit gelangt man zu einem zweiten großen Mangel, der allen Artdefinitionen mehr oder weniger ausgesprochen gemeinsam zu sein scheint. Wie ist eine Varietät von der Art zu unterscheiden? Welche Definition gilt also für die Varietät im Vergleich zu der für die Art? Diese große Frage, die meiner Ansicht nach für eine Artdefinition unbedingt zu beantworten wäre, verbleibt unbeantwortet. Oder es wird, wie es z. B. PLATE (1914 p. 160) tut, gesagt, daß es unmöglich sei, Art und Varietät morphologisch scharf auseinanderzuhalten. Hieraus zieht er dann den Schlußsatz: Die Varietäten sind beginnende Arten, oder wie andere Autoren sagen, die Subspezies und Varietäten sind Spezies *in statu nascendi.*

Ein paar Beispiele zur Veranschaulichung dieser Verhältnisse. Von der Rosaceengattung *Geum* sind in Mittel- und Nordeuropa die beiden Arten *rivale* L. und *urbanum* L. weit verbreitet. *G. rivale* kommt nur auf feuchtem Gelände, *G. urbanum* nur auf ziemlich trockenem vor. Im übrigen haben die beiden Arten praktisch genommen dieselbe Verbreitung. Wenn sich diese beiden Arten irgendwo zufällig begegnen, kommt es leicht zur Entstehung von Bastarden, die die gleiche Fertilität wie die Elternarten aufweisen. WINGE (1926 und 1938 p. 232) führte die Kreuzung *G. rivale* × *urbanum* künstlich aus und studierte eine große Nachkommenschaft. Es gab keine Fertilitätsstörungen und es spalteten reichlich, gleichfalls normal fertile, Zwischenformen aus.

Im Freien sind von diesen die mit *rivale* und *urbanum* übereinstimmenden, ökologisch (hinsichtlich Wasserhaushalt) gut differenzierten Rassen die allein genügend konkurrenzfähigen. Sie bleiben bestehen, die Zwischenformen werden ausgemerzt. Mit der ökologisch verschiedenen Einstellung dieser zwei Rassen geht eine etwas verschiedene Morphologie einher, mit der LINNÉ die Aufstellung der zwei gut bekannten „Arten" begründete. Es bedarf wohl keiner weiteren Erörterung, daß es sich bei diesen beiden „Arten" nur um ökologische Rassen ein und derselben Art handeln kann, die aus dem reichen Varietätenmosaik dieser durch die Wirkung der Umweltverhältnisse ausgelesen worden sind.

Die Rassen einer Art, die im Kampf ums Dasein in der Natur übrigbleiben, ob sie nun verschiedene geographische Ausbreitung haben oder morphologisch oder ökologisch mehr oder weniger stark voneinander abweichen, dürfen keineswegs zum Rang selbständiger Arten erhöht werden, wie dies von Systematikern immer und immer wieder geschehen ist. Mit Hinblick auf die traditionellen Arbeitsmethoden der Systematiker, ohne Berücksichtigung der genetischen Beziehungen solcher Rassen zueinander, sind solche Ergebnisse auch unvermeidlich und voll verständlich. Solche Arten sind daher als von nur konventioneller Natur zu betrachten; ich habe sie in früheren Arbeiten als „Pseudoarten" bezeichnet.

Ein weiteres Beispiel soll die Konsequenzen aufweisen, die sich ergeben, wenn man annimmt, daß zwei sehr stark verschiedene Rassen einer Art in der Natur mit verschiedener geographischer Verbreitung vorkommen. Angenommen, von den zahlreichen Hunderassen wären nur zwei vorhanden: Der Neufundländer mit Verbreitung in hochnordischen Gegenden, zirkumpolar, und der Pekinese in Südchina und Malaya. Welche systematischen Kategorien wären diesen beiden Hunderassen dann zuzuerkennen? Diese Frage legte ich einem bekannten Zoologen vor. Die Antwort war: „Wenigstens zwei gut getrennte Gattungen. Mit Hinblick auf den stark abweichenden Skelettbau wäre man geneigt, an noch höhere Kategorien zu denken, was aber wegen der übereinstimmenden Zahnformel ausgeschlossen erscheint".

Fälle, wie der oben für die Gattung *Geum* angeführte, sind im Pflanzenreich, wie später gezeigt werden soll, keineswegs Seltenheiten. Auch im Tierreich dürften sie nicht selten sein, nur stoßen hier die zur Klarlegung erforderlichen Kreuzungsexperimente auf erheblich größere Schwierigkeiten.

Zu derselben Einstellung, die die meisten Botaniker zu den ökologischen Rassen von *Geum* haben, d. h. dieselben als gute Spezies aufzufassen, bekennt sich u. a. der Ornithologe E. MAYR (1947) in bezug auf die Tiere. Er gibt folgende Artdefinition: Spezies sind Gruppen von sich tatsächlich kreuzenden oder potentiell kreuzbaren natürlichen Populationen, die von anderen solchen Gruppen hinsichtlich Reproduktion isoliert sind. Er betont auch, entscheidend sei nur, daß diese Gruppen in der Natur sich so verhalten. Dagegen sollte es für die Auffassung des Artbegriffes ohne Bedeutung sein, ob sich solche Gruppen in Gefangenschaft paaren und nur fertile Nachkommen geben. MAYR führt mehrere Beispiele hierfür an, so z. B. die *Canis*-Arten Hund, Wolf, Schakal und Kojote, oder die Fasane *Chrysolophus pictus* und *Chr. amherstiae*. Trotzdem die Kreuzungsnachkommen in F_2, F_3 usw. vollkommen fertil sind, werden sie, da sie in der Natur freistehende „Varietätengruppen" bilden, als gute Spezies aufgefaßt.

Diese Auffassung des Artbegriffes durch Mayr ist erstaunlich, da er hierdurch die seit altersher gut bekannte Tatsache ignoriert, daß es auch nahe miteinander verwandte Arten gibt, die durch eine unüberbrückbare Sterilitätsbarriere voneinander getrennt gehalten werden. Er wirft diese guten, naturbedingten Arten zusammen mit seinen als Arten aufgefaßten interfertilen Varietätengruppen in einen Topf.

Mayrs Auffassung bedeutet also, daß verschiedene, in irgendeiner Weise voneinander isolierte Varietätengruppen stets als gute Arten zu betrachten wären. Dies geschah in reichlichem Ausmaße in der Ornithologie, was laut Mayr (l. c. p. 127) u. a. in folgendem zum Ausdruck kam: „1910 enthielt die letzte vollständige Liste aller Vogelarten 19.000 Spezies. Seither wurden etwa weitere 8000 Formen beschrieben, aber anstatt nun 27.000 Spezies zu haben, wurden diese auf 8500 reduziert, von denen viele polytypisch sind." Man kann hier vor allem fragen, wie viele von den 8500 Spezies repräsentieren vielleicht noch immer solche Varietätengruppen? Ferner: Welche Merkmale sind in diesem Falle als wirklich artentrennend zu betrachten?

Vom genetischen Gesichtspunkt ist hier unmittelbar zu betonen, daß es in vielen Arten Gene gibt, die, je nachdem ob sie in dominanter oder in rezessiver Form auftreten, auffallende morphologische Differenzen bedingen. Solche Gene können mit den übrigen beliebig in fertilen Nachkommen kombiniert werden, weshalb man sie auch nicht als Grundlage einer Artbarriere auffassen kann.

Bei dem Standpunkt eines Systematikers wie Mayr (und mit ihm vieler anderer) sucht man ganz vergebens nach Anhaltspunkten betreffs der systematischen Valeur von Merkmalen, d. h. welche von diesen nur Varietätengruppen bzw. wirkliche Arten voneinander trennen. Unter solchen Umständen muß der Artbegriff für die Systematiker zweifellos eine Crux darstellen. Und die Ursache dieser Einstellung scheint mir ausschließlich in der Annahme zu liegen, daß die Subspezies oder Varietäten im Werden begriffene Arten darstellen. Irgendwelche Beweise für die Richtigkeit dieser Annahme fehlen aber vollständig. Es handelt sich nur um eine Idee.

Von Interesse ist in diesem Zusammenhang der Standpunkt von Willis (1922 und 1940), zu dem er auf Grund sehr umfangreicher Studien der Pflanzen in den verschiedensten Gebieten gelangt ist. Er betont mit großer Bestimmtheit, daß Arten nicht aus Varietäten oder Subspezies entstanden sein können, sondern nur durch größere evolutionäre Schritte, sowie, daß die Genera und höheren systematischen Einheiten zuerst entstanden sind und diese sich darauf in Spezies differenziert haben. Damit hat Willis sich auch zu einem Artbegriff bekannt, der zwischen den Spezies eine physiologisch bedingte, unüberbrückbare Barriere voraussetzt. Rassen, wie Subspezies oder Gruppen von Varietäten werden von ihm nicht als Arten anerkannt.

Nun zum Artbegriff, wie er von Genetikern in neueren Arbeiten über Evolution zum Ausdruck gebracht wird. GOLDSCHMIDT (1940) nimmt in dieser Hinsicht einen vorsichtigen Standpunkt ein. In bezug auf eine Definition der Art sagt er (l. c. p. 142): "We do not intend to discuss definitions, and we do not feel entitled to tell the taxonomists what they ought to call a species". Er lehnt es also ab, eine Definition des Artbegriffes zu geben. Aber sein Standpunkt betreffs der systematischen Valeur von Varietätengruppen und Subspezies einerseits und von Spezies anderseits gibt klaren Bescheid, daß er diesbezüglich nahe mit dem von WILLIS übereinstimmt.

GOLDSCHMIDTS Auffassung der Abgrenzung der Art von Subspezies und Varietäten kommt in folgenden Äußerungen klar zum Ausdruck (l. c. p. 183 und 396). Subspezies sind wirklich als solche zu betrachten, weshalb sie weder als werdende Spezies noch als Modelle für die Entstehung von Arten aufgefaßt werden können. Sie sind mehr oder weniger differenzierte Sackgassen innerhalb der Spezies. Der entscheidende Schritt in der Evolution, der erste Schritt zur Macroevolution, der Schritt von einer Spezies zu einer anderen, verlangt andere evolutionäre Vorgänge als die Anhäufung von Micromutationen allein. Es gibt keine Kategorien von im Werden begriffenen Spezies. Die Arten und höheren Kategorien entstehen durch einzelne macroevolutionäre Schritte als vollkommen neue genetische Systeme.

Schon BATESON (1922) war der Ansicht, daß wenn auch keine genaue Definition für den Artbegriff gegeben werden kann, die Arten doch in ganz anderer, schärferer Weise gegeneinander abgegrenzt sind als die ihnen untergeordneten Einheiten. Bei Arten sind die Unterschiede nicht wie bei Varietäten nur gradueller Beschaffenheit.

DOBZHANSKY (1951) scheint in bezug auf den Artbegriff und das Verhältnis von Subspezies und Varietätengruppen zur Spezies keinen dezidierten Standpunkt einnehmen zu wollen. Er vermeidet es auch eine Definition der Art zu geben. Dem Abschnitt "Species as Natural Units" kann folgendes entnommen werden. Teils gibt er zu, daß die Spezies jene systematische Einheit ist, die dem Wechsel in der Nomenklatur mit besonderer Zähigkeit widerstanden hat. Dies sollte also für eine Beständigkeit der Spezies sprechen. Aber anderseits nimmt er ungefähr denselben Standpunkt wie MAYR ein, daß nämlich die Arten durch Akkumulation von genischen Veränderungen aus den Rassen entstehen. Varietätengruppen und Subspezies sind werdende Arten. Dieser Schritt soll durch die Entwicklung einer reproduktiven Isolation stattfinden. Er ist der Ansicht, daß es oft Fälle gibt, in denen sich Populationen an der Grenze zwischen Rassen und Spezies befinden, sowie, daß, wenn es zur

Bildung einer Art kommt, der kritische Schritt für die Erreichung der reproduktiven Isolation relativ schnell erfolgen soll.

Stebbins stellt in seiner großen Arbeit (1950) eine für den Artbegriff wesentliche Frage: Sind die morphologischen und physiologischen Merkmale, die die Spezies voneinander trennen, anderer Beschaffenheit als jene, die Rassen und Subspezies derselben Art trennen, oder besteht diesbezüglich nur ein Gradunterschied? Die Antwort auf diese Frage betrachtet er als unzweideutig und die Ergebnisse zytogenetischer Studien sollen mit der diesbezüglichen Ansicht der meisten Systematiker übereinstimmen. Für die Unterschiede zwischen nahe verwandten Spezies soll es fast immer entsprechende Unterschiede zwischen Rassen und Subspezies der einzelnen Arten geben. Im übrigen ist Stebbins etwa derselben Ansicht wie Dobzhansky, daß nämlich die Rassen und Subspezies das Ausgangsmaterial für die Entstehung der Arten bilden. So sagt er l. c. p. 195: Das kritische Ereignis bei der Entstehung von Arten ist der Zerfall von früher kontinuierlichen Populationen in zwei oder mehrere solche, die dann eine morphologische Diskontinuität zeigen und reproduktiv voneinander isoliert sind.

In den letzten zwei Dezennien sind noch wenigstens weitere fünfzehn Arbeiten über Evolution erschienen, die, soweit es sich um den Artbegriff handelt, ungefähr denselben Standpunkt einnehmen wie Dobzhansky, Mayr und Stebbins. Die Idee, daß Subspezies und Varietäten im allgemeinen im Werden begriffene Spezies sind, stammt, wie wir sahen, von Darwin, und an dieser wurde von der großen Mehrzahl der Forscher festgehalten und versucht, mit neueren Methoden gewonnene Ergebnisse zu ihrer Bestätigung beizutragen. Gewisse Autoren (wie Willis und Goldschmidt) haben diese Idee jedoch ganz abgelehnt, und meiner Ansicht nach mit vollem Recht. In bezug auf eine Übersicht des auf dem Gebiete der Evolutionsforschung Veröffentlichten sei auf das von Heberer (1959) herausgegebene Sammelwerk „Die Evolution der Organismen" verwiesen. Irgendeinen neuen Beitrag zur Frage, wie der Schritt von einer Art zu einer neuen getan werden könnte, enthält indessen auch diese Arbeit nicht.

Zusammenfassung der Ansichten über den Artbegriff seit Lamarck und Darwin

Es zeigt sich, daß sowohl Systematiker wie Genetiker noch immer weit davon entfernt sind, eine eindeutige Definition des Artbegriffes geben zu können. Und die Klarlegung dieses Begriffes ist, wie leicht einzusehen, untrennbar verbunden mit der Frage des Ablaufes der Evolution. Wie wollte man auch den Schritt von einer Art zu der ihr nächstverwandten angeben können, ohne überhaupt darüber im Klaren zu sein, wodurch die unüberbrückbare Barriere zwischen wirklichen Arten aufrecht erhalten wird.

Es werden die nicht selten unüberwindlichen Schwierigkeiten der Systematiker bei dem Entscheid beleuchtet, ob es sich um eine selbständige Art oder nur um eine Rasse einer solchen handelt. Der Systematiker ist darauf angewiesen, visuell feststellbaren Merkmalen (ergänzt mit Angaben über geographische Verbreitung und ökologische Verhältnisse) artentrennende oder nicht artentrennende Valeur zuzuschreiben. Ich glaube nicht zu weit zu gehen, wenn ich der Ansicht Ausdruck gebe, daß wohl eine übernatürliche Intuition erforderlich sein dürfte, um auf Grund visueller Betrachtung diesbezüglich eine sichere Entscheidung treffen zu können.

Wenn z. B. dieselben Gene, die binnen einer Art einen deutlichen morphologischen Unterschied bedingen, wie z. B. bei dem oben angeführten Beispiel von *Geum rivale* und *G. urbanum*, überdies mit einem stärkeren Unterschied in ökologischer Hinsicht einhergehen, so daß die Träger dieser Merkmale in ganz getrennten Gebieten auftreten, so ist natürlich scheinbar die Unterlage für die Schaffung guter Arten gegeben.

Den Systematikern kann diesbezüglich kein Vorwurf gemacht werden. Aber in jenen Fällen, wo solche Verhältnisse genanalytisch klargelegt worden sind, hätte man zu erwarten, daß die Vereinigung solcher Rassen zu einer Art durchgeführt wird, was aber, soweit mir bekannt, kaum je geschehen ist.

Für die Genetiker liegt die Sache anders. Sie stellen sich die Frage, wie die Entstehung der Arten vor sich gegangen ist. Was sollte hier wohl näher liegen, als die Barriere, die die Arten getrennt hält, wenigstens in einer begrenzten Anzahl von Fällen sowohl hinsichtlich genischer, zytologischer wie plasmatischer Unterschiede möglichst vollständig zu analysieren. Denn nur dann, wenn wir diese Unterschiede genügend gut kennen, wird es möglich sein, den Artbegriff klar zu definieren. Und nur, wenn die Barriere zwischen Arten klargelegt ist, wird man sagen können, worin die Evolution, der Schritt von einer Art zu einer anderen, nächstverwandten, bestehen muß. Erwähnenswert dürfte auch sein, daß die eventuelle Bedeutung der plasmatischen Unterschiede zwischen Arten, die doch seit ungefähr dreißig Jahren sicher bekannt sind (LEHMANN 1928, MICHAELIS 1929), in den Arbeiten über Evolution praktisch genommen ganz übergangen wird. Es wird gar nicht danach gefragt, welche Bedeutung verschiedenem Plasma zukommen könnte.

Auf dem nun besprochenen Gebiet wurde von Genetikern nur äußerst wenig, und für eine eindeutige Beantwortung der oben gestellten Frage jedenfalls nur ganz Unzulängliches geleistet. Die Ergebnisse meiner auf diesem Gebiet seit etwa dreißig Jahren betriebenen Untersuchungen sind in der Hauptsache in einer Reihe von Arbeiten niedergelegt (s. vor allem: 1940 und 1941, 1944, 1945 a, 1948 a, 1948 b, 1949, 1953 a, 1954 a, 1956 d, 1956 f, 1957 b, 1958 b, 1959, 1961 a, 1962 a, 1963, 1964 und 1964 a). Im Folgenden soll über diese, ergänzt durch weitere Ergebnisse, zusammenfassend berichtet werden.

Ergebnisse von Artkreuzungen

Bei der Planung von Artkreuzungen, in denen sowohl Spaltung von Genen, als auch zytologische und plasmatische Erscheinungen studiert werden sollen, ist die Wahl des Ausgangsmaterials von größter Bedeutung. Die Arten sollen soweit wie möglich nahe verwandt sein, so daß nicht zu große Unterschiede in bezug auf Genenbestand und Chromosomenstruktur vorhanden sind. In Artkreuzungen ist auf alle Fälle damit zu rechnen, daß eine größere Anzahl von Genen spaltet.

Sehr vorteilhaft ist, wenn die zu kreuzenden Arten womöglich gleiche Struktur der Chromosomen besitzen. Bei größeren Unterschieden hierin kommt es zu hochgradiger Sterilität, wodurch meistens ein großer Teil von Genkombinationen ausfallen kann. Und damit könnte eine Analyse der für artspezifische Merkmale verantwortlichen Gene der Untersuchung entzogen werden. Schließlich dürfen die plasmatischen Unterschiede auch nicht zu groß sein, da es sonst leicht vorkommt, daß die Kreuzung nicht in beiden Richtungen (oder überhaupt nicht) ausführbar ist.

Zu meinen Untersuchungen wurden folgende Arten verwendet: *Chrysanthemum carinatum* SCHOUSB., *Chr. coronarium* L., *Phaseolus vulgaris* L. und *Ph. coccineus* L. (sowohl Wild- wie Kulturformen), *Petunia axillaris* (LAM.) B. S. P., *inflata* R. FRIES und *violacea* LINDL., *Pisum abyssinicum* BRAUN, *P. arvense* L. (einschließlich des Cultivars *sativum* L.), *elatius* BIEB. (STEV.), *fulvum* SIBTH. et SM., *humile* BOISS. et NOË, *transcaucasicum* (GOV.) STANKOV, von *Avena*: *sativa* L., *sterilis* L.

und *chinensis*. Von sämtlichen aufgezählten Arten ist mir Original-material aus Gebieten zur Verfügung gestanden, in denen diese ende-misch sind.

Die Bearbeitung des Kreuzungsmaterials erfolgte in allen Fällen in prinzipiell gleicher Weise. Die Kreuzungen wurden in reziproken Rich-tungen ausgeführt. Die F_1 wurden hinsichtlich des Grades der Sterilität, also des eventuellen Vorhandenseins einer Sterilitätsbarriere, sowie in bezug auf Unterschiede in den reziproken Kreuzungsrichtungen studiert. Letztere geben bekanntlich Aufschluß über plasmatische Differenzen zwischen den Elternlinien.

Die Analyse der F_2 und weiterer Generationen wurde stets mit der Feststellung als Ziel durchgeführt, welche der spaltenden Gene für die Ausbildung von spezieseigenen Merkmalen verantwortlich sind. Die Auslese, ausgehend von F_2, wurde also immer auf das Vorhandensein und die Vererbung des vom paternellen Elter eingeführten Genbestan-des betrieben. In der Regel erfolgte diese Auslese bis in F_5, aber in gewis-sen Fällen bis F_{15}, in einem sogar bis F_{19}. Dieses Vorgehen sollte dem-nach immer zur Feststellung führen, welche Gene an der Aufrecht-erhaltung einer eventuell unüberbrückbaren Artbarriere beteiligt sind. Darüber hinaus wurde untersucht: das Vorkommen von deutlichen pleiotropen Effekten, die Möglichkeit von den Elternarten eingeführte Gene beliebig zu kombinieren und schließlich die zytologischen Verhältnisse.

Die Kreuzung *Chrysanthemum carinatum* Schousb. × *Chr. coronarium* L. und reziprok

Chrysanthemum carinatum ist in Nordwestafrika endemisch, *Chr. coronarium* ist in den Mittelmeerländern weit verbreitet. Von diesen beiden Arten wurden zahlreiche Gartenformen aufgezogen. Die von mir zu den Kreuzungen benutzten Linien stammen aus der Sorte „Nord-stern" *(carinatum)* und aus „Weißblütige" *(coronarium)*[1]. Unten folgt eine Gegenüberstellung der Merkmale dieser Sorten. Berücksichtigt werden hierbei alle in den Kreuzungen studierten Merkmale sowie Habi-tus und Kotyledonenform. Nicht aufgenommen sind dagegen Eigen-schaften, von denen bekannt war, daß sie in nahe verwandten Sorten derselben Spezies stark variieren, wie Blütenfarbe, gefüllte Blüten, Blüh-zeit usw., die demnach von vornherein als arttrennend ausgeschlossen werden konnten.

---

[1] Dr. h. c. Arvid Nilsson danke ich hier nochmals für die große Hilfe bei meiner Untersuchung. Er hat die Elternlinien reingezüchtet, die Kreuzungen aus-geführt, F_1-Generationen gebaut und wiederholt beurteilt sowie Saat und Aus-pflanzen der weiteren Generationen besorgt.

Die Merkmale von *Chr. carinatum* und *coronarium*, wie sie in den
Elternlinien der Kreuzungen zutagetreten

Merkmal	*Chr. carinatum*	*Chr. coronarium*
Habitus	Hauptstamm in etwa halber Pflanzenhöhe mit Blütenkorb endigend, von den Seitenzweigen stark übergipfelt. Höhe 80 bis 100 cm.	Hauptstamm und Seitenzweige etwa in gleicher Höhe Blütenkörbe tragend. Höhe bis etwa 150 cm.
Kotyledonen	Langgestreckt oval (s. Abb. 1 links).	Fast kreisrund bis rundoval (s. Abb. 1 rechts).
Blattform	Mit 6 bis 9 Paar primären Blattfiedern. Im oberen Teil des Blattes mit 2 bis 3 schmalen und langen sekundären Blattfiedern. Abstände zwischen diesen bedeutend größer als bei *coronarium* und nach außen deutlich abnehmend. Praktisch genommen nie mit tertiären Blattzipfeln. Blattfiedern schmal (s. Abb. 2).	Mit 9 bis 12 primären Blattfiedern. Im oberen Teil des Blattes mit 4 bis 5 breiten und kurzen sekundären Blattfiedern. Mit zwischen diesen etwa gleichen Abständen und dicht stehend. Gewöhnlich mit kurzen tertiären Blattzipfeln. Blattfiedern breit (s. Abb. 3).
Blattkonsistenz	Dick.	Dünn.
Blattnerven	Auf der Blattunterseite erhöht.	Auf der Blattunter- und -oberseite erhöht.
Farbe und Glanz der Blätter	Heller bis dunkler grün, glänzend.	Matt graugrün.
Blütenkörbchen	Mit fast ebener Ober- und Unterseite (s. Abb. 4 links).	Mit gewölbter Ober- und Unterseite (s. Abb. 4 rechts).
Blütenboden	Breit, spitz kegelförmig (s. Abb. 4 links).	Mittelbreit, gleichmäßig gewölbt (s. Abb. 4 rechts).
Hüllblätter	Stark entwickelt, fleischig, fast gleichlang, äußere schmal lanzettlich mit Andeutung zu Trockenhaut, innere breiter und zur abgerundeten Spitze erweitert, scharf und oft wellig gekielt (s. Abb. 5 links).	Schwach entwickelt dünn, ungleichgroß, breit trockenhäutig mit abgerundeter Spitze und oben mit unbedeutender Andeutung zu einem Kiel (s. Abb. 5 rechts).
Blumenblätter d. Zungenblüten	Mit fast geraden bis wenig ausgeschweiften Seiten, unten keilförmig in die Kronenröhre übergehend. Spitze schräg abgestutzt, mit $\pm$ deutlichen Kerben (s. Abb. 6 links).	Seitlich etwas ausgeschweift bis fast parallel, unten mit breit gerundeter Basis. Spitze fast quer abgestutzt, mit weniger deutlichen Kerben (s. Abb. 6 rechts).

Merkmal	*Chr. carinatum*	*Chr. coronarium*
Scheibenblüten	Kronenröhre breiter. Samenanlage mit stark entwickelten Flügeln. Krone urnenähnlich, mit zur Kronenröhre deutlich abgesetzter, gerundeter Basis. Kronenlappen ungefähr gleich breit wie lang (s. Abb. 7 links).	Kronenröhre schmäler. Samenanlage ohne Flügel. Krone wenig erweitert, von der Kronenröhre undeutlich abgesetzt. Kronenlappen bedeutend länger als breit (s. Abb. 7 rechts).
Fruchtform	Stark flachgedrückt prismatisch, gekrümmt, einseitig verjüngt. Mit breiten Flügelkanten (s. Abb. 8). Ohne Rippen. Ohne Harzdrüsen.	Vierkantig prismatisch, wenig gekrümmt, einseitig verjüngt. Ohne oder mit nur flügelähnlichen Kanten (s. Abb. 9). Zwischen den Kanten mit Rippen. Mit Reihen von Harzdrüsen in Furchen zwischen den Rippen.
Früchte der Zungenblüten	Größer, ungleichmäßig dreikantig, periphere Flügelkante breit in schräg nach oben gerichteter Spitze auslaufend (s. Abb. 8 rechts).	Größer, dreikantig mit deutlichen flügelähnlichen Kanten (s. Abb. 9 rechts).
Früchte der Scheibenblüten	Kleiner, platter, zweiseitig geflügelt (s. Abb. 8 links).	Kleiner, mit oder ohne flügelähnlichen Kanten (s. Abb. 9 links).
Fruchtfarbe	Hellschmutziggelblich bis weißlichgelb, glatt, glänzend.	Hell- bis dunkelbraun, ganz matt.

Eine weitere, wichtige Eigenschaft ist der Grad der Fertilität, der für alle Pflanzen von F_1 bis F_5 festgestellt worden ist. Die Beurteilung erfolgte nach folgender Skala: 0 = ganz ohne Früchte, 1 = mit bis zu 8 Früchten, 2 = mit 9 bis 25 Früchten, 3 = annähernd fertil und 4 = sehr reichlicher Fruchtansatz. Bei der Auswertung dieser Zahlen ist zu beachten, daß, namentlich in Pflanzen mit schwachem Fruchtansatz, häufig parthenokarpe Früchte auftreten. Der Fertilitätsgrad 1 besagt also keineswegs, daß solche Pflanzen entwicklungsfähige Zygoten produziert haben; dies mußte stets erst durch Aussaat ermittelt werden, was für die Feststellung des Vorkommens von artfremden Allelen interspezifischer Gene entscheidend ist. Nicht selten ist, in Artkreuzungen wie hier, das Auftreten von mehr oder weniger ausgeprägter Sterilität auch auf durch unglückliche genotypische Konstitution bedingte physiologische Schwäche zurückzuführen, eine Erscheinung, die in höheren Generationen durch Auslese schnell verschwindet. In diesem Zusammenhang muß erwähnt werden, daß die letztgenannte Erscheinung auch in Kreuzungen zwischen wenig verwandten Rassen ein und derselben Spezies nicht ungewöhnlich ist (s. u.).

Abb. 1. Junge Samenpflanzen mit Keimblättern: links von *carinatum*, rechts von *coronarium*

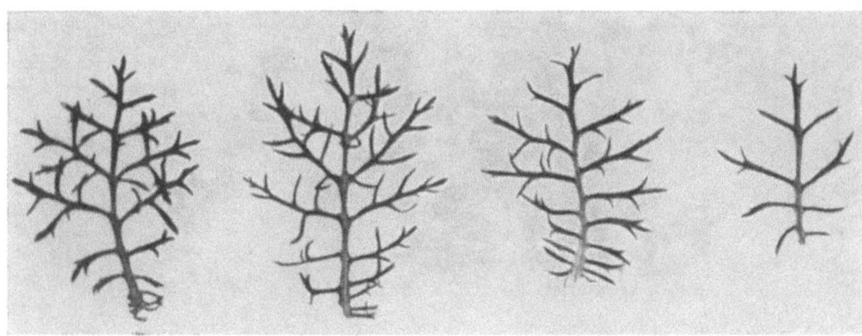

Abb. 2. Blatt-Typen von *Chrysanthemum carinatum* SCHOUSB., Sorte „Nordstern"

Abb. 3. Blatt-Typen von *Chrysanthemum coronarium* L., Sorte „Weißblütige"

Abb. 4. Vertikalschnitt durch Blütenkörbchen, die verschiedene Form des Blütenbodens zeigend. Links: *carinatum*, rechts: *coronarium*. Schnittfläche gefärbt

Abb. 5. Blütenkörbchen (Knospe) mit entfernten Zungenblüten von oben und von
der Seite. Links: *carinatum*, rechts: *coronarium*

Abb. 6. Die Form der Blumenblätter der Zungenblüten. Links von *carinatum*,
rechts von *coronarium*

Zu den oben angeführten Merkmalen ist noch Folgendes zu erwähnen. Für den Habitus (ohne oder mit übergipfelnden Stammverzweigungen) ist auf Grund von aus dieser Artkreuzung früher aufgezogenen Sorten bekannt (s. unten), daß einer beliebigen Kombination dieser Merkmale in fertilen Nachkommen kein Hindernis im Wege steht, weshalb es von der Analyse ausgeschlossen werden konnte. Die Kotyledonenform, lang-

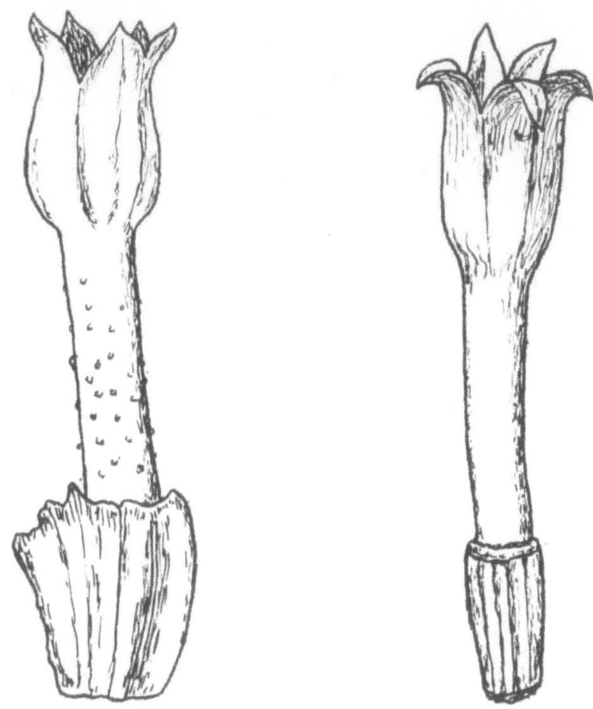

Abb. 7. Die Scheibenblüten von *Chrysanthemum:* links *carinatum*, rechts *coronarium*

gestreckt oval bzw. rund bis rundoval, geht mit der Breite der Blattfiedern parallel, und ist daher als ein ausgeprägt pleiotropes Merkmal aufzufassen. Auch dieses konnte daher bei der weiteren Untersuchung vernachlässigt werden.

Die Beurteilung der Merkmale. Die Beurteilung erfolgte im allgemeinen nach einer fünfgradigen Skala, in der 5 typisch *carinatum*, 1 typisch *coronarium* angibt. Eine 3 gibt also an, daß das Merkmal typisch intermediär ausgeprägt ist, 4 ist *carinatum* näherstehend *(subcarinatum)* und 2 ist *coronarium* näherstehend *(subcoronarium)*. Einige Merkmale wurden auch auf 0,5-Differenzen beurteilt (z. B. die Blattform). Zu beachten ist hierbei, daß auch bei einer einheitlichen Sorte die meisten

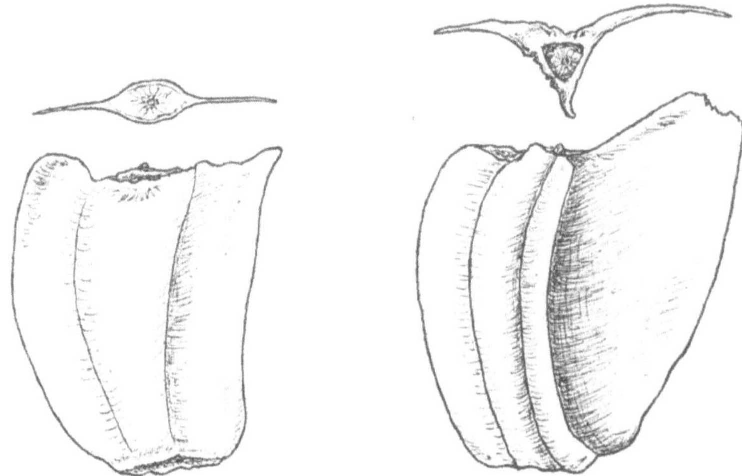

Abb. 8. Früchte von *Chrysanthemum carinatum:* links von Scheibenblüte, rechts von Zungenblüte

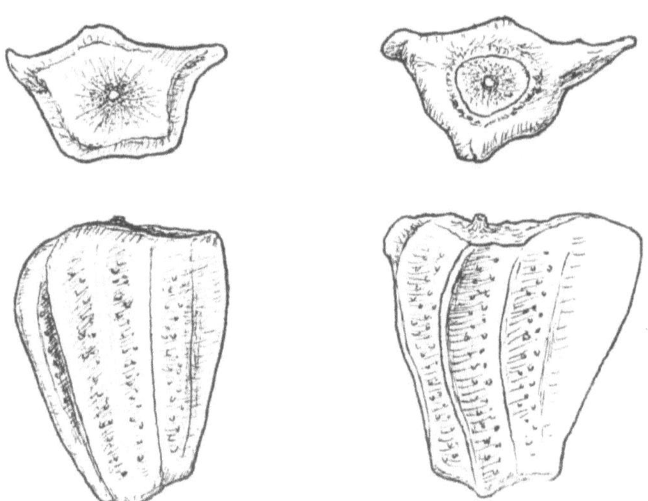

Abb. 9. Früchte von *Chrysanthemum coronarium:* links von Scheibenblüte, rechts von Zungenblüte

Merkmale eine, wenn auch kleine Variation aufweisen. Gewisse Merkmale zeigen nur eine sehr geringe, andere eine größere Variation, die eine Verschiebung mit 0,5 bis 1, selten mit 1,5 bis 2 erreichen kann. In den Tabellen wird die Skala von 5 bis 1 durch die Bezeichnungen *car*, *sca*, *int*, *sco* und *cor* ersetzt. Für die Blattfarbe werden die Bezeichnungen hell-, dunkel- und graugrün, für den Glanz der Blätter glänzend, intermediär und matt benutzt.

Außer den oben erwähnten Eigenschaften wurden noch beurteilt: Farbe der Zungen- und Scheibenblüten, Metallglanz der Scheibenblüten, Anzahl Kränze der Zungenblüten, also Grad der Blütenfüllung usw. Diese zwischen Sorten binnen der Spezies variierenden Merkmale können mit Sicherheit als durch intraspezifische Gene bedingt aufgefaßt werden, weshalb sie für das hier zu behandelnde Problem der Artbarriere ohne Interesse sind. Sie sollen in genanalytischem Sinne in einer besonderen Arbeit ausgewertet werden.

Darüber hinaus wurden durch Mutationen, unglückliche genotypische Konstitution oder chromosomale Störungen bedingte Abnormitäten, wie Vergrünung, Horizontalverzweigung, Zwerge usw. vermerkt, die hier gleichfalls von untergeordnetem Interesse sind und nur gelegentlich nebenbei erwähnt werden.

Methodisches. Sowohl *Chr. carinatum* wie *coronarium* sind typische Fremdbefruchter. Der Pollen wird durch Insekten übertragen. Bei Isolierung werden nur vereinzelte Früchte erhalten und auch von diesen ist der größte Teil nicht entwicklungsfähig, was hauptsächlich auf Parthenokarpie beruhen dürfte. A. Nilsson (1954 p. 90) erhielt von etwa 60 in 20 Isoliertüten eingeschlossenen Blütenkörbchen nur 14 voll ausgebildete Früchte, aus denen elf Pflanzen aufgezogen werden konnten. Normal gibt ein Blütenkörbchen etwa 250 Früchte, so daß die 60 Körbchen in diesem Versuch rund 15.000 Früchte gegeben haben sollten. Dasselbe Ergebnis wurde in einem Parallelversuch nach künstlicher Bestäubung der isolierten Blütenkörbchen mit eigenem Pollen erhalten.

Mit Hinblick auf diese Verhältnisse wurden die Kreuzungen einfach in der Weise ausgeführt, daß eine einzelne Pflanze der einen Art in einen größeren Bestand der anderen ausgepflanzt worden ist. Die F_1-Individuen je Kreuzung wurden dann in einer gemeinsamen Gruppe stark abstandsisoliert frei abblühen gelassen. Dasselbe gilt auch für die F_2-Generationen.

Die Auswahl von F_2-Individuen, von denen Nachkommen in F_3 studiert werden sollten, erfolgte so, daß möglichst viele Kombinationen der Merkmale beider Spezies, hauptsächlich der väterlichen, vertreten waren. Das große F_3-Material wurde dann mit Hinblick auf von der väterlichen Art eingeführten Genen (Merkmalen) und Fertilitätsgrad gruppiert. In dieser Weise wurden für die F_3 Gruppen gebildet, die abstandsisoliert ausgepflanzt wurden und je bestimmte und — soweit wie möglich — väterliche Merkmale zeigten.

Ein schematisches Beispiel soll dies erläutern. In der Kreuzung *carinatum* × *coronarium* wurden in einer Gruppe Pflanzen vereinigt, die in F_3 hinsichtlich Form von Blütenkörbchen, Blütenboden und Hüllblättern als rein bzw. als *coronarium* nahestehend anzusprechen waren. Hierbei ist natürlich die schon binnen *coronarium* auftretende Variation zu berücksichtigen. In dieser Weise wurde die Auslese in der Kreuzung mit *carinatum* als Mutter fast stets von Generation zu Generation in *coronarium*-Richtung getrieben.

Eine Auslese von Individuen mit nur *coronarium*-Merkmalen war natürlich nicht erreichbar, da bei Spaltung in 14 Genen in F_2 theoretisch 16.384 Pflanzen erforderlich sind, um nur ein einziges in allen diesen Genen homozygotes Individuum anzutreffen. Außerdem werden mehrere der 14 Merkmale durch mehr als ein Gen bedingt, wodurch diese Zahl auf ein Mehrfaches ansteigt. Soweit möglich wurde daher für jedes Merkmal eine Anzahl Individuen vom *coronarium*- bzw. *subcoronarium*-Typ, der oft in die Variationsbreite von *coronarium* fällt, ausgelesen und in der nächsten Generation studiert.

Wie erwähnt, geschah dies in abstandsisolierten Gruppen, was mit Hinblick auf die extreme Fremdbefruchter-Natur dieser Arten unerläßlich war. Es sagt sich von selbst, daß bei der Auslese zu diesen Gruppen stets mit gewissen Kombinationen vorgegangen werden mußte. Denn auch das recht große Material, in F_2 etwa 1150 und insgesamt ungefähr 10.000 Pflanzen, würde keineswegs genügt haben, um für jedes Merkmal und für jede Abstufung der einzelnen Merkmale einheitliche Gruppen zu erhalten (s. L. 1956 f).

Durch die vorgenommene Auslese in Richtung *coronarium* von durchschnittlich weniger als zehn Prozent je Generation wurde derselbe Effekt erreicht, als wenn man eine F_2 von etwa 15 Millionen Individuen untersucht hätte. Denn aus etwa 120 von 1100 F_2-Pflanzen wurden 3500 F_3-Individuen, entsprechend etwa 35.000 in F_2. Die etwa 2940 F_4-Pflanzen repräsentieren schon etwa 800.000 und die etwa 2100 F_5 über 15 Millionen F_2-Pflanzen. Es ist dies dasselbe Verfahren, das in der Züchtung von z. B. Weizen zur Verwendung gelangt. Man nimmt aus einer F_2 von etwa 1000 Pflanzen die besten 30 heraus und fährt so durch wenigstens fünf Generationen fort, bis man die gewünschte Eigenschaftskombination erhält, für deren Auffinden in F_2 eine Individuenzahl von ein paar hundert Millionen erforderlich gewesen wäre.

Diese Methodik führt in der *Chrysanthemum*-Kreuzung zu einer unmittelbaren Anreicherung von *coronarium*-Merkmalen und in F_5, zum Teil schon in F_4, wurden, soweit es sich um intraspezifische Gene handelte, meistens normal fertile Familien mit ausschließlich dem einen oder anderen *coronarium*-Merkmal erhalten. Hierbei muß wiederum die auch in reinen Sorten auftretende Variation der Merkmale berücksichtigt werden. Die Anzahl verschiedener Spaltungstypen in den höheren Generationen, die in den Tabellen stets getrennt angeführt werden, ermöglicht es zum Teil die Anzahl beteiligter Gene annähernd anzugeben.

Die zytologischen Verhältnisse von *Chrysanthemum carinatum* und *coronarium* in der Mitose[1]

Beide von mir benutzten *Chrysanthemum*-Linien haben die diploide Zahl $(2n) = 18$. Hier wird der Versuch gemacht die neun Chromosomen jeder der beiden Arten soweit wie möglich zu identifizieren sowie einen

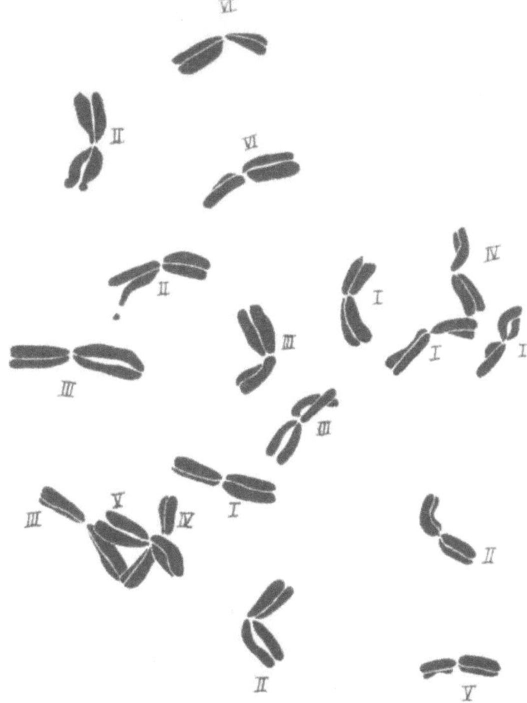

Abb. 10. Mitose von *Chrysanthemum carinatum*, Sorte Nordstern. Näheres s. Text

eventuellen sicheren Unterschied zwischen den Karyotypen der beiden Spezies festzustellen.

---

[1] Das hier mitgeteilte zytologische Material verdanke ich dem Entgegenkommen unseres Zytologen, Herrn Assistent S. BLIXT, wofür ich hier meinen Dank ausspreche.

Abb. 10 zeigt den Karyotyp von *Chr. carinatum*, Abb. 11 den von *coronarium*. Wie aus diesen Abbildungen hervorgeht, sind die Chromosomen nicht mit I bis IX numeriert, sondern es gibt von den Nummern I, II und III statt je zwei, je vier Chromosomenpaare; von den Chromosomen IV, V und VI aber, wie normal, nur je zwei Paare. Dies besagt, daß sowohl in *carinatum* wie in *coronarium* nur sechs sicher verschiedene Chromosomen festgestellt werden konnten; drei derselben kommen demnach doppelt vor. Eines der Chromosomen hat einen Satelliten, doch ist dieser nur ab und zu anzutreffen, so in Abb. 10 an zwei der Chromosomen Nr. II von *carinatum*.

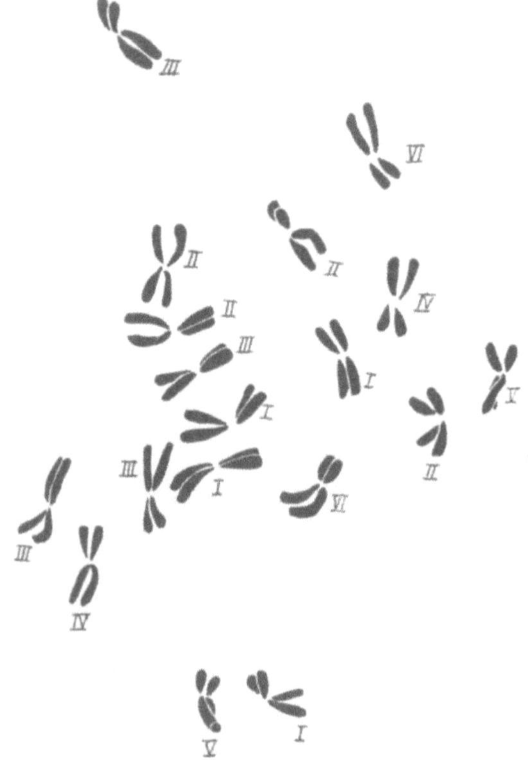

Abb. 11. Mitose von *Chrysanthemum coronarium*, Sorte Weißblütige. Näheres s. Text

Für sämtliche Chromosomen wurde in einer Anzahl von Platten (32 bzw. 14) die Länge auf 0,1 μ genau gemessen (auf 0,05 μ geschätzt). Darauf wurde die Länge in Prozent der Gesamtlänge aller 18 Chromosomen ausgedrückt = L%. Ferner wurde das Verhältnis zwischen den Längen der Arme (längerer/kürzerer Arm) ermittelt = VA. Für *carinatum* liegen für die Chromosomen I, II und III, die doppelt vorhanden zu sein scheinen, je 64 Messungen vor, für IV, V und VI je 32. Von *coronarium* wurden 14 Platten gemessen, die für I, II und III also je 28, für IV, V und VI je 14 Werte gaben. Da zwischen den Paaren der Chromosomen I, II bzw. III weder hinsichtlich L% noch VA irgendwelche sicheren Unterschiede festgestellt werden konnten, sind diese natürlich auch in den folgenden Tabellen vereinigt.

Tabelle 1 enthält die Mittelwerte mit dazugehörigen mittleren Fehlern für L% und VA beider Eltern. Tabelle 2 bringt die D/m_{Diff}-Werte für den Unterschied in sowohl L% wie AV der sechs Chromosomen von *carinatum* und *coronarium*. Aus Tabelle 3 schließlich sind die D/m_{Diff}-Werte für die Unterschiede zwischen den einzelnen Chromosomen sowohl in bezug auf L% wie AV der beiden Spezies zu entnehmen.

Tabelle 1. Die Mittelwerte mit mittleren Fehlern der Chromosomenlängen, ausgedrückt in Prozent der Gesamtlänge aller 18 Chromosomen (L%), sowie die Verhältnisse der Chromosomenarme (längerer/kürzerer Arm) mit mittleren Fehlern von *carinatum* und *coronarium*

Chromosom Nr.	Prozentuale Chromosomenlänge (L%) von		Verhältnis der Chromosomenarme (VA) von	
	carinatum	*coronarium*	*carinatum*	*coronarium*
I	5,63 ± 0,0619	5,62 ± 0,0961	1,05 ± 0,0048	1,04 ± 0,0065
II	5,08 ± 0,0494	5,10 ± 0,0192	1,13 ± 0,0063	1,14 ± 0,0124
III	5,87 ± 0,0647	5,93 ± 0,0764	1,17 ± 0,0075	1,15 ± 0,0118
IV	5,65 ± 0,0865	5,94 ± 0,1450	1,23 ± 0,0083	1,30 ± 0,0084
V	5,45 ± 0,0980	5,28 ± 0,1348	1,28 ± 0,0081	1,34 ± 0,0169
VI	5,64 ± 0,0863	5,49 ± 0,1649	1,41 ± 0,0222	1,53 ± 0,0393

Tabelle 2. Die D/m_{Diff}-Werte für den Unterschied zwischen entsprechenden Chromosomen von *Chr. carinatum und coronarium*

D/m_{Diff}	Chromosomen-Nr.					
	I	II	III	IV	V	VI
für den L%:	0,088	0,377	0,600	1,716	1,018	0,866
für das VA:	1,235	0,719	1,429	5,085	3,191	2,661

Ein Blick auf die Zahlen in Tabelle 1 zeigt, daß die Längen der Chromosomen (L%) beider Arten gut miteinander übereinstimmen. Man findet auch etwa denselben Gang von I bis VI. Es besteht nirgends ein sicherer Unterschied, was auch die hierfür berechneten D/m_{Diff}-Werte in Tabelle 2 bestätigen, indem diese nur von 0,088 bis 1,716 variieren. Annähernd dasselbe gilt auch für die Verhältnisse zwischen den Chromosomenarmen beider Spezies. Eine einigermaßen deutliche Abweichung liegt hier für die Chromosomen IV und V vor, doch kann auch diese keineswegs als sicher betrachtet werden, da hierfür die Anzahl untersuchter Platten (nur 14 von *coronarium*) laut unseren Erfahrungen an

einem großen Material von *Pisum* als unzulänglich betrachtet werden
muß. Es brauchen bei einem so kleinen Material nur die mittleren Fehler
zufällig klein auszufallen, um einen scheinbar sicheren Unterschied vor-
zutäuschen.

Tabelle 3. Die D/m$_{Diff}$-Werte für den Unterschied zwischen den einzelnen Chromosomen hinsichtlich Länge (L%) und Verhältnis der
Arme (VA) für *Chr. carinatum* und *coronarium*

Verglichene Chromosomen	D/m$_{Diff}$ für die Chromosomenlängen (L%) von		D/m$_{Diff}$ für das Verhältnis der Arme (VA) von	
	carinatum	*coronarium*	*carinatum*	*coronarium*
I—II	6,944	5,306	10,127	7,143
I—III	2,682	2,520	13,483	8,148
I—IV	0,187	1,839	19,792	24,528
I—V	1,552	2,048	24,468	16,575
I—VI	0,094	0,681	15,859	12,312
II—III	9,705	10,533	4,082	0,585
II—IV	5,723	5,753	10,577	10,667
II—V	3,364	1,324	14,563	9,524
II—VI	5,634	2,349	13,121	9,466
III—IV	2,037	0,061	6,250	10,345
III—V	3,590	3,939	10,000	9,223
III—VI	2,130	2,418	10,256	9,268
IV—V	1,527	3,333	3,448	2,116
IV—VI	0,082	2,045	7,173	5,721
V—VI	1,450	0,986	5,508	4,439

Die oben mitgeteilten Ergebnisse scheinen dafür zu sprechen, daß
die Chromosomen von *Chr. carinatum* und *coronarium* miteinander übereinstimmen. Hieraus kann aber noch nicht geschlossen werden, daß die
Chromosomen beider Arten gleiche Struktur besitzen. Die unten mitgeteilten Kreuzungsergebnisse machen es wahrscheinlich, daß weder
größere Strukturunterschiede (Translokationen, Relokationen), noch
größere Unterschiede im Genenbestand (Gene als Loci betrachtet) bestehen. Wäre dies der Fall, dann sollte man in Generation nach Generation
noch immer Familien finden, die Semi- bzw. partielle Sterilität mit
einiger Regelmäßigkeit aufweisen. Und dies ist nicht der Fall gewesen.
Eine gewisse Schwierigkeit für die sichere Feststellung dieser Erscheinung liegt allerdings darin, daß beide Arten ausgesprochene Fremd-
bestäuber sind.

Die sechs Chromosomen beider Arten können, wie die D/m$_{Diff}$-Werte
in Tabelle 3 zeigen, als morphologisch sicher identifizierbar betrachtet
werden. Die Chromosomen beider Spezies zeigen in dieser Hinsicht
annähernd gleiches Verhalten. Ist der D/m$_{Diff}$-Wert für zwei bestimmte
Chromosomen von *carinatum* niedrig, so findet man etwa dasselbe für
coronarium und umgekehrt. Die Zahlen zeigen, daß die Chromosomen
gut gegeneinander abgegrenzt sind. Wo der L% allein hierfür nicht

genügt, tut es das Verhältnis der Armlängen oder umgekehrt. Nur für die Chromosomen IV und V und in geringerem Maß auch für V und VI ist der Unterschied weniger markiert. Aber für IV und V zeigt sich dann, daß diese Chromosomen bei einem Vergleich mit anderen, z. B. von IV und V mit II sich deutlich verschieden verhalten.

Zusammenfassend kann gesagt werden, daß die zytologischen Untersuchungen nichts an den Tag gebracht haben, das für irgendwelche sichere Unterschiede zwischen den Chromosomen von *Chr. carinatum* und *coronarium* spricht. Die unten zu besprechenden Spaltungsergebnisse in Kreuzungen zwischen diesen Arten zeigen in dieselbe Richtung.

Die F_1-Generationen und der große plasmatische Unterschied zwischen *Chrysanthemum carinatum* und *coronarium*

Wie oben erwähnt, wurden zu den Kreuzungen einheitliche Sorten benutzt und stets wurde ein einzelnes Individuum der einen Art in eine größere Gruppe der anderen Art ausgepflanzt, und umgekehrt. Der Fruchtansatz war sowohl bei Verwendung von *carinatum* wie von *coronarium* als Mutter als gut zu bezeichnen. So konnten aus den Früchten einer *carinatum*-Pflanze 132 F_1-Individuen aufgezogen werden und eine *coronarium*-Pflanze gab in entsprechender Weise sogar 400 Pflanzen (A. NILSSON 1954 p. 89 und 92). Der Fruchtansatz der F_1-Pflanzen mit *carinatum* als Mutter war dagegen im allgemeinen sehr schwach, durchschnittlich nicht mehr als etwa 5 Früchte betragend, während mit *coronarium* als Mutter ein Vielfaches hiervon erhalten worden ist. Man kann hier einen plasmatischen Unterschied zwischen den beiden Arten vermuten.

Mit Hinblick auf die Einheitlichkeit der Elternsorten war zu erwarten, daß die F_1-Individuen in beiden Kreuzungsrichtungen praktisch genommen dieselben Merkmale aufweisen sollten. Dies war indessen bei weitem nicht der Fall.

Ein Vergleich der Merkmale der in beiden Kreuzungsrichtungen erhaltenen F_1-Individuen zeigt fast durchweg große Unterschiede. Mit *carinatum* als Mutter sind die meisten Merkmale als intermediär oder intermediär nahestehend zu bezeichnen. Kein Merkmal kann als rein *carinatum* angegeben werden. Am ehesten gilt dies für die Ausbildung der Harzdrüsen und der Rippen der Früchte. Am nächsten *coronarium* steht der Glanz der Blätter. Diese sind ziemlich matt und wurden daher als *subcoronarium* klassifiziert. Einige Eigenschaften wie Breite der Blattfiedern, Konsistenz und Farbe der Blätter sowie Form des Blütenbodens variieren zum Teil von intermediär gegen *subcoronarium*. Als Gesamteindruck sind die F_1-Pflanzen mit *carinatum* als Mutter jedoch intermediär. Die Hüllblätter sind indes *carinatum* näherstehend.

Ganz abweichend verhält sich F_1 mit *coronarium* als Mutter. Die visuell leicht feststellbaren Merkmale sind entweder rein *coronarium* oder diesem so nahestehend (*-subcoronarium*), daß man auch in reiner

Vergleich der F_1-Merkmale beider Kreuzungsrichtungen

Merkmal	F_1 mit *carinatum* als Mutter	F_1 mit *coronarium* als Mutter
Blätter		
Form	intermediär — *subcarinatum*	*subcoronarium*
Breite der Fiedern	*subcoronarium* — intermediär	*subcoronarium* — *coronarium*
Konsistenz	intermediär — *subcoronarium*	*coronarium* — *subcoronarium*
Blattnerven	*subcarinatum* — intermediär	*subcoronarium* — intermediär
Farbe	intermediär — *subcoronarium*	*coronarium*
Glanz	*subcoronarium*	*coronarium* — *subcoronarium*
Infloreszenzen und Blüten		
Blütenkörbchen	intermediär	*subcoronarium* — intermediär
Blütenboden	*subcarinatum* — intermediär	*subcoronarium* — *coronarium*
Hüllblätter	*subcarinatum*	*coronarium*
Blumenblätter d. Zungenblüten	intermediär — *subcarinatum*	*coronarium* — *subcoronarium*
Form der Scheibenblüten	intermediär — *subcarinatum*	*subcoronarium*
Früchte		
Form	*subcarinatum* (—intermediär)	*coronarium*
Flügel	intermediär	*coronarium*
Rippen	*subcarinatum* — *carinatum*	*coronarium*
Harzdrüsen	*carinatum* — *subcarinatum*	*coronarium*

coronarium solche Pflanzen antreffen kann. Rein *coronarium* sind nicht weniger als sechs Merkmale: Blattfarbe, Form der Hüllblätter, Form, Flügel, Rippen und Harzdrüsen der Früchte. Sehr nahestehend, *coronarium—subcoronarium*, sind ferner folgende sechs Merkmale: Blattform, Breite der Blattfiedern, Konsistenz und Glanz der Blätter, Form des Blütenbodens sowie Form der Blumenblätter der Zungenblüten (man vergleiche die Abb. 12, 13 und 14 mit 2, 3 und 6). Etwas deutlicher abweichend, von *subcoronarium* gegen intermediär, sind die Blattnerven sowie die Form der Blütenkörbchen.

Die für die Ausbildung der hier in Frage stehenden Merkmale verantwortlichen Gene manifestieren sich also im Plasma der beiden Arten sehr verschieden. Unentschieden muß hierbei einstweilen bleiben, inwiefern eine mit der Kreuzung erfolgte Einführung artfremder Allele von interspezifischen Genen die Manifestation arteigener Genallele verändert hat. Hierauf soll später zurückgekommen werden.

Unter den 14 studierten Merkmalen konnte nicht ein einziges angegeben werden, das in den F_1 beider Kreuzungsrichtungen zu gleicher Aus-

Abb. 12. Blattypen der F_1 der Kreuzung *Chrysanthemum carinatum* × *Chr. coronarium*

Abb. 13. Blattypen der F_1 der Kreuzung *Chrysanthemum coronarium* × *carinatum*

bildung gelangt wäre. Und in drei Viertel der Merkmale (11 von 14) ist der Unterschied als groß zu bezeichnen. Ein weiterer starker Unterschied besteht hinsichtlich Blütenfarbe und Glanz der Scheibenblüten, die aber beide sicher durch intraspezifische Gene bedingt sind, und hier daher kein Interesse haben.

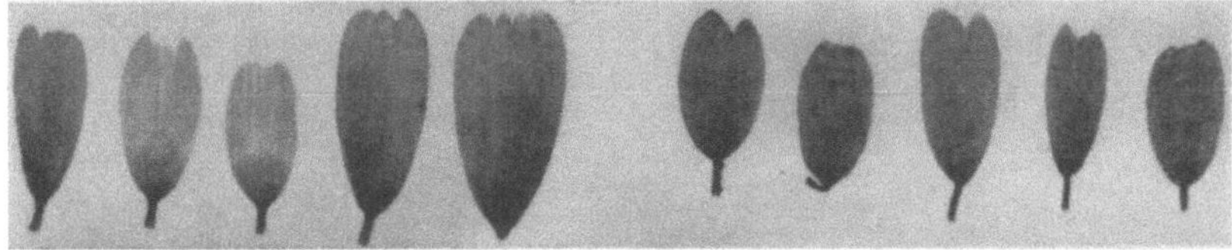

Abb. 14. Die Form der Blumenblätter der Zungenblüten. Links von F_1 der Kreuzung *Chr. carinatum* × *coronarium*, rechts von F_1 der reziproken Kreuzung, *Chr. coronarium* × *carinatum*

Zusammenfassend kann also auf Grund der F_1-Ergebnisse gesagt werden, daß sich die genotypische Konstitution hier sehr verschieden manifestiert hat, je nachdem ob die Gene in Plasma von *carinatum* oder von *coronarium* eingelagert waren. Es kann daher mit großer Wahrscheinlichkeit geschlossen werden, daß zwischen *Chrysanthemum carinatum* und *coronarium* erhebliche plasmatische Unterschiede vorhanden sind und daß diese für die Barriere zwischen diesen Arten eine entscheidende Rolle spielen.

Die F_2 bis F_5 der Kreuzung
Chrysanthemum carinatum × *coronarium*

Im Folgenden werden die Spaltungsergebnisse in den oben besprochenen Merkmalen in F_2 bis F_5 mitgeteilt. Das Hauptgewicht muß hierbei auf die Ergebnisse der höheren Generationen gelegt werden, da es hier um den Nachweis geht, welche der Merkmale und damit die diese bedingenden Gene in normal fertilen Individuen (bzw. Familien) erhalten werden können, und welche nicht. Für die F_2-Generation wird daher nur die summarische Spaltung in einigen der wichtigsten Merkmale angeführt.

Ist ein väterliches Merkmal überhaupt nicht oder nicht in fertilen Nachkommen erhältlich, dann ist seine Manifestation von der Wirkung des Allels eines interspezifischen Gens abhängig. Und die Reproduktion solcher Allele ist von der Anwesenheit von Stoffen abhängig, die nur im arteigenen Plasma vorhanden sind (s. L. 1964).

Da Kenntnis des Fertilitätsgrades der ausspaltenden Neukombinationen hier von entscheidender Bedeutung sein kann, wird dieser unten in den Zusammenstellungen angegeben. Um diese Tabellen jedoch nicht zu überlasten, geschieht dies in einfacher Weise so, daß bei einigermaßen normalem Fruchtansatz keine Angaben gemacht werden und für die

Fertilitätsgrade 0 (steril) und 1 (1 bis 8 Früchte) die Individuenanzahl in einer besonderen Kolonne je Generation eingetragen wird. Erwähnt sei, daß die große Mehrzahl der übrigen Pflanzen normale bzw. annähernd normale Fertilität zeigten. Wenn gewisse der Pflanzen mit schwacher Fertilität in Merkmalen stark in Richtung *coronarium* abwichen, wurden ihre Nachkommen untersucht, wobei sich sofort zeigte, ob es sich um parthenokarpe oder funktionsuntaugliche Früchte gehandelt hat.

Die spaltenden Merkmale werden, soweit dies gesichert erscheint, auf die Wirkung bestimmter Gene zurückgeführt. Hierbei werden auch die Erfahrungen, die mit anderen reingezüchteten Sorten und einer Hybridsorte gemacht worden sind, berücksichtigt (s. A. NILSSON 1948, 1953 und 1954).

Zur sicheren Klarlegung der oben angegebenen Fragen ist es unbedingt notwendig, jedes der 21 visuell feststellbaren Merkmale mit Hinblick auf die Möglichkeit, diese von der einen in die andere *Chrysanthemum*-Art und umgekehrt zu überführen, hinsichtlich ihrer Vererbungsweise zu studieren. Dies bedeutet eine gewisse Belastung der Arbeit, ist aber ganz unerläßlich für die Feststellung einer eventuell vorhandenen Artbarriere. Insgesamt konnte hierbei die Wirkung von wenigstens 21 verschiedenen Genen nachgewiesen werden.

Die Vererbung der Blatteigenschaften

In der Übersicht über die Merkmale wurden für das Blatt folgende angegeben: Blattform, Blattkonsistenz, Blattnerven sowie Farbe und Glanz. Zu den letztgenannten vier Merkmalen ist nichts hinzuzufügen. Die Blattform bedarf indessen einer besonderen Erläuterung. Sie wird bedingt durch die Anzahl primärer Blattfiedern, durch die im oberen Teil des Blattes an diesen vorhandenen sekundären Fiedern, durch die Abstände zwischen diesen bzw. ihrer Dichte, durch das Vorhandensein bzw. Fehlen von tertiären Fiedern (zahnähnlichen Zipfeln) sowie durch die Breite der Blattfiedern.

Der Bauplan des Blattes wird demnach durch die Fiederschnittigkeit, dem Zusammenwirken von primären und sekundären Fiedern charakterisiert. Die primäre und sekundäre Fiederung wurde für alle Generationen je für sich beurteilt. Hierbei hat sich herausgestellt, daß diese nicht unabhängig voneinander vererbt werden. So konnte niemals eine Neukombination in der Weise erhalten werden, daß z. B. der primäre Fiedertyp von *carinatum* mit dem für *coronarium* charakteristischen Typ der sekundären Fiederung oder umgekehrt vereinigt war. Offenbar handelt es sich hier um die pleiotrope Wirkung ein und desselben Gens.

Das Auftreten von tertiären Blattzipfeln, wie sie beim *coronarium*-Blatt regelmäßig vorkommen, wurde (aus arbeitstechnischen Gründen) keiner besonderen Analyse unterworfen. Wie aber die Hybridensorten ×

spectabile, aus der Kreuzung *Chr. carinatum* × *coronarium* stammend, zeigen, ist dieses Merkmal nicht an den Bauplan des *coronarium*-Blattes gebunden. Es wird durch die Wirkung eines besonderen Gens bedingt, das auch nach *carinatum* überführt in fertilen Nachkommen erhalten werden kann. Eine solche Form repräsentiert z. B. die Sorte „Margareta Weibulls". Das in Frage stehende Gen soll, abgeleitet von *ramosus* = verzweigt und *tria* = drei, mit dem Symbol *Rat* belegt werden.

Abb. 15. Links ein Blatt von *Chr. carinatum* mit schmalen Fiedern, rechts ein entsprechendes mit breiten Fiedern, beide ausgespalten in der Kreuzung *carinatum* × *coronarium*

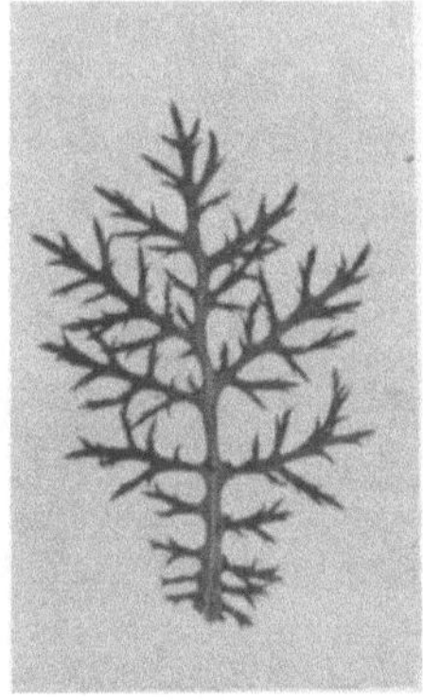

Abb. 16. Links ein typisches Blatt mit ziemlich breiten Fiedern von *Chr. coronarium*, rechts ein Blatt mit gleichem *coronarium*-Bauplan, aber mit schmalen Fiedern, ausgespalten in der Kreuzung *coronarium* × *carinatum*. In beiden Fällen ist im oberen Teil auch eine tertiäre, zahnähnliche Fiederung wahrnehmbar

Die Breite der Fiedern ist gleichfalls ein ganz selbständiges Merkmal binnen beiden Elternarten. Es kann demnach beliebig mit der verschiedenen Fiederschnittigkeit kombiniert werden. Man vergleiche diesbezüglich die Abb. 15 und 16 mit 2 und 3. Abb. 15 und 2 zeigen den Bauplan des *carinatum*-Blattes mit schmalen und (Abb. 15 rechts) mit breiten Fiedern. Entsprechend zeigen die Abb. 3 und 16 den Bauplan des *coronarium*-Blattes mit breiten und schmalen Fiedern. Aus den Abbildungen geht auch hervor, daß es sich nicht um zwei verschiedene, sondern wahrscheinlich um vier erblich verschiedene Blattbreiten handelt. Im Folgenden wird für die in beiden Elternarten beliebig kombinierbare Fiedernbreite keine besondere Analyse mitgeteilt. Die hierfür verantwortlichen Gene sollen mit den Symbolen *Te* und *Ten* (von *tenuis* = schmal) belegt werden, wobei der schmale Fiederntyp von *carinatum te ten* und der ganz breite von *coronarium Te Ten* haben soll.

Wenn im folgenden die Bezeichnungen *carinatum (car)*, *subcarinatum (sca)* usw. benutzt werden, so beziehen sich diese ausschließlich auf den

Bauplan des Blattes, wie er oben mit Hinblick auf die Fiederschnittigkeit gekennzeichnet worden ist. Eine Beurteilung des Blatt-Typs mit Bezug auf den Gesamteindruck allein, also auch die Fiedernbreite berücksichtigend, würde, wie sich aus Vorstehendem ergibt, leicht zu Fehlschlüssen führen. Erwähnt sei hier noch, daß der verschiedene Bauplan der Blätter besonders schön an jungen Pflanzen zutagetritt (s. Abb. 17).

Abb. 17. Junge *Chrysanthemum*-Pflanzen; links von *carinatum*, rechts von *coronarium*. Man beachte den stark verschiedenen Bauplan

Die Vererbung der Blattform. In bezug auf den Blattbau der beiden Eltern-Arten sei hier auf die Gegenüberstellung der Merkmale dieser oben sowie auf das eben Angeführte verwiesen.

Die Blätter der F_1-Pflanzen zeigten intermediäre bis *subcarinatum*-Form, wie sie Abb. 12 veranschaulicht. Die Anzahl primärer Fiedern liegt durchschnittlich zwischen der der Eltern und dasselbe gilt auch für die sekundären Fiedern. Letztere sitzen bei *coronarium* überdies auch dichter, wie dies Abb. 3 zeigt. Das Blatt ganz rechts in Abb. 3 ist abweichend und nicht charakteristisch, was zuweilen bei schwacher Entwicklung vorkommen kann. Bei den F_1-Pflanzen findet man ab und zu auch eine Andeutung zu tertiären Fiedern in der Form kleiner Zähnchen (Abb. 12).

In F_2 konnten 1135 Individuen in bezug auf Blattbau bzw. Habitus klassifiziert werden. Folgende Spaltung wurde beobachtet:

112 *car* : 689 *sca* : 249 *int* : 46 *sco* : 5 *cor;* Summe = 1101.

Außerdem gab es 15 monströse Pflanzen mit schlangenförmiger Stammverzweigung, 4 mit horizontaler Stammverzweigung und 15 sterile Zwerge. Es sei schon hier erwähnt, daß in Artkreuzungen viel häufiger Mutationen auftreten, als in Kreuzungen zwischen Varietäten. Die 15 monströsen und 4 Pflanzen mit horizontaler Stammverzweigung betrachte ich als solche Mutationen, da ich analoge Fälle bei *Phaseolus* genanalytisch studieren konnte. Bei den sterilen Zwergen kann es sich z. T. um Mutationen handeln, aber hier ist stets mit der Möglichkeit zu rechnen, daß es Trisomen sind.

Die größte Individuenfrequenz in F_2 stimmt gut mit der auf Grund der Beschaffenheit der F_1-Individuen erwarteten Frequenz an Typen der Klassen *subcarinatum*-intermediär überein. In diese beiden Klassen zusammen fallen nicht weniger als 938 (= 85,2%) der 1101 normalen F_2-Pflanzen. In den Klassen *car* + *sca* + *int* betrugen die sterilen Pflanzen 2,4%, die schwach fertilen 6,1%. Von den 5 als *coronarium* klassifizierten Pflanzen waren 4 steril und eine hatte nur parthenokarpe Früchte. Von den 46 als *sco* klassifizierten waren 18% steril, 10 hatten parthenokarpe Früchte und der Rest erwies sich bei Beurteilung auf Grund der Nachkommen als dem intermediären Typ angehörig.

Schon dieses F_2-Ergebnis spricht mit Bestimmtheit dafür, daß zwischen *Chrys. carinatum* und *coronarium*, durch die Wirkung der Allele eines interspezifischen Gens für den Bauplan der Blätter, eine unüberbrückbare Barriere aufrechterhalten wird. Die Reproduktion der Allele von artspezifischen Genen ist von nur im arteigenen Plasma vorhandenen Stoffen abhängig, was auch durch die Ergebnisse der in sehr großem Umfang ausgeführten Kreuzungen zwischen *Phaseolus vulgaris* und *coccineus* bestätigt wird (s. u.). Wie sich zeigen wird, konnte diese Erscheinung in F_3 bis F_5 der *Chrysanthemum*-Kreuzung bestätigt werden.

Tabelle 4. Die Aufspaltung im Merkmal Blattform in F_3—F_5 der Kreuzung *Chrysanthemum carinatum* × *coronarium*

Generation	Anzahl Individuen mit Blattform					Summe Individuen	Davon mit Fertilität			
							0	1	in Prozent	
	car.	*sca.*	*int.*	*sco.*	*cor.*				0	1
F_3	1	378	2700	457	—	3536	237	192	6,7	5,4
F_4	—	138	2468	335	—	2941	90	668	3,4	22,7
F_5	1	72	1818	238	—	2129	4	408	0,2	19,2

In bezug auf die Auslese in Richtung *coronarium* in F_3 bis F_5 sei hier noch erwähnt, daß vom intermediären Typ auch nur schwach nach *coronarium* abweichende Pflanzen als 3,5 klassifiziert worden sind (s. den

Abschnitt „Beurteilung der Merkmale"). Dies geschah auch, wenn sie vielleicht noch in die Variationsbreite der intermediären Klasse fielen. Solche Pflanzen wurden also als *sco* eingetragen, um womöglich doch eine Ausspaltung von Individuen mit reinem *cor*-Blattyp zu finden. Die Ergebnisse dieser Auslese sind in Tabelle 4 zusammengestellt.

Für die F_3 zeigt sich, daß der Großteil der Pflanzen, trotz so stark wie möglicher Auslese in Richtung *coronarium*, in der Klasse intermediär zu liegen kommt, d. h. nicht weniger als 2700 bzw. 76,4% der 3536 Individuen. Die als *sco* klassifizierten Pflanzen haben hier meistens die Note 3,5, also intermediär sehr nahestehend und Entsprechendes gilt für die *sca*-Pflanzen (mit 2,5), die auch intermediär sehr nahestehen. Abgesehen von dem einzigen *carinatum*-Individuum können alle Pflanzen der F_3 als einem konstanten intermediären Typ angehörig aufgefaßt werden. Ganz dieselbe Erscheinung zeigen die F_4 und F_5, obwohl zu diesen fast ausschließlich in Richtung *subcoronarium* gehende Individuen ausgelesen worden sind. Die Fertilität hat von Generation zu Generation schnell zugenommen, so daß in F_5 von 2129 Pflanzen nur mehr vier sterile gefunden wurden.

Diese Ergebnisse zeigen folgendes. Erstens, daß der verschiedene Bauplan der Blätter von *carinatum* und *coronarium* auf die Wirkung der Allele eines interspezifischen Gens zurückzuführen ist. Dies hat zur Folge, daß bei Benutzung von *carinatum* als Mutter, wie hier, aus der Kreuzung niemals fertile Individuen mit dem Blattyp von *coronarium* ausspalten können. Trotzdem die Auslese von F_2 bis F_5 in einem Material von zusammen etwa 10.000 Individuen so stark wie möglich in *coronarium*-Richtung durchgeführt worden ist, konnte nicht ein einziges normal fertiles *cor*-Individuum erhalten werden. Dieselbe Erscheinung wird unten für *car*-Individuen in der reziproken Kreuzungsrichtung festgestellt.

Das für diese unüberbrückbare Artbarriere verantwortliche interspezifische Gen soll mit dem Symbol *i-com* belegt werden, wobei *com*, abgeleitet von *compressus*, dem dichter verzweigten Blattyp von *coronarium*, *i-Com* dem dünner verzweigten von *carinatum* entsprechen soll. Erwähnt sei hier, daß solche interspezifische Gene häufig einen Dominanzwechsel zeigen, wenn sie in ein artfremdes Plasma eingelagert werden. Im arteigenen sind sie dominant, im artfremden rezessiv.

Die Ergebnisse der F_3 bis F_5 zeigen ferner, daß für den Bauplan des Blattes von *carinatum* noch ein zweites, aber intraspezifisches Gen verantwortlich sein muß. Wie ersichtlich, wurde nach Auslese von *sco* so nahe wie möglich stehenden Typen stets und konstant immer hauptsächlich ein intermediärer Typ mit einer gewissen, aber doch geringen Variation nach beiden Seiten erhalten. Dies beweist die Wirkung eines Gens, das in dominanter Form den reinen *carinatum*-Typ, in heterozygoter einen diesem nahestehenden (vgl. die Individuenverteilung in F_2) und in rezessiver Form einen fast intermediären Typ bedingt. Bei Auslese des letzteren verbleiben daher die Nachkommen unmittelbar konstant. Mit Hinblick auf die Wirkung dieses Gens, Abänderung des *carinatum*-Typs in intermediärer Richtung, soll es mit dem Symbol *int* belegt werden.

Schon oben wurde darauf hingewiesen, daß die Fertilität von F_3 bis F_5 schnell zugenommen hat. Während in F_3 noch 6,7% aller Pflanzen vollkommen steril waren, gab es in F_5 nur mehr 0,2% solcher Pflanzen. Als Ursache dieser Sterilität können keine Unterschiede in der Struktur der Chromosomen der Elternlinien in Frage kommen, denn solchenfalls sollten in diesen Generationen Familien aufgetreten sein, die regelrecht nach fertil: semi- bzw. partiell steril gespalten hätten. Dies war indessen nicht der Fall.

Die Ursache der hier in Frage stehenden Sterilität ist vielmehr die gleichzeitige Spaltung in einer größeren Anzahl von Genen zu suchen. Es dürfte sich um wenigstens 40 Gene gehandelt haben, von denen 20 visuell leicht feststellbar waren (s. u.). Die übrigen waren für quantitative und physiologische Unterschiede der Pflanzen verantwortlich, denen aber keine besondere Untersuchung gewidmet worden ist. Es ist dies eine ganz allgemeine Erscheinung, daß in Kreuzungen zwischen Linien einer Art, die größere Unterschiede im Genotypus zeigen, eine auffallend große Anzahl von mehr weniger avitalen und zum Teil auch sterilen Pflanzen auftritt. Noch viel markanter ist diese Erscheinung dann natürlich in Artkreuzungen, da in solchen überdies die Einflüsse verschiedenen Plasmas hinzukommen.

In der Kreuzung *Phaseolus vulgaris* × *coccineus* ist diese Erscheinung außerordentlich stark zutage getreten. In diesen wurde die genannte Ursache aber experimentell klargelegt, indem aus solchen Kreuzungen Linien mit möglichst vielen Allelen von in *coccineus* vorhandenen intra- spezifischen Genen ausgelesen und dann wieder mit *coccineus* ge- kreuzt wurden. Je mehr solcher Genallele in beiden Eltern gemeinsam vorhanden waren, eine umso bessere Fertilität wurde gefunden.

Die Vererbung der Blattkonsistenz. Dieses Merkmal bezieht sich auf die Dicke der Blätter; *carinatum* hat markant dicke, *coronarium* dünne Blätter. Die Blätter der F_1 sind mitteldick bis ziemlich dick, also zwischen *sca* und *int* stehend. In F_2 lag auch die Mehrzahl der Pflanzen hier. Für F_3 bis F_5 wurde Auslese in *coronarium*-Richtung vorgenommen; d. h. es wurden Früchte von Individuen ausgesät, die als *cor*, *sco* bzw. *int* klassifiziert worden sind. Das Ergebnis ist der Tabelle 5 zu entnehmen.

Schon die F_3 zeigt eine deutliche Verschiebung in *cor*-Richtung. Der Mittelwert für die Dicke liegt hier zwischen *int* und *sco*. In F_4 hat schon eine sehr starke Verschiebung in *cor*-Richtung stattgefunden. Nicht weniger als 1465 von insgesamt 2950 Pflanzen fallen hier in die Klasse *sco* und 428 (= 14,5%) konnten als rein *cor* klassifiziert werden. Noch bedeutend stärkeren Erfolg hatte diese Auslese in F_5. Hier gab es bereits 15 Familien mit zusammen 357 Individuen, die mit Hinblick auf eine auch binnen den Arten vorhandene kleinere Variation als rein *coronarium* aufzufassen sind. Und die große Mehrzahl dieser Individuen war als normal fertil zu bezeichnen. Das für den Unterschied dicke — dünne Blätter

Tabelle 5. Die Aufspaltung in der Dicke der Blätter in F_3—F_5 der Kreuzung *Chrysanthemum carinatum* × *coronarium*. Die Familien sind nach dem Spaltungstyp in Gruppen vereinigt

Gene-ration	Anzahl Familien	Dicke der Blätter					Summe Indivi-duen	Davon mit Fertilität			
								0	1	in Prozent	
		car.	sca.	int.	sco.	cor.				0	1
F_3	16	25	76	194	72	6	373	17	1	4,5	4,0
	102	1	157	1174	699	32	2063	128	107	6,2	5,2
	53	3	44	405	601	37	1090	92	70	8,9	6,4
Summe	171	29	277	1773	1372	75	3526	237	192	6,4	5,4
F_4	7	4	8	47	50	40	149	1	29	0,7	19,5
	24	—	28	320	221	28	597	11	145	0,8	24,3
	82	1	43	585	1113	264	2006	62	449	3,1	22,4
	8	—	—	21	81	96	198	16	44	8,1	22,2
Summe	121	5	79	973	1465	428	2950	90	667	3,1	22,6
F_5	19	14	147	239	155	75	630	1	80	0,2	12,7
	22	—	79	215	220	74	588	1	90	0,2	15,3
	22	—	8	101	280	161	550	1	139	0,2	25,3
	14	—	—	—	99	235	334	1	97	0,3	29,0
	1	—	—	—	—	23	23	0	2	0	8,7
Summe	78	14	234	555	754	568	2125	4	408	0,2	19,2

verantwortliche Gen soll, abgeleitet von *crassus* = dick, mit dem Symbol *Cr* belegt werden, wobei *Cr carinatum* und *cr coronarium* entsprechen soll.

Die in bezug auf das Merkmal Blattkonsistenz angeführten Beobachtungen berechtigen zu dem Schluß, daß das Gen *Cr* als intraspezifisch aufzufassen ist und daß sich seine Allele somit in beiden Elternarten zusammen mit normaler Fertilität manifestieren können.

Die Vererbung der Ausbildung der Blattnerven. Diese sind bei *carinatum* nur auf der Unterseite der Blattspreite hervortretend, bei *coronarium* dagegen sowohl auf der Unter- wie auf der Oberseite. Auf den Blättern der F_1 treten sie auf der Unterseite, aber auch auf der Oberseite mit nahezu intermediärer Stärke hervor. Es ist schwierig die fünf Klassen scharf gegeneinander abzugrenzen; es muß mit Fehlern von wenigstens einer, in einem Teil der Fälle auch mit zwei Klassenbreiten gerechnet werden.

Lamprecht, Arten

Die in F_3 bis F_5 erhaltenen Resultate sind in Tabelle 6 zusammengestellt. In F_3 wurde, wie ersichtlich, die Mehrzahl der Pflanzen als *int* und *sca* klassifiziert. F_4 zeigt eine deutliche und F_5 eine noch stärkere

Tabelle 6. Die Aufspaltung des Merkmals hervortretende Blattnerven in F_3—F_5 der Kreuzung *Chrysanthemum carinatum* × *coronarium*

Gene-ration	Anzahl Familien	Blattnerventyp					Summe Indivi-duen	Davon mit Fertilität		in Prozent	
		car.	*sca.*	*int.*	*sco.*	*cor.*		0	1	0	1
F_3	171	525	1528	1160	225	85	3523	237	192	6,7	5,4
F_4	121	49	502	1279	930	182	2942	90	667	3,1	22,7
F_5	78	63	389	801	644	225	2122	4	408	0,2	19,2

Verschiebung in Richtung *coronarium*. In F_5 gab es insgesamt 225 Individuen, die als rein *coronarium* beurteilt werden konnten. Mit Bezug auf eine gewisse Variation in der Ausbildung dieses Merkmals sowie die Schwierigkeit der Abgrenzung von *sco* gegen *cor* und da nur ganz sichere in die letztgenannte Klasse eingereiht wurden, dürfte ihre Anzahl wahrscheinlich größer gewesen sein. Es ist auch möglich, daß die Ausbildung der Blattnerven durch mehrere Gene bedingt wird, die in verschiedenen Kombinationen verschiedene intermediäre Typen geben. Die schwierige Abgrenzung der Klassen könnte z. T. hierauf zurückzuführen sein. Das Hauptgen für die Ausbildung der Blattnerven soll, abgeleitet von *excedere* = hervorragen, mit dem Symbol *Ex* belegt werden. *Ex* soll für *coronarium*, *ex* für *carinatum* kennzeichnend sein.

Auch die Allele des Gens *Ex* können vereint mit Fertilität in beiden Elternarten beliebig kombiniert werden. Es ist daher für die hier in Frage stehenden beiden Spezies mit Sicherheit als intraspezifisch aufzufassen.

Tabelle 7. Die Aufspaltung in Blattfarbe in F_3—F_5 der Kreuzung *Chrysanthemum carinatum* × *coronarium*

Gene-ration	Anzahl Familien	Blattfarbe			Summe Indivi-duen	Davon mit Fertilität		in Prozent	
		carinatum hellgrün	*intermed.* dkl.grün	*coronarium* graugrün		0	1	0	1
F_3	171	708	2642	184	3534	237	192	6,7	5,4
F_4	121	537	1303	1101	2941	90	667	3,1	22,7
F_5	78	539	959	626	2124	4	408	0,2	19,2

Die Vererbung der Blattfarbe. Diese ist bei *carinatum* hell- bis dunkelgrün. Selten kommt auch graugrün vor. Bei *coronarium* ist sie stets graugrün. Schon mit Hinblick auf diese Variation der Blattfarbe bei verschiedenen *carinatum*-Sorten kann vermutet werden, daß es sich bei der Blattfarbe nicht um ein arttrennendes Merkmal handeln kann. Die Kreuzungsergebnisse haben dies auch bestätigt.

Der *carinatum*-Elter hat ziemlich hellgrüne, der *coronarium*-Elter ausgesprochen graugrüne Blattfarbe. Die F_1 zeigte eine intermediäre, dunkler grüne, aber keineswegs graugrüne Blattfarbe. F_2 wurde diesbezüglich nicht individuell beurteilt. In F_3 (s. Tab. 7) zeigte die Hauptmasse der Pflanzen, 2642 von insgesamt 3534 Individuen, eine intermediäre Farbe. Es scheint zwei Gene für die Ausbildung der Blattfarbe zu geben, wobei graugrün doppelt rezessiv sein dürfte. Die Spaltung in F_3 mit nur 184 graugrünen Individuen von 3534 spricht hierfür. In F_4 konnte durch Auslese von F_3-Pflanzen die Blattfarbe schon sehr stark in Richtung *coronarium* verschoben werden, indem von 2941 Individuen nicht weniger als 1101 graugrün waren. Darunter gab es vier Familien mit 91 nur graugrünen Pflanzen. F_5 zeigte etwa dieselbe Erscheinung. Rein graugrüne wurden zu dieser nicht mehr gesät. Die meisten Pflanzen zeigten gute Fertilität. Die für die Spaltung in heller und dunkler sowie in graugrün verantwortlichen Gene sollen mit den Symbolen Vi von *viridis* = grün, und Cav von *canoviridis* = graugrün, belegt werden. $Vi\,Cav$ soll für *carinatum*, $vi\,cav$ für *coronarium*, in den für diese hier verwendeten Sorten kennzeichnend sein.

Daß die beiden Gene Vi und Cav als intraspezifisch aufzufassen sind, braucht nicht besonders hervorgehoben zu werden, da es aus der Kreuzung *carinatum* $\times$ *coronarium* ausgelesene Hybridsorten ($\times$ *spectabile*) gibt, die durch die graugrüne Farbe von *coronarium* gekennzeichnet sind.

Die Vererbung des Glanzes der Blätter. Bei *carinatum* sind die Blätter glänzend, bei *coronarium* dagegen matt. Dieses Merkmal ist leichter zu beurteilen als die verschiedenen Nuancen von Grün bis Graugrün. Die Blätter der F_1 nehmen eine annähernd intermediäre Stellung ein. Sie

Tabelle 8. Die Aufspaltung im Merkmal Glanz der Blätter in F_3—F_5 der Kreuzung *Chrysanthemum carinatum* $\times$ *coronarium*

Gene-ration	Anzahl Familien	Glanz der Blätter			Summe Indivi-duen	Davon mit Fertilität		in Prozent	
		carinatum glänzend	*intermediär*	*coronarium* matt		0	1	0	1
F_3	169	1695	1533	298	3526	236	192	6,7	5,4
F_4	119	237	1308	1304	2849	88	649	3,1	22,8
F_5	78	244	1080	801	2125	4	408	0,2	19,2

sind deutlich schwächer glänzend als beim *carinatum*-Elter. Obgleich dieses Merkmal leichter zu beurteilen ist als die Blattfarbe in ihren vielen feineren Nuancen, die großenteils modifikativer Natur sein dürften, sind die Grenzen zwischen den drei Klassen glänzend, intermediär und matt doch keineswegs als scharf zu bezeichnen.

In der Tabelle 8 sind die Ergebnisse der F_3 bis F_5 zusammengestellt. Die F_3 zeigt noch etwa gleichviele glänzende wie intermediäre Typen. In F_4 hat die Auslese schon eine starke Verschiebung in *coronarium*-

Richtung bewirkt, indem es nicht mehr als 8,3% Pflanzen mit glänzenden Blättern gab. In F_4 und F_5 zusammen gibt es bereits 47 Familien ohne Pflanzen mit glänzenden Blättern und von den zusammen 1077 Individuen hatten nicht weniger als 724 ($= 67,3\%$) ganz matte Blätter. Der weitaus größte Teil dieser Pflanzen zeigte normale Fertilität. Das für das Eigenschaftspaar glänzende — matte Blätter verantwortliche Gen soll, abgeleitet von *splendens* = glänzend, mit dem Symbol *sp* belegt werden. *Sp* soll für glänzend, *carinatum*, *sp* für matt, *coronarium*, benutzt werden. Auch dieses Gen ist auf Grund der Kreuzungsergebnisse als klar intraspezifisch aufzufassen.

Die Vererbung von Merkmalen der Infloreszenzen und Blüten

Untersucht wurden Form der Hüllblätter, des Blütenbodens, der Blumenblätter der Zungenblüten, der Kronenröhre sowie der Zipfel der Kronenröhre. Von den gleichfalls beurteilten Blütenfarben wird hier aus früher erwähnten Gründen abgesehen.

Die Vererbung der Form der Hüllblätter. Bei *carinatum* sind diese stark gekielt, während sie bei *coronarium* nur ganz schwach vortreten (vgl. Abb. 5). Die Hüllblätter der F_1-Pflanzen zeigen *subcarinatum*-Typ. Die gekielte Form der Hüllblätter scheint also zu dominieren. In F_2 wurde folgende Spaltung erhalten:

$$244 \; car : 714 \; sca : 89 \; int : 41 \; sco : 17 \; cor$$

Werden hier die *cor*- und *sco*-Individuen vereinigt, so resultiert eine Spaltung nach 1047 *car-int* : 58 *sco-cor*, was gut mit einer dihybriden 15 : 1 Spaltung übereinstimmt; D/m = 1,37.

Tabelle 9. Die Aufspaltung in der Form der Hüllblätter in F_3—F_5 der Kreuzung *Chrysanthemum carinatum × coronarium*

Gene-ration	Anzahl Familien	Form der Hüllblätter					Summe Indivi-duen	Davon mit Fertilität			
								0	1	in Prozent	
		car.	sca.	int.	sco.	cor.				0	1
F_3	171	1	2	37	322	3077	3439	237	192	6,9	5,6
F_4	121	—	5	108	955	1902	2970	90	667	3,0	22,5
F_5	78	—	4	89	723	1313	2129	4	408	0,2	19,2

Die Ergebnisse der weiteren Generationen scheinen dies zu bestätigen, indem nämlich nach Aussaat von zu größtem Teil Früchten von *sco*- und *cor*-Pflanzen unmittelbar konstante *cor*-Familien mit der üblichen Variation gegen *sco* erhalten worden sind. So zeigten von den 171 F_3-Familien nicht weniger als 64 Familien mit 1153 Individuen reinen *coronarium*-Typ und weitere 85 Familien mit etwa 1700 Pflanzen zeigten hauptsächlich *cor*- und z. T. *sco*-Typ. Nach Aussaat von *subcoronarium* wurde z. T. auch eine Ausspaltung von intermediären Typen gefunden. Die Ergebnisse der F_4 und F_5 stehen hiermit in guter Übereinstimmung. Man vergleiche die 78 Familien der ersten Gruppe in F_5 (Tab. 9).

Der Nachweis, daß die Form der Hüllblätter durch intraspezifische Gene bedingt wird, war demnach sehr leicht zu bringen, da die vielen Familien von rein *coronarium*-Typ in F_4 und F_5 auch fast gar keine sterilen Individuen mehr enthalten. Es kann auch als sicher betrachtet werden, daß die Ausbildung der kielförmigen Hüllblätter auf die Wirkung von zwei dominanten Genen zurückzuführen ist. Diese sollen, abgeleitet von *carinatus* (= gekielt), mit den Symbolen *Ca* und *Car* belegt werden.

Die Vererbung der Form des Blütenbodens. Dieser ist bei *carinatum* kegelförmig mit breiter Basis, bei *coronarium* gleichmäßig gewölbt und mit schmaler Basis (s. Abb. 4). Der Blütenboden der F_1-Pflanzen zeigt *subcarinatum*-Typ mit Übergängen zu intermediär. Es scheint demnach eine schwache Dominanz seitens *carinatum* vorzuliegen. In F_2 resultierte folgende Spaltung:

$$155 \ car : 491 \ sca : 212 \ int : 163 \ sco : 46 \ cor$$

Die einzelnen Klassen sind, wie bei den meisten hier studierten Merkmalen, unsicher gegeneinander abzugrenzen. Es kann nicht sicher entschieden werden, um welchen Spaltungstyp es sich handelt. Die 46 *cor*-Individuen entsprechen etwa $1/16$ der Gesamtzahl von 1067 Pflanzen. Wenn aber die *sco*-Klasse nur als Modifikation von *cor* aufgefaßt wird, könnte es sich auch um eine Spaltung nach 858 : 209 handeln, was mit Hinblick auf die schwierige Abgrenzung der Klassen mit einer monogenen Spaltung übereinstimmen könnte.

Tabelle 10. Die Aufspaltung im Typ des Blütenbodens in F_3—F_5 der Kreuzung *Chrysanthemum carinatum* × *coronarium*

Gene-ration	Anzahl Familien	Typ des Blütenbodens					Summe Indivi-duen	Davon mit Fertilität		in Prozent	
		car.	sca.	int.	sco.	cor.		0	1	0	1
F_3	171	30	149	553	1187	1516	3445	237	192	6,9	5,6
F_4	121	84	394	1393	893	198	2962	90	667	3,0	22,5
F_5	78	272	310	586	654	311	2133	4	408	0,2	19,2

Zur F_3 wurden hauptsächlich Nachkommen von *sco*- und *cor*-Pflanzen gebaut. Wie Tabelle 10 zeigt, fand eine — verglichen mit F_2 — starke Anreicherung des *coronarium*-Merkmals statt. Von 3445 Individuen waren nicht weniger als 1516 rein *cor* und 1187 *sco*. 21 Familien mit zusammen 299 Pflanzen sind als *cor* angehörig aufzufassen. Zur F_4 und F_5 wurden hauptsächlich Nachkommen von *int*- und *sco*-Pflanzen gebaut. In diesen beiden Generationen zeigte eine größere Anzahl von Familien (116) wieder eine Ausspaltung von etwa $1/16$ *cor*-Individuen. Zusammen beträgt das Verhältnis 2837 : 128 (erwartet für 15 : 1 = 2779,9 : 185,3), also noch mit einem ziemlichen Defizit an *cor*-Pflanzen.

Vereinigt man hier, wie oben für F_2 versucht wurde, die *cor*- und *sco*-Individuen, so ergibt sich das Verhältnis 2292 *car—int* : 673 *sco—cor*, ein auch hier mit dem monogenen Verhältnis 3 : 1 (erwartet 2323,75 : 741,25) mit Hinblick auf die Unsicherheit der Klassengrenzen einigermaßen übereinstimmendes Verhältnis.

Wahrscheinlich liegt für das in Frage stehende Merkmal Spaltung in zwei Genen vor. Bevor dies jedoch durch speziell hierauf abzielende Untersuchungen erhärtet ist, soll nur ein Gen mit einem Symbol belegt werden, für das ich, abgeleitet von *conicus* = kegelförmig, *Con* vorschlage. Der *carinatum*-Elter soll *Con*, *coronarium con* haben.

Das Gen *Con* ist sicher als intraspezifisch anzusprechen, seine Allele können in beiden Eltern-Arten beliebig vorkommen. Damit besteht für das Merkmal „Form des Blütenbodens" kein Hindernis, die für die väterliche Art *coronarium* charakteristische Form nach *carinatum* zu überführen und in normal fertilen Nachkommen zu fixieren.

Die Vererbung der Form der Blumenblätter der Zungenblüten. Bei *carinatum* ist die Form der Zungenblütenblätter eine keilförmige, bei *coronarium* ist sie mehr parallel mit breit gerundeter Basis. Die Seiten sind in beiden Fällen nur schwach ausgeschweift. Bei *carinatum* sind die Kerben am Scheitel gewöhnlich tiefer (vgl. Abb. 6). Bei den F_1-Pflanzen sind sie intermediär bis *subcarinatum*, also *carinatum* zuweilen recht nahestehend (vgl. Abb. 14). Man findet in *carinatum* wie in F_1 Zungenblütenblätter, die nicht sicher voneinander zu unterscheiden sind, d. h. die Variation binnen *carinatum* geht mitunter bis zum F_1-Typ und umgekehrt (man vgl. die Abb. 6 mit 14). Und Entsprechendes gilt, wenn auch in etwas geringerem Ausmaß, für den *coronarium*-Typ.

Dies hat zur Folge, daß bei der Klassifikation der Pflanzen höherer Generationen die Abgrenzung der einzelnen Klassen gegeneinander unscharf werden mußte. Damit ergab sich auch die Möglichkeit, die Auslese in einer nicht beabsichtigten Klasse vorzunehmen. Dagegen bestehen niemals Schwierigkeiten, den *coronarium-(subcoronarium-)*Typ vom *carinatum*-Typ zu unterscheiden. Für die Beantwortung der hier vorliegenden Frage bildet diese, im Vergleich mit den meisten übrigen Merkmalen weniger gute Abgrenzungsmöglichkeit der Klassen jedoch kein Hindernis. Denn können aus der Kreuzung mit *carinatum* als Mutter voll fertile Nachkommen mit dem *coronarium*-Merkmal (wieder mit Berücksichtigung der Variation dieses) ausgelesen werden, dann ist das diesen Unterschied bedingende Gen als intraspezifisch nachgewiesen, d. h. es hat keinen Anteil an der naturbedingten Barriere zwischen den beiden Elternspezies.

Wie aus der Tabelle 11 hervorgeht, konnte trotz der oben besprochenen Schwierigkeiten schon in F_3 in einer Anzahl von Familien eine sehr deutliche Verschiebung dieses Merkmals in *coronarium*-Richtung erreicht werden. Noch ausgesprochener tritt dies in F_4 und F_5 zutage. Hier gab es bereits 7 Familien mit zusammen 192 Individuen, die mit Hinblick auf die vorhandene Variation als allein dem *coronarium*-Typ angehörig zu bezeichnen sind. Und der allergrößte Teil dieser hatte normale Fertilität.

Tabelle 11. Die Aufspaltung in der Form der Blumenblätter der Zungenblüten in F_3—F_5 der Kreuzung *Chrysanthemum carinatum* × *coronarium*

Generation	Anzahl Familien	Blumenblattform					Summe Individuen	Davon mit Fertilität			
								0	1	in Prozent	
		car.	*sca.*	*int.*	*sco.*	*cor.*				0	1
F_3	171	165	576	1262	971	475	3449	237	192	6,9	5,6
F_4	121	58	370	1117	941	466	2952	90	667	3,1	22,6
F_5	78	153	312	682	606	372	2125	4	408	0,2	19,2

Daß trotz der Auslese in *coronarium*-Richtung noch kein größerer Teil des Materials in diese Gruppe allein gekommen ist, scheint mir dafür zu sprechen, daß der Unterschied im Typus der Zungenblütenblätter durch mehr als ein Gen bedingt wird. Das hierfür in der Hauptsache verantwortliche Gen soll, abgeleitet von *cuneatus* = keilförmig, mit dem Symbol *Cu* belegt werden, wobei *Cu* für *carinatum*, *cu* für *coronarium* kennzeichnend sein soll.

Gleichwie die bisher für Infloreszenzen besprochenen Gene *Ca* und *Car* (Hüllblattform) sowie *Con* (Form des Blütenbodens) ist auch das Gen *Cu* für die Form der Blumenblätter der Zungenblüten als sicher intraspezifisch anzusprechen.

Die Vererbung der Form der Scheibenblüten. In ihrer Hauptsache wird die Form der Scheibenblüten bestimmt durch die Erweiterung der Kronenröhre sowie durch die Lappen (Zipfel) des Blütenrandes. Bei *carinatum* ist der obere Teil der Kronenröhre stark urnenförmig, mit ziemlich plötzlicher Verschmälerung an der Urnenbasis, bei *coronarium* ist an der entsprechenden Stelle nur eine nach oben zunehmende schwache Erweiterung vorhanden (s. Abb. 7). Die Kronrohrzipfel sind bei *carinatum* dreieckig, etwa gleich lang wie breit, bei *coronarium* sind die Zipfel ungefähr zweieinhalbmal so lang als breit.

Mit *carinatum* als Mutter sind beide diese Merkmale in F_1 annähernd intermediär mit Übergängen zu *subcarinatum*. In F_2 bis F_3 wurden diese Merkmale nicht beurteilt. In F_5 wurden jedoch die allermeisten Pflanzen diesbezüglich untersucht (1955 bzw. 2122 Individuen). Das Ergebnis ist in den Tabellen 12 und 13 zusammengestellt.

Für die Erweiterung der Kronenröhre (Tab. 12) zeigt sich, daß die Dominanz des intermediären Typs (F_1) in der Hauptsache beibehalten worden ist. Von 1995 Pflanzen wurden 873 als intermediär klassifiziert.

Eine gewisse Verschiebung in *coronarium*-Richtung hat aber stattgefunden, trotzdem keinerlei Auslese in diesem Merkmal gemacht worden ist. Mit Hinblick auf die F_1-Form wären ja eher etwas mehr *sca-* als *sco-*

Tabelle 12. Die Aufspaltung in Erweiterung der Kronenröhre in F_5 der Kreuzung *Chrysanthemum carinatum × coronarium*. Die Familien sind nach dem Spaltungstyp in Gruppen vereinigt

Anzahl Familien	Erweiterung der Kronenröhre					Summe Individuen	Davon mit Fertilität			
							0	1	in Prozent	
	car.	sca.	int.	sco.	cor.				0	1
54	36	273	697	256	82	1345	2	226	0,1	16,8
18	4	36	144	211	104	499	1	121	0,2	24,2
6	2	13	32	43	61	151	0	32	0	21,2

Individuen zu erwarten gewesen. Die Zahlen in Tabelle 12 zeigen aber das umgekehrte Verhältnis, 511 *sco-* gegenüber 322 *sca-*Pflanzen und auch von *cor* sind im Verhältnis zu *car* zuviele Individuen vorhanden: 247 gegenüber 32. Dies besagt, daß das für die urnenförmige Kronenröhre verantwortliche Gen mit einem der Gene gekoppelt ist, die die Ausbildung eines Merkmals bedingen, in bezug auf das Auslese in der Richtung nach *coronarium* vorgenommen worden ist. Das Gen für die urnenförmige Kronenröhre soll mit dem Symbol *Ur* belegt werden; *Ur = carinatum-*Typ, *ur = coronarium-*Typ.

Ganz ähnliche Verhältnisse bestehen für das Merkmal Zipfel des Kronenrohrrandes (Tab. 13). Auch hier ist der intermediäre Typ noch durch die größte Individuenanzahl vertreten; 793 von 2122. Aber der *sco-*Typ ist hier in relativ größerer Frequenz vorhanden als beim Merkmal urnenförmige Kronenröhre; 31,9% gegenüber 25,6%. Der *cor-*Typ ist im Verhältnis zu *carinatum* auch zu reichlich repräsentiert; 218 gegen-

Tabelle 13. Die Aufspaltung im Merkmal Zipfel der Kronenröhre in F_5 der Kreuzung *Chrysanthemum carinatum × coronarium*. Die Familien sind nach dem Spaltungstyp in Gruppen vereinigt

Anzahl Familien	Form der Kronenrohrzipfel					Summe Individuen	Davon mit Fertilität			
							0	1	in Prozent	
	car.	sca.	int.	sco.	cor.				0	1
11	40	140	94	34	15	323	0	60	0	18,6
39	20	182	524	265	58	1049	3	181	0,3	17,2
25	—	49	164	347	109	669	1	147	0,2	22,0
3	—	3	11	31	36	81	0	20	0	24,7

über 60. Das für die Form der Kronenrohrzipfel verantwortliche Gen soll, abgeleitet von *triangulare* = dreieckig, mit dem Symbol *Tri* belegt werden, wobei *carinatum* durch *Tri*, *coronarium* durch *tri* charakterisiert sein soll. Die Erhöhung der Frequenz von Individuen in *coronarium-*

Richtung, ohne daß eine Auslese in diese Richtung vorgenommen worden ist, spricht, gleichwie beim Gen *Ur*, für Koppelung mit einem Gen für ein Merkmal, das der Auslese unterworfen gewesen ist.

Für beide besprochenen Merkmale gilt ferner, daß sie in *coronarium*-Form zahlreich in normal fertilen Nachkommen erhalten worden sind. Es kann demnach geschlossen werden, daß die Gene *Ur* und *Tri* zweifellos als intraspezifisch aufzufassen sind, denn ihre Allele können in beiden Elternarten zusammen mit normaler Fertilität auftreten.

Die Vererbung der Fruchteigenschaften

Untersucht wurden Fruchtform, Fruchtflügel, Fruchtrippen und Harzdrüsen. Als weitere Merkmale seien hier noch erwähnt die Farbe und Mikroskulptur der Früchte. Die Früchte des *carinatum*-Elters sind gelblich seidenglänzend, die des *coronarium*-Elters bräunlichocker bis schmutzigbraun. Die Epidermis von *carinatum*-Früchten macht häufig einen schuppenähnlichen Eindruck, indem die Zellen abwechselnd hellweißlich, lichtbrechend bzw. glänzend gelblich aussehen, was einen seidenartigen Glanz verursacht. Bisweilen sind sie auch einheitlich gelblich glänzend. Die von *coronarium* sind gleichmäßig glänzend, aber infolge gewölbter Oberfläche der Zellen erscheinen die Früchte matt.

In bezug auf die Fruchteigenschaften ist zu beachten, daß sie — gleichwie schon mehrere früher besprochene — durchweg mehr oder weniger quantitativer Natur sind. Sie zeigen auch in genetisch einheitlichem Material eine gewisse Variation, die auf modifikative Einflüsse zurückzuführen ist. So zeigen z. B. die Früchte der sehr einheitlichen Varietät „Weißblütige" nicht stets rein *coronarium*-Form, sondern z. T. eine Variation bis zu *subcoronarium*. In Kreuzungen wird diese Variation noch weiter etwas erhöht; teils infolge starker Variation in der übrigen genotypischen Konstitution (inneres Milieu), teils im Zusammenhang mit schlechtem Fruchtansatz und nicht selten auftretenden parthenokarpen Früchten. Diese Erscheinung zusammen mit der extremen Fremdbefruchternatur der in Frage stehenden Spezies hat die Verwendung der oben besprochenen Methodik notwendig gemacht (s. diese).

Die Vererbung der Fruchtform. Die Abb. 8 und 9 veranschaulichen Früchte der beiden Elternarten. Die Früchte der Scheibenblüten von *carinatum* sind im Querschnitt flachgedrückt oval bis dreikantig, die entsprechenden von *coronarium* sind prismatisch. Beide sind nach oben zu (in der Figur unten) verjüngt. Bei *coronarium* variiert die Dicke der Früchte stark, etwa im Verhältnis 1 : 2 oder noch etwas mehr. Bei gut entwickelten Früchten der Scheibenblüten sind zwei der Rippen häufig etwas erweitert (s. Ansicht von unten in Abb. 9 links). Die Früchte der Zungenblüten haben, namentlich an der Außenseite, eine deutlich flügelähnliche Erweiterung (Abb. 9 rechts). Die Form des Fruchtkörpers ist aber auch bei diesen prismatisch. Bei *carinatum* ist die Form der Früchte der Zungenblüten stärker von denen der Scheibenblüten abweichend, sie gleicht mehr einem dreiseitigen Prisma. Die Beurteilung der Fruchtform, die der Tabelle 14 zugrunde liegt, bezieht sich nur auf den Fruchtkörper der Scheibenblüten.

Tabelle 14. Die Aufspaltung in Fruchtform in F_3—F_5 der Kreuzung
Chrysanthemum carinatum × *coronarium*

Gene-ration	Anzahl Familien	Fruchtform					Summe Indivi-duen	Davon mit Fertilität			
								0	1	in Prozent	
		car.	sca.	int.	sco.	cor.				0	1
F_3	145	8	34	312	1076	790	2220	233	187	10,5	9,5
F_4	121	—	15	116	614	2060	2805	90	666	3,2	23,7
F_5	78	—	—	38	256	1730	2024	4	398	0,2	19,7

In der F_2 wurde folgende Spaltung gefunden:

138 *car* : 201 *sca* : 440 *int* : 196 *sco* : 92 *cor*

Da die Abgrenzung dieser Gruppen gegeneinander unscharf ist und da überdies auch die Früchte der beiden Eltern eine gewisse Variation teils zu *subcarinatum* und teils zu *subcoronarium* aufweisen, kann über die genische Grundlage dieser Spaltung nichts Sicheres ausgesagt werden. Es könnte sich sehr wohl um eine 1 : 2 : 1 Spaltung handeln.

Zur F_3 wurden hauptsächlich *cor*- und *sco*-Nachkommen gewählt, und dieselbe Auslese in *coronarium*-Richtung erfolgte auch für F_4 und F_5. Tabelle 14 zeigt das Ergebnis. Schon in F_3 sind die Pflanzen mit *cor*- und *sco*-Früchten stark in der Mehrzahl, 1866 von 2220 = 84%. In dieser Generation gab es noch 10,5% sterile Pflanzen. In F_4 steigt der Anteil *cor*- plus *sco*-Individuen auf 95,3% und gleichzeitig sinkt der Prozentsatz steriler Pflanzen auf 3,2. Die F_5 zeigt ähnliche Verhältnisse. Zusammen gibt es in F_4 und F_5 bereits 12 Familien mit 281 Pflanzen, die alle als rein *cor* klassifiziert worden sind. Rechnet man auch die zu *sco* variierenden Pflanzen, wie dies in Übereinstimmung mit der Variation binnen der Elternlinie zu geschehen hat, hinzu, so geben diese beiden Generationen zusammen 125 Familien mit 3093 *coronarium*-Individuen. Und diese sind zum allergrößten Teil normal fertil; nur 0,2 bzw. 3,2% waren steril.

Die Spaltungen dürften wahrscheinlich auf die Wirkung eines einzigen Gens zurückzuführen sein. Die vorhandene Variation der Fruchtform je Klasse könnte größtenteils modifikativer Natur sein. Das hier wirksame Gen soll mit Hinblick auf die Prismenform mit dem Symbol *Pri* belegt werden, wobei *Pri* der *coronarium*- und *pri* der *carinatum*-Form entsprechen soll.

Die obigen Ergebnisse beweisen, daß die Fruchtform der beiden Arten auf die Wirkung von Allelen eines intraspezifischen Gens beruht. Das Allel für die Fruchtform des väterlichen Elters, *coronarium*, konnte in den mütterlichen Elter, *carinatum*, unter Beibehaltung normaler Fertilität überführt werden.

Die Vererbung der Flügel der Früchte. Abb. 8 zeigt, daß die Früchte der *carinatum*-Scheibenblüten seitlich stark entwickelte Flügel haben, die den Durchmesser des Fruchtkörpers übertreffen. Die entsprechenden Früchte von *coronarium* haben keine Flügel (Abb. 9 links) oder nur zwei mehr oder weniger deutlich vorgezogene Rippen. Die Früchte der Zungenblüten von *carinatum* (Abb. 8 rechts) haben außen mäßig entwickelte Flügel, die von *coronarium* nur eine flügelähnlich entwickelte Rippe. Diese abweichende Ausbildung der Früchte der Zungenblüten ist durch ihre Lage bedingt, d. h. infolge der besonderen Entwicklungsbedingungen für die Zungenblüten abgeändert. Für die Beurteilung der Vererbung der Flügel wurden daher nur die Früchte der Scheibenblüten berücksichtigt.

In F_1 sind die Flügel intermediär ausgebildet. Die Pflanzen der F_2 hatten auch überwiegend intermediäre Ausbildung der Flügel, aber mit starker Streuung zu reinem *carinatum*- bzw. *coronarium*-Typ. Im übrigen gilt das für die F_2 unter Fruchtform Gesagte.

Die Ergebnisse in F_3 bis F_5 sind der Tabelle 15 zu entnehmen. Schon in der F_3 gab es unter 2220 Pflanzen 371 ($=16{,}7\%$) mit typischen *coronarium*-Früchten. In F_5 hat der Anteil solcher Pflanzen auf über die Hälfte zugenommen. Wird ferner berücksichtigt, daß die Früchte auch beim *coronarium*-Elter eine Variation bis zu *subcoronarium* aufweisen, so ergibt sich, daß die F_5 zu etwa 93% aus Individuen mit *coronarium*-Früchten besteht. Die von Generation zu Generation, verglichen mit gewissen anderen Merkmalen, wie z. B. Hüllblätter, wenig schnelle Verschiebung in *coronarium*-Richtung macht es wahrscheinlich, daß die Ausbildung der starken Flügel von *carinatum* auf die Wirkung von mehr als einem Gen zurückzuführen ist. Bei Richtigkeit dieser Annahme ist zu erwarten, daß aus dieser Kreuzung auch einheitliche Sorten mit konstanter, aber mehr oder weniger intermediärer Ausbildung der Flügel zu

Tabelle 15. Die Aufspaltung im Merkmal Fruchtflügel in F_3—F_5 der Kreuzung *Chrysanthemum carinatum* × *coronarium*

Gene-ration	Anzahl Familien	Fruchtflügel					Summe Indivi-duen	Davon mit Fertilität			
		car.	sca.	int.	sco.	cor.		0	1	in Prozent	
										0	1
F_3	145	14	321	862	652	371	2220	233	187	10,5	8,4
F_4	121	76	475	1133	733	390	2807	90	666	3,2	23,7
F_5	78	—	4	141	813	1065	2023	4	398	0,1	19,7

erhalten sind. Dies konnte an den Sorten „Margareta W:s" und „Mogul W:s" ($= ×spectabile$) bestätigt werden, indem diese *coronarium* nahestehende Fruchtform, aber bis zu etwa die Hälfte oder noch mehr des Fruchtdurchmessers erreichende Flügel aufweisen.

Für die beiden die Ausbildung der Fruchtflügel bedingenden Gene wähle ich, abgeleitet von *alae* (= Flügel), die Symbole *Al* und *Ala*. Die Früchte von *carinatum* sollen dann doppeltdominant, die von *coronarium* doppeltrezessiv, und die der Sorte „Margareta W:s" nur in einem der Gene dominant sein.

Aus Tabelle 15 geht ferner hervor, daß von insgesamt etwa 1500 Pflanzen mit *coronarium*-Früchten (1065 rein *coronarium* und etwa 500 bis zu *subcoronarium*) der größte Teil als normal fertil zu bezeichnen war. Dies beweist, daß die die Fruchtflügel bedingenden Gene *Al* und *Ala* für beide Elternarten als intraspezifisch anzusprechen sind. Die Allele dieser Gene können also sowohl von Spezies zu Spezies überführt, wie auch binnen diesen in beliebigen Kombinationen in normal fertilen Individuen erhalten werden.

Die Vererbung der Fruchtrippen. Die *carinatum*-Früchte haben nur Flügel, aber keine Rippen, die von *coronarium* dagegen stark ausgebildete Rippen (vgl. Abb. 8 und 9). Dies gilt sowohl für die Früchte der Scheiben- wie der Zungenblüten. Die Früchte der F_1 sind als *subcarinatum* mit Variation bis *carinatum* zu klassifizieren. Die F_2 zeigte ein dementsprechendes Maximum an Individuen in der *subcarinatum*-Klasse. Aber schon in dieser war eine Variation bis zu rein *coronarium* festzustellen. Eine scharfe Abgrenzung von Klasse zu Klasse ist, wie schon erwähnt, nicht durchführbar.

Zur F_3 wurden Früchte von Pflanzen ausgelesen, die von *subcarinatum* in Richtung *coronarium* abwichen. Das Ergebnis zeigt Tabelle 16. Von

Tabelle 16. Die Aufspaltung im Merkmal Fruchtrippen in F_3—F_5 der Kreuzung *Chrysanthemum carinatum* × *coronarium*

Gene-ration	Anzahl Familien	Fruchtrippen					Summe Indivi-duen	Davon mit Fertilität			
								0	1	in Prozent	
		car.	sca.	int.	sco.	cor.				0	1
F_3	145	164	280	269	419	1086	2218	233	187	10,5	8,4
F_4	121	69	242	692	928	874	2805	90	666	3,2	23,7
F_5	78	1	9	91	296	1625	2022	4	398	0,2	19,7

den 145 F_3-Familien haben schon nicht weniger als 134 ihr Optimum an Individuen in der *coronarium*-Klasse. Dieselbe Auslese wurde zur F_4 wiederholt, wobei sich eine ähnliche Verteilung, aber nun mit etwas weniger ausgeprägter Verschiebung gegen *coronarium* ergab. So hatte die erste Gruppe von 41 Familien mit 936 Individuen das Optimum zwischen intermediär und *subcoronarium*. Zur F_5 wurden dann fast ausschließlich Nachkommen von Pflanzen gebaut, deren Früchte hinsichtlich Rippen *coronarium*-Typ hatten. Der Erfolg war durchschlagend. In allen 78 Familien liegt das Individuen-Optimum in der *coronarium*-

Klasse und in zwei Gruppen mit 34 Familien sind alle Individuen (799) als rein *coronarium* anzusprechen.

In bezug auf die Fertilität ist hier ganz dieselbe Erscheinung zu beobachten, wie sie in den Tabellen 14 und 15 für Form und Flügel der Früchte aufgezeigt worden ist (es handelte sich um dieselben Individuen je Generation). Der Prozent steriler Pflanzen nimmt von Generation zu Generation schnell ab; von 10,5% in F_3 bis auf 0,2% in F_5.

Der erhebliche Unterschied in der Ausbildung der Fruchtrippen zwischen den beiden Eltern ist wenigstens durch ein stark wirkendes Gen bedingt, das ich abgeleitet von *costa* (= Rippe) mit dem Symbol *Co* belegen will. Die rippenlosen Früchte von *carinatum* sollen dann in *co* rezessiv, die von *coronarium* dominant sein. *Co* zeigt nahezu vollkommene Dominanz. Mit Hinblick auf die Frequenz intermediärer Typen in F_3 und F_4 besteht eine gewisse Wahrscheinlichkeit, daß es noch ein weiteres, die Ausbildung der Rippen beeinflussendes Gen gibt.

Die Ausspaltung einer großen Anzahl normal fertiler Individuen mit Früchten vom *coronarium*-Typ, d. h. mit starken Rippen, zeigt, daß auch das Gen *Co* als intraspezifisch aufzufassen ist.

Die Vererbung der Harzdrüsen. Die Früchte von *carinatum* sind ganz ohne, die von *coronarium* haben zwischen den Rippen unregelmäßige Reihen von Harzdrüsen. Die Drüsenausgänge liegen in Grübchen, in denen das Harz als weiße, ungleichmäßige und gleichwie mit Rissen versehene Tröpfchen zutagetritt. Nicht selten sind diese z. T. abgefallen.

Die Früchte der F_1-Generation sind praktisch genommen ohne Harzdrüsen, also mit *carinatum* übereinstimmend. Auch in der F_2-Generation hatte die Mehrzahl der Pflanzen Früchte ohne Harzdrüsen. Die Harzdrüsen können somit als rezessives Merkmal betrachtet werden. Auch bei diesem Merkmal ist es sehr schwierig bestimmte Klassen gegeneinander abzugrenzen.

Tabelle 17. Die Aufspaltung im Merkmal Harzdrüsen der Früchte in F_3—F_5 der Kreuzung *Chrysanthemum carinatum* × *coronarium*

Gene-ration	Anzahl Familien	Harzdrüsen der Früchte					Summe Indivi-duen	Davon mit Fertilität			
								0	1	in Prozent	
		car.	*sca.*	*int.*	*sco.*	*cor.*				0	1
F_3	143	235	171	313	434	1063	2216	233	187	10,5	8,4
F_4	121	35	130	504	987	1150	2806	90	666	3,2	23,7
F_5	78	7	69	321	456	1168	2021	4	398	0,2	19,7

Zur F_3 wurden Früchte von Pflanzen ausgesät, die teils intermediär zu sein schienen, teils sich stark *coronarium* näherten. Dasselbe geschah für F_4 und F_5. Tabelle 17 zeigt das Ergebnis. Die Anzahl Individuen mit Harzdrüsen vom *coronarium*- bis *subcoronarium*-Typ hat stark zugenommen. Und in F_4 und F_5 gab es bereits 10 Familien mit 201 Pflanzen,

deren Früchte als *coronarium* zu klassifizieren waren. Und in diesen
F_5-Familien gab es überhaupt keine sterilen Pflanzen mehr.

Das für die Ausbildung der Harzdrüsen verantwortliche Gen will ich,
abgeleitet von *resinosus* (= harzig), mit dem Symbol *res* belegen. Dominanz in *Res* bedingt demnach Fehlen von Harzdrüsen, was bei *carinatum*
der Fall ist. Auch dieses Gen ist als für beide Elternarten intraspezifisch
zu betrachten und die Allele desselben können daher zwischen *carinatum*
und *coronarium* beliebig ausgetauscht werden.

Die Kreuzung *Chrysanthemum coronarium* × *carinatum*

Zu dieser reziproken Artkreuzung wurde als *coronarium* teils und
zum allergrößten Teil die früher als Vater benutzte „Weißblütige" verwendet, zu kleinerem Teil die nur in Blütenfarbe abweichende Gelbblütige. Als *carinatum* wurden gleichfalls zwei Varietäten verwendet:
„*atrococcineum*" und „*Burridgeanum*". In den hier in Frage stehenden
Merkmalen sind diese mit der früher als Muttersorte benutzten „Nordstern", abgesehen von anderer Blütenfarbe, ganz übereinstimmend. Die
Kreuzungen mit diesen Sorten haben, wieder abgesehen von der Blütenfarbe, ganz dieselben Resultate gegeben, weshalb sie unten auch vereint
behandelt werden.

In bezug auf das Verhalten der F_1 sei auf den betreffenden Abschnitt
oben verwiesen, wo die in beiden Richtungen erhaltenen Resultate miteinander verglichen sind. Hier sei nur kurz wiederholt, daß die dort angeführten 15 Merkmale (von der Fiedernbreite wird abgesehen) durchweg
abweichend ausgebildet sind, je nachdem sie *carinatum* oder *coronarium*
als Mutter gehabt haben. Im letzteren Fall bestand meistens ausgesprochene Dominanz der *coronarium*-Merkmale, während die entsprechenden
Merkmale mit *carinatum* als Mutter zum größten Teil intermediär oder
intermediär nahestehend waren.

Es folgen die Resultate der F_2 mit *coronarium* als Mutter. Da die
Spaltung in dem durch die Allele eines interspezifischen Gens bedingten
Blattyp (Bauplan) von größtem Interesse ist, folgen unten die in beiden
Kreuzungsrichtungen gefundenen Spaltungsverhältnisse.

Die Spaltung war mit *carinatum* als Mutter:

112 *car* : 689 *sca* : 249 *int* : 46 *sco* : 5 *cor* (steril); Sa. 1101.

Mit *coronarium* als Mutter war sie:

132 *cor* : 590 *sco* : 430 *int* : 28 *sca* : 0 *car*; Sa. 1180.

Wie ersichtlich, wurde die Reihenfolge der Klassen umgekehrt. Dies
geschah, um zu zeigen, daß die Spaltungsverhältnisse dann denselben
Typ aufweisen. Der Unterschied besteht nur darin, daß mit *carinatum*

als Mutter der *subcarinatum*-Typ, mit *coronarium* als Mutter dagegen
der *subcoronarium*-Typ dominiert. In beiden Fällen wurde kein oder kein
fertiles Individuum mit dem väterlichen Merkmal erhalten. Von den
5 *cor*-Individuen der Kreuzung *car* × *cor* waren 4 steril und eines hatte
nur einige parthenokarpe, nicht entwicklungsfähige Früchte. Und die
dem väterlichen Merkmal zunächststehenden Klassen (*sco* bzw. *sca*)
gaben als Nachkommen wieder den intermediären Typ bzw. die für diesen
kennzeichnende Spaltung. Die Klassifikation einer kleineren Anzahl von
Individuen als *sco* bzw. *sca* ist auf eine gewisse Variation des *int*-Typs
zurückzuführen.

Tabelle 18. Die Aufspaltung in den verschiedenen Merkmalen in F_2
der Kreuzung *Chrysanthemum coronarium* × *carinatum*

Merkmal	Ausprägung des Merkmals					Summe Individuen
	cor.	*sco.*	*int.*	*sca.*	*car.*	
Blattdicke	415	396	265	87	17	1180
Ausbildung der Blattnerven	118	305	412	190	155	1180

	cor.		*int.*		*car.*	
	blaugrün		dunkelgrün		hellgrün	
Blattfarbe	742		322		113	1177
	matt		intermediär		glänzend	
Blattglanz	693		314		169	1176

Merkmal	*cor.*	*sco.*	*int.*	*sca.*	*car.*	Summe
Form der Hüllblätter	688	452	36	—	—	1176
Form des Blütenbodens	567	479	114	10	6	1176
Form der Zungenblütenblätter	478	429	219	30	7	1163
Form der Kronenröhre	293	367	435	60	17	1172
Form der Kronenrohrzipfel	227	491	331	107	16	1172
Fruchtform	1065	20	4	—	—	1089
Fruchtflügel	835	190	16	—	—	1041
Fruchtrippen	956	103	28	1	1	1089
Harzdrüsen	919	106	54	9	1	1089

Die beiden oben angeführten Spaltungen für *car* × *cor* und *cor* × *car*
zusammen mit den früher mitgeteilten Ergebnissen in F_3 bis F_5 der ersten
Kreuzungsrichtung sind für die Wirkung interspezifischer Gene charakteristisch und zweifellos nur durch diese erklärbar. Die Ergebnisse in
beiden Kreuzungsrichtungen bilden ausgezeichnete Gegenstücke, sie
ergänzen einander und bestätigen einwandfrei die Wirkung der Allele
i-Com und *i-com* des interspezifischen Gens für den verschiedenen Bauplan der Blätter von *Chrys. carinatum* und *coronarium*.

In Tabelle 18 folgt eine Übersicht über die Spaltung von 13 Merkmalen in F_2 der Kreuzung *coronarium* × *carinatum*. Ein Vergleich der Spaltungsverhältnisse zeigt durchweg, daß die größte Individuenfrequenz in

jener Klasse anzutreffen ist, in der man dies auf Grund der Dominanzverhältnisse in F_1 annähernd erwartet hätte. Mit Hinblick auf die großen Unterschiede zwischen den beiden Kreuzungsrichtungen in F_1 ist damit aber auch gesagt, daß die Spaltungen in der Kreuzung mit *coronarium* als Mutter ganz beträchtlich von jenen mit *carinatum* als Mutter abweichen. Hinzu kommt noch eine Anzahl unerwarteter Spaltungsverhältnisse mit extremer Dominanz von *coronarium*-Merkmalen.

Am wenigsten abweichend ist die Spaltung in den beiden Merkmalen Blattdicke und Ausbildung der Blattnerven. Mit *carinatum* als Mutter liegt die größte Individuenfrequenz nahe von intermediär, für die Ausbildung der Blattnerven etwas gegen *sca* verschoben. Mit *coronarium* als Mutter liegt das Individuumoptimum für Blattdicke nahe an *sco*, für die Blattnerven von intermediär gegen *sco*. In beiden Richtungen spalten alle fünf Typen schon in F_2 fertil aus.

Für Farbe und Glanz der Blätter besteht ausgesprochene Dominanz in der *cor*-Klasse (graugrün und matt), während mit *carinatum* als Mutter in beiden Fällen der intermediäre Typ stark dominiert.

Für die Form der Hüllblätter liegen sehr stark abweichende Spaltungsverhältnisse vor. Mit *car* als Mutter fand in F_2 eine Spaltung in allen fünf Klassen mit größter Individuenfrequenz in der *sca*-Klasse statt. Jede Klasse war durch normal fertile Pflanzen vertreten. Mit *cor* als Mutter zeigt sich sehr starke Dominanz der *cor*-Klasse, wonebst in den *sca*- und *car*-Klassen überhaupt keine Individuen erhalten worden sind. Mit Hinblick auf das Zahlenverhältnis 688 *cor* : 452 *sco* : 36 *int* : 0 *sca* : 0 *car* sollte dieses *cor*-Merkmal durch das Zusammenwirken von wenigstens 4 Genen in dominanter Form bedingt sein. In den nächsten Generationen wurden indessen nach Aussaat von Samen von *int*-Pflanzen auch *sca*- und *car*-Individuen erhalten.

Auch für die Form des Blütenbodens wurde starke Dominanz des *coronarium*-Typs festgestellt, doch gab es hier bereits in allen fünf Klassen fertile Individuen. Hier dürfte Dominanz in wenigstens drei Genen für den *car*-Typ verantwortlich sein. Mit *carinatum* als Mutter zeigte die *sca*-Klasse die größte Individuenfrequenz (s. oben).

Für die Merkmale „Form der Zungenblütenblätter", „Form der Kronenröhre" sowie „Form der Kronrohrzipfel" liegen etwa dieselben Spaltungsverhältnisse vor. In diesen drei Merkmalen fand Ausspaltung in allen fünf Klassen statt. Die größte Frequenz an Individuen ist für diese Merkmale etwas verschieden, aber durchweg stark in der Richtung *coronarium* zu finden. Mit *car* als Mutter zeigen diese drei Merkmale die größte Individuenfrequenz bei intermediär bis *subcarinatum*.

Für die Form der Blumenblätter der Zungenblüten dominieren mit *cor* als Mutter die Klassen *cor* und *sco* stark, indem sie 807 (= 77,9%) von insgesamt 1163 Pflanzen enthalten. In denselben beiden Klassen *(cor + sco)* kommt zunächst die Form der Kronrohrzipfel mit 718 (= 61,2%) von 1172 Individuen. Auch für die Form der Kronenröhre liegen 600 (=56,3%) von 1172 Pflanzen in den *cor*- und *sco*-Klassen. Aber in größter Individuenanzahl ist hier der intermediäre Typ durch 435 (= 37,1%) vertreten. Pflanzen mit diesen Merkmalen in rein *carinatum*- bzw. *subcarinatum*-Form sind für die in Frage stehenden drei Merkmale stark im Minimum, durchschnittlich gab es nur etwa 1,1 bzw. 5,6%.

Alle studierten Merkmale der Frucht zeigen mit *coronarium* als Mutter starke bis sehr starke Dominanz der für diese charakteristischen Ausprägung der Merkmale. Mit *carinatum* als Mutter sind sie entweder intermediär oder *subcarinatum* bis fast rein *carinatum*.

Den extremsten Fall an Dominanz unter den *cor*-Merkmalen zeigt die Fruchtform, die nach 1065 *cor* : 20 *sco* : 4 *int* spaltete. Pflanzen mit Früchten vom *sca*- und *car*-Typ sind in F_2 überhaupt nicht angetroffen worden. Man könnte hier geneigt sein, auf das Zusammenwirken von etwa fünf Genen in dominanter Form zu schließen.

Die drei übrigen Fruchtmerkmale, Flügel, Rippen und Harzdrüsen, zeigen recht ähnliche Spaltung, wieder mit sehr starker Dominanz des *coronarium*-Typs. In allen drei Fällen erreichte dieser Typ einen zwischen 80 und 90% betragenden Teil der Gesamtindividuenanzahl. Hinzu kommt, daß die nahestehenden *sco*-Typen etwa 10% ausmachen, während die übrigen drei Klassen, *int + sca + car*, durchschnittlich nur mit ungefähr 3,4% vertreten sind. Auch die Individuen dieser schwach repräsentierten Klassen waren indessen fertil.

Die Spaltungen in den einzelnen Merkmalen in höheren Generationen der Kreuzung mit *coronarium* als Mutter haben nichts Neues an den Tag gebracht, sie bestätigten nur, wie schon F_2, das Bestehen eines interspezifischen Gens für die Aufrechterhaltung einer unüberbrückbaren Artbarriere, sowie daß alle übrigen Gene in fertilen Nachkommen erhalten werden können. Es folgt eine Übersicht der spaltenden Gene.

Übersicht der nachgewiesenen Gene

Mit Sicherheit visuell abgelesen konnte die Wirkung von 21 Genen werden. Von diesen ist eines interspezifisch, die übrigen 20 sind intraspezifisch. Darüber hinaus spalteten jedoch sicher noch weitere Gene, die aber hauptsächlich nur quantitative Änderungen bedingen. Deutlich spricht hierfür u. a. die Spaltung in Fruchtform in F_2 mit *coronarium* als Mutter, an der etwa fünf Gene beteiligt sein dürften.

Blatteigenschaften

i-Com—i-com	Das interspezifische Gen, das *Chrysanthemum carinatum* von *coronarium* trennt. Das Allel *i-Com* ist nur in *coronarium* anzutreffen, *i-com* nur in *carinatum*. *i-Com* entspricht der zahlreicheren, dichter und gleichmäßiger stehenden Fiederteilung des *coronarium*-Blattes, *i-com* der weniger zahlreichen, schütteren und ungleichmäßigeren Fiederteilung des *carinatum*-Blattes (s. Abb. 1, 2, 3 und 17).
Int—int	Rezessivität in *int* modifiziert das *carinatum*-Blatt in Richtung gegen intermediär zwischen dieser Art und *coronarium* (*subcarinatum* — intermediär).
Rat—rat	Mit — ohne tertiärer Fiederteilung.
Te—te	Zusammen mit *Ten* breite — mittelbreite Fiedern.
Ten—ten	Zusammen mit *Te* breite — mittelbreite Fiedern; mit *te* mittelbreite — schmale Fiedern (*te ten = carinatum*).
Cr—cr	Dickes — dünnes Blatt.
Ex—ex	Blattnerven auf der Unter- und Oberseite — nur auf der Unterseite erhöht hervortretend.
Vi—vi	Blattfarbe hellgrün — dunkelgrün.
Cav—cav	Blattfarbe mittelgrün — graugrün.
Sp—sp	Blattoberfläche glänzend — matt.

Merkmale der Infloreszenzen und Blüten

Ca—ca	Zusammen mit *Car* stark kielförmig erhabene — kaum erhabene Hüllblätter.
Car—car	Zusammen mit *Ca* stark kielförmig erhabene — kaum erhabene Hüllblätter. *Ca* und *Car* sind polymer wirkend.
Con—con	Blütenboden kegelförmig erhaben und mit breiter Basis — gleichmäßig gerundet und mit schmaler Basis.
Cu—cu	Grund der Blumenblätter der Zungenblüten kielförmig — gerundet.
Ur—ur	Oberer Teil der Kronenröhre urnenförmig erweitert — nur wenig und fast gleichmäßig erweitert.
Tri—tri	Zipfel der Kronenröhre dreieckig und mit etwa gleich breiter Basis wie Höhe — etwa zweieinhalbmal so lang als breit.

Merkmale der Früchte

Pri—pri	Fruchtkörper prismatisch — flachgedrückt bis dreikantig.
Al—al	Zusammen mit *Ala* Flügel der Früchte stark entwickelt — nur mittelstark ausgebildet.

Ala—ala   Zusammen mit *Al* Flügel der Früchte stark — mittelstark entwickelt. *al ala* ohne Flügel, oder nur mit etwas vorgezogenen Seitenrippen *(coronarium)*.

Co—co   Mit starken Rippen — ohne Rippen.

Res—res   Ohne — mit Reihen von Harzdrüsen zwischen den Rippen.

Die Barriere zwischen naturbedingten Arten im Lichte der Ergebnisse der Kreuzung
Chrysanthemum carinatum × *coronarium* und reziprok

Die *Chrysanthemum*-Kreuzung gelang in beiden Richtungen leicht. Die Karyotypen der beiden Arten, *carinatum* und *coronarium*, konnten nicht sicher voneinander unterschieden werden, weder hinsichtlich der Länge der Chromosomen, noch in bezug auf das Verhältnis zwischen den Längen der Arme.

Das Verhalten der F_1 beweist einen sehr starken Unterschied im Plasma der beiden Arten. Mit *carinatum* als Mutter waren die meisten Merkmale intermediär oder annähernd intermediär *(subcarinatum)*. Mit *coronarium* als Mutter herrschte dagegen in den meisten Merkmalen sehr starke Dominanz der *coronarium*-Merkmale; fünf von diesen waren rein *coronarium*. Es gab nicht ein einziges Merkmal, das in beiden Kreuzungsrichtungen gleich ausgebildet gewesen ist. Physiologisch kommt hinzu, daß die F_1 mit *coronarium* als Mutter viel höhere Fertilität gezeigt hat als die mit *carinatum* als Mutter.

Die Ergebnisse dieser Artkreuzung haben gezeigt, daß Spaltung in einem interspezifischen Gen, sowie in wenigstens 20 intraspezifischen Genen stattgefunden hat. Auch die durch die letzteren bedingten Merkmale waren alle visuell leicht feststellbar. Diese Gene zeigten alle Mendel-Spaltung und konnten beliebig miteinander frei kombiniert werden.

Hier interessiert vor allem das Verhalten des interspezifischen Gens *i-Com*. Die Allele dieses Gens bedingen das die Arten trennende Merkmal, den Bauplan des Blattes (s. die Abb. 1 bis 3 und 17). Mit *carinatum* als Mutter wurde in bezug auf dieses Merkmal folgende F_2-Spaltung gefunden:

112 car : 689 sca : 249 int : 46 sco : 5 sterile cor

Die Nachkommen der 46 *sco*-Pflanzen in F_3 bis F_5 haben nun gezeigt, daß sie in die Variationsbreite der *int*-Individuen fallen und daher als solche zu klassifizieren sind. Konstante *subcoronarium*-Blatt-Typen konnten nicht erhalten werden. Die Klasse *coronarium* (fertil) fehlte in der Spaltung vollkommen.

In den F_3 bis F_5-Generationen wurde ferner die Wirkung eines intra-spezifischen Gens *Int* nachgewiesen, das in dominanter Form die *car*-Pflanzen in erblich konstante intermediär-Typen umwandelte. Bei Berücksichtigung dieser Verhältnisse resultiert folgende F_2-Spaltung:

$$112 \text{ } carinatum : 984 \text{ intermediär} : 0 \text{ } coronarium$$

In Formeln ausgedrückt ergibt sich:

Gefunden:

$$112 \text{ } i\text{-}com \text{ } i\text{-}com \left(\frac{int}{int}\right) : 984 \text{ } i\text{-}Com \text{ } i\text{-}com \left(\frac{Int}{int}\right) : 0 \text{ } i\text{-}Com \text{ } i\text{-}Com \left(\frac{Int}{int}\right)$$

Erwartet:

$$91{,}75 \text{ detto} : 1004{,}25 \text{ detto} : 0 \text{ detto}$$

Mit Hinblick auf die Schwierigkeit einer scharfen Abgrenzung von *subcarinatum* gegen intermediär, zeigt dieses Verhältnis gute Übereinstimmung mit dem berechneten. D/m ist hierfür 2,21. Im interspezifischen Gen *i-Com* allein resultiert die Spaltung:

$$1 \text{ } i\text{-}com \text{ } i\text{-}com : 2 \text{ } i\text{-}Com \text{ } i\text{-}com : 0 \text{ } i\text{-}Com \text{ } i\text{-}Com,$$

demnach genau dieselbe Spaltung, die von mir schon vor 20 Jahren für die beiden interspezifischen Gene *i-Int* und *i-Epi* von *Phaseolus vulgaris* und *coccineus* hat nachgewiesen werden können (s. L. 1944, 1945, 1948 a und 1959).

Mit *coronarium* als Mutter zeigte die *Chrysanthemum*-Kreuzung folgende Spaltung:

$$132 \text{ } coronarium : 1048 \text{ intermediär} : 0 \text{ } carinatum,$$ oder in Formeln ausgedrückt:

Gefunden:

$$132 \text{ } i\text{-}Com \text{ } i\text{-}Com \left(\frac{int}{int}\right) : 1048 \text{ } i\text{-}Com \text{ } i\text{-}com \left(\frac{Int}{int}\right) : 0 \text{ } i\text{-}com \text{ } i\text{-}com \left(\frac{Int}{int}\right)$$

Erwartet:

$$98{,}3 \text{ detto} : 1081{,}7 \text{ detto} : 0 \text{ detto}$$

Die Übereinstimmung ist hier mit einem D/m = 3,55 etwas weniger gut, aber mit Hinblick auf die oben erwähnten schwierigen Abgrenzungsverhältnisse, hier zwischen *subcoronarium* und *coronarium*, als befriedigend zu bezeichnen. Die Spaltung im interspezifischen Gen *i-Com* folgt aber auch hier mit vollkommener Sicherheit dem Verhältnis 1 : 2 : 0, und beweist damit das Bestehen einer vollkommen unüberbrückbaren Artbarriere.

Hier drängt sich zunächst die Frage auf, was führt zum vollständigen Ausfall von im artfremden Allel des interspezifischen Gens homozygoten und fertilen Individuen. Die Beschaffenheit der F_1-Pflanzen zeigt, daß beide Allele des interspezifischen Gens anwesend sind, weshalb sie also in der Entwicklung der Pflanze von Zellteilung zu Zellteilung Hunderttausend oder Millionen Male störungsfrei erneuert worden sind. Dies war in beiden Kreuzungsrichtungen der Fall. Man kann daher nicht behaupten, daß das artfremde Allel als solches mit dem fremden Plasma unverträglich ist. Aber die F_2 enthält niemals im artfremden Allel homozygote und überdies fertile Pflanzen. Sterile solche Individuen sind in den F_2 der *Chrysanthemum*-Kreuzungen nur in sehr geringer Anzahl aufgetreten (s. o.).

In bezug auf den vollständigen Ausfall von im artfremden Allel homozygoten (und fertilen) Individuen in F_2 erscheint mir nur eine Erklärung berechtigt: Bei der Reduktionsteilung auf F_1 werden für die Reproduktion dieser Allele bei Homozygotie unumgänglich notwendige Stoffe nicht erneuert. Diese Stoffe, die zweifellos für alle Gene, sowohl inter- wie intraspezifische, vorhanden sein müssen, wurden von mir als Progene bezeichnet. Die Progene werden mit dem Kern eingeführt und müssen daher in den Chromosomen liegen. Ohne Progene keine Erneuerung der Gene. Die Synthese der Gene hat man sich daher so vorzustellen, daß vom Plasma zur Verfügung gestellte Stoffe durch eine Komplexwirkung von Progenen und Genen zur Reproduktion dieser führen.

In den unten zu besprechenden Kreuzungen zwischen den beiden *Phaseolus*-Arten *vulgaris* und *coccineus* werden diese Erscheinungen teils in ganz gleicher Weise zutage treten, teils aber auch zu einer wesentlich erweiterten Kenntnis von der Rolle des Plasmas führen. Schon auf Grund der Ergebnisse der *Chrysanthemum*-Kreuzungen kann die Art, insofern sie naturbedingt ist, ganz eindeutig folgendermaßen definiert werden. Die Art ist der Inbegriff sämtlicher Biotypen, die Träger derselben Allele von interspezifischen Genen sind.

Damit zeigt sich auch zwangsläufig der Schritt, der getan werden muß, daß es zur Entstehung einer (oder besser zweier) neuer Arten kommen kann. Das Primäre ist hierbei stets eine Veränderung des Plasmas, die wahrscheinlich durch lange andauernde Einflüsse seitens der Umweltverhältnisse zustande kommt. Die Erreichung gewisser Schwellenwerte wird es dann mit sich bringen, daß dem Kern z. T. andere Stoffe für die Synthetisierung von Progenen (und damit Genen) zur Verfügung gestellt werden. Es wird die Differenzierung wenigstens eines Progens für ein Kategorien trennendes Merkmal in zwei neue ausgelöst, und damit entstehen zwei neue Arten, Gattungen oder auch höhere Kategorien. Was dann in der Natur im Kampf ums Dasein übrig bleibt, ist eine sekundäre Angelegenheit. Hier werden die Beziehungen der neuentstandenen Kategorien zu den ökologischen Verhältnissen entscheidend sein. Gut angepaßte Ökotypen (s. Einleitung) werden sich geologisch lange Zeitperioden hindurch behaupten können, andere werden über kurz oder lang ausgemerzt werden.

Mit dem experimentellen Beweis der Spaltung interspezifischer Gene nach dem Schema 1 : 2 : 0 dürfte auch unmittelbar das Aussichtslose

darin zutage treten, die Evolution durch Mutationen von Genen erklären
zu wollen. Ganz gleichgültig ob es sich hierbei um Mutationen von Genen
handelt, die kleinere Abweichungen bedingen, sogenannte Micromutationen, oder auffallendere, sogenannte Macromutationen. Das Hoff-
nungslose in dieser Situation tritt in den vielen in den letzten Jahrzehn-
ten erschienenen Arbeiten über Evolution zutage. Und ganz gleich verhält es sich mit dem Spezies-Problem. Man vergleiche diesbezüglich z. B.
E. Mayr u. a. "The Species Problem" 1957. Angesichts der experimentellen Tatsachen erscheinen die über den Verlauf der Evolution gemachten Annahmen gänzlich unhaltbar.

Die Kreuzung *Phaseolus vulgaris* L. × *Ph. coccineus* L. und reziprok

Diese beiden Arten sind in Süd- und Zentralamerika endemisch. Von
Ph. vulgaris ist mir Originalmaterial von den Abhängen der Anden westlich Tucuman in Argentinien sowie vom Hochplateau bei Oaxaca in
Mexico zur Verfügung gestanden. Von *coccineus* solches aus Mexico[1].
Von *vulgaris* gibt es eine sehr große Anzahl von Kulturformen, wenigstens
500, von *coccineus* ist das Varietätensortiment verhältnismäßig klein,
20 Sorten kaum übersteigend. Zu meinen Kreuzungen standen mir aber
von *coccineus* überdies eine Anzahl von Mutanten und von anderen
Forschern erhaltene abweichende Formen zur Verfügung. Sie betrafen
meistens die Farben der Samen und Blüten.

Die von mir seit 1929, d. h. während 35 Jahren studierten Kreuzungen
zwischen den erwähnten *Phaseolus*-Arten dürften zweifellos das weitaus
größte Material einer Artkreuzung repräsentieren, das je untersucht
worden ist. Die Anzahl der ausgeführten Kreuzungen (einschließlich
Rückkreuzungen) beträgt insgesamt 492, wozu noch etwa 50 mißlungene
Kreuzungen *coccineus* × *vulgaris* kommen. Für die Linien, die je nach
ihrem Ursprung sehr verschiedener Beschaffenheit sein können, werden
folgende Bezeichnungen und Abkürzungen verwendet.

v, vulgaris. Entspricht der reinen Art, wie sie in der Natur in den
Anden Südamerikas und in Mexico angetroffen wird; ihr gehört auch
die sehr große Anzahl von Cultivaren an.

---

[1] Das Material aus Argentinien verdanke ich meinem früheren Assistenten,
Herrn Dr. G. Weiseth, Vollebekk, Norwegen, das aus Mexico Herrn Assistent
O. Norvell, Berkeley Univ., Calif., USA. Beiden Herren sei hier mein bester Dank
ausgesprochen.

cc, coccineus. Sie entspricht der in Zentralamerika endemischen Art, einschließlich der Kulturformen.

mg, multigaris. Ein von mir geprägter Ausdruck, abgeleitet von *multifloris (= coccineus)* und *vulgaris.* Er gibt an, daß es sich um eine *vulgaris*-Form handelt, d. h. also mit *vulgaris*-Plasma, die aber in ihrem Genbestand Träger von Genallelen ist, die in reiner *vulgaris* nicht vorkommen, sondern durch Kreuzen mit *coccineus* aus letzterer Art überführt worden sind. Diese Merkmale sollen visuell erkennbar sein. Kreuzungen $v \times mg$ und $mg \times v$ oder auch $mg \times mg$ verhalten sich wie $v \times v$-Kreuzungen, nur daß Merkmale spalten, die durch von *coccineus* nach *vulgaris* überführten Genallelen bedingt werden[1].

ccg, coccigaris. Dieser Ausdruck bildet ein Gegenstück zu *multigaris.* Er besagt demnach, daß es sich um *coccineus*-Linien mit Merkmalen handelt, die auf die Wirkung von aus *vulgaris* überführten Genallelen zurückzuführen sind, die sonst in reinem *coccineus* nicht anzutreffen sind. *ccg*-Linien enthalten also genau wie *cc*-Linien *coccineus*-Plasma. Im Weiteren werden die Elternlinien und Kreuzungskombinationen mit den oben angegebenen Verkürzungen angeführt.

Das gesamte Material umfaßt 492 Kreuzungen, wozu noch etwa 50 mißlungene $cc \times v$-Kreuzungen kommen. Es kann auf die folgenden drei Gruppen verteilt werden:

1. Kreuzungen v und $mg \times cc$ und ccg sowie reziprok   174.795 Individuen
2. Kreuzungen $v \times mg$, $mg \times mg$ sowie reziprok . .   137.245   ,,
3. Reinzüchtung von Linien, ausgelesen aus höheren
   Generationen von unter 1. und 2. erwähnten
   Kreuzungen etwa . . . .   200.000   ,,

Insgesamt umfaßte also das während 35 Jahren (1929 bis 1964) studierte Material ungefähr 500.000 Individuen.

Es folgt nun eine Übersicht, in der die Kreuzungen mit Bezug auf die Elternkombinationen folgendermaßen gruppiert sind:

1. *vulgaris* × *coccineus*
2. *coccineus* × *vulgaris*
3. *vulgaris* × *multigaris* und reziprok sowie *multigaris* × *multigaris*

---

[1] In meinen früheren Arbeiten (z. B. 1940), wo mir die plasmatisch bedingte Artbarriere noch unbekannt war, wurde der Ausdruck *multigaris (mg)* auch für *coccineus*-Linien verwendet, die durch irgendwelche anscheinend von *vulgaris* herstammende Merkmale gekennzeichnet waren; z. B. halbhoher Wuchs, ganzfarbige Samen usw. Danach sollte *multigaris* die Merkmale von *vulgaris* und *multiflorus (= coccineus)* vereinigen, die z. T. als taxonomisch trennend aufgefaßt werden konnten. Als die genisch-plasmatisch bedingte Artbarriere dann klargelegt worden war, mußte die erwähnte Auffassung von *multigaris* fallen gelassen werden. Dasselbe gilt auch in bezug auf die Bedeutung der in Kreuzungen beobachteten Sterilität für die Artbarriere. Diesbezüglich sei auf den Abschnitt „Das Auftreten von Sterilität in Kreuzungen und im allgemeinen" in dieser Arbeit verwiesen.

4. *multigaris* × *coccineus*
5. *coccineus* × *multigaris*
6. *vulgaris* inklusive *multigaris* × *coccigaris*
7. *coccigaris* × *vulgaris* + *multigaris*
8. *coccineus* × *coccigaris*

Die diesen Kombinationen entsprechenden Kreuzungen sollen, wie zu erwarten, durch bestimmte Spaltungen in intraspezifischen Genen, im Verhalten zur Artbarriere sowie damit verknüpften Sterilitätserscheinungen charakterisiert sein. In diese Übersicht sind nur eingehender studierte Kreuzungen mit in F_2 und höheren Generationen zusammen von wenigstens 400 Individuen aufgenommen. Von den 492 ausgeführten Kreuzungen sind dies nur wenig mehr als ein Viertel.

Besonders ist in diesem Zusammenhang hervorzuheben, daß sehr viele Kreuzungen, ungefähr 70% sämtlicher, nur in F_1 untersucht worden sind. Dies hat seinen Grund in der seit langem gut bekannten Erscheinung, daß die F_1 von $v \times cc$ zum Teil meist aus sterilen Zwergen oder Halbzwergen verschiedener Beschaffenheit bestehen (s. z. B. schon bei v. TSCHERMAK 1901). Bei der Besprechung der F_1 wird unten hierauf näher eingegangen werden.

Übersicht der mit *Phaseolus vulgaris* und *coccineus* ausgeführten Kreuzungen

Kreuzungs-Nr.	Elternlinien		Anzahl Generationen	Anzahl Individuen
	Gruppe 1: *vulgaris* × *coccineus*-Kreuzungen			
3	Nr. 30, Lyonnais	Nr. 26, Rotblütig	19	23.384
4	Nr. 1, Stella	Nr. 27, Zweifarbig	12	17.580
5	Nr. 53, *atropunct.*	Nr. 25, Weißblütig	12	7.542
9	Nr. 161, Expreß	Nr. 26, Rotblütig	15	14.878
10	Nr. 160, Fiskeby	Nr. 25, Weißblütig	17	6.767
11	Nr. 124, Konserva	Nr. 27, Zweifarbig	16	6.860
15	Nr. 124, Konserva	Nr. 25, Weißblütig	7	797
16	Nr. 130, Hinrichs Riesen	Nr. 27, Zweifarbig	6	879
19	Nr. 52, Tausend für Eine	Nr. 33, Actec bean	4	1.145
22	Nr. 161, Expreß	Nr. 33, Actec bean	5	1.475
23	Nr. 214, Test *P*	Nr. 33, Actec bean	5	1.442
34	Nr. 53, *atropunct.*	Nr. 33 a, Actec bean, v.	8	2.685
40	Nr. 164, *declivis*	Nr. 27, Zweifarbig	13	2.521
41	Nr. 164, *declivis*	Nr. 33 a, Actec bean, v.	3	495
44	Nr. 195, *ramifera*	Nr. 27, Zweifarbig	14	5.107
45	Nr. 214, Test *P*	Nr. 27, Zweifarbig	4	1.053
53	Nr. 107, *P V*	Nr. 26, Rotblütig	3	536
54	Nr. 61, Kenia	Nr. 26, Rotblütig	2	444
56	Nr. 214, Test *P*	Nr. 26 Rotblütig	2	570
152	Nr. 903, *glaber*	Nr. 40, R^{ma}-Mutante	5	626
188	Nr. 53, *atropunct.*	Nr. 28, Gr. Indigo	2	428

Kreuzungs-Nr.	Elternlinien		Anzahl Generationen	Anzahl Individuen
424	Nr. 495, Perlbohne	Nr. 70, Mutante	2	563
471	Nr. 214, Test P	Nr. 62, Hidalgo Mexico	2	537

Gruppe 2: coccineus × vulgaris-Kreuzungen

Etwa 50 Kreuzungen wurden ausgeführt, aber in nur 10 von diesen wurden wenige und schlechte Samen zur F_1 erhalten. Diese Kreuzung mit reiner *vulgaris* erschien aussichtslos, mit *multigaris* gelang sie relativ gut; s. u. Gruppe 4.

Gruppe 3: *vulgaris* × *multigaris* und reziprok sowie *multigaris* × *multigaris*

1	*mg* spont. Kr.	*v* Nr. 29, de la Chine	16	31.065
2	*mg* aus Kr. 1	*v* Nr. 1, Stella	14	4.935
12	*v* Nr. 161, Expreß	*mg* aus F_5 Kr. 1	12	7.242
13	*v* Nr. 160, Fiskeby	*mg* aus F_5 Kr. 1	11	8.103
14	*v* Nr. 124, Konserva	*mg* aus F_5 Kr. 1	13	10.171
35	*v* Nr. 387, Quirin	*mg* Nr. 51 aus Kr. 384	3	624
38	*v* Nr. 53, *atropunct.*	*mg* Nr. 51 aus Kr. 384	3	1.020
39	*v* Nr. 53, *atropunct.*	*mg* Nr. 52 aus Kr. 384	3	999
64	*v* Nr. 214, Test P	*mg* Nr. 8	6	733
67	*v* Nr. 214, Test P	*mg* Nr. 13	5	2.360
70	*v* Nr. 108, R^{st}	*mg* Nr. 17	2	660
72	*v* Nr. 214, Test P	*mg* Nr. 17	2	618
74	*v* Nr. 147, Test P	*mg* Nr. 18	4	2.058
76	*v* Nr. 147, Test P	*mg* Nr. 24	3	1.370
93	*v* Nr. 1, Stella	*mg* Nr. 34	2	468
98	*v* Nr. 170, *unifol.*	*mg* Nr. 17	2	479
103	*v* Nr. 1, Stella	*mg* aus Kr. 12	4	700
104	*v* Nr. 1, Stella	*mg* aus Kr. 12	4	800
114	*v* Nr. 1, Stella	*mg* Nr. 47	8	2.230
116	*v* Nr. 1, Stella	*mg* Nr. 47	6	2.376
119	*v* Nr. 160, Fiskeby	*mg* Nr. 48	3	1.810
127	*v* Nr. 124, Konserva	*mg* Nr. 17	4	860
128	*v* Nr. 130, Hinrichs	*mg* Nr. 17	2	420
131	*v* Nr. 214, Test P	*mg* Nr. 1	3	660
132	*v* Nr. 214, Test P	*mg* Nr. 50	6	1.621
133	*v* Nr. 214, Test P	*mg* Nr. 59	3	869
134	*v* Nr. 214, Test P	*mg* Nr. 70	5	1.653
138	*v* Nr. 540, *Sur*	*mg* Nr. 1	2	570
139	*v* Nr. 540, *Sur*	*mg* Nr. 50	5	1.039
140	*v* Nr. 540, *Sur*	*mg* Nr. 70	5	1.186
142	*v* Nr. 542, *p J G arg*	*mg* Nr. 1	3	680
144	*v* Nr. 542, *p J G arg*	*mg* Nr. 70	4	1.382
145	*v* Nr. 542, *p J G arg*	*mg* Nr. 72	2	534
178	*v* Nr. 1, Stella	*mg* Nr. 1	2	500
192	*v* Nr. 124, Konserva	*mg* Nr. 50	5	1.077
193	*v* Nr. 490, Bagnolet	*mg* Nr. 50	6	1.394
218	*v* Nr. 1, Stella	*mg* aus Kr. 6	16	3.586
219	*v* Nr. 1, Stella	*mg* aus Kr. 9	4	823
220	*v* Nr. 1, Stella	*mg* aus Kr. 44	2	540
229	*v* Nr. 60, *gri*-Mut.	*mg* Nr. 50	4	1.965

Kreuzungs-Nr.	Elternlinien		Anzahl Generationen	Anzahl Individuen
232	*v* Nr. 390, aus Kr. 10	*mg* Nr. 57	5	2.220
233	*v* Nr. 417, Olsok	*mg* Nr. 48	2	400
241	*v* Nr. 568, Surramit	*mg* Nr. 76	7	1.801
242	*v* Nr. 568, Surramit	*mg* Nr. 79	5	801
244	*v* Nr. 542, *p J G arg*	*mg* Nr. 50	3	858
253	*v* Nr. 547, Arla	*mg* Nr. 70	5	1.255
258	*v* Nr. 9, Souvenir D.	*mg* aus Kr. 9	15	3.012
259	*v* Nr. 9, Souvenir D.	*mg* aus Kr. 10	5	523
269	*v* Nr. 1, Stella	*mg* aus Kr. 44	5	407
271	*v* Nr. 214, Test *P*	*mg* Nr. 56	7	3.174
290	*v* Nr. 195, ramit	*mg* Nr. 50	4	1.067
292	*v* Nr. 195, ramit	*mg* Nr. 122	5	1.256
293	*v* Nr. 526, *P arg*	*mg* Nr. 124	3	1.065
296	*v* Nr. 555, Ramitur	*mg* Nr. 124	2	443
300	*v* Nr. 568, Surramit	*mg* Nr. 122	4	1.269
301	*v* Nr. 910, Erstling	*mg* Nr. 30	3	620
305	*v* Nr. 568, Surramit	*mg* aus Kr. 11	5	914
306	*v* Nr. 568, Surramit	*mg* aus Kr. 44	7	1.042
309	*v* Nr. 25, Braune B.	*mg* Nr. 50	5	1.281
310	*v* Nr. 579, Rekord	*mg* Nr. 50	8	1.550
327	*mg* aus Kr. 9	*mg* aus Kr. 218	6	791
346	*v* Nr. 160, Fiskeby	*mg* Nr. 137	3	620
349	*v* Nr. 588, Wachslos	*mg* Nr. 137	6	1.650
358	*v* Nr. 491, *y arg*	*mg* Nr. 118	4	790
359	*v* Nr. 555, Ramitur	*mg* Nr. 82	5	924
360	*v* Nr. 568, Surramit	*mg* Nr. 82	3	864
388	*v* Nr. 491, *y arg*	*mg* Nr. 70	2	460
389	*v* Nr. 491, *y arg*	*mg* Nr. 113	5	1.610
390	*v* Nr. 491, *y arg*	*mg* Nr. 151	10	2.644
397	*mg* Nr. 50	*mg* Nr. 150	3	680
398	*mg* Nr. 113	*mg* Nr. 151	9	4.800
406	*v* Nr. 1, Stella	*mg* Nr. 171	2	570
418	*v* Nr. 741, Ideal	*mg* Nr. 171	2	430
421	*v* Nr. 757, Delikat	*mg* Nr. 171	9	3.210
429	*v* Nr. 214, Test *P*	*mg* Nr. 182	4	1.164
442	*v* Nr. 810, Stella II	*mg* Nr. 192	5	2.114
446	*v* Nr. 827, Argentina	*mg* Nr. 192	5	1.900
456	*v* Nr. 491, *y arg*	*mg* Nr. 173	2	670
459	*v* Nr. 1, Stella	*mg* aus Kr. 437	2	652
461	*v* Nr. 568, Surramit	*mg* aus Kr. 390	4	1.047
464	*v* Nr. 741, Ideal	*mg* aus Kr. 437	2	617
466	*v* Nr. 851, aus Bagnolet	*mg* aus Kr. 437	2	650
469	*v* Nr. 214, Test *P*	*mg* Nr. 195	2	1.144
470	*v* Nr. 214, Test *P*	*mg* aus Kr. 381	2	528
472	*v* Nr. 568, Surramit	*mg* Nr. 195	3	716

Gruppe 4: *multigaris* × *coccineus*

51	*mg* Nr. 52	*cc* Nr. 27, Zweifarbig	3	668
197	*mg* Nr. 76	*cc* Nr. 28, Ganzfarbige S.	2	506

Kreuzungs-Nr.	Elternlinien		Anzahl Generationen	Anzahl Individuen
	Gruppe 5: *coccineus* × *multigaris*			
164	*cc* Nr. 26, Rotblütig	*mg* Nr. 50	12	5.862
165	*cc* Nr. 27, Zweifarbig	*mg* Nr. 50	9	3.778
	Gruppe 6: *vulgaris* + *multigaris* × *coccigaris*			
374	*v* Nr. 720, Brunetta	*ccg* aus Kr. 164 (*cc* × *mg*)	4	705
375	*v* Nr. 720, Brunetta	*ccg* aus Kr. 165 (*cc* × *mg*)	4	785
407	*v* Nr. 757, Delikat	*ccg* aus Kr. 164 (*cc* × *mg*)	2	880
	Gruppe 7: *coccigaris* × *vulgaris* + *multigaris*			
371	*ccg* aus Kr. 164 (*cc* × *mg*)	*v* Nr. 1, Stella	5	4.751
376	*ccg* aus Kr. 165 (*cc* × *mg*)	*mg* Nr. 50	4	1.446
382	*ccg* aus Kr. 165 (*cc* × *mg*)	*v* Nr. 53, atropunct.	2	451
403	*ccg* aus Kr. 165 (*cc* × *mg*)	*v* Nr. 741, Ideal	3	630
404	*ccg* aus Kr. 164 (*cc* × *mg*)	*v* Nr. 702, Fruckaperl	3	377
405	*ccg* aus Kr. 165 (*cc* × *mg*)	*v* Nr. 588, Wachslos	5	1.313
419	*ccg* aus Kr. 164 (*cc* × *mg*)	*v* Nr. 741, Ideal	5	978
431	*ccg* aus Kr. 165 (*cc* × *mg*)	*v* Nr. 810, Stella II	6	1.660
433	*ccg* aus Kr. 164 (*cc* × *mg*)	*v* Nr. 810, Stella II	6	1.242
	Gruppe 8: *coccineus* × *coccigaris*			
434	*cc* Nr. 68, Mutante	*ccg* aus Kr. 164, 165	2	160
487	*cc* Nr. 70, Mutante	*ccg* Nrn. 71—73	2	466

Es folgt eine Gegenüberstellung der Merkmale, die die beiden in Frage stehenden Arten taxonomisch trennen sollen.

Pflanzenteil Keimblätter	*Ph. vulgaris* L. Epigäisch	*Ph. coccineus* L. Hypogäisch
Blütenstände	mit 2 bis 3, selten mit bis zu 5 Internodien; das erste Internodium etwas länger bis höchstens zweimal so lang als das zweite (bei Formen mit verzweigtem Blütenstand kann ihre Anzahl bis auf 11 steigen).	Mit 10 bis 16 Internodien; das erste Internodium wenigstens dreimal, in der Regel 4 bis 5 mal länger als das zweite.
Blüten	Blüten kleiner. Nie mit Genen für die Ausbildung von roter Blütenfarbe.	Blüten ½ bis ⅘ größer. Mit wenigstens zwei Genen für die Ausbildung von roter Blütenfarbe.
Knospen	Im Winkel gebogen, aber mit sanftem Knick.	Im Winkel gebogen mit scharfem Knick.
Narbe	Auf der Innenseite des Griffels herablaufend.	Auf der Außenseite des Griffels herablaufend.
Hülse	Glatt bis schwach schräg geriefelt.	Mit starker Schrägriefelung, die in der Nähe der Nähte deutliche Knoten aufweist.

Samen	Kleiner, Gewicht 0,14 bis 1,0 g. Lokalisation der Testafarbe um das Hilum, *circumdatus*-Typ, unbekannt. Nicht zu verwechseln mit Teilfarbigkeit.	Größer, Gewicht 0,6 bis 1,4 g. Häufig mit Lokalisation der Farbe um das Hilum. *circumdatus*-Typ, Allel R^{cir}. Bei Rezessivität im Farbengrundgen Weiß.
Stamm	Es gibt Formen mit sowohl begrenztem wie unbegrenztem Stammwachstum, Gen *fin*.	Es scheinen nur Formen mit unbegrenztem Stammwachstum bekannt zu sein. Gen *Fin*.
Blättchen	Wenig zugespitzt.	Stärker zugespitzt als bei *vulgaris*.

Zu obiger Gegenüberstellung der Merkmale von *Ph. vulgaris* und *coccineus* ist zu erwähnen, daß sich diese auf das bekannte Material von Wild-, Primitiv- und Kulturformen beziehen. Sie nehmen also keine Rücksicht auf Formen, die aus Kreuzungen zwischen den beiden Arten ausgelesen werden können. Auch ab und zu auftretende Mutanten können abweichende Morphologie zeigen.

Von *coccineus* ist mir auch eine Varietät bekannt, die ich aus den USA unter der Bezeichnung „Actec bean" erhalten habe. Es war mir unmöglich über die Entstehung dieser Varietät Näheres zu erfahren. Sie geht in meinem Material unter der Linien-Nr. 33. Sie ist weißblütig, hat kräftigen Wuchs, aber begrenztes Stammwachstum, Gen *fin*. Ich halte sie für eine Mutante. Charakteristisch für diese ist die Form der Narbe. Diese ist wie bei *coccineus* auf der Außenseite der Griffelspirale herablaufend, aber deutlich verkürzt. Kreuzungen mit dieser Linie haben durchweg gezeigt, daß die Verkürzung der Narbe als ein pleiotroper Effekt des Gens *fin* aufzufassen ist. Ganz dieselbe Erscheinung konnte in allen Kreuzungen $cc \times v$ festgestellt werden, indem alle Nachkommen vom *coccineus*-Typ mit begrenztem Stammwachstum auch die verkürzte Narbe, die hohen, rankenden Typen aber die Normalform zeigten (s. Abb. 24).

Die zytologischen Verhältnisse von *Ph. vulgaris* und *coccineus* sowie der F_1-Generation *vulg.* × *cocc.*

Die haploide Chromosomenzahl beträgt bei beiden Arten, gleichwie bei allen anderen bisher untersuchten *Phaseolus*-Arten $n = 11$ (s. Abb. 18). Sowohl für die somatische wie für die Reduktionsteilung sind klare Bilder von Karpechenko (1924/25) und Weinstein (1926) veröffentlicht worden. Eine Erfassung der Prophasestadien der Reduktionsteilung ist jedoch nicht gelungen. Laut Karpechenko (l. c.) sind die Chromosomen durchweg klein und zeigen in ihrer Form kaum etwas Individuelles. In guten Präparaten kann in der Mitte der Chromosomen eine Einschnürung beobachtet werden. Bei *Ph. coccineus* trifft man mitunter Zellen mit verdoppeltem Chromosomensatz, 44 diploid.

Die hier ausgeführte Untersuchung der F_1 hat ungefähr dasselbe Ergebnis gezeitigt wie mit den Elternlinien; $2n = 22$. Zwei Paare waren zuweilen etwas größer. In vereinzelten Zellen konnte wie bei *coccineus*

Abb. 18. Somatische Metaphase von *Phaseolus vulgaris* mit $2n = 22$ Chromosomen. Aus Wurzelspitze von Linie 1 aus „Stella"; Vergr. 800fach

zuweilen eine verdoppelte Anzahl, $2n = 44$, gefunden werden. Etwa 140 gute Präparate mit Meiosen konnten beurteilt werden. Abb. 19 zeigt die untersuchten Stadien. Nur das früheste, das Leptotänstadium, ist abgebildet. In den Pollenmutterzellen wurden keinerlei Störungen beobachtet. Die Chromosomen zeigen gewöhnlich zwei Chiasmen, ab und zu findet man auch nur eines. Sowohl Metaphase wie Telophase scheinen in beiden meiotischen Teilungen normal zu verlaufen. Wenigstens zu Beginn kommt es zu einer normalen Bildung von Pollentetraden. Aber bei der weiteren Entwicklung degeneriert ein großer Teil derselben.

Die Zytologie der F_1 spricht eindeutig dafür, daß zwischen den beiden Elternarten keine sicheren Unterschiede in der Chromosomenstruktur bestehen. Die Meiose verläuft normal und es ist damit zu rechnen, daß Degeneration von Pollenzellen und auftretende Sterilität nicht auf Strukturunterschiede in den Chromosomen der Eltern zurückgeführt werden können. Es verbleiben dann genische und plasmatische Unterschiede.

Die Befruchtungsverhältnisse bei *Ph. vulgaris* und *coccineus*

Ph. vulgaris ist ein obligater Selbstbefruchter. Damit ist eine aus einer einheitlichen Sorte ausgelesene Linie in der Regel in allen Genen homozygot. Ab und zu können Abweichungen eintreffen, teils durch Insekten bedingter Fremdbestäubung *(Thrips)*, teils durch von einem Allel zu einem anderen stattfindender Mutation. Die erstgenannte Erscheinung ist unter nordischen Verhältnissen gering, etwa 3 bis 4 Promille betragend, kann aber in wärmeren Gegenden mehrere Prozente erreichen. Genmutationen sind im allgemeinen selten, aber gewisse Gene mutieren viel häufiger als andere. Ein solches ist z. B. das Gen für runden Hülsenquerschnitt *ea*, das häufig in mehreren Prozenten zu *Ea*, elliptischem Querschnitt entsprechend, mutieren kann.

Bei *Ph. coccineus* sind die Blüten durch ihren Bau auf Fremdbestäubung eingestellt. Eingetütete einzelne Blütenstände setzen gewöhnlich gar keine Samen an. Versuche während zweier Jahre mit je 200 Ein-

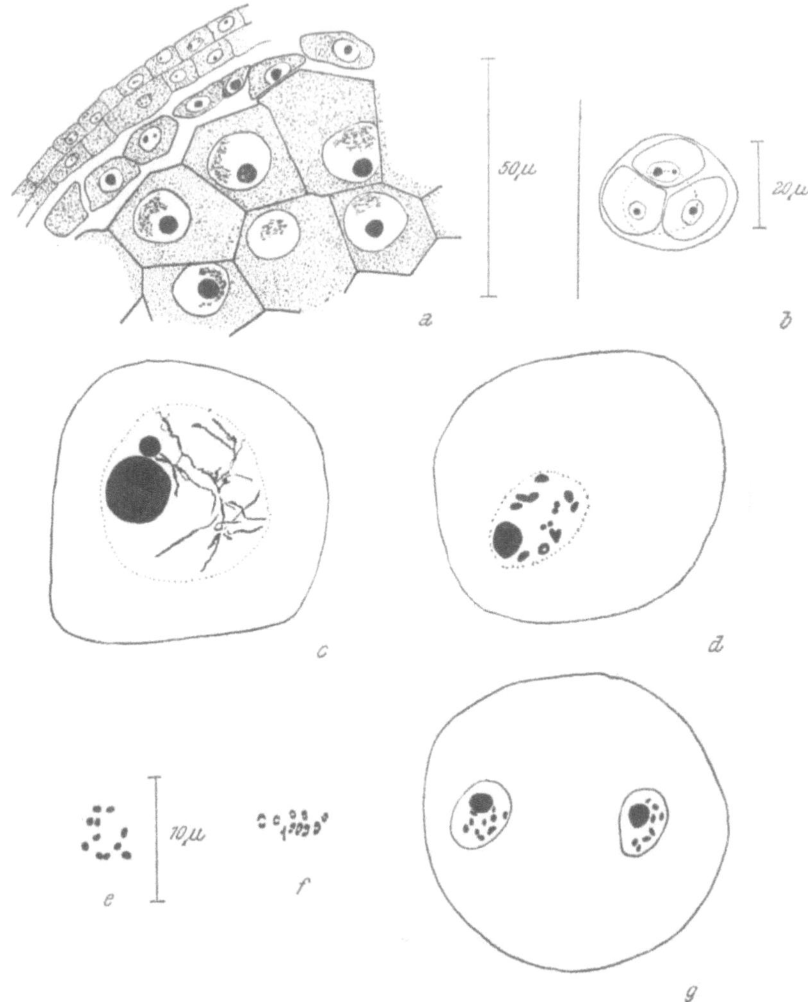

Abb. 19. Die zytologischen Verhältnisse in F_1-Pflanzen der Kreuzung *Ph. vulgaris* × *coccineus*. *a* Pollenmutterzelle, *b* Pollentetrade, *c* frühe Prophase, *d* Diakinese, *e* Metaphase I in Polansicht, *f* desgl. in Seitenansicht, *g* Telophase I. Vergr. *a* und *b* 670fach, *c—g* 1750fach

tütungen fielen negativ aus. Dasselbe war mit Isolierungen in Glashäuschen der Fall. Aber hierbei waren vielleicht ungünstige Verhältnisse hinsichtlich Temperatur und Feuchtigkeit vorhanden. Es wurden dann an etwa 35 Stellen mit wenigstens 300 m Entfernung voneinander je

4 Samen gesät und darauf immer nur die vor Beginn der Blüte am besten
entwickelte Pflanze stehen gelassen. Dieser Versuch wurde gleichfalls
zwei Jahre wiederholt. Im einen Jahr gaben vier Pflanzen, im zweiten
zwei keine Samen, aber alle übrigen Pflanzen entwickelten Hülsen mit
mehr weniger gut ausgebildeten Samen. Die Mehrzahl der Pflanzen
bildeten 1 bis 4 Hülsen, einige aber bis zu 14 Hülsen mit guten Samen aus.

Gleichzeitig mit diesen Isolierungsversuchen wurden, wie stets jedes
Jahr, drei Linien von *Ph. coccineus* am Versuchsfeld im Bestand gebaut.
Hier entwickelten die Pflanzen kurz nach Beginn der Blüte Hülsen. Bei
den abstandsisolierten Pflanzen war dies dagegen nicht der Fall, sondern
die Entwicklung von Hülsen begann bei diesen erst etwa 3 bis 6 Wochen
später. Und dies geschah, trotzdem die Blüten dieser Pflanzen von
Beginn an für Insekten frei zugänglich gewesen sind. Hieraus dürfte zu
schließen sein, daß bei *Ph. coccineus*, wenigstens im ersten Teil der Vegetationsperiode, Selbstung durch innere Ursachen, d. h. durch die genotypische Konstitution verhindert wird. Die Annahme einer Serie von
Allelen eines Selbststerilitätsgens erscheint daher berechtigt. Die mehr
oder weniger später in der Vegetationsperiode möglich gewordene
Selbstung deutet auf das Auftreten von Mutationen in diesen Allelen hin.
Nicht ausgeschlossen ist auch, daß eine solche Mutation zu einem Allel
für Selbstfertilität führen kann, so wie dies von R. WILLIAMS (1947)
bei *Trifolium pratense* hat festgestellt werden können.

Für die vorliegende Untersuchung ist die Frage nach dem Grad von
Homozygotie von *Ph. coccineus* bedeutungsvoll. Mehr oder weniger
extreme Fremdbefruchter sind bekanntlich stets durch ein Spalten in
einer Reihe von Genen gekennzeichnet. Auch findet man meistens einen
gewissen, geringeren Teil von schlechtem (taubem) Pollen. Beide diese
Erscheinungen fehlen bei *Ph. coccineus*. Die drei viel zu Kreuzungen
benutzten Linien, Nrn. 25, 26 und 27, habe ich über 20 Jahre isoliert in
Kultur gehabt, und weitere fünf Linien, die Nrn. 28, 33, 40, 41 und 42,
die in geringerem Umfang zu Kreuzungen verwendet worden sind, während 12 bis 15 Jahren. Es braucht nicht erwähnt zu werden, daß die
Linien getrennt voneinander gebaut werden müssen, da es sonst reichlich
zu Fremdbestäubung kommen würde. Eine Ausspaltung von irgendwie
abweichenden Pflanzen ist während diesen 20 Jahren nicht vorgekommen. Zwei einzelne Pflanzen (eine *chlorina* und eine mit abweichender
Blütenfarbe) sind zweifellos als Mutanten aufzufassen. Diese Konstanz
der Linien von *Ph. coccineus* spricht mit Bestimmtheit dafür, daß diese
Art, abgesehen von der Allelenserie des Selbststerilitätsgens, als durch-
aus homozygot aufzufassen ist. Diese Feststellung ist für die
Erklärung der in den Artkreuzungen erhaltenen Resultate, namentlich
der verschiedenen Zusammensetzung der F_1-Generationen von entscheidender Bedeutung.

Zur Konspezifität von Wild- und Kulturformen von *Phaseolus vulgaris* und *Ph. coccineus*

Wildmaterial von *Ph. vulgaris* stand mir, wie schon erwähnt, aus Argentinien, Ostseite der Anden bei Tucuman, sowie vom Hochplateau in Mexico (Oaxaca) zur Verfügung. Mit dem argentinischen Material wurde eine Serie von Kreuzungen mit Linien aus Kultursorten ausgeführt. Vier von diesen Kreuzungen wurden bis in F_4 bzw. F_6 und F_9 untersucht. Zusammen waren es 4511 Individuen. Die Kreuzungen wurden stets in beiden Richtungen ausgeführt. Sie zeigten normale Fertilität und Spaltung in bekannten Merkmalsunterschieden, genau so wie dies in Kreuzungen zwischen Linien aus Kultursorten zu beobachten ist. Das *vulgaris*-Material aus Oaxaca war hier insofern sehr schwer zu bearbeiten, als es sich bei diesem um ganz extreme Kurztagpflanzen handelte.

Wildmaterial von *Ph. coccineus* habe ich aus Mexico, Gegend von Hidalgo in Nuevo Leon, erhalten. Es wurden ein paar Kreuzungen ausgeführt, darunter eine mit *ccg* aus der Kreuzung Nr. 165. Diese, Nr. 379, wurde bis in F_6 mit zusammen 699 Individuen untersucht. Sie verhielt sich genauso wie unsere Kulturformen von *coccineus*.

Mit Hinblick auf die oben erwähnten Ergebnisse kann als bewiesen betrachtet werden, daß zwischen den Wild- und Kulturformen von sowohl *Ph. vulgaris* wie *Ph. coccineus* keinerlei Arten trennende Unterschiede vorhanden sind. Sie sind daher zweifellos als konspezifisch zu bezeichnen.

Das Auftreten von Sterilität in Kreuzungen und im allgemeinen

Der Fertilitätsgrad einer Pflanze kann ausgedrückt werden in Prozent funktionstauglicher Pollenkörner oder zu Samen entwickelter Samenanlagen. Die Fertilität kann in beiden Geschlechtern gleich oder auch ungleich sein. Der Prozent zu Samen entwickelter Samenanlagen ist der sicherste Wert. Bei normaler Entwicklung der Pflanzen und Nichtentwicklung von Samenanlagen kann, abgesehen von vereinzelt nicht entwickelten, auf Sterilität geschlossen werden. Bei der Pollenuntersuchung ist man bei tauben oder auch teilweise tauben Pollenkörnern wohl sicher, daß diese funktionsuntauglich sind, aber unter den normal aussehenden kann es, namentlich in Artkreuzungen, einen nicht geringen Prozent solcher geben, die nicht funktionstauglich sind.

Die Sterilität von Gameten (wie auch von Zygoten) kann drei verschiedene Ursachen haben:

1. Chromosomale Störungen (abweichende Chromosomenstruktur).
2. Die genotypische Konstitution.

3. Physiologische Schwäche, die nicht durch die unter 1. und 2. angeführten Ursachen bedingt ist.

Zu 1. Binnen einer Art kann es Rassen mit verschiedener Chromosomenstruktur geben. Solche Chromosomenrassen können für gewisse Umweltverhältnisse zusammen mit verschiedener geographischer Verbreitung kennzeichnend sein. Ein Beispiel hierfür ist *Pisum abyssinicum* BRAUN (s. u.). Ferner kommt es in Kulturformen nicht allzu selten zu Chromutationen, d. h. Strukturveränderungen. Bei Kreuzung von Linien mit verschiedener Chromosomenstruktur kommt es dann zur Ausspaltung von semi- oder partiell sterilen Pflanzen. Charakteristisch für diese Verhältnisse ist dann in der Regel der Prozent funktionsuntauglicher Gameten auf den F_1-Pflanzen. Nur bei Vorhandensein von Duplikationen kann dieser mitunter verdeckt werden. Eine eingehendere Darstellung dieser Verhältnisse folgt später in einem besonderen Abschnitt über *Pisum*. In Kreuzungen zwischen *Ph. vulgaris* und *coccineus* ist diese Erscheinung noch nicht sicher nachgewiesen. In einer einzigen Kreuzung, Nr. 219, wurde Semisterilität angetroffen, doch ist die Ursache derselben noch ungeklärt.

Zu 2. Die genotypische Konstitution kann in zweierlei Weise Sterilität bedingen. Erstens gibt es Gene, die in rezessiver Form ein- oder auch zweigeschlechtliche Sterilität verursachen. In solchen Fällen ist dann eine charakteristische Spaltung zu finden. Einige solche Fälle sind auch für *Ph. vulgaris* bekannt (s. L. 1935, 1945 a). Viel häufiger sind aber Fälle, in denen in Kreuzungen zwischen stark verschiedenen Rassen, oder bei extremen Fremdbestäubern, Gameten mit einer genotypischen Konstitution gebildet werden, die dann zu physiologischer Schwäche führen. In solchem Material spalten auch häufig physiologisch schwache Individuen aus, die im Zusammenhang hiermit nur in geringem Grade imstande sind, funktionstaugliche Gameten auszubilden. In entsprechender Weise können untaugliche Gameten aber auch infolge von mangelhafter Ernährung entstehen. Aber solche Fälle gehören zu Punkt 3. Hier ist noch zu erwähnen, daß genotypisch bedingte, schwächliche Pflanzen namentlich in Kreuzungen zwischen Arten in erhöhter Frequenz ausspalten. Die Ursache hierfür ist teils in der erheblich größeren Anzahl spaltender Gene, teils in dem Umstand zu erblicken, daß gewisse Genotypen im artfremden Plasma mehr oder weniger avitale Formen bedingen. Die *Phaseolus*-Kreuzungen liefern hierzu sehr gute Beispiele.

Bei extremen Fremdbestäubern ist eine solche genotypisch bedingte geringere Sterilität recht allgemein. Gleichzeitig ist bei diesen aber auch mit einer durch abweichende Chromosomenstruktur bedingten Sterilität zu rechnen.

Zu 3. Es ist eine allgemeine Erscheinung, daß die letzten Blüten einer Pflanze gewöhnlich mehr oder weniger taube oder schlecht gefüllte Pollenkörner enthalten, die funktionsuntauglich sind. Die Ursache hierfür ist eine rein physiologisch bedingte Schwäche, denn die Assimilate werden in diesem Zeitpunkt der Entwicklung schon zum größten Teil für die Ausbildung früher angesetzter Früchte und Samen verwendet. Bei der Beurteilung des Sterilitätsgrades von Pflanzen muß dies natürlich berücksichtigt werden, da sonst Irrtümer kaum zu vermeiden sind.

Die drei Arten *Ph. vulgaris* und *coccineus* sowie *Pisum arvense* wurden von mir während einer Reihe von Jahren auf die Beschaffenheit ihres Pollens hin untersucht. Alle drei Arten verhalten sich gleich. Wenn von Pflanzen z. B. die zweite voll entwickelte Knospe untersucht wird, so ist, vorausgesetzt gute Entwicklung der Pflanze, der Pollen durchweg normal und funktionstauglich. Es kann nur selten ein einzelnes schlechtes Korn angetroffen werden. Untersucht man indessen höher gelegene Knospen, wenn sich aus den unteren bereits Früchte entwickelt haben, so findet man einen zunehmend höheren Prozent tauben Pollens, je weiter hinauf man kommt. Dies gilt namentlich für Rassen mit sehr früher und schwacher Entwicklung, wie z. B. die schwedische extrem frühe Kneifelerbse Weibulls Extra Rapid, oder für sehr früh reifende Rassen von *Pisum*, wie oect. *abyssinicum* BRAUN (s. L. 1947). Für Extra Rapid gibt z. B. v. ROSEN (1944) an, daß diese Sorte durch eine Fertilität von nur etwa 67% gekennzeichnet ist und als Mittelwert für *Pisum* führt er 88,9% Fertilität an. Diese Zahlen können indessen nicht als Ausdruck für eine chromosomal oder genisch bedingte, teilweise Sterilität dieser Rassen aufgefaßt werden. Die teilweise schlechte Ausbildung des Pollens war sicherlich nur durch physiologische Schwäche verursacht. Dieselbe Erscheinung konnte von mir wiederholt bei *Ph. vulgaris* und *coccineus* beobachtet werden. Namentlich in Kreuzungen zwischen diesen beiden Arten spalten häufig Nachkommen mit physiologischen Schwächen aus (s. u.).

Bei Pollenanalysen in Kreuzungen ist ferner stets zu berücksichtigen, daß es normal entwickelte, aber funktionsuntaugliche Pollenkörner geben kann. Für die Kreuzung *Ph. vulgaris* × *coccineus* ist dies von mir früher nachgewiesen worden (L. 1940). In den Arten selbst scheinen solche nicht vorzukommen.

Alle drei oben angeführten Ursachen für das Auftreten von Sterilität sind bei Untersuchungen wie der vorliegenden zu beachten. Sicheren Bescheid bekommt man stets durch Anbau von Nachkommen in mehreren Generationen. Insgesamt berechtigen die gemachten Beobachtungen zu dem Schluß, daß sowohl *vulgaris* wie *coccineus* als chromosomal wie genisch vollkommen fertil aufzufassen sind. Selbstverständlich ist hierbei von der Wirkung der Allele des Selbststerilitätsgens von *coccineus* abzusehen.

Die Kreuzung *Phaseolus vulgaris* × *Ph. coccineus*

Die Kreuzung mit *vulgaris* als Mutter gelingt im allgemeinen leicht. Der durchschnittliche Samenansatz je Bestäubung innerhalb von *vulgaris* ist nicht viel, nur etwa um ein Drittel größer als der nach Bestäubung von *vulgaris* mit *coccineus*-Pollen. So betrug er in elf Jahren mit zusammen etwa 7000 Bestäubungen innerhalb von *vulgaris* $1{,}65 \pm 0{,}15$ Samen je Bestäubung. Bei Verwendung von *coccineus*-Pollen wurde nach ungefähr 3000 Bestäubungen ein Mittelwert von $1{,}20 \pm 0{,}14$ Samen gefunden. In der Artkreuzung war demnach der Samenansatz je Bestäubung nur um etwa ein Drittel geringer als binnen *vulgaris*. Auch mit Pollen von *multigaris*-Linien wurde ganz derselbe Samenansatz gefunden wie in den Kreuzungen *vulg.* × *cocc.* (s. i. ü. L. 1940, 1944, 1948 b).

Zwischen den Ergebnissen einzelner Kreuzungen bestehen jedoch recht große, z. T. signifikative Unterschiede im Samenansatz. Hierfür verantwortlich sind vor allem größere Unterschiede in der Zeitigkeit der Elternlinien, wodurch die Vitalität der früheren Linie in dem Zeitpunkt, wo eine Bestäubung mit einer späteren stattfinden kann, schon stärker abgenommen hat. Auch der Feuchtigkeitsgrad der Luft ist bei zu verschiedenen Zeitpunkten ausgeführter Bestäubung oft von großer Bedeutung für den Samenansatz. *vulgaris*-Linien mit den kleinsten Samen, etwa 0,6 g, geben bei Befruchtung mit *coccineus* weniger guten Samenansatz als normalgroße. Aber i. ü. spielt die Samengröße diesbezüglich nur eine untergeordnete Rolle. Zwischen den Bestäubungsergebnissen von *multigaris* und *vulgaris* mit *coccineus* konnte kein sicherer Unterschied nachgewiesen werden.

Die F_1-Ergebnisse von Kreuzungen *Phaseolus vulgaris* × *coccineus*

Seit der ersten Untersuchung der Kreuzung *Ph. vulgaris* × *coccineus* war bekannt, daß die F_1-Generation oft nicht einheitlich ist, sondern aus zwei Typen, großen *coccineus*-ähnlichen Pflanzen und sterilen Zwergen bestehen kann. Damit fällt ein Teil der Nachkommen aus. Bei einer Klarlegung der Artbarriere ist es mit Hinblick hierauf von großer Bedeutung festzustellen, ob zusammen mit diesen sterilen Zwergen vielleicht auch Gene eliminiert werden, die für die Ausbildung arteigener Merkmale verantwortlich sind. Die Untersuchung dieser Frage zielte also sowohl auf intra- wie interspezifische Gene ab. Es müssen daher sämtliche Merkmale beider Eltern nicht nur in den heterozygoten F_1-, sondern auch in einer Anzahl weiterer Generationen verfolgt werden. In bezug auf die F_1 zeigt sich, daß diese je nach den verwendeten Elternlinien, und dies sowohl von *vulgaris* wie von *coccineus*, eine sehr verschiedene Zusammensetzung haben können.

Die Merkmale der F_1-Pflanzen können auf folgende zwei scharf getrennte Gruppen verteilt werden.

1. Merkmale, die auf Grund der uns bekannten Phänotypen der Elternlinien zu erwarten sind. Die Ausprägung dieser Merkmale auf den F_1-Pflanzen wird demnach durch Heterozygotie bzw. Homozygotie in Genen bedingt, die für die betreffenden Unterschiede zwischen den Elternlinien verantwortlich sind. Hierher gehören z. B. unbegrenztes — begrenztes Stammwachstum, Genpaar *Fin-fin*, Blattstellung, Genpaar *Sur-sur*, Hülsenriefelung, Blütenfarbe usw. Diese Merkmale zeigen, wenn die Elternlinien die entsprechenden Genunterschiede aufweisen, in F_2 bzw. höheren Generationen normale Spaltung. In diese Gruppe gehören also alle intraspezifischen Gene. Die Wirkung interspezifischer Gene kann in F_1 gut studiert werden, in F_2 und höheren Generationen sind sie zusammen mit Homozygotie entweder überhaupt nicht anzutreffen, oder, unter gewissen Voraussetzungen (Plasmaüberführung), nur in sterilen Individuen.

2. Hierher gehören Merkmale, auf deren Zutagetreten in F_1 auf Grund der Unterschiede zwischen den Elternarten nicht geschlossen werden kann. Sie treffen stets den Gesamthabitus der F_1-Pflanzen und treten in F_2 und höheren Generationen nicht mehr auf. Ganz vereinzelte scheinbare Ausnahmen hiervon gibt es, aber dann ist dies meistens durch eine unkontrollierte Fremdbestäubung verursacht. Mit Hinblick auf das Ausspalten der stark abweichenden F_1-Pflanzen ist anzunehmen, daß diese durch Gene bedingt werden, die in wenigstens einem der Eltern im heterozygoten Zustand vorhanden sind. Da solche Pflanzen normal ausschließlich in F_1 auftreten, ist zu schließen, daß die hierfür verantwortlichen Genkombinationen durch die gleichzeitige Sterilität solcher Pflanzen eliminiert werden, so daß diese Gene dann wahrscheinlich nur mehr in homozygoten mit Fertilität vereinten Kombinationen in F_2 und in die höheren Generationen gelangen. Versuche aus F_2 Linien aufzuziehen, die in einem für solche Typen verantwortlichen Gen spalten, sind stets mißlungen. Auch dies spricht für die Richtigkeit der gemachten Annahmen.

Es folgt nun eine kurze Beschreibung der sieben bisher in F_1 beobachteten Typen.

1. Der *coccineus*-Typ oder auch als Riesentyp bezeichnet (s. Abb. 20). Dieser erinnert sehr stark an den männlichen Elter. Er zeigt normale Entwicklung und normal grüne Farbe, erreicht aber eine beträchtliche Größe, die das Zwei- bis Dreifache von *coccineus*-Pflanzen betragen kann. Ein Studium der Merkmale dieses Typs zeigt, daß die Mehrzahl derselben intermediär ist, wobei jedoch mehrere dem väterlichen Elter näher stehen. Letzteres gilt namentlich für den Infloreszenzbau (s. u.). Das unbegrenzte Stammwachstum und die große Internodienlänge scheinen

ganz zu dominieren. Die übrigen Merkmale lassen sich folgendermaßen charakterisieren.

Die Stellung der Keimblätter (s. Abb. 24). Die Keimblätter des Artbastards haben typisch intermediäre Stellung, ungefähr in der Bodenoberfläche, wie dies Abb. 24 c und d zeigen.

Die Form der Narbe. Bei Verwendung des hohen *coccineus*-Typs und des niedrigen *vulgaris*-Typs resultiert ein typisch intermediärer Typ, der *pilleus*-Typ. Die Narbe ist bei diesem mützenförmig, auf beiden Seiten der Griffelspirale herablaufend. Bei Verwendung eines niedrigen *coccineus*-Typs (*coccigaris* s. o.), der durch die verkürzte *transversus*-Narbe gekennzeichnet ist, resultiert die *introrsus*-Narbe, die gleichwie die *pilleus*-Narbe auf beiden Seiten der Griffelspirale, aber stärker auf der Innenseite derselben herabläuft. Man vergleiche die Abb. 25 a bis e.

Die Blütenstände der

Abb. 20. F_1-Riesenpflanze vom *coccineus*-Typ (im Hintergrund mehrere) aus der Kreuzung *Ph. vulgaris* × *coccineus*

F_1-Pflanzen haben einen *coccineus* recht nahestehenden Typ, indem das erste Internodium wenigstens drei-, gewöhnlich vier- bis fünfmal oder noch länger war als das folgende (s. Abb. 26).

Die Hülsen haben stets grüne Farbe, auch wenn der *vulgaris*-Elter eine Wachsbohne war. Das Grün von *coccineus* dominierte also auch hier über das Gelb von *vulgaris*, ein Beweis dafür, daß es sich um dasselbe Allel des Gens Y handeln dürfte. Die Hülsenoberfläche war stets deutlich schräg geriefelt, aber nicht ganz so stark wie bei *coccineus*. Über die Form kann wegen der starken Deformierung im Zusammenhang mit der hochgradigen Sterilität nichts Sicheres ausgesagt werden, aber die viel größere Hülsenbreite von *coccineus* scheint zu dominieren. Hier findet man also eine andere als die erwartete Dominanz, denn bei *vulgaris* dominiert die elliptische und damit schmälere Hülse über die breitere und mehr weniger flache (Schwertbohnen).

Die Samen hatten mehr oder weniger intermediäre Größe. Betreffs der Testafarbe kann wegen der sehr komplizierten Bedingtheit mit komplementärer Wirkung von mehr als zehn Genen nichts ausgesagt werden. Häufig ähnelte sie aber der von *coccineus*.

Die Blättchen hatten annähernd intermediäre Form, waren also etwas mehr zugespitzt als die von *vulgaris*.

Die obigen Feststellungen zeigen, daß der Bastard Träger sämtlicher Gene der beiden Elternarten ist, deren Wirkung visuell feststellbar ist.

2. Der intermediäre Typ erreicht eine Höhe von 40 bis 60 cm, besitzt aber kein Klettervermögen. Die Blätter sind klein, viel dunkler als die des *coccineus*- und *vulgaris*-Typs und auffallend dick. Dieser Typ ist gewöhnlich hochgradig steril und meistens werden keine keimfähigen Samen erhalten (s. Abb. 21).

Abb. 21. Der hochsterile intermediäre Typ der F_1 von *Ph. vulgaris* × *coccineus* aus Kreuzung Nr. 11; die häufigsten F_1-Zwerge s. Abb. 22

Nur der *coccineus*- und der *intermediäre* Typ sind in gewissem Maße samentragend. Alle folgenden Typen sind ganz steril oder auch mehr oder weniger letal.

3. Die sterilen Zwerge werden etwa 10 bis 50 cm hoch (s. Abb. 22). Die Blättchen sind klein und gekräuselt; ihre Farbe ist schmutziggelblichgrün. In den Achseln tragen sie kleine Sproß- bzw. Knospenanlagen. Nur selten schlagen Blüten richtig aus und zuweilen kann es im Spätsommer zur Entwicklung kleiner, 1 bis 3 cm langer Hülsen kommen, die jedoch noch nie Samen ausgebildet haben. Diese Pflanzen sind immer ganz steril. Die Blütenfarbe ist, soweit erkenntlich, dieselbe eosinrote wie bei den *coccineus*-Typen.

4. Die sterilen Halbzwerge. Diese unterscheiden sich von den sterilen Zwergen durch größere und glatte Blättchen. Ihre Farbe ist auch etwas kränklich, aber nicht so schmutziggelblichgrün wie bei den sterilen Zwergen. Im übrigen verhalten sie sich etwa wie diese. Sie sind auch vollkommen steril.

Abb. 22. F_1-Zwerge aus der Kreuzung *Ph. vulgaris* × *coccineus*. Die drei von links haben begrenztes Stammwachstum, Gen *fin*, der rechte hat unbegrenztes Stammwachstum, Gen *Fin*, Höhe 10—20 cm

5. Der frühletale Typ. Dieser Typ entwickelt sich während der ersten zwei bis drei, selten vier Wochen nach dem Aufgehen normal. Er hat normal grüne Farbe und erreicht je nach den Umweltverhältnissen eine Höhe von 12 bis 20 cm. Gewöhnlich nach drei, spätestens nach vier Wochen bleibt er im Wachstum stehen und nimmt eine mehr und mehr gelbliche Farbe an, sowie stirbt dann nach 8 bis 10 Tagen ab.

6. Der Keimling-letale Typ. In 12 Kreuzungen von 60 untersuchten wurden zusammen 188 gut ausgebildete Samen zur F_1 gesät. Die meisten dieser Samen keimten, aber die jungen Keimpflanzen entwickelten sich nicht weiter, sie gingen ein. Über die Morphologie dieses Typs kann also nichts ausgesagt werden.

7. Subletale Typen. In diese Gruppe gehören vereinzelt aufgetretene *chlorina*-farbige Pflanzen, die als subletal zu bezeichnen sind. Vielleicht haben diese nicht denselben genischen Ursprung wie die vorstehend geschilderten Typen, sondern könnten auch auf Mutationen in Chlorophyllgenen zurückzuführen sein. Würden sie durch denselben genischen Mechanismus bedingt sein wie die Typen 1 bis 6, so sollten sie in einer Kreuzung in größerer Anzahl aufgetreten sein als dies der Fall gewesen ist.

Von diesen sieben verschiedenen F_1-Typen war nur der erste, der *coccineus*-Typ und zu sehr geringem Teil auch der intermediäre Typ samentragend. Die wenigen auf dem letzteren Typ erhaltenen Samen ent-

wickelten sich nicht zu intermediären Pflanzen. Der *coccineus*-Typ gab
aber trotz einer recht hohen Sterilität durchschnittlich $17,6 \pm 2,3$ Samen
je Pflanze. Dieses relativ gute Ergebnis ist zweifellos auf den Riesen-
wuchs dieser Pflanzen zurückzuführen. Die Fertilität der F_1-Riesen-
pflanzen ist, ausschließlich mit Hinblick auf ausgebildete Samen berechnet, nur etwa ein Drittel kleiner als die für hohe *vulgaris*-Pflanzen charakteristische. Macht man jedoch eine Berechnung des Sterilitätsgrades der
F_1-Riesenpflanzen ausgehend von der Anzahl in den Blüten vorhandener
Samenanlagen und wirklich erhaltener Samen, so resultiert ungefähr
99% Sterilität, eine Zahl, die natürlich mit den wirklichen Verhältnissen
nichts zu tun hat. Denn auch die Riesenpflanzen wären niemals imstande
auch nur einen nennenswerten Teil der vorhandenen Samenanlagen zu
Samen zu entwickeln. Umgekehrt ist wahrscheinlich gerade die hohe
Sterilität dieser Pflanzen die bedeutungsvollste Ursache dafür, daß sie sich
zu Riesenpflanzen entwickeln können.

Es folgt nun eine Übersicht über die Zusammensetzung der F_1 der
Kreuzungen hinsichtlich der fünf Typen *coccineus*-Riesen, intermediärer
Typ, sterile Zwerge, sterile Halbzwerge und frühletaler Typ. Die beiden
restierenden Typen, keimlingletal und subletal (ganz vereinzelt auftretend) müssen hier mit Hinblick auf ihre oben gegebene Charakteristik
unbeachtet bleiben. Es resultieren damit folgende neun Gruppen.

Gruppe I. Nur aus *coccineus*-Riesen bestehende F_1-Generatio-
nen.

Kreuzung Nr.	Anzahl Pflanzen	Kreuzung Nr.	Anzahl Pflanzen
4	22	42	31
11	84	43	52
16	58	44	25
20	59	45	31
21	13	56	23
22	51	60	10
23	67	61	1
26	26	81	40
32	32	101	1
34	23	190	11
40	20	342	14
41	24	343	2

Zur vorstehenden Gruppe ,,nur aus *coccineus*-Typen bestehend'' konnten also 24 Kreuzungen mit insgesamt 720 solchen Pflanzen gerechnet
werden. Für sieben der Kreuzungen liegt die Individuenzahl unter 20,
weshalb es nicht möglich ist mit Sicherheit zu entscheiden, ob diese wirklich der Gruppe I oder einer anderen spaltenden Gruppe angehören. Aber
die Gruppe I enthält 16 Kreuzungen mit zusammen 648 F_1-Individuen,
oder durchschnittlich 40,5 Pflanzen je Kreuzung, die mit voller Sicher-

heit das Bestehen einer „nur aus *coccineus*-Typen" zusammengesetzten F_1 beweisen. Für die allermeisten dieser liegen die D/m-Werte sowohl für eine angenommene 3 : 1 bzw. 1 : 1 Spaltung weit über 3,0.

Gruppe II. Nur aus Pflanzen vom intermediären Typ bestehende F_1-Generationen.

Kreuzung Nr.	Anzahl Pflanzen	Kreuzung Nr.	Anzahl Pflanzen
59	9	152	28
150	26	340	6
151	44		

Wie ersichtlich, gehören zu dieser Gruppe fünf Kreuzungen mit zusammen 113 Pflanzen. Von diesen kann es für drei Kreuzungen mit 44, 28 bzw. 26 Individuen als sicher betrachtet werden, daß sie aus nur Pflanzen vom intermediären Typ bestehen. Für die beiden übrigen Kreuzungen (Nr. 59 und 340) sind die Individuenzahlen zu klein um dies als sicher zu betrachten.

Gruppe III. Nur aus sterilen Zwergen bestehend. Hierher gehört nur eine Kreuzung, Nr. 46, mit 48 F_1-Individuen, die sämtlich sterile Zwerge waren. Das Bestehen dieser Gruppe erscheint damit vollkommen gesichert, denn die Individuenzahl 48 gestattet nicht die Annahme einer 1 : 1 oder 3 : 1 Spaltung mit Fehlen eines der ausspaltenden Typen.

Gruppe IV. Nur sterile Halbzwerge. Hierher gehören zwei Kreuzungen, Nr. 19 und 137. Kreuzung Nr. 19 bestand aus 77 sterilen Halbzwergen. Kreuzung Nr. 137 bestand nur aus einem Halbzwerg und ist daher für die Beurteilung der Gruppe zu vernachlässigen. Die 77 sterilen Halbzwerge von Nr. 19 sichern vollkommen das Bestehen einer „aus nur sterilen Halbzwergen" zusammengesetzten Gruppe.

Gruppe V. Nur frühletale Zwerge. Nur eine Kreuzung, Nr. 18, ausschließlich aus 82 solchen F_1-Individuen bestehend, wurde bisher angetroffen. Über die erblich bedingte Existenz auch dieser Gruppe kann keinerlei Zweifel bestehen.

Gruppe VI. Nach 1 *coccineus*-Typ : 1 steriler Zwerg spaltende Kreuzungen.

Kreuzung Nr.	Anzahl Pflanzen *coccineus*-Typ	sterile Zwerge	Kreuzung Nr.	Anzahl Pflanzen *coccineus*-Typ	sterile Zwerge
9	44	56	30	45	32
10	35	28	52	17	12
17	15	12			

Zu dieser Gruppe gehören, wie ersichtlich, 296 Individuen. Diese spalteten im Verhältnis 156 *coccineus*-Typ : 140 sterile Zwerge. Für die Abweichung vom theoretisch erwarteten Spaltungsverhältnis von 148 :

148 ergibt sich ein D/m-Wert von 0,93, also gute Übereinstimmung anzeigend.

Gruppe VII. Nach 3 *coccineus*-Typ : 1 steriler Zwerg spaltende Kreuzungen.

Kreuzung Nr.	Anzahl Pflanzen *coccineus*-Typ	sterile Zwerge	Kreuzung Nr.	Anzahl Pflanzen *coccineus*-Typ	sterile Zwerge
5	22	5	55	59	25
15	75	19	57	40	16
54	23	6	102	29	11

Sechs Kreuzungen mit diesem Spaltungstyp wurden angetroffen. Sie bestanden aus zusammen 330 Individuen und zeigten insgesamt folgende Spaltung: 248 *coccineus*-Typ : 82 sterile Zwerge. Es besteht hier sehr gute Übereinstimmung mit einem monogenen Spaltungsverhältnis nach 247,5 : 82,5; D/m = 0,09. Es bedarf keiner besonderen Erörterung, daß die Gruppen VI und VII erblich distinkt voneinander verschieden sind.

Gruppe VIII. Nach *coccineus*-Typ : intermediärer Typ spaltende Kreuzungen.

Kreuzung Nr.	Anzahl Pflanzen vom *coccineus*-Typ	intermediären Typ
53	15	39
80	17	7
153	9	17

Insgesamt geben diese drei Kreuzungen eine Spaltung nach 41 *coccineus*-Typ : 63 intermediärer Typ. D/m für das Verhältnis 1 : 1 = 2,16. Es kann als sicher betrachtet werden, daß es Kreuzungen gibt, deren F_1 in diese beiden Typen aufspalteten. Und wahrscheinlich wird man sowohl 1 : 1 wie auch 3 : 1 Spaltung finden können. Die Spaltungszahlen der vorliegenden Kreuzungen sind indessen zu klein und die Verhältnisse zu unregelmäßig, um Schlüsse in dieser Hinsicht zu gestatten.

Gruppe IX. Nach intermediärer Typ : sterile Zwerge spaltend.

Für diese Gruppe liegt nur eine kleine Kreuzung vor, die nach 3 intermediärer Typ : 1 steriler Zwerg spaltete. Diese kleinen Zahlen gestatten natürlich keinerlei sichere Schlüsse zu ziehen. Ich halte es aber für höchst wahrscheinlich, daß ein solches Spaltungsverhältnis wirklich besteht.

Für eine Beurteilung der Frage, in welcher Weise die genotypische Konstitution verschiedener *vulgaris*- bzw. *coccineus*-Linien an den oben mitgeteilten Ergebnissen beteiligt ist, folgt unten eine auf zwei Gruppen verteilte Übersicht. Gruppe A geht von verschiedenen *vulgaris*-Linien aus, die mit Pollen ein und derselben *coccineus*-Linie befruchtet worden sind, Gruppe B zeigt das Ergebnis, wenn eine *vulgaris*-Linie mit Pollen von verschiedenen *coccineus*-Linien befruchtet wird.

Gruppe A

Kreuzung Nr.	*vulg.*-Linie	*cocc.*-Linie	Zusammensetzung der F_1-Generation
342	170	25	14 *coccineus*-Typ; einheitlich.
150	903	25	26 intermediärer Typ; einheitlich
10	160	25	35 *coccineus*-Typ: 28 sterile Zwerge (1 : 1).
15	124	25	75 *coccineus*-Typ: 19 sterile Zwerge (3 : 1).
16	130	27	58 *coccineus*-Typ; einheitlich.
45	214	27	31 *coccineus*-Typ; einheitlich.
151	903	27	44 intermediärer Typ; einheitlich.
17	901	27	15 *coccineus*-Typ: 12 sterile Zwerge (1 : 1).
20	124	33	59 *coccineus*-Typ; einheitlich.
18	1	33	33 frühletaler Typ; einheitlich.

Gruppe B

Kreuzung Nr.	*vulg.*-Linie	*cocc.*-Linie	Zusammensetzung der F_1-Generation
45	214	27	31 *coccineus*-Typ; einheitlich.
23	214	33	67 *coccineus*-Typ; einheitlich.
46	214	41	48 sterile Zwerge.
4	1	27	22 *coccineus*-Typ; einheitlich.
18	1	33	82 frühletaler Typ; einheitlich.
26	10	27	26 *coccineus*-Typ; einheitlich.
32	10	33	32 *coccineus*-Typ; einheitlich.
57	10	26	40 *coccineus*-Typ: 16 sterile Zwerge (3 : 1).
151	903	27	41 intermediärer Typ; einheitlich.
153	903	41	9 *coccineus*-Typ : 17 intermediärer Typ; (wahrscheinlich 1 : 1).

Es wurde schon früher erwähnt, daß Spaltungen in F_1 nur stattfinden können, wenn wenigstens einer der Eltern in einem oder mehreren Genen heterozygot ist. Nun spalten in den Kreuzungen in F_1 mehrere verschiedene Typen aus, aber je Kreuzung stets nur zwei. Wenigstens von einem der Eltern muß es demnach Linien mit Heterozygotie in verschiedenen Genen geben. Dieser Schluß erscheint unvermeidlich.

Die *Ph. vulgaris*-Linien können hier mit Sicherheit ausgeschlossen werden. Erstens sind diese viele Jahre hindurch als einheitliche Linien gebaut worden und zweitens haben sie bei Kreuzung untereinander und mit weiteren, anderen *vulg.*-Linien nur Spaltung in gut bekannten Genen gezeigt. Aber niemals haben ähnlich abweichende Typen wie die in der F_1 *vulg.* × *cocc.* ausgespalten. Und mit irgendeiner Heterozygotie ist bei dem extremen Selbstbefruchter *vulg.* nicht zu rechnen.

Für *Ph. coccineus* ist, durch die Untersuchung der nach erzwungener Selbstung erhaltenen Nachkommen sicher festgestellt, daß diese Art mit

Ausnahme der Selbststerilitätsgene auch als homozygot betrachtet werden muß.

A priori könnte man noch erwägen, ob sich die *coccineus*-Linien nicht in Genen für geringere physiologische Merkmale unterscheiden. Aber auch hierfür konnte nicht die geringste Andeutung gefunden werden. Es wurde daher schon früher (L. 1944 und 1948 b) die mir auch jetzt als einzig mögliche Erklärung scheinende Annahme gemacht, daß in *vulgaris* gewisse Allele des Selbststerilitätsgens von *coccineus* in nicht wirksamer und natürlich homozygoter Form vorkommen. Nach Kreuzung mit *coccineus* kann es dann zu Heterozygotie in diesen kommen. Hierdurch kann ein Teil der Bastarde in diesen Genen homozygot, ein anderer Teil heterozygot werden, was die Spaltung in die oben beschriebenen Typen verursachen kann. Ein einfaches Schema mit der Annahme von nur zwei verschiedenen Selbststerilitätsallelen soll dies veranschaulichen:

Ph. vulgaris × *coccineus*	F_1-Kombinationen	Habitus-Typen
$S^1 S^1$ $S^1 S^2$	$S^1 S^1$, $S^1 S^1$, $S^1 S^2$, $S^1 S^2$	nur *coccineus*-Typen (Riesen)
$S^2 S^2$ $S^1 S^2$	$S^1 S^2$, $S^1 S^2$, $S^2 S^2$, $S^2 S^2$	1 *cocc.*-Typ : 1 steriler Zwerg
$S^1 S^2$ $S^1 S^2$	$S^1 S^1$, $S^1 S^2$, $S^1 S^2$, $S^2 S^2$	3 *cocc.*-Typ : 1 steriler Zwerg

Im letzten Fall wird angenommen, daß *vulgaris* an zwei Loci ein Selbststerilitätsallel hat, am einen S^1, am anderen S^2.

A priori könnte man bei diesen Ausspaltungen von Zwergen vielleicht auch annehmen, daß die Wirkung der Selbststerilitätsallele mit dem verschiedenen Plasma der beiden Arten (s. u.) im Zusammenhang steht. Dies scheint aber mit Sicherheit ausgeschlossen werden zu können, da auch in der reziproken Kreuzung mit *coccineus* als Mutter F_1-Zwerge auftreten. Es wäre hier von größtem Interesse die F_1-Spaltungen mit *coccineus* als Mutter in etwa gleich großem Umfang zu studieren, wie es mit der reziproken Richtung geschehen ist. Leider hindert hier die große Schwierigkeit Kreuzungen mit *coccineus* als Mutter überhaupt mit Erfolg auszuführen (s. u.). Das vorliegende Material ist viel zu gering, um Schlüsse in bezug auf Spaltungsverhältnisse und Genkombinationen ziehen zu können.

Die Ergebnisse der Kreuzungen verschiedener *vulg.*-Linien mit ein und derselben *cocc.*-Linie beweisen, daß es von *vulgaris* Linien mit in bezug auf S-Allele verschiedener genotypischer Konstitution gibt. In entsprechender Weise beweisen aber auch die Ergebnisse der Kreuzungen einer bestimmten *vulg.*-Linie mit verschiedenen *cocc.*-Linien, daß die S-Allele in den letzteren nicht beliebig verteilt sind, sondern daß die einzelnen Linien durch bestimmte Gruppen von S-Allelen charakterisiert sind.

In der Regel gibt es von Selbststerilitätsgenen eine recht große Anzahl verschiedener Allele. Dies ist mit großer Wahrscheinlichkeit auch bei *Ph. coccineus* der Fall. Die gefundenen neun verschiedenen F_1-Typen sprechen hierfür. Hierbei ist indessen zu beachten, daß doch nur eine verhältnismäßig kleine Anzahl von *vulgaris-* und *coccineus*-Linien zur Verwendung gelangt ist. Die Zusammensetzung der F_1-Generationen erscheint durch die Wirkung verschiedener Kombinationen der Allele von Selbststerilitätsgenen jedenfalls restlos erklärt.

Im weiteren Kreuzungsmaterial hat sich, wie schon oben, auch gezeigt, daß die Spaltungsverhältnisse nicht immer statistisch gute Übereinstimmung mit 1 : 1 bzw. 3 : 1 zeigen. Zwei bekannte Umstände sind hierfür verantwortlich, teils die Labilität der Selbststerilitätsallele, teils die nicht selten vorkommende Fremdbestäubung. Zur erstgenannten Ursache konnte ja nachgewiesen werden, daß Selbstung in etwas späterem Blühstadium möglich ist und auch artifiziell erzwungen werden kann. Hierbei kann es zu einer Mutation dieser Gene gekommen sein, die entweder zu einem anderen Sterilitätsallel oder auch zum Selbstfertilitätsallel S geführt hat. Im letztgenannten Fall ist bei der Befruchtung von *vulgaris*, welche Art in den Selbststerilitätsgenen homozygot sein muß, mit einer einheitlichen F_1 zu rechnen. Dieselbe Wirkung hat natürlich eine solche Mutation auch, wenn sie in *coccineus* zu Homozygotie in einem Selbststerilitätsallel führt. Und die einheitliche F_1 kann dann, je nachdem um welche Allele von *vulgaris* es sich handelt, aus nur Riesen, Zwergen, letalen Typen usw. bestehen. Damit dürfte auch die Frage, weshalb eine ganze F_1 einem einheitlichen Typ von solchen sterilen Formen angehören kann, ihre natürliche Erklärung gefunden haben.

Auch spontane Fremdbefruchtung kann, wie wiederholt festgestellt werden konnte, eine Verschiebung der Spaltungsverhältnisse bedingen. In der Regel wird die Fremdbefruchtung aber entdeckt, nämlich wenn sich hierdurch Merkmale, Blütenfarbe, Morphologie usw. ändern. Solchenfalls können abweichende Individuen von der Berechnung ausgeschlossen werden. Aber nicht immer werden solche spontane Einkreuzungen visuell erkennbar sein. Dann können mehr weniger unklare Spaltungsverhältnisse entstehen.

Geerts (1949), der der Kreuzung *Ph. vulg.* × *cocc.* eine größere Arbeit gewidmet hat, behandelt besonders eingehend die Zusammensetzung der F_1-Generationen. Er bezeichnet die Riesen und Zwerge als „positive" bzw. „negative" Heterosis, und meint, daß die von mir auf die Wirkung der Allele der Selbststerilitätsgene aufgebaute Grundlage die Erscheinungen nicht erklären könne. Namentlich soll dies für die einheitlich aus Zwergen bestehenden F_1 der Fall sein. Diesbezüglich dürfte es genügen, auf die vorstehenden Mitteilungen zu verweisen. Die bei *coccineus* vorkommende Selbstung sowie die Mutabilität der Selbststerilitätsgene, die auch bei verschiedenen Pflanzen nachgewiesen werden konnte, findet bei ihm keine Berücksichtigung. Geerts war nicht imstande, eine andere, irgendwie befriedigende Erklärung für die verschiedene Zusammensetzung der F_1 zu geben.

Die Spaltungsverhältnisse in F_1 von GEERTS' Kreuzungen sind viel häufiger unklar als die meiner Kreuzungen. Charakteristisch ist in diesem Zusammenhang, daß er auch in den F_2, F_3 usw. viel häufiger Zwerge ausspalten findet als ich. Dies dürfte ausschließlich auf spontane Fremdbefruchtung zurückzuführen sein. Unter den hiesigen Verhältnissen kommen solche sicher in viel geringerem Ausmaße vor als in Holland und in südlicheren Ländern überhaupt. Die Erfahrungen mit Samenbau in solchen Ländern bestätigen dies auch. In meinen F_2 der Kreuzungen *vulg.* × *cocc.* ist unter 500 Individuen kaum einer der F_1-Zwerge vorgekommen. Von einer Ausspaltung kann solchenfalls überhaupt nicht gesprochen werden, denn dieser Zwerg sollte ja in wenigstens vier Genen rezessiv sein. Zweifellos ist er aber nur das Resultat einer spontanen Fremdbefruchtung. Auch von GEERTS wurde niemals eine regelrechte Ausspaltung von Zwergen beobachtet.

RUDORF (1954) veröffentlicht einen Kurzbericht über die Beobachtung an den Bastarden *Ph. vulgaris* × *coccineus* und reziprok. Die in F_1 ausspaltenden Zwerge werden auf Grund besonderer Untersuchungen physiologisch näher charakterisiert. In bezug auf die der Spaltung in F_1 zugrunde liegenden Gene kommt R. zu dem Schluß, daß *vulgaris* die in Frage kommenden Gene homzygot, *coccineus* sie heterozygot und wahrscheinlich „in wechselnder Zahl" (kursiviert von mir) enthalte. 1961 macht RUDORF dann folgende Annahme zur Erklärung der von ihm in F_1 von Kreuzungen mit einer abyssinischen *vulgaris*-Linie beobachteten Verhältnisse. *Ph. coccineus* soll ein Gen *Deb* (von *debilis*) in heterozygotem Zustand enthalten, *vulgaris* ein Gen *Det* (von *detectus*) in dominant homozygotem Zustand. Damit können RUDORFS F_1-Befunde erklärt werden. Aber in seinen F_1 kommt nur ein Typ von Zwergen vor. In meinem großen F_1-Material gibt es indes wenigstens fünf morphologisch ganz verschiedene, sterile F_1-Typen. Und jede Kreuzung spaltet außer *coccineus*-Riesen immer nur einen solchen Typ aus. Auch die einheitlichen F_1 bestehen stets entweder nur aus *coccineus*-Riesen oder aus irgendeinem der oben beschriebenen Typen.

Mit der Hypothese von RUDORF kann aber nur die Ausspaltung eines einzigen Zwergtyps erklärt werden. Für die Erklärung des Ausspaltens mehrerer verschiedener steriler F_1-Typen ist RUDORFS Hypothese unmöglich. Um sie hiermit in Einklang zu bringen, gäbe es zwei weitere Möglichkeiten. Erstens könnte angenommen werden, daß es eine Anzahl verschiedener Gene mit der Wirkung von *deb* gäbe. Diese „verschiedenen" Gene müßten natürlich an verschiedenen Loci in den Chromosomen liegen. Aber dann wäre zwangsläufig damit zu rechnen, daß man gleichzeitig Spaltung in zwei oder mehreren Genen finden sollte. Dies wäre in meinem Material von 60 Kreuzungen mit über 1700 Individuen sicher zu erwarten gewesen. Aber kein einziger Fall konnte beobachtet werden. Diese Annahme ist damit gleichfalls als unmöglich zu betrachten.

Eine zweite Erklärungsmöglichkeit wäre dann die, daß es von RUDORFs Gen *Deb* eine größere Allelenserie gäbe. Damit gelangt man indessen zur gleichen Situation, wie ich sie 1944 und 1948 geschildert habe. Es muß in *coccineus* ein Gen mit einer größeren Serie von Allelen geben, die je verschiedene stoffliche Wirkung besitzen. Und dieser Forderung entsprechen eben die Allele des Selbststerilitätsgens. Auch von mir wurde (l. c.) in Betracht gezogen, ob es nicht eine andere Allelenserie mit solcher Wirkung gäbe. Aber hisher sind, auch durch RUDORFs Untersuchungen, keine Anhaltspunkte hierfür an den Tag gekommen. Es ist daher noch immer das Naheliegendste, der Allelenserie des Selbststerilitätsgens die hier in Frage stehende Wirkung zuzuschreiben.

Erwähnt soll noch werden, daß einer der von mir gefundenen F_1-Typen (82 Individuen einer Kreuzung) kein Zwerg war, sondern sich ganz normal entwickelte, aber nach etwa vier Wochen verblaßte und einging (s. o.). Und dieselbe zu dieser Kreuzung (Nr. 18) verwendete *vulgaris*-Linie Nr. 1 hat bei Kreuzung mit einer anderen *cocc.*-Linie (Kr.-Nr. 4, s. o.) eine einheitliche, nur aus *coccineus*-Riesen bestehende F_1 gegeben. Für diese Erscheinungen konnte RUDORF in seiner Arbeit von 1961 keine Erklärung geben.

Die Fertilitätsverhältnisse der F_1 von *vulg.* × *cocc.* wurden vorstehend durch die Samenproduktion je Pflanze charakterisiert. Diese war durchschnittlich nur um etwa ein Drittel geringer als die in F_1 von *vulg* × *vulg*. Über die Gametensterilität sagen diese Feststellungen indessen nichts aus. Es wurden daher auch umfangreiche Untersuchungen über das Auftreten von tauben Pollenkörnern ausgeführt (s. L. 1940 p. 91 bis 95). Diese während vier Jahren an 20 Kreuzungen vorgenommenen Auszählungen (insgesamt etwa 93.000 Pollenkörner) gaben einen von 64 bis 91 variierenden Prozent tauben Pollens. Der mittlere Prozent tauben Pollens berechnete sich zu 81,5. Ob von den normal aussehenden, gefüllten Pollenkörnern vielleicht noch welche nicht funktionstauglich gewesen sind, und ob dies in verschiedenen Kreuzungen der Fall gewesen ist, kann ohne besonders hierauf abzielende Untersuchungen nicht gesagt werden.

Eine entsprechende Untersuchung der weiblichen Gameten ist aus leicht einzusehenden Gründen undurchführbar. Ein Samenansatz je Hülse kann wegen der vielen keine solche ausbildenden Blüten nicht festgestellt werden. Und eine Auszählung an den einigermaßen gut entwickelten Hülsen, die in der Regel einen Samen enthalten, würde einen viel zu hohen Ansatzprozent geben.

Daß die in F_1 herrschenden Verhältnisse oben ziemlich eingehend erörtert worden sind, hat seine Ursache darin, daß sie mit Hinblick auf die in den weiteren Generationen festzustellende Barriere zwischen den beiden Arten bedeutungsvoll sein könnten. Die gefundene Sterilität der „normalen" Pflanzen (*coccineus*-Riesen) soll ja in irgendeiner Weise in der Zusammensetzung der F_2 und höheren Generationen ihre Erklärung finden, derart, daß z. B. gewisse Gene bzw. Genallele im Plasma der anderen nicht reproduziert werden oder mit diesem nicht verträglich sind.

Das in den F_1 beobachtete Ausspalten verschiedener steriler bzw. letaler Formen hat durch die festgestellte Wirkung der Selbststerilitätsallele eine natürliche Erklärung gefunden. Daher kann auch als erwiesen betrachtet werden, daß diese Erscheinung nichts mit der Aufrechterhaltung der unüberbrückbaren Barriere zwischen den beiden *Phaseolus*-Arten zu tun hat. Und damit ist sie, so bedeutungsvoll der Nachweis ihrer Ursache auch war, für die Klarlegung des Artbegriffes von untergeordneter Bedeutung.

Die F_1-Ergebnisse von Kreuzungen *Phaseolus vulgaris* var. *multigaris* × *coccineus*

Die Varietätengruppe *multigaris* ist eingangs folgendermaßen gekennzeichnet worden. Es sind dies *vulgaris*-Linien, die aus der Kreuzung *vulg.* × *cocc.* ausgelesen worden sind und *coccineus*-Genallele enthalten, die früher in *vulg.* nicht angetroffen worden sind. Die Manifestation solcher *cocc.*-Allele muß visuell feststellbar sein (z. B. Bau der Infloreszenz, Blütenfarbe usw.).

Insgesamt wurden 28 Kreuzungen *mult.* × *cocc.* studiert. In allen diesen Kreuzungen sind nur die schon von *vulg.* × *cocc.* bekannten F_1-Typen aufgetreten. Folgende Spaltungen wurden beobachtet:

13 Kreuzungen : 207 *coccineus*-Riesen (einheitlich)

6	,,	: 69	,,	,,	: 71 sterile Zwerge (1 : 1)
3	,,	: 36	,,	,,	: 10 ,, ,, (3 : 1)
1 Kreuzung	: 15		,,	,,	: 6 sterile Halbzwerge (3 : 1)
1	,,	: 5 intermediärer Typ (einheitlich).			

Wie ersichtlich, sind dies genau dieselben Ergebnisse wie sie in den Kreuzungen *vulg.* × *cocc.* gefunden worden sind. Auch der Prozent aus Samen entwickelter Pflanzen, $63{,}5 \pm 3{,}80$, war praktisch genommen derselbe wie bei der Verwendung von reiner *vulgaris* als Mutter, wo er $68{,}7 \pm 3{,}62$ betrug. Der durchschnittliche Samenertrag je Pflanze ist in diesen Fällen auch nicht signifikativ verschieden.

Diese Ergebnisse zeigen demnach, daß Allele v o n i n t r a s p e z i f i - s c h e n G e n e n, die früher nur für *coccineus* charakteristisch gewesen sind, nach ihrer Überführung in *vulgaris* keine V e r ä n d e r u n g d e r A r t b a r r i e r e z u r F o l g e g e h a b t h a b e n.

Zur weiteren Überprüfung eines eventuellen Einflusses von Allelen intraspezifischer Gene von *coccineus* wurden 31 Kreuzungen zwischen *vulgaris* und *multigaris* und umgekehrt studiert. In diesen haben 545 Samen zur Ausbildung von 444 reife Samen tragenden Pflanzen geführt. Dies entspricht 81,4%, ein Wert, der auch binnen *vulgaris*-Kreuzungen noch als normal zu betrachten ist. Der Samenertrag betrug durchschnittlich 55,6 ± 4,50 Samen je Pflanze. Auch dieser Wert stimmt sehr gut mit den F_1-Erträgen reiner *vulgaris*-Kreuzungen überein, wo er in verschiedenen Jahren, aber bei i. ü. gleichen Kulturbedingungen im Durchschnitt von etwa 50 bis zu 80 Samen je Pflanze zu schwanken pflegt.

Die Ergebnisse der F_2 und höheren Generationen der Kreuzung *Phaseolus vulgaris* × *coccineus*

Das Ziel der Untersuchung von F_2 und höheren Generationen ist leicht anzugeben: Welche Gene sind für artspezifische Merkmale verantwortlich, d. h. welche bedingen eine unüberbrückbare Artbarriere und welche sind hieran nicht beteiligt? Für jedes die beiden Arten trennende Merkmal ist demnach genanalytisch festzustellen, ob es von dem väterlichen Elter, *coccineus*, unter Beibehaltung von normaler Fertilität nach *vulgaris* überführt werden kann. Wenn nicht, so ist klarzulegen, ob dies auf einer Unverträglichkeit gewisser Gene bzw. Genallele beruht oder durch Unterschiede im Plasma der beiden Arten bedingt wird. Von hierfür

Das bunte Mosaik der Pflanzen von vier F_2-Generationen der Kreuzung *vulgaris* × *coccineus*

Individuen-Charakteristik	Anzahl Individuen in Kreuzung Nr.			
	11	40	45	53
Nicht gekeimte Samen	10	12	72	44
Pflanzen mit Chlorophylldefekten	—	1	—	—
Zwerge mit unbegrenztem Stammwachstum, *Fin*	—	2	4	—
Zwerge mit begrenztem Stammwachstum, *fin*	3	4	6	5
Halbzwerge, steril	5	1	—	3
Halbzwerge, partiell steril	1	1	1	1
Sterile *angustifolia*-Mutanten	—	—	1	1
Pflanzen ohne Hülsen	39	37	38	49
Pflanzen mit Hülsen ohne Samen	16	4	7	13
Normale, aber partiell sterile Pflanzen	90	28	57	69
Normale und fertile Pflanzen	16	10	15	15
Summen:	180	100	200	200

verantwortlichen chromosomalen Differenzen kann auf Grund der diesbezüglich bereits gemachten Feststellungen, des störungsfreien Verlaufes der Meiose im Bastard, abgesehen werden.

Die F_2-Generationen dieser Kreuzung zeigen ein außerordentlich buntes, um nicht zu sagen chaotisches Bild. Ein Teil der Samen ist nicht keimfähig, andere entwickeln sich nur zu juvenilen Pflanzen, um dann abzusterben, wieder andere erreichen das Stadium des Blühens oder des Hülsenansatzes ohne reife Samen zu geben, und nur ein relativ geringer Teil der Pflanzen zeigt normale Entwicklung mit Samenproduktion. Zur Veranschaulichung dieser Verhältnisse folgt eine Übersicht über die in Frage stehende Zusammensetzung der F_2-Generationen von vier Kreuzungen.

Ein Blick auf diese Zusammenstellung gibt sofort zu erkennen, daß an eine genanalytische Aufarbeitung der F_2 mit irgendwie sicheren Resultaten nicht zu denken war. Der Prozent normal entwickelter Pflanzen erreicht in diesen vier Kreuzungen nur 8,2%. Erwähnt sei, daß in anderen Kreuzungen weniger gestörte F_2 erhalten worden sind. Die Ursache hierfür ist, wie unten gezeigt werden soll, eine größere Übereinstimmung in den Allelen von intraspezifischen Genen zwischen *vulgaris* und *coccineus*.

Mit Hinblick auf diese Verhältnisse in F_2 war an eine sichere Feststellung der genischen Unterlage für arttrennende Merkmale erst in höheren Generationen zu denken. Hierzu wurden sowohl normal fertile wie normal entwickelte, aber partiell sterile F_2-Pflanzen als Ausgangsmaterial benutzt. Nachkommen wurden in möglichst großem Umfang

Abb. 23. Drei morphologisch sehr verschiedene Zwerge, links ausgespalten aus Kreuzung Nr. 3, Mitte aus F_{11} der Kreuzung Nr. 1 und rechts aus F_4 von Kreuzung Nr. 44. Sämtliche aus *Ph. vulgaris* × *coccineus*

aufgezogen. Die vorstehend mitgeteilte Übersicht gibt ein gutes Bild hiervon. Um nur ein paar Beispiele anzuführen, so wurden von Kreuzung Nr. 3 in 19 Generationen 23.384 Individuen, von Kr.-Nr. 10 6767 in 17 Generationen und von Kr.-Nr. 11 bis in F_{16} 6860 Individuen untersucht.

In den Kreuzungen zwischen reiner *vulgaris* und *coccineus* spalten meiner Schätzung nach wenigstens 80 Gene. Für die visuell leichter feststellbaren Merkmale dürfte die Anzahl bei 40 bis 45 liegen. Eine Anzahl weiterer Merkmale, wie die zahlreichen verschiedenen Habitus-Typen, genisch bedingte Zwerge und Halbzwerge wurden nicht weiter untersucht (man vgl. die Abb. 23). Es folgen nun die Ergebnisse betreffend die Vererbung der einzelnen Merkmale, die als die beiden Arten kennzeichnend aufgefaßt werden; vgl. die Gegenüberstellung oben.

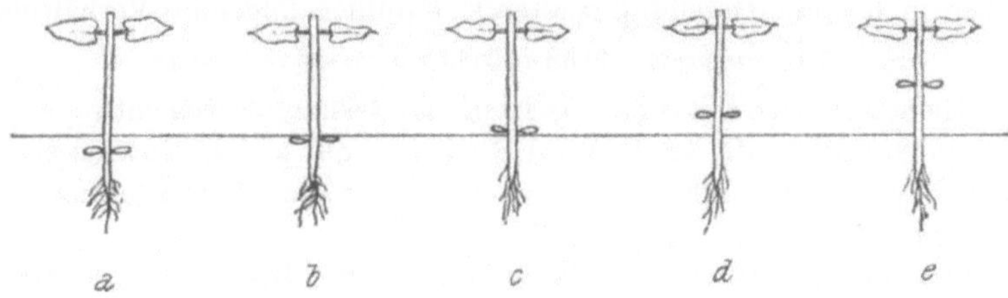

Abb. 24. Die verschiedenen Keimblattstellungen, nach denen das Material in *Ph. vulgaris* × *coccineus*- und reziproken Kreuzungen klassifiziert worden ist. *a coccineus*, *b* Minus-, *c* Null-, *d* Plus- und *e vulgaris*-Typ

Die Keimblattstellung. Die F_1 hatten, wie bereits erwähnt, durchweg intermediäre Keimblattstellung, in oder ganz in der Nähe der Bodenfläche. F_2 spaltete nach epigäisch : intermediär : hypogäisch. Aber das erwartete Spaltungsverhältnis von 1 : 2 : 1 war immer sehr stark gestört, indem nur ein ganz kleiner Teil an Pflanzen mit hypogäischer Keimblattstellung angetroffen wurde, und alle diese Pflanzen waren ganz oder mehr weniger hochgradig steril.

Der Versuch durch fortgesetzte Auslese der fertilsten, d. h. nur einzelne Samen produzierende Nachkommen solcher Pflanzen doch normal fertile Individuen mit hypogäischer Keimblattstellung zu erhalten, ist vollständig mißlungen. Zum Teil wurden überhaupt keine Nachkommen erhalten, in den meisten Fällen waren es wieder entweder ganz oder hochgradig sterile Individuen und schließlich gaben von wenigstens 6 bis zu zuweilen 50% normal fertile Nachkommen, die aber wieder mit der maternellen Elternlinie übereinstimmten (s. L. 1944 und später). Sie hatten demnach wieder wie *vulgaris* epigäische Keimblattstellung. Und dasselbe gilt auch für das nächste Merkmal, die auf der Innenseite der Griffelspirale herablaufende Narbe. Dies besagt also, daß die artfremden Allele der beiden interspezifischen Gene *i-int* und *i-epi* zu den arteigenen Allelen *i-Int* und *i-Epi* zurückmutiert haben. Diese Erscheinung ist, wie an vielen Mutanten in solchen Genen, den sogenannten Exmutanten, hat festgestellt werden können, für die Allele von interspezifischen Genen in artfremdem Plasma ganz allgemein (s. u.).

Die intermediäre Keimblattstellung, wie sie in Abb. 24 b bis d abgebildet ist, entspricht dem Bastard. Durch Aussaat von auf dem intermediären Typ geerntete Samen wurden in allen Kreuzungen in höheren Generationen typische Spaltungsverhältnisse erhalten. Zwei solche Verhältnisse seien hier angeführt. Kreuzung Nr. 9 ist *v.*-Linie 161 aus Expreß, eine niedrige Wachsbohne × *cc.*-Linie Nr. 26, Rotblütige. Die F_1-Individuen hatten die Keimblätter stets nahe der Bodenfläche. Eine gewisse Variation war vorhanden, die, wie sich später gezeigt hat, auf den Einfluß von Umweltverhältnissen zurückzuführen ist. In F_4 bis F_7 zusammen gaben in Keimblattstellung spaltende Familien folgendes Verhältnis:

516 vulgaris : 1108 intermediär : 42 coccineus

Sämtliche Pflanzen mit *coccineus*-Keimblattstellung waren entweder ganz oder doch hochgradig steril. Wird Rücksicht nur auf die fertilen genommen, so resultiert ein Verhältnis von etwa 1 *vulgaris* : 2 intermediär : 0 *coccineus*.

Kreuzung Nr. 10 ist *v.*-Linie Nr. 160 aus der Brechbohne Fiskeby × *cc.*-Linie Nr. 25, Weißblütig. Diese Kreuzung zeigte entsprechend folgende Spaltung in $F_4 + F_5$:

102 vulgaris : 197 intermediär : 5 coccineus

Auch hier waren die Pflanzen mit *coccineus*-Keimblattstellung entweder ganz oder hochgradig steril. Für die Spaltung nach 1 *v* : 2 *int* beträgt D/m 0,28. Für das in Kr. 9 gefundene Verhältnis beträgt D/m 1,84. In mehreren anderen Kreuzungen war das Verhältnis 1 : 2 weniger gut, mit D/m-Werten bis zu etwa 3,5. Dies gilt aber vor allem für die niedrigeren Generationen, in denen sich noch immer Störungen durch Individuenausfall im Zusammenhang mit Spaltung in einer größeren Anzahl von Genen bemerkbar macht. Aber das Nicht-in-Erscheinung-Treten von fertilen *coccineus*-Typen war für das ganze Material von nahe an 100.000 Individuen immer vorhanden. Die Spaltung betrifft demnach ein interspezifisches Gen, *i-Epi*, das in artfremdem Plasma nicht zusammen mit Fertilität und Homozygotie vorkommen kann.

J. R. WALL und T. L. YORK (1957) haben die Kreuzung *Ph. vulgaris* × *coccineus* ausgeführt, um die Vererbung der Keimblattstellung zu studieren. Sie finden hierbei intermediäre Bastarde und in den folgenden Generationen zunehmende Elimination des *coccineus*-Typs. Sie bezeichnen dies als Gen-Elimination! Die Ergebnisse reziproker Kreuzungen und die Plasma-Wirkung verbleiben unberücksichtigt.

Die Narbenform. Die Narbe kann auf den F_1-Pflanzen in zwei verschiedenen Formen auftreten, je nachdem der *coccineus*-Elter unbegrenztes oder begrenztes Stammwachstum hat; Genpaar *Fin-fin*. Abb. 25 zeigt fünf verschiedene Narbenformen. *a* entspricht der *vulgaris*-Narbe, gleichgültig ob die Pflanze *Fin* oder *fin* ist. *b* repräsentiert die Narbenform der hohen *coccineus*-Pflanze, *Fin ;* c die der niedrigen, *fin.* Hier liegt ein ausgesprochen pleiotroper Effekt des Genpaares *Fin-fin* vor. Im Bastard kommt dies dadurch zum Ausdruck, daß Mützenform der Narbe, *pilleus,*

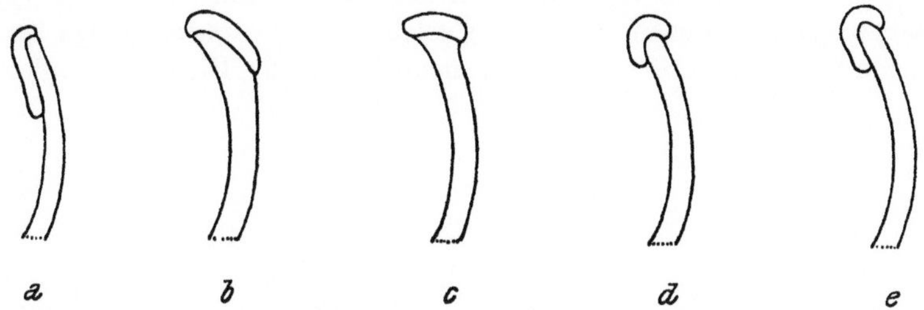

Abb. 25. Die in Kreuzungen *Ph. vulgaris* × *coccineus* ausspaltenden Narbenformen. *a vulgaris, b coccineus Fin, c coccineus fin, d pileus*-Typ *Fin* und *e introrsus*-Typ *fin.* c und d entsprechen den Hybriden mit *Fin* bzw. *fin*

zusammen mit *fin* auf der Innenseite der Griffelspirale deutlich weiter herabläuft als auf der Außenseite. Dies gibt die *introrsus*-Narbe. Sie entsteht also, wenn die benutzte *coccineus*-Linie niedrigen Wuchs hat, Gen *fin*.

Auch die Narbenform der beiden *Phaseolus*-Arten wird durch die Wirkung der Allele eines interspezifischen Gens, *i-Int* bedingt. Damit resultieren in F_2 und höheren Generationen ganz dieselben Spaltungsverhältnisse wie sie oben für das Gen *i-Epi* mitgeteilt worden sind, nämlich dem Verhältnis

1 *vulgaris* : 2 *intermediär* : 0 fertil *coccineus* entsprechend.

So zeigte Kreuzung Nr. 10 (s. o.) in 12 F_4-Familien folgende Spaltung:

45 *vulgaris* : 110 *intermediär* : 7 $\pm$ steril *coccineus*

D/m beträgt hierfür (1 : 2) 1,14. Im allgemeinen sind die intermediären Typen, sowohl hinsichtlich Keimblattstellung wie Narbenform, in etwas zu großer Anzahl aufgetreten. Vermutlich beruht dies auf einer gewissen Heterosiswirkung. Auch bestünde die Möglichkeit, daß ein Teil der artfremden Allele zu arteigenen zurückmutiert hätte.

Die Infloreszenztypen. Bei dem oben gemachten Vergleich der Blütenstände der Elternarten konnten folgende Unterschiede festgestellt werden. Bei *Ph. vulgaris* haben die Infloreszenzen 2 bis 3, selten bis 5 Internodien, bei *coccineus* normal 10 bis 16. Das erste Internodium ist bei *vulg.* höchstens zweimal länger als das zweite, bei *cocc.* vier- bis fünfmal so lang. Der oft angeführte Unterschied, daß das Tragblatt bei *vulg.* länger sei als die Infloreszenz, hat nicht in allen Fällen Gültigkeit. Bei Formen mit verzweigten Infloreszenzen, Gene *ram* und *iter*, ist dies meistens nicht der Fall. Die Infloreszenzen können hier erheblich länger sein als das Tragblatt (s. Abb. 29).

Hier ist vor allem von Interesse, welche und wieviele erbliche Unterschiede dem verschiedenen Infloreszenzbau der beiden Arten zugrunde liegen. Abbildung 25 zeigt verschiedene Infloreszenztypen aus der Kreuzung *Ph. vulg.* × *coccineus*. Die erste Infloreszenz links entspricht typischen *vulgaris*-Pflanzen, die nächste solchen von *coccineus*. In den Kreuzungen spalten nun recht zahlreiche neue Typen aus. Die beiden Inflores-

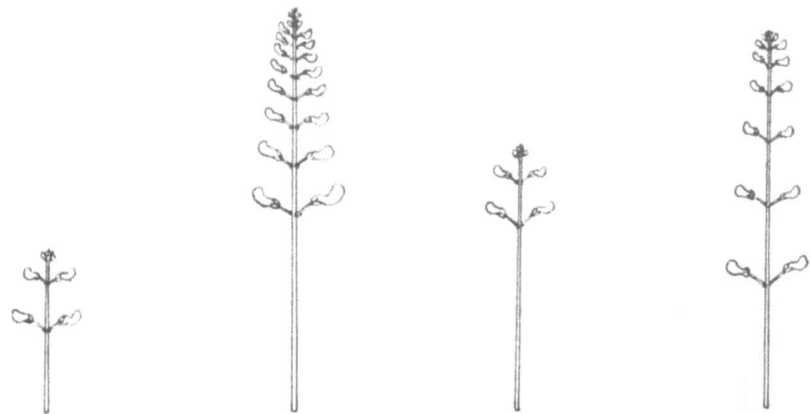

Abb. 26. Verschiedene Infloreszenztypen aus der Kreuzung *Ph. vulgaris* × *coccineus*. Von links nach rechts: typisch *vulgaris*, *coccineus*, sowie zwei durch Neukombination von Genen für den Infloreszenzbau entstandene Typen

zenzen rechts von *coccineus* in Abb. 26 repräsentieren Neukombinationen von für die Gestaltung der Infloreszenz verantwortlichen Genen. Die linke dieser beiden Typen vereinigt den großen Unterschied in der Länge des ersten und zweiten Internodiums von *coccineus* mit der geringen Internodienanzahl von *vulgaris*, die rechte dagegen die allmählich abnehmende Internodienlänge von *vulgaris* mit der großen Internodienzahl von *coccineus*. Abb. 27 zeigt zwei Pflanzen, von denen die linke Infloreszenzen mit etwa vier sehr kurzen Internodien von 1 bis 3 cm Länge variierend aufweist. Die rechte Pflanze, die auch im übrigen einen bisher ganz unbekannten Habitus aufweist, zeigt Infloreszenzen, die der eben erwähnten Kombination von allmählich abnehmender Internodienlänge mit großer Internodienzahl entspricht.

Die oben beschriebene typische *coccineus*-Infloreszenz kommt nun ausschließlich in dieser Art, aber niemals in *vulgaris* vor. Man könnte nun annehmen, daß auch hierfür ein Allel eines interspezifischen, eines dritten solchen Gens, verantwortlich sein könnte. Dies ist indessen nicht der Fall, denn die Kreuzungen haben gezeigt, daß auch alle bei *vulgaris* vorkommenden sowie auch alle aus Kreuzungen erhaltenen intermediären Typen nach *coccineus* überführt werden können. Und Kreuzungen *cocc.* × *vulg.*

haben gezeigt, daß das typische Merkmal der *cocc.*-Infloreszenz, die große mehrfache Länge des ersten Internodiums im Verhältnis zum zweiten von einer pleiotropen Wirkung der hypogäischen Keimblattstellung abhängig ist. Dieses Merkmal der *cocc.*-Infloreszenz könnte daher als ein sekundär artentrennendes bezeichnet werden.

Die Knospen. Die Form der Knospen von *coccineus* mit dem charakteristischen Knick war in F_1 intermediär und spaltete in F_2 derart, daß vollfertile *vulgaris*-Typen mit dieser Knospenform erhalten werden konnten. Die Größe der Knospen scheint jedoch stark von einer pleiotropen Wirkung von Genen für den stärkeren Wuchs von *coccineus* abzuhängen.

Die Blüten. Die genanalytische Untersuchung der Blütenfarben, die in den *vulg.* × *cocc.*-Kreuzungen ausspalteten, hat gezeigt, daß die scharlachrote Farbe von *coccineus* durch die komplementäre Wirkung folgender vier Gene bedingt wird: *Am, Beg, No* und *Sal* (L. 1948). Im Zusammenwirken mit den Blütenfarbgenen von *vulgaris*, $V — V^{lae} — v$ und *Aeq* resultiert eine große Anzahl distinkt verschiedener Blütenfarben. Es ist nichts an den Tag gekommen, das eine beliebige Kombination aller

Abb. 27. Zwei Pflanzen mit stark verschiedenen Infloreszenztypen aus der Kreuzung *Ph. vulgaris* × *coccineus*. Links Pflanze mit sehr kurzen Blütenstand-Internodien, rechts Pflanze mit langen *erectus*-Blütenständen; aus F_{11} von Kr.Nr. 3

dieser Gene in beiden *Phaseolus*-Arten hindern könnte. Alle diese Gene können daher als intraspezifisch aufgefaßt werden. Es hat sich gezeigt, daß das Grundgen für Blütenfarbe P beiden Elternarten gemeinsam ist. Für die Blütengröße gilt dasselbe wie für die Knospengröße, daß diese nämlich zu großem Teil von einer pleiotropen Wirkung von Genen für den stärkeren Wuchs von *coccineus* abhängig sein dürften.

Die Hülsen. Wodurch sich die *coccineus*-Hülsen von solchen von *vulgaris* stets deutlich unterscheiden, ist die starke Schrägriefelung sowie die Knotenbildung dieser neben der Naht. Die Kreuzungen zeigten, daß diese Merkmale störungsfrei nach *vulgaris* überführt werden können. Die Größe der Hülsen scheint aber auch hier, gleichwie in bezug auf die Blütengröße erwähnt worden ist, in gewissem Maße von der pleiotropen Wirkung von *coccineus*-Genen für starken Wuchs abhängig zu sein. Die Gene für die Hülsenmerkmale sind zweifellos als intraspezifisch zu bezeichnen.

Die Samen. Für die Samen gewisser *coccineus*-Linien ist eine Zeichnung der Testa bekannt, die vor Ausführung der *vulg.* × *cocc.*-Kreuzungen nur bei *coccineus* bekannt gewesen ist. Es ist dies eine um das Hilum konzentrierte Marmorierung, der sogenannte *circumdatus*-Typ (s. Abb. 28). Bedingt wird dieser durch ein Allel der Farbgenserie R, R^{ctr}. Dieses Gen konnte nach *vulgaris* überführt und hier mit beliebigen weiteren Farbgenen sowie Genen für Form und Größe der Samen kombiniert werden. Es ist demnach intraspezifisch. In bezug auf die Samengröße gilt das für die Größe der Blüten und Hülsen Gesagte.

Abb. 28. Ein Same der Linie Nr. 26 von *coccineus*, aus „Rotblütige". Die Verteilung der dunkleren Farbe um das Hilum ist bedingt durch das Gen R^{ctr}

Zusammenfassend kann über die Ergebnisse der F_2 und höheren Generationen der Kreuzung *Ph. vulgaris* × *coccineus* gesagt werden, daß von allen studierten Merkmalen, denen die Wirkung von etwa 40 verschiedenen Genen zugrundeliegt, nur zwei als wirklich artentrennend nachgewiesen werden konnten. Es sind dies die interspezifischen Gene *i-Epi* für epi- bzw. hypogäische Keimblattstellung und *i-Int* für auf der Innen- bzw. Außenseite der Griffelspirale herablaufende Narbe. Ein sekundär artentrennendes Merkmal ist die *coccineus*-Infloreszenz, deren Ausbildung von einer pleiotropen Wirkung des interspezifischen Genallels *i-epi* für hypogäische Keimblattstellung abhängig ist. Eine modifizierende Wirkung auf die Narbenform von *coccineus* sowie auch des Bastards *vulg.* × *cocc.* wird bedingt durch das Gen *fin* für begrenztes Stammwachstum (s. oben).

Diese obigen Ergebnisse, daß niemals fertile Individuen mit den artfremden Allelen der interspezifischen Gene *i-Epi* und *i-Int* erhalten werden können, gelten auch für jedes dieser beiden Gene für sich. Dies besagt, daß auch niemals die Kombination eines dieser beiden arteigenen Allele zusammen mit dem artfremden Allel des anderen interspezifischen Gens in fertiler Form angetroffen worden ist. Ausgespalten haben solche Kombinationen wiederholt, waren aber stets ganz oder hochgradig steril und verhielten sich dann genauso wie Individuen mit beiden artfremden Allelen (s. o.). Das Mutieren eines dieser Gene zum artfremden Allel hat, wie unten in zahlreichen Fällen gezeigt werden wird, stets vollkommene Sterilität zur Folge.

Die Ergebnisse der F_2 und höheren Generationen der Kreuzung *vulgaris* var. *multigaris* × *coccineus*

Die Kreuzungen mit *multigaris* sind in gewisser Hinsicht sehr aufschlußreich. Es wurde eine recht große Anzahl von *multigaris*-Linien hergestellt, hauptsächlich um eine weitere Erforschung der Genetik der beiden *Phaseolus*-Arten zu ermöglichen.

Die Ergebnisse der Vererbungsstudien der *vulgaris* von *coccineus* trennenden Merkmale berechtigen zu dem Schluß, daß die höchst ungleiche Beschaffenheit der F_2-Generationen hinsichtlich Entwicklung der Pflanzen sowie scheinbarer, mehr oder weniger ausgeprägter Sterilität zu großem Teil auf das Ausspalten von teils physiologisch schwachen, teils für unsere Verhältnisse oft zu spät reifenden, teils gegen Krankheiten anfälligen Individuen zurückzuführen ist. Durch erblich bedingte Sterilität charakterisiert sind nur jene F_2-Individuen, die Träger der *coccineus*-Allele für Keimblattstellung bzw. Narbenform sind. Ist dieser Schluß

Tabelle 19. Die Ergebnisse der F_2 von zwei Kreuzungen *Ph. vulgaris* × *coccineus* in bezug auf die Entwicklung der Pflanzen

		Kreuzung Nr.			
Gruppe	Beschaffenheit der Pflanzen	45		152	
		Anzahl	Prozent	Anzahl	Prozent
1.	Normale Pflanzen mit 11 oder mehr Samen	92	15,3	26	13,0
2.	Pflanzen mit einem Ertrag von 1 bis 10 Samen	115	19,2	30	15,0
3.	Pflanzen mit Hülsen ohne ausreifende Samen	60	10,0	20	10,0
4.	Pflanzen ohne Hülsenentwicklung	80	13,3	37	18,5
5.	Nicht zur Blüte gelangte Pflanzen	84	14,0	31	15,5
6.	Nicht gekeimte Samen oder sehr früh eingegangene Pflanzen	169	28,2	56	28,0
Summen		600	100,0	200	100,0

richtig, dann soll eine Kreuzung zwischen einer fertilen *multigaris*-Linie mit einer Anzahl von *coccineus*-Allelen und *coccineus* ein viel besseres F_2-Resultat geben als Kreuzungen zwischen reiner *vulgaris* und *coccineus*.

Um den Vergleich zwischen solchen Kreuzungen möglichst exakt zu machen, mußten diese etwa gleiche Frühe zeigen und um die Einflüsse verschiedener Jahrgänge auszuschalten, mußten sie im selben Jahr gebaut werden. Die Ergebnisse von zwei solchen Kreuzungen mit reiner *vulgaris* und einer mit var. *multigaris* als Mutter sind in den Tabellen 19 und 20 zusammengestellt.

Tabelle 20. Die Ergebnisse der F_2 von Kreuzung Nr. 280, *Ph. vulgaris* var. *multigaris*, Linie 59 × *coccineus*, Linie 27 in bezug auf die Entwicklung der Pflanzen

Gruppe	Beschaffenheit der Pflanzen	Anzahl	Prozent
1.	Normale Pflanzen mit 11 oder mehr Samen	181	29,2
2.	Pflanzen mit einem Ertrag von 1—10 Samen	211	34,0
3.	Pflanzen mit Hülsen ohne ausreifende Samen	88	14,2
4.	Pflanzen ohne Hülsenentwicklung	27	6,0
5.	Nicht zur Blüte gelangte Pflanzen	83	13,6
6.	Nicht gekeimte Samen oder sehr früh eingegangene Pflänzchen	20	3,2

Aus der Tabelle 19 ist ersichtlich, daß die beiden Kreuzungen mit reiner *vulgaris*-Mutter (die Nrn. 45 und 152) etwa dieselbe Zusammensetzung aufweisen. Nur ungefähr 14% der Pflanzen zeigten einen einigermaßen normalen Samenansatz und nicht weniger als 28% der gesäten Samen keimten entweder nicht oder entwickelten sich nur zu jungen Keimpflänzchen, die bald eingegangen sind. Ein ganz anderes Bild zeigt die F_2 der Kreuzung Nr. 280, die eine *multigaris*-Linie zur Mutter hat. Der Großteil der Pflanzen hat in dieser eine gute Entwicklung erreicht. Aus Tabelle 20 geht auch hervor, daß 29% der Pflanzen, also doppelt soviel wie in den Kreuzungen Nr. 45 und 152, normalen Samenansatz gegeben haben. Besonders charakteristisch ist, daß in dieser Kreuzung der Prozent nicht gekeimter Samen und früh eingegangener Pflänzchen ebenso klein war, wie er in Kreuzungen zwischen reinen *vulgaris*-Linien zu sein pflegt.

Auf den Prozent des Auftretens, sowie auf die vollkommene oder hochgradige Sterilität von Pflanzen mit den *coccineus*-Allelen für Keimblattstellung und Narbenform hatte die Wahl von reiner *vulgaris* bzw. var. *multigaris* jedoch keinen Einfluß. Der Prozent Pflanzen mit *coccineus*-Narbe betrug in *vulgaris* × *coccineus*-Kreuzungen durchschnittlich 3,6. In der hier besprochenen Kreuzung Nr. 280, var. *multigaris* × *coccineus*, gab es 3,7% Pflanzen mit *coccineus*-Narbenform, die natürlich in beiden Fällen gleich steril waren. Der Prozent für Pflanzen mit *coccineus*-Keimblattstellung wird stets etwas höher gefunden, da ein Teil der mit intermediärer Keimblattstellung etwas unter die Bodenfläche gelangt und so als *cocc.* klassifiziert wird. Die Nachkommen gaben diesbezüglich klaren

Bescheid, so daß auch für die *cocc.*-Keimblattstellung ungefähr derselbe Wert resultierte wie für die *cocc.*-Narbenform.

Die Ergebnisse der Kreuzung Nr. 280 beweisen, daß der große Anteil an physiologisch schwachen, für unsere Verhältnisse zu späten sowie gegen Krankheiten anfälligen Pflanzen in der Kreuzung reine *vulgaris* × *coccineus* auf unglückliche Allelenkombinationen von intraspezifischen Genen zurückzuführen ist. Dieselbe Erscheinung, wenn auch weniger extrem, wird auch in Kreuzungen zwischen wenig verwandten Rassen binnen derselben Art häufig angetroffen. Aber irgendein Zusammenhang zwischen dieser Erscheinung und den die beiden *Phaseolus*-Arten trennenden Merkmalen hat nicht beobachtet werden können. Es konnten, wie schon erwähnt, mit Ausnahme der *coccineus*-Allele für Narbenform und Keimblattstellung, alle Allele von *coccineus* in vollfertile Linien ohne Störung der Fertilität überführt werden. Man verwechsle dies aber nicht damit, daß es möglich wäre jede Kombination von intraspezifischen Genallelen vereint mit guter Vitalität zu erhalten.

Die oben angeführten Ergebnisse mit den aus Kreuzungen ausgelesenen var. *multigaris* zeigen die große Bedeutung, die der Herstellung von *multigaris*-Linien mit verschiedenen Kombinationen möglichst vieler *coccineus*-Genallele zukommt. Nur auf diesem Wege ist es mir möglich geworden, die Kreuzung mit *coccineus* als Mutter erfolgreich durchzuführen. Hierzu wurde meine *mg*-Linie Nr. 50 als Vater benutzt (s. u.). Es kann kaum ein Zweifel darüber bestehen, daß durch Rückkreuzungen und namentlich durch Kreuzungen binnen *multigaris*-Material Linien hergestellt werden könnten, die im Karyogenotyp *coccineus* sehr nahe kommen. Solche Linien würden ein viel leichteres Studium der genisch-plasmatischen Barriere zwischen den in Frage stehenden Arten ermöglichen[1].

Die Kreuzung *Phaseolus coccineus* × *vulgaris*

Während einer Reihe von Jahren verblieben die Versuche *coccineus*-Pflanzen mit *vulgaris*-Pollen zu befruchten ganz ergebnislos. Zwei Samen, die in Kreuzung Nr. 101 erhalten wurden, keimten nicht. Weitere Kreuzungen mit etwa 50 verschiedenen reinen *vulgaris*-Linien sind, mit einer einzigen Ausnahme, nämlich mit Linie 62, vollkommen mißlungen. Die Linie 62 zeichnet sich durch robustes Wachstum und große Samen aus. Es gelang 8 Samen zu erhalten. Aber von diesen keimten 6 nicht oder nur

---

[1] Leider war es mir nicht vergönnt diese Arbeiten fortzusetzen, da mir sowohl vom Statens Naturvetenskapliga Forskningsråd (Staatl. Naturwiss. Forschungsrat), Jordbrukets Forskningsråd (Landwirtsch. Forschungsrat) wie von der W. Weibull AG, der Besitzerin der Saatzuchtanstalt Weibullsholm, 1964 jede weitere Unterstützung meiner Forschungsarbeit entzogen worden ist.

teilweise. Die übrigen zwei Samen entwickelten sich zu juvenilen Pflanzen, die indes bald eingegangen sind. Daß es sich im letztgenannten Fall um Bastarde gehandelt hat, konnte an der Keimblattstellung festgestellt werden. Die kurz darauf gelungenen Bestäubungen von *coccineus* mit *multigaris*-Pollen führten auch häufig zu juvenil absterbenden Bastarden.

Die mit der robusten *vulgaris*-Linie 62 erhaltenen Ergebnisse führten auf den Gedanken, daß die genotypische Konstitution für das Gelingen der Bastardierung entscheidend sein könnte und daß diese umso leichter gelingen sollte, je mehr die Elternlinien der beiden Arten diesbezüglich miteinander übereinstimmen. Es wurden daher als väterlicher Elter Linien von *vulgaris* var. *multigaris* gewählt, die starkes Wachstum zeigten und in möglichst vielen Genen mit dem *coccineus*-Elter übereinstimmten. Eine solche Linie war u. a. Nr. 50 mit auffallend starkem Wachstum und begoniaroten Blüten. Die Bestäubungen wurden im Treibhaus ausgeführt und sämtliche Blüten, die nicht mit *multigaris*-Pollen bestäubt worden sind, wurden entfernt. Es wurde demnach die Entwicklung keiner Hülse gestattet, die nicht das Ergebnis einer Kreuzung war. Die Ergebnisse dieser Bestäubungen, wie auch die mit *vulgaris*-Pollen erhaltenen sind in Tabelle 21 zusammengestellt. Aus dieser

Tabelle 21. Die Ergebnisse der Bestäubungen von *Phaseolus coccineus* mit Pollen von *vulgaris* bzw. *vulgaris* var. *multigaris*

Kreuzung Nr.	*coccineus*-Linie Nr.	*vulgaris*- bzw. *vulg.* var. *multigaris*-Linie	Anzahl		Samen je Bestäubung
			Bestäubungen	Erhaltene Bastardsamen	
Ohne Nr.	25, 26, 27	etwa 50 verschiedene *vulg.*-Linien	etwa 3200	0	0,000
101	33	*vulg.* 195	etwa 150	2	0,013
312	27	*vulg.* 62	etwa 150	4	0,027
325	26	*vulg.* 62	etwa 100	4	0,040
Summen:			etwa 3600	10	0,003
163	25	*multig.* 50	etwa 350	1	0,003
164	26	*multig.* 50	etwa 600	42	0,070
165	27	*multig.* 50	etwa 500	28	0,056
168	25	*multig.* 70	etwa 400	18	0,045
173	25	*multig.* 72	etwa 100	0	0,000
175	27	*multig.* 72	etwa 150	1	0,007
200	27	*multig.* 76	etwa 100	0	0,000
322	27	*multig.* 133	etwa 150	1	0,007
323	26	*multig.* 133	etwa 250	2	0,008
Summen:			etwa 2600	93	0,036

geht hervor, daß etwa 2600 Bestäubungen von *coccineus*-Narben mit *multigaris*-Pollen nur zur Entwicklung von 93 gut ausgebildeten Bastardsamen geführt haben. Dies entspricht je Bestäubung nur 0,036 Samen.

Aber die Beobachtung der *coccineus*-Elternpflanzen in bezug auf die Entwicklung von Hülsen und Samen brachte für das Verständnis des Gelingens dieser Kreuzung bedeutungsvolle Erscheinungen an den Tag. So wurde an den mütterlichen Pflanzen der Kreuzung Nr. 165 (*coccineus*-Linie Nr. 27) beobachtet, daß die etwa 500 Bestäubungen mit Pollen der *multigaris*-Linie Nr. 50 in mehr als der Hälfte der Fälle zu einer Befruchtung geführt hatten. Das heißt, es wurde eine mehr oder weniger deutliche Entwicklung der Hülsen und auch ein Wachstum der Samenanlagen ausgelöst. In mehr als 100 Fällen erreichten die Hülsen fast oder ungefähr volle Größe und die Samen schienen sich gut zu entwickeln. Aber diese Entwicklung kam in den meisten Fällen vorzeitig zum Stehen; die Zufuhr von Assimilaten in die Samen hörte zweifellos aus einer inneren Ursache auf. Auf Grund der Entwicklung der Hülsen und der Samenanlagen im grünen Zustand zu urteilen, wäre mit einer Ernte von mehreren Hunderten von Samen zu rechnen gewesen. Es sei besonders hervorgehoben, daß alle Mutterpflanzen sehr gute Vitalität zeigten und vollkommen gesund waren. An einer Anzahl derselben wurde das weitere vegetative Wachstum durch Entfernen der Sprosse gehindert, um vielleicht auf diese Weise eine bessere Entwicklung der Samen zu erzwingen; jedoch ohne Erfolg.

Auch war die Anzahl Hülsen je Pflanze keineswegs etwa zu groß. Sie schwankte zwischen 10 und 20. Das Endergebnis war wohl eine recht große Anzahl von Samen, aber die meisten von diesen waren sehr mangelhaft entwickelt, mit mehr oder weniger tauben Kotyledonen. Sie wogen nur einen kleinen Teil normal entwickelter Samen. Gut entwickelte Bastardsamen wurden in Kr.-Nr. 165, wie aus Tabelle 21 hervorgeht, nur 28 erhalten. Ähnlich verhielten sich auch die anderen acht dort angeführten Kreuzungen.

Die erwähnte Kr.-Nr. 165, *cocc.*-Linie 27 × *vulg.* var. *mg.* Linie 50, wurde auch in reziproker Richtung ausgeführt. Und hierbei ist ein ganz anderes Resultat erhalten worden. 55 Bestäubungen führten nämlich zu 44 gut ausgebildeten Bastardsamen. Mit *mg.* als Mutter wurden demnach je Bestäubung 0,8 Samen, mit *coccineus* als Mutter dagegen nur 0,056 Samen, also kaum ein Zwölftel, erhalten. Die im ersten Fall beobachtete Erscheinung des Aufhörens der Samenentwicklung auf halbem Wege fehlte im letzteren Fall. Da die genotypische Konstitution der Bastardsamen in beiden Fällen als gleich angenommen werden muß, ist zu schließen, daß der gefundene, reziprok große Unterschied in der Samenentwicklung eine außergenische Ursache haben muß, wofür das Plasma in Frage kommen dürfte.

Zusammenfassend ist in bezug auf das Gelingen der Kreuzungen zwischen *Phaseolus vulgaris* und *coccineus* folgendes zu sagen:

1. Die Kreuzung *vulgaris* × *coccineus* gelingt ungefähr gleich leicht wie die zwischen verschiedenen Rassen binnen jeder der Elternarten.

2. Gleiches gilt für die Kreuzung *vulg.* var. *multigaris* × *coccineus*.

3. Die Kreuzung *coccineus* × *vulgaris* gelingt nur sehr selten und hat bisher zu keinen samentragenden F_1-Pflanzen geführt.

4. Befruchtungen *coccineus* × *vulgaris.* var. *multigaris* gelingen mit gewissen *mg.*-Linien einigermaßen leicht, jedoch wird der größte Teil der Samen aus nicht genischen, sondern höchstwahrscheinlich plasmatischen Gründen nur teilweise ausgebildet.

Die F_1-Ergebnisse der Kreuzungen *Phaseolus coccineus* × *vulgaris* bzw. *vulgaris* var. *multigaris*

Wie die Tabelle 21 zeigt, sind nach etwa 3600 Bestäubungen von *coccineus* mit Pollen von reinem *vulgaris* nur zehn Samen erhalten worden. Und aus diesen hat sich nicht eine einzige F_1-Pflanze mit Samen entwickelt. Die gekeimten Samen gaben im besten Fall juvenile Pflanzen, die bald eingingen. Ein viel besseres Ergebnis wurde mit den Samen nach Befruchtung von *coccineus* mit Pollen der var. *multigaris* erhalten. Tabelle 22 zeigt das Ergebnis. Aus 73 gesäten, gut ausgebildeten Samen

Tabelle 22. Die F_1-Ergebnisse der Kreuzungen von *Ph. coccineus* mit *vulgaris* bzw. *vulgaris* var. *multigaris*

Kreuzung Nr.	*coccineus*-Linie	*vulgaris*- bzw. *vulg.* var. *multigaris*-Linie	Gesäte Samen	Entwickelte Pflanzen	*cocc.*-Typen	Sterile Zwerge	Samen je samentragender Pflanze
101	33	*vulg.* 195	2	0	—	—	0
312	27	*vulg.* 62	4	0	—	—	0
325	26	*vulg.* 62	4	0	—	—	0
Summen:			10	0	—	—	0
164	26	*multig.* 50	42	3	2	1	139
165	27	*multig.* 50	28	4	3	1	78
322	27	*multig.* 133	1	0	—	—	0
323	26	*multig.* 133	2	0	—	—	0
Summen bzw. Mittel:			73	7	5	2	102

haben sich 7 Pflanzen entwickelt, von denen 5 dem *coccineus*-Typ angehörten. Zwei waren sterile Zwerge (einer ein Halbzwerg). Es ist auch sehr auffallend, daß sich kaum zehn Prozent dieser guten Samen zu Pflanzen entwickelt haben. Es handelt sich offenbar um dieselbe Ursache, die auf den Mutterpflanzen die schlechte Ausbildung der F_1-Samen zur Folge gehabt hat. Wie früher mitgeteilt wurde, war auf Grund der sich entwickelnden Hülsen und Samen im grünen Zustand mit einer Ernte von einigen Hunderten F_1-Samen zu rechnen. Aber die Entwicklung der

F_1-Samen hörte vorzeitig auf und bei der Reife war der größte Teil derselben mehr oder weniger taub. Nur etwa 10% der Samen waren gut ausgebildet. Analog wurde also nun in F_1 gefunden, daß nur etwa 10% der F_1-Samen das Vermögen hatten sich zu samentragenden Pflanzen zu entwickeln. Die übrigen keimten entweder nicht oder sie gaben schon juvenil absterbende Keimpflänzchen. Zwei entwickelten sich zu sterilen Zwergen.

Eine der hier in Frage stehenden Kreuzungen, Nr. 165, wurde in beiden Richtungen in F_1 untersucht. Es wurde gefunden:

Mit *vulg.* var. *mg* als Mutter: 15 *coccineus*-Typ : 6 sterile Halbzwerge

Mit *cocc.* als Mutter: 3 *coccineus*-Typ : 1 steriler Halbzwerg

Beide Richtungen der Kreuzung gaben also dieselben F_1-Pflanzentypen und die gleiche Spaltung. In bezug auf das Vermögen der F_1-Samen sich zu Pflanzen zu entwickeln und in bezug auf den Grad der Fertilität der F_1-Pflanzen bestanden indessen große Unterschiede. Der erste große Unterschied wurde schon in bezug auf das Ergebnis der Bestäubungen in beiden Richtungen festgestellt. Es gaben:

Mit *vulg.* var. *mg* als Mutter: 55 Bestäubungen 44 F_1-Samen $= 0,8$ je Bestäubung.

Mit *coccineus* als Mutter: etwa 500 Bestäubungen 28 F_1-Samen $= 0,056$ je Bestäubung.

Wie schon erwähnt, gab es im letzteren Fall eine Entwicklung grüner Hülsen und Samen, die eine Ernte von mehreren hundert Samen erwarten ließ. In etwa 90% hörte jedoch die Entwicklung der Samen vorzeitig auf und es wurden kaum 10% gute Samen erhalten.

Ein ähnlicher Unterschied wurde in bezug auf die Entwicklung von F_1-Pflanzen beobachtet. Es wurden erhalten:

Mit *vulg.* var. *mg* als Mutter: aus 35 Samen: 16 *coccineus*-Typ mit 3,8 Samen je Pflanze.

Mit *coccineus* als Mutter: aus 28 Samen: 3 *cocc.*-Typ mit 78 Samen je Pflanze.

Es zeigt sich also, daß im ersteren Fall je F_1-Samen 0,46 samentragende F_1-Pflanzen, im zweiten Fall, mit *coccineus* als Mutter, dagegen nur 0,11 F_1-Pflanzen erhalten worden sind.

Mit Hinblick auf den Samenansatz und die Entwicklung von F_1-Pflanzen aus Samen kann gesagt werden, daß wir es hier mit r e z i p r o k s t a r k v e r s c h i e d e n e n B a s t a r d e n zu tun haben. Diese Erscheinung ist, wie die grundlegenden Arbeiten von MICHAELIS (1939 u. ff.) auf diesem Gebiet gezeigt haben, auf eine Wechselwirkung zwischen Genom und Plasmon zurückzuführen. Ich will anstatt dessen sagen, daß es sich um eine Wechselwirkung zwischen Genotypus und Plasma handelt. Das Plasma ist in einer Linie als konstant anzunehmen, aber wenn wir den

Genotypus der väterlichen Linie wechseln, bekommen wir stark verschiedene Ergebnisse.

Im vorliegenden Fall hat die Zygote mit derselben genotypischen Konstitution im *coccineus*-Plasma eine ganz andere Reaktion gezeigt als im Plasma von *vulgaris* var. *multigaris*. Nach allen Ergebnissen in einer sehr großen Anzahl von Kreuzungen (man vgl. die Übersicht) hat sich das Plasma von var. *multigaris* als mit dem von *vulgaris* identisch gezeigt.

Einen weiteren sehr beträchtlichen Unterschied zwischen den Ergebnissen der in beiden Richtungen ausgeführten Kreuzung Nr. 165 findet man im Fertilitätsgrad der F_1-Pflanzen. Dieser wird hier nur durch die erhaltene Samenernte ausgedrückt. Es wurden erhalten:

Mit *vulg.* var. *mg* als Mutter: je F_1-Pflanze vom *coccineus*-Typ 3,8 Samen.

Mit *cocc.* als Mutter: je F_1-Pflanze vom *coccineus*-Typ 78 Samen.

Mit *coccineus* als Mutter wurde also eine 20mal so große Samenernte erhalten als mit *vulgaris* als Mutter. Erwähnt sei, daß die F_1-Pflanzen natürlich unter ganz gleichen Verhältnissen mit einem Abstand von 80×50 cm gewachsen sind. Auch diese Erscheinung ist als das Verhalten reziprok verschiedener Bastarde anzusprechen.

In der morphologischen Ausprägung der reziproken Bastarde bestanden deutliche, aber keine als groß zu bezeichnenden Unterschiede. Die fertilen F_1-Pflanzen mit *coccineus* als Mutter waren erheblich kleiner als die mit *vulgaris* als Mutter, die *coccineus*-Riesen. Erstere hatten kaum die Größe von mittelgroßen *vulgaris*-Pflanzen. Die Blüten waren kleiner als bei *coccineus*, ihre Farbe aber in beiden Kreuzungsrichtungen etwa dieselbe. Die Hülsen waren mehr *vulgaris*-ähnlich, mit elliptischem Querschnitt und nur ganz schwach schräg geriefelt. Auch die Samen hatten *vulgaris*-Typ und -Farbe.

In bezug auf die Artbarriere zwischen *Ph. vulgaris* und *coccineus* gestatten die Beobachtungen an F_1 folgende Feststellungen. Der Bastard konnte mit jeder der beiden Arten als Mutter hergestellt werden. Die anfänglichen Schwierigkeiten, die auf eine vollständige Sterilitätsbarriere bei der Kreuzung mit *coccineus* als Mutter hinwiesen, konnten überwunden werden durch Benutzung als Vater eines robusten Typs von *vulgaris* var. *multigaris*, d. h. einer aus der Kreuzung mit *vulg.* als Mutter ausgelesenen Linie, die durch eine Anzahl von Merkmalen charakterisiert ist, die früher nur von *coccineus* bekannt gewesen sind (vgl. *multigaris*-Linie Nr. 50, L. 1940). Alle diese Merkmale sind durch intraspezifische Gene bedingt, also durch Gene, die für beide Arten gemeinsam sind und von denen nur das eine Allel bisher für *coccineus*, das andere für *vulgaris* bekannt gewesen ist.

Der Bastard, F_1, zeigte mit beiden Elternlinien als Mutter, wie schon besprochen, ziemlich ähnlichen Habitus. Die Unterschiede wurden oben erwähnt. Beide Richtungen spalteten in F_1 auch nach *coccineus*-Typ : sterile Zwerge. Die Merkmale der F_1-Pflanzen lassen, soweit dies visuell feststellbar ist, erkennen, daß sie Träger sämtlicher Gene der beiden Eltern sind. Die F_1-Pflanzen beider Kreuzungsrichtungen gaben genügend mit F_2-Samen, um eine größere F_2 studieren zu können. Es konnte festgestellt werden, daß zwischen den beiden Elternarten ein plasmatischer Unterschied besteht, der für die Entwicklung der F_1-Samen sowie auch der F_1-Pflanzen aus diesen in der einen Kreuzungsrichtung (mit *coccineus* als Mutter) ein beträchtliches Hindernis darstellt.

Zusammenfassend kann gesagt werden, daß es keine weder genische noch plasmatische Hindernisse für die Herstellung der F_1 in beiden Richtungen gegeben hat. Durch geeignete Wahl von Linien zu den Kreuzungen konnten die Schwierigkeiten überwunden werden. Die zuerst in der Kreuzung *coccineus × vulgaris* gefundenen Verhältnisse würden wohl von den meisten Forschern dahin gedeutet worden sein, daß diese Kreuzung nur in der einen Richtung, nämlich mit *vulgaris* als Mutter gelingt. Analoge Verhältnisse wurden in einer Anzahl von Fällen bei u. a. *Drosophila* gefunden.

Besondere Beachtung verdient hier die sehr mangelhafte Entwicklung der F_1-Samen auf *coccineus*-Mutterpflanzen und die gleich schlechte Entwicklung solcher Samen zu F_1-Pflanzen, wenn sie mit der guten Fertilität der letzteren verglichen wird. Wie soll diese Erscheinung erklärt werden können? Wird die Anzahl ausgeführter Bestäubungen mit der Anzahl erhaltener, gut entwickelter Samen und der aus solchen erhaltenen Anzahl samentragender Pflanzen zusammengestellt, dann ergeben sich für die beiden Kreuzungsrichtungen folgende Beziehungen:

vulg. × cocc.   je 1000 Bestäubungen   675 samentragende Pflanzen
*cocc. × vulg.*var.*mg* je 1000 Bestäubungen   1,9 samentragende Pflanzen

Daß man es hier mit dem Verhalten von reziprok verschiedenen Bastarden zu tun hat, braucht nicht mehr erwähnt zu werden. Mit Hinblick auf die gleiche genotypische Konstitution der Zygoten in beiden Kreuzungsrichtungen kann man schließen, daß es ein Gen geben muß, das im hetero- oder homozygoten Zustand im *coccineus*-Plasma das so erheblich schlechtere Entwicklungsresultat als im *vulgaris*-Plasma bedingt. Man kann von einer vollständigen Inhibierung der Entwicklung sprechen. Hier liegt die Vermutung nahe zur Hand, daß es sich um gewisse Allele des Selbststerilitätsgens handeln könnte. Und mit Hinblick darauf, daß samentragende Pflanzen in der Kreuzung mit *coccineus* als Mutter nur in einem verschwindend kleinen Teil (wenige Promille) von dem zur Entwicklung gelangten, was in der Kreuzung mit *vulgaris* als Mutter der Fall gewesen ist, erscheint es recht naheliegend, daß diese wenigen günstigen Fälle durch eine Mutation in dem erwähnten Gen verursacht worden sind.

Kreuzungen von aus *cocc.* × *vulg.* var. *mg* ausgelesenen Linien mit anderen *mg*-Linien und reziprok könnten hier Klarheit geben.

Diese Erscheinung stimmt sehr gut mit der von gewissen Forschern als für eine Artbarriere so bedeutungsvoll hervorgehobene Balanz zwischen verschiedenen Genen, die einen vollkommenen Isolationsmechanismus bedingen soll, überein. Aber sie bildet doch nur ein scheinbares Hindernis für die Vermischung zweier Arten. Die in Frage stehende genotypische Konstitution ist nur als ein sekundäres Artmerkmal zu betrachten. Mit der wahren Natur der vollkommen unüberbrückbaren Barriere, wie sie durch die Wirkung von interspezifischen Genen in ihrer Abhängigkeit von einem artspezifischen Plasma bedingt wird, hat sie nichts zu tun. Für den vorliegenden Fall wird dies durch die Zusammensetzung der F_2-Generationen weiter unten bewiesen.

Die Ergebnisse der F_2 und höheren Generationen von Kreuzungen *Phaseolus coccineus* × *vulgaris* var. *multigaris*

Die F_1-Pflanzen dieser Kreuzungen zeigen von den in reziproker Richtung ausgeführten deutliche, aber doch nur verhältnismäßig geringe Unterschiede in bezug auf ihre Morphologie. Im Grad der Sterilität waren die Unterschiede indessen erheblich (s. o.). Es wurden je samentragende F_1-Pflanze durchschnittlich nicht weniger als 102 Samen, oder für die beiden hier in Frage stehenden Kreuzungen Nr. 164 und 165 zusammen 512 Samen erhalten. Von Kreuzung Nr. 164 wurden 180, von Kr.-Nr. 165 160 Samen zur F_2 gesät.

Die Ergebnisse in bezug auf die Entwicklung der F_2-Pflanzen sind der Tabelle 23 zu entnehmen. Wie ersichtlich, stimmen diese sehr nahe mit den früher für die Kr.-Nr. 280, *mg* × *cocc.*, mitgeteilten überein. In beiden diesen Kreuzungen hatte der Großteil der Pflanzen am Felde eine sehr gute Entwicklung erreicht. Zum besseren Vergleich der Ergebnisse der im gleichen Jahr nebeneinander gebauten Kreuzungen Nr. 45 und 152 (reine *vulg.* × *cocc.*), von Nr. 280 (*mg* × *cocc.*) sowie der beiden Kreuzungen Nr. 164 und 165 (*cocc.* × *mg*) sind die Pflanzen in der Tabelle 23 auf folgende drei Gruppen verteilt: 1. Pflanzen mit Samen, 2. Pflanzen ohne Samen und 3. nicht gekeimte bzw. juvenil abgestorbene Individuen.

Die Tabelle 23 zeigt unmittelbar, daß die Kreuzungen zwischen *mg* und *cocc.* in beiden Richtungen ein für diese Artkreuzung sehr gutes Resultat gegeben haben: 63 bis 64% samentragende Pflanzen sowie 25% bzw. 33% Pflanzen ohne Samen. Bei Benutzung von reiner *vulgaris* ist bisher nur die Kreuzung mit *vulgaris* als Mutter bis in F_2 gelangt und hierbei wurden im vorliegenden Fall, die Kr.-Nr. 45 und 152, etwa 33% Pflanzen mit und 29% ohne Samen erhalten, also nur ungefähr halb soviel wie bei Verwendung von *multigaris*; die Kreuzungen Nr. 280, 164 und 165.

Die in den Kreuzungen Nr. 164 und 165 (*cocc.* × *mg*) erhaltenen Resultate bestätigen also des weiteren, daß die großen Mängel, die F_2-Generationen bei Verwendung von reiner *vulgaris* aufweisen, durch

Tabelle 23. Vergleich der Pflanzenentwicklung in F_2 der Kreuzungen *Ph. vulgaris* × *coccineus*, *Ph. vulgaris* var. *multigaris* × *coccineus* und *Ph. coccineus* × *vulgaris* var. *multigaris*

Kreuzung	Pflanzen mit Samen	Pflanzen ohne Samen	Nicht gekeimte und juvenil abgestorbene Pflanzen	Summe
Ph. vulgaris × *coccineus*				
Nr. 45	207	224	169	600
Nr. 152	56	88	56	200
Summen:	263	312	225	800
In Prozent:	32,9	39,0	28,1	100,0
Ph. vulgaris var. *multigaris* × *coccineus*, Kr.				
Nr. 280	392	208	20	620
In Prozent:	63,2	33,6	3,2	100,0
Ph. coccineus × *vulgaris* var. *multigaris*				
Nr. 164	115	39	26	180
Nr. 165	104	47	9	160
Summen:	219	86	35	340
In Prozent:	64,4	25,3	10,3	100,0

Allelenkombinationen von intraspezifischen Genen bedingt werden, die mit der durch die Allele von interspezifischen Genen bedingten, ganz unüberbrückbaren Artbarriere gar nichts zu tun haben. Es fragt sich nun, wie sich die Kreuzungen mit *coccineus* als Mutter in letztgenannter Hinsicht verhalten.

Von den Kreuzungen Nr. 164 und 165 wurden je zwei F_2-Generationen gebaut. In F_3 bis F_5 wurde dann noch die Spaltung in Narbenform und in F_3 bis F_4 die in Keimblattstellung verfolgt. Weitere durch intraspezifische Gene bedingte Merkmale wurden in Kr. 164 bis in F_{12} und in Kr. 165 bis in F_9 untersucht. In Narbenform resultierten folgende Spaltungen (in Kr. 164 gab es in F_3 bis F_5 45 spaltende Familien, in Kr. 165 entsprechend 27 spaltende Familien):

Kreuzung Nr. 164 F_2	: 0 *vulgaris* : 148 *intermediär* : 39 *coccineus*
Kreuzung Nr. 164 $F_{3—5}$	: 0 *vulgaris* : 331 *intermediär* : 155 *coccineus*
Summen	: 0 *vulgaris* : 479 *intermediär* : 194 *coccineus*
Kreuzung Nr. 165 F_2	: 0 *vulgaris* : 120 *intermediär* : 46 *coccineus*
Kreuzung Nr. 165 $F_{3—5}$	: 0 *vulgaris* : 198 *intermediär* : 92 *coccineus*
Summen	: 0 *vulgaris* : 318 *intermediär* : 138 *coccineus*
Kreuzungen 164 + 165	: 0 *vulgaris* : 797 *intermediär* : 332 *coccineus*

Wie ersichtlich, entspricht diese Spaltung nicht genau 0 : 2 : 1, sondern die intermediären zeigen stets einen mehr weniger deutlichen Überschuß. Mit ziemlicher Sicherheit kann dies einem Heterosiseffekt zugeschrieben werden, da der Überschuß in den F_2 am größten, in F_3 bis F_5 aber nicht mehr signifikativ ist. Für die 2 : 1 Spaltung sämtlicher Generationen beider Kreuzungen ergibt sich noch immer ein deutliches Defizit an reinen *coccineus*, für welches D/m = 3,34.

Wie früher besprochen, gab es in den Kreuzungen *vulgaris* × *coccineus* etwa 3,5% Individuen mit *coccineus*-Narbe, aber alle diese waren entweder ganz oder doch hochgradig steril. Die fertilen Nachkommen spalteten in der *vulg.* × *cocc.* Kreuzung demnach in ganz entsprechender Weise, wie oben für *mg* × *cocc.* gefunden worden ist, d. h. nach 1 *vulgaris* : 2 *intermediär* : 0 *coccineus*.

In den Kreuzungen mit *coccineus* als Mutter, die Nr. 164 und 165, werden dagegen niemals entwicklungsfähige Zygoten mit dem entsprechenden väterlichen Genallel in homozygoter Form ausgebildet. Auch in dieser Hinsicht liegen also reziprok sich sehr verschieden verhaltende Bastarde vor. Man vergleiche i. ü. die Verhältnisse in den F_1 (s. o.).

Die Keimblattstellung, als gleichfalls durch die Allele eines interspezifischen Gens bedingt, spaltete in entsprechender Weise. Es wurde gefunden:

Kreuzung Nr. 164 F_2	: 0 *vulgaris* : 233 *intermediär* + *coccineus*
Kreuzung Nr. 164 F_{3-4}	: 0 *vulgaris* : 370 *intermediär* + *coccineus*
Summen	: 0 *vulgaris* : 603 *intermediär* + *coccineus*
Kreuzung Nr. 165 F_2	: 0 *vulgaris* : 222 *intermediär* + *coccineus*
Kreuzung Nr. 165 F_{3-4}	: 0 *vulgaris* : 331 *intermediär* + *coccineus*
Summen	: 0 *vulgaris* : 553 *intermediär* + *coccineus*
Kreuzungen 164 + 165	: 0 *vulgaris* : 1156 *intermediär* + *coccineus*

Wie ersichtlich, wurde von einer gesonderten Aufführung der intermediären und *coccineus*-Keimblattstellung Abstand genommen. Dies, da, wie schon früher erwähnt, stets ein Teil der intermediären, nämlich die nur ganz wenig unter der Bodenfläche sitzenden, fehlerhaft als *coccineus* klassifiziert werden. In der F_3 von Kr. 165 wurde jedoch durch Entfernung der obersten Bodenschicht eine diesbezügliche Untersuchung ausgeführt, die dann eine gut mit dem Verhältnis von 2 : 1 übereinstimmende Spaltung gab. Aber auch hier war für die intermediären noch ein kleines, aber nicht signifikatives Plus vorhanden.

Gleichwie in bezug auf die Narbenform sind also auch hinsichtlich Keimblattstellung mit *coccineus* als Mutter niemals entwicklungsfähige Zygoten mit dem väterlichen Merkmal angetroffen worden.

Über die Abhängigkeit der Ausbildung der typischen *coccineus*-Infloreszenz von der *coccineus*-Keimblattstellung wurde schon früher berichtet. Die F_2-Generationen der beiden Kreuzungen ermöglichen in dieser Hinsicht eine genanalytische Klarlegung, da wir hier mit Spaltung in einer Anzahl von Genen für den Infloreszenzbau bei durchweg Anwesenheit des Allels für die *coccineus*-Keimblattstellung zu rechnen haben. Die Tabelle 24 zeigt die erhaltenen Resultate.

Tabelle 24. Die Spaltung der Infloreszenztypen in F_2 der Kreuzungen *Ph. coccineus* × *vulgaris* var. *multigaris* (Kr. Nr. 164 und 165)

Rein *vulgaris*	Rein *coccineus*	Intermediäre Typen, verteilt mit Hinsicht auf Internodienanzahl (3—17) sowie abnehmender Internodienlänge (*iv* = wie *vulgaris*, *i* = intermediär, *im* = mehr weniger wie *coccineus*, abnehmend)																
18	17	5			6			7			8			9			10		
		iv	*i*	*im*	*iv*	*i*	*im*	*iv*	*i*	*im*	*iv*	*i*	*im*	*iv*	*i*	*im*	*iv*	*i*	*im*
		5	12	11	10	16	6	6	11	5	7	14	16	8	22	19	2	6	2
		11			12			13			14			15			16		17
		6	11	8	3	4	3	2	5	–	1	2	–	1	–	3	– – –		– 1 –

Summen: 18 *vulgaris*,
17 *coccineus*,
220 intermediäre mit Verteilung: 52 *iv* : 104 *i* : 64 *im*.

Die Zahlen in Tabelle 24 zeigen eine Spaltung nach 18 *vulgaris* : 220 *intermediär* : 17 *coccineus*. Die intermediären Typen wurden von zwei Gesichtspunkten weiter aufgeteilt. Erstens hinsichtlich der Internodienanzahl (5 bis 17), zweitens in bezug auf die abnehmende Internodienlänge. Diese wurde als *iv* bezeichnet, wenn die Länge des ersten Internodiums etwa bis $1\frac{3}{4}$ größer war als die des zweiten, als *i*, wenn sie etwa 2 bis $2\frac{1}{2}$ mal so lang und als *im*, wenn sie $2\frac{1}{2}$ mal und noch länger war als das zweite Internodium. Die letzte Gruppe näherte sich also am meisten dem *coccineus*-Typ. Wie aus der Tabelle hervorgeht, spalteten die intermediären sehr nahe nach 1 *iv* : 2 *i* : 1 *im*. Damit soll aber nicht gesagt sein, daß es sich hier nur um eine Spaltung in einem Gen handelt. Die Anzahl konstant erhältlicher Infloreszenztypen spricht dafür, daß es sich um das Zusammenwirken mehrerer (wenigstens 3) Gene handelt.

Für die Feststellung der Beziehung zwischen dem Gen für hypogäische Keimblattstellung und Infloreszenztyp ist von Bedeutung, daß in diesen Kreuzungen mit etwas mehr als 100 Pflanzen mit dieser Keimblattstellung 18 reine *vulgaris* und 17 reine *coccineus*-Infloreszenzen angetroffen worden sind. Das Gen für hypogäische Keimblattstellung, *i-epi* (früher als *Hyp* bezeichnet), verursacht also nicht überdies (pleiotrop) die *coccineus*-Infloreszenz sondern seine Anwesenheit ist nur Bedingung dafür, daß diese durch die übrige hierfür erforderliche genotypische Konstitution zur Ausbildung gelangen kann. Es verhält sich also so, daß die Gene für die Ausbildung der Infloreszenztypen wohl beliebig in vollfertilen Linien kombiniert werden können, demnach wie intraspezifische

Gene überhaupt, daß aber der reine *coccineus*-Typ nur bei Anwesenheit des Gens *i-epi* für hypogäische Keimblattstellung realisiert werden kann. Es sei noch erwähnt, daß sowohl die *vulgaris*- wie die *coccineus*-Infloreszenz mit hypogäischer wie mit intermediärer Keimblattstellung vorkommt.

Die Spaltungen in Genen für die übrigen Merkmale erbieten mit Hinblick auf die Artbarriere nichts besonderes von Interesse. Sie können anscheinend gleichwie in der Kreuzung mit *vulgaris* als Mutter beliebig miteinander und mit Fertilität kombiniert werden. Die starke Schrägriefelung der Hülsen von *coccineus* ist rezessiv. Die Spaltung nach unbegrenztem : begrenztem Stammwachstum war monogen; Genpaar *Fin-fin*. Darüber hinaus spaltete aber die Internodienlänge in wahrscheinlich zwei Genen. In der Kreuzung Nr. 164 sind zwei Pflanzen vom Slendertyp aufgetreten, in der Kr. 165 ein solcher. Sehr wahrscheinlich repräsentieren diese Slendertypen Mutationen in Genen für die Internodienlänge.

Zusammenfassung der experimentellen Ergebnisse von *Phaseolus*-Kreuzungen

1. Die beiden *Phaseolus*-Arten *vulgaris* L. und *coccineus* L. haben übereinstimmendes Karyogenom, d. h. also teils gleiche Chromosomenstruktur, teils dieselben Gene, als Loci betrachtet, aber nicht dieselben Genallele. Sie haben immer verschiedenen Karyogenotyp.

2. Die in Süd- und Zentralamerika wild wachsenden Varietäten dieser beiden Arten sind mit den Kulturvarietäten conspezifisch. Unterschiede sind, gleichwie binnen Kulturvarietäten, nur hinsichtlich der Reaktion auf verschiedene Tageslänge an den Tag gekommen.

3. Beide *Phaseolus*-Arten sind, abgesehen von einer Allelenserie des Selbststerilitätsgens S von *coccineus*, normal homozygot, d. h. ohne daß eine spontane Kreuzung stattgefunden hat. *Ph. coccineus* ist auf Fremdbestäubung eingestellt. Eine genisch oder chromosomal gestörte Fertilität wurde in diesen Arten nicht angetroffen.

4. Die Befruchtung von *vulgaris* mit *coccineus*-Pollen gelingt ungefähr gleich leicht wie zwischen verschiedenen Varietäten von *vulgaris*. Je Bestäubung *vulg.* × *cocc.* resultierten $1{,}36 \pm 0{,}11$ und für *vulg.* × *vulg.* $1{,}65 \pm 0{,}15$ Samen. Gleiches gilt bei Verwendung der var. *multigaris* von *vulgaris*, die sich von *vulgaris* dadurch unterscheidet, daß sie von *coccineus* mittels Kreuzung nach *vulgaris* überführte Allele enthält, die in *vulg.* früher nicht vorhanden gewesen sind. Bei Verwendung von *multigaris* als Mutter resultierten je Bestäubung im Mittel $1{,}21 \pm 0{,}18$ Samen.

5. Die Befruchtung von *coccineus* mit *vulgaris*-Pollen gelingt äußerst schwierig. Und wenn zuweilen einzelne Samen erhalten worden sind, so haben diese bisher nie zu samentragenden F_1-Pflanzen geführt. Man könnte in dieser Kreuzungsrichtung eine vollkommene Sterilitätsbarriere vermuten.

6. Anders liegen die Verhältnisse wenn statt *vulgaris* gewisse Linien von *multigaris* als Pollenspender benutzt werden. Bei Anwesenheit möglichst vieler Allele von *coccineus*, u. a. für Grobwüchsigkeit, gelingt diese Kreuzung einigermaßen gut. Aber die Entwicklung der F_1-Samen hört in etwa 90% der Fälle vorzeitig auf, so daß nur wenig gute Samen, 0,036 je Bestäubung, erhalten werden.

7. Die F_1-Samen von sowohl *vulgaris* wie *multigaris* $\times$ *coccineus* entwickeln sich normal zu F_1-Pflanzen. Mit *vulgaris* als Mutter waren es $68,7 \pm 3,6\%$ und mit *multigaris* als Mutter $63,5 \pm 3,8\%$. Zwischen *vulg.* und *mg* bestand diesbezüglich also kein signifikativer Unterschied.

8. Von den F_1-Samen der Kreuzung *cocc.* $\times$ *mg* entwickelten sich nur 9,6% zu Pflanzen und nur 6,8% zu samentragenden solchen.

9. In der F_1 von *vulg.* $\times$ *cocc.* wurden bisher wenigstens fünf erblich distinkt verschiedene Typen festgestellt, von denen vier in F_2 und höheren Generationen nicht mehr ausspalten. Eine F_1 kann einheitlich aus je einem solchen Typ bestehen, oder $1:1$, $3:1$ und wahrscheinlich auch $1:3$ Spaltung zeigen. Ihr Auftreten in nur F_1 ist auf eine Allelenserie eines in *cocc.* heterozygoten Gens zurückzuführen, das als mit dem Selbststerilitätsgen von *coccineus* identisch betrachtet werden kann.

10. Weder die verwendeten *vulg.*- noch die *mg*-Linien gaben bei Kreuzung untereinander eine Ausspaltung der in F_1 gefundenen Typen und ganz dasselbe gilt für die verwendeten *coccineus*-Linien bei Kreuzung miteinander.

11. In der F_1 von *cocc.* $\times$ *vulg.* var. *mg* wurde gleichfalls Ausspaltung von zwei Typen festgestellt, die mit den in der reziproken Kreuzung gefundenen übereinstimmen. Auch die Spaltungsverhältnisse waren, soweit die Größe des Materials es zu beurteilen gestattete, dieselben.

12. In F_1 von *vulg.* $\times$ *cocc.* wurden je samentragende Pflanze durchschnittlich $17,6 \pm 2,3$ Samen erhalten, in F_1 von *mg* $\times$ *cocc.* $10,1 \pm 2,4$ Samen. Diese Werte können, wie sich auch später gezeigt hat, nicht als signifikativ verschieden betrachtet werden.

13. Die Kreuzung *cocc.* $\times$ *mg* gab in F_1 einen unerwartet guten Samenertrag, nicht weniger als 102 Samen je samentragender Pflanze. Dafür ist aber ein Großteil der F_1-Pflanzen überhaupt nicht bis zu einer Ausbildung von Samen gekommen.

14. Eine Kreuzung, Nr. 165, *cocc.* $\times$ *mg* wurde in beiden Richtungen studiert. Die F_1-Bastarde der beiden Richtungen zeigten geringere morphologische Unterschiede und spalteten auch in gleicher Weise nach

3 *cocc.*-Typ : 1 steriler Zwerg. Aber hinsichtlich ihrer Physiologie, der Entwicklung der Samen zu F_1-Pflanzen und der Ausbildung von F_2-Samen zeigten sie ein reziprok außerordentlich verschiedenes Verhalten. Es resultierten:

	Samen je Bestäubung	Samentragende Pflanzen je F_1-Samen	F_2-Samen je F_1-Pflanze
Mit *mg* als Mutter:	0,8	0,46	3,8
Mit *cocc.* als Mutter:	0,056	0,11	78,0

Je 1000 Bestäubungen wurden in F_1 erhalten:

Mit *vulg.* als Mutter:	675	samentragende Pflanzen
Mit *cocc.* als Mutter:	1,9	samentragende Pflanzen

Die Pollenfertilität war mit *vulgaris* als Mutter schlechter als mit *coccineus*.

15. In den F_2 und höheren Generationen mit *vulgaris* als Mutter konnten sämtliche Merkmale mit Ausnahme von zwei in vollfertilen Nachkommen erhalten werden. Die zwei Ausnahmen waren die väterlichen, also *coccineus*-Merkmale, hypogäische Keimblattstellung und auf der Außenseite der Griffelspirale herablaufende Narbe. In den Genen für diese Merkmale heterozygote Pflanzen sind hochgradig steril. Sie wurden in den F_2 und folgenden Generationen in etwa normaler Anzahl erhalten, waren aber auch hier hochgradig steril. Die beiden in Rede stehenden Merkmale konnten niemals homozygot und fertil erhalten werden. Sie werden durch die Allele der interspezifischen Gene *i-Epi* und *i-Int* bedingt.

16. Die F_2 mit reiner *vulgaris* als Mutter waren hinsichtlich Entwicklung und Fertilitätsgrad sehr heterogen. Durch Auslese konnten aber in höheren Generationen Pflanzen mit jedem beliebigen Merkmal bzw. visuell feststellbaren Merkmalskombinationen in guter Entwicklung und vollfertil erhalten werden, wobei natürlich von den zwei unter 15. erwähnten Merkmalen abgesehen wird.

17. Die F_2 der Kreuzung *vulg.* × *cocc.* spaltet in ungefähr 80 Genen und ist hinsichtlich physiologischer Eigenschaften, Resistenz gegen Krankheiten usw. sehr heterogen. Bei Benutzung von *mg*-Linien mit einer größeren Anzahl von aus *cocc.* überführten Genallelen ist diese Spaltung, wie erwartet, erheblich normalisiert. Pflanzen mit Samenertrag traten im ersten Fall zu etwa 28%, im letzteren zu wenigstens 63% auf. Der Prozent ganz oder hochgradig steriler Pflanzen mit den beiden arttrennenden *coccineus*-Merkmalen blieb hierbei indessen unverändert.

18. Die F_2 der Kreuzungen *cocc.* × *mg* enthielten kein einziges Individuum mit einem der beiden *vulgaris*-Merkmale epigäische Keimblatt-

stellung bzw. auf der Innenseite der Griffelspirale herablaufende Narbe. In den Genen für diese Merkmale heterozygote Individuen waren partiell steril. Die Spaltung in diesen Genen war:

1 coccineus : 2 Bastard-Typ : 0 vulgaris

Die F_2 dieser Kreuzungen zeigten eine Homogenität und einen Entwicklungsgrad der Pflanzen, der denen der Kreuzungen $mg \times cocc.$ entspricht.

19. In beiden Kreuzungsrichtungen konnte festgestellt werden, daß auch niemals die Kombination des einen arteigenen Allels, d. h. z. B. die mit *vulg.* als Mutter epigäische Keimblattstellung mit dem artfremden Allel von *coccineus*, d. h. auf der Außenseite der Griffelspirale herablaufenden Narbe, kombiniert in fertilen Individuen erhalten werden konnte. Und ganz Entsprechendes gilt für die umgekehrte Kreuzungsrichtung. Die arteigenen Allele der beiden interspezifischen Gene können also nur gemeinsam sowie natürlich nur im artspezifischen Plasma in fertilen Individuen erhalten werden. Sie bilden zusammen ein untrennbares vegetativ-florales Genenpaar, das für die Manifestation der beiden artspezifischen Merkmale verantwortlich ist. Wie wir bei den Mutanten in interspezifischen Genen sehen werden, ist dies stets der Fall. Welches dieser beiden Allele auch zum artfremden mutiert, stets ist vollkommene Sterilität die Folge. Diese bedingen damit eine unüberbrückbare Barriere zwischen wirklichen Arten, d. h. nicht nur als solche aufgefaßte Rassen.

20. In beiden Kreuzungsrichtungen, *vulg.* $\times cocc.$ und $cocc. \times mg$, konnten Pflanzen mit, soweit visuell feststellbar, gleicher Genkombination erhebliche Unterschiede in bezug auf Vitalität zeigen, d. h. je nachdem ob die betreffende Genkombination in *vulgaris*- oder *coccineus*-Plasma eingelagert war. Dies u. a. beweist die große Bedeutung der Beziehungen zwischen Genotyp und Plasma, und damit auch für die Erscheinung, daß in der Natur von den einzelnen Arten nur gewisse Rassen oder Rassengruppen (Formenkreise) sich im Kampf ums Dasein behaupten können. Mit der genisch-plasmatisch bedingten Artbarriere hat dies aber gar nichts zu tun.

21. Es wurden zwei Fälle mit bedingt bzw. rein pleiotroper Wirkung nachgewiesen. 1. Bei Pflanzen mit epigäischer Keimblattstellung kann die typische *coccineus*-Infloreszenz, erstes Internodium fünf und mehrfach länger als das zweite, nicht realisiert werden. Bei hypogäischer Keimblattstellung können sowohl diese, wie intermediäre und *vulgaris*-Typen der Infloreszenz zur Ausbildung kommen. 2. Bei begrenztem F_1-Stammwachstum, Gen *fin*, läuft die Narbe auf der Innenseite der Griffelspirale weiter herab als bei *Fin*-Pflanzen, wo sie rein mützenförmig ist; *pileus*-Narbe (s. Abb. 25). Bei *coccineus*-Individuen mit begrenztem Stammwachstum läuft die Narbe auf der Außenseite des Pistills weniger weit herab als bei *Fin*-Pflanzen (s. Abb. 25 c).

22. Die Erscheinung, daß in der Kreuzung mit *vulg.* als Mutter stets einige wenige Prozent mehr oder weniger hochgradig sterile Pflanzen mit den arttrennenden *cocc.*-Merkmalen anzutreffen waren, in der reziproken Kreuzungsrichtung aber niemals entsprechende mit den *vulg.*-Merkmalen, wird dadurch erklärt, daß mit dem großen Pollenkorn von *coccineus*, das ein etwa 60% größeres Volumen als das von *vulgaris* besitzt, häufig, wenn nicht immer, mehr oder weniger Plasma in die Zygote gelangt. Ein experimenteller Beweis für die Richtigkeit dieser Erklärung wird im nächsten Abschnitt mitgeteilt.

23. Erwähnt muß hier noch werden, daß in der Kreuzung *vulg.* oder *mg* × *cocc.* vereinzelt auftretenden Pflanzen mit den väterlichen arttrennenden Merkmalen, die Gene *i-epi* und *i-int*, die stets hochgradig steril gewesen sind, eine ausgesprochene Tendenz zum Rückmutieren zu den arteigenen Allelen *i-Epi* und *i-Int* zeigen. Die Nachkommen, die aus den wenigen Samen solcher Pflanzen erhalten worden sind, waren entweder wieder hochgradig oder auch ganz steril, oder sie waren normal fertil und zeigten dann die mütterlichen arttrennenden Merkmale, also epigäische Keimblattstellung und auf der Innenseite der Griffelspirale herablaufende Narbe. Solche Rückmutationen zum arteigenen Genallel traten stets in wenigstens 5 bis 6%, zuweilen aber noch viel häufiger, bis zu etwa 50% und mehr auf. Dies ist auch bei Mutanten in interspezifischen Genen eine ganz allgemeine Erscheinung (s. u.).

Besprechung und Schlußsätze auf Grund der Ergebnisse der *Phaseolus*-Kreuzungen

Die Artkreuzung *Ph. vulgaris* × *coccineus* gelingt in beiden Richtungen, doch ist das Gelingen der Befruchtung mit *coccineus* als Mutter in sehr hohem Grad von der genotypischen Konstitution der väterlichen Linie abhängig. Dies kommt darin zum Ausdruck, daß durch eine Anzahl von *coccineus*-Allelen gekennzeichnete, aus der Kreuzung *vulg.* × *cocc.* ausgelesene, sog. *multigaris*-Linien mit robustem Wuchs einen etwa gleich hohen Prozent Befruchtungen gaben wie in der umgekehrten Richtung, d. h. wenn reine *vulg.* bzw. *mg* als Mutter verwendet worden ist. Die Kreuzung *cocc.* × *vulg.* gelingt dagegen sehr selten und hat bisher nie zu samentragenden F_1-Pflanzen geführt. Irgendwelche Hindernisse auf Grund von chromosomalen Störungen konnten nicht festgestellt werden.

Mit Hinblick auf diese Kreuzbarkeit in beiden Richtungen ist der Schluß zu ziehen, daß es wohl Kombinationen von Allelen gibt, die eine erfolgreiche Kreuzung in der einen Richtung hindern können, daß es aber keine Gene gibt, die in diesem Stadium eine unüberwindliche Barriere zwischen den beiden Arten bilden.

In der Entwicklung der F_1-Zygoten zu samentragenden Pflanzen bestand in den beiden Kreuzungsrichtungen ein sehr großer Unterschied. Mit *vulgaris* bzw. *multigaris* als Mutter führten 1000 Bestäubungen zu 675 samentragenden F_1-Pflanzen, also je Bestäubung 0,675 Pflanzen, mit *coccineus* als Mutter und *multigaris* als Vater dagegen nur zu 1,9 Pflanzen, d. h. 0,0019 je Bestäubung (mit reiner *vulgaris* wurden überhaupt keine Pflanzen erhalten). Dieses schlechte Resultat mit *coccineus* als Mutter hatte seine Ursache darin, daß in den nach der Befruchtung sich entwickelnden Hülsen wohl anscheinend normale, grüne Samen ausgebildet wurden, daß aber dann die Zufuhr von Nahrungsstoffen lange vor der Reife aufhörte. So gab es etwa 90% mehr oder weniger taube Samen. Und von den übrigen, anscheinend voll ausgebildeten Samen gab es wiederum nur einen kleinen Teil, der sich zu samentragenden F_1-Pflanzen entwickeln konnte. Die meisten waren letal, keimten nicht oder gingen sehr früh ein.

Wir haben hier ein sehr verschiedenes Verhalten von reziproken Bastarden vor uns. Um mit Hinblick auf diese Erscheinung ganz sicher zu gehen, wurde die Kreuzung Nr. 165, *cocc.* $\times$ *mg* mit denselben Linien in beiden Richtungen ausgeführt (s. o.). Ein weiterer Unterschied mit Hinblick auf die Kreuzungsrichtung bestand darin, daß die wenigen erhaltenen samentragenden F_1-Pflanzen mit *cocc.* als Mutter eine sehr viel bessere Fertilität hatten als mit *mg* als Mutter.

Da die genotypische Konstitution der beiden F_1 genau dieselbe war, erscheint es berechtigt anzunehmen, daß ein Genpaar für die Entwicklung der Samen verantwortlich ist, dessen Wirkung im heterozygoten Zustand vom Plasma von *vulgaris* bzw. *coccineus* sehr verschieden beeinflußt wird. Schematisch kann dies folgendermaßen dargestellt werden:

A A gibt im *vulgaris*-Plasma normale Entwicklung

a a gibt im *coccineus*-Plasma normale Entwicklung

A a gibt im *vulgaris*-Plasma normale Entwicklung

A a hindert im *coccineus*-Plasma die Entwicklung

Wie sind nun aber die wenigen Fälle mit guter Entwicklung, 0,19%, im letztgenannten Fall zu erklären? Da wir günstige Fälle in der entgegengesetzten Kreuzungsrichtung in etwa 30% angetroffen haben, liegt die Vermutung sehr nahe, daß dies in den wenigen Fällen, 0,19% im *coccineus*-Plasma, durch eine Mutation von *A* zu *a* ermöglicht worden ist. Ich halte diese Erklärung für die wahrscheinlichste. Eine andere Erklärungsmöglichkeit bestände darin, daß das Plasma in bezug auf einen für diese Erscheinung verantwortlichen Stoff eine Veränderung erfahren hat. Aber für die Beurteilung dieser Möglichkeit liegen gar keine Anhaltspunkte vor.

Wie dem aber auch sei, so ist aus diesen Ergebnissen der Schluß zu ziehen, daß im Verlauf der Entwicklung der F_1- und der F_2-Samen keine Genwirkung zutage getreten ist, der eine artentrennende Wirkung hätte zugeschrieben werden können. Auch dem oben schematisch mit A bezeichneten Gen für die normale Entwicklung von F_1-Zygoten kann keine solche Wirkung zuerkannt werden. Denn wäre es der Fall, daß die Artbarriere durch die alleinige Mutation eines Allels zu einem anderen überwunden werden könnte, so sollte in dem großen Kreuzungsmaterial der Genetiker und Züchter sowie auch in der Natur nicht selten eine Überbrückung von Artbarrieren und damit eine Vermengung zweier Arten oder auch die Entstehung neuer Arten festgestellt werden können. Alle Beobachtungen in genannter Hinsicht sprechen aber hiergegen und nur dafür, daß es zwischen wirklichen, naturbedingten Spezies eine vollkommen unüberbrückbare Barriere gibt.

Die F_1-Generationen zeigen verschiedene Zusammensetzung bzw. Spaltung, die durch die Wirkung der Allele des Selbststerilitätsgens S von *coccineus* ihre natürliche Erklärung finden. Für die Aufrechterhaltung einer Artbarriere ist aber auch diese Erscheinung ganz ohne Bedeutung.

Die Spaltungen in F_2 und höheren Generationen haben in bezug auf die Beschaffenheit der unüberbrückbaren Artbarriere zwischen *Ph. vulgaris* und *coccineus* klaren Bescheid gegeben. Zwei Gene, eines für den vegetativen und eines für den floralen Teil, konnten nach Überführung vom väterlichen Elter in den mütterlichen niemals in fertilen Individuen erhalten werden. Diese beiden Gene betreffen die Keimblattstellung und die Narbenform. Es handelt sich bei diesen um interspezifische Gene, deren Allele auf verschiedene Arten verteilt sind.

Alle übrigen Gene, die für die Ausbildung von visuell feststellbaren Merkmalsunterschieden zwischen den zwei in Frage stehenden Arten verantwortlich sind, können in fertilen Individuen beliebig miteinander kombiniert werden. Dies gilt sowohl für die Kreuzung mit *vulgaris* wie für die mit *coccineus* als Mutter. Die Gene für diese Merkmalskombinationen, die demnach intraspezifische Gene darstellen, haben daher auch keinen Anteil an der Aufrechterhaltung der unüberbrückbaren Barriere zwischen diesen Arten. Allele dieser Gene, die bisher nur für *coccineus* bekannt waren, können also ohne Störung der Fertilität nach *vulgaris* überführt werden, und umgekehrt können solche *vulgaris*-Allele in vollfertile Linien von *coccineus* eingeführt werden. Diese Gene sind somit beiden Arten gemeinsam oder in anderer Formulierung, sie sind für jede dieser Arten intraspezifisch. Linien von *vulgaris* mit solchen Allelen von *coccineus* (*multiflorus*) werden als var. *multigaris* bezeichnet. Sie bilden eine gut definierte Varietätengruppe von *vulgaris*. In entsprechender Weise werden, wie schon früher erwähnt, *coccineus*-Linien mit von *vulgaris* eingeführten Allelen als *coccigaris* bezeichnet. Für die Artbarriere sind die Allele von intraspezifischen Genen aber ohne Bedeutung. Ihre Wirkungen können hier vernachlässigt werden.

Ganz anders verhielten sich zwei Gene, deren Allele teils für die Keimblattstellung, teils für die Narbenform verantwortlich sind. Die Allele dieser beiden Gene sind auf verschiedene Arten verteilt. Mit Hinblick hierauf wurden sie als interspezifisch bezeichnet. Für *vulgaris* bedingt das Allel *i-Epi* die epigäische Stellung des Keimblattes, für *coccineus* verursacht *i-epi* die hypogäische Keimblattstellung. Und entsprechend gilt für die Narbenform: *i-Int* bedingt bei *vulgaris* die auf der Innenseite der Griffelspirale herablaufende Narbe, *i-int* bei *coccineus* die auf der Außenseite der Griffelspirale herablaufende Narbe.

Diese beiden Genpaare verhalten sich in bezug auf die Artbarriere in vollkommen gleicher Weise. Aufschluß geben diesbezüglich die Kreuzungsergebnisse. Die F_1 *vulg.* $\times$ *cocc.* und reziprok waren in diesen beiden Merkmalen typisch intermediär. Man vergleiche die Abb. 24 und 25. Die F_2 sollte dann laut Erwartung nach 1 *vulg.*-Typ : 2 intermediär : 1 *cocc.*-Typ spalten, was indessen nicht der Fall gewesen ist.

Der intermediäre Charakter dieser beiden Merkmale in F_1 beweist jedenfalls, daß die Allele dieser Gene im Artbastard miteinander verträglich sind und von Zellteilung zu Zellteilung normal reproduziert werden. Aber die auf F_1 produzierten Gameten sind zum Teil letal. Mit *vulgaris* als Mutter ist dieser Teil größer als mit *coccineus*.

Die F_2-Generationen spalten in jedem dieser Gene nach demselben Schema, aber ganz verschieden je nachdem *vulgaris* oder *coccineus* die Mutter gewesen ist. Es resultiert:

Mit *vulg.* als Mutter: 1 *vulg.*-Typ : 2 intermediär : 0 *cocc.*-Typ
Mit *cocc.* als Mutter: 1 *cocc.*Typ : 2 intermediär : 0 *vulg.*-Typ

Dies besagt, daß in keiner der Kreuzungsrichtungen der väterliche Typ mit dem für diesen kennzeichnenden artspezifischen Merkmalen ausspaltet. In Kreuzungen mit *cocc.* als Mutter ist dies stets hundertprozentig der Fall. In Kreuzungen mit *vulg.* als Mutter spalten immer wieder einzelne Pflanzen mit dem väterlichen Merkmal aus, aber diese sind niemals fertil. Solche Pflanzen sind entweder ganz oder hochgradig steril. Im letzteren Fall werden einzelne Samen produziert, deren Nachkommen aber auch in 20jährigen Versuchen niemals eine fertile Pflanze mit dem väterlichen Merkmal produziert haben. Solche Pflanzen geben als Nachkommen teils wieder ganz oder hochgradig sterile Individuen, teils auch normal fertile, die aber nun durch die mütterlichen Merkmale gekennzeichnet sind. Das Auftreten der letzteren beruht, wie im Abschnitt über Mutationen in interspezifischen Genen gezeigt werden soll, auf einer Rückmutation des artfremden Allels zum arteigenen des betreffenden interspezifischen Gens. Die letztgenannte Erscheinung ist bei Homozygotie in einem interspezifischen Gen in artfremdem Plasma als allgemein zu betrachten.

Kurz zusammenfassend ergibt sich Folgendes:

1. Die Allele interspezifischer Gene sind in F_1 miteinander verträglich und werden störungsfrei reproduziert.

2. Die Zusammensetzung der F_2, Spaltung nach 1 maternell : 2 intermediär : 0 paternell zeigt, daß die in den interspezifischen Genen Heterozygoten die artfremden Genallele normal reproduzieren müssen. Dies ist in allen weiteren Generationen auch der Fall.

3. Es entstehen aber keine in den artfremden Genallelen homozygote, fertile Individuen. Daraus ergibt sich, daß entweder überhaupt keine homozygoten Zygoten entstehen, oder auch daß solche im artfremden Plasma kein Entwicklungsvermögen besitzen. Es fehlt ihnen das Vermögen Zellteilungen durchzuführen.

4. Da jede Zellteilung direkt von einer Reproduktion der Gene abhängig ist, ist zu schließen, daß die Reproduktion von artfremden Allelen im homozygoten Zustand, abhängig von einem nicht auf diese eingestellten Plasma, entweder ganz unterbleibt oder zu Sterilität führt (s. u.).

5. Mit *vulgaris* als Mutter kommt es zur Entstehung von wenigen Individuen mit dem artfremden Allel in homozygoter Form. Dies wird dadurch bedingt, daß von der anderen Art, *coccineus*, etwas Plasma mit in die Zygote gelangt (s. u.). Solche paternelle Individuen sind aber ganz oder hochgradig steril. Auf solchen Pflanzen geerntete Samen geben entweder wieder ganz oder hochgradig sterile Nachkommen, oder auch solche mit den maternellen Merkmalen, d. h. das artfremde Genallel hat zum arteigenen zurückmutiert.

Mit Hinblick auf die oben mitgeteilten experimentell erhaltenen Tatsachen sowie die aus diesen sich ergebenden Schlüsse, scheint kein Zweifel darüber bestehen zu können, daß die unüberbrückbare Artbarriere naturbedingter Spezies auf die Wirkung von interspezifischen Genen in ihrer Abhängigkeit von einem artspezifischen Plasma zurückzuführen ist. Daß sie mit der Verteilung der Allele von interspezifischen Genen parallel geht, ist nun ohne weiteres klar. Es fragt sich aber, in welcher Weise der vollständige Ausfall von fertilen Individuen mit einem artfremden Allel in homozygoter Form verursacht wird. Es zeigte sich ja, daß im Artbastard keinerlei Hindernis für die Reproduktion dieser Allele von Zellteilung zu Zellteilung bestanden hat. Aber sobald es zur Bildung von in diesen Allelen homozygoten Zygoten kommt, unterbleibt entweder jede weitere Entwicklung, oder (wie bei *vulgaris* als Mutter) es entstehen einzelne ganz oder hochgradig sterile Individuen. In der Kreuzung mit *coccineus* als Mutter wurde überhaupt niemals ein einziger Samen erhalten, der in einem der artfremden Genallele homozygot gewesen wäre. In bezug auf nicht gekeimte Samen kann natürlich nichts ausgesagt werden. Allgemein gilt, daß die meisten Artbastarde, d. h. Bastarde zwischen wirklichen, naturbedingten Arten hochgradig oder ganz steril sind.

Für die Gene wird nun allgemein Selbstreproduktionsvermögen angenommen, d. h. einem Gen sollte das Vermögen zukommen, aus dem Plasma Stoffe zur eigenen Vermehrung aufzunehmen und damit diese dann selbst zu besorgen. Es ergibt sich hier die Frage, weshalb in Bastarden zwischen auch nahe verwandten Arten die Gameten oder jedenfalls die Zygoten mit artfremden Allelen im homozygoten Zustand letal sind, oder in nur wenigen Ausnahmen (wie in der Kreuzung *Ph. vulg.* × *cocc.*) zur Entstehung von homozygoten, aber dann ganz oder hochgradig sterilen Individuen führen ? Es scheint mir hierfür keine andere Erklärung möglich, als daß die Reproduktion gerade der artfremden Allele in diesen Fällen unterblieben ist. Damit fehlt ein Gen als Locus im betreffenden Chromosom und dies führt, wie von Röntgenexperimenten gut bekannt ist, zu Letalität oder Sterilität. Unter diesen Verhältnissen hat also das Selbstreproduktionsvermögen dieser Allele aufgehört. Wenn aber dieses Vermögen im artfremden Plasma aufhört, dann muß etwas fehlen, das hierfür unumgänglich erforderlich ist, und dieses etwas kann nichts anderes sein als irgendein molekularer Stoff. Wie wir diese Erscheinung auch betrachten wollen, so können wir nicht umhin, die Existenz solcher Stoffe anzunehmen. Das Bestehen solcher Stoffe wurde mit Hinblick auf die Kreuzungsergebnisse von mir schon 1944 angenommen. Diese Stoffe wurden, da sie für die Reproduktion der Gene erforderlich sind, als Progene und der Inbegriff aller dieser als Progenom bezeichnet.

Es ändert auch gar nichts an der Sache, wenn angenommen wird, daß es noch zur Entstehung von in artfremden Genallelen homozygoten Zygoten kommt. Denn auch dann muß geschlossen werden, daß die Progene fehlen, da sich eine solche Zygote nicht entwickeln kann. Diese experimentell beobachtete Erscheinung besagt, daß das artfremde Genallel nicht reproduziert wird und damit wird auch jede weitere Zellteilung in der Zygote inhibiert.

An dem Bestehen von Progenen als für die Synthese der Gene erforderlichen Stoffen, kann mit Hinblick auf die oben besprochenen experimentellen Resultate nicht gezweifelt werden. Und was hier durch das Experiment für die interspezifischen Gene hat nachgewiesen werden können, wird — *mutatis mutandis* — auch für alle übrigen Gene Gültigkeit besitzen.

Für die vorstehend studierte Artkreuzung und für die Artbastarde im allgemeinen gilt, daß die artfremden Allele in diesen von Zellteilung zu Zellteilung ohne Störungen reproduziert werden. Soll nun die Synthese der Gene, wie oben notwendigerweise angenommen worden ist, von Progenen abhängig sein, dann müssen solche auch für die artfremden

Allele im Artbastard anwesend sein. Da diese aber durch den männlichen
Kern in den Bastard eingeführt werden, und dieser kein oder vielleicht
nur ab und zu Spuren von Plasma enthält, ist zu schließen, daß die
Progene einen Bestandteil des Kerns, d. h. der Chromosomen darstellen.
Und dies steht in voller Übereinstimmung mit dem Verhalten von Artbastarden im allgemeinen und auch mit den Verhältnissen in der hier
studierten Artkreuzung. Danach soll ein Artbastard, wenn er überhaupt
teilweise fertil ist, wieder Nachkommen geben können, die Träger der
interspezifischen Gene im heterozygoten Zustand sind. Dies ist in der
Kreuzung *Ph. vulg.* × *cocc.* und reziprok auch der Fall gewesen.

In bezug auf die Progene sprechen alle Beobachtungen dafür, daß
sie nur im haploiden Stadium reproduziert werden. Dies macht dann die
Annahme notwendig, daß die Progene hierbei in einer solchen Quantität
produziert werden, daß sie für eine ganze Generation ausreichen. Es ist
eine gut bekannte Erscheinung, die direkt hierauf hindeutet, daß eine
solche Vermehrung der Progene im haploiden Stadium stattfindet. Es ist
dies der Teilungsvorgang, der zur Entstehung des Eikerns führt. Es finden hierbei gewöhnlich sechs aufeinanderfolgende Teilungen von heterg-
genem Typ statt. Und jedesmal wird nur eine der durch Teilung entstandenen Zellen für die weitere Funktion prädestiniert. Da auch zwischen
jeder solcher Teilung eine Pause mit Veränderung des stofflichen Inhaltes
der in Frage stehenden Zellen gerechnet werden muß, kann hier eine sehr
große Anreicherung gewisser Stoffe stattfinden, zu denen sicherlich
auch, wenn nicht nur, die Progene gehören (s. L. 1948 b).

Die Abhängigkeit der Reproduktion der Progene von einem artspezifischen Plasma gibt auch die Erklärung, weshalb in der Kreuzung
Ph. vulg. × *cocc.* immer wieder eine geringere Anzahl von Individuen mit
den väterlichen, artspezifischen Merkmalen ausspaltet. Diese sind allerdings hochsteril und geben auch unter den Nachkommen niemals fertile
Pflanzen mit den väterlichen Merkmalen. Sie haben ihre Entstehung der
Einführung von etwas Plasma mit dem *coccineus*-Pollenkorn zu verdanken, das ein etwa 60% größeres Volumen hat als das von *vulgaris*.
Die *vulgaris*-Synergiden können diese Plasmamenge von *coccineus* nur
unvollständig abfangen. Ist nun etwas Plasma der anderen Art vorhanden, so können auch für diese Art kennzeichnende Progene in geringerem Ausmaß reproduziert werden, mit dem Resultat der Entwicklung
von Pflanzen mit den paternellen Artmerkmalen.

Da die Progene (und damit die Gene) für die väterlichen Artkenn-
zeichen sich in solchen Pflanzen aber in einem artfremden Plasma befinden, so kommt es, wie zu erwarten, zu einer recht häufigen Rückmutation
zu den artspezifischen Allelen von *vulgaris*. Und dies kommt darin zum
Ausdruck, daß Samen solcher hochsterilen Pflanzen mit den paternellen

Merkmalen häufig, von wenigstens 5 bis 6% bis zu mitunter fast 50% Pflanzen mit den maternellen Merkmalen ausbilden.

Das nun schon über 20 Jahre festgestellte Bestehen von interspezifischen Genen, deren Allele auf verschiedene Arten verteilt sind und die Aufrechterhaltung einer unüberbrückbaren Artbarriere sichern, hat einen weiteren Fall von Dualismus in der Natur aufgedeckt. Auf welche Geschehen wir unsere Blicke in der Natur auch richten, so finden wir diese immer von einem Dualismus beherrscht. In der anorganischen Welt der Atome finden wir in diesen Positronen und Elektronen, in der Welt der Moleküle finden wir die chemischen Affinitäten durch Kationen und Anionen beherrscht. In der organischen Welt finden wir die erblichen Merkmale und Eigenschaften durch die in zwei verschiedenen Richtungen wirkenden Allele der Gene bedingt. Auch die geschlechtliche Aufteilung der Organismen ist als ein genbedingter Dualismus aufzufassen. Diese alles beherrschende Erscheinung habe ich in meiner Arbeit von 1959 in folgendem Motto zum Ausdruck gebracht: *Contrarium semper rerum naturae causa.*

Quantitative Unterschiede kommen in allen Fällen vor, aber auch diese sind ganz zweifellos auf eine dualistische Basis zurückzuführen, nur daß die hierfür erforderlichen experimentellen Beweise schwer und nur mit großem Arbeitsaufwand erreichbar sind.

Die Aufteilung der lebenden Welt in Arten mit, wenigstens mit unseren Mitteln bisher unüberbrückbaren Barrieren auf Grund der Wirkung von interspezifischen Genen und ihrer Progene ist ein weiterer sehr bedeutungsvoller Dualismus. Er ist meiner Ansicht nach als gleich allgemeingültige Erscheinung aufzufassen, wie die der Spaltung von intraspezifischen Genen der monogenen Mendel-Spaltung.

Ein weiterer, im Zusammenhang mit dem Studium von interspezifischen Genen nachgewiesener Dualismus ist der der Aufteilung der Gene einer Art auf zwei aufeinander eingestellte Gruppen, die eine für die Ausbildung des vegetativen Teiles, die andere für die Umwandlung dieses in funktionstaugliche florale Teile. Auf diese Erscheinung wird unten bei der Besprechung von Mutationen in interspezifischen Genen näher eingegangen werden. Ganz dieselbe Erscheinung ist auch in der Tierwelt zu finden, indem die verschiedene Morphologie zweier Arten sich auch in einer damit zusammenhängenden abweichenden Ausbildung der Geschlechtscharaktere zu erkennen gibt.

Die Bedeutung des Effektes der interspezifischen Gene für die Systematik und Evolution wird später besprochen. Hier sei nur erwähnt, daß die unter Systematikern nicht seltene Ansicht, daß es Artbastarde gibt, die normal fertil, partiell oder auch ganz steril sein können, nicht richtig ist. Die Ursache für diese Auffassung ist darin zu erblicken, daß man in der Systematik heute noch immer mit Arten von sehr verschiedenem Valeur arbeitet. Eine Reihe von diesen sind nur Subspezies, Varietäten oder Polyploide, d. h. Rassen mit sekundären Veränderungen (Chromosomenstruktur usw.). In allen solchen Fällen kann nur das Experiment entscheiden, ob man es mit wirklichen Arten zu tun hat oder nicht. Mit Hinblick auf die artabgrenzende Wirkung der interspezifischen Gene habe ich die Art, wie bereits angeführt, folgendermaßen eindeutig definiert: **Die Art ist der Inbegriff sämtlicher Biotypen, die Träger derselben Allele von interspezifischen Genen sind.** Zwei Arten unterscheiden sich immer in wenigstens einem Paar interspezifischer Gene, das eine für Merkmale des vegetativen (somatischen), das zweite für den floralen (generativen) Teil des Organismus. Diese Gene bedingen artspezifische Merkmale und eine mit diesen untrennbar einhergehende Sterilitätsbarriere.

Alle übrigen Hindernisse, wie durch ungünstige Kombinationen intraspezifischer Gene bedingte mehr oder weniger ausgesprochene Sterilität, durch gewisse Genkombinationen bedingte physiologische Schwäche, die zur Elimination von Zwischenformen führen kann und so auf ein erforderliches Aufeinandereingestelltsein gewisser Gene hindeuten, Strukturveränderungen in den Chromosomen mit ähnlichen Wirkungen, sind durchweg als sekundäre Phänomene zu betrachten. Solche Eigenschaften sind nur als für Rassen charakteristisch aufzufassen. Sie können alle durch geeignete Kreuzungen umkombiniert, überbrückt werden. Die durch die Allele von interspezifischen Genen bedingte Barriere ist dagegen vollkommen unüberbrückbar.

Mit Hinblick auf die Barriere zwischen nächstverwandten, aber wirklichen, naturbedingten Arten und damit auch in bezug auf den evolutionären Schritt bei der Entstehung neuer Arten können die vorstehenden Ergebnisse folgendermaßen zusammengefaßt werden. **Nächstverwandte Arten unterscheiden sich genisch ausschließlich durch die Allele eines Paares von interspezifischen Genen, mit denen stets untrennbar für ihre Reproduktion erforderliche Progene in einem artspezifischen Plasma einhergehen.** Nur das Zusammenwirken dieser Substanzen bedingt die unüberbrückbare Artbarriere. Alle übrigen genischen und chromosomalen Unterschiede sind nur sekundäre Erscheinungen. Es kann also z. B. eine vollkommen unüberbrückbare genische Artbarriere ohne zytologisch feststellbare Unterschiede geben, aber es gibt keine unüberbrückbaren Barrieren ohne Unterschiede in interspezifischen Genen. Die zytologischen Unterschiede sind durch den Inhalt der Chromosomen an Genen usw. bedingt und sind demnach nicht Ursache, sondern nur Begleiterscheinungen der Artbarriere. Die Barrieren zwischen höheren systematischen Einheiten sind prinzipiell identisch mit jenen zwischen Arten.

Der experimentelle Nachweis des Plasmas als Grundlage für die Selbständigkeit der Art

Die Umwandlung einer Art in eine andere

Diese sich über eine lange Reihe von Jahren erstreckende Untersuchung ging von dem verschiedenen Verhalten der reziproken Kreuzungen zwischen *Phaseolus vulgaris* und *coccineus* aus. Hier werden die Ergebnisse dieser Kreuzungen soweit rekapituliert, wie sie für die Planung und die Ausführung dieser Untersuchung erforderlich sind. Die Kreuzung gelingt in beiden Richtungen, aber mit *coccineus* als Mutter außerordentlich viel schwieriger. Reziproke Kreuzungen wurden wiederholt zwischen einzelnen Individuen ausgeführt, um möglichst genauen Bescheid über den Einfluß des verschiedenen Plasmas auf die F_1-Pflanzen zu erhalten.

Die F_1-Pflanzen beider Kreuzungsrichtungen sind deutlich verschieden (s. o.). Die morphologischen Unterschiede sind nicht als groß zu bezeichnen, aber doch deutlich. Dagegen sind quantitative und namentlich physiologische Unterschiede sehr stark ausgeprägt. In beiden Richtungen können in F_1 sterile Zwerge und letale Typen ausspalten. Ihr Auftreten und ihre Spaltungsverhältnisse hängen von der genotypischen Konstitution der Elternlinien ab (Näheres s. o.). Sie werden bedingt durch die Allelenserie eines Gens von *coccineus*. Und als solches konnte bisher nur das Selbststerilitätsgen nachgewiesen werden. Im vorliegenden Zusammenhang ist dies aber von untergeordnetem Interesse.

Die „normal" entwickelten F_1-Pflanzen mit *vulg.* als Mutter sind sehr wüchsig, reich verzweigt und tragen viele Hunderte von Blüten. Die Hülsen sind sehr *coccineus*-ähnlich, groß, breit und stark schräg geriefelt. Mit *cocc.* als Mutter sind die Pflanzen von normaler Größe, wie bei mittelgroßen rankenden *vulgaris*-Individuen und die Hülsen sind hinsichtlich Größe und Riefelung intermediär zwischen *vulgaris* und *coccineus*, eher *vulg.* näherstehend.

Von den F_1 mit *vulg.* als Mutter entwickeln sich praktisch genommen alle Samen zu Pflanzen. Diese sind jedoch hochgradig steril, mit 65 bis 90% taubem Pollen. Der Samenertrag je Pflanze kann aber, im Zusammenhang mit der sehr großen Anzahl von Hülsen, die jedoch meistens nur je einen Samen enthalten, trotzdem bis etwa 40 und mehr erreichen. Die vorhandenen Samen sind gewöhnlich gut entwickelt.

Mit *coccineus* als Mutter werden nach Befruchtung mit *vulg.*-Pollen wohl viele Hülsen und Samen erhalten, aber der allergrößte Teil der Samen verbleibt fast leer. Die Samenschalen sind fast normalgroß, aber die Kotyledonen sind verkümmert und wiegen nur wenige Prozente guter Samen. Und von den gut aussehenden Samen entwickeln sich wiederum nur etwa 10% zu Pflanzen. Von diesen wiederum geht der größte Teil während des Wachstums ein oder gibt keine Samen. Die wenigen so erhältlichen normal entwickelten F_1-Pflanzen geben dafür eine gute, bedeutend bessere Samenernte als mit *vulg.* als Mutter (s. L. 1948 b).

Der physiologische Unterschied in den F_1 beider Kreuzungsrichtungen ist demnach ein sehr großer. Zu erwähnen ist hier, daß mit normalen *vulgaris* als Vater bisher keine samentragenden F_1-Pflanzen erhalten werden konnten. Die relativ guten Ergebnisse wurden erzielt durch Benutzung von aus der Kr. *vulg.* × *cocc.* ausgelesenen, großsamigen Linien mit möglichst vielen *coccineus*-Merkmalen, aber natürlich mit *vulgaris*-Plasma. Solche Linien mit von *coccineus* überführten Allelen von intraspezifischen Genen wurden von mir als *multigaris* bezeichnet. Bei Kreuzung mit *coccineus* verhalten sie sich genauso wie reine *vulgaris*, nur daß dann Spaltung in einer erheblich geringeren Anzahl intraspezifischer Gene stattfindet. Der Unterschied in der genotypischen Konstitution zwischen *coccineus* und *vulgaris* ist demnach in *multigaris* mehr weniger stark vermindert worden. Aber auf die genisch-plasmatisch bedingte Artbarriere hat dies gar keinen Einfluß.

In bezug auf die zwei allein artspezifischen Merkmale, bei *vulgaris* auf der Innenseite der Griffelspirale herablaufende Narbe und epigäische Keimblattstellung und bei *coccineus* auf der Außenseite herablaufende Narbe sowie hypogäische Keimblattstellung waren die F_1-Individuen beider Kreuzungsrichtungen gleich intermediär. Vgl. die Abb. 24 und 25.

Die angeführten F_1-Ergebnisse beweisen zwei für die vorliegende Studie bedeutungsvolle Erscheinungen: 1. Zwischen *Phaseolus vulgaris* und *coccineus* muß ein starker plasmatischer Unterschied vorhanden sein, und 2. die die artspezifischen Merkmale (Narbenform und Keimblattstellung) bedingenden Genallele (je zwei Allele derselben Gene) werden im artfremden Plasma der F_1-Pflanzen von Zellteilung zu Zellteilung störungsfrei reproduziert (s. Abb. 24 und 25).

Die in großem Umfang studierten, etwa 200 Kreuzungen gaben in F_2 und höheren Generationen (z. T. bis F_{19}; man vgl. die Übersicht oben) folgende Resultate. Die F_2 mit reiner *vulgaris* als Mutter gaben einen hohen Prozent gestörter Individuen. Gut entwickelte Samen keimten nicht, es gibt juvenil absterbende, nicht zur Blüte gelangende, nicht die Samenernte erreichende, physiologisch schwache, krankheitsanfällige, sterile sowie auch nicht selten mutativ veränderte Individuen. Die F_2 geben von etwa 10 bis 35% samentragende Pflanzen. Mit *multigaris* als Mutter steigt dieser Prozent auf 70 bis 80. Dies beweist eindeutig, daß die vielen beobachteten Störungen in F_2 auf den genotypischen Unterschied zwischen den Elternlinien beruhen. Das heißt umso größer die Anzahl spaltender (intraspezifischer) Gene, ein umso größerer Anteil ungünstiger Genkombinationen entsteht und ein umso größerer Prozent biologisch „unglücklicher" Typen spaltet aus. Diese Erscheinung ist aber keineswegs etwa nur für Artkreuzungen kennzeichnend, sie wird auch binnen der Art bei Kreuzung wenig miteinander verwandter Rassen angetroffen, wenn auch nicht so ausgeprägt.

Mit *coccineus* als Mutter und *multigaris* als Vater zeigten die F_2 in erwähnter Hinsicht dasselbe Bild wie die reziproke Kreuzung *multigaris* × *coccineus*, d. h. mit etwa 65 bis 80% samenreifen Pflanzen.

Das genanalytische Studium der F_2 und höheren Generationen zeigte, daß etwa 80 Gene spalteten. Nach und nach konnten die Allele aller Gene, mit Ausnahme von zwei (s. o.), von der einen in die andere Art überführt werden. Damit ist keineswegs gesagt, daß jede beliebige Kombination in gut vitaler Form oder überhaupt erhalten werden konnte. Die für die F_2 erwähnten „unglücklichen" Kombinationen schieden natürlich aus, genauso wie in Kreuzungen binnen den Arten. Aber sämtliche intraspezifischen Gene konnten reziprok überführt werden, wenn auch nicht in allen Kombinationen in gut vitaler Form.

Mit Hinblick auf die lebenstüchtigen Kombinationen ist hervorzuheben, daß diese in den beiden Kreuzungsrichtungen nicht dieselben waren, d. h. mit *vulgaris* als Mutter waren es häufig andere als mit *coccineus* als Mutter. Auch dies bildet einen Beweis dafür, daß jede Art ihr spezifisches Plasma hat und daß dieses in genannter Beziehung einen großen Einfluß hat. Die Herstellung einer bestimmten Kombination von Blattyp, Blütenfarbe usw. war z. B. in beiden Kreuzungsrichtungen möglich, aber die betreffenden Pflanzen konnten dann mit *vulgaris*-Plasma kleiner und schwächlicher sein als mit *coccineus*-Plasma. Andere Kombinationen konnten sich wiederum umgekehrt verhalten.

Zwei von allen Genen bildeten jedoch eine distinkte Ausnahme. Die Allele dieser Gene bedingen die artspezifischen Merkmale: Narbe auf der Innen- (*vulg.*) bzw. Außenseite (*cocc.*) der Griffelspirale herablaufend und Keimblattstellung epi- (*vulg.*) bzw. hypogäisch (*cocc.*). Die F_1-Individuen waren diesbezüglich typisch intermediär (s. Abb. 24 und 25). In den F_2-Generationen ergab sich folgende Spaltung:
Mit *vulg.* als ♀: 1 *vulg.*-Typ : 2 Bastard-Typ : 0 fertiler *cocc.*-Typ
Mit *cocc.* als ♀: 1 *cocc.*-Typ : 2 Bastard-Typ : 0 *vulg.*-Typ
Auch die Nachkommen des Bastard-Typs spalteten in höheren Generationen immer in diesem Verhältnis. Das Zahlenverhältnis 1 : 2 ist, namentlich in F_2, infolge des häufigen Ausfalles an Individuen (s. o.) nicht selten mehr weniger gestört. Die Beobachtungen gründen sich auf ein sehr großes Material (etwa 400.000 Individuen). Man vergleiche die Kreuzungsübersicht oben.

Eine direkte Ausspaltung von in den zwei oder auch in einem der arttrennenden, väterlichen Merkmale homozygoten und fertilen Pflanzen ist also niemals vorgekommen. Aber es bestand ein distinkter Unterschied zwischen den Kreuzungen in beiden Richtungen. Mit *coccineus* als Mutter hat niemals eine, auch keine einzige sterile Pflanze mit den *vulgaris*-Merkmalen (Narbe und Keimblätter) ausgespalten. Aber mit *vulgaris* als Mutter sind immer wieder einzelne mehr oder weniger sterile (meist hochsterile oder auch ganz sterile) Individuen aufgetreten. Auf solchen Pflanzen erhaltene einzelne Samen wurden stets nachgebaut, um festzustellen, ob nicht doch fertile Individuen erhalten werden konnten. Aber dies war trotz des sehr großen Materials niemals möglich. Diese Barriere verblieb absolut bestehen.

Nachkommen von in diesen Merkmalen heterozygoten Individuen (s. Abb. 24 und 25) spalteten mit *vulg.* als Mutter wieder wie in F_2; es konnten demnach auch immer wieder einzelne mehr weniger sterile Individuen mit den *coccineus*-Merkmalen auftreten. Mit *cocc.* als Mutter spalteten die Heterozygoten dagegen auch in allen weiteren Generationen niemals Pflanzen mit den *vulg.*-Merkmalen aus.

An dieser Stelle muß an eine Erscheinung erinnert werden, die für die hier zu behandelnde Frage von entscheidender Bedeutung war. Die Pollenkörner von *coccineus* haben einen mittleren Durchmesser von etwa 62 μ, die von *vulgaris* einen solchen von ungefähr 53 μ. Erstere besitzen also ein etwa 60% größeres Volumen. Die Synergiden von *vulgaris* sind, wie sich gezeigt hat, nicht imstande, die große Plasmamenge des Pollenschlauches (und Kerns?) von *coccineus* aufzufangen und es dürfte daher ab und zu etwas Plasma mit dem Kern mitfolgen und so in die Zygote gelangen. Es ist wahrscheinlich, daß dieses fremde Plasma dann meistens irgendwie eliminiert wird, eine Entmischung, wie sie STEFFEN (1951) nachgewiesen hat. Aber dies ist, wie unten gezeigt wird, nicht immer in derselben Richtung der Fall.

Da die beiden artspezifischen Merkmale, Narbenform und Keimblattstellung, in F_1 im heterozygoten Zustand auftreten, muß die Reproduktion der hierfür verantwortlichen Genallele, wie schon erwähnt, von Zellteilung zu Zellteilung störungsfrei stattgefunden haben. Da nun in F_2 und höheren Generationen keine in den artfremden, väterlichen Allelen homozygoten Individuen erhalten werden konnten (abgesehen von einzelnen mehr weniger sterilen Individuen mit *vulg.* als ♀), muß die Synthese dieser Genallele von Stoffen abhängen, die wohl in F_1 vorhanden sind, aber bei Homozygotie in F_2 usw. fehlen. Diese Stoffe müssen also mit dem väterlichen Kern eingeführt werden. Sie wurden von mir als Progene bezeichnet. In Übereinstimmung mit den vorliegenden Ergebnissen werden die Progene nur einmal je Generation, und zwar bei der Reduktionsteilung, jedenfalls aber im haploiden Stadium, erneuert.

Bei Heterozygotie in den interspezifischen Genen, die also auf verschiedene Spezies verteilte Allele haben, findet die Reproduktion der artfremden Allele statt. Diese zeigt, wie schon oben erwähnt, daß die

Progene im Kern liegen müssen. Das verschiedene Ergebnis bei Homo- und Heterozygotie im gleichen Plasma ist hierfür beweisend.

Für die hier zu behandelnde Frage seien folgende bedeutungsvolle Feststellungen besonders hervorgehoben. Jede Spezies hat ihr eigenes Plasma. Die Synthese der Gene ist von spezifischen Stoffen, den Progenen, abhängig. Die Progene werden nur im arteigenen Plasma, einmal je Generation im haploiden Stadium reproduziert. Es muß demnach das Plasma sein, das für die Erneuerung der Progene artspezifische Stoffe zur Verfügung stellt.

Die Kreuzung mit *coccineus* als Mutter zeigte hiervon niemals eine Abweichung. Aber mit *vulgaris* als Mutter sind immer wieder einzelne, mehr weniger sterile, aber niemals fertile Individuen mit den arttrennenden Merkmalen von *coccineus* aufgetreten. Diese Erscheinung führte zu der Annahme, daß mit dem Pollen von *coccineus* ab und zu etwas Plasma in die Zygote mitkommt. Zusammen hiermit würden dann auch für die Synthese der Progene erforderliche Stoffe in die Zygote gelangen. Ein direkter Beweis hierfür, wie er z. B. durch die Anwesenheit von abweichenden Chloroplasten der väterlichen Linie hätte erzielt werden können, war infolge Fehlens von solchem Material nicht beizubringen. Die mit dem Pollenschlauch von *coccineus* mitfolgende viel größere Plasmamenge als von *vulgaris*, die von den Synergiden der letzteren Spezies nicht aufgefangen werden kann, zeigt eindeutig in diese Richtung.

Die experimentelle Umwandlung von *Phaseolus vulgaris* in *Ph. coccineus*

Wie oben erwähnt, sind in Kreuzungen mit *vulgaris* als Mutter immer wieder einzelne hochsterile Pflanzen mit den arttrennenden *coccineus*-Merkmalen aufgetreten. Dies wurde so gedeutet, daß bei der Befruchtung mit dem männlichen Kern etwas Plasma mitgekommen sein sollte. Des weiteren wurde beobachtet, daß das Auftreten solcher hochsteriler Pflanzen, die also einen oder ganz wenige Samen ausbildeten, in verschiedenen Familien ungleich gewesen ist. In vielen Familien wurden keine solchen Pflanzen beobachtet, in anderen gab es stets die eine oder andere solche Pflanze. Es bestanden diesbezüglich signifikative Unterschiede. Dies schien mir darauf hinzudeuten, daß die Einführung von artfremdem Plasma mit dem männlichen Kern von der genotypischen Konstitution der betreffenden Pflanzen, u. a. der Fähigkeit der Synergiden, die große Plasmamenge von *coccineus* abzufangen, abhängig sein könnte.

Insgesamt führten diese Erwägungen auf den Gedanken, daß es durch geeignete Kreuzungen vielleicht möglich sein sollte, eine so starke Anreicherung von *coccineus*-Plasma zu erreichen, daß es zu einem Überwiegen dieses über das *vulgaris*-Plasma kommen könnte. Dann könnte eine Entmischung eintreten, wobei letzteres eliminiert und durch *coccineus*-Plasma ersetzt wird.

Mit Hinblick auf diese denkbare Möglichkeit wurden Pflanzen aus Kreuzungen mit folgenden Eigenschaften gewählt:

1. Die Pflanzen mußten in den beiden interspezifischen Genen *i-epi* und *i-int* heterozygot sein, denn nur dann bestand die Möglichkeit, mit in diesen *coccineus*-Genen homozygote Nachkommen zu erhalten.

2. Es wurden nur Pflanzen solcher Familien gewählt, in denen schon in früheren Generationen immer wieder einzelne hochsterile Individuen mit den artfremden *coccineus*-Merkmalen ausgespalten haben.

3. Es wurde darauf geachtet, daß die in Frage stehenden Pflanzen Träger von möglichst vielen Genallelen von *coccineus* waren. Hierbei wurde angenommen, daß die genotypische Konstitution solcher Pflanzen möglicherweise einen günstigen Einfluß auf die Einführung von *coccineus*-Plasma haben könnte.

4. Bei der Wahl der mütterlichen Pflanzen (mit *vulg.*-Plasma) wurde auch berücksichtigt, daß diese womöglich durch ein oder ein paar Genallele charakterisiert sind, die bisher nur in *vulgaris* angetroffen worden ind. Dies sollte dann bei einem Gelingen der Versuche zur Entstehung von Pflanzen führen, die teils Träger der beiden artspezifischen Genallele *i-epi* und *i-int* und damit Merkmale von *coccineus* sind, teils aber überdies durch bisher nur bei *vulgaris* bekannten Eigenschaften gekennzeichnet sind. Solche *coccineus*-Plasma enthaltende Pflanzen (*coccigaris*-Linien s. o.) sollten sich dann bei Kreuzung mit *vulgaris*-Linien ebenso verhalten wie *coccineus*-Linien. Dies hat auch bestätigt werden können (Näheres s. L. 1957 c).

Die Nachkommen solcher Pflanzen mit Heterozygotie in den beiden interspezifischen Genen sollten darauf keine Individuen mit den *vulgaris*-Merkmalen mehr ausspalten, sondern nur wiederum in diesen Genen heterozygote und solche mit Homozygotie in den *coccineus*-Merkmalen. Es sollten also ganz wie in der Kreuzung *coccineus* × *vulgaris* unter den Nachkommen nie mehr Pflanzen mit den arttrennenden *vulgaris*-Merkmalen auftreten.

Schon 1945 und 1946 wurden solche Kreuzungen ausgeführt, wobei die oben besprochene Möglichkeit viel schneller als erwartet verwirklicht werden konnte. Hierzu wurden Pflanzen aus den folgenden drei Kreuzungen benutzt:

Kreuzung Nr. 9: *vulg.*-Linie 161 aus Wachsbohne W:s Expreß × *cocc.*-Linie 26 aus Rotblühende (s. L. 1944).

Kreuzung Nr. 34: *vulg.*-Linie 53 aus der Primitivform *atropunctatus* (s. L. 1934 p. 182) × *cocc.*-Linie 33 aus der halbhohen amerikanischen Sorte Aztec bean (Weißblühend).

Kreuzung Nr. 218: Ziertypen mit reich verzweigten Infloreszenzen aus der Kreuzung Nr. 6 (*vulg.*-Linie 33 aus Inépuisable, mit den die reiche Blütenstandverzweigung bedingenden Genen *ram* und *iter* × *cocc.*-Linie 26 aus Rotblühende) × Linie 1 aus der Kochbohne W: s Stella.

Von besonderem Interesse erschien mir die Kombination mit dem Habitus von Pflanzen aus der Kr. 218, da dieser durch die bisher nur in *vulgaris* bekannte, wiederholt verzweigte Infloreszenz, Rezessivität in den Genen *Ram* und *Iter* ausgezeichnet ist. Kr. 218, deren einer Elter aus einer Kreuzung mit *coccineus* ausgelesen worden ist (s. o.), bestand schon zu großem Teil aus Individuen mit *coccineus*-Merkmalen, wie verschieden rot gefärbte Blüten, intermediäre Form der Infloreszenzen mit 5 bis 11 Internodien, Samen mit der bisher nur bei *coccineus* vorkommenden, durch das Gen R^{ctr} bedingten, um das Hilum konzentrierten Färbung usw. Narbe und Keimblattstellung waren entweder intermediär (*i*) oder *vulgaris* (*v*). Von dieser Kreuzung wurden nur vier Pflanzen und zwar alle als Pollenspender benutzt. Alle diese hatten intermediäre Narbenform und Keimblattstellung.

Kreuzung Nr. 9 × Kr. Nr. 218. Von Kr. 9 wurde in $F_{12}/1945$ eine Familie (Nr. 6713) zum Kreuzen gewählt, die aus 25 Pflanzen bestand. Die Spaltung in Narbenform war 6 *vulg.* : 19 intermediär : 0 *cocc.*[1]. 18 Pflanzen gaben Samen und von diesen hatten die von 14 *cocc.*-Färbung, entweder homozygot oder heterozygot; Gen R^{ctr}, (L. 1947). Alle waren ohne Ranken, *fin*. Die zum Kreuzen benutzten Pflanzen hatten intermediäre Infloreszenzen mit 5 bis 11 Internodien und Scharlachrot nahestehenden Blütenfarben. Hülsentyp ähnlich wie bei *coccineus*. Der Samenertrag war leider recht schwach, von einem bis zu 24 Samen variierend. Die besten Pflanzen, die zur Kreuzung benutzt wurden, hatten alle Narbe *i*.

Als Pollenspender wurden F_3-Pflanzen von Kr. 218 benutzt (s. o.). Sämtliche dieser Pflanzen hatten Narbenform *i* und scharlachrote bzw. andere rote Blütenfarben. Die Infloreszenzen waren intermediär mit 6 bis 9 Internodien, also ähnlich wie die von Kr. 9 benutzten Elternpflanzen. Die Pflanzen von Kr. 218 hatten überdies reichverzweigte Blütenstände; die Gene *ram* und *iter*. Die Samen hatten teils die *coccineus*-Marmorierung, *circumdatus*, Gen R^{ctr}, teils waren sie vom *vulgaris*-Typ. Die Samenform war mehr weniger intermediär.

In $F_{13}/1946$ wurden zwei Familien nach den Samenträgern von F_{12} untersucht. Diese spalteten nun hinsichtlich Narbenform und Keimblattstellung zusammen nach 13 intermediär : 6 *coccineus*. Da hier keine *vulgaris*-Typen mehr ausspalteten, war damit zu rechnen, daß in F_{14}

---

[1] In LAMPRECHT 1957 c p. 200 steht für diese Spaltung 5 *mg* : 19 *i* : 1 *v*, wobei aber *mg* nicht *cc* entspricht, sondern *multigaris* laut hier früher gegebener Definition, dasselbe gilt für 2 *v* : 10 *i* : 3 *mg* auf p. 202, entspricht also 5 $v + mg = 10\ i$: 0 *cc*.

nach den *cc*-Pflanzen konstante *cocc.*-Typen erhalten werden sollten. Diese Vermutung hat sich als richtig erwiesen. Eines der *cc*-Individuen von F_{13} gab einen guten Ertrag mit etwa 70 Samen. Von dieser Pflanze wurden zur $F_{14}/1947$ 40 Samen gesät, aus denen sich 27 samenreife und 7 nicht zur Reife gelangende Pflanzen entwickelten. Zwei von den letzteren waren Zwerge. Die 27 Pflanzen hatten *cocc.*-Narbe und *cocc.*-Keimblattstellung. Bei der *cocc.*-Narbe handelte es sich um den durch das Gen *fin* verkürzten Typ (s. o. und Abb. 25 e).

Die beste F_{14}-Pflanze gab 45 gut ausgereifte Samen, von denen 20 in F_{15} gesät wurden. Die F_{15}-Pflanzen hatten wiederum einheitlich *cocc.*-Narbe und *cocc.*-Keimblattstellung. Aus dieser Familie wurde eine Pflanze mit scharlachroten Blüten als Linie 143 vermehrt. Die Familie spaltete noch in *Ram* und *Iter*. Acht der besten Pflanzen wurden weiter vermehrt und unter diesen eine scharfe Auslese hinsichtlich reich verzweigter Infloreszenz, Blütenfarbe und Samenertrag durchgeführt. Das Ergebnis zeigen die Abb. 29 und 30.

Abbildung 29 zeigt den angestrebten Typ. Abgesehen von den für *coccineus* charakteristischen Artmerkmalen, Narbenform und Keimblattstellung, hat die Pflanze große, scharlachrote Blüten und niedrigen Wuchs. Die Infloreszenz ist wiederholt verzweigt und trägt mehrere Hunderte von Blüten. In der Abb. 29 sieht man ein paar solcher Pflanzen und Abb. 30 zeigt eine 50 m lange Parzelle mit solchen Pflanzen; gesät 1200 Samen. Ausgelesen aus diesen wurden nur die den in Abb. 29 entsprechenden Typen. Drei Linien aus diesem Material, Nrn. 71, 72 und 73, befinden sich zu weiteren Kreuzungsstudien in Vermehrung[1]. Sie unterscheiden sich hauptsächlich im Samentyp.

Diese Pflanzen repräsentieren also eine artifiziell aus *vulgaris* hergestellte Form von *coccineus*. Dies geschah durch eine Ersetzung des *vulgaris*-Plasmas mit *coccineus* via Kreuzung. Hierbei schlug die für die Kreuzung *vulg.* × *cocc.* charakteristische Spaltung für Narbenform und Keimblattstellung nach 1 vulg. : 2 Hybrid-Typ : 0 *cocc.* plötzlich in 0 *vulg.* : 2 Hybrid-Typ : 1 *cocc.* um. Die Abbildungen zeigen für die neue artifizielle *coccineus* zwei von *vulgaris* beibehaltene Merkmale, der typisch niedrige Wuchs, begrenztes Wachstum des Stammes, endigend in eine Infloreszenz, das Gen *fin*, sowie der wiederholt verzweigte Blütenstand; die Gene *ram* und *iter*.

Kreuzung Nr. 34 × Kr. 9. Von Kr. 34 $F_5/1945$ wurden Pflanzen von zwei Familien zum Kreuzen benutzt. Pollenspender waren die Pflanzen, die bei der eben besprochenen Kreuzung als mütterliche Eltern angeführt worden sind (Familie 6713). Die Artkreuzung Nr. 34 litt in F_4 immer noch stark an Individuenausfall und schlechter Vitalität. Die zum Kreu-

---

[1] Samen dieser drei Linien von *Phaseolus coccineus artificialis* stehen Botanischen Gärten und interessierten Genetikern zur Verfügung.

Abb. 29. Pflanzen von *Phaseolus coccineus artificialis*, erhalten durch artifizielle Umwandlung von *Ph. vulgaris* in *coccineus* mittels gleichzeitiger Einführung der artfremden *coccineus*-Allele und Plasma (s. Text)

Abb. 30. Eine ganze Parzelle mit Pflanzen von *Phaseolus coccineus artificialis* (mittlere Reihen mit Bambusstöcken; gesät 1200 Samen)

zen verwendeten Pflanzen hatten scharlachrote bzw. geraniumfarbige Blüten. Die Narbe war *i*. Die Pflanzen waren rankend, aber die Familien spalteten diesbezüglich. Die Blütenstände hatten einen von *vulgaris* abweichenden Typ, Internodienanzahl etwa 5 und lange Internodien. Samenfarbe zum *vulgaris*-Typ gehörig. Samenertrag 20 bis 30 je Pflanze.

In $F_6/1946$ wurde nur eine anerkennbare Familie erhalten, die hinsichtlich Narbe nach 5 *vulg.* : 10 intermediär spaltete. Samenerträge durchweg schwach: einen bis höchstens 16 Samen, oft wenig gut entwickelt. Alle Samen mit Aussicht zum Keimen (54) wurden in $F_7/1947$ gesät (5 Familien). Eine von diesen Familien spaltete hinsichtlich Narbe nach 5 int. : 2 *cocc.* Diese Individuenzahl ist natürlich zu gering um eine Ausspaltung von *v*-Typen ausschließen zu können.

In $F_8/1948$ wurde indessen nach einer dieser beiden *cocc.*-Pflanzen eine diesbezüglich einheitliche Familie von 15 Individuen erhalten. Nachkommen der besten Pflanzen dieser Familie (1359) sind seit 1949 als Linie 144 gebaut und zu Kreuzungen benutzt worden. Sie hat sich in bezug auf die *coccineus*-Narbe und -Keimblattstellung als konstant erwiesen.

Diese Kreuzung hat also zu dem gleichen Resultat geführt, wie die vorher besprochene Kr. 9 × Kr. 218. Durch Einführung von *coccineus*-Plasma in Bastarde, durch Kreuzung von Pflanzen, die je bereits *coccineus*-Plasma in den Kern mitbekommen hatten, konnte dieses zum Überhandnehmen gebracht werden. Es kam zu einer Entmischung, wobei eine Elimination des früher arteigenen *vulgaris*-Plasmas stattfand. Die Ersetzung des *vulg.*-Plasmas durch *cocc.*-Plasma führte dazu, daß die in der vorherigen Generation beobachtete Spaltung nach

1 *vulgaris*-Typ : 2 Hybrid-Typ : 0 *coccineus*-Typ in
0 *vulgaris*-Typ : 2 Hybrid-Typ : 1 *coccineus*-Typ

umgeschlagen hat. Die homozygoten spezifischen *vulgaris*-Merkmale konnten im Zusammenhang hiermit wegen Fehlens der hierfür erforderlichen Progene, die nur im arteigenen Plasma reproduziert werden, nicht mehr auftreten. Und Nachkommen von in solchen Familien ausgelesenen Pflanzen mit *coccineus*-Merkmalen blieben in diesen konstant: *Phaseolus vulgaris* ist in *Ph. coccineus* umgewandelt worden.

Kreuzungen von *vulgaris* mit den Linien Nr. 71, 72 und 73 von *coccineus artificialis* haben dasselbe Bild gegeben wie solche zwischen *multigaris*-Linien und *coccineus*, d. h. beträchtlich weniger Störungen als bei der Verwendung von reinen *vulgaris*- und reinen *coccineus*-Linien. Die Linien Nr. 71, 72 und 73 sind nach der vorstehend gegebenen Terminologie als *coccigaris* zu bezeichnen, denn sie haben *coccineus*-Plasma und sind gleichzeitig Träger einer ganzen Anzahl von *vulgaris* eingeführter Genallelen.

Der Artbegriff im Lichte der Ergebnisse der Phaseoluskreuzungen

In meiner Arbeit von 1944 konnte an Hand der Ergebnisse der Kreuzung *vulgaris* × *coccineus* erstmalig nachgewiesen werden, daß die Reproduktion von Genallelen für artspezifische Merkmale vom arteigenen Plasma und mit diesem zusammenwirkenden Stoffen, den Progenen, abhängig ist. Dieselben Verhältnisse konnten vom Verf. (1956 d) in der Artkreuzung *Chrysanthemum carinatum* × *coronarium* und reziprok nachgewiesen werden (s. o.). Solche Genallele gehören stets verschiedenen Spezies an, weshalb die betreffenden Gene als interspezifisch bezeichnet worden sind. Die Genensynthese konnte damit in einfachster Weise folgendermaßen angegeben werden. Das Plasma stellt dem Kern spezifische Stoffe zur Verfügung, die unter dem Einfluß von Progen und Gen zur Reproduktion des letzteren führen. Dieser Vorgang gilt sowohl für inter- wie für intraspezifische Gene, nur daß sie für die ersteren auf die Synthese der arteigenen Allele beschränkt ist. Fehlt das Progen für solche, dann bleibt auch die Synthese dieser Allele aus.

Die oben vorgelegten Ergebnisse, die artifizielle Umwandlung von *Ph. vulgaris* in *coccineus*, haben die Richtigkeit dieses Verlaufes der Genensynthese neuerdings bestätigt. Diese steht auch in vollkommener Übereinstimmung mit der von mir früher gegebenen Definition der Spezies, die im Lichte der neuen Ergebnisse nur in noch größerer Klarheit erscheint. Sie lautet: Die Spezies ist der Inbegriff sämtlicher Biotypen, die Träger derselben Allele von interspezifischen Genen sind. Alle naturbedingten Arten (zum Unterschied von konventionellen, die ihre Entstehung nur der visuell erworbenen Auffassung der Systematiker zu verdanken haben) sind durch ein arteigenes Plasma gekennzeichnet. Damit sind die naturbedingten Arten eindeutig als eine Realität charakterisiert.

Erwähnt sei hier, daß auch zwischen primären und sekundären Spezies zu unterscheiden ist. Die letzteren sind aus den ersteren durch Veränderung der Chromosomenstruktur, Verdoppelung des Chromosomenbestandes usw. entstanden. In bezug auf diese Verhältnisse s. unten.

Mit dem nachgewiesenen Ablauf der Genensynthese vor Augen, erscheint es mir auch unvermeidlich, den Schluß zu ziehen, daß bei der künstlichen Auslösung von Genmutationen durch mutative Agenzien wie Strahlen, Neutronbeschuß, Chemikalien usw. auch niemals die Gene als solche direkt zum Mutieren gebracht werden, sondern daß der Angriffspunkt dieser Agenzien stets im Reproduktionsmechanismus für die Genensynthese, Progene-Plasma, zu suchen sein wird.

Mit Hinblick auf die vorstehend mitgeteilten Kreuzungsergebnisse dürfte es berechtigt sein, das Plasmon (s. o. und MICHAELIS l. c.) als die Gesamtheit der Stoffe zu definieren, die das Zytoplasma den Progenen für die Synthese der Gene zur Verfügung stellt. Diese Stoffe müssen auf alle Fälle von Generation zu Generation vererbt werden.

Es erscheint mir aber auch berechtigt, zwei Typen von Plasmon zu unterscheiden, das eine für intraspezifische Gene, also für Gene im allgemeinen (generalis), das Genoplasmon und das zweite als für die Synthese von interspezifischen Genen erforderliche, spezielle (proprius), das Proplasmon. Das Genoplasmon kann einer ganzen Reihe von Spezies gemeinsam sein, wie z. B. die homologen Reihen von Merkmalen eindrücklichst zeigen, das Proplasmon ist im Gegensatz hierzu immer artspezifisch.

Erwähnt sei hier, daß die Beziehungen zwischen Plasmon und Genotyp der Erforschung bisher fast unüberwindliche Schwierigkeiten entgegengestellt haben. Die umfangreichsten und gründlichsten Untersuchungen auf diesem Gebiet verdanken wir zweifellos MICHAELIS. Kennzeichnend für diese Verhältnisse ist MICHAELIS' Äußerung in seiner Arbeit über Probleme, Methoden und Ergebnisse der Plasmavererbung, wo es heißt (1963 p. 585), „Insgesamt mögen die Ausführungen zeigen, daß die These von der Existenz einer Plasmavererbung wohl fundiert ist und über manche Einzelheiten der Plasmavererbung schon zahlreiche Erfahrungen vorliegen". Aber: „Die Plasmagenetik befindet sich in einer Phase, die der der Kerngenetik vor der Wiederentdeckung der Mendel-Regeln und vor der Entwicklung der Zytogenetik vergleichbar ist."

Erwähnt sei schließlich noch, daß Mutationen in interspezifischen Genen zur Entstehung von artfremden Merkmalen führen müssen, womit, wie auf Grund der Artkreuzungen zu erwarten ist, stets vollkommene Sterilität folgt. Eine Anzahl solcher Fälle sind eingehend studiert (L. 1933, 1935, 1939, 1945, 1945 a, 1964) und sollen unten in einem besonderen Abschnitt besprochen werden.

Die Kreuzungen zwischen *Petunia axillaris* (LAM.) B. S. P., *violacea* LINDL. und *inflata* R. FRIES

Diese drei *Petunia*-Arten sind, gleich wie 27 weitere von R. E. FRIES in seiner Monographie (1911) behandelte *Petunia*-Arten in Südamerika beheimatet. Sie kommen dort teils in gemeinsamen oder sich überschneidenden, teils in aneinandergrenzenden Gebieten vor. Es wurden angetroffen: *axillaris* im südlichsten Brasilien (Rio Grande do Sul), im angrenzenden Uruguay und Argentinien; *violacea* im südlichsten Brasilien (Rio

Grande do Sul und S : a Catharina) sowie im westlich angrenzenden Teil von Argentinien (Entrerios, Conception del Uruguay) und *inflata* schließlich in dem an das südlichste Brasilien im Westen angrenzenden Missiones sowie in dem an dieses grenzenden Paraguay. — *P. axillaris* und *violacea* besiedeln demnach gleiche oder sich überschneidende Gebiete, wobei *axillaris* überdies viel weiter nach Süden vordringt. *P. inflata* schließt westlich an das Gebiet dieser beiden Arten im südlichsten Brasilien an.

Petunia axillaris wurde von Lamarck (1793) als *Nicotiana axillaris* beschrieben und bald darauf von A. L. Jussieu (1803) als *Petunia nyctaginiflora*. Jussieu ist demnach Autor der Gattung *Petunia*; seine *nyctaginiflora* ist synonym zu *axillaris*. 1833 beschrieb Lindley *P. violacea* und 1911 schließlich wurde *P. inflata* von R. E. Fries gegründet.

Bei der Beurteilung der taxonomischen Merkmale wird hier von der Monographie der Gattung *Petunia* von E. R. Fries (l. c.) ausgegangen, in der diese für die drei in Frage stehenden sowie den mit diesen am nächsten verwandten Spezies *P. pygmaea, occidentalis* und *parviflora* folgendermaßen zu einem „*Clavis determinationis specierum*" zusammengefaßt sind.

Subgenus Pseudonicotiana: Corolla alba, tubo subcylindrico; filamenta tubo medio affixa.

  1. Planta elata; folia elliptica vel spathulata; corolla
     3,5 cm. longa vel ultra; pedicelli fructiferi erecti . .   *axillaris*

  2. Planta minor; folia linearis; corolla 1,5 cm. vix attin-
     gens; pedicelli fructiferi deflexi . . . .   *pygmaea*

Subgenus Eupetunia: Corolla violacea, tubo sursum sensim apliato; filamenta infra medium affixa.

 I. Calyx fere ad basin divisus, incisuris obtusis, laciniis
    sursum plus minus (interdum leviter) dilatatis.

 A. Folia ovata, rhomboidea vel spathulata, corolla magna
    (18 mm. longa vel ultra).

    1. Pedunculi fructiferi deflexi . . . .   *violacea*

    2. Pedunculi fructiferi erecti.

      a) Corolla ventricoso — infundibuliformis, tubo basi
        breviter tubuloso-cylindrico; capsula 5 bis 7 mm.
        longa . . . .   *inflata*

      b) Corolla anguste infundibuliformis, tubo basi longe
        tubuloso-cylindrico; capsula 9 bis 11 mm. longo .   *occidentalis*

 B. Folia lineari-spathulata; corolla minima, 1 cm. haud
    attingens . . . .   *parviflora*

II. Calyx minus alte incisus, incisuris acutis vel obtusis,
    lobia apicem versus angustatis . . . . übrige 21 Spezies.

Wie ersichtlich, hat Fries *Petunia* in zwei Untergattungen, *Pseudonicotiana* und *Eupetunia* aufgeteilt. Als morphologisch trennende Merkmalspaare werden hierbei benutzt (man vgl. hierzu Abb. 31).

	Pseudonicotiana	*Eupetunia*
Kronrohr:	fast zylindrisch	— nach oben allmählich erweitert;
Staubfäden:	in der Mitte des Kronrohres	— unterhalb der Mitte inseriert.

Außerdem soll *Pseudonicotiana* durch weiße, *Eupetunia* durch violette Blütenfarbe gekennzeichnet sein, ein Merkmal, das wohl nur als sekundär (zufällig) artentrennend aufgefaßt werden kann.

P. axillaris gehört zu *Pseudonicotiana*, *P. violacea* und *inflata* gehören zu *Eupetunia*. Die beiden letztgenannten Arten werden auf Grund der Form ihrer Fruchtstiele auseinandergehalten, die bei *violacea* gegen das obere Ende zu gekrümmt, bei *inflata* dagegen ganz gerade sind (vgl. Abb. 33).

Das Verhalten der artentrennenden Merkmale von *Petunia axillaris* *violacea* und *inflata* in Kreuzungen

Kreuzungen zwischen diesen drei *Petunia*-Arten sind in größerer Anzahl ausgeführt worden. Namentlich haben Gärtner, Blumenzüchter sich viel damit beschäftigt um großblütige Sorten mit verschiedenem Wuchs und Blütenfarbe herzustellen. Irgendwelche Schwierigkeiten gab es bei dieser Kreuzungsarbeit anscheinend nicht. Es ist jedenfalls gelungen, ein reiches Sortiment von Gartenvarietäten herzustellen, die jetzt insgesamt unter dem Namen *Petunia hybrida hort.* zusammengefaßt werden.

Schon Systematikern ist dies wohlbekannt gewesen. So schreibt z. B. R. E. Fries (1911 p. 30): Mit *violacea* hybridisiert *axillaris* bekanntlich leicht und bildet Hybriden, die oft nur mit Schwierigkeit sich von den Mutterarten unterscheiden lassen; sowie (l. c. p. 35), daß *violacea* mit *axillaris* in Kultur zahlreiche Gartenhybriden produziert hat. Einige dieser sind auch mit Artnamen belegt worden. W. C. Steere (1932), der zytologische Studien an Kulturformen ausgeführt hat, ist mit Recht der Ansicht, daß die Gartensorten von *Petunia* aus zwei oder drei der Spezies *axillaris*, *violacea* und *inflata* zusammengesetzt sind, deren Merkmale je nach Sorte in verschiedenem Grade zutage treten.

M. C. Ferguson und A. M. Ottley (1932) behandeln die Taxonomie der Arten *parviflora* Juss., *axillaris* und *violacea* sowie die Hybridnatur der kultivierten Sorten. Eine weißblühende Garten-*Petunia* mit kurzem

Kronrohr, die „zwölf Jahre hindurch konstant war", wird als *Petunia alba hort.* neubeschrieben.

Genetiker und Züchter, die mit Kreuzungen zwischen *axillaris* und *violacea* gearbeitet haben, fanden keine Hindernisse beim Ausführen der Artkreuzung. Auch konnten sie volle Fertilität der Hybriden und ihrer Nachkommen feststellen, so MALINOWSKI (1914, 1914 a), RASMUSON (1918), STEERE (1932). Für *inflata* ist dies durch LANGVAD (1952) in Kreuzungen mit durch *axillaris*- bzw. *violacea*-Merkmalen gekennzeichneten Sorten nachgewiesen worden.

Zahlreiche genetische Untersuchungen mit PETUNIA behandelten vor allem die Vererbung der Selbstfertilität, Blütenfüllung, das Verhalten von Tetraploiden sowie die Vererbung von Blütenfarbe, Blütenscheckung und Pollenfarbe.

Von diesen Eigenschaften wurde nur die Blütenfarbe als artentrennendes Merkmal verwendet. MALINOWSKI (1914) fand eine monohybride Spaltung nach 3 Violett : 1 Rot sowie auch Dominanz von Violett über Lila. In einer zweiten Arbeit (1914 a) fand er nach Kreuzung einer weißblütigen mit einer rotnervigen Sorte Spaltung nach 9 Rot ganzfarbig : 3 Rotnervig : 4 Weiß. Irgendwelche Fertilitätsstörungen kamen nicht vor. RASMUSON (1918) hat in Kreuzungen zwischen *axillaris* und *violacea* entsprechende Ergebnisse erhalten.

Diese Ergebnisse bestätigen was für die Vererbung von Blütenfarbe binnen den meisten Pflanzen gefunden worden ist, nämlich daß es ein Grundgen für die Ausbildung von Farbe überhaupt gibt, sowie daß weitere Gene verschiedene Farben bzw. Farbenverteilungen bedingen. Der Spaltung 3 verschieden gefärbt : 1 Weiß liegt das Grundgen P, abgeleitet von Pigment, gewöhnlich Anthocyanbildung, zugrunde. Bei Rezessivität in p sind die Blüten Weiß, gleichgültig welche genotypische Konstitution sie im übrigen besitzen. Die Spaltungen nach 3 Violett : 1 Rot, 3 Violett : 1 Lila, 3 Rot ganzfarbig : 1 Rotnervig usw. entsprechen den Spaltungen in verschiedenen Farbgenen.

Mit diesen Resultaten ist bewiesen, daß die Blütenfarbe nicht als artentrennendes Merkmal aufgefaßt werden kann, wie sie z. B. von FRIES (l. c.) für die Untergattung *Pseudonicotiana* (weißblütig) kontra *Eupetunia* (violettblütig) verwendet worden ist. Das Vorkommen in der Natur von nur weißblütigen *P. axillaris* bzw. violettblütigen *P. violacea* kann darauf beruhen, daß die Merkmalskombination von *axillaris* zusammen mit der genotypischen Konstitution für weißblütig sich im Kampf ums Dasein besser bewährt als mit der für violettblütig. Und das Umgekehrte könnte für *P. violacea* Gültigkeit haben. Es kann auch in Frage gestellt werden, ob nicht zuweilen auch weißblütige *violacea*, d. h. Mutationen im Gen P zu p, anzutreffen sind, eine Erscheinung, die bei zahlreichen wildwachsenden Pflanzen beobachtet worden ist. In der Regel sind diese Rezessivmutanten weniger konkurrenzkräftig und verschwinden dann wieder mehr oder weniger schnell. In anderen Fällen sind die weißblütigen Formen konkurrenzkräftiger.

Die vorstehend referierten Studien mit Vererbung von Merkmalen bei *Petunia* haben sich mit Blütenfarbe beschäftigt. Studien über das Verhalten der taxonomisch als artentrennend aufgefaßten Merkmale in aus Kreuzungen zwischen den im Titel genannten drei Arten erhaltenen Gartenpetunien scheinen indes nicht vorzuliegen. Im folgenden sollen meine diesbezüglichen Untersuchungen (L. 1953 a) besprochen werden.

Der vererbungsanalytischen Untersuchung liegen insgesamt 110 Proben von *Petunia* zugrunde. Von diesen wurden 19 unter den Artnamen *axillaris* (bzw. *nyctaginiflora*), *violacea* und *inflata* aus Botanischen Gärten erhalten, während die übrigen 91 verschiedenen Sorten von *P. hybrida hort.*, also Gartenvarietäten entsprechen. Von jeder Probe wurde eine Parzelle mit etwa 100 Individuen auf einem sehr gleichmäßigen und für die Entwicklung von *Petunia* günstigen Versuchsfeld ausgepflanzt[1].

Die Ergebnisse der Merkmalsanalyse sind in Tabelle 25 zusammengestellt. An der Blumenkrone wurde beurteilt: die Form des Kronrohres, das Vorhandensein oder Fehlen eines Buckels am Kronrohr, der Symmetriegrad der Blüte sowie die Lage der Ansatzstelle der Staubfäden im Kronrohr. An den Fruchtstielen wurde beurteilt, ob sie gerade oder mehr weniger gekrümmt waren.

Die Form des Kronrohres. Die Form des Kronrohres wird mit den Bezeichnungen *cy*, *cy—(am)*, *cy—am*, *(cy)—am*, *am* und *+am* angegeben. Die diesen sechs Bezeichnungen entsprechenden Formen zeigt Abb. 31.

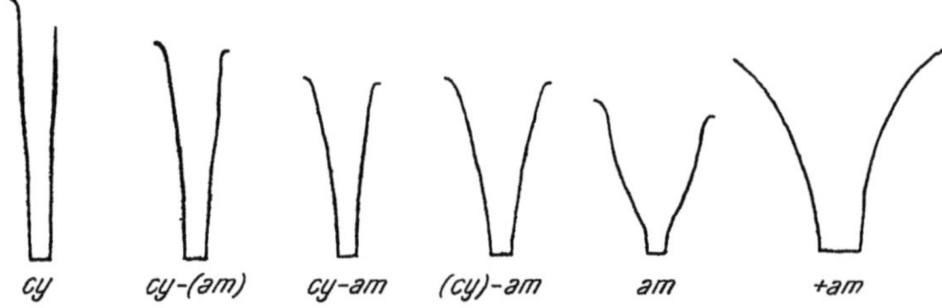

Abb. 31. Längsschnitte durch die in den Varietäten von *Petunia hybrida hortensis* angetroffenen homozygoten Kronrohrtypen

cy (von *cylindricum*) entspricht dem fast ganz zylindrischen Kronrohr von *axillaris*, *am* (von *ampliato*) dem trichterförmig erweiterten Kronrohr von *violacea* und *inflata*, *cy—(am)*, *cy—am* und *(cy)—am* entsprechen drei Zwischenformen (s. Abb. 31). *+am* schließlich gibt die fast ganz

---

[1] Für die Beschaffung und Pflege des Materials bin ich Versuchsleiter A. NILSSON und für Hilfe bei der Beurteilung Gärtner R. BENARY zu großem Dank verpflichtet.

offene Blüte der tetraploiden *superbissima*-Formen an, bei denen man von einem Kronrohr nicht mehr gut sprechen kann.

Der Kronrohrbuckel. Abb. 34 zeigt die verschiedene Ausbildung des Buckels am Kronrohr. Das stete Vorhandensein eines deutlichen Buckels am Kronrohr wird in der Tabelle 25 durch ein +, das vollständige Fehlen durch ein — angegeben. Wenn in einer Sorte ein Buckel teils deutlich, teils kaum zu beobachten ist, wird dies durch ein ± angegeben. Ein nur ab und zu an einzelnen Individuen erkennbarer Buckel wird durch (±) vermerkt.

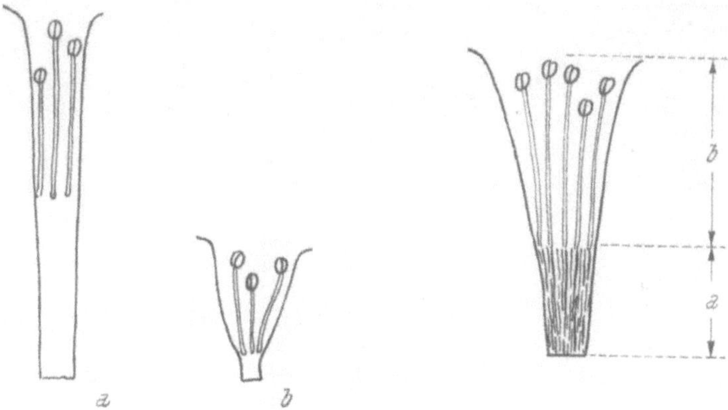

Abb. 32. Die Insertionsstellen der Staubfäden im Kronrohr von *Petunia;* a und b wurden als Untergattungen trennend aufgefaßt. Rechts Schema für die Bestimmung der Lage der Insertionsstelle (s. Tab. 25)

Der Symmetriegrad der Blüte. Der Symmetriegrad wurde durch eine fünfgradige Skala gekennzeichnet, in der 1 stark asymmetrisch, 5 ganz symmetrisch bedeutet.

Die Insertionsstelle der Staubfäden im Kronrohr. Nach vertikaler Spaltung des Kronrohres wurde mit einem Millimetermaß die Höhe vom Grund bis zum Staubfadenansatz gemessen sowie dann die Höhe von dieser Stelle bis zum Rande des Kronrohres (vgl. Abb. 32). Ausgehend von diesen zwei Maßen wurde darauf die Strecke vom Kronrohrgrund bis zur Ansatzstelle der Staubfäden in Prozent der ganzen Kronrohrlänge berechnet. Bei Formen mit ganz in der Nähe des Grundes inserierten Staubfäden würde sich demnach dieser Wert Null, und bei solchen mit in der Nähe des oberen Kronrohrrandes sitzenden Staubfäden 100 nähern.

Die Form der Fruchtstiele. Für die Form der Fruchtstiele wurden die Bezeichnungen *er* (von *erectus*), *de* (von *deflexus*) sowie für uneinheitliche Ausbildung der Krümmung der Fruchtstiele (an verschiedenen Individuen, was ab und zu vorkam) *er—(de)* und *(er)—de* verwendet. Im ersten

Tabelle 25. Übersicht der als artentrennend aufgefaßten und anderer Merkmale von *Petunia axillaris, violacea* und *inflata* sowie aus Kreuzungen zwischen diesen aufgezogenen Varietäten

Nr.	Name	Kronrohr *cy, am*	Staubfäden-insertion in % der Kronrohr-länge	Symme-trie-grad	Buckel am Kronrohr	Frucht-stiele *er, de*
a	b	c	d	e	f	g
1	*axillaris*	*cy*	54,3	4,0	—	*er*
2	*(axillaris)*	*cy*	57,4	2,4	—	*de*
3	*(axillaris)*	*cy*	52,6	3,2	—	*(er)—de*
4	*(axillaris)*	*cy*	51,4	3,8	—	*er—(de)*
5	*(axillaris)*	*cy*	51,4	2,2	—	*de*
6	*(axillaris)*	*cy*	49,0	3,6	—	*er—(de)*
7	*(axillaris)*	*cy*	44,7	4,0	—	*er—(—de)*
8	*(axillaris)*	*cy—(am)*	50,7	2,8	—	*er—(de)*
9	*(axillaris)*	*cy—(am)*	48,0	3,9	—	*(er)—de*
10	*(violacea)*	*cy—am*	31,1	4,0	+(—)	*er*
11	*(violacea)*	*cy—(am)*	52,0	3,4	—	*er*
12	*(violacea)*	*cy—(am)*	56,7	3,4	—(±)	*er—(de)*
13	*(violacea)*	*cy—(am)*	46,4	3,6	—	*(—er)—de*
14	*(violacea)*	*(cy)—am*	23,4	1,0	+	*er—(—de)*
15	*inflata*	*am*	16,4	1,0	+	*er*
16	*(inflata)*	*am*	18,0	1,0	+	*er—(—de)*
17	*(inflata)*	*am*	20,3	1,0	+	*er—(—de)*
18	*(inflata)*	*cy—am*	44,1	2,2	—	*(er)—de*
19	*(inflata)*	*cy*	58,8	2,4	—	*er—(—de)*
20	*rosea*	*cy—(am)*	30,9	3,4	+	*er—(de)*
21	Blütensegen, samtig dunkelviolett	*cy—(am)*	36,1	4,6	—	*er—(de)*
22	Schneeflocke	*cy—(am)*	36,8	4,4	—	*er—(de)*
23	Balkonpetunie	*cy—(am)*	38,3	4,0	—(±)	*(er)—de*
24	Pink Sensation	*cy—(am)*	39,5	4,2	—(±)	*er*
25	Roi des Blancs	*cy—(am)*	41,8	3,6	—	*(er)—de*
26	Rathaus	*cy—(am)*	44,0	4,4	—	*er—(de)*
27	Blütensegen, blau mit weißem Stern	*cy—(am)*	44,8	3,8	+(—)	*er—(—de)*
28	Black Prince	*cy—(am)*	44,8	3,6	—	*de*
29	Ratsherr	*cy—(am)*	46,1	3,4	—	*er—(—de)*
30	*alba*	*cy—(am)*	46,5	4,2	—	*er—(—de)*
31	Berolina	*cy—(am)*	47,2	3,8	—	*(er)—de*
32	Blue Bird	*cy—(am)*	47,9	3,2	—(+)	*er*
33	Weiße Frau	*cy—(am)*	48,0	4,2	—	*er—(de)*
34	*cyanea*	*cy—(am)*	51,2	4,2	—	*(er)—de*
35	Rose Queen	*cy—am*	25,4	3,8	—	*er—(—de)*
36	Comanche	*cy—am*	28,6	2,8	—(±)	*er—(—de)*
37	Fair Lady	*cy—am*	29,0	3,2	—	*er—(—de)*
38	Crater	*cy—am*	29,5	2,6	+(—)	*er*
39	Inimitable	*cy—am*	29,7	3,0	—	*(er)—de*
40	Twinkles	*cy—am*	29,9	2,8	+(—)	*er*
41	Comanche	*cy—am*	30,1	2,4	—	*er*
42	King Henry	*cy—am*	30,5	2,4	—	*de*

Nr.	Name	Kronrohr cy, am	Staubfäden-insertion in % der Kronrohr-länge	Symme-trie-grad	Buckel am Kronrohr	Frucht-stiele er, de
43	Himmelsröschen	cy—am	30,7	2,2	−(+)	er—(−de)
44	Mariehöne	cy—am	31,1	2,8	−(±)	er—(−de)
45	Royon rouge	cy—am	31,4	2,8	(+)−	er
46	Twinkles	cy—am	31,6	2,8	+(−)	er—(−de)
47	Rotköpfchen	cy—am	32,7	2,8	+(±)	(er)—de
48	Velvet Ball	cy—am	34,3	2,2	−	de
49	Stellaris	cy—am	35,7	3,2	−(+)	er—(−de)
50	Himmelsröschen	cy—am	35,8	2,6	−(±)	er
51	*grandiflora*, Dazzler	cy—am	36,5	4,0	−(±)	er
52	Liebstöckel	cy—am	36,9	3,6	−	er—(−de)
53	Markprinzessin	cy—am	37,3	3,7	−	(er)—de
54	Blütensegen, weiß	cy—am	39,3	4,2	−	(er)—de
55	*nana*, gemischte Farben	cy—am	39,7	3,2	−(±)	er—(−de)
56	Blütensegen, dkl. purpur	cy—am	39,7	3,4	−	de
57	Topas Queen	cy—am	40,2	3,0	−(±)	er—(−de)
58	*grandiflora* Prachtmischung	cy—am	40,3	3,8	−	er—(−de)
59	Silver Medal	cy—am	40,4	3,6	−	(er)—de
60	Queen of the market	cy—am	43,0	3,7	−	de
61	*grandiflora*, Balkondrottning	cy—am	48,9	3,0	−	de
62	America, fl. pl.	(cy)—am	22,7	5,0	−	er—(−de)
63	Minuet, fl. pl.	(cy)—am	25,4	5,0	−(±)	de
64	Fire Chief	(cy)—am	26,1	2,4	+(−)	er—(de)
65	Lilas argente	(cy)—am	27,1	2,2	−(+)	er
66	Tango	(cy)—am	29,4	3,4	−(+)	(er)—de
67	Gloire de Roses	(cy)—am	29,9	2,4	+(−)	(er)—de
68	Comtesse of Ellesmer	(cy)—am	30,3	2,6	+	(er)—de
69	Ballerina	(cy)—am	31,8	2,6	−(+)	(er)—de
70	Bolero	(cy)—am	32,1	3,4	−(+)	de
71	English Violet	(cy)—am	36,0	1,0	+	er
72	*grandiflora*, riesenblütig, einfach gefranst	(cy)—am	36,1	5,0	−	er—(de)
73	*grandiflora*, weiße Wolke	(cy)—am	37,7	5,0	−	(er)—de
74	English Violet	(cy)—am	39,1	1,2	+	er
75	Ruffled little Giant mixed	(cy)—am	39,6	4,6	−	(er)—de
76	*grandiflora*, Rathaus *violacea*	(cy)—am	41,2	4,8	−	de
77	Gelbstern	(cy)—am	43,0	4,0	−	er—(−de)
78	Ruffled Pink	(cy)—am	43,4	4,2	−	er—(de)
79	Cream Star	(cy)—am	44,8	4,0	−	er
80	War Admiral	(cy)—am	45,1	4,6	−	er
81	Reinweiß, fl. pl.	(cy)—am	45,4	5,0	−	(er)—de
82	*grandiflora*, Burgundy	(cy)—am	46,6	4,8	−	er—(−de)
83	*grandiflora*, Elko Pride	(cy)—am	47,1	5,0	−	de
84	La Paloma	(cy)—am	47,5	4,0	−	(er)—de
85	War Admiral	(cy)—am	48,0	4,6	−	er
86	Viktorins Illumination, fl. pl.	am	22,8	5,0	−	er—(−de)
87	*grandiflora*, Pink Glory	am	24,2	2,4	+	(er)—de

(Fortsetzung der Tabelle 25)

Nr.	Name	Kronrohr cy, am	Staubfäden-insertion in % der Kronrohr-länge	Symme-trie-grad	Buckel am Kronrohr	Frucht-stiele er, de
88	*grandiflora*, Carmencita	am	30,4	4,0	—	er
89	*superbissima*, Theodosia	am, +am	30,7	4,8	—	er—(de)
90	Caprice, fl. pl.	am	31,6	5,0	—	er—(de)
91	Canadian, fl. pl.	am	35,9	5,0	—	(er)—de
92	Himmelsröschen, fl. pl.	am	37,3	5,0	—	(er)—de
93	*superbissima*, Goldenes Jubiläum	am	38,1	4,2	—(±)	er—(—de)
94	Colossal Shaders of Rose, fl. pl.	am	38,3	5,0	—	(er)—de
95	*grandiflora*, Flamingo	am	38,9	5,0	—	(er)—de
96	Rose of Canada, fl. pl.	am	40,0	5,0	—	(er)—de
97	Fimbriata, fl. pl.	am	41,7	5,0	—	er—(de)
98	Admiral	am	43,2	4,6	—	er
99	Nocturne, fl. pl.	am	43,4	5,0	—	er—(—de)
100	*grandiflora*, Summer Night	am	43,7	4,8	—	(er)—de
101	Sonata, fl. pl.	am	44,6	5,0	—	(er)—de
102	War Admiral	am	45,7	5,0	—	er
103	*superbissima*, Superdwarf Giants of California	+am	25,7	5,0	—	er—(de)
104	*superbissima*, Prinzessin v. Württemberg	+am	25,8	5,0	—	er
105	*superbissima*, kupferrosa	+am	27,6	4,8	—(±)	(er)—de
106	*superbissima*, Giant of California	+am	29,3	5,0	—	er—(—de)
107	*superbissima*, lachsfarben	+am (am)	29,3	5,0	—	(er)—de
108	*superbissima*, Berner Balkon	+am	30,8	4,2	—	er—(—de)
109	*superbissima*, Deutsche Kaiserin	+am	31,4	4,8	—	er—(—de)
110	*superbissima*, Kopparschar-lakan	+am	31,4	4,8	—	er—(—de)

Fall gab es außer Individuen mit geraden Fruchtstielen auch solche mit weniger gekrümmten und (er)—de gibt das Umgekehrte an. Wenn nur vereinzelt abweichende Individuen auftraten, wurde dies durch (—de) bzw. (—er) angegeben. Es sei auch erwähnt, daß der Grad der Krümmung der Fruchtstiele ziemlich stark variierte. Man vergleiche Abb. 33. Als *er* wurden jedoch nur Pflanzen mit ganz geraden Fruchtstielen bezeichnet.

Sämtliche in Tabelle 25 mitgeteilten Zahlen bzw. Symbole für Merkmale sind Mittelwerte von wenigstens fünf typischen Individuen. In der Tabelle sind zuerst die drei Arten aufgenommen, wobei Proben, die nicht vollkommen mit der Diagnose übereinstimmten, in Klammern gesetzt sind; z. B. (*axillaris*). Darauf folgen die aus Kreuzungen zwischen den drei Arten ausgelesenen Gartenvarietäten (*P. hybrida hort.*). Diese sind nach der Beschaffenheit des Kronrohres geordnet, also dem ersten der beiden wichtigsten Merkmale für die Trennung der beiden Untergattungen *Pseudonicotiana* und *Eupetunia* (s. d. Bestimmungsschlüssel oben). Dies führt laut Vorstehendem zu den folgenden sechs Gruppen: *cy*, *cy—(am)*, *cy—am*, *(cy)—am*, *am* und *+am*. Erwähnt sei, daß Gartenvarietäten mit fast ganz zylindrischem Kronrohr, *cy*, wie es für *P. axillaris* kennzeichnend ist, nicht angetroffen worden sind. Aber bereits die dieser recht nahestehende Gruppe „*cy—(am)*" war durch nicht weniger als 15 Varietäten vertreten. Binnen jeder der erwähnten sechs Gruppen sind die Varietäten (Sorten) dann mit Hinblick auf das zweite untergattungstrennende Merkmal, die Insertionsstelle der Staubfäden gruppiert, und zwar von tiefster bis zu höchster Insertion.

Die Ergebnisse der Untersuchung der drei *Petunia*-Arten

Wie aus Tabelle 25 hervorgeht, wurden von den drei in Frage stehenden „reinen" Arten 19 Proben untersucht. Die Samen dieser wurden von verschiedenen Botanischen Gärten Europas erhalten. Es zeigte sich hierbei, daß nur je eine Probe von *axillaris* (Nr. 1) und von *inflata* (Nr. 15) mit den in den Artdiagnosen angegebenen Merkmalen volle Übereinstimmung aufweist (s. o.). Die fünf Proben von *violacea* (Nrn. 10 bis 14) waren alle von der Originalbeschreibung stark abweichend.

Im Botanischen Museum der Universität Lund hatte ich aber Gelegenheit, einige Herbarexemplare von *P. violacea* aus Rio Grande do Sul zu untersuchen, die vollkommen der Diagnose entsprachen[1]. Laut der in der Tabelle benutzten Charakteristik waren diese: *am*, etwa 19, 1 bis 2, +, *de* (die Ausbildung des Buckels am Kronrohr ist an gepreßtem Material aber schwer zu beurteilen). Ein weiteres Herbarexemplar aus Japan (offenbar kultiviert) war deutlich abweichend, indem das Kronrohr intermediären Typ (etwa *cy—am*; s. Abb. 31) zeigte.

Es ist auffallend, wie stark das aus botanischen Gärten stammende Material von den betreffenden Artdiagnosen abweicht. Die Charakteristik der 17 abweichenden Nummern (2 bis 14 und 16 bis 19) zeigt aber auch, daß es sich in keinem einzigen Fall um eine einfache Verwechslung handeln kann. Einige Beispiele mögen dies veranschaulichen. Von den 8 abweichenden *axillaris*-Proben hatten zwei ausschließlich typische „pedunculi fructiferi deflexi", während die übrigen 6 Proben in dieser Hinsicht uneinheitlich oder intermediär waren. Also nur eine Probe, Nr. 1, gab Pflanzen mit geraden Fruchtstielen, so wie dies laut der Diagnose für *axillaris* kennzeichnend sein soll. In zwei Fällen (Nr. 8 und 9) war überdies das Kronrohr abweichend, indem es nicht mehr fast ganz zylindrisch, sondern nach oben deutlich erweitert war und in einem Fall

---

[1] Für die freundliche Zurverfügungstellung von Herbarmaterial bin ich Herrn Intendant T. NORLINDH großen Dank schuldig.

(Nr. 7) lag auch die Insertion der Staubfäden deutlich unter der Mitte des Kronrohres (4,7).

Daß keine der *violacea*-Proben mit der Originalbeschreibung übereinstimmte, wurde bereits erwähnt. *P. violacea* sollte gleichwie *inflata* nach oben stark erweitertes Kronrohr haben. In allen fünf Fällen wurde eine diesbezüglich intermediäre Form gefunden, die sich in der Mehrzahl der Fälle dem *axillaris*-Typ (*cy*) näherte. Der Ansatz der Staubfäden lag in drei der fünf Proben etwa in der Mitte, in zwei deutlich unter derselben, aber in keinem Fall so tief im Kronrohr, wie dies an den Exemplaren aus Rio Grande do Sul zu beobachten ist (etwa 19 anstatt bei den in Frage stehenden Proben 31,1 und 23,4). Schließlich ist hervorzuheben, daß *violacea* gekrümmte Fruchtstiele haben soll, während diese hier in zwei Fällen (Nr. 10 und 11) durchweg aufrecht, in den übrigen uneinheitlich bzw. schwach gekrümmt waren.

Von *P. inflata* ist Nr. 15 vollkommen mit der Diagnose übereinstimmend. Auch von dieser Art konnte ich aus Brasilien stammendes Herbarmaterial vergleichen. Von den untersuchten Proben hatte eine ausgesprochenes *axillaris*-Kronrohr und in einem zweiten Fall war es intermediär zwischen *axillaris* und *inflata*. Während die Insertionsstelle der Staubfäden bei reiner *inflata* weit unter der Mitte des Kronrohres (2 bis 5 mm vom Grunde dieses) liegt, ist es bei Nr. 18 etwas unter der Mitte, bei Nr. 19 sogar deutlich ober der Mitte gelegen (58,8). Diese beiden letzten Proben haben auch geringere Asymmetrie der Blüten als *inflata* und sind ohne Buckel am Kronrohr. In den vier unechten Proben (Nr. 16 bis 19) sind auch die Fruchtstiele niemals einheitlich aufrecht.

Diese Beobachtungen scheinen mir zweifellos den Schluß zu rechtfertigen, daß die in botanischen Gärten gebauten *P. axillaris*, *violacea* und *inflata* durch spontane Kreuzungen zwischen denselben zum größten Teil ihre ursprünglichen Merkmale verloren haben. A priori könnte man vielleicht zu der Annahme neigen, daß es sich hier um heterozygote Artbastarde handelt. Diese Annahme fällt jedoch schon deshalb weg, da die meisten der Proben beim Versuchsanbau in Weibullsholm mehrere Jahre hindurch ihre abweichenden Merkmale, oder besser ihre mit den Arten nicht übereinstimmenden Merkmalskombinationen unverändert beibehalten haben. Es war also keine Spaltung in den artentrennenden Eigenschaften zu beobachten. In diesem Zusammenhang ist auch hervorzuheben, daß sämtliche 19 Proben volle Fertilität gezeigt haben. Störungen durch artentrennende Gene, verschiedene Chromosomenstruktur oder verschiedenes Plasma können daher ausgeschlossen werden. Daß es sich hier wirklich um konstante Neukombinationen von als artentrennend aufgefaßten Merkmalen handelt, wird durch die mit den Gartenvarietäten erhaltenen Ergebnisse bestätigt.

Die Kombinationen von artentrennenden Merkmalen in Gartenvarietäten

Wie schon oben erwähnt, wurde das *Petunia*-Material in der Tabelle so geordnet, daß zuerst die aus botanischen Gärten unter den Namen *axillaris (nyctaginiflora)*, *violacea* und *inflata* erhaltenen 19 Proben und darauf die 91 Proben verschiedener Gartenvarietäten (*P. hybrida hort.*), geordnet nach ihrem Kronrohrtyp, kommen. Binnen jedem der Kronrohrtypen wurde das Material dann auf Grund der Insertionsstelle der Staubfäden im Kronrohr, beginnend mit den am tiefsten sitzenden geordnet.

Die Kronrohrtypen. In Abb. 31 sind die Längsschnitte von sechs verschiedenen Typen abgebildet. Damit ist nicht gesagt, daß diese alle auftretenden Typen umfassen. Es scheint nämlich alle Übergänge zwischen dem fast ganz zylindrischen Kronrohr von *axillaris* (*cy*) und dem nach oben stark erweiterten von *violacea* (*am*) zu geben. Die genische Bedingtheit und Konstanz dieser Typen steht außer Zweifel. Sowohl die „Arten" wie die Sorten (Gartenvarietäten) wurden in Weibullsholm seit Jahren gebaut und haben hierbei ihre Merkmale, abgesehen von einzelnen spontanen Kreuzungen, unverändert beibehalten. Auf Grund der vorhandenen Typen zu schließen, sind für die Ausbildung derselben wenigstens drei, wahrscheinlicher vier verschiedene Gene verantwortlich. Von diesen können aber zwei als die Form, d. h. die Erweiterung des Kronrohres, direkt bedingend aufgefaßt werden. Es zeigt sich nämlich, daß auch die Länge des Kronrohres auf den Grad der Erweiterung desselben nach oben einen deutlichen Einfluß hat. Und mit Hinblick hierauf ist eine pleiotrope Wirkung von die Länge des Kronrohres bedingenden Genen wahrscheinlich auch für den Kronrohrtyp verantwortlich zu machen.

Die Variationsbreite des Kronrohrtyps im vorliegenden Material könnte demnach — d. h. ohne besondere genanalytische Studien — durch das Zusammenwirken der Allele von zwei Genen für den Grad der Erweiterung mit den Allelen von zwei Genen für die Länge des Kronrohres ihre Erklärung finden.

Eine Sonderstellung nimmt der Kronrohrtyp $+am$ ein. Während bei den fünf Typen *cy*, *cy—(am)*, *cy—am*, *(cy)—am* und *am* der Übergang des Kronrohres in die sich ausbreitenden Petalenzipfel stets sehr deutlich markiert ist, kann beim $+am$-Typ überhaupt kein Kronrohr-Rand wahrgenommen werden. Die ganze Blumenkrone bildet hier einen sich bogenförmig nach oben stark öffnenden Trichter, weshalb hier von einem Kronrohr überhaupt nicht gesprochen werden kann. Dieser $+am$-Typ kommt ausschließlich bei den *superbissima*-Gartenvarietäten vor, die durchweg tetraploid sind. Diese sind außer durch besondere Großblütigkeit auch durch große Samen charakterisiert. Diese letztgenannte Eigenschaft kommt auch bei einer (bisher anscheinend einzigen) diploiden Sorte vor, nämlich bei Gelbstern (Nr. 77 in Tab. 25). Diese Sorte wurde wegen ihrer besonderen Samengröße hier mit eben diesem Ergebnis zytologisch untersucht.

Zusammenfassend kann in bezug auf das Kronrohr gesagt werden, daß es in einer ganzen Reihe von Formen, von fast ganz zylindrisch bis

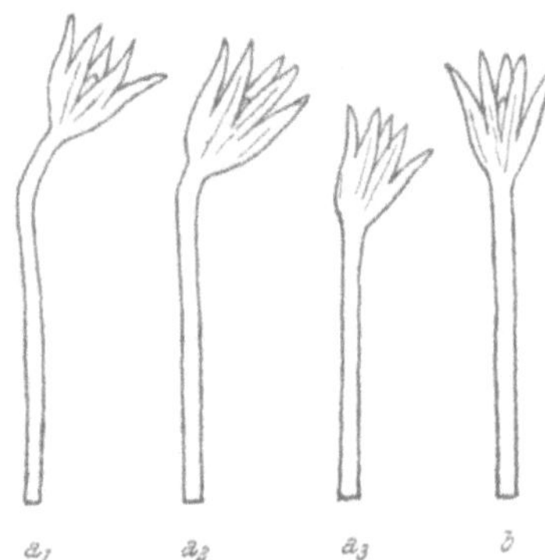

Abb. 33. Die Krümmung der Fruchtstiele bei *Petunia*. a_1, a_2 und a_3 gekrümmte Fruchtstiele mit verschiedener Lage der Krümmung, *b* gerader Fruchtstiel, die Arten *violacea* und *inflata* trennend

zu stark nach oben erweitert, in homozygoten und voll fertilen Varietäten erhalten werden kann. Dieses Merkmal kann demnach weder als Arten noch als Untergattungen trennend benutzt werden. Daß in der Natur anscheinend nur zwei der in Rede stehenden Kronrohrtypen (*cy* und *am*) vorkommen, ist hierbei ohne jede Bedeutung. Denn diese nicht selten zu beobachtende Erscheinung ist höchst wahrscheinlich darauf zurückzuführen, daß nur gewisse Merkmalskombinationen (mit *cy* bzw. *am*) im Kampf ums Dasein in der Wildnis am erfolgreichsten sind.

Die Lage der Insertion der Staubfäden im Kronrohr (s. Abb. 32). Diese wurde so ermittelt, daß das Kronrohr der Länge nach aufgeschnitten, ausgebreitet, und dann vom Grunde desselben die Strecke bis zur Ansatzstelle der Staubfäden (*a*) und darauf von diesem Punkt bis zum Kronrohrrand (*b*) in mm gemessen wurde. Das Verhältnis von $a/a + b$ gibt dann die Strecke vom Grund bis zur Staubfädeninsertion in Prozent der ganzen Kronrohrlänge an.

Laut R. E. Fries (l. c.) soll die Insertion der Staubfäden bei *axillaris* (*Pseudonicotiana*) in der Mitte des Kronrohres, bei *violacea* und *inflata* (*Eupetunia*) dagegen unter der Mitte gelegen sein. Dies gilt für die Wildformen, wie z. B. die Nrn. 1, 3 bis 6, 8 und 9 von *axillaris*, 14 von *violacea* und 15 bis 18 von *inflata* zeigen (vgl. Tab. 25). Die Werte der für *axillaris* angegebenen Nrn. liegen bei 50%; aber es gab hier sogar eine Probe, bei der die Ansatzstelle deutlich über der Mitte, nämlich bei 57,4 lag. Die Werte für typische *inflata* lagen zwischen 16 und 20. Typische *violacea* gab es, wie bereits erwähnt, nicht und die meisten Proben von *axillaris* und *inflata* wichen auch in irgendeinem oder mehreren Merkmalen von der Diagnose ab.

Die Lage der Staubfädeninsertion bei den Gartenvarietäten variiert von 22 bis zu 51, also weit unter der Mitte liegend, ähnlich wie bei *violacea* und *inflata*, und in der Mitte liegend, wie bei *axillaris*. Beim Großteil der Varietäten findet man hierfür eine intermediäre Lage zwischen 30 und 45, nämlich zusammen bei 57 von 91 Sorten (= 62,6%). Ein Studium der in Tab. 25 mitgeteilten Zahlen zeigt aber auch, daß die hierfür vorliegende Zahlenserie keine Einschnitte aufweist, sondern einem allmählichen Übergang von etwa 22 bis zu 51 entspricht. Es lassen sich also keine, durch etwaige bestimmte genotypische Konstitutionen bedingte Gruppen erkennen.

Da auch das hier in Rede stehende Merkmal bisher als Arten bzw. Untergattungen trennend aufgefaßt worden ist, mag es von besonderem Interesse sein, die Beziehungen dieses zu dem zuerst besprochenen solchen Merkmal, dem Kronrohrtyp, zu untersuchen. Die gefundenen Kombinationen dieser beiden Merkmale sind der Tabelle 26 zu entnehmen. Wie ersichtlich, wurde eine Klassenbreite von 5 benutzt. Die Zahlen geben stets die obere Grenze einer Klasse an, d. h. 20 bedeutet von 15 bis 20%, 25 von 20 bis 25% usw. Auf den ersten Blick scheinen die Zahlen der Tabelle 26 für eine deutliche Korrelation zu sprechen. Von einer solchen kann aber auf Grund der Beschaffenheit des Materials nicht die Rede sein. In der Tabelle sind auch die Proben der drei „Arten“ mitaufgenommen. Und es sind diese, die allein die Gruppe *cy* bilden und auch für das Auftreten von fünf Proben in den Klassen 20 und 25 mit *am* und (*cy*)—*am* verantwortlich sind. Bei Ausschaltung dieser ist auch keine sichere Korrelation mehr vorhanden.

Tabelle 26. Die Kombinationen von Kronrohrtypen mit der Höhe der Staubfädeninsertion im Kronrohr

Kronrohrtyp	Staubfädeninsertion in Prozent der Kronrohrlänge (von unten nach oben gerechnet)									Summe Proben
	20	25	30	35	40	45	50	55	60	
cy	—	—	—	—	—	1	1	4	2	3
cy—(*am*)	—	—	—	1	4	4	8	3	—	20
cy—*am*	—	—	6	9	8	5	1	—	—	29
(*cy*)—*am*	—	2	5	3	5	4	6	—	—	25
am	2	3	—	3	5	6	1	—	—	20
+*am*	—	—	5	3	—	—	—	—	—	8
Summe Proben:	2	5	16	19	22	20	17	7	2	110

Die Zahlen für die Gartenvarietäten allein zeigen nun folgendes. Sorten mit ganz so zylindrischem Kronrohr wie *P. axillaris* scheint es nicht zu geben. Dagegen gibt es Sorten mit annähernd zylindrischem Kronrohr, vgl. *cy*—(*am*) in Abb. 31, mit der Staubfädeninsertion in der Mitte (die Nrn. 31 bis 34), sowie auch solche mit der Insertion im unteren Drittel des Kronrohres (Nr. 20). In allen drei weiteren Gruppen von Kronrohrtypen, *cy—am*, (*cy*)—*am* sowie *am*, findet man sowohl Sorten mit der Insertion im unteren Viertel (z. B. den Nrn. 35, 62 und 86), wie auch solche mit der Insertion in der Mitte des Kronrohres (z. B. bei den Nrn. 61, 85 und 102). Und binnen jeder dieser Gruppen (Kronrohrtypen) gibt es eine ganze Reihe von Sorten, die einen fast lückenlosen Übergang von der tiefsten bis zur höchsten Insertion der Staubfäden vermitteln. Auch bei dem Merkmal der Insertionsstelle der Staubfäden im Kronrohr handelt es sich um ein erblich fixiertes, von Jahr zu Jahr konstantes Charakteristikum.

Die nun besprochenen Ergebnisse zeigen, daß die beiden bisher als Arten und Untergattungen trennend aufgefaßten Merkmale Kronrohrtyp und Insertionshöhe der Staubfäden im Kronrohr:

1. in einer ganzen Reihe von anscheinend ineinander übergehenden Formen auftreten und

2. daß diese beiden Merkmale in ihrer verschiedenen Ausbildung in praktisch genommen allen Kombinationen angetroffen werden.

Da diese Merkmalskombinationen in homozygoten, d. h. erblich fixierten, konstanten Rassen (Gartenvarietäten) vorkommen, erscheint der Schluß berechtigt, daß für die Überführung und damit für die beliebige Umkombination dieser Merkmale binnen den drei in Rede stehenden *Petunia*-„Arten" weder genisch noch chromosomal oder plasmatisch bedingte Hindernisse (Barrieren) bestehen. Damit ist aber auch gesagt, daß diese Merkmale nicht als Arten oder Untergattungen trennend aufgefaßt werden können.

Der Buckel am Kronrohr und die Symmetrie der Blüte. Diese Eigenschaften wurden durchweg beurteilt, teils da zwischen *P. axillaris* und *inflata* diesbezüglich ein großer Unterschied besteht, teils da eine preliminäre Besichtigung des Materials für eine deutliche Korrelation zwischen diesen Merkmalen zu sprechen schien. *P. inflata* hat einen starken Buckel am Kronrohr und ausgesprochen asymmetrische Blüten, *axillaris* dagegen hat auch nicht die Spur eines Buckels und nur ganz schwach asymmetrische Blüten.

Bei der Beurteilung des Grades der Symmetrie der Blüten wurde eine 5 gradige Skala verwendet, in der 5 vollkommene Symmetrie, 1 starke Asymmetrie angibt. Die in Tabelle 25 mitgeteilten Zahlen sind Mittelwerte von wenigstens 5 Beurteilungen typischer Pflanzen. In der Tabelle wurde eine Klassenbreite von 0,5 benutzt. Die Beurteilung des Buckels erfolgte mit den sechs Bezeichnungen +, + (±), + (—), (+) —, — (±) und —. In der Tabelle 27 wurden diese Zeichen durch die Zahlen 5 bis 1 und 0 ersetzt. Hierbei bedeutet 5, daß alle Pflanzen einen starken Buckel hatten, 0 daß ein solcher stets ganz fehlte. Zwischenwerte geben an, in welcher Frequenz ein mehr weniger deutlicher Buckel in der betreffenden Varietät anzutreffen war. Man vergleiche Figur 34, in der *a* ein Kronrohr mit schwachem aber deutlichem Buckel, *c* ein solches mit starkem Buckel zeigt. *b* ist ein deutlich gekrümmtes Kronrohr, das mit mehr oder weniger stark asymmetrischer Blüte kombiniert vorkommt.

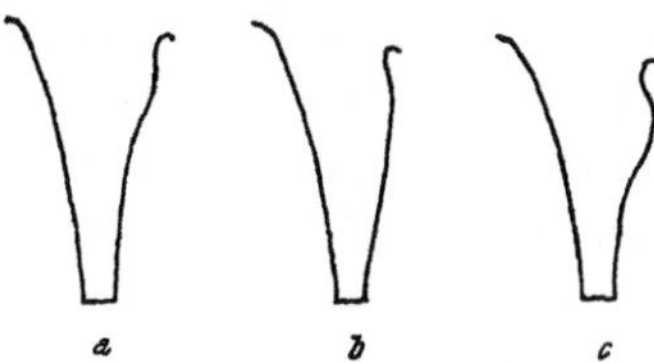

Abb. 34. Die verschiedene Ausbildung des Buckels am Kronrohr, deutlich, ohne und mit starkem Buckel

Ein Blick auf die Zahlen in Tab. 27 besagt unmittelbar, daß zwischen Buckel am Kronrohr und Asymmetrie eine Korrelation besteht, daß diese aber in den mittleren Klassen ganz unsicher erscheint. So hatten

Tabelle 27. Die Beziehungen zwischen Buckel am Kronrohr und Asymmetrie der Blumenblätter

Ausbildung des Buckels am Kronrohr	Asymmetriegrad der Blumenblätter									Summe Proben
	5,0	4,5	4,0	3,5	3,0	2,5	2,0	1,5	1,0	
0	25	7	17	12	6	4	2	—	—	73
1	2	—	4	2	3	2	—	—	—	13
2	—	—	—	1	3	—	2	—	—	6
3	—	—	1	—	1	3	—	—	—	5
4	—	—	1	—	2	1	—	—	—	4
5	—	—	—	1	—	2	—	—	6	9
Summe Proben:	27	7	23	16	15	12	4	—	6	110

von 27 Sorten mit ganz symmetrischen Blüten 25 keinen Buckel und nur zwei zeigten ab und zu einen schwachen solchen. Und umgekehrt hatten alle Proben mit stark asymmetrischer Blüte (1,0) stets einen starken Buckel (5). Bei Sorten mit mittelstarker Asymmetrie der Blüten (2,5 bis 3,5) werden aber sowohl solche ohne wie solche mit starkem Buckel am Kronrohr gefunden. Die Erklärung hierfür wurde darin gefunden, daß es Sorten gibt, bei denen das Kronrohr einseitig gekrümmt ist (Fig. 34 b) und bei diesen ist dann auch recht starke Asymmetrie zu beobachten. Allgemein scheint zu gelten, daß je größer der Unterschied in der Höhe des Kronrohres an zwei gegenüberliegenden Seiten ist, umso deutlicher ist auch die Asymmetrie der Blüte.

Es verbleibt nun zu untersuchen, in welchen Kombinationen der Buckel am Kronrohr mit den bisher als artentrennend aufgefaßten Merkmalen, Kronrohrform und Staubfädeninsertion anzutreffen ist. Tab. 25 zeigt diesbezüglich, daß Varietäten mit ausschließlich starkem oder wenigstens häufig starkem Buckel sowohl mit fast zylindrischem Kronrohr, *cy—(am)* (die Nrn. 20 und 27), mit intermediärem Kronrohr, *cy-am* (die Nrn. 30, 40, 46 und 47), mit stärker erweitertem Kronrohr, (*cy*)—*am* (die Nrn. 64, 68 und 71) sowie mit stark erweitertem Kronrohr vorkommen (die Nr. 87). In der tetraploiden (+ *am*, *superbissima*) Gruppe wurden nur in einer Probe einzelne Individuen mit schwachem Buckel gefunden. Der Großteil der Proben hatte in allen diesen Gruppen keinen Buckel am Kronrohr. Sorten mit im unteren Teil des Kronrohres inserierten Staubfäden kommen sowohl mit starkem Buckel (z. B. die Nrn. 20, 38 und 64) wie ohne solchen vor, während in Varietäten mit nahe der Mitte des Kronrohres gelegener Insertion nur vereinzelt Pflanzen mit deutlichem Buckel vorkommen (Nr. 32).

Schließlich zeigt die Tabelle 25, daß ein verschiedener Symmetriegrad der Blüte sowohl mit im unteren Teil wie nahe der Mitte des Kronrohres gelegener Insertion der Staubfäden anzutreffen ist. Man vergleiche z. B. einerseits die Nrn. 87 und 61 (24,2/2,4 bzw. 48,9/3,0) mit anderseits die Nrn. 86 und 102 (22,8/5,0 bzw. 45,7/5,0).

Wie ersichtlich, gilt für die nun besprochenen zwei Merkmale, Buckel am Kronrohr und Symmetriegrad der Blüte, offenbar ganz dasselbe was oben für die Form des Kronrohres und die Insertion der Staubfäden gesagt worden ist, d. h. diese Merkmale kommen in verschiedener Ausbildung in homozygoten, also erblich fixierten, konstanten Varietäten und in verschiedenen Kombinationen mit den früher besprochenen Merkmalen vor und können demnach nicht als Arten trennend aufgefaßt werden.

Die Form der Fruchtstiele. Laut R. E. Fries (l. c.) haben *P. axillaris* und *inflata* gerade, *violacea* dagegen gekrümmte Fruchtstiele. Eine Krümmung der Fruchtstiele ist stets nur im obersten Teil derselben zu beobachten, häufig tritt die Krümmung sogar erst dicht unter den Kelchblättern auf. Man vergleiche Abb. 33. Die in dieser abgebildeten Beispiele entsprechen Gartenvarietäten und die ersten drei (*a* 1, *a* 2 und *a* 3) zeigen die verschiedene Lage der Krümmung am Fruchtstiel.

Die Beurteilung der Fruchtstiele wurde mit den Symbolen *er* (*erecta*) und *de* (*deflexa*) vermerkt. Die Kombinationen von *er* und *de* in der Tabelle geben an, in welchem ungefähren Grad die betreffende Varietät aus *er* und *de* zusammengesetzt war. Es bedeuten *er*— (—*de*) bzw. (—*er*) —*de*, daß einzelne *de*— bzw. *er*—Individuen in der sonst einheitlichen *er*— bzw. *de*—Sorte vorkamen; *er*—(*de*) bzw. (*er*)—*de* besagen, daß ein nennenswerter Teil (bis zu etwa 50%) abweichender Pflanzen (*de* bzw. *er*) gefunden worden ist. Es zeigte sich, daß die Mehrzahl der Sorten in bezug auf diese Eigenschaft nicht einheitlich war. So waren nur 34 von den 110 Proben einheitlich *er* bzw. *de*, während in weiteren 30 Proben einzelne abweichende Individuen beobachtet worden sind.

Hier ist vor allem von Interesse zu sehen, wie sich das „Arten"-trennende Merkmalspaar *er*—*de* zu den beiden „Untergattungen"-tren-

nenden Eigenschaften Kronrohrform und Insertion der Staubblätter
verhält. Tabelle 28 zeigt die Beziehungen zur Form des Kronrohres. In
dieser sind die beiden Gruppen *er—(—de)* und *er—(de)* bzw. *(—er)—de*
und *(er)—de* zu *er (de)* bzw. *de (er)* zusammengefaßt. Wie aus der Tab. 28
hervorgeht, besteht zwischen den in Rede stehenden Merkmalen keinerlei
Zusammenhang. Das *cy*-Kronrohr kommt sowohl zusammen mit *er* wie
mit *de* vor, und reine *am*-Varietäten gibt es mit rein *er* und auch mit
hauptsächlich *de*. Dasselbe gilt sogar auch für die tetraploiden (+*am*,
superbissima) Sorten.

Tabelle 28. Die Kombination von Kronrohrtypen mit der Form der
Fruchtstiele

Kronrohrtyp	Form der Fruchtstiele				Summe Proben
	er	*er (de)*	*de (er)*	*de*	
cy	1	4	1	2	8
cy—(am)	3	10	6	1	20
cy—am	7	11	6	5	29
(cy)—am	6	7	8	4	25
am	4	8	8	—	20
+*am*	1	5	2	—	8
Summe Proben:	22	45	31	12	110

Den Zusammenhang zwischen den beiden Typen von Fruchtstielen
und der Insertion der Staubfäden zeigt Tabelle 29. Auch in dieser wurden,
gleichwie in Tab. 28, die Fruchtstiel-Beurteilungen auf vier Klassen vereinigt und die Insertionshöhe der Staubfäden im Kronrohr wurde hier,
wie in der Tab. 26, mit einer Klassenbreite von 5 angegeben.

Tabelle 29. Die Beziehungen zwischen Höhe der Staubfädeninsertion
im Kronrohr und Form der Fruchtstiele

Fruchtstieltyp	Staubfädeninsertion in Prozent der Kronrohrlänge (von oben nach oben gerechnet)									Summe Proben
	20	25	30	35	40	45	50	55	60	
er	1	—	4	4	5	2	4	2	—	22
er (de)	1	4	6	9	7	9	6	2	1	45
(er) de	—	1	5	3	10	6	4	2	—	31
de	—	—	1	3	1	3	2	1	1	12
Summe Proben:	2	5	16	19	23	20	16	7	2	110

Die Zahlen in Tab. 29 benötigen kaum einer Besprechung. Es ist
unmittelbar ersichtlich, daß zwischen Staubfädeninsertion und Form der
Fruchtstiele keinerlei Zusammenhang besteht. Dies besagt, daß diese
Merkmale in homozygoten, konstanten Varietäten beliebig miteinander
kombiniert werden können. Daß im *erectum*-Typ zum Teil auch *deflexa*-
Individuen, und umgekehrt im *deflexum*-Typ auch *erecta*-Pflanzen vor-

kommen, ist höchst wahrscheinlich nur darauf zurückzuführen, daß die Züchter bei ihrer Auslese aus Kreuzungen der in Rede stehenden *Petunia*-Arten diese Merkmale, als für ihr Ziel uninteressant, nicht berücksichtigt haben.

Die taxonomische Valeur von *Petunia axillaris, violacea* und *inflata*

Vorstehend wurde die Variationsbreite der fünf Merkmale: Kronrohr-Typ, Insertion der Staubfäden im Kronrohr, Form der Fruchtstiele, Buckel am Kronrohr und Symmetriegrad der Blüten studiert und die Möglichkeit, diese Merkmale in diesbezüglich konstanten Varietäten beliebig zu kombinieren, untersucht. Die zwei erstgenannten Merkmale wurden von den Systematikern zur Aufteilung von *Petunia* in zwei Unter-gattungen, *Pseudonicotiana* und *Eupetunia*, das dritte zur gegenseitigen Abgrenzung der Arten *P. violacea* und *inflata* herangezogen.

Die Untersuchungen haben zu den unten angegebenen Ergebnissen geführt. Hier sei zuvor nochmals hervorgehoben, daß sämtliche in Rede stehenden Merkmale in diesbezüglich konstanten, homozygoten Varie-täten vorliegen, die hier zur Kontrolle mehrere Jahre hindurch angebaut worden sind, ferner, daß alle Gartenvarietäten aus Kreuzungen zwischen den genannten drei *Petunia*-Arten herstammen.

1. Es kommen wenigstens fünf verschiedene, konstante Kronrohr-Typen von fast zylindrisch bis zu stark nach oben erweitert vor (s. Abb. 31). Ein sechster Typ ist der ganz trichterförmig offene, tetraploide *superbissima*-Typ.

2. Für die Höhe der Insertion der Staubfäden im Kronrohr wurde eine anscheinend vollkommene Serie von etwa im ersten Fünftel bis zu etwas über der Mitte inserierten Staubfäden angetroffen (vgl. Abb. 32 und Tab. 25).

3. Die Fruchtstiele treten in zwei Formen auf, gerade und gekrümmt. Die gekrümmten zeigen insofern eine Variation, als die Krümmung mehr oder weniger nahe an die Kelchblätter herangerückt sein kann (s. Abb. 33). Mehr als die Hälfte der untersuchten Varietäten waren in bezug auf dieses Merkmal nicht einheitlich, indem *erectum*-Sorten auch *deflexa*-Pflanzen enthalten konnten, und umgekehrt kamen in *deflexa*-Sorten auch *erectum*-Individuen vor.

4. Der Buckel am Kronrohr zeigte sowohl in seiner Ausbildung wie in der diesbezüglichen Einheitlichkeit der Sorten eine recht starke Variation.

5. Der Symmetriegrad der Blüten zeigte eine recht starke Variation von ganz symmetrisch bis zu markant asymmetrisch (vgl. die Tab. 25 und 27). Mit asymmetrischen Blüten geht stets parallel eine an gegenüber-liegenden Seiten ungleiche Länge des Kronrohres. Bei Vorhandensein

eines Buckels am Kronrohr ist dies immer der Fall, aber dies kann auch bei gekrümmtem Kronrohr ohne Buckel der Fall sein (vgl. Abb. 34).

Kurz sei hier nochmals erwähnt, daß die Kreuzungen zwischen den drei in Rede stehenden *Petunia*-Arten, aus denen die zahlreichen Garten-varietäten aufgezogen worden sind, in beiden Richtungen durchweg störungsfrei verlaufen sind und volle Fertilität gezeigt haben. Wie später bei den Kreuzungen zwischen *Pisum*-Arten gezeigt werden soll, kommt aber weder einer partiellen noch hochgradigen Sterilität allein ein arten-trennender Effekt zu (s. u.).

In bezug auf die Möglichkeit die oben studierten Merkmale beliebig miteinander zu kombinieren, spricht nichts dagegen, daß die drei bisher als Arten bzw. Untergattungen trennend aufgefaßten Merkmale Kron-rohr-Typ, Insertion der Staubfäden und Form der Fruchtstiele in jeder gewünschten Kombination hergestellt werden können, und dies scheint für die ganze Variationsbreite dieser Merkmale Gültigkeit zu besitzen. Die beiden Merkmale Buckel am Kronrohr und Symmetriegrad der Blüte sind in ihrer Ausbildung korreliert. Sie konnten gemeinsam mit allen Varianten der drei oben genannten Merkmale angetroffen werden.

Zusammenfassend kann gesagt werden, daß die große Variations-breite der als artentrennend aufgefaßten Merkmale, Kronrohrtyp und Insertionshöhe der Staubfäden im Kronrohr, mit Übergängen zwischen den zwei als für die „Arten" charakteristischen Extremtypen sowie die Möglichkeit, diese untereinander und mit den anderen studierten Merk-malen in konstanten und fertilen Varietäten beliebig kombiniert zu erhalten, beweist, daß zwischen den drei *Petunia*-Arten keine weder genisch, chromosomal noch plasmatisch bedingte Barrieren bestehen. Damit erscheint auch bewiesen, daß es sich bei diesen *Petunia*-Arten nur um drei in der Natur ausdifferenzierte Rassen ein und derselben Spezies handelt. Da *Petunia axillaris* LAM. (B. S. P.) Prioritätsrecht hat, sind *P. violacea* LINDL. und *P. inflata* R. FRIES als Synomyme zu betrachten.

Ein Vergleich des Verhaltens im Kreuzungsexperiment der *Petunia*-Arten einerseits mit dem der oben besprochenen beiden Arten von sowohl *Chrysanthemum* wie *Phaseolus* anderseits, zeigt unmittelbar den außer-ordentlich scharfen Unterschied zwischen diesen. Für die Arten von *Chrysanthemum* und *Phaseolus* wurde das Bestehen einer unüberbrück-baren genisch-plasmatisch bedingten Barriere nachgewiesen, die sich visuell in der Manifestation der interspezifischen Gene zu erkennen gibt.

Für die drei *Petunia*-Arten besteht nicht die Andeutung zu einer Barriere zwischen denselben, sondern sie repräsentieren nur verschiedene Kombinationen von Allelen intraspezifischer Gene. Und solche finden sich in Hunderten und Tausenden von Rassen sowohl in der Natur wie in Kulturpflanzen und Haustieren (vgl. den Hund).

Im Zusammenhang hiermit sei die von mir gegebene Definition der Art wiederholt: „Die Art ist der Inbegriff sämtlicher Biotypen, die Träger derselben Allele von interspezifischen Genen sind".

Sowohl im Pflanzen- wie im Tierreich findet man reichlich wirkliche, naturbedingte Arten wie auch Rassen, die von den Systematikern als Arten aufgefaßt werden. Erstaunlich ist, daß gewisse Forscher, wie z. B. MAYR (1957) sich dahin äußern, daß zwei oder mehrere Arten doch als selbständige solche anzuerkennen sind, auch wenn sich in Versuchen herausstellen sollte, daß sie sich mit Beibehaltung von voller Fertilität kreuzen lassen, also ganz dem Beispiel der *Petunia*-Arten entsprechen. Aber ein solches Vorgehen bedeutet doch nicht mehr oder weniger, als die wirklichen, naturbedingten Arten, die durch eine unüberbrückbare genisch-plasmatische Barriere getrennt gehalten werden, mit den ihnen untergeordneten Rassen in ein und denselben Topf zu werfen. Damit aberkennen solche Forscher aber die Grundlage, die uns berechtigen soll, von Arten und den ihnen untergeordneten Kategorien überhaupt zu sprechen.

In bezug auf die drei *Petunia*-Arten fragt es sich, welcher der Kategorien unter der Art diese zuzuteilen wären. Sollten sie sich als ökologisch distinkt differenziert erweisen, so wären sie zu schreiben: *Petunia axillaris* (LAM.) B. S. P. mit oect. *violacea* LINDL. und oect. *inflata* R. FRIES. Zeigen sie keine klare ökologische Differenzierung, so sind sie als var. aufzufassen.

Die Kreuzung *Lactuca canadensis* L. × L. *graminifolia* MICHX.

Diese beiden Arten wurden von WHITAKER (1944) einer zytologischen und genanalytischen Untersuchung unterzogen. Beide Arten haben 17 Chromosomen, die in ihrer Morphologie anscheinend vollkommen miteinander übereinstimmen. *L. canadensis* bewohnt das östliche Kanada und die nordöstlichen USA, *graminifolia* kommt nur weit südlicher vor, von S. Carolina bis Florida und Texas. *L. canadensis* wächst auf offenen, trockenen bis feuchten Böden, *graminifolia* auf guten Böden, auf Feldern und in Wäldern.

Die Beziehungen zwischen diesen beiden Arten werden als einzig in ihrer Art bezeichnet. Auch die konservativsten Systematiker bezeichnen sie als „gute Arten". Folgende vier Merkmale werden als scharf artentrennend aufgefaßt:

L. canadensis L.	*L. graminifolia* MICHX.
Blätter gefiedert	Blätter ganzrandig, lanzettlich
Zweijährig	Einjährig
Pollen orange	Pollen grau
Ligula orangegelb	Ligula purpurblau

WHITAKER führte mit diesen Arten Kreuzungen in reziproken Richtungen aus. Diese gelangen wie binnen einer Art. Sie waren in beiden Richtungen voll fertil, was nicht nur für F_1, sondern auch für die folgenden Generationen gilt. Selbstbestäubung herrscht vor und die Arten sind selbstbefruchtend. Es wurden auch keine chromosomalen Störungen beobachtet. Für die oben angeführten Merkmale resultierten folgende Spaltungen (F_2).

582 mit gefiederten Blättern : 164 mit ganzrand. Blättern; $D/m = 1.91$

257 einjährig : 77 zweijährig ; $D/m = 0{,}82$

473 mit grauem Pollen : 162 mit orange Pollen ; $D/m = 0{,}30$

Die Ligulafarbe purpurblau dominierte in F_1, gab aber in F_2 Spaltung in mehreren Farben. Sie ist also polygen bedingt. Die F_3 bestätigte die Ergebnisse der F_2-Generation.

Die drei artentrennenden Merkmale waren demnach je monogenisch bedingt. WHITAKER sagt bei der Besprechung der Ergebnisse, daß diese beiden Spezies sehr nahe miteinander verwandt sind und wahrscheinlich von einem gemeinsamen amphidiploiden Vorfahren abstammen. Die Tatsache, daß diese Arten sich in der Natur als distinkte Einheiten behaupten können, ist sicher nicht durch die Sterilität ihrer Bastarde bedingt, da alle Individuen der Kreuzung ebenso voll fertil waren wie ihre Eltern. Es ist wahrscheinlicher, daß dies auf ihr Unvermögen, ihr ökologisches Gebiet zu verlassen, zurückzuführen ist. *L. graminifolia* verblüht im Freien auch bevor *canadensis* die Blüten zu öffnen beginnt. Schließlich sagt WHITAKER zusammenfassend, daß die Ergebnisse zeigen, daß der Unterschied zwischen diesen beiden distinkten Arten zum größten Teil durch einfache Gendifferenzen bedingt wird.

Diese Ergebnisse bedürfen kaum eines Kommentars. Die beiden *Lactuca*-Arten können nur als verschiedene Rassen ein und derselben Art aufgefaßt werden. Mit Hinblick auf ihre geographische und ökologische Verbreitung sind sie laut der von mir oben gegebenen Terminologie für die der Spezies untergeordneten Kategorien zweifellos als Ökotypen zu bezeichnen (s. auch L. 1949 p. 25 bis 26).

Wenn die drei oben angeführten Merkmalspaare, wie es die Systematiker tun, je als artentrennend aufgefaßt werden, dann erhalten wir acht verschiedene Kombinationen dieser. Und jede dieser Kombinationen wäre mit ganz demselben Recht als selbständige Spezies anzuerkennen. Was in der Natur übrigbleibt, ist etwas ganz anderes. Es würde sich nur darum handeln, für die einzelnen Kombinationen günstige ökologische Gebiete aufzufinden, wo jede dieser sich im Kampf ums Dasein behaupten könnte. Wie ersichtlich, besteht zwischen diesen Pseudoarten und den durch die Allele von interspezifischen Genen unüberbrückbar getrennten systematischen Einheiten, den naturbedingten, wirklichen Arten ein sehr tiefgehender und ganz distinkter Unterschied, in bezug auf den niemals Unsicherheit zu bestehen brauchen sollte.

Ergebnisse von Kreuzungen mit *Antirrhinum*-Arten

Diese in bezug auf den Artbegriff und die Differenzierung von Arten unter verschiedenen ökologischen Verhältnissen außerordentlich wertvollen Resultate verdanken wir E. BAUR (1924 und 1933). Sie beziehen sich nur auf Arten der Sektion *Antirrhinastrum*. Die Systematiker unterscheiden in dieser Sektion etwa 20 Spezies. Wenn irgendein auffälliger neuer Typ entdeckt wurde, erhielt er auch einen neuen Speziesnamen.

Mit Ausnahme einer einzigen Art, *A. ramosissimum* aus der mittleren Sahara und aus Marokko, hat BAUR sämtliche in Kultur genommen. Die Mehrzahl der Arten haben stark verschiedenen Habitus, was namentlich für die an begrenzten Lokalen und in hohen Lagen wachsenden gilt. BAUR führte Kreuzungen zwischen einer Reihe von Arten dieser Sektion aus. Es seien erwähnt: *A. Barrelieri* BOR., *glutinosum* BOISS., *hispanicum* CHAV., *latifolium* D. C., *majus* L., *meonanthum* HFFGG., *molle* L., *sempervirens*, *siculum* UCR., *tortuosum* und *valentinum*. Systematisch erscheinen diese Arten teils scharf, teils unscharf gegeneinander abgegrenzt. Die scharf von den übrigen abgegrenzten Arten wachsen gewöhnlich in ökologisch sehr extremen Gebieten. Die meisten wildwachsenden Spezies sind selbststeril. Aber bei Inkulturnahme findet man bald einzelne selbstfertile Pflanzen. *A. siculum, tortuosum* und gewisse *majus*-Typen sind aber auch im Wildzustand selbstfertil.

BAURS Untersuchungen zeigten, daß die Mehrzahl der Arten ohne Schwierigkeiten untereinander gekreuzt werden konnten. Es wurden in der Regel 1000 bis 2000, zuweilen sogar 5000 F_2-Individuen untersucht. Die Kreuzung von *siculum* ist jedoch direkt nur mit *majus* und *tortuosum* gelungen. Die Kreuzung von *sempervirens* und *valentinum* mit anderen Arten gelingt z. T. nur schwer, *valentinum* mit *molle* dagegen leicht. Die F_1-Pflanzen der gelungenen Kreuzungen waren meistens völlig fertil, gewisse aber auch mehr oder weniger steril.

Die F_2-Generationen spalteten gewöhnlich sehr stark. Sehr auffällig war, sagt BAUR, „daß meist aus einer einzigen Spezieskreuzung, z. B. einer Kreuzung einer *hispanicum*- mit einer *majus*-Sippe oder einer *molle*- mit einer *Barrelieri*-Sippe, im Versuch viel zahlreichere und im einzelnen untereinander stärker verschiedene F_2-Typen herausspalteten, als es in der Natur in Spanien, Nordafrika und Italien heute Spezies gibt. Es ist also paradoxerweise nicht auffällig, daß es so v i e l e verschiedene *Antirrhinum*-Sippen in diesem Gebiet gibt, sondern man müßte eigentlich eine viel größere Formenmannigfaltigkeit erwarten.“

Insgesamt zeigten BAURS Kreuzungsergebnisse, daß jede Spezies, wenn schon nicht direkt, so doch indirekt, d. h. nach vorheriger Kreuzung mit einer der übrigen Arten, mit allen anderen gekreuzt und so alle beliebigen Kombinationen der die Arten trennenden Eigenschaften in F_2-Pflanzen erhalten werden konnten.

Die von den Systematikern als gute Arten aufgefaßten *Antirrhinum*-Spezies der Sektion *Antirrhinastrum* sind daher nur als einer einzigen Art angehörig, meistens durch geographische und ökologische Isolierung auseinander gehaltene Rassen aufzufassen. Gewisse von diesen repräsentieren zweifellos sehr markante Ökotypen, so z. B. die zwergähnliche, in 2400 m Höhe wachsende, sehr kompakte und niedrige Sippe Mulhacén von *glutinosum*, die auf Mauern wachsende Sippe Cartagena von *Barrelieri*, die am Kirchturm von Lucena wachsende, äußerst trockenresistente Rasse von *majus* usw.

Daß gewisse Kreuzungskombinationen schwieriger auszuführen waren als andere oder daß die F_1 teilweise steril waren, spricht in keiner Weise hiergegen. Diese Erscheinungen sind ja u. a. stets in Kreuzungen zwischen verschiedenen Rassen binnen einer Art zu beobachten, die sich irgendwie in der Chromosomenstruktur unterscheiden. Man vergleiche diesbezüglich die unten bei *Pisum* besprochenen Verhältnisse. Genauso wie die oben besprochenen *Lactuca*-Arten fasse ich auch alle hier genannten *Antirrhinum*-Arten als Ökotypen bzw. Varietäten von *Antirrhinum majus* L. auf.

Kreuzungsergebnisse von *Geum rivale* × *urbanum*

Von der Rosaceengattung *Geum* sind in Mittel- und Nordeuropa die beiden Arten *rivale* L. und *urbanum* L. weit verbreitet. *G. rivale* kommt nur auf feuchtem Gelände, *G. urbanum* nur auf ziemlich trockenem vor. Im übrigen haben die beiden Arten praktisch genommen dieselbe Verbreitung. Wenn sich diese beiden Arten irgendwo begegnen, entstehen häufig Bastarde, die die gleiche Fertilität wie die Elternarten aufweisen. WINGE (1926 und 1938) führte die Kreuzung *rivale* × *urbanum* künstlich aus und studierte eine große Nachkommenschaft. Es gab keine Fertilitätsstörungen und es spalteten in F_2 usw. zahlreiche, gleichfalls normal fertile Zwischenformen, d. h. mit verschiedenen Kombinationen der Merkmale der Elternlinien aus.

Im Freien sind von diesen die mit *rivale* und *urbanum* übereinstimmenden, ökologisch (hinsichtlich Wasserhaushalt) gut differenzierten Rassen die allein genügend konkurrenzfähigen. Sie bleiben bestehen, die Zwischenformen werden ausgemerzt. Mit der ökologisch verschiedenen Einstellung dieser zwei Rassen geht eine etwas verschiedene Morphologie einher, mit der LINNÉ die Aufstellung der zwei gut bekannten „Arten" begründete. Es bedarf wohl keiner weiteren Erörterung, daß es sich bei diesen beiden „Arten" nur um ökologische Rassen ein und derselben Art handeln kann, die aus dem reichen Varietätenmosaik dieser durch die Wirkung der Umweltverhältnisse ausgelesen worden sind.

Die Rassen einer Art, die im Kampf ums Dasein in der Natur übrigbleiben, ob sie nun verschiedene geographische Ausbreitung haben oder morphologisch oder ökologisch mehr oder weniger stark voneinander abweichen, dürfen keineswegs zum Rang selbständiger Arten erhöht werden, wie dies bisher von Systematikern immer und immer wieder geschehen ist. Mit Hinblick auf die traditionellen Arbeitsmethoden der Systematiker, ohne Berücksichtigung der genetischen Beziehungen solcher Rassen zueinander, sind solche Ergebnisse auch unvermeidlich und voll verständlich. Solche Arten sind demnach als nur von konventioneller Natur zu betrachten. Sie sind der naturbedingten, durch eine genischplasmatische Barriere von allen übrigen getrennten Art untergeordnet.

In GAJEWSKIS Arbeit "A cytogenetic study on the genus *Geum* L." (1957) finden sich Angaben über die Fertilität von sowohl Pollen wie Samen einer Reihe von Kreuzungen mit *G. rivale* L. Für *rivale* × *urbanum* sind diese Werte 78,0 bzw. 72,1%. Bei Kreuzung von *rivale* mit *coccineum* SIBTH. et SM. wurde gefunden: 66,6 bzw. 94,5%, mit *silvaticum* POURR. 74,6 bzw. 60,3%, mit *molle* VIS. et PANG 62,1 bzw. 61,5% und mit *hispidum* FR. 83,1 bzw. 60,4%. Mit Hinblick auf diese Werte kann man vermuten, daß sich diese vier Arten in Kreuzungen mit *rivale* ebenso verhalten könnten wie *urbanum*. Genanalytische Untersuchungen in F_2 usw. liegen leider nicht vor.

Die Kreuzungsergebnisse von *Cucurbita andreana* × *maxima*

Die Untersuchung dieser Kreuzung wurde von WHITAKER (1951) ausgeführt. *C. andreana* ist ausschließlich wildwachsend bekannt. *C. maxima* wird als Kulturart betrachtet. Von diesen beiden Arten sind in Südamerika, Argentinien, Uruguay und Bolivien, wiederholt fertile Bastarde beobachtet worden. Die beiden Arten unterscheiden sich in folgenden Eigenschaften.

Merkmal	*C. andreana*	*C. maxima* (var. *Banana*)
Panachierung der Blätter	vorhanden	fehlend
Fruchtstiel	hart, nicht korkig	weich, korkig
Epidermis der Frucht	glatt	wachsig
Fruchtfleisch	bitter	süß
Erste Blüte	weiblich	männlich
Farbe der unreifen Frucht	grün	gelb
Fruchtform	mit Hals	ohne Hals
Konsistenz der Frucht	hart	weich
Farbe der Samenschale	weiß	hellbraun

Die Kreuzungen zwischen diesen beiden Arten zeigten sowohl in F_1, F_2 wie F_3 vollkommene Fertilität. WHITAKER fand, daß die größeren Unterschiede, die oben erwähnt sind, durch Differenzen in einzelnen Genen bedingt werden. Die Ausdifferenzierung dieser beiden Arten könnte laut W. auf zwei Wegen vor sich gegangen sein; 1. *C. maxima* könnte durch Auslese aus *C. andreana* erhalten worden sein, 2. *andreana* könnte ein Unkraut-Nebenprodukt oder eine nicht-gärtnerische Form von *maxima* darstellen.

Daß es sich bei diesen zwei *Cucurbita*-Arten nur um Rassen ein und derselben Art handeln kann, braucht wohl kaum erwähnt zu werden. Schwerverständlich bleibt nur die Maßnahme der Systematiker, solche Formen zum Rang von Spezies zu erhöhen. Ich betrachte *C. maxima* ausschließlich als eine Kulturform von *andreana*, die sich von dieser nur in Allelen von intraspezifischen Genen unterscheidet. Dies gilt zweifellos für alle Kulturformen sowohl wilder Pflanzen wie Tiere. Die Kreuzungen von Wild- mit Kulturformen von *Phaseolus vulgaris* wie auch von *coccineus* haben zu genau denselben Ergebnissen geführt (s. o.).

Die Beziehungen zwischen *Nemesia strumosa* BENTH. und *versicolor* E. MEY.

Kreuzungen zwischen diesen beiden Arten sind von A. NILSSON (1947) studiert worden. Beide Arten haben neun Paare Chromosomen. Sie unterscheiden sich deutlich vor allem durch die Gestalt der Sporne. Bei *strumosa* ist dieser sehr kurz, beutelförmig, mit breiter, gerundeter, ausgerandet gespaltener Spitze. Bei *versicolor* ist der Sporn ziemlich lang, schmal gekrümmt und an der Spitze mehr oder weniger gespalten. Auch in bezug auf Blütenform und Habitus gibt es gewisse Unterschiede.

Diese Artkreuzung war leicht auszuführen und gab ausschließlich voll fertile F_1, F_2 usw. Die artentrennenden Merkmale konnten in fertilen

Nachkommen beliebig miteinander kombiniert werden. Diese Ergebnisse sprechen einwandfrei dafür, daß es sich auch in diesem Fall nur um zwei Rassen ein und derselben Art handeln kann. *N. versicolor* ist mit Hinblick hierauf mit *strumosa* BENTH. synonym und als Varietät dieser Art zu betrachten.

Die oben besprochenen Kreuzungen zwischen „Arten" der Gattungen *Petunia, Lactuca, Geum, Cucurbita* und *Nemesia* haben durchweg volle Fertilität gezeigt. Die Gene für die als arttrennend aufgefaßten Merkmale konnten in fertilen Nachkommen beliebig miteinander kombiniert werden. Dies galt auch für die Mehrzahl der *Antirrhinum*-Kreuzungen, nur ein paar von diesen zeigten partielle Sterilität. Wodurch eine solche verursacht werden kann und welche Bedeutung ihr für eine Artbarriere zukommen kann, sollen die nächsten Kreuzungen mit Arten der Gattung *Pisum* zeigen.

Studien an Kreuzungen mit *Pisum*-Arten

Diese werden hier aus folgenden Gründen besonders eingehend besprochen:

Erstens sind von *Pisum* sieben Arten beschrieben, deren Beziehungen zueinander sehr einer Klarlegung bedürfen. *P. formosum* ist als zur Gattung *Alophotropis* gehörig hier nicht mitgerechnet (s. L. 1956).

Zweitens dürfte es keine Pflanze geben, bei der auch nur annähernd soviele verschiedene Strukturen der Chromosomen genanalytisch klargelegt bzw. nachgewiesen sind.

Drittens ist *Pisum* ein obligater Selbstbefruchter, im Zusammenhang womit bei den Untersuchungen außerordentlich viel gewonnen wird. Eine entsprechende Untersuchung mit Fremdbefruchtern, wo hunderttausende von Pflanzen in Paarkreuzungen und folgenden Isolierungen zu bearbeiten wären, würde wohl für fast alle Institute wegen unerschwinglicher Kosten nicht durchführbar gewesen sein.

Die unten mitgeteilten Ergebnisse konzentrieren sich auf folgende zwei Fragen:

1. Sind die laut den Diagnosen für die in Frage stehenden Arten als spezifisch angegebenen Merkmale wirklich artentrennend, d. h. durch interspezifische Gene bedingt, oder handelt es sich nur um Rassenmerkmale?

2. Besteht die Möglichkeit, daß gewisse Chromosomenstrukturen dieser Arten einen vollkommenen Isolationsmechanismus bilden?

Ergebnisse der Kreuzung *Pisum arvense* L. × *abyssinicum* Braun

Das in Abessinien endemische *Pisum abyssinicum* wurde von Braun (1841) beschrieben. Braun läßt vorsichtigerweise die Frage offen, ob es sich bei diesem um eine Art oder nur um eine Subspezies handelt. Er hebt hervor, daß sich diese Form „durch bedeutendere Merkmale auszeichnet, als die meisten übrigen Arten, die man specifisch von *P. sativum* zu sondern gesucht hat". Vor allem werden folgende Merkmale erwähnt: konstant einpaarige Blätter, scharfe Zähnung dieser und der Stipel, Infloreszenzen einblütig, kurz gestielt, Blüten sehr klein, Flügel kürzer als die Fahne, Schiffchen mit sehr schwachem Kiel, Hülsen zusammengedrückt, dünnwandig, Samen klein, rundlich bis kubisch rundlich, braunrot bzw. graugrün. Pflanzenhöhe etwa 45 cm ($1\frac{1}{2}$').

Hierzu ist zu bemerken, daß Braun offenbar nur eine der recht zahlreichen, in Abessinien endemischen Formen vorgelegen hat. Govorov (1930) konnte über eine ganze Anzahl recht stark voneinander abweichender Varietäten von *abyssinicum* berichten. Als wichtigste, differierende Merkmale werden angegeben: Pflanzen halbhoch bis hoch, einstämmig — niedrig und stärker verzweigt, Blätter zweipaarig — einpaarig, gezähnt — ungezähnt (wenigstens im oberen Teil der Pflanze), Blütenfarbe *purpureus* bis *albus*, Maculum einfach bis doppelt, Samen mit schwarzem oder heller gefärbtem Hilum, Form und Testafarbe recht verschieden. Die meisten dieser Formen, wenn nicht alle, können als kultiviert betrachtet werden. Die weiße Blütenfarbe kommt bei *Pisum* überhaupt nur bei Kulturformen, oect. *sativum*, vor.

Selbst besitze ich in meinem Material fast 50 aus Abessinien stammende Linien. Ein Studium dieses Materials im vergleichenden Anbau zeigt, daß meine alte Linie Nr. 808 und mehrere später erhaltene gut mit der von Braun gegebenen Beschreibung übereinstimmen. Darüber hinaus gab es aber reichlich Linien, die als Formen des europäischen Kulturmaterials von *P. arvense* und *sativum* bezeichnet werden konnten. Zweifellos sind Govorov auch solche Varietäten aus Abessinien zur Verfügung gestanden. Hierfür spricht seine Schilderung der Variation der Eigenschaften. Das typische *abyssinicum* Braun hat mit diesen Varietäten, die in den extremen Gebieten von Abessinien aus entwicklungsphysiologischen Gründen nicht gedeihen können, nichts zu tun. Brauns *abyssinicum* ist nämlich durch seine außerordentlich kurze Entwicklungsperiode bis zur Vollreife ganz an die zwei kurzen Sommer mit zwei Regenperioden in heißen Gebieten Abessiniens angepaßt (näheres s. u.).

Die von mir zu den unten zu besprechenden Kreuzungen benutzte *abyssinicum*-Linie, Nr. 808, wird durch folgende Merkmale und Gene gekennzeichnet. Höhe etwa 60 cm (natürlich bei Kultur in Schweden),

dominant im Gen *Le* für lange Internodien, mit Neigung zu Stammverzweigung, die aber stark von den Umweltfaktoren abhängig ist. Blätter
einpaarig, Gen *up*, mehr weniger scharf gezähnt, Gen *Ser* zusammen mit
Td Int (s. L. 1962). Blütenfarbe purpureus, *A Am Ar B Cr Ce*, Maculum
fehlend oder als kleiner Punkt vorhanden, *d* bzw. D^{ma}. Da bei *abyssinicum*
oft anthocyanfarbige Punkte auch auf vegetativen Teilen auftreten,
handelt es sich wahrscheinlich um *d*. Blattfarbe hellgrün, *Pa*. Infloreszenzen einblütig und kurz gestielt, Blüten relativ klein. Hülsen 5 bis 6 cm
lang, mit starker Membran, *P V*, dünnwandig, grün, also ohne Purpur-
färbung, Genenformel *Pur pu, pur Pu* oder auch *pur pu*. An der Basis
zeigen die Hülsen eine mehr weniger deutlich konvexe Krümmung,
con Co (s. L. 1955 p. 21), im übrigen sind sie gerade und stumpf, *Cp Bt*.
Samen rund bis rundlich und mit gelben Kotyledonen, *R I*. Testa einfarbig schwarzviolett, *U*. 1000-Korngewicht etwa 162 g.

Die zytologischen Verhältnisse

Zytologische Untersuchungen wurden von v. ROSEN (1944) sowie von
BLIXT (1959) ausgeführt. Die Ergebnisse dieser Studien besagen indessen
nur, daß *abyssinicum* einen vom normalen stark abweichenden Karyotyp
besitzt. Eine sichere Feststellung, welche der Chromosomen hieran
beteiligt sind und wie die Veränderung der Chromosomenstruktur be-
schaffen ist, konnte nicht erreicht werden. Der große Nachteil des *Pisum*-
Materials bei solchen Untersuchungen besteht darin, daß eine hierzu
geeignete Fixierung der frühen Stadien der Prophase der Meiose bisher
nicht erhalten werden konnte. Die Mitose ist hierzu nicht selten gut
geeignet (s. BLIXT 1959). Aber auch bei dieser sind genanalytisch festgestellte Relokationen (Interchange) häufig aus folgenden Gründen
zytologisch nicht verifizierbar. Erstens können zwei gleich große Stücke
zweier Chromosomen so ausgetauscht werden, daß hierdurch kein Unterschied im Karyotyp zustandekommt. Zweitens kann ein Austausch
zwischen zwei oder auch mehreren Chromosomen so verlaufen, daß eines
der von der Relokation betroffenen Chromosomen nun von einem anderen
vom Normaltyp nicht mehr unterschieden werden kann. In solchen
Fällen kann nur mehr für einen Teil der Chromosomen festgestellt werden,
daß überhaupt eine Veränderung der Chromosomenstruktur stattgefunden hat, während sich die vollkommene Indentifizierung der am Austausch beteiligten Chromosomen nicht mehr durchführen läßt.

Die von BLIXT ausgeführten zytologischen Untersuchungen zeigten,
daß die Linie 808 aus *abyssinicum* einen solchen Fall darstellt. Für
gewisse Chromosomen konnte eine Identifizierung der Änderung des
Karyotyps gemacht werden, für andere war dies einstweilen undurchführbar.

Die Fertilitätsverhältnisse in *abyssinicum*-Kreuzungen

Die Bestimmung des Fertilitätsgrades kann entweder durch Feststellung des Prozentes normaler Pollenkörner oder durch die des Prozentes sich entwickelnder Samenanlagen erfolgen. Lange Serien beider Methoden (s. u. a. L. 1941) haben mich zur Überzeugung gebracht, daß das letztere Verfahren, wenigstens bei *Pisum*, unbedingt vorzuziehen ist. Die Pollenanalyse hat zwei Nachteile. Erstens muß die Bestimmung an in bester Wuchskraft befindlichen Knospen stattfinden, und zweitens ist man in Kreuzungen niemals sicher, ob normal gefüllte Pollenkörner wirklich auch funktionstauglich sind.

Namentlich bei einer *abyssinicum*-Linie mit einem Entwicklungsrhythmus, der sehr schnell zur Abnahme der Wüchsigkeit und zu beginnender Reife führt (s. u.), ist es eine normale Erscheinung, daß nur die ersten 2 bis 3 Knospen gute Pollenfertilität zeigen. Die folgenden haben infolge ungenügender Zufuhr von Assimilaten, die schon zum Großteil für die Früchte in Anspruch genommen werden, einen mehr oder weniger hohen Prozent leerer Pollenkörner.

Anders verhält es sich bei der Feststellung des Samenprozentes. Werden hierzu nur voll ausgebildete Hülsen benutzt, so gibt der Prozent zu Samen entwickelter Samenanlagen ein gutes Bild vom Grad der Sterilität, wie er in Kreuzungen zwischen Linien mit verschiedener Struktur der Chromosomen meistens auftritt. Vereinzelte Ausnahmen, daß auch dann keine Sterilität auftritt, kann es geben, wenn nämlich der Effekt des Fehlens eines Chromosomenstückes durch eine Duplikation desselben in einem anderen Chromosom aufgehoben wird.

Die große Unsicherheit bei der Pollenanalyse zeigt u. a. der von v. Rosen für die extrem frühe Sorte Extra Rapid erhaltene Wert von nur 67% Fertilität (l. c. p. 318). Bei Untersuchung der ersten Knospen erhielt ich wiederholt eine von 90 bis 95% variierende Fertilität. v. Rosen betont auch, daß Extra Rapid trotz der schwachen Fertilität zytologisch vollkommen normal sei. Die Auszählung der entwickelten Samenanlagen gibt auch in der Regel etwa 90% Fertilität.

Von besonderer Bedeutung ist sichere Kenntnis des auf F_1 vorhandenen Fertilitätsprozentes, da dieser die Abweichungen in der Chromosomenstruktur der Elternlinien meistens direkt widerspiegelt. Theoretisch ist zu erwarten: bei einer einfachen Relokation 50% Sterilität, bei Beteiligung von drei Chromosomen am Austausch, d. h. je ein Stück zweier Chromosomen mit einem gemeinsamen dritten, resultieren 37,5% Sterilität, bei zwei unabhängig voneinander stattfindenden Relokationen resultiert 75% Sterilität usw. (s. u.). In einem folgenden Abschnitt sollen die zahlreichen Möglichkeiten für chromosomal bedingte wechselnde Sterilität bei *Pisum* eingehender besprochen werden. Dort soll auch auf die Wirkung von Duplikationen näher eingegangen werden.

Tabelle 30 bringt die in F_1 festgestellten Fertilitätsprozente für die fünf unten zu besprechenden Kreuzungen mit *P. abyssinicum*. Für eine Kreuzung, Nr. 855, sind die Ergebnisse einer F_1 pflanzenweise angegeben, um ein Bild von der Variation des Fertilitätsgrades zu erhalten. Stärkere Abweichungen im Fertilitätsprozent sind gewöhnlich dadurch bedingt, daß gewisse Individuen eine zu kleine Samenproduktion zeigten, um mit den theoretisch erwarteten gute Übereinstimmung zu geben. Für die übrigen Kreuzungen und F_1 ist nur die Gesamtanzahl Samenanlagen und aus diesen erhaltenen Samen angegeben, d. h. stets M (Mittelwert) $\pm m$ (mittlerer Fehler).

Tabelle 30. Der Fertilitätsgrad der F_1 von fünf Kreuzungen mit *P. abyssinicum*

Kreuzungs- und Pflanzen-Nr.	Anzahl		Fertilitätsprozent
	Samenanlagen	Samen	
Kr. 855/1946			
Pfl. Nr.			
1	75	15	20,5
2	23	6	26,0
3	27	8	29,6
4	57	12	17,9
5	62	15	24,2
6	63	17	27,0
7	44	14	31,8
8	68	17	27,0
9	39	12	30,8
10	28	5	17,8
11	29	6	20,7
12	49	13	26,5
Summen:	562	140	24,9 ± 1,39%
Kr. 855/48	1926	400	25,4 ± 0,86%
Kr. 855/49	366	97	26,3 ± 1,11%
Kr. 847	522	152	27,5 ± 1,65%
Kr. 853	936	235	24,8 ± 1,02%
Kr. 848	178	71	39,9 ± 2,34%
Kr. 854	1389	551	39,7 ± 0,96%

Die Werte der Tabelle 30 zeigen teils, daß die F_1 aller fünf Kreuzungen eine beträchtliche Sterilität aufweisen, teils daß diese auf zwei gut gegeneinander abgegrenzte Gruppen verteilt sind. Drei der Kreuzungen, die Nrn. 847, 853 und 855 zeigen übereinstimmende Werte von etwa 25% Fertilität, die zwei übrigen, die Nrn. 848 und 854 liegen bei 39,9 bzw. 39,7% Fertilität.

Für die Kreuzung Nr. 855 sind drei F_1, den Jahren 1946, 1948 und 1949 entsprechend, aufgenommen. Bei Berücksichtigung der Größe der mittleren Fehlen zeigen sie dieselbe Sterilität, den bei zwei voneinander unabhängigen Relokationen theoretisch zu erwartenden Wert von 75%. Die Fertilität der F_1 von Kr. 848 und 854 ist von dem bei Relokationen mit Beteiligung von drei Chromosomen theoretisch zu erwartenden Wert von 37,5 statistisch nicht verschieden. Näheres über die Möglichkeit des Auftretens von verschiedenem Sterilitätsprozent siehe den unten diese Frage besonders behandelnden Abschnitt. v. ROSEN findet in seinen *abyssinicum*-Kreuzungen gleichfalls verschiedene Grade von Sterilität, jedoch sind diese nicht für die einzelnen Kreuzungen mitgeteilt, so daß sie hier nicht zur Diskussion aufgegriffen werden können.

Im Folgenden soll auf Grund der F_2-Ergebnisse versucht werden, einen Zusammenhang zwischen Genenspaltung und dem Grad der Sterilität nachzuweisen. Dies würde mit Hinblick auf die nun gut bekannte Genenkarte von *Pisum* über die an der Strukturveränderung beteiligten Chromosomen Aufschluß geben können. Die wichtigste Frage im vorliegenden Zusammenhang ist aber die, ob *abyssinicum* und *arvense* durch die Allele von interspezifischen Genen getrennt gehalten werden und damit auch verschiedenes Plasma haben sollten. Dies würde einer wirklichen, naturbedingten Artbarriere gleichkommen. F_2 und namentlich die höheren Generationen geben diesbezüglich stets Aufschluß. Sind in F_2 keine nennenswerten Störungen vorhanden, so ist schon in dieser volle Klarheit erhältlich. Nebenbei sei noch erwähnt, daß v. ROSEN (l. c. p. 389) *abyssinicum* und *sativum* (der weißblühende Cultivar von *arvense* L.) als zwei gute Arten auffaßt.

Kreuzungsergebnisse

Vor Besprechung der Ergebnisse von vier der oben angeführten Kreuzungen soll der Entwicklungsrhythmus meiner L. 808 aus *abyssinicum* charakterisiert werden. Dieser weicht von allen unseren Kulturformen von *arvense* insofern markant ab, als die Reife viel früher eintrifft. Und dies geschieht, trotzdem L. 808 keineswegs am frühesten blüht. Ein vergleichender Anbau auf Freiland gibt für Linie 118 aus Extra Rapid, unserer frühesten Kneifelerbse, und L. 808 folgende Daten:

	Ausschlagen der 1. Blüte	Volle Entwicklung der 1. Hülse	Samenreife
Extra Rapid L. 118	7. Juni	20. Juni	28. Juli
P. abyssinicum L. 808	18. Juni	28. Juni	21. Juli

Wie ersichtlich, begann *abyssinicum* gut 10 Tage später zu blühen als Extra Rapid, erreichte aber trotzdem 7 Tage früher die Samenreife. Ein sehr gutes Charakteristikum für diesen Entwicklungsrhythmus ist die Zeit in Tagen von der Ausbildung der 1. zur Grünernte fertigen Hülse bis zur Samenreife. Bei L. 808 betrug diese nur 23 Tage. Eine ähnlich kurze Zeitspanne bis zur Samenreife zeigte meine Linie 611 aus Tibet mit 26 Tagen. Extra Rapid benötigte hierfür 38 Tage. Zum entgegengesetzten Extrem gehört meine L. 809 aus der var. *asiaticum* mit nicht weniger als 50 Tagen. Hier liegen erhebliche, erblich bedingte Unterschiede in der Lebensdauer vor.

Die L. 808 ist ein glänzendes Beispiel für einen Ökotypus (oect). Nur Rassen mit solchen Eigenschaften können den in gewissen Teilen von Abessinien herrschenden ökologischen Verhältnissen gerecht werden. Nicht lange nach Beendigung der Regenzeit, deren es in Abessinien zwei gibt, tritt heiße und trockene Witterung ein. Soll *Pisum* unter solchen Verhältnissen sich überhaupt behaupten können, so muß diese hitzeempfindliche Art sehr schnell zur Samenreife gelangen. Und gerade diese Eigenschaft ist für L. 808 charakteristisch.

Bei den unten zu besprechenden Kreuzungsresultaten ist der Fertilitätsgrad stets wie oben bei F_1 in Prozent aus Samenanlagen erhaltenen Samen angegeben. Zwecks Feststellung eines eventuellen Zusammenhanges zwischen Genenspaltung und Sterilität wurde zuerst eine Aufteilung dieser in sechs Gruppen mit verschiedenem Grad von Sterilität (bis 27, 27 bis 42, 42 bis 56, 56 bis 68, 68 bis 85 und über 85%) versucht. Hierbei hat sich indessen herausgestellt, daß es für die vorliegende Frage am zweckmäßigsten war, nur mit zwei Gruppen zu arbeiten, einer von 0 bis etwa 42% Fertilität und einer mit höherer solcher.

Bei der Planung der hier in Frage stehenden vier Kreuzungen war beabsichtigt L. 808 mit Linien von sowohl normaler wie verschieden abweichender Struktur der Chromosomen zu kreuzen. Hierdurch sollte über die Struktur von *abyssinicum* Aufschluß erhalten werden. Wenn z. B. bei Kreuzung mit einer Linie mit einer einfachen Relokation, wie L. 379 mit III/V (s. L. 1953 b) typische Semisterilität resultierte, so wäre zu schließen, daß *abyssinicum* außer durch diese noch durch eine weitere Relokation charakterisiert sei, usw. Wie sich aber herausgestellt hat, scheinen die Verhältnisse etwas komplizierter zu sein.

Die unten mitgeteilten Ergebnisse der vier Kreuzungen werden erst am Schluß gemeinsam besprochen. Die spaltenden Gene zeigen, kurz angegeben, folgende Manifestation:

$A-a$: Mit — ohne Anthocyanbildung.

Con—con: Zusammen mit *Cp* gerade — konvex gekrümmte Hülse.

$D-d$: Mit anthocyanfarbigem Ring an der Stipelbasis — ohne solchen.

Fl—fl : Blätter mit — ohne Panachierung.

$I-i$: Kotyledonenfarbe gelb — grün.

Le—le : Lange — kurze Internodien.

Pl—pl : Hilum schwarz — bräunlich oder weiß.

Ser—ser : Blättchen sägezähnig — ungezähnt oder normal gezähnt.

$U-u$: Zusammen mit *A Ar B Z* Testa schwarzviolett — ohne solche Farbe.

Up—up : Mit 2 bis 3 Paar Blättchen — nur mit einem Paar.

V—v : Bedingt zusammen mit P starke Membran auf der Innenseite der Hülse — nur mit schwachen oder ohne Sklerenchymflecken.

Die Kreuzung Nr. 847

Diese Kreuzung ist Linie 463 × L. 808. L. 463 stammt aus meiner
Kreuzung Nr. 22: L. 118 aus Extra Rapid × L. 199 aus der niedrigen,

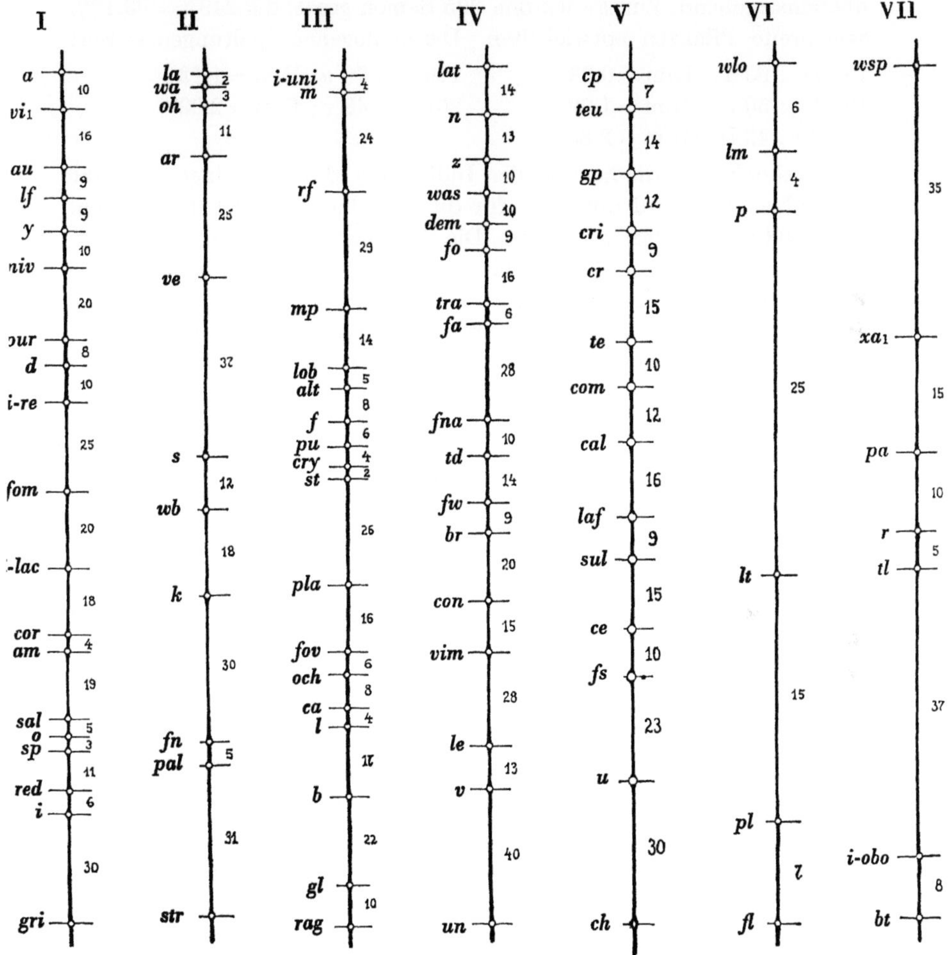

Abb. 35. Die Genenkarte von *Pisum* bei normaler Struktur der Chromosomen

rotblühenden Zuckererbse Badenia. Extra Rapid hat eine abweichende
Chromosomenstruktur, an der drei Chromosomen beteiligt sind. Für die
Chromosomen IV/VI ist dies nachgewiesen, das dritte ist noch unbekannt.

Zur Orientierung ist hier in Abb. 35 die Genenkarte von *Pisum* bei normaler Struktur der Chromosomen abgebildet.

Bei der Kreuzung von L. 118 mit solchen von Normalstruktur resultiert eine Fertilität von 37,5%. Die zur Kreuzung 847 benutzte Linie 463 hat die von L. 118 stammende Relokation IV/VI. L. 463 hat in 12 Kreuzungen mit dem Normaltyp Semisterilität von etwa 50% gegeben. L. 463 ist *le i D u v*, L. 808 ist *Le I d U V*.

Die F_1 zeigte eine Fertilität von 27,5 ±1,65%, also gut mit 25% übereinstimmend. Zur F_2 wurden 395 Samen gesät, die 249 (= 63,1%) samenreife Pflanzen entwickelten. Die monogenen Spaltungen waren:

189 *D* : 60 *d*; D/m = 0.33   179 *U* : 70 *u*; D/m = 1,13
199 *I* : 50 *i*; D/m = 1,79   201 *V* : 48 *v*; D/m = 2,09
206 *Le* : 43 *le*; D/m = 2,83

Als Symbol für die hochsterilen Individuen, d. h. mit einer Fertilität von 0 bis 42%, wird unten *hs*, für die mittelhoch sterilen bis fertilen, 42 bis 100%, wird *msf* verwendet. Die Gruppierung war 150 *hs* : 99 *msf*. Folgende Spaltungen fanden binnen diesen beiden Gruppen statt. Rec = Rekombinationsprozent.

127 *D hs* : 23 *d hs* : 62 *D msf* : 37 *d msf*; Rec = 17,8 ± 3,95%
117 *I hs* : 33 *i hs* : 82 *I msf* : 17 *i msf*; Rec = 33,0 ± 8,02%
135 *Le hs* : 15 *le hs* : 71 *Le msf* : 28 *le msf*; Rec = 16,4 ± 3,73%
110 *U hs* : 40 *u hs* : 69 *U msf* : 30 *u msf*; Rec = 37,0 ±10,55%
132 *V hs* : 18 *v hs* : 69 *V msf* : 30 *v msf*; Rec = 17,8 ± 3,95%

Die Kreuzung Nr. 848

Diese Kreuzung wurde ausgeführt zwischen Linie 114 und L. 808. L. 114 stammt aus der grazilen englischen Kneifelerbse Chelsea. L. 114 hat normale Struktur der Chromosomen; sie wurde mit drei Linien mit Normalstruktur gekreuzt und gab nur fertile Nachkommen. Es sei nochmals hervorgehoben, daß dies allein nicht genügt um sicher zu sein, daß nicht doch gewisse Differenzen in der Chromosomenstruktur vorliegen, die aber dann im Zusammenhang mit Duplikationen bei Kreuzungen mit dem Normalkaryotyp keine Sterilität zu geben brauchen (s. L. 1954 b). Linie 114 ist *Le a D i Fl u*, L. 808 *Le A d I fl U*.

Die F_1 zeigte eine Fertilität von 39,9 ±2,34%, also noch gut mit 37,5% übereinstimmend. Zur F_2 wurden 100 Samen gesät, aus denen sich 74 samenreife Pflanzen entwickelten. Monogene Spaltungen:

53 *A* : 21 *a*; D/m = 0,67   49 *I* : 25 *i*; D/m = 1,75
46 *D* : 7 *d*; D/m = 1,98   56 *Pl* : 18 *pl*: D/m = 0,13
57 *Fl* : 17 *fl*: D/m = 0,40   30 *U* : 23 *u*; D/m = 3,09

Für die Beurteilung der Spaltung in den Genen *D* und *U* kommen nur die 53 *A*-Individuen in Frage, da sich *D* und *U* zusammen mit *a* nicht manifestieren. Die Spaltung in D ist überdies wegen Koppelung mit A gestört (s. die Genenkarte, Abb. 35). U zeigt die schlechteste Übereinstimmung mit dem monogenen Verhältnis von 39,75 : 13,25. Als wahrscheinlichste Ursache hierfür betrachte ich folgende. In den F_2 von *abyssinicum*-Kreuzungen besteht meistens ein Defizit an samenreifen Pflanzen von etwa 25% oder mehr, obgleich der Aufgang normal gewesen ist (etwa 90%). Bedingt wird dieses Defizit dadurch, daß ein Teil der aufgelaufenen Pflanzen physiologisch schwach ist und nicht zur Reife kommt, sondern früher eingeht. Diese Schwäche dürfte auf von *abyssinicum* mitbekommenen Genen beruhen, von denen irgend eines wahrscheinlich mit U gekoppelt ist.

Für den Zusammenhang zwischen Genenspaltung und Sterilität resultieren folgende Verhältnisse und Rekombinationsprozente :

29 *A hs* : 6 *a hs* : 24 *A msf* : 15 *a msf*; Rec = 18,6 ± 7,49%
24 *D hs* : 5 *d hs* : 22 *D msf* : 2 *d msf*; Rec = 22,5 ± 8,17%
23 *Fl hs* : 12 *fl hs* : 34 *Fl msf* : 5 *fl msf*; Rec = 16,6 ± 8,90%
22 *I hs* : 13 *i hs* : 27 *I msf* : 12 *i msf*; Rec = 33,8 ± 15,47%
27 *Pl hs* : 8 *pl hs* : 29 *Pl msf* : 10 *pl msf*; Rec = 38,1 ± 21,11%
17 *U hs* : 12 *u hs* : 13 *U msf* : 11 *u msf*; Rec = 36,9 ± 17,79%

Die Kreuzung Nr. 853

Die Eltern dieser Kreuzung sind Linie 118 und L. 808. Linie 118 stammt aus der extrem frühen Kneifelerbse Extra Rapid und hat abweichende Chromosomenstruktur, die drei Chromosomen betrifft (s. oben und bei Kreuzung Nr. 847). Linie 118 ist *Le a i D ser u*, L. 808 ist *Le A I d Ser U*. Erwähnt sei, daß *Ser* mehr weniger intermediäre Heterozygote gibt.

Die F_1 zeigte eine Fertilität von 24,8 ± 1,02%, demnach sehr gut mit 25% übereinstimmend. Zur F_2 wurden 320 Samen gesät, aus denen sich 243 (= 76,0%) in allen Merkmalen beurteilbare Individuen entwickelten. Als monogene Spaltungsverhältnisse wurden folgende erhalten:

199 *A* : 44 *a*; D/m = 2,48   201 *Ser* : 42 *ser*; D/m = 2,77
152 *D* : 47 *d*; D/m = 0,45   130 *U* : 69 *u*;   D/m = 3,15
195 *I* : 48 *i*; D/m = 1,89

Die Ursache des Überschusses an *u*-Individuen dürfte hier dieselbe sein wie in der vorigen Kreuzung Nr. 848.

Für Genspaltungen zusammen mit verschiedenem Fertilitätsgrad (*hs* = 0 bis 42% sowie *msf* = 42% bis voll fertil) resultieren folgende Verhältnisse.

56 *A hs* : 13 *a hs* : 143 *A msf* : 31 *a msf*;   Rec = 42,0 ± 17,37%
40 *D hs* : 16 *d hs* : 112 *D msf* : 31 *d msf*;   Rec = 36,9 ± 11,77%
65 *I hs*   : 4 *i hs* : 130 *I msf*   : 44 *i msf*;   Rec = 12,0 ± 3,31%
59 *Ser hs* : 10 *ser hs* : 142 *Ser msf* : 32 *ser msf*;   Rec = 33,6 ± 8,30%
36 *U hs* : 20 *u hs* : 104 *U msf* : 39 *u msf*;   Rec = 30,9 ± 7,98%

Die Kreuzung Nr. 855

Diese Kreuzung wurde ausgeführt zwischen den Linien Nrn. 379 und 808. Linie Nr. 379 stammt aus der mit praktischem Ziel ausgeführten Kreuzung Ambrosia × Weibulls Extra Rapid (s. o. bei Kr. 853). Die L. 379 hat eine sowohl genanalytisch wie zytologisch sehr leicht festzustellende Relokation zwischen den Chromosomen III und V (man vgl. die Genenkarte, Abb. 35). Sie hat die Formel *Le a Z B D^{co} P pl fl td ser u Up*. Durch die Relokation kommt von diesen Genen das bei normaler Struktur im Chromosom V gelegene Gen *u* im Chromosom III zu liegen.

F_1 zeigte eine Fertilität von 24,9 bis 26,3%. Es wurden drei F_1 untersucht (vgl. Tabelle 30). Es wurden auch zwei F_2 studiert, die übereinstimmende Resultate gegeben haben. Insgesamt wurden 470 (150 + 320) Samen gesät, aus denen sich 363 (= 77,3%) samenreife Pflanzen entwickelten. Die größere F_2 mit 267 Individuen wurde in bezug auf die Spaltung in den Genen *A, D, Fl, Pl, U, Up* und *Ser* beurteilt, die kleinere mit 96 Individuen nur hinsichtlich *A, D* und *Pl*. Die Individuensummen sind demnach ungleich, überdies auch noch dadurch, daß sich *D* und *U* nur zusammen mit *A* manifestieren. Es wurden folgende monogene Spaltungen erhalten.

291 *A*	: 72 *a*;	D/m = 2,27	230 *Pl*	: 75 *pl*;	D/m = 0,17
191 *Con*	: 76 *con*;	D/m = 1,39	197 *Ser*	: 70 *ser*;	D/m = 0,46
207 *D*	: 84 *d*;	D/m = 1,52	162 *U*	: 60 *u*;	D/m = 0,70
201 *Fl*	: 66 *fl*;	D/m = 0,11	192 *Up*	: 75 *up*;	D/m = 1,17

Die Spaltung der Gene zeigt gute Übereinstimmung mit dem theoretisch erwarteten monogenen 3 : 1 Verhältnis. Für den Zusammenhang mit verschiedenem Fertilitätsgrad (Grenzen wie oben bei Kr. 853) ergeben sich die folgenden Verhältnisse:

162 *A hs*	: 30 *a hs*	: 129 *A msf*	: 42 *a msf*;	Rec = 27,2 ± 4,90%
89 *Con hs*	: 55 *con hs*	: 102 *Con msf*	: 21 *con msf*;	Rec = 18,6 ± 4,00%
101 *D hs*	: 56 *d hs*	: 106 *D msf*	: 29 *d msf*;	Rec = 24,5 ± 5,97%
111 *Fl hs*	: 36 *fl hs*	: 90 *Fl msf*	: 30 *fl msf*;	Rec = 45,0 ± 26,40%
165 *Pl hs*	: 66 *pl hs*	: 110 *Pl msf*	: 33 *pl msf*;	Rec = 40,1 ± 12,36%
121 *Ser hs*	: 26 *ser hs*	: 76 *Ser msf*	: 44 *ser msf*;	Rec = 20,1 ± 4,20%
84 *U hs*	: 33 *u hs*	: 78 *U msf*	: 27 *u msf*;	Rec = 39,5 ± 13,74%
102 *Up hs*	: 45 *up hs*	: 90 *Up msf*	: 30 *up msf*;	Rec = 32,3 ± 6,85%

Ergebnisse der Kreuzungen mit *P. abyssinicum* in bezug auf die Artbarriere

Im Vorstehenden wurden die Ergebnisse von vier Kreuzungen besprochen, die zwischen einer typischen *abyssinicum*-Linie, Nr. 808, und Linien von *P. arvense* mit verschiedener Chromosomenstruktur ausgeführt worden sind. Erwähnt sei, daß alle diese Kreuzungen in beiden Richtungen ausgeführt wurden. Von den *arvense*-Linien hat Nr. 114 normalen Karyotyp, Linie 463 ist durch eine Relokation zwischen den Chromosomen IV/VI ausgezeichnet, L. 379 hat eine solche zwischen III/V und die Linie 118 hat eine Relokation zwischen drei Chromosomen, nämlich IV/VI und einem dritten noch nicht festgestellten.

Im vorliegenden Zusammenhang sind zwei Fragen von Interesse. Erstens ob zwischen *abyssinicum* und *arvense* eine durch ein interspezifisches Gen bedingte Artbarriere besteht und zweitens, welche Bedeutung der recht hohen Sterilität der F_1-Individuen (75 bzw. 62,5%) in bezug auf eine eventuelle Selbständigkeit von *abyssinicum* als Art zukommen könnte. Hier sei auch daran erinnert, daß nicht wenige Forscher der Ansicht sind, daß eine stärkere Veränderung der Chromosomenstruktur eine wesentliche Rolle als Isolationsmechanismus zwischen Arten spielt. Damit sollte solchen Veränderungen auch Bedeutung bei der Entstehung neuer Arten zukommen. Diesen Fragen soll unten beim Studium der Ergebnisse von *Pisum*-Kreuzungen besondere Aufmerksamkeit gewidmet werden.

Beim Studium der Chromosomenstruktur der *abyssinicum*-Linie kann davon ausgegangen werden, daß wenn diese hinsichtlich Struktur mit einer der anderen Elternlinien übereinstimmen würde, so sollte die betreffende Kreuzung normale Fertilität zeigen. Sollte *abyssinicum* von *arvense* durch die Wirkung eines interspezifischen Gens getrennt gehalten sein, so würde sich dies durch eine erhebliche Sterilität der F_1-Individuen und ferner durch die oben nachgewiesene F_2-Spaltung in solchen Genen nach 1 maternell : 2 Hybrid : 0 paternell zu erkennen geben. Hier sei unmittelbar festgestellt, daß eine solche F_2-Spaltung in keiner der studierten vier Kreuzungen hat beobachtet werden können.

Weichen die zu den Kreuzungen benutzten Linien in ihrer Chromosomenstruktur von *abyssinicum* ab, was hier stets der Fall gewesen ist, so müssen die F_1 dementsprechende Grade von Sterilität aufweisen. Die Ergebnisse der vier oben mitgeteilten Kreuzungen sollen nun von diesem Gesichtspunkt aus studiert werden.

Kreuzung Nr. 847. Diese Kreuzung ist mit Linie 463, IV/VI, ausgeführt. Die F_1 zeigte eine Sterilität von etwa 75%, damit anzeigend, daß wenigstens vier Chromosomen an Relokationen beteiligt sein sollen. Von Genen, die in den Chromosomen IV und VI liegen, spalteten nur die in IV gelegenen und stark miteinander gekoppelten Gene *Le* und *V*. Für die Spaltung in diesen wurde folgender starker Zusammenhang mit der im Sterilitätsgrad gefunden. Für *Le* $16,4 \pm 3,75\%$ und für *V* $17,8 \pm 3,95\%$. Damit ist als bewiesen zu betrachten, daß die *abyssinicum*-Linie 808 nicht durch dieselbe Relokation IV/VI charakterisiert sein kann wie die andere Elternlinie Nr. 463.

13 a*

Wäre L. 808 gleichfalls Träger der für L. 463 kennzeichnenden Relokation IV/VI, so könnte kein Zusammenhang zwischen Spaltung in *Le* und *V* und der in Sterilität zutage getreten sein. Das Chromosom IV von L. 808 könnte demnach entweder Normalstruktur besitzen oder auch eine abweichende Struktur, die nicht mit der von L. 463 identisch ist. Die letztere Annahme ist jedoch wenig wahrscheinlich, da in bezug auf diese Verhältnisse im Chrom. IV sehr viele Untersuchungen vorliegen, ohne daß zwei verschiedene Strukturen für dieses Chromosom im *Le*-*V*-Teil hätten nachgewiesen werden können. In bezug auf das Chromosom VI kann diesbezüglich nichts ausgesagt werden, da in dieser Kreuzung keine in VI gelegenen Gene spalteten.

In Kreuzung 847 spalteten ferner zwei im Chromosom I gelegene Gene, *D* und *I*. Von diesen zeigt die Spaltung in *D* einen starken Zusammenhang mit der im Sterilitätsgrad, $17,8 \pm 3,95\%$. Mit dem Gen *I*, das gleichfalls im Chrom. I, aber sehr weit von *D* entfernt liegt und daher gewöhnlich keine sichere Koppelung mit diesem aufweist, konnte auch kein sicherer Zusammenhang mit der Spaltung nach verschiedenem Sterilitätsgrad festgestellt werden; Rec $= 33,0 \pm 8,02\%$.

Kreuzung Nr. 848. Die Kreuzung ist mit L. 114 von — soweit bekannt — normalem Karyotyp ausgeführt. Die F_1 zeigte eine Sterilität von etwa 62,5%, also auf Beteiligung von drei Chromosomen an Translokationen hinweisend.

Die F_2-Ergebnisse zeigen einen deutlichen Zusammenhang zwischen der Spaltung der im Chromosom I gelegenen Gene *A* und *D* sowie mit dem im Chrom. VI gelegenen Gen *Fl* und der im Grad der Sterilität. Für die Gene *A* und *D* ist dies nur eine Bestätigung des bereits in Kr. 847 erhaltenen Ergebnisses, daß das Chromosom I meiner *abyssinicum*-Linie eine abweichende Struktur besitzt. Für das Gen *I* im Chromosom I wurde auch in dieser Kreuzung kein sicherer Zusammenhang mit der Spaltung im Sterilitätsgrad gefunden. Als neu kommt hier aber hinzu, daß für das im Chrom. VI gelegene Gen *Fl* ein deutlicher Zusammenhang vorzuliegen scheint. Mit Hinblick auf die geringe Individuenzahl in dieser Kreuzung sollen diese Zusammenhänge jedoch noch nicht als sicher betrachtet werden.

Kreuzung Nr. 853. Linie 808 × L. 118. Letztere ist außer durch eine Relokation IV/VI noch durch eine weitere, einstweilen noch nicht klargelegte Translokation gekennzeichnet. Die F_1 dieser Kreuzung zeigte eine Sterilität von etwa 75%, damit eine Beteiligung von vier Chromosomen an Translokationen anzeigend. Von den fünf spaltenden Genen, *A*, *D*, *I*, *Ser* und *U*, zeigte nur das Gen *I* einen sicheren Zusammenhang mit Spaltung in verschiedenem Sterilitätsgrad. Für die beiden gleichfalls im Chromosom I gelegenen Gene *A* und *D* sind die Rec-Werte dagegen nicht signifikativ, 42,0 bzw. 36,9%.

In den beiden Kreuzungen Nr. 847 und 848 war der Zusammenhang für die beiden Gene D und A mit dem Sterilitätsgrad sicher, der mit I dagegen unsicher. In Kreuzung Nr. 853 ist das Umgekehrte der Fall, indem ein starker Zusammenhang zwischen der Spaltung im Gen I und der in verschiedenem Sterilitätsgrad vorliegt. Dies spricht dafür, daß es sich hier um einen anderen Strukturtyp von Chromosom I handelt als in den beiden früheren Fällen. Und dieser abweichende Strukturtyp soll für die Elternlinie Nr. 118 aus Extra Rapid charakteristisch sein. Damit wäre für L. 118 wahrscheinlich gemacht, daß bei ihr die Chromosomen I, IV und VI vom normalen Karyotyp abweichende Struktur besitzen. Einstweilen ungeklärt muß bleiben, in welcher Weise sich die Chromosomen I der beiden Linien 118 und 808 voneinander unterscheiden.

Kreuzung Nr. 855. Linie 808 × L. 379. Letztere unterscheidet sich vom Normalkaryotyp durch eine Relokation zwischen den Chromosomen III und V, u. a. das Gen U betreffend. Die F_1 dieser Kreuzung zeigte typische 75prozentige Sterilität.

Auch in dieser Kreuzung wurde ein sicherer Zusammenhang zwischen Sterilitätsgrad und Spaltung von Genen im Chromosom I gefunden, nämlich mit A und D. Dies stimmt gut mit den in früheren Kreuzungen, Nr. 847 und 848, gefundenen Resultaten überein. Darüber hinaus zeigt Kr. 855 noch zwei weitere, sichere Zusammenhänge zwischen Sterilitätsgrad und Genenspaltung. Hierbei handelt es sich um das im Chromosom IV gelegene Gen *Con* sowie um das die Sägezähnung der Blättchen bedingende Gen *Ser*, dessen Lage in den Chromosomen noch unbekannt ist. Für *Con* beträgt der Rec-Prozent 18,6 $\pm$ 4,00 und für *Ser* 20,1 $\pm$ 4,20%.

Zusammenfassung. In bezug auf die Chromosomenstruktur von *P. abyssinicum* kann folgendes gesagt werden. Mit Sicherheit bestehen im Vergleich mit der Normalstruktur von *P. arvense* Veränderungen in den Chromosomen I, IV und wahrscheinlich auch VI. Für das Chromosom I ist eine solche Veränderung für die Gene A und D als bewiesen zu betrachten, während der für das auch im Chrom. I gelegene Gen I gefundene Zusammenhang zwischen Spaltung und Sterilitätsgrad auf eine abweichende Struktur der anderen Elternlinie zurückzuführen sein könnte.

Sicher erscheint auch die abweichende Struktur von Chromosom IV, da die Spaltung der drei in diesem Chromosom gelegenen Gene *Con*, *Le* und V einen starken Zusammenhang mit der im Grad der Sterilität gezeigt hat. Mit Hinblick hierauf besteht auch eine große Wahrscheinlichkeit dafür, daß die *abyssinicum*-Linie 808 nicht dieselbe Struktur von Chromosom IV hat wie die zu Kreuzung Nr. 847 benutzte Linie 463 (IV/VI). Die Ergebnisse dieser Kreuzung sprechen hierfür. Als wahrscheinlich ist auch eine veränderte Struktur von Chromosom VI, die Gene *Pl* und *Fl* enthaltend, anzunehmen. Ein deutlicher Zusammenhang zwischen Sterilitätsgrad und Spaltung wurde auch für das Gen *Ser* gefunden, dessen Lage in den Chromosomen indessen noch nicht festgestellt ist.

Artberechtigung von *Pisum abyssinicum* BRAUN. Wie bereits erwähnt, hat der Autor *abyssinicum* nur als Subspezies beschrieben, aber gleichzeitig hervorgehoben, daß sich diese von *sativum* stärker unterscheidet als manche der anderen als Arten aufgefaßte Formen von *Pisum*. In neuerer Zeit wurde *abyssinicum* als gute Art betrachtet, so von v. ROSEN (1944) und von STANKOV (1949). Die oben besprochenen Ergebnisse von Kreuzungen zwischen *arvense* und *abyssinicum*, die auch stets in beiden Richtungen untersucht worden sind, beweisen ganz eindeutig, daß *abyssinicum* nur als eine ökologische Rasse, als ein Ökotypus, aufgefaßt werden kann. Folgende Beobachtungen sind hierfür anzuführen.

1. Die Kreuzungen von *arvense* (einschließlich des Cultivars oect. *sativum*) mit *abyssinicum* haben in beiden Richtungen zum gleichen Ergebnis geführt. Dies zeigt, daß zwischen diesen beiden Arten kein plasmatischer Unterschied bestehen kann.

2. Die Gene für alle visuell feststellbaren Merkmale spalteten durchweg ungestört monogen. Alle Kombinaticnen dieser Gene konnten in fertilen Nachkommen erhalten werden.

3. Es wurde keine Genspaltung nach 1 maternell : 2 Bastard : 0 paternell gefunden, wie sie für die Spaltung der artentrennenden interspezifischen Gene immer charakteristisch ist.

4. Die für *abyssinicum* nachgewiesenen, vom normalen Karyotyp abweichenden Chromosomenstrukturen stehen ganz mit den zahlreichen Fällen bei Rassen von *arvense* und oect. *sativum* angetroffenen Strukturtypen im Einklang. Gleichwie bei diesen konnte auch der Strukturtyp von *abyssinicum* mit den verschiedensten Genotypen kombiniert erhalten werden.

Aus diesen Ergebnissen scheint mir nur der Schluß gezogen werden zu können, daß *abyssinicum* ausschließlich als eine Rasse von *Pisum arvense* L. aufgefaßt werden kann. Besonders sei hier noch hervorgehoben, daß oect. *abyssinicum* eine ökologisch ungewöhnlich stark spezialisierte Rasse darstellt. Ich halte es für sehr wahrscheinlich, daß die spezielle Reaktion dieses Typs (s. o.) auf die extremen Umweltverhältnisse in gewissen Teilen von Abessinien nicht nur von bestimmten Genkombinationen, sondern auch von der Chromosomenstruktur abhängig ist. Hierfür spricht auch, daß ein paar zwischen ausgespalteten, typischen *abyssinicum*-Formen und normalen *arvense*-Rassen ausgeführte Kreuzungen in F_1 wieder die hohe Sterilität gezeigt haben. Zur sicheren Klärung dieserFrage wären natürlich weitereUntersuchungen erforderlich.

Nomenklatorisch ist *abyssinicum* zu schreiben: *Pisum arvense* L. oect. *abyssinicum*.

Ergebnisse von Kreuzungen *Pisum arvense* L. × *P. humile* Boiss. et Noë und reziprok

Das in Syrien, dem Libanon und Antilibanon sowie in Israel heimische *Pisum humile* wurde von Boissier und Noë (1856) als spec. nov. beschrieben. Folgende, in konzentrierter Form gegebene Diagnose veröffentlicht Boissier in seiner Flora orientalis (II, 1872):

P. humile annuum, glabrum, glaucescens, caulibus humilibus flexuosis, stipulis oblongis semicordatis basi inaequaliter dentatis pedunculo 1-2-floro aequilongis vel brevioribus, foliolis 2-3-jugis ovatis vel oblongis, floribus mediocribus, vexillo squalidae lilacino retusobilobo, alis sordide purpureis, legumine reticulato, seminibus globosis granulatis brunneis viridi-marmoratis ⊙.

G. Post (1932) beschreibt *humile* wie folgt: —5, ascending. Stipules oblong, about as long as 1-2-flowered peduncles, a little longer than leaflets, leaflets oblong, .02 to .03 long, .006 to .01 broad, usually more or less dentate or incised above middle. Flowers livid, with dirty purple wings, one-half as large as in the last. Seeds granular, globular, brown mottled with green, .004 in diameter.

Ein Vergleich der in diesen Diagnosen angegebenen Merkmale mit den entsprechenden für *P. arvense* ergibt, daß nur ein Merkmal sicher konstant abweichend ist, ein zweites diesbezüglich unsicher erscheint. Alle übrigen sind auch im Formenkreis von *arvense* anzutreffen. Das für *humile* sicher kennzeichnende Merkmal ist „caulibus humilibus flexuosis", d. h. die Stengel (untere Stammverzweigungen) sind schräg aufsteigend. Bei dem von mir seit 1945 gebauten Material von *P. humile* bilden die Stengel mit dem Boden einen Winkel von etwa 40 bis 50°. Unter den hiesigen Verhältnissen kann *humile* also als halbprostrat bezeichnet werden.

Ein zweites von *arvense* anscheinend abweichendes Merkmal ist die Blütenfarbe, die bei *humile* deutlich blasser, bleifarben, und auch matter erscheint. Aber auch im Formenkreis von *arvense* besteht eine Variation der Blütenfarbe von stark lebhaft bis blasser und etwas matter purpurfarbig. Diese Variation erreicht jedoch nie die noch blassere und mattere Blütenfarbe von *humile*. In diesem Zusammenhang ist die Erscheinung von Bedeutung, daß die Blütenfarbe bei gewissen Linien von *arvense* nach dem Aufblühen viel schneller verblaßt als bei anderen. Das schnelle Verblassen ist namentlich für zarte, schnell abblühende und frühreifende Linien charakteristisch. Aber binnen *arvense* besitzen auch die schneller abblühenden und damit durch blassere Blütenfarbe gekennzeichneten Linien trotzdem immer die genotypische Konstitution für *purpureus* Blütenfarbe, *A Ar B Cr Am Ce*. Das Vorkommen einer blasseren Blütenfarbe, bzw. das schnelle Verblassen derselben, wird demnach durch die übrige genotypische Konstitution be-

dingt. Es kann daher schon a priori vermutet werden, daß wahrscheinlich auch der blasseren und unreineren Blütenfarbe von *P. humile*
(sordide purpureus) dieselbe genotypische Konstitution zugrunde liegen
dürfte wie der von *arvense* und daß die Blütenfarbe auch hier durch die
Wirkung der übrigen genotypischen Konstitution blaßgraulichlila wird.

Abb. 36. *Pisum humile* Boiss. et Noë bei Kultur in Landskrona, Schweden

Die übrigen in den Diagnosen von *P. humile* erwähnten Eigenschaften
fallen, wie schon erwähnt, ganz in die Variationsbreite von *P. arvense*.
Posts Äußerung "Flowers ... one-half as large as in the last" bezieht
sich auf einen Vergleich mit dem großblütigen *P. elatius* M. B. Zu erwähnen ist in diesem Zusammenhang, daß mit grazilem Wuchs (vgl. Abb. 36),
dünne Stengel, kleine Stipel und Blättchen, ganz allgemein auch geringere Größe von Blüten, Hülsen und Samen folgt. Es handelt sich hier um
die pleiotrope Wirkung einiger Gene. Damit dürfte *P. humile* in seinen
Beziehungen zu *P. arvense* und oect. *sativum* hinsichtlich Habitus genügend gekennzeichnet sein.

Die zytologischen Verhältnisse

Bei seiner zytologischen Untersuchung der F_1-Pflanzen der Kreuzung
P. arvense oect. *sativum* × *humile* fand Lutkov (1930) in der Meiose 7
Bivalente. Die Zytologie dieses Artbastards sprach demnach nicht für
strukturelle Unterschiede in den Chromosomen der Elternarten. Eine
gewisse Sterilität wurde jedoch gefunden und auf das Auftreten ungünstiger Genkombinationen zurückgeführt. In bezug auf die Blütenfarbe
erwähnt Lutkov auch die blassere und mattere Blütenfarbe von *humile*,

sowie, daß die der F_1-Individuen der von *humile* viel näher steht als der purpurfarbigen von *arvense*. Die sterilen Individuen waren überdies mißgestaltet. Eine genanalytische Untersuchung dieser, ihrer Ausspaltung in F_2 usw. liegt jedoch nicht vor.

Fedotov (1935) führte eine eingehende Analyse der Vererbung der Anthocyanpigmentierung (Blüten- und Samenfarbe) einer großen Anzahl von *Pisum*-Rassen aus. In geringerem Umfang wurden auch die Spezies *abyssinicum*, *fulvum* und *humile* diesbezüglich studiert. Zytologische Untersuchungen wurden nicht ausgeführt. Fedotov konnte Lutkovs Beobachtungen in bezug auf die Blütenfarbe bestätigen. *P. humile* hat laut Fedotov keinen Anthocyanring an der Stipelbasis, soll demnach im Gen *D* rezessiv sein. Da *humile* bei Kreuzung mit einer weißblütigen oect. *sativum* F_1-Pflanzen mit *rotviolettem* Maculum (*D*) gab, schließt Fedotov mit Recht, daß *humile* dasselbe Grundgen *A* für Anthocyanfärbung hat wie *arvense*. In der F_2-Generation gab es einen vollständigen Übergang zwischen der blasseren und matteren Blütenfarbe von *humile* bis zum starken Rotviolett (*purpureus*) von *P. arvense*. Die Spaltung nach Violett (in der ganzen Variationsbreite): Weiß war monogen. Es wurde auch eine Kreuzung zwischen *arvense* mit violetten Hülsen und *humile* ausgeführt, wobei die violette Hülse sich genau so wie bei *arvense* als dominant erwiesen hat.

Karpetschenko (1935) griff die in der Kreuzung *P. humile* × *arvense* beobachtete Erscheinung auf, daß trotz regelmäßiger Meiose hochsterile, mißgestaltete Individuen auftreten, die gleichfalls alle normal $2n = 14$ haben. Es sagt diesbezüglich: Augenscheinlich besitzen die genannten Arten wenigstens einige genisch so verschiedene Chromosomen, daß ihr Austausch sofort die Vitalität von Zygoten oder Gameten beeinflußt. In diesem Zusammenhang sei auf die vielen von mir untersuchten Fälle von Mutationen in interspezifischen Genen verwiesen (s. u. das betreffende Kapitel). Bei diesen genügt Rezessivität in einem einzigen Gen, um vollkommene Sterilität gepaart mit mehr oder weniger ausgesprochener Mißgestaltung hervorzurufen. Alle diese Fälle sind genanalytisch eingehend untersucht. Eine Mutation zu Rezessivität in solchen Genen tritt meiner Erfahrung nach viel häufiger in Kreuzungen zwischen wenig verwandten Rassen oder gar zwischen Arten auf als in Linien (s. L. 1944, 1948 b, 1964).

Håkansson (1936) studierte die Zytologie der F_1-Pflanzen von zwei Kreuzungen zwischen *P. humile* und *arvense*. Die Pflanzen der Kreuzung I waren semisteril und zeigten eine Verkettung von vier Chromosomen in der ersten Metaphase. Gewöhnlich war ein ringförmiges Amphibivalent vorhanden, zuweilen gab es eine Kette. In Kreuzung II gab es entweder sieben Bivalente oder fünf Bivalente und ein Amphibivalent in der ersten Metaphase. In der ersten Anaphase wurde oft ein Chromosomenfragment und eine Brücke zwischen zwei Chromosomen beobachtet, was für eine Inversion in einem der Chromosomen spricht.

Sutton (1937) untersuchte zwar keine Bastardpflanzen von *humile* × oect. *sativum*, wohl aber die Nachkommen einer partiell sterilen *humile*-Pflanze, was hier etwa von gleich großem Interesse ist. In der Metaphase der ersten meiotischen Teilung gab es teils sieben Bivalente, teils sechs Bi- und zwei Univalente oder fünf Bi- und vier Univalente. In der ersten Anaphase war häufig eine Brücke mit einem Fragment zu beobachten. Ein Teil zeigte auch Brücken in der zweiten Anaphase. Es waren demnach Inversionen vorhanden. In der zweiten Pflanze wurde in der ersten Metaphase eine variable Anzahl von Univalenten beobachtet.

Sansome E. R. (1938) studierte F_1-Pflanzen der Kreuzung *humile* × oect. *sativum* von *arvense*. Es wurden zwei verschiedene Assoziationen von vier Chromosomen gefunden. Eines der beteiligten Chromosomen hatte ein Endsegment doppelt. Es wird angenommen, daß diese Verdoppelung auf ein Crossingover zwischen zwei nicht homologen Chromosomen zurückzuführen ist. Dieser Typ soll für zwei Segmente trisomisch, für ein anderes dagegen monosomisch sein. Auch eine Viererkette wurde beobachtet, in der ein Endsegment trisomisch sein soll. Auch dieser Typ ist in einem Endsegment monosomisch, also durch eine Defizienz gekennzeichnet.

Zusammenfassend kann über die Zytologie von *P. humile* gesagt werden, daß in Kreuzungen mit *arvense* nur in einem Fall eine normale Meiose beobachtet worden ist (Lutkov 1930). In allen übrigen untersuchten Fällen wurden Ringe von vier Chromosomen, Ketten, auf Inversionen hindeutende Chromatinbrücken sowie Univalente angetroffen. Die ersten von mir studierten Fälle (s. u.) wurden im hiesigen Institut mit demselben Ergebnis, dem Vorkommen von Viererringen, untersucht. Als sicher kann auf Grund der zytologischen Befunde betrachtet werden, daß *P. humile* einen anderen Karyotyp hat als der bei *arvense* normal vorkommende.

Die bisher vorliegenden zytologischen Befunde an Bastarden zwischen *P. humile* und *arvense* geben dagegen keinerlei sichere Anhaltspunkte dafür, daß es sich bei diesen wirklich um zwei verschiedene Arten handelt. Und genanalytisch liegen überhaupt keine hierfür verwendbaren Untersuchungen vor. Lutkovs (l. c.) und Fedotovs (l. c.) Ergebnisse besagen nur, daß beide Arten gewisse Gene gemeinsam haben, aber abgesehen von anscheinend beliebig kombinierbaren Allelen nichts über das Gegenteil. Es folgen die von mir erhaltenen Kreuzungsresultate (s. L. 1951).

Ergebnisse der F_1-Generationen

Kreuzung Nr. 986. Linie 936 aus *humile* × L. 379 aus *arvense*. Meine *humile*-Linie stimmt in allen Merkmalen mit der von Boissier (l. c.)

gegebenen Diagnose überein. Nicht erwähnt ist in der Originalbeschreibung, daß die Anzahl der Stengelverzweigung bedeutend größer ist als z. B. bei *P. abyssinicum* oder den meisten anderen Rassen von *P. arvense*, wie *tibetanicum*. Wenigstens bei Kultur unter den hier herrschenden Verhältnissen ist die Anzahl Stengelverzweigungen bei *humile* etwa doppelt so groß wie bei diesen, ungefähr von 8 bis 12 variierend.

Die zweite Elternlinie, Nr. 379, stammt aus der Kreuzung: Kocherbse Ambrosia I × Kneifelerbse Extra Rapid (=Linie 118). Linie 379 zeigte eine neue Eigenschaft, orangegelbe Flecken der Samen. Die Samenschale selbst ist ungefärbt. Die Flecken werden durch eine Ausscheidung von Tragant zwischen Kotyledonen und Samenschale bedingt, wodurch letztere an diesen Stellen anklebt und so die stark gelbe Farbe der Kotyledonen zum Vorschein kommen läßt (s. L. 1956 b). Linie 379 hat die Formel *Le a Z R I m pl*. Kreuzungen mit Linie 379 haben gezeigt, daß diese durch eine Relokation zwischen den Chromosomen III und V gekennzeichnet ist; man vgl. die Genenkarte in Abb. 35.

Die F_1-Pflanzen von Kr. 986 waren *humile* ziemlich nahestehend. Sie hatten durchweg deutlich halbprostraten Wuchs, waren aber kräftiger als die neben ihnen gebauten *humile*-Pflanzen. Die Anzahl von Stengelverzweigungen war größer als bei der *arvense*-Linie, Nr. 379. Die Blütenfarbe war nicht die *purpureus*-Farbe von *arvense*, sondern blasser und matter, demnach *humile* näherstehend. *P. humile* muß also Träger von Genen sein, die in *arvense* nicht vorkommen. Es gilt die erwähnten drei Merkmale, der halbprostrate Wuchs, *ascendens*, die reiche Verzweigung des Stengels, *fruticosa*, und die blasse Blütenfarbe.

Die übrigen Merkmale der F_1-Pflanzen und die sie bedingenden Gene sind auch bei *arvense* gut bekannt. Es sind dies der anthocyanfarbige Ring an der Stipelbasis, D^{co}, der Hülsentyp, gerade, stumpf und mit starker Membran, die Gene *Cp*, *Bt* und *P V*. Die Hülsenfarbe ist grün mit mehr weniger deutlich purpurfarbigen Punkten bis Fleckchen, *pur^b*. Bei den Samen dominierten, wie erwartet, auch die *humile*-Merkmale: starke Marmorierung, *M*, violette Punktierung, *Fs*, und schwarze Hilumfärbung, *Pl*.

Die F_1-Pflanzen waren partiell steril. 541 Samenanlagen entwickelten 337 Samen. Dies gibt eine Fertilität von 62,3 $\pm$2,11%. Die Größe des mittleren Fehlers grenzt diesen Grad von partieller Sterilität gut gegen sowohl Semisterilität, etwa 50%, sowie gegen 75prozentige Fertilität ab. Da die Linie 379 durch eine einfache Relokation gekennzeichnet ist, die bei Kreuzung mit dem Normalkaryotyp 50% Fertilität gibt, muß die *humile*-Linie eine von dieser abweichende Chromosomenstruktur besitzen (s. u.).

Kreuzung Nr. 1031. *P. humile*, L. 936 × oect. *sativum*, L. 58. Linie 58 stammt aus der hochwüchsigen, rotblütigen Zuckererbse Graue Posthörnchen. Sie hat die Formel *Le A Z pl v n*. L. 58 ist durch eine einfache Relokation, die Chromosomen IV/VI betreffend, gekennzeichnet. Bei Kreuzung mit einer Linie mit dem Standard-Karyotyp resultiert daher Semisterilität, etwa 50%.

Auch die F_1-Pflanzen dieser Kreuzung waren *humile*-ähnlich, d. h. sie hatten den deutlich halbprostraten Habitus und die für die vorige Kreuzung angegebene, *humile* nahestehende Blütenfarbe. Die Pflanzen dieser Kreuzung waren aber erheblich kräftiger, was durch die sehr starkwüchsige Elternlinie 58 bedingt sein dürfte. Der für die L. 58 charakteristische einfache purpurfarbige Ring um die Stipelbasis war auch auf den F_1-Pflanzen zu finden, Gen D^{co}. In bezug auf die Infloreszenzen ist zu erwähnen, daß die F_1-Pflanzen fast ausschließlich einblütig gewesen sind. Die L. 58 ist typisch zweiblütig, *humile* typisch einblütig. Einblütig dominiert bei *arvense* bekanntlich über zwei- bzw. dreiblütig. Es kann daher geschlossen werden, daß *humile* Träger derselben Gene für Ein-, bzw. Zwei- und Dreiblütigkeit ist wie *arvense*; Gene *Fn* und *Fna* (s. L. 1947 a).

Die Hülsen der L. 58 sind dickwandig, frühzeitig mit rundem Querschnitt, gekrümmt und mit spitzem Ende. Diese Merkmale werden durch das pleiotrop wirkende Gen *n* bedingt. L. 58 ist ohne Membran in den Hülsen oder diese zeigen nur unbedeutende Sklerenchymflecken; Gene *P v*. Hülsenfarbe grün. Die Hülsen der F_1-Pflanzen waren gerade, stumpf und mit starker Membran versehen. Also Formel *N* (von *humile*) sowie *Cp*, *Bt* und *P V*. Auch dieses Resultat spricht dafür, daß *humile* Träger derselben Gene für Hülseneigenschaften ist wie *arvense*. Wie in der früher besprochenen F_1 von Kr. 986 waren auch hier die Hülsen grün und hatten mehr oder weniger deutliche Anthocyanpunkte oder -fleckchen.

Sieben F_1-Pflanzen mit 340 Samenanlagen entwickelten 166 Samen, was einem Fertilitätsgrad von $48{,}9 \pm 2{,}32\%$ entspricht. Es handelt sich demnach um typische Semisterilität und gestattet den Schluß, daß *humile* sich hinsichtlich Chromosomenstruktur von L. 58 durch eine einfache Relokation unterscheidet. L. 58 hat in zahlreichen Kreuzungen mit Linien vom Normalkaryotyp typische Semisterilität gegeben. Es wäre aber ein Irrtum hieraus schließen zu wollen, daß auch die *humile*-Linie durch normale Chromosomenstruktur charakterisiert ist. Die nächsten beiden Kreuzungen werden diesbezüglich Aufschluß geben.

Kreuzung Nr. 1032. Linie 936 aus *humile* × L. 118 aus oect. *sativum*. In dieser Kreuzung konnte dieselbe Beobachtung wie in der oben besprochenen Kreuzung Nr. 986 gemacht werden, daß nämlich die F_1-Pflanzen hinsichtlich Habitus (halbprostrat) und Blütenfarbe mit *humile* sehr nahe übereinstimmten. Mit Hinblick auf die Wüchsigkeit waren die F_1-Pflanzen gleichfalls *humile* sehr ähnlich. Die *sativum*-Elternlinie Nr. 118 hat auch relativ schwachen Wuchs.

Die F_1-Pflanzen hatten ein starkes Maculum in der Form eines einfachen Ringes, also dem Allel D^{co} entsprechend. Linie 118 hat auch D^{co} in seiner genotypischen Konstitution, aber ein Maculum wird wegen Rezessivität im Grundgen a nicht ausgebildet. Bei Kreuzung mit *humile* wird das Maculum ausgebildet, da *humile*, wie schon Kr.-Nr. 986 gezeigt hat, Träger des *arvense*-Grundgens für Anthocyanbildung, A, sein muß.

Die Elterntypen sind im Hülsentyp übereinstimmend (gerade, stumpf und mit starker Membran) und dasselbe wurde auch an F_1 gefunden. Aber gleichwie in den früheren Kreuzungen hatten die grünen Hülsen kleine Flecken oder Punkte von Anthocyan (Genallel pur^b; vgl. diesbezüglich Kr.-Nr. 986).

Bei den Samen dominierten, wie auch früher in Kr.-Nr. 986, die *humile*-Merkmale, nämlich die starke Marmorierung und die violette Punktierung der Samenschale, die Schwarzfärbung des Hilums und in dieser Kreuzung überdies die gelbe Kotyledonenfarbe. Linie 118 hat grüne Kotyledonen. Es handelt sich hier also offenbar um dieselben Gene wie bei *arvense*, d. h. M, Fs, Pl und I.

Von besonderem Interesse ist hier das Ergebnis der Bestimmung des Fertilitätsgrades. Es wurden insgesamt 34 F_1-Pflanzen erhalten und diese gaben zusammen 982 Samen. Alle Pflanzen waren normal fertil, d. h. ihr Fertilitätsprozent lag zwischen 90 und 97%. Hieraus kann geschlossen werden, daß *humile* dieselbe Chromosomenstruktur hat wie die aus einer alten europäischen Kulturform ausgelesene Linie Nr. 118. Damit ist aber noch nicht gesagt, daß die Chromosomenstruktur der beiden Elternlinien absolut identisch sein muß. Es sind für *Pisum* wiederholt kleine Duplikationen nachgewiesen worden, die dann in Kreuzungen das Zutagetreten einer gewissen Sterilität verhindern können.

Kreuzung Nr. 1033. L. 936 aus *humile* × L. 611 aus *arvense* var. *tibetanicum*. Auch in dieser Kreuzung zeigten die F_1-Pflanzen denselben halbprostraten Habitus wie *humile* sowie die dieser Art nahestehende Blütenfarbe. Auch die Wüchsigkeit war hier etwa dieselbe wie die von *humile*. L. 611 aus var. *tibetanicum* ist gleichfalls ziemlich schwachwüchsig. Wie die Elternlinien hatten auch die F_1-Pflanzen in den Blattachseln nur einen kleinen Anthocyanfleck, bedingt durch das Allel D^{ma}.

Der Hülsentyp war derselbe wie der der Elternlinien, die diesbezüglich übereinstimmten (gerade, stumpf und mit starker Membran). Auch die Anthocyanflecke bzw. -punkte waren auf den Hülsen vorhanden. Die Samenmerkmale sind für beide Elternlinien dieselben.

In bezug auf den Fertilitätsgrad stimmte diese Kreuzung mit der eben besprochenen Kr.-Nr. 1032 überein, d. h. sie war normal fertil. Es haben insgesamt 17 F_1-Pflanzen 691 Samen ausgebildet. Ihre Fertilität schwankte von etwa 88 bis 97%. Eine 100prozentige Fertilität einer Pflanze findet man bekanntlich kaum jemals, da es immer Hülsen gibt,

in denen sich einmal eine Samenanlage nicht zu einem Samen entwickelt.
Für eine solche Hülse bedeutet dies eine Herabsetzung der Fertilität mit
ungefähr 15%, da die Anzahl von Samenanlagen sich in gut entwickelten
Hülsen bei etwa 8 hält.

Zusammenfassung der Ergebnisse der F_1-Generationen. Was an diesen
hinsichtlich Genwirkung hat festgestellt werden können, ist, daß *P.
humile* wenigstens zwei Genallele, eines für den halbprostraten Wuchs,
das zweite für blassere und mattere Blütenfarbe, besitzt, die für *arvense*
bisher nicht bekannt gewesen sind. Im übrigen konnte für eine Reihe von
Merkmalen festgestellt werden, daß es sich entweder sicher oder doch
höchstwahrscheinlich um dieselben Genallele handelt, die in *P. arvense*
vorkommen. Es seien erwähnt: das Grundgen für die Ausbildung von
Anthocyan, A, die Gene für Ein-, Zwei- bzw. Drei- bis Mehrblütigkeit,
Fn und Fna, die Genallele für das Maculum, D^{co} und D^{ma}, die Gene für
Hülsenform Cp, Bt und N, für Hülsenmembran P und V, für Hülsenfarbe
pur^b, die Gene für Marmorierung und Punktierung der Samen, M und Fs,
das Gen für Schwarzfärbung des Hilums Pl sowie schließlich das Gen für
Gelbfärbung der Kotyledonen I. Die Spaltungen in F_2 werden dies zur
Gänze klarlegen.

Die wichtigsten Ergebnisse der F_1-Generationen sind, mit Hinblick
auf eine eventuelle Artbarriere, die durch verschiedene Chromosomenstruktur der Elternlinien bedingten Grade von Sterilität. Wie ersichtlich,
wurden die als Eltern verwendeten *arvense*-Linien so gewählt, daß sie
verschiedene Strukturtypen repräsentierten, um auf diesem Weg die
Chromosomenstruktur von *humile* kennen zu lernen. Über die *arvense*-
Linien war diesbezüglich folgendes bekannt. Linie 58 hat eine Relokation
entsprechend den Chromosomen IV/VI. Linie 379 hat eine solche zwischen den Chromosomen III und V. Die Strukturverhältnisse konnten
in beiden diesen Fällen durch den Zusammenhang zwischen Genenspaltung und der im Sterilitätsgrad nachgewiesen werden (s. L. 1939, 1946,
1959, 1964 a). Für die Linie 118 ist bisher nur bekannt, daß sie eine Relokation zwischen drei Chromosomen hat, nämlich IV/VI sowie einem noch
nicht festgestellten Chromosom. Die Linie 611 aus var. *tibetanicum*
schließlich hat eine einfache Translokation und eine Relokation, von
denen letztere wahrscheinlich durch das Vorhandensein einer Duplikation
sich in Kreuzungen nicht geltend macht.

Die Kreuzung von *P. humile* mit den vier in Rede stehenden *arvense*-
Linien hat folgendes ergeben:

P. humile, L. 936 × L. 58: etwa 50% Sterilität (48,9 ± 2,32%)
P. humile, L. 936 × L. 118: Fertilität
P. humile, L. 936 × L. 379: 62,5% Fertilität (62,3 ± 2,11%)
P. humile, L. 936 × L. 611: Fertilität

Es zeigt sich also, daß die *humile*-Linie Nr. 936 bei Kreuzung mit der oect. *sativum*-Linie und der *arvense*-Linie 611 nur fertile Nachkommen gegeben hat. Die bei Kreuzung von *humile* mit den beiden anderen oect. *sativum*-Linien Nr. 58 und 379 gefundene Semi- bzw. partielle Sterilität ist indessen in Kreuzungen zwischen Kulturformen von oect. *sativum* wiederholt erhalten worden. Und solche Linien haben sich demnach bei Kreuzung mit den hier benutzten Linien Nr. 58 und 379 ganz gleich verhalten wie *humile*. Dies berechtigt daher zur Annahme, daß die Chromosomenstruktur der *humile*-Linie höchstwahrscheinlich auch in oect. *sativum*-Linien anzutreffen ist. Auf alle Fälle, auch wenn mit eventuellen Duplikationen gerechnet wird, kann der Chromosomenstruktur von *humile* keine artentrennende Bedeutung zugeschrieben werden.

In diesem Zusammenhang kann auch von Interesse sein zu erwähnen, daß für verschiedene Linien der var. *tibetanicum* verschiedene Chromosomenstruktur hat nachgewiesen werden können. So fanden C. Pellew und E. R. Sansome (1931) bei Kreuzung mehrerer Pflanzen von *tibetanicum* mit derselben *sativum*-Linie teils eine fertile, teils eine semisterile F_1. Und bei Kreuzung meiner Linien 611, 612 und 613 aus *tibetanicum* (s. L. 1944 a) mit *sativum*-Linien konnte auch festgestellt werden, daß diese *tibetanicum*-Linien verschiedene Chromosomenstruktur hatten.

Das oben Angeführte zeigt, daß *P. humile* auf Grund seines Verhaltens in F_1 von Kreuzungen mit *arvense*-Linien nicht als von diesen artverschieden aufgefaßt werden kann. Als für *Pisum* allgemein charakteristisch scheint zu gelten. daß in unseren Kulturformen und in vielen geographischen Rassen von *P. arvense* zu großem Teil dieselben Chromosomenstrukturen anzutreffen sind. Über *P. humile* kann, da mir nur eine Linie dieser „Art" zur Verfügung gestanden ist, nicht gesagt werden, ob sie nicht auch mehrere verschiedene Chromosomenstrukturen in sich birgt. Jedenfalls kommt die Chromosomenstruktur dieser einen Linie, Nr. 936, auch in Kulturformen vor. Ob *P. humile* durch Genallele gekennzeichnet ist, die bisher für *arvense* nicht bekannt gewesen sind und eine eventuelle Barriere bedingen könnten, muß durch die Ergebnisse von F_2 und höheren Generationen klargelegt werden.

Ergebnisse der F_2 und höheren Generationen

Es wurden drei Kreuzungen studiert, die eine bis in F_4, die beiden anderen nur in F_2. Die spaltenden Gene, über die nicht schon bei den *abyssinicum*-Kreuzungen Angaben gemacht worden sind, manifestieren sich in folgender Weise:

Asc — asc : halbprostrater — aufrechter Wuchs.
Fru — fru : weniger verzweigter — stärker verzweigter Stengel.
 Fs — fs   : punktierte — nicht punktierte Samenschale.

$M - m$: marmorierte — nicht marmorierte Samenschale.
$Td - td$: Blättchen treppenförmig gezähnt — ungezähnt.

Außerdem spalteten noch die Gene A, Fl, I und Pl (s. o.). Die Abgrenzung der Fru- gegen die fru-Individuen muß durch eine quantitative Untersuchung stattfinden, da die Heterozygoten mehr weniger intermediär sind. Angabe der Dominanz daher willkürlich. Das Gen Asc entspricht dem halbprostraten Wuchs von *P. humile*, wobei die Stengelzweige in einem Winkel von etwa 45° nach oben-außen gehen (s. Abb. 36). Dieser Habitus-Typ von *humile* ist dominant. Erwähnt sei, daß es noch ein weiteres Gen, *pro*, gibt, das einen ähnlichen, aber rezessiven Wuchstyp bedingt (s. L. 1963 a).

Kreuzung Nr. 986. *P. humile*, L. 936 × *P. arvense*, L. 379 (s. o.). Die F_2 spaltete in den fünf Genen A, Asc, Fs, M und Pl. Sämtliche zeigten ungestörte monohybride Spaltung mit zwischen 0,34 und 1,74 variierenden D/m-Werten. Die F_1-Individuen zeigten, wie oben erwähnt, einen Fertilitätsgrad von annähernd 62,5%. In der F_2 haben sich aus 320 gesäten Samen 234 samenreife Pflanzen entwickelt. Diese zeigten annähernd folgende Verteilung in bezug auf den Grad der Fertilität:

Semisteril, etwa 50% . . . . . 66 Individuen
Partiell fertil, etwa 62,5% . . . 60 Individuen
Fertil, etwa 92% . . . . 108 Individuen

Die Grenze zwischen den 50 bzw. 62,5% fertilen läßt sich, wie erwartet, nicht scharf ziehen, dagegen liegt die zwischen diesen und den normal fertilen deutlich bei etwa 75%. Die zahlenmäßige Verteilung der drei Gruppen entspricht ungefähr dem Verhältnis 1 : 1 : 2, nämlich:

	Semisteril	Partiell steril	Fertil
Gefunden:	66	60	108
Erwartet:	58,5	58,5	117,0
D/m =	1,12	0,23	1,17

Die Untersuchung eines eventuellen Zusammenhanges zwischen der Spaltung in Genen und der in verschiedenem Grad von Sterilität hat einen sicheren solchen nur für das Gen Fs ergeben; Rekombinationsprozent = 16,6 $\pm$ 4,37.

Dieses Ergebnis war nicht unerwartet, da für die *arvense*-Linie Nr. 379 seit langem nachgewiesen ist (s. L. 1946), daß sie eine Relokation zwischen den Chromosomen III und V hat, wobei in der Nähe des Gens Fs der Bruchpunkt gelegen ist. In *P. humile* sollte demnach diese Relokation nicht vorkommen. Die folgenden zwei Kreuzungen sprechen auch für eine Relokation im Chromosom IV. Die gefundenen digenen Spaltungsverhältnisse zeigten keine sichere Koppelung zwischen den fünf Genen an. Laut bisherigen Befunden haben diese folgende Verteilung in den *Pisum*-Chromosomen: A (I), Asc (I? noch unsicher), M (III), Fs (V) und Pl (VI).

Für das Gen *Asc* wurde in einer anderen Kreuzung eine Andeutung zu Koppelung mit dem im Chromosom I, aber weit von *A* entfernt gelegenen Gen *I* festgestellt.

Die Ergebnisse der F_3 und F_4 bestätigten die in F_2 gefundenen. Das Auftreten der für *humile* charakteristischen, blasseren (bleifarbigen) Blüten wurde auch in diesen gefunden. Diese Blütenfarbe wird nicht durch ein besonderes Farbgen bedingt, sondern durch die übrige genotypische Konstitution, die für den zarten Wuchs und das schnelle Verwelken verantwortlich ist. Die blaßmatte Blütenfarbe ist dieselbe, wie sie bei zarten *arvense*-Pflanzen durch die Welke nach ein paar Tagen zutagetritt. Diese Blütenfarbe wurde taxonomisch als für *humile* artkennzeichnend angegeben.

Die Ergebnisse dieser Kreuzung in bezug auf das Verhältnis zwischen *P. humile* und *arvense* sind, daß es keine diese beiden Arten trennenden Genallele gibt. Sämtliche Genallele konnten beliebig umkombiniert und in voll fertilen Nachkommen erhalten werden. Die *arvense*-Linie muß demnach Träger von Genallelen sein, die den die spezifischen *humile*-Merkmale bedingenden entsprechen. Das die typischeste *humile*-Eigenschaft, den halbprostraten Wuchs bedingende dominante Gen *Asc* muß also in *arvense* durch ein entsprechendes rezessives Gen *asc* vertreten sein. Über die Blütenfarbe wurde bereits gesagt, daß sie als Welkefarbe zu betrachten ist, die bereits beim Öffnen der Blüten zutagetritt. Die genotypische Konstitution für diese ist aber die normale für *purpureus*-Blüten, wie sie für *arvense* kennzeichnend ist.

Wenn es auch nur ein einziges *humile*-eigenes, d. h. artspezifisches Genallel gäbe, so würde sich dieses mit dem für *arvense* artspezifischen Genenbestand nicht in voll fertilen Nachkommen kombinieren lassen. Und hierfür gibt es weder in diesen noch in den folgenden beiden Kreuzungen eine Andeutung. Alles spricht dafür, daß *humile* und *arvense* nur Rassen einer und derselben Art darstellen.

Die aufgetretene partielle Sterilität der F_1 sowie die in Fertilität, Semisterilität und partielle Sterilität spaltende F_2 konnten gleichwie binnen *arvense* auf das Vorhandensein verschiedener Chromosomenstruktur der Elternlinien zurückgeführt werden.

Kreuzung Nr. 1032. *P. humile*, L. 936 × *P. arvense*, L. 118. Zur F_2 wurden 500 Samen gesät, aus denen sich 391 auf vegetative Merkmale beurteilbare Pflanzen entwickelten. Aber nur 223 Individuen konnten auf Samenmerkmale beurteilt werden. Diese in F_1 voll fertile Kreuzung zeigte auch in F_2 dasselbe Verhalten. Es gab also weder eine partielle noch eine Semisterilität. Es spalteten folgende sieben Gene: *A, Asc, Fl, Fru, I, M* und *Pl*. Alle diese zeigten monohybride Spaltung mit D/m-Werten, die von 0,04 bis zu 2,56 variierten. Die etwas weniger gut mit dem monogenen 3 : 1 Verhältnis übereinstimmenden Spaltungen mit

D/m von 1,9 bis 2,56 wurden durch den Ausfall von schwächlichen Pflanzen bedingt (s. L. 1951 a).

Die digenen Spaltungsverhältnisse zeigten teils für die im Chromosom VI ziemlich nahe aneinander gelegenen Gene *Pl* und *Fl* eine starke Koppelung, einem Crossover von $29,5 \pm 3,75\%$ entsprechend, an, teils gab es eine Andeutung für Koppelung zwischen den Genen *I* und *Asc* mit $38,0 \pm 4,31\%$ Crossover. Für die Koppelung von *Pl* mit *Fl* liegt ein mittlerer Wert von etwa 7% vor (vgl. L. 1961 c).

Zusammenfassend kann über die Ergebnisse der Kr.-Nr. 1032 gesagt werden, daß sie in jeder Hinsicht mit in Kreuzungen zwischen verschiedenen *arvense*-Linien erhaltenen übereinstimmen, nämlich:

1. Die Kreuzung war in F_1 und F_2 durchweg fertil, was als Beweis dafür betrachtet werden kann, daß die hier benutzten Elternlinien von *humile* und *arvense*, abgesehen von eventuellen Duplikationen, die gleiche Chromosomenstruktur besitzen.

2. Die sieben spaltenden Gene verhielten sich genau so, wie dies binnen *P. arvense* zu erwarten gewesen wäre, d. h. übereinstimmend mit den Verhältnissen bei *P. arvense* zeigten sie entweder unabhängige Vererbung oder Koppelung.

3. Es konnten keine Merkmale bzw. Genallele festgestellt werden, die nicht in fertilen Individuen beliebig miteinander hätten kombiniert werden können.

Die Ergebnisse dieser Kreuzung allein würden genügen, um die eingangs gestellte Frage nach der Artberechtigung von *P. humile* mit Sicherheit verneinen zu können.

Kreuzung Nr. 1033. *P. humile*, L. 936 $\times$ *P. arvense*, var. *tibetanicum*, L. 611. Zu der F_2 wurden 440 Samen gesät, aus denen sich 376 ($= 85,4\%$) samenreife Pflanzen entwickelt hatten. Es spalteten die drei Gene *Asc*, *Fru* und *Td*. Die digenen Spaltungen zeigten für diese Gene keinerlei Koppelung an. Auch diese Kreuzung war, wie Kr.-Nr. 1032, sowohl in F_1 wie in F_2 durchweg fertil. Die *arvense*-Linie Nr. 611 aus der var. *tibetanicum* dürfte daher, abgesehen von eventuellen Duplikationen, dieselbe Chromosomenstruktur besitzen wie *humile* und L. 118 aus oect. *sativum*.

In gleicher Weise wie bei Kr.-Nr. 1032 sprechen also auch die Ergebnisse von Kr. 1033 dafür, daß *P. humile* nur als eine Rasse von *P. arvense* aufgefaßt werden kann.

Ergebnisse von Kreuzungen *Pisum arvense* L. $\times$ *P. elatius* Stev. und reziprok

P. elatius wurde von Steven (1808) mit folgender Diagnose beschrieben: P. petiolis teretibus hexaphyllis, stipulis inferne rotundatis crenatis, pedunculis bifloris folia longioribus. Habitat in Iberia. Im Vergleich zu der von STEVEN vorher gegebenen Diagnose von *P. sativum*, die wortgetreu mit der Linnéschen (1753) übereinstimmt, wird noch angeführt: *Majus* praecedente. *Internodia* nuda striata. *Stipulae* fere praecedentis. *Foliola* magis oblonga. *Pedunculi* longissimi erecti biflora. *Flores* distantes pallidi: *alarum* lamina atropurpureâ. *Legumina* mihi ignota.

Ein Vergleich mit *P. arvense* L. wird nicht gemacht, wahrscheinlich aus dem Grunde, da POIRET schon früher (1804) *arvense* als Varietät zu *sativum* gestellt hat. Auf diesen unglücklichen Mißgriff von POIRET habe ich schon früher verwiesen; er hat damit die wild vorkommende Spezies *arvense* L. der nur als Cultivar vorkommenden *sativum* untergeordnet (s. L. 1956 a und unten).

Laut vorstehender Diagnose sollte sich *elatius* von *arvense* hauptsächlich durch erheblichere Größe, durch die sehr langen (longissimi) zweiblütigen Infloreszenzen sowie durch größere Blättchen unterscheiden.

Spätere Systematiker haben in bezug auf die Artberechtigung von *P. elatius* verschiedene Standpunkte eingenommen. Die wichtigsten seien hier angeführt.

POIRET (1816) gibt eine mit der Stevenschen übereinstimmende Diagnose, bemerkt aber, daß *elatius*, wenn man es nicht von seinen natürlichen Standorten kennen würde, leicht als Varietät unserer gewöhnlichen Erbse aufgefaßt werden könnte.

ALEFELD (1866) faßt *elatius* als Rasse von *sativum* auf und betrachtet es als die wildwachsende Stammform dieses. — Bemerkenswert ist diesbezüglich, daß das weißblütige *sativum* aus der purpurblütigen Wildform *elatius* nur im Zusammenhang mit einer Mutation des Grundgens A für die Ausbildung von Anthoċyan zu seiner rezessiven Form a für Weißblütigkeit entstanden sein kann. Trotzdem wird von ALEFELD und auch anderen Systematikern *elatius* als Rasse von *sativum* aufgefaßt, während das Umgekehrte zweifellos das einzig Richtige wäre. Mit Hinblick auf die vom Menschen geschaffenen Nomenklaturregeln sind diese Verfasser natürlich vollkommen im Recht, aber keineswegs bei Berücksichtigung der in der Natur herrschenden Verhältnisse und vor allem in bezug auf die Entstehungsgeschichte von *P. sativum*. Weder jetzt, noch, soweit festgestellt werden kann, jemals früher hat man wildwachsende weißblütige Rassen von *Pisum* angetroffen (s. L. 1956 a). Hierbei wird ganz natürlich von vielleicht vereinzelt aufgetretenen, und sogleich wieder ausgemerzten a-Individuen, die durch Mutation von A zu a entstanden sein können, abgesehen. Daß bei der Entstehung der jetzigen weißblütigen Kulturformen nach und nach auch andere Veränderungen als die erwähnte, gesicherte Mutation eingetroffen sind, wird hier übergangen.

BOISSIER (1872) faßt *elatius* als gute Spezies auf. Er hebt überdies den hohen aufrechten Wuchs hervor und gibt die Anzahl Blüten zu 1 bis 3 an. — Das Vorkommen von drei Blüten auf einer Infloreszenz ist sehr bemerkenswert, da es, falls erblich bedingt, eine Mutation in den Genen *Fn* bzw. *Fna* angibt. In ganz seltenen Fällen kann aber eine dreiblütige Infloreszenz auch modifikativ entstehen (s. L. 1947 a).

ASCHERSON und GRAEBNER (1909, p. 1064) fassen *elatius* als Unterart von *sativum* auf. Ihre Diagnose enthält indessen die Charakteristik der früheren Autoren, wonebst sie noch die Netznervigkeit der Hülsen hervorheben.

HEGI (1924) führt *elatius* als var. von *sativum* an. Gleichwie ASCHERSON und GRAEBNER erwähnt er die Netznervigkeit der Hülsen, gibt aber überdies an, daß diese auf der Innenseite durch quergestellte schwammige Leisten charakterisiert sind. Beide diese Merkmale sind, wie ich wiederholt habe feststellen können, auch in gewissen Linien der Biotypengruppe von *arvense* und oect. *sativum* anzutreffen.

POST (1932) faßt *elatius* wieder als gute Art auf. Es werden aber keine weiteren Merkmale angeführt.

Wie ersichtlich, wurde *elatius* in den wichtigsten systematischen Arbeiten über *Pisum* teils als gute Spezies, teils als Subspezies oder auch als Varietät von *sativum* bzw. *arvense* aufgefaßt. Eine sichere Entscheidung, welche Ansicht hier die richtige ist, scheint mir nur durch das genanalytische Studium einer Kreuzung zwischen typischer *elatius* und *arvense* möglich zu sein. Ein Studium von Herbarmaterial gibt diesbezüglich wenig Bescheid.

Kreuzungen *P. elatius* × *arvense* bzw. oect. *sativum* sind mehrmals ausgeführt worden, aber irgendwelche genanalytischen Ergebnisse in bezug auf Spaltung in Merkmalen mit Feststellung von Koppelungen und damit Beweis für Übereinstimmung oder Nichtübereinstimmung in der Struktur der Chromosomen bzw. hinsichtlich trennenden Artmerkmalen liegen von anderer Seite nicht vor. Hervorgehoben sei in diesem Zusammenhang, daß solche Kreuzungen mit Linien auszuführen sind, deren Koppelungsverhältnisse und Struktur für alle 7 Chromosomen experimentell sichergestellt sind.

WHITE (1917, p. 488) erwähnt, daß die drei Spezies *arvense*, *elatius* und *Jomardi* bei Kreuzung fertile Hybriden geben. MEUNISSIER (1920) studierte das spontane Auftreten von ,,schwarzem Hilum" in Kreuzungen von Gartenvarietäten mit *P. elatius* und *Jomardi*. DE HAAN (1931) kreuzte *P. elatius* mit einer niedrigen *sativum*-Linie (201,1) und beobachtete Spaltung im Gen *Le* für Internodienlänge. SCHEIBE (1955) erwähnt eine Kreuzung von *elatius* mit einer kleinsamigen *arvense*-Linie, ohne aber Spaltungsergebnisse mitzuteilen.

Da diese Kreuzungen in beiden Richtungen leicht ausführbar und anscheinend auch fertil waren, dürfte die von WHITE (l. c.) geäußerte Ansicht richtig sein, daß es sich bei diesen beiden Arten nur um Subspezies ein und derselben Art handeln wird.

Kreuzung Nr. 849. Linie 741, *le A i fs* U^{st} *cp gp te v d* × L. 805, *Le A* Fs^{ex} *u Sp Gp Te V D*. Linie 741 ist eine Testlinie und stammt aus Kreuzung Nr. 272: L. 234, U^{st}, ein Findling in *P. arvense* (s. L. 1937) × L. 241 a, aus der niedrigen, weißblütigen und gelbhülsigen Zuckererbse Goldfähnchen (oect. *sativum*). Linie 805 stammt aus einer in Anatolien eingesammelten Probe von *P. elatius*. L. 805 stimmt in ihren Eigenschaften gut mit der oben für *elatius* wiedergegebenen Diagnose überein. Erwähnt sei, daß die Ausbildung der von HEGI (l. c.) erwähnten schwammigen Querleisten in den Hülsen unter hiesigen Verhältnissen nur in gewissen Jahren anzutreffen waren, weshalb sie, als stark modifikativ bedingt, bei der Analyse der Kreuzung nicht berücksichtigt worden sind. Beide Elternlinien haben purpurfarbige Blüten, *A Ar B Am Ce Cr*. Linie 805 hat lange Infloreszenzachse, Linie 741 kaum mittellange.

Die Kreuzung gab in beiden Richtungen normalen Samenansatz, die F_1-Pflanzen waren voll fertil. Sie zeigten die auf Grund der genotypischen Konstitution der Elternlinien erwarteten Merkmale. Die Länge der Infloreszenzen stimmte annähernd mit der der *elatius*-Linie Nr. 805 überein.

Zur F_2 wurden 500 Samen gesät, aus denen sich 445 (= 89,0%) samenreife Pflanzen entwickelten. Die spaltenden Gene bedingen folgende Merkmalspaare:

Cp — cp : Gerade — gekrümmte Hülse.
D^{co} — d : Mit einfachem — ohne Anthocyanring an der Stipelbasis.
Fs^{ex} — fs : Grob blauviolett punktierte — nicht punktierte Testa.
Gp — gp : Grüne — wachsgelbe Hülsenfarbe.
I — i : Gelbe — grüne Kotyledonenfarbe.
Le — le : Lange — kurze Internodien.
Te — te : Mittelbreite — schmale Hülse (etwa 13,5 : 10 mm).
U^{st} — u : Blauviolett gestreifte — nicht gestreifte Testa.
V — v : Reife Hülse mit starker Membran — nur mit unbedeutenden Membranflecken.

Von den monogenen Spaltungen zeigten die in Gp und V ein stärkeres Defizit an Rezessiven. Ein Ausfall an solchen Individuen ist nicht selten zu beobachten, da gp-Pflanzen erheblich schwächere Vitalität zeigen und solche mit v während der Reife leicht von Pilzen befallen werden. Mit dem Ausfall von gp- und v-Individuen folgt dann auch regelmäßig ein solches an cp-, fs- und le-Pflanzen, da diese Gene mit gp bzw. le stark gekoppelt sind (s. u.).

Da die digenen Spaltungsverhältnisse dieser Kreuzungen Koppelungen in drei verschiedenen Chromosomen charakterisieren, die also auch für *P. elatius* Gültigkeit besitzen müssen, sollen sie unten angeführt werden. Die Römerzahl in Klammern gibt die Chromosomen-Nr. an, das CrO entspricht dem Crossover.

(I)   279 $I\,D$:64 $I\,d$:73 $i\,D$:29 $i\,d$ $CrO_K = 42{,}2 \pm 3{,}24\%$

(IV) 359 $Le\,V$:6 $Le\,v$:34 $le\,V$:46 $le\,v$ $CrO_K = 8{,}9 \pm 1{,}42\%$

(V)   343 $Cp\,Gp$:12 $Cp\,gp$:22 $cp\,Gp$:67 $cp\,gp$ $CrO_K = 8{,}9 \pm 1{,}42\%$

(V)   312 $Cp\,Fs^{ex}$:44 $Cp\,fs$:49 $cp\,Fs^{ex}$:40 $cp\,fs$ $CrO_K = 27{,}7 \pm 2{,}57\%$

(V)   244 $Cp\,U^{st}$:112 $Cp\,u$:82 $cp\,U^{st}$:7 $cp\,u$ $CrO_R = 27{,}7 \pm 4{,}32\%$

(V)   324 $Cp\,Te$:32 $Cp\,te$:13 $cp\,Te$:76 $cp\,te$ $CrO_K = 10{,}3 \pm 1{,}53\%$

(V)   321 $Gp\,Fs^{ex}$:44 $Gp\,fs$:40 $gp\,Fs^{ex}$:40 $gp\,fs$ $CrO_K = 25{,}3 \pm 2{,}45\%$

(V)   249 $Gp\,U^{st}$:116 $Gp\,u$:77 $gp\,U^{st}$:3 $gp\,u$ $CrO_R = 18{,}7 \pm 4{,}53\%$

(V)   327 $Gp\,Te$:37 $Gp\,te$:13 $gp\,Te$:68 $gp\,te$ $CrO_K = 10{,}0 \pm 1{,}51\%$

(V)   242 $Fs^{ex}\,U^{st}$:119 $Fs^{ex}\,u$:82 $fs\,U^{st}$:0 $fs\,u$ $CrO_R = 11{,}0 \pm 4{,}66\%$

(V)   301 $Fs^{ex}\,Te$:58 $Fs^{ex}\,te$:34 $fs\,Te$:50 $fs\,te$ $CrO_K = 24{,}8 \pm 2{,}43\%$

(V)   226 $U^{st}\,Te$:100 $U^{st}\,te$:111 $u\,Te$:8 $u\,te$ $CrO_R = 26{,}1 \pm 4{,}36\%$

Die vorstehend angeführten Spaltungsverhältnisse und Crossover-Werte zeigen, daß sich die neun in Kr. 849 analytisch studierten Gene auf drei der sieben Chromosomen von *Pisum* verteilen. Und diese Koppelungen sind genau dieselben, die in Kreuzungen zwischen Kulturformen von *arvense* bzw. oect. *sativum* bei normaler Struktur der Chromosomen wiederholt erhalten worden sind. Man vergleiche die Genenkarte in Abb. 35.

Diese Ergebnisse beweisen, daß *P. elatius* in den Chromosomen I, IV und V dieselben Koppelungsverhältnisse hat wie die Linie 741 von *P. arvense*. Nun ist aber für L. 741 in einer größeren Anzahl von Kreuzungen (L. 1948, 1950, 1952 u. a.) nachgewiesen, daß sie auch in den übrigen vier Chromosomen durch der Normalstruktur entsprechende Koppelungen charakterisiert ist. Dasselbe muß daher auch für *P. elatius* Gültigkeit besitzen.

Zusammenfassend kann auf Grund der Ergebnisse der oben besprochenen Kreuzung als vollkommen sicher betrachtet werden, daß *P. elatius* nur eine Rasse von *P. arvense* darstellen kann.

Ergebnisse von Kreuzungen *Pisum arvense* L. × *P. Jomardi* Schrank und reziprok

Schrank (1821) gibt für diese Art folgende Diagnose: *P. Jomardi.* Glaberrimum, caule angulato; petiolis teretibus, stipulis basi dentatis foliolisque ovalis; pedunculus subunifloris. ⊙ . Hinzugefügt wird u. a.:

Kaum anderthalb Fuß hoch, sehr wenig verzweigt, nur ein Paar Blättchen, diese immer mit einer kleinen weichen Granne. Blüthenstiele einblüthig, zuweilen zweiblüthig, vierkantig. Die Blumen weiß, die Flügel sehr schwach erröthend. Heimat: Ägypten.

POIRET (1816) erwähnt *Jomardi* mit einer Abkürzung von SCHRANKS Diagnose.

BRAUN (1841) stellt einen Vergleich zwischen *Jomardi* und seinem *abyssinicum* an, die er nebeneinander kultiviert hat. Er betrachtet *Jomardi* als die *abyssinicum* zunächst stehende Form. Bei Kultur im Karlsruher Garten hatte *Jomardi* zweipaarige Blätter mit wenigeren und stumpferen Zähnen, und Stipulae, die nur gegen die Basis grob gezähnt sind. Die Blüten sind klein, doch etwas größer als bei der abessinischen Pflanze und lebhafter gefärbt; die Hülsen größer, die Samen zusammengedrückt, graugrün mit schwarzrothen Punkten. Wie ersichtlich, weicht diese Beschreibung von der von SCHRANK auf eine schwächliche Pflanze gegründete in mehreren Hinsichten deutlich ab; die Blütenfarbe, die zweipaarigen Blättchen usw. Laut BRAUN sollte *Jomardi* dem *arvense* im allgemeinen näher stehen, sich aber anderseits durch die kleinen Blüten an *abyssinicum* anreihen.

Von ALEFELD, BOISSIER, ASCHERSON und GRAEBNER, HEGI und POST wird *Jomardi* nicht erwähnt. Wahrscheinlich waren sie wie BRAUN der Ansicht, daß *Jomardi* nur eine kleinblütige Form von *arvense* L. darstellt.

Selbst habe ich sowohl Herbarmaterial untersucht sowie aus Ägypten und botanischen Gärten erhaltenes Material von *Jomardi* seit 1930 gebaut. Abgesehen von den „schwarzrothen Punkten" der Samen, die in meinem Material purpurviolett sind, kann ich die Angaben von BRAUN durchweg bestätigen.

SCHRANKS zum Teil abweichende Angaben, wie „kaum anderthalb Fuß hoch", „nur ein Paar Blättchen", „Blumen weiß, die Flügel schwach erröthend", sind sicherlich darauf zurückzuführen, daß er die Beschreibung auf das von ihm gezogene, schwächliche Individuum gegründet hat. HEDRIK (1928 p. 13) benutzt von diesen abnormen Merkmalen „nur ein paar Blättchen", um *Jomardi* mit *abyssinicum* in eine Gruppe zu vereinigen, was sicher nicht richtig ist.

Laut meinen Beobachtungen kann *Jomardi* von gewissen Formen von *arvense* nicht sicher unterschieden werden. *Jomardi* ist halbhoch. In kühlen, wenig sonnigen Jahren erreicht es eine Höhe von nur etwa 80 cm, in günstigen dagegen bis zu ungefähr 140 cm. *Jomardi* scheint gegen solche Schwankungen der Umweltverhältnisse, wie sie hier oft vorkommen, empfindlicher zu sein als unsere hier gebauten Sorten von *arvense*. Morphologisch besteht aber kein sicherer Unterschied. Die Ergebnisse der unten zu besprechenden Kreuzung werden die Konspezifität mit *arvense* bestätigen.

Kreuzung Nr. 182. Linie 225 aus *P. Jomardi* (s. o.) × Linie 232 aus einer von DE WINTON aus England erhaltenen Samenprobe. L. 225 ist *Le A Z B S K D^{co} St td Wb*, L. 232 ist *Le A Z b s k D^{co} st td wb*. Beide Linien hatten überdies gerade und stumpfe Hülsen sowie violett punktierte Samen, die bei *Jomardi* gepreßt, bei L. 232 fast rund, wenig eingedellt sind.

Die Kreuzung zeigte bei Ausführung in reziproker Richtung keinen Unterschied. Die F_1 zeigte die erwarteten Merkmale und war normal fertil. Zur F_2 wurden 500 Samen gesät, aus denen sich 448 samenreife Pflanzen entwickelten. Die spaltenden Gene bedingen folgende Merkmale:

$B - b$: Blütenfarbe *purpureus — clariroseus*.

$K - k$: Flügel normal ausgebildet — schiffchenähnlich reduziert.

$S - s$: Reife Samen frei voneinander — miteinander verklebt.

$St - st$: Stipel normal — stark reduziert und schmal.

$Wb - wb$: Pflanzen stark wachsig — sehr wenig wachsig.

Alle diese fünf Gene zeigten befriedigend mit dem monogenen Verhältnis von 3 : 1 übereinstimmende Spaltungsverhältnisse. Die in F_2 gefundenen Spaltungen gaben über folgende Koppelungen Aufschluß:

(II) 333 *S Wb*: 26 *S wb*: 10 *s Wb*: 79 *s wb* $CrO_K = \ 8{,}1 \pm 1{,}35\%$

(II) 317 *S K*: 42 *S k*: 21 *s K*: 67 *s k* $CrO_K = 15{,}1 \pm 1{,}88\%$

(II) 313 *Wb K*: 30 *Wb k*: 26 *wb K*: 79 *wb k* $CrO_K = 13{,}6 \pm 1{,}76\%$

(III) 285 *B St*: 47 *B st*: 62 *b St*: 54 *b st* $CrO_K = 28{,}6 \pm 2{,}60\%$

Die Koppelungsgruppen der Chromosomen II und III sind wiederholt eingehend untersucht und die in vorliegender Kreuzung mit *P. Jomardi* erhaltenen Crossover-Werte stimmen gut mit den früher gefundenen überein. Man vergleiche die Genenkarte in Abb. 35.

Die zur Kreuzung mit *P. Jomardi* benutzte *arvense*-Linie Nr. 232 ist von mir in über 30 Kreuzungen als Elter verwendet worden, wobei ihre Koppelungsverhältnisse in allen sieben Chromosomen sich als dem Normaltyp angehörig erwiesen haben. Es kann daher mit Hinblick auf die oben mitgeteilten Ergebnisse der Kreuzung Nr. 182 nur der Schluß gezogen werden, daß *P. Jomardi* in seinen Chromosomen durch dieselbe Anordnung der Gene charakterisiert ist wie *P. arvense* und damit als mit diesem konspezifisch zu betrachten ist. In bezug auf gewisse, von verschiedenen Autoren angegebenen Differenzen gilt hier das schon oben für *P. elatius* Gesagte.

Ergebnisse von Kreuzungen *Pisum arvense* L. × *P. transcaucasicum* (Gov.) Stankov und reziprok

In Vavilov, N. T. und Wulff, Flora of cultivated plants II. Grain Leguminosae (1937) verfaßte L. I. Govorov den Abschnitt über *Pisum*. Govorov teilt hier die Gattung *Pisum* in folgende sechs Spezies ein: *formosum* Stev., *fulvum* Sibth. et Sm., *elatius* (M. B.) Stev., *abyssinicum* Braun, *humile* Boiss. et Noë und *sativum* L. sens. ampl. Die drei letztgenannten Arten sollten sich von Kreuzungen zwischen *fulvum* und *elatius* herleiten. *P. sativum* wird dann in die drei Subsp. *asiaticum*, *transcaucasicum* und *commune* unterteilt. Für *asiaticum* werden 8 Proles, für *transcaucasicum* zwei und für *commune* 8 Proles angeführt. Besonders erwähnt sei hier, daß der Linnésche Name *P. arvense* in Govorovs Arbeit überhaupt nicht aufscheint, obgleich nur *arvense* und nicht *sativum* wildwachsend anzutreffen ist. *P. formosum* gehört einer eigenen Gattung, *Alophotropis*, an, die von Boissier (1872) als Untergattung von *Pisum* aufgestellt und von mir (1956) zum Rang einer Gattung erhöht worden ist.

Mit Hinblick auf die übrigen von Govorov (l. c.) angeführten Arten ist hervorzuheben, daß Clavaud (1884) eine Spezies *commune* aufgestellt hat, der er *arvense* L. und *sativum* L. als niedrigere Kategorien unterordnet. Govorov faßt *commune* dann als ssp. von *sativum* s. l. auf. Stankov (1949) schließt sich wieder Clavaud an. Irgendeine auf morphologische Merkmale gestützte Begründung für diese Maßnahme fehlt indessen. Clavaud erwähnt auch, daß ihm *arvense* L. wildwachsend unbekannt geblieben ist. Er betrachtet *arvense* und *sativum* als durch die Eingriffe des Menschen entstandene Formen („des formes amenées par l'intervention de l'homme"). Wie bereits erwähnt, ist *P. arvense* am Balkan, in Tibet usw. vielenorts wildwachsend anzutreffen. Der nomenklatorischen Maßnahme von Clavaud kann man sich nicht anschließen; sie steht in Widerspruch zu den Nomenklaturregeln.

In der folgenden Gegenüberstellung sind alle von Stankov angeführten Merkmale sowie, insofern sie als ergänzend betrachtet werden konnten, auch solche von Govorov verwendete aufgenommen. Wird für die eine Art ein Merkmal angeführt, das bei der zweiten keine Erwähnung findet, so ist dies durch einen Strich angegeben.

Pisum commune Clav. (*P. arvense* + *sativum* L.)	*Pisum transcaucasicum* Stank.
Habitus	
Stengel nicht verzweigt und niederliegend oder mit wenigen Zweigen. Wuchs niedrig bis hoch 25—250 cm.	Stengel nicht oder wenig verzweigt, niederliegend. Höhe 25—150 cm.
Blättchen	
Groß, selten mittelgroß, eiförmig bis rundlich, ganzrandig, selten gezähnt.	Länglich, spitz, immer ganzrundig.

Blütenstand

Kurz, gleichlang oder länger als die Nebenblätter, 1—2mal so lang.	—

Kelch

Zipfel 1½mal der Röhrenlänge.	—

Blüten

Groß, 1,4—2,5 cm.	Mittelgroß bis groß.
Fahne niedrig breit.	—
Flügel breit eiförmig bis zur Abrundung	Flügel gewöhnlich dunkelviolett. Schiffchen mit Anthocyanfärbung.
—	

Hülsen

Mittelgroß bis groß, mit oder ohne pergamentartiger Membran.	Klein bis mittelgroß, schmal, immer mit pergamentartiger Membran.

Samen

Von klein bis zu erheblicher Größe mit oder ohne Pigment.	Klein, pigmentiert und gewöhnlich kantig.

Bei der Aufstellung einer neuen Art ist als selbstverständlich vorauszusetzen, daß der Autor wenigstens ein konstantes, erblich bedingtes Merkmal angeben kann, das die neue Art von der ihr nächstverwandten, bis da bekannten Art unterscheidet. Ein solches Arten trennendes Merkmal, und damit das dieses bedingende Gen, darf durch Kreuzung (spontan oder artifiziell) nicht zusammen mit Fertilität in die nächstverwandte Art (oder vice versa) überführt werden können. Ist dies möglich, so besteht keine wirkliche Artbarriere, kein Isolationsmechanismus, wie er für naturbedingte Spezies stets kennzeichnend ist. Auch Kreuzungen via einer dritten Art bzw. Rasse müssen sich gleich verhalten.

Diese absolute Artbarriere wird durch einen genisch-plasmatischen Mechanismus aufrecht erhalten, der die Reproduktion von für artfremde Merkmale verantwortliche Genallele in einem artfremden Plasma, vereint mit Fertilität, verhindert. Näheres s. o. bei den *Chrysanthemum*- und *Phaseolus*-Kreuzungen.

Im vorliegenden Fall fragt es sich, ob unter den von STANKOV angegebenen Merkmalen eines oder mehrere hervortreten, die diesen eben genannten Forderungen gerecht werden.

Über den Typus der Infloreszenz und des Kelches macht weder GOVOROV noch STANKOV Angaben, die auf Unterschiede zwischen den in Frage stehenden Arten hindeuten (s. o.). Für das Schiffchen von *transcaucasicum* wird stets vorhandener Anthocyananflug erwähnt. Aber es gibt auch von *arvense* Formen mit diesem Merkmal (s. L. 1963 b). Die Gegenüberstellung der Merkmale von Habitus, Hülsen und Samen, mit Ausnahme der Blättchen, zeigt keinerlei sichere Unterschiede, denn die für *commune* angegebene Variabilität der betreffenden Merkmale schließt auch die von *transcaucasicum* mit ein.

Verbleiben die Blättchen. Für diese wird ein anscheinend distinkter Unterschied erwähnt, indem die von *transcaucasicum* länglich, spitz und

Abb. 37. *Pisum transcaucasicum* (Gov.) Stankov. Links Original. Rechts derselbe Typ, erhalten durch Mutation und Ausspaltung in *arvense*-Kreuzungen

immer ganzrandig, die von *commune* dagegen eiförmig bis rundlich sein sollen. Ganzrandige Blättchen gibt es nun an zahlreichen Formen von *arvense*. Dagegen sind längliche und überdies ausgesprochen spitze Blättchen verhältnismäßig selten, aber jedenfalls anzutreffen.

Mein Material von *transcaucasicum* besteht aus zwei Linien, Nr. 1060 und 1448, die beide aus dem endemischen Gebiet (Grusien) stammen. Abb. 37 links zeigt ein gepreßtes Exemplar der Linie 1448. Es stimmt mit der von Govorov gegebenen Beschreibung und seiner Abb. 126 (l. c.) überein. Abb. 37 rechts zeigt ein Blatt einer Mutante, wie sie von Bateson, W. und C. Pellew (1915, 1920), Pellew (1928) sowie von Brotherton (1919 und 1923) studiert worden ist. Solche Mutanten sind Wildtypen, die auch als Rogues oder Rabbit Ears bezeichnet werden. Sie wurden in gewissen Kulturvarietäten in einiger Frequenz auftretend beobachtet. In meinem Material sind entsprechende Typen sowohl als Mutanten wie in Kreuzungen ausspaltend angetroffen worden. Im letzteren Fall waren sie rezessiv, im erstgenannten dominant.

Wie die Bilder in Abb. 37 zeigen, besteht im Bau der Blätter, Stipel und Blättchen zwischen *transcaucasicum* und den eben erwähnten Mutanten bzw. Spaltungsprodukten kein sicherer Unterschied. In beiden Fällen sind sowohl Stipel wie Blättchen ausgesprochen schmal und spitz. Der Längen/Breiten-Index als Charakteristikum der langschmalen Stipel ist auch übereinstimmend. Für *transcaucasicum* ist der L/Br-I 2,5 bis 2,6 und für die Rogues gibt BROTHERTON (1923, Tab. XXII) einen Mittelwert von 2,50 an.

Ganz entsprechend verhält es sich mit den Blättchen. Die Gene für den L/Br-I besitzen vollkommen pleiotrope Wirkung auf Stipel, Blättchen und Kelchblätter, was von HÄRSTEDT (1950) an einem sehr großen Material nachgewiesen werden konnte. Erwähnt zu werden verdient, daß HÄRSTEDTS Material aus einer Kreuzung stammt, deren eine Elternlinie einen mittleren Stipel-L/Br-I von 2,55 hatte. Verfasser (1949 b) konnte ein Gen *ten* nachweisen, das in rezessiver Form den L/Br-I der Mutterlinie von 2,10 ±0,035 auf nicht weniger als 3,02 ±0,07 erhöhte.

Aus Vorstehendem geht hervor, daß die Form der Stipel und Blättchen von *transcaucasicum*, wie sie im L/Br-I zum Ausdruck kommt, vollkommen in die Variationsbreite von sowohl anderen Wild- wie auch bekannten Kulturformen fällt. Ähnliches gilt auch für die Größe der übrigen vegetativen Teile. Für diese ist ein Gen (*min* von *minuere*) bekannt, das starke pleiotrope Wirkung auf die Größe aller Teile der Pflanze hat. So konnte Verfasser (1957) in nach Röntgenbestrahlung erhaltenem Material die monogene Ausspaltung von *min*-Pflanzen feststellen, die in bezug auf Höhe, Größe der Blätter, Hülsen usw. um wenigstens 20% kleiner waren als die *Min*-Mutterlinie Nr. 21 (s. Abb. 38 und unten bei Kreuzung-Nr. 1440). Bei *transcaucasicum* erreicht diese Reduktion ungefähr 30%, was aber auf die übrige genotypische Konstitution (schmälere Blättchen und damit kleinere Assimilationsfläche) zurückzuführen sein könnte. Ob es sich in diesen beiden Fällen um dasselbe Gen handelt, müßte erst durch Kreuzungen festgestellt werden.

Unsicher erscheint ohne genanalytische Untersuchung, ob die ausgesprochen spitze Form von Stipel und Blättchen irgendwie mit der Reduktion der Größe der ganzen Pflanze zusammenhängt. Die *min*-Mutante in der Abb. 38 rechts zeigt trotz eines viel niedrigeren L/Br-I der Blättchen, etwa 2,0 bis 2,3, markant spitze Blättchen. Wie bereits erwähnt, wurde diese Mutante nach Röntgenbestrahlung monogen rezessiv ausspaltend angetroffen.

Mit Hinblick auf diese Frage sowie zur Klarlegung, ob die *transcaucasicum*-Linie normalen Karyotyp, der Standardlinie Nr. 110 entsprechend besitzt, wurden fünf Kreuzungen ausgeführt. Vier von diesen sind mit Linien von normaler Chromosomenstruktur und eine mit einer durch eine

Abb. 38. Obere Teile zweier Pflanzen im gleichen Maßstab. Links normaler *Le Min*-Typ (Linie 21), rechts aus dieser durch Röntgenbestrahlung erhaltene *minuere*-Mutante, *Le min*

Relokation I/VII gekennzeichnete ausgeführt. Die Kreuzungen mit den vier Linien von Normalstruktur, die Nrn. 1135, 1149, 1279 und 1440, waren normal fertil. Die Kreuzung mit der I/VII Relokationslinie Nr. 21, Kr.-Nr. 1126, war semisteril. Die F_1-Individuen hatten eine Fertilität von 46,0%. Damit war schon eindeutig bewiesen, daß die *transcaucasicum*-Linie, wenn von eventuell vorhandenen Duplikationen abgesehen wird, normale Chromosomenstruktur besitzen muß.

Kreuzung Nr. 1440. Testlinie 741, *le A Z i m U^{st} kp d Fl cp gp v pro* × *transcaucasicum*-Linie 1448, *Le A Z I M u Kp D fl Cp Gp V Pro*. Es wurden zwei F_1-Generationen von zusammen 32 Pflanzen aufgezogen, von denen 28 normal fertil waren. Die übrigen vier waren semisteril, offenbar, da die Linie 741 in bezug auf Chromosomenstruktur nicht ganz einheitlich gewesen ist. Eine solche Veränderung kann auch spontan, aber nur selten eintreffen.

Zur F_2 wurden 500 auf den fertilen F_1-Pflanzen geerntete Samen gesät. Aus diesen entwickelten sich 401 voll samenreife Individuen. Die F_2 war auch durchweg normal fertil. Es spalteten elf Gene mit folgender Manifestation. Die römischen Zahlen geben die Chromosomenzugehörigkeit an:

$Cp - cp$ V: Zusammen mit N und Cpa gerade — gekrümmte Hülsen.

$D^{co} - d$ I: Zusammen mit A an der Basis der Stipel mit anthocyanfarbigem Ring um den Stengel — ohne solchen.

$Fl - fl$ VI: Mit ziemlich starker Panachierung der Blättchen und Stipel — ohne solche.

$Gp - gp$ V: Hülsen in frischem Zustand grün — wachsgelb,

$I - i$ I: Zusammen mit O Kotyledonen orangegelb — grün. o verändert Grün in Cremefarben.

$Kp - kp$ IV: Zusammen mit A Schiffchen anthocyanfarbig — ohne solche Färbung.

$Le - le$ IV: Lange, nicht zickzack gestellte Internodien und hoher Wuchs — kurze, deutlich zickzack gestellte Internodien und niedriger Wuchs.

$M - m$ III: Zusammen mit $A\ Z\ Mp$ starke Marmorierung der Testa — ohne solche.

$Pro - pro$ IV: Stengelverzweigungen an der Basis unmittelbar nach oben gerichtet (*pyramidalis*-Typ) — in einem Winkel von etwa 45° schräg nach oben außen gerichtet.

$U^{st} - u$ V: Zusammen mit $A\ Z$ konzentrisch um das Hilum verlaufende Streifenstücke in schwarzvioletter Farbe — ohne solche.

$V - v$ IV: Zusammen mit P starke Membran auf der Innenseite der Hülsen — nur mit schwachen, zerstreut liegenden Sklerenchymflecken oder ganz dünner Membran. Mit p ganz ohne Sklerenchymelemente in der Hülsenwand (Naht ausgenommen). $v\ P$ gibt Sklerenchymband längs der Naht.

Alle diese elf Gene spalteten monohybrid nach 3 : 1. Nur die im Gen V Rezessiven zeigten, wie häufig, ein deutliches Defizit. Es folgen die digenen Spaltungsverhältnisse, soweit sie im gleichen Chromosom gelegene Gene betreffen. Die Gene Fl und M kommen hierfür schon a priori nicht in Frage, da sie je allein in verschiedenen Chromosomen liegen. Die im Chromosom I gelegenen Gene D^{co} und I liegen soweit voneinander entfernt, daß sie keinen signifikativen Crossover-Wert zu geben pflegen. Es verbleiben daher nur die Gruppen Cp-Gp-U^{st} im Chromosom V, sowie Pro-Le-V-Kp im Chromosom IV. Für diese Gene resultierten folgende Spaltungen und Crossover-Werte:

(V)   270 $Cp\,Gp$:38 $Cp\,gp$:54 $cp\,Gp$:47 $cp\,gp$ $CrO_K = 26{,}4 \pm 2{,}63\%$

      229 $Cp\,U^{st}$:79 $Cp\,u$:70 $cp\,U^{st}$:28 $cp\,u$ $CrO_R = 52{,}1 \pm 3{,}64\%$

      228 $Gp\,U^{st}$:93 $Gp\,u$:71 $gp\,U^{st}$:14 $gp\,u$ $CrO_R = 39{,}4 \pm 4{,}12\%$

(IV) 234 $Pro\,Kp$:39 $Pro\,kp$:88 $pro\,Kp$:40 $pro\,kp$ $CrO_K = 36{,}5 \pm 3{,}14\%$

      200 $Pro\,Le$:38 $Pro\,le$:45 $pro\,Le$:33 $pro\,le$ $CrO_K = 32{,}2 \pm 2{,}94\%$

      215 $Pro\,V$:23 $Pro\,v$:54 $pro\,V$:24 $pro\,v$ $CrO_K = 31{,}4 \pm 3{,}27\%$

      277 $Kp\,Le$:45 $Kp\,le$:30 $kp\,Le$:49 $kp\,le$ $CrO_K = 22{,}3 \pm 2{,}41\%$

      296 $Kp\,V$:26 $Kp\,v$:40 $kp\,V$:39 $kp\,v$ $CrO_K = 20{,}9 \pm 2{,}33\%$

      291 $Le\,V$:16 $Le\,v$:45 $le\,V$:49 $le\,v$ $CrO_K = 16{,}7 \pm 2{,}07\%$

Die in Kr. 1440 erhaltenen Koppelungswerte für die im Chromosom V gelegenen Gene Cp, Gp und U^{st} bestätigen die bisher beobachtete Reihenfolge dieser Gene: Cp-Gp-U^{st}. Hierbei wird für Cp-U^{st} wegen des großen Abstandes zwischen diesen beiden Genen gewöhnlich kein signifikativer Wert erhalten, was auch in Kr. 1440 der Fall ist. Die Lage der Gene *pro* und *kp* wurde erst kürzlich als dem Chromosom IV angehörig nachgewiesen (L. 1963 b), weshalb sie in der 1961 veröffentlichten Genenkarte noch nicht aufscheinen. Die in Kr. 1440 gefundenen Crossover-Werte geben folgende Reihenfolge: *Pro-Le-V-Kp*.

Insgesamt sprechen die gefundenen Crossover-Werte dafür, daß *transcaucasicum* dieselbe Chromosomenstruktur besitzt wie *P. arvense*.

Verbleibt die Untersuchung des als in erster Linie als artspezifisch angegebenen Merkmals spitze, schmale und kleine Blättchen. Diese wurden in Übereinstimmung mit Abb. 39 klassifiziert, was die Spitzigkeit betrifft. Die Größe, d. h. Länge und Breite, wurde am ersten Blättchenpaar bei der zuerst ausgebildeten Infloreszenz ermittelt. Zwischen spitz und mehr weniger abgerundet war die Grenze leicht zu ziehen, während sie zwischen schwach und stark abgerundet unsicher erschien.

Die Elternlinie Nr. 741 hatte typisch abgerundete, die *transcaucasicum*-Linie Nr. 1448 ebenso typisch spitze Blättchen. Der L/Br-I von L. 741 betrug durchschnittlich 1,80, der von L. 1448 2,5 bis 2,6. Die Blättchen der F_1-Pflanzen hatten mehr weniger abgerundetes Ende und einen L/Br-I von ungefähr 2,0. Dies zeigt, daß das Merkmal spitze Blättchen der *transcaucasicum*-Linie rezessiv ist. Es wurde mit *acutifolius* bezeichnet. Im Gegensatz hierzu war die von BROTHERTON (l. c.) studierte spitzblättrige Mutante dominant. Die F_2 zeigte eine ungestörte monogene Spaltung nach 364 abgerundet : 100 spitz mit D/m = 1,71. Das hierfür verantwortliche Gen wurde mit dem Symbol *acu* belegt.

Das gesamte F_2-Material zeigte eine Variation des L/Br-I von ungefähr 1,25 bis zu etwas über 3,10. Diese Variation umfaßt die ganze diesbezüglich bisher bekannte Breite bei normal fertilen Linien von *Pisum*. Die Verteilung der 472 F_2-Individuen hinsichtlich L/Br-I und der Blättchenform zeigt, daß letztere über die ganze Breite der ersteren verteilt sind. Die Blättchen mit stark abgerundetem Ende haben jedoch einen durchschnittlich niedrigeren L/Br-I. Eine Berechnung der Mittelwerte mit mittleren Fehlern für die drei Gruppen spitz, schwach und stark abgerundet gibt folgende L/Br-I:

Pflanzen mit spitzen Blättchen . . . . 2,12 ± 0,031
Pflanzen mit schwach abgerundeten Blättchen . . . 2,03 ± 0,017
Pflanzen mit stark abgerundeten Blättchen . . . . 1,91 ± 0,031

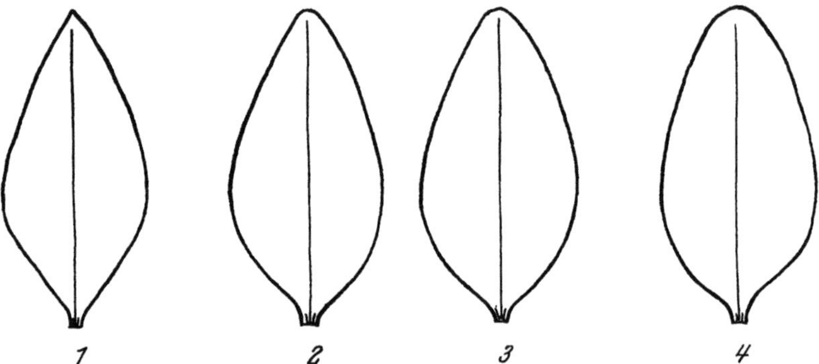

Abb. 39. Vier Blättchen von Pflanzen der Kreuzung Nr. 1440, die Klassifikation nach spitz bis typisch abgerundet veranschaulichend: *1* spitz, *2* und *3* schwach abgerundet, *4* stark abgerundet

Der Unterschied zwischen den beiden ersten Gruppen ist noch unsicher, der zwischen der zweiten und dritten und der zwischen der ersten und dritten dagegen schon signifikativ.

Es bestehen keine Anzeichen dafür, daß etwa eine physiologische Ursache für den, allerdings schwachen, Zusammenhang zwischen stark abgerundeten Blättchen und niedrigen L/Br-I vorhanden ist. Die Ursache hierfür ist höchstwahrscheinlich darin zu erblicken, daß eines der von Härstedt (1950), Lamm (1957) und Verfasser (1949 b, 1960) festgestellten Gene für den L/Br-I, *Fo, Fob, Fol, Fom, Lat* und *Ten*, mit *Acu* gekoppelt ist. Daß mehr als eines dieser Gene in Kr. 1440 spalten, kann mit Hinblick auf die große Variation des L/Br-I als sicher betrachtet werden.

Des weiteren wurde untersucht, inwiefern zwischen der absoluten Größe der Blättchen, als Länge in mm angegeben, und ihrer spitzen bzw. stark abgerundeten Form ein Zusammenhang festgestellt werden kann. Die Blättchenlänge zeigte, ähnlich wie der L/Br-I eine sehr große Variation, von etwa 11 bis gegen 60 mm. Aber die Verteilung der Pflanzen in bezug auf Blättchenlänge war in allen drei Gruppen praktisch genommen dieselbe. Die mittlere Länge liegt in allen drei Gruppen zwischen 32 und

36 mm. Irgend ein sicherer Unterschied zwischen denselben ließ sich also nicht nachweisen.

Die Ergebnisse der Kreuzung Nr. 1440 haben demnach gezeigt, daß die Merkmalsunterschiede zwischen *P. arvense* und *P. transcaucasicum* beliebig miteinander kombiniert in fertilen Nachkommen erhalten werden konnten. Damit war schon auf Grund der normalen Fertilität der F_1-Individuen zu rechnen. Die bis in F_4 studierte Kreuzung hat auch einwandfrei gezeigt, daß weder eine genisch noch chromosomal bedingte Artbarriere vorhanden ist, was also besagt, daß es sich hier nur um eine der Art untergeordnete Kategorie, um eine Varietät von *P. arvense* handeln kann. Die Ergebnisse der studierten Kreuzungen beweisen also, daß *P. transcaucasicum* STANKOV nur eine vom Autor mit dem Speziesepithet versehene Rasse repräsentiert.

Ich verweise hier wieder auf den von mir experimentell nachgewiesenen Artbegriff, der lautet: „Die Art ist der Inbegriff sämtlicher Biotypen, die Träger derselben Allele von interspezifischen Genen sind (s. L. 1959 und 1964). Es sagt sich von selbst, daß der Nachweis der hierdurch bedingten Artbarriere bei einander nahestehenden Biotypengruppen mit Sicherheit nur experimentell zu erbringen ist. Allein auf Grund von visuell feststellbaren Merkmalen und Angaben über geographische Verbreitung und ökologische Verhältnisse kann nur eine Annahme gemacht werden, daß diese oder jene Merkmale arttrennend sind. Daß bei dieser ausschließlich subjektiven Arbeitsweise Irrtümer unvermeidlich sind, ist nicht von der Hand zu weisen. Zahlreiche Fälle können hierfür angeführt werden. Die Spezies ist eben kein konventioneller Begriff, keine Abstraktion, sondern, wie die Ergebnisse meiner Artkreuzungen gezeigt haben, eine naturbedingte Realität.

Ergebnisse von Kreuzungen zwischen *Pisum fulvum* SIBTH. u. SM. und *P. arvense* sowie reziprok

Zur Charakteristik von *Pisum fulvum*

Diese *Pisum*-Spezies erbietet ein ganz besonderes Interesse, da sie von den übrigen hier behandelten Arten am meisten abweicht, was namentlich die Chromosomenstruktur betrifft. Die Autoren von *P. fulvum* (SIBTHORN und SMITH 1813) gaben folgende kurze Diagnose: „Petiolus teretibus, stipulis infernè rotundatis acutè dentatis, pedunculis bifloris, leguminibus abbreviatis. Prioribus minus. Flores pulcherrimè fulvi, venis saturatioribus, ferè coccineis. Legumen unciale, semiellipticum".

Habitat Asia minore.

Boissier (1872) gibt eine ausführlichere Diagnose, die in bezug auf mehrere Merkmale bedeutungsvoll ist. ,,Annuum glabrum glaucescens, caulibus tenuibus scandentibus, stipulis ovatis vel orbiculatis semicordatis basi vel undique dentatis vel profundi incisis, foliolis 1-2-jugis

Abb. 40. *Pisum arvense* L. var. *incisum* Post aus Süd-Israel, Nähe der Negev-Wüste

ovatis, pedunculis 1-2-floris, stipulà, sublongioribus, floribus parvis fulvis, vexillo retuso-bilobo, legumine reticulato abbreviato, seminibus globosis nigris pseudovelutinis sub lente punctulatis ⊙ .'' ,,Legumine 12—14 lineas tantum longo 3½ lato, seminibus nigris insignis''.

Habitat in rupestribus Asia minor, Syrien, Irak, Libanon, Jordanien Israel.

G. Posts (1932) Beschreibung von *P. fulvum* stimmt mit der von Boissier (l. c.) überein, er nimmt aber die beiden Varietäten *amphicarpum* Warb. et Eig. und *incisum* Post auf.

Die var. *amphicarpum* hat unterirdische Sprosse mit je 1 bis 3 Blüten, die je in der Achsel schuppenförmiger Stipel sitzen. Diese Blüten sind kleiner, blasser, glasig; die unterirdischen Früchte sind schmäler, blasser und weniger geadert.

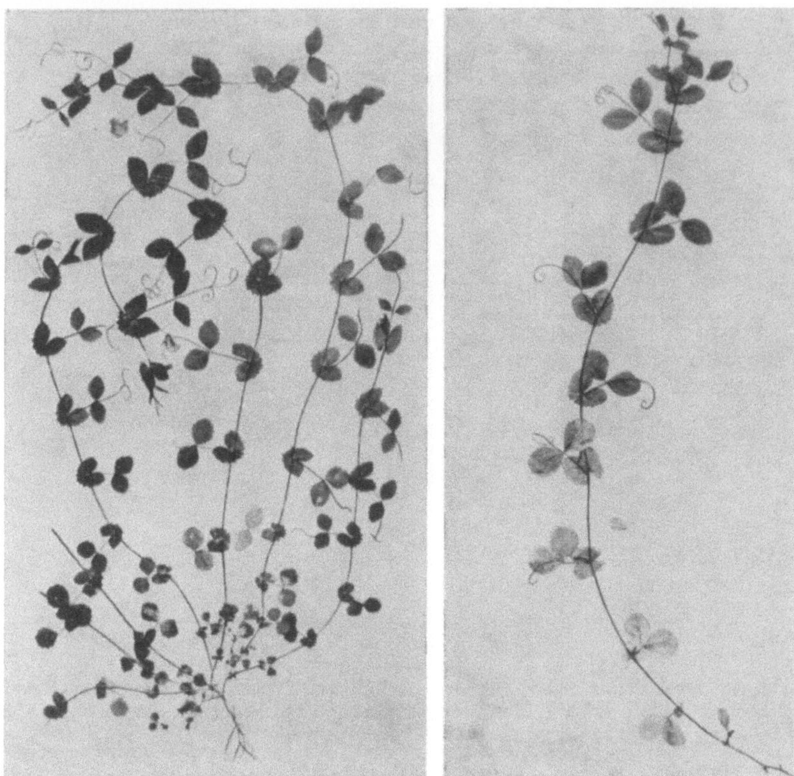

Abb. 41. Zwei Exemplare von *Pisum fulvum* Sɪʙᴛʜ. et Sᴍ. zu Beginn der Blüte bei Treibhauskultur

Die var. *incisum* wird durch tief eingeschnittene Blättchen und Stipel gekennzeichnet (s. Fig. 40). Bᴏɪssɪᴇʀ erwähnt dieses Merkmal nur für die Stipel.

Es fragt sich nun, durch welche eventuell arttrennenden Merkmale *P. fulvum* von *arvense* unterschieden werden kann. Zu vergleichenden Studien stand mir teils gepreßtes Material von Originaleinsammlungen, teils lebendes sämtlicher erwähnter „Arten" und zahlreicher Rassen dieser zur Verfügung. *P. fulvum* habe ich seit acht Jahren in Kultur und mehrfach zu Kreuzungen mit Rassen und Kulturformen, auch von oect. *sativum*, benutzt. Unter schwedischen Verhältnissen kann *fulvum* nur im

Treibhaus mit Erfolg kultiviert werden. Aber Kreuzungsmaterial mit *fulvum* gedeiht z. T. auch schon auf Freiland befriedigend.

Ein Vergleich der *fulvum*-Merkmale mit denen der verschiedenen Rassen von *P. arvense* zeigt, daß — wenigstens laut den Diagnosen und

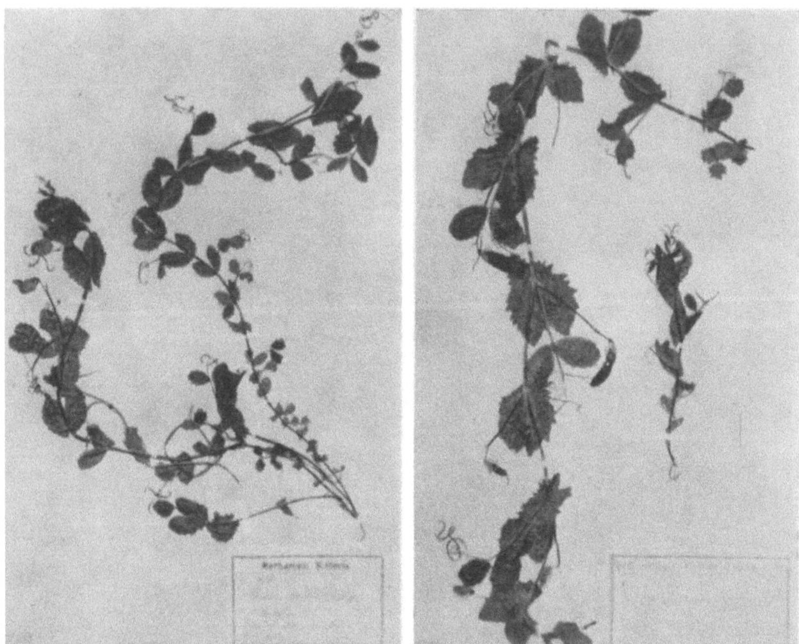

Abb. 42. Zwei Bogen mit von Sintensis 1880 auf Zypern eingesammelten Exemplaren von *Pisum fulvum*. Man beachte den robusten Wuchs der verhältnismäßig großen Exemplare

dem Originalmaterial — nur ein einziges konstantes und gleichzeitig qualitatives artspezifisch zu sein scheint. Es ist dies die Blütenfarbe, ein helles Ockergelb mit etwas Lachsfarben-Einschlag. Sie wurde von mir als *ochraceus* bezeichnet, kann aber auch Saumon jaunâtre oder gelblich-lachsfarben genannt werden; jetzt wird *salmochraceus* benutzt. Diese Farbe ist charakteristisch für die Fahne und die Flügel. Die Nerven sind dagegen ausgesprochen rot. Das Schiffchen ist, wie meistens, cremefarbig.

Was den Habitus von *P. fulvum* betrifft, so können alle von den Autoren angeführten Charakteristika als mehr oder weniger quantitativ bezeichnet werden. Diese Merkmale variieren zweifellos stärker, als die Beschreibungen erkennen lassen. Besonders hervorgehoben werden von Boissier (l. c.) und von Post (1932) die dünnen, aufrechten Stengel und die besonders kleinen Blüten. Abb. 41 zeigt zwei *fulvum*-Pflanzen, die

dieser Beschreibung gut entsprechen. Diese Pflanzen wurden aus Samen
aufgezogen, die aus Kleinasien stammen.

Aber von P. Sintenis 1880 auf Zypern auf Feldern eingesammelte
fulvum-Individuen zeigen einen so robusten Wuchs, daß sie diesbezüglich
als gut mit unseren Ackererbsen übereinstimmend bezeichnet werden
können. Zwei Bogen dieses Materials sind in Abb. 42 wiedergegeben. Der
meist zarte Wuchs von *fulvum* ist daher wohl auch als stark umwelt-
bedingt aufzufassen (Habitat rupestribus bzw. auf Äckern), so daß dieses
Merkmal nicht als artspezifisch betrachtet werden kann.

Die für Stipel und Blätter angeführten Merkmale sind auch bei verschiedenen Rassen, *arvense* usw. anzutreffen. Bei den Stipeln bezieht
sich dies sowohl auf die Form wie auf die Zähnung. Die Blätter von
fulvum haben meistens nur ein Paar Blättchen, aber wie die von Sintenis
eingesammelten Exemplare zeigen (s. Abb. 42), kommen auch solche mit
zwei Paaren vor. Ein Paar Blättchen ist nun auch für oect. *abyssinicum*
sowie für eine *arvense*-Rasse aus Süd-Israel charakteristisch. Man vergleiche die Abb. 40 und 43.

Die besonders kleinen Hülsen werden von Boissier (l. c.) mit einer
Länge von etwa 3 cm (12 bis 14 Linien) und etwa 7,5 mm Breite angegeben. Auf den von Sintenis eingesammelten Exemplaren erreichen die
Hülsen aber eine Länge von 5 cm. Diese besitzen demnach eine Größe, die
mit kleinhülsigen Linien verschiedener Rassen von *arvense* vollkommen
übereinstimmen. Hier sei die Hülsengröße einer aus dem südlichen
Israel, unweit der Negev-Wüste, herstammenden Rasse von *arvense*
(*purpureus* Blütenfarbe) mit der der typischen zarten *fulvum* verglichen.
Das Material wurde nebeneinander im Treibhaus gebaut.

	fulvum	*arvense*	aus Süd-Israel
Mittlere Hülsenlänge in mm 1957:	29,7	27,5	
1958:	33,6	33,3	
1959:	30,9	36,3	
Mittelwerte:	31,4	32,8	

Mit Hinblick auf die Variation dieser Werte binnen den einzelnen
Jahren, die bis etwa ± 5 mm erreicht, besteht hier also kein Unterschied.
Eine Berechnung der mittleren Fehler ist daher ganz uninteressant.
Hinzu kommt noch, daß die robusteren *fulvum*-Exemplare von Äckern
auf Zypern eine Hülsenlänge von etwa 50 mm haben. Wie schon erwähnt,
wächst die zartere *fulvum* (Abb. 41) auf steinigem Boden (rupestribus),
der robustere Typ auf Ackerboden. Die *reticulatum*-Hülsenwand ist
gleichfalls bei verschiedenen Rassen von *arvense*, auch bei Kulturformen
anzutreffen.

Damit kann gesagt werden, daß die für die Hülsen von *fulvum* angegebenen Merkmale in keiner Weise als artspezifisch aufgefaßt werden

können. Ganz dasselbe gilt für die Blütengröße, die mit der Hülsengröße
stark korreliert ist.

Selbst habe ich aber auf den Hülsen von *fulvum* ein weiteres, früher
bei *Pisum* unbekanntes Merkmal gefunden. Es ist dies eine Längsstrei-

Abb. 43. Zwei Exemplare von *Pisum arvense* oect. *abyssinicum* BRAUN

fung, etwa 4 bis 7 mm längsgehende Streifenstücke in purpurvioletter
Farbe. Eine ganz analoge Streifung der Hülsen ist für *Phaseolus vulgaris*
bekannt, die auf eine pleiotrope Wirkung des Gens R^{st} für Samenstreifung
zurückzuführen ist (s. L. 1947 b). Die Streifung der *fulvum*-Hülsen ist
monogen dominant bedingt und das hierfür verantwortliche Gen wurde
mit dem Symbol *Astr* belegt (s. L. 1961).

Die Samen von *fulvum* werden als kugelig, klein, samtartig schwarz
und darunter punktuliert angegeben. Was die Größe der Samen betrifft,
so hat *fulvum* zweifellos das niedrigste 1000-Körnergewicht mit etwa
32 g. Ein Vergleich mit einigen meiner Linien gibt folgendes, sehr auf-
schlußreiches Bild. Die hier wiedergegebenen Gewichte dürften die
gesamte diesbezügliche Variation bei *Pisum* umfassen.

L. 1256 aus *fulvum* . . . . 32 g

L. 1060 aus *transcaucasium* . . . . . . 45 g

L. 1448 aus *transcaucasicum* . . . . . . 57 g

L. 422 aus Russische Kocherbse . . . . . 90 g
L. 200 aus Witham Wonder . . . . . . 240 g
L. 1088 aus Rosinenerbse . . . . 450 g

Die angeführten Gewichte sind Mittelwerte. Im allgemeinen variiert das 1000-Körnergewicht je nach Jahrgang um etwa $\pm 10\%$. Wie mehrjähriger Anbau von aus *fulvum*-Kreuzungen ausgelesenen Linien gezeigt hat, kann die Kleinsamigkeit nicht als ein artspezifisches Merkmal betrachtet werden.

Die Testafarbe samtartigschwarz, zuweilen mit etwas blauviolettem Einschlag, wird durch Dominanz im Gen U bedingt (s. L. 1958) und kommt bei verschiedenen Rassen von *arvense* vor, so u. a. bei solchen aus Abessinien, Afghanistan und Tibet. Die Punktierung ist bedingt durch Dominanz im Gen Fs (zuweilen auch F), ein Gen, das auch in Kulturformen von *arvense* weit verbreitet ist (s. L. 1942). Beide diese Merkmale der Samenschale von *fulvum* können daher nicht als artspezifisch aufgefaßt werden.

Die Samen meiner *fulvum*-Linie 1256 stimmen in ihrer Farbe nicht gut mit der von den Autoren angegebenen überein (s. o.). Die Grundfarbe ist am ehesten als Umbra zu bezeichnen. Im Color Standard (Ridgway 1912) entspricht sie gut Snuff Brown. Auf dieser Umbra Grundfarbe ist die Samenschale stark schwarzbraun und dicht punktiert. Diese Punktierung hat denselben Typ wie die durch das Genallel Fs^{ex} bedingte, d. h. die Punkte sind grob, bis zu kleinen unregelmäßigen Fleckchen ausgeflossen und stehen auf den kleinen *fulvum*-Samen besonders dicht. Auch haben sie einen mehr weniger deutlich bläulichen Schimmer. Die Stelle der Caruncula ist in derselben Farbe ganz dunkel gefärbt.

Die Samen meiner *fulvum*-Linie sind, wenigstens bei hiesiger Kultur stets mehr weniger seitlich gepreßt. Zuweilen sitzen sie so dicht in den Hülsen, daß die Seitenpressung zu fast kubischen Samen führt (s. L. 1960 p. 5). Das Hilum ist schwarz, in der Mitte oft braun und kielartig erhoben.

Schließlich werden von *fulvum*, wie schon erwähnt, zwei Varietäten angeführt, *amphicarpum* Warb. et Eig. und *incisum* Post (vg. Abb. 40). Die var. *amphicarpum* hat außer den normalen, noch unterirdische Sprosse mit je 1 bis 3 Blüten, die in der Achsel von schuppenförmigen Stipeln sitzen. Diese Blüten sind kleiner, blasser und mehr weniger glasig. Die unterirdischen Früchte sind schmäler, blasser und weniger geadert.

Es ist mir unbekannt, ob außer bei *fulvum* auch bei anderen Rassen von *Pisum* amphikarpe Formen beobachtet worden sind. In meinen *fulvum*-Kulturen ist bisher keine typische Amphikarpie beobachtet worden. Dagegen haben in Kreuzungen zwischen *arvense* (♀) und *fulvum* Pflanzen ausgespalten, bei denen an der Stengelbasis ein fruktifizierender

Sproß sich entwickelte und an die Bodenfläche anlegte. Wahrscheinlich hat *fulvum* die genotypische Konstitution um amphikarpe Sprosse ausbilden zu können. Die Manifestation dieser wird aber sicherlich in recht hohem Grade von den Umweltverhältnissen abhängig sein. Daß in Kreuzungen mit *arvense* als Mutter Pflanzen mit dieser Veranlagung ausgespalten haben, spricht dafür, daß diese mit der übrigen genotypischen Konstitution von *arvense* vereinigt werden kann.

Die var. *incisum* POST wird durch tief eingeschnittene Blättchen und Stipel gekennzeichnet. BOISSIER erwähnt dieses Merkmal nur für die Stipel. Bei der *arvense*-Rasse aus Süd-Israel (s. Abb. 40) ist dieses Merkmal meist sehr extrem ausgebildet. Vorhanden, aber nicht so extrem ausgebildet ist es bei den untersuchten Blättchen des von SINTENIS auf Zypern eingesammelten, robusteren Typs von *fulvum* (s. Abb. 42). Mit Hinblick auf diese Verhältnisse kann gesagt werden, daß weder das Auftreten von Amphikarpie noch das des Merkmals *incisum* als für *fulvum* spezifisch bezeichnet werden kann.

Über Kreuzungen mit *P. fulvum* liegen von anderen Forschern nur wenige Angaben vor. DE HAAN (1930 i. l.) teilte mir mit, daß die Kreuzung mit *sativum* leicht auszuführen gewesen ist, sowie daß die F_1 semisteril war. FEDOTOV (1935) studierte eine Kreuzung zwischen *arvense* und *fulvum* und teilt mit, daß die F_1 hochgradig steril gewesen ist. In der F_2 spaltete eine Blütenfarbe aus, die dem Cremepurpur seiner Linie Nr. 1877 aus Afghanistan ähnlich war. Hieraus schließt er auf eine Verwandtschaft der Afghan-Linie mit *fulvum*. Erwähnt zu werden verdient hier, daß FEDOTOV in einer Kreuzung von Afghan 1877 mit *arvense*-Linien Spaltung in Blütenfarben nach 9 Purpur : 3 Cremepurpur + Hellpurpur : 4 Rosa + Cremerosa fand und in zwei weiteren Kreuzungen gab es Spaltung nach 9 Purpur : 3 Hellpurpur + Cremepurpur : 4 Weiß + Cremeweiß. Das Gen *Cv* soll die Blütenfarbe Hellpurpur und Cremepurpur in Purpur verwandeln. Ein weiteres Gen *Cm* soll ohne Anwesenheit von *A* Cremefarbe bedingen. Dieses letztere Gen stellt, wie sich zeigen wird, zweifellos eines der Gene dar, die für die Ausbildung der *fulvum*-Blütenfarbe verantwortlich sind.

Ergebnisse von mir studierter Kreuzungen zwischen *P. fulvum* und Rassen von *P. arvense*

Über Herstammung und Eigenschaften der verwendeten *fulvum*-Linie Nr. 1256 wurde schon berichtet. Als *arvense*-Elternlinien wurden die Nrn. 118, 1241, 1251 und 1346 benutzt. Die Kreuzungen wurden wie immer in beiden Richtungen ausgeführt, jedoch in der Hauptsache mit *fulvum* als Vater, da auf *arvense*-Pflanzen mit einer reichlicheren Samenernte zu rechnen war. Beide Kreuzungsrichtungen haben indessen zum gleichen Ergebnis geführt, weshalb sie unten nicht getrennt behandelt werden.

Linie 118 stammt aus der sehr frühen schwedischen Kneifelerbse Extra Rapid. L. 118 hat abweichende Chromosomenstruktur, an der drei Chromosomen beteiligt sind (s. o.). Formel: *Le a Am Ar B Cr Ce R i m pl u P V*. In Linie 118 kommen, trotzdem sie von einer einzelnen Pflanze herstammt, wenigstens zwei verschiedene Strukturtypen vor. Dies hat sich vielleicht auch in der unten zu besprechenden Kreuzung Nr. 1341 zu erkennen gegeben, indem die zuerst ausgeführte Kreuzung, hier mit /I bezeichnet, einen wesentlich anderen Sterilitätsprozent gezeigt hat, als die in einem folgenden Jahr mit anderen Pflanzen ausgeführte 1341/II. Mit dieser Möglichkeit ist aber auch bei der *fulvum*-Linie zu rechnen.

Linie 1241 stammt aus der frühen Zuckererbse Weibulls Norrlands; Formel: *Le a Am Ar B Cr Ce R I m pl u P v o td*.

Linie 1251 stammt aus der frühen Zuckererbse Ohlsens Enkes Signal; Formel: *Le a Am Ar B Cr Ce R I m pl u P v td*.

Linie 1346 stammt aus einer Kreuzung Nr. 42 der States Experimental Station New York;
Formel: *Le a Am Ar B Cr Ce R i n pl U P V td*.
Die Manifestation dieser Gene wird unten angegeben.

Ergebnisse der F_1-Generationen

Die vier Kreuzungen waren:
Nr. 1341/I und /II: *arvense*-Linie Nr. 118 × *fulvum*-Linie Nr. 1256;
Nr. 1373: *arvense*-Linie Nr. 1241 × *fulvum*-Linie Nr. 1256;
Nr. 1376: *arvense*-Linie Nr. 1251 × *fulvum*-Linie Nr. 1256;
Nr. 1381: *arvense*-Linie Nr. 1346 × *fulvum*-Linie Nr. 1256.

Da zwischen den einzelnen Kreuzungen in F_1 keine qualitativen Unterschiede festgestellt werden konnten, wird in diesem Abschnitt über Fertilität und Merkmale gemeinsam berichtet. Die Kreuzung *arvense* (oect. *sativum*) gelingt in beiden Richtungen gleich leicht. Indessen wurden die Kreuzungen in der Hauptsache mit *arvense* als Mutter ausgeführt, da *arvense* eine weit bessere Wüchsigkeit besitzt und damit auch eine größere Samenernte je Bestäubung liefert. Auch kann das Polinieren mit *arvense* als Mutter während längerer Zeit und an viel mehr Blüten vorgenommen werden als auf *fulvum*. Die Kreuzungseltern, F_1 und zum Teil auch F_2 usw. wurden wegen Empfindlichkeit gegen kühles und nasses Wetter im Treibhaus gezogen.

Die allgemeine Entwicklung der F_1-Pflanzen zeigte einen großen Unterschied je nachdem *arvense* oder *fulvum* als Mutter benutzt worden ist. Mit *arvense* als Mutter waren die F_1-Pflanzen kaum oder nur etwas schwächer entwickelt als die Elternlinie, mit *fulvum* waren sie nur wenig besser entwickelt als die zarte und schwächliche *fulvum*-Linie. A priori könnte man hier an einen plasmatischen Unterschied zwischen den Elternlinien als Ursache denken. Dies kann jedoch, wie die weiteren Generationen gezeigt haben, nicht der Fall sein.

Tabelle 31. Die Fertilität der F_1-Individuen von Kreuzung Nr. 1341/I: *Pisum arvense* oect. *sativum* × *P. fulvum*

Pflanzen-Nr. *arvense* × *fulvum*	Anzahl			Fertilitätsprozent Samen/Samenanlagen
	Hülsen	Samenanlagen	Samen	
1—1	43	248	31	12,5
2—1	25	153	21	13,7
2—2	30	180	20	11,1
2—3	27	163	19	11,7
2—4	8	40	7	17,4
3—1	4	23	4	17,4
3—2	13	74	10	13,5
3—3	31	188	21	11,2
3—4	53	319	43	13,5
4—1	6	31	5	16,1
4—2	44	259	36	13,9
5—1	18	98	15	15,3
5—2	40	229	28	12,2
6—1	10	63	9	14,3
6—2	24	132	17	12,9
7—1	7	41	5	12,2
7—2	40	232	37	15,9
8—1	40	164	23	14,0
9—1	37	211	33	15,6
9—2	24	142	15	10,6
9—3	8	45	7	15,6
10—1	7	39	6	15,4
Summen:	539	3074	412	—
Mittelwerte:	24,5	140	18,7	13,4
fulvum × *arvense*				
12—1	9	54	7	13,0
15—2	3	16	2	12,5
16—2	4	16	5	31,2
16—3	8	48	2	4,2
Summen:	24	134	16	—
Mittelwerte:	6,0	33,5	4	11,9

Der große Unterschied in der Entwicklung und damit im Hülsen- und Samenansatz der F_1-Individuen ist zweifellos durch einen entsprechend großen Unterschied in der Größe der F_1-Samen, vielleicht auch mit Hinblick auf die Art ihrer Entstehung durch die Mutterpflanze, bedingt. Während die auf *arvense* geernteten F_1-Samen etwa 200 g je 1000 wogen, erreichten die auf *fulvum* erhaltenen nicht mehr als ungefähr ein Fünftel,

d. h. etwa 35 g. Nicht selten, so im Jahre 1960, waren sie noch kleiner. Die F_1-Pflanzen nach auf *fulvum* geernteten Samen entwickelten sich im Zusammenhang mit der ihnen zur Verfügung gestandenen viel kleineren Menge Speichernahrung erheblich langsamer als die aus auf *arvense*

Tabelle 32. Die Fertilität der F_1-Individuen von Kreuzung Nr. 1341/II:
Pisum arvense oect. *sativum* × *P. fulvum*

Pflanzen-Nr.	Anzahl			Fertilitätsprozent Samen/Samenanlagen
	Hülsen	Samenanlagen	Samen	
1	43	276	14	2,0
2	14	85	3	3,5
3	12	64	0	0
4	37	196	8	4,1
5	81	437	12	2,7
6	69	338	0	0
7	67	369	12	3,0
Summen:	323	1765	49	—
Mittelwerte:	46,1	252	7,0	2,2 ± 0,37

erhaltenen Samen. Der Tabelle 31 ist zu entnehmen, daß die F_1-Individuen von Kreuzung Nr. 1341/I nach *arvense*-Mutter durchschnittlich 24,5 Hülsen je Pflanze gegeben haben, während die nach *fulvum* nur 6 Hülsen ausbilden konnten. Entsprechend groß war auch der Unterschied in der Samenproduktion: 18,7 Samen je Pflanze nach *arvense* und nur 4 nach *fulvum*.

Die Fertilität war bei allen vier Kreuzungen erheblich herabgesetzt. Für die Kreuzungen Nrn. 1341/I und 1341/II sind zwei sehr verschiedene Fertilitätsgrade erhalten worden, je nachdem welche Pflanzen der Linie Nr. 118 zur Verwendung gelangt sind. Kr. 1341/II wurde ein Jahr später ausgeführt. Die Ergebnisse hinsichtlich Fertilität sind den Tabellen 31 und 32 zu entnehmen.

Kreuzung Nr. 1341/I (Tab. 31) zeigt einen sehr großen Unterschied in sowohl Hülsenansatz wie Samenertrag zwischen den beiden Kreuzungsrichtungen. Berechnet man die Anzahl Samenanlagen je Hülse, so erhält man als Mittelwerte für *arvense* 5,7 und für *fulvum* 5,6, also praktisch genommen denselben Wert. Diesbezüglich besteht demnach kein Unterschied.

Die Fertilität wurde als Prozent zu Samen entwickelter Samenanlagen berechnet. In Kr. 1341/I betrug die Fertilität mit *arvense* als Mutter 13,4% und mit *fulvum* 11,9%. Diese beiden Werte sind als identisch zu betrachten. Die Variation binnen den F_1-Pflanzen nach *fulvum* ist beträchtlich, was auf die geringe Anzahl Hülsen zurückzuführen ist. In den anderen Kreuzungen (s. unten bei Nr. 1341/II) sind auch ab und zu Pflanzen angetroffen worden, die ganz steril waren. Dies ist jedoch mit

Hinblick auf den geringen Hülsenansatz und den hohen durchschnittlichen Sterilitätsgrad nur zu erwarten gewesen.

Die beiden Werte von 13,4% bzw. 11,9% Fertilität stimmen sehr
gut mit einer solchen von 12,5%, d. h. mit einer Sterilität von 87,5%
überein. Eine solche ist theoretisch zu erwarten, wenn z. B. drei einfache
Relokationen, also sechs der sieben *Pisum*-Chromosomen treffend, vorliegen. Der gleiche Grad von Sterilität kann aber auch durch das Vorhandensein von zwei einfachen Relokationen und zwei einfachen Translokationen zustande kommen. Eine einfache Relokation gibt 50%
Sterilität, eine zweite erhöht diese auf 75%, d. h. es werden weitere 50%
der restierenden Pflanzen steril, und eine dritte solche bedingt dann in
entsprechender Weise 87,5% Sterilität. Um welche Kombination von
Chromutationen es sich in Wirklichkeit handelt, ist aber ohne sehr
umfangreiche Kreuzungsexperimente nicht zu entscheiden (näheres s. u.).

Die in einem folgenden Jahr ausgeführte Kreuzung Nr. 1341/II hat im
Vergleich zu Nr. 1341/I eine mehrfach größere F_1-Sterilität gegeben. Die
Ergebnisse sind in Tabelle 32 zusammengestellt. Vor allem zeigen die
Werte, daß die sieben F_1-Pflanzen sehr gute Entwicklung gehabt haben
müssen, da sie je Pflanze durchschnittlich nicht weniger als 46,1 Hülsen
ausgebildet haben. Die mittlere Anzahl Samenanlagen je Hülse war
niedrig, 5,6, wie dies für *fulvum*-Kreuzungen allgemein gilt. Aber die
mittlere Fertilität dieser Pflanzen erreicht nicht mehr als $2,2 \pm 0,37\%$.
Und von den sieben F_1-Individuen waren zwei vollkommen steril, trugen
aber in einem Fall 12, im anderen nicht weniger als 69 Hülsen. Diese
letztere Pflanze, die in Abb. 44 abgebildet ist, war demnach Träger von
nicht weniger als 338 Samenanlagen, von denen sich nicht eine einzige
zu einem Samen entwickelt hatte.

Erwähnt sei hier, daß im Zusammenhang mit der Ausbildung von
nur wenigen oder gar keinen Samen den Pflanzen im übrigen viel größere
Mengen Assimilate zur Verfügung stehen, die dann zur Ausbildung einer
stark erhöhten Anzahl von Hülsen führen können.

Die in dieser Kreuzung außergewöhnlich hohe und in zwei Fällen
vollkommene Sterilität der F_1-Pflanzen ist zweifellos auf einen großen
Unterschied in der Chromosomenstruktur der Elternlinien zurückzuführen. Sicher waren sämtliche sieben Chromosomen hieran beteiligt.
Sich irgendwie näher über diese Verhältnisse zu äußern, erscheint einstweilen ganz ausgeschlossen; hierzu sind sehr umfangreiche und zeit-
raubende Kreuzungsstudien erforderlich. Diese Verhältnisse werden im
nächsten Abschnitt über die chromosomalen Unterlagen für wechselnde
F_1-Sterilität näher erörtert werden.

Die zweite Kreuzung, Nr. 1373, hatte als *arvense* (oect. *sativum*) eine
Elternlinie, die wahrscheinlich normale Struktur der Chromosomen

besitzt. Es wurden zwei F_1-Generationen aufgezogen, die folgende Resultate gegeben haben:

1. 8 Pflanzen,   114 Hülsen,   689 Samenanl.,   84 Samen = 12,2% Fertil.
2. 5 Pflanzen,   56 Hülsen,   313 Samenanl.,   32 Samen = 10,2% Fertil.

Summen: 13 Pflanzen,   170 Hülsen, 1002 Samenanl.,   116 Samen = 11.5% Fertil.

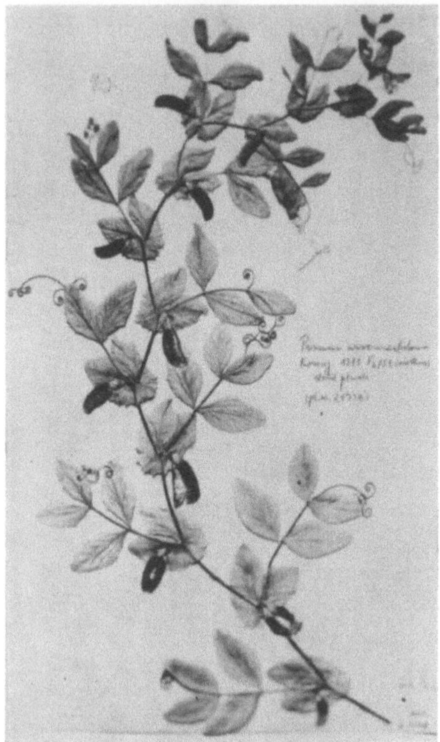

Abb. 44. Gut entwickelte, aber ganz sterile
Pflanze mit 69 Hülsen aus F_1 der Kreuzung
P. arvense × *fulvum*

Abb. 45. Halbzwerg und extreme
Zwerge aus F_2 der Kreuzung *Pisum
arvense* × *fulvum*

Wie ersichtlich, wurde auch in Kr. 1373 ein mit 12,5% Fertilität gut übereinstimmender Wert erhalten. In bezug auf die Grundlage für diese starke Sterilität, sowie auch für den Entwicklungsgrad der Pflanzen gilt das schon vorstehend bei Kr. 1341/I Angeführte.

Die dritte Kreuzung, Nr. 1376, wurde gleichfalls mit einer oect. *sativum*-Linie ausgeführt, die nach bisherigen Erfahrungen von Kreuzungen normale Chromosomenstruktur besitzen soll. Diese Linie 1251 stammt aus einer schwedischen Zuckererbsensorte, die wiederholt als Kreuzungselter Verwendung gefunden hat. Nur eine F_1-Generation von sechs Pflanzen konnte untersucht werden. Folgende Ergebnisse wurden erhalten:

6 Pflanzen, 93 Hülsen, 481 Samenanlagen, 44 Samen $= 9,2\%$ Fertilität.

Hier liegt also ein Sterilitätsgrad von nicht weniger als $90,8\%$ vor. Theoretisch kann dieser bedingt werden durch drei einfache Relokationen und einer einfachen Translokation, die zusammen eine Sterilität von $90,725\%$ bedingen. Mit Hinblick auf die beträchtliche Variation und die Größe der mittleren Fehler kann jedoch nicht entschieden werden, mit welchem theoretisch berechneten Sterilitätsgrad der gefundene übereinstimmt. Im Zusammenhang hiermit ist auch an die Möglichkeit der Wirkung von sogenannten Reparationen zu denken, die, wie eingangs erwähnt, zu einer Verbesserung der Fertilität führen können. Nur ein umfangreiches Studium weiterer Generationen könnte hier Aufschluß geben.

Die vierte Kreuzung, Nr. 1381, hatte als einen Elter eine oect. *sativum*-Linie, die bisher noch zu keiner Kreuzung benutzt worden war. Auch diese war, wie alle übrigen, im Grundgen für Anthocyanbildung, A, rezessiv. Über ihre Chromosomenstruktur war nichts bekannt. Aber die F_1 der hier in Frage stehenden Kreuzung verhielt sich gleich wie die der drei vorherigen Kreuzungen; es resultierten:

9 Pflanzen, 152 Hülsen, 911 Samenanlagen, 113 Samen $= 12,4\%$ Fertilität.

Auch in dieser Kreuzung zeigte also die F_1 praktisch genommen denselben hohen Sterilitätsgrad wie die übrigen drei. Der Wert von $87,6\%$ Sterilität stimmt hier zufällig fast ganz mit dem bei drei einfachen Relokationen zu erwartenden von $87,5\%$ überein.

Es kann als überraschend bezeichnet werden, daß, abgesehen von Kr. 1341/II, alle vier Kreuzungen mit *fulvum* fast denselben Sterilitätsgrad gegeben haben. Dies besonders deshalb, da die Elternlinie von Kr. 1341/I, Linie 118, eine von den übrigen drei oect. *sativum*-Linien stark abweichende Chromosomenstruktur hat, was in einer Anzahl von Kreuzungen hat nachgewiesen werden können. Aber solange die Chromosomenstruktur der *fulvum*-Linie nicht klargelegt ist, läßt sich diesbezüglich nichts Sicheres aussagen.

Zytologische Untersuchungen sind in solchen Fällen aussichtslos. In Fällen mit einfachen Translokationen oder einer einzelnen Relokation gibt die Untersuchung der Mitose, wie BLIXT (1958 und 1958 a) zeigen konnte, gewöhnlich eindeutige und sichere Ergebnisse. Die Mitose-Chromosomen können, wenigstens bei Normalstruktur, sicher identifiziert werden. Aber auch bei verhältnismäßig einfachen Veränderungen der Chromosomenstruktur können schon unüberwindliche Schwierigkeiten entstehen. Dies, wenn z. B. zwei zwischen verschiedenen Chromo-

somen ausgetauschte Stücke gleiche Größe besitzen, oder wenn nach
einem Austausch eines der betroffenen Chromosomen dieselbe Morphologie bekommt wie ein anderes hieran nicht beteiligtes.

Weitere Charakteristik der F_1-Pflanzen. Das auffallendste
und von den Elternlinien stark abweichende Merkmal der F_1-Individuen
ist die Blütenfarbe. Die Blütenfarbe von *fulvum*, die ockerfarben mit
etwas Lachsrosa-Einschlag ist, soll daher im weiteren statt als nur *ochraceus* als *salmochraceus* bezeichnet werden. Die F_1-Individuen hatten
nun eine mit Hinblick auf die genotypische Konstitution der *arvense*-
Linien nicht erwartete Blütenfarbe, hellkorallenrot, *corallinus*. Die vier
arvense oect. *sativum*-Linien waren alle im Grundgen für Anthocyan
rezessiv, *a*, aber in den übrigen fünf Genen *Am*, *Ar*, *B*, *Ce* und *Cr* dominant. Die Flügel hatten die typische *corallinus*-Farbe auf der Außenseite
(Color Standard Light Coral Red). Die Innenseite hat dieselbe Farbe, nur
in etwas hellerem Ton. Das Vexillum ist innen weißlichlila mit Nerven
in eugeniarot. Das Schiffchen ist wie gewöhnlich cremefarben, hat aber
einen mehr weniger starken Anflug von *corallinus*. Diese Blütenfarbe
war für die F_1-Pflanzen aller vier Kreuzungen kennzeichnend.

Die *corallinus*-Blütenfarbe der F_1 wurde zweifellos durch die Einführung von Genen für Rotfärbung der in *a* rezessiven oect. *sativum*-
Eltern bedingt. Hieraus kann geschlossen werden, daß eines der *fulvum*-
Gene auch auf die Blütenfarbgene der *a*-Linien die Wirkung eines Grundgens besitzen muß. Wäre dies nicht der Fall, so sollten die Blüten der F_1
entweder die *fulvum*-Farbe oder, wenn hierbei Heterozygotie wirksam
wäre, eine noch hellere Farbe gezeigt haben. Ob es sich um das Grundgen *A* handeln kann, müssen weitere Generationen entscheiden.

Ein gleichfalls qualitatives Merkmal, das bisher anscheinend nur bei
fulvum anzutreffen ist, bildet die von mir nachgewiesene Streifung der
Hülsen in dunkelbläulichpurpur. Dieses Merkmal wird, wie schon
erwähnt, monogen dominant durch das Gen *Astr* vererbt. Es ist häufig
etwas schwach ausgebildet und tritt meistens erst bei beginnender Reife
der Hülsen gut zutage (s. L. 1961).

Ein weiteres für *fulvum*, Linie 1256, charakteristisches Merkmal ist die
schon oben erwähnte Umbra Grundfarbe der Samenschale. Die auf F_1
geernteten Samen zeigen auch diese Farbe zusammen mit der starken
braunschwarzen Fs^{ex}-Punktierung. Die Kreuzung Nr. 1381 machte diesbezüglich insofern eine Ausnahme, als bei dieser die Samen ganzfarbig
violettbraunschwarz bis fast ganz schwarz gewesen sind, was auf Dominanz des Gens *U* zurückzuführen ist. Hierdurch wird sowohl die Umbra
Grundfarbe wie in größtem Ausmaße auch die Punktierung verdeckt.
In die Kreuzung 1381 eingeführt wurde das Gen *U* mit der *arvense*-Linie
1346, bei der aber dieses Merkmal zufolge Rezessivität im Grundgen *A*
nicht erkennbar ist.

In bezug auf sämtliche übrigen Merkmale zeigten die F_1-Generationen die Dominanz, die auf Grund der bei *arvense* bekannten Gene zu erwarten gewesen ist. Diese Genpaare und ihre Manifestation seien hier kurz angeführt. Die römischen Zahlen geben die Chromosomenzugehörigkeit an.

$A — a$	I: Grundgen für die Ausbildung von Anthocyan — mit a stets auf allen Teilen der Pflanze ohne Anthocyan.
$D — d$	I: Zusammen mit A mit — ohne Maculum an der Stipelbasis.
$Fl — fl$	VI: Stipel und Blättchen mit — ohne Panachierung.
$Fs^{ex} — Fs — fs$	V: Zusammen mit A Testa mit unregelmäßigen fleckchenartigen Punkten — mit feinen Punkten — ohne solche. Polymer mit dem im Chromosom III gelegenen Gen F.
$I — i$	I: Kotyledonenfarbe orangegelb — grün.
$Kp — kp$	IV: Schiffchen mit Anthocyananflug — ohne solchen.
$O — o$	I: Zusammen mit Gp Blätter und Hülsen grün — grünlichgelb; Hülsen mit grünem Streifen längs der Naht.
$Pa — pa$	VII: Farbe des Laubes hellgrün — mittel- bis dunkelgrün. Polymer mit dem im Chromosom IV gelegenen Gen Vim.
$Pl — pl$	VI: Farbe des Hilums schwarz — bräunlich bis weißlich.
$Pro — pro$	IV: Verzweigungen des Stengels aufrecht — etwa 45° nach oben-außen gerichtet.
$Td — td$	IV: Blättchen gezähnt — ungezähnt.
$U — U^{st} — u$	V: Zusammen mit A Samenschale violettschwarz — blauviolett gestreift — ohne solche Färbung.
$V — v$	IV: Zusammen mit P starke Hülsenmembran — nur schwache Sklerenchymflecken.

Ergebnisse der F_2- und höheren Generationen

Infolge der stark abweichenden Chromosomenstruktur der Elternlinien aller Kreuzungen wurde in F_1 eine so hohe Sterilität wie etwa 87,5 bzw. etwa 98% gefunden. Damit ist sowohl in F_2 wie in folgenden Generationen mit einem sehr wechselnden Grad von Sterilität bzw. Fertilität zu rechnen. Außerdem machen sich noch die starken physiologischen Unterschiede zwischen den Elternlinien geltend. Hierdurch kommt es zu ungünstigen Genkombinationen, die Schwächen in der Entwicklung usw. bedingen. Darüber hinaus spalteten chromosomal gestörte Individuen in der Form verschiedener Zwerge (s. Abb. 45) sowie eine Anzahl von Chlorophyllmutanten aus. Kurze Angaben folgen bei den betreffenden Kreuzungen.

In allen vier Kreuzungen fand eine ziemlich komplizierte, aber anscheinend gut untereinander übereinstimmende Spaltung in Blütenfarben statt. Unten folgt eine kurze Übersicht der Blütenfarben, wobei sich diese auf die der Flügel, der in der Regel typischesten und stärksten Farbe beziehen. Nähere Angaben s. L. 1961 a. Nicht berücksichtigt sind die bei *arvense* vorkommenden Blütenfarben (s. L. 1957 a).

Salmochraceus (früher *ochraceus*). Die *fulvum*-Linie. Hellockerfarbig mit lachsfarbigem Einschlag. Ochraceus Salmon.

Clariluteus. Klar-Hellgelb, Pale Baryta Yellow.

Clarimalvaceus. Hell-Malven, Light Mauve. Nicht zu verwechseln mit *malvaceus*, $A\ Am\ ar\ B\ cr\ Ce$ entsprechend (s. L. 1957 a).

Claricorallinus. Blaßkorallenrot, Light Coral Pink.

Corallinus. Hellkorallenrot, Light Coral Red.

Pallidosanguineus. Verbleichtblutrot, Eugenia bis Jasper Red.

Sanguineus. Blutrot, Eugenia Red.

Nubilorufus. Trübjasperrot, Light Jasper Red.

Ochraceorubidus. Ockerrot, Ocher Red.

Rubroviolaceus. Weinpurpur, Vinaceous Purple.

Nubiloroseus. Daphnerosa, Daphne Pink.

Nubilocorallinus. Etruskischrot, Orange-Vinaceous

Das Schiffchen von *P. fulvum* hat einen schwachen anthocyanfarbigen Anflug. Dieser wird durch das dominante Gen Kp bedingt. In allen *fulvum*-Kreuzungen spaltete dieses Merkmal monogen, soweit es sich um A-Pflanzen handelte. Der Farbton variierte je nach der Blütenfarbe. Schon die F_1 hatte deutlich rötlich gefärbtes Schiffchen. *P. fulvum* war daher offenbar in Kp dominant, obgleich die Farbe nicht immer sicher zur Ausbildung kam.

Kreuzung Nr. 1341/I. Wie erwähnt, zeigte die F_1 eine Fertilität von etwa 12,5%. In der F_2 und höheren Generationen nahm die Fertilität von Generation zu Generation zu. So hatten die F_2-Individuen eine mittlere Fertilität von ungefähr 18%, aber nur eine einzige Pflanze konnte als fertil bezeichnet werden. In der F_4 betrug die durchschnittliche Fertilität bereits 28% und es gab unter 68 Pflanzen schon 7 vollfertile und 9 mit einer Fertilität von 70 bis 80% (s. Tab. 33). Diese Erscheinung gilt auch für alle übrigen *fulvum*-Kreuzungen.

Von 204 aufgegangenen Pflanzen waren 46 Zwerge bzw. Halbzwerge und von diesen waren 25 ganz steril. Ferner gab es 64 Chlorophyllmutanten, die alle dem *maculata*-Typ angehörten. Es spalteten sämtliche oben erwähnten 12 Blütenfarben und darüber hinaus noch die beiden von dem *arvense*-Elter stammenden Farben *albus* und *purpureus* aus.

In vorliegendem Zusammenhang von Interesse ist das Verhalten der Gene, die für die bisher nur bei *fulvum* angetroffenen drei Merkmale verantwortlich sind. Für die Blütenfarbe *salmochraceus* sind dies Cm und Cit, für die purpurviolette Streifung der Hülsen das Gen $Astr$ und schließlich Umb für die Ausbildung der Testafarbe Umbra.

Alle vier hier erwähnten *fulvum*-Kreuzungen wurden bis in F_5, z. T. auch in F_6 und F_7 untersucht. Es zeigte sich, daß die eben erwähnten Gene monohybrid spalteten und in den höheren Generationen als homozygote, normal fertile Familien erhalten werden konnten. Dies gilt also für die Blütenfarben *clariluteus*, $Cit\ cm$, und *claricorallinus*, $cit\ Cm$. Erwähnt sei nochmals, daß *salmochraceus* die Blütenfarbe der F_1-Pflanzen war. Gleiches gilt für die Hülsenstreifung, $Astr$, und die umbrabraune Farbe der Samenschale, Umb.

Tabelle 33. Der Fertilitätsgrad der F_2- und F_4-Pflanzen von Kreuzung Nr. 1341/I: *Pisum arvense* $\times$ *P. fulvum*

Gene-ration	Anzahl Pflanzen mit Fertilitätsgrad in Prozent											Summe Pflanzen
	0	—10	—15	—20	—30	—40	—50	—60	—70	—80	fertil	
F_2:	5	5	12	26	17	11	7	2	—	1	—	86
F_4:	—	4	9	4	10	6	4	7	8	9	7	68

In den niedrigeren Generationen sind die Spaltungsverhältnisse durch den recht starken Ausfall physiologisch schwacher Individuen und Spaltung in einer größeren Anzahl von Genen mehr weniger gestört.

Kreuzung Nr. 1373. Die F_1 war 11,5% fertil. Die F_2 erreichte hierfür einen Mittelwert von 20,5%, aber keine der, allerdings nur 41 Pflanzen hatte eine bessere Fertilität als 51%. In F_3 stieg die mittlere Fertilität auf 33% mit einer höchsten von 65%. F_4 hatte fast dieselbe mittlere Fertilität, aber eine höchste von 73% und in F_5 gab es zwei fertile, vier mit 75 bis 80% und 17 Individuen mit 60 bis 70% Fertilität.

In F_2 spalteten 6 ganz sterile Zwerge bis Halbzwerge aus. In F_3 gab es keine solche mehr. In F_2 spalteten ferner 3 *chlorina*- und 4 *maculata*-Chlorophyllmutanten sowie eine schmalblättrige sterile Exmutante aus.

An Blütenfarben gab es in F_4 6 Familien mit einheitlich *clariluteus*, $Cit\ cm$. Im Merkmal gestreifte Hülsen spalteten $F_2 + F_3$ nach 48 *Astr* : 25 *astr*. Für die Umbra-Testafarbe wurde entsprechend gefunden: 46 *Umb* : 19 *umb*. F_3 spaltete ferner nach 92 einfarbig grün : 26 *maculata*-Chlorophyllmutanten.

Auch in Kreuzung Nr. 1373 konnte also festgestellt werden, daß es keinerlei Hindernis für die Überführung der bisher nur von *fulvum* bekannten Gene Cit, Cm, $Astr$ und Umb nach *P. arvense* gibt. In F_5 und F_6 konnten in diesen homozygote und fertile Individuen erhalten werden.

Kreuzung Nr. 1376. Die F_1 zeigte eine Fertilität von 9,2%. Die F_2-Generationen mit nur 35 Pflanzen hatten eine mittlere Fertilität von etwa 19%. Variation von 3 bis 82%, aber nur eine Pflanze (82%) konnte als fertil bezeichnet werden. In F_3 und F_4 nahm die Fertilität ähnlich zu, wie in den vorigen beiden Kreuzungen, so daß es in F_4 und F_5 unter 131 Pflanzen 15 mit 70 bis 80% Fertilität und 8 ganz fertile gab.

Auch in der F_2 dieser Kreuzung gab es sterile Zwerge, 6 an der Zahl, und 20 *maculata*-Chlorophyllmutanten. Auch in dieser Kreuzung war in den folgenden Generationen keine Ausspaltung von Zwergen zu beobachten.

In bezug auf die Spaltung in den vier Genen *Cit*, *Cm*, *Astr* und *Umb* wurden ganz den in Kreuzung Nrn. 1341 und 1373 gefundenen Resultaten entsprechende Feststellungen gemacht.

Von besonderem Interesse ist die in F_2 gefundene Spaltung in Blütenfarben. Diese konnten auf 12 verschiedene Farben verteilt werden, von denen vier mit folgenden bei *arvense* gut bekannten übereinstimmten:

albus . . . . . . *a*		*roseialbus* . . . . *A ar b Cr Ce*
coeruleoviolaceus . *A ar B Cr Ce*		*purpureus* . . . . *A Ar B Cr Ce*

Außerdem gab es acht der oben angegebenen Blütenfarben, nämlich: *clariluteus*, *clarimalvaceus*, *claricorallinus*, *corallinus*, *salmochraceus*, *ochraceorubidus*, *pallidosanguineus* und *rubroviolaceus*.

Da alle benutzten Linien von *arvense* oect. *sativum* rein weißblütig waren, also *a* hatten, ist die in Kreuzung 1376 nachgewiesene Ausspaltung der den Kombinationen der Gene *A*, *Ar* und *B* entsprechenden Blütenfarben von entscheidender Bedeutung für die Frage, ob *fulvum* im Grundgen für Blütenfarbe *A* dominant oder rezessiv ist. Wäre es rezessiv, so könnten diese Farben nicht ausspalten. Es müßte denn eines der Blütenfarbgene von *fulvum*, *Cit* bzw. *Cm* die Funktion von *A* übernehmen können. Aber dagegen spricht bestimmt die Blütenfarbe der F_1-Pflanzen, *corallinus*. Denn zusammen mit *A* müßte diese *purpureus* sein. Eine weitere Möglichkeit wäre zu erwägen, daß nämlich eines der Blütenfarbgene von *fulvum* die *purpureus*-Blütenfarbe zum Verblassen bringen kann. Dies steht mit den bisherigen Untersuchungsergebnissen am besten im Einklang.

Kreuzung Nr. 1381. Fertilität der $F_1 = 12,4\%$. Die samentragenden F_2-Pflanzen hatten eine mittlere Fertilität von 21,9%. Die Variation der Fertilität reichte von 12,5 bis 45,5%. Gleichwie in den oben besprochenen drei Kreuzungen hat also die Fertilität von F_1 auf F_2 auf rund das Doppelte zugenommen. Aber es gab noch kein fertiles Individuum, dagegen 17 normal entwickelte, aber vollkommen sterile Pflanzen. Zu diesen kamen noch 11 ganz sterile Halbzwerge. An Chlorophyllmutanten wurden 2 *chlorina*- und 5 *maculata*-Pflanzen angetroffen.

In F_3 variierte die Fertilität bis zu 92%. Mittelwert 24,5%. Noch in F_3 spalteten eine *chlorina*-Mutante und 7 Zwerge aus. Es ist denkbar, daß die letzteren genisch bedingt waren.

Das Gen *Umb* spaltete in F_3 nach 90 *Umb* : 29 *umb* mit D/m = 0,16. Für die Spaltung in Blütenfarben gilt das für F_3 von Kreuzung 1373 oben Mitgeteilte.

Zusammenfassung der Ergebnisse von *P. fulvum*-Kreuzungen

Es hat sich gezeigt, daß *P. fulvum* von allen anderen „Arten" von *Pisum* am stärksten abweicht. Die Kreuzung *fulvum* × *arvense* oect. *sativum* gelingt in beiden Richtungen störungsfrei. Der Samenansatz nach Pollinierung ist etwa derselbe wie bei Kreuzungen von Varietäten von *arvense* bzw. oect. *sativum*.

Die F_1-Generationen zeigen sehr verschieden starke Entwicklung, je nachdem ob *fulvum* oder *arvense* als Mutter benutzt wird. Die Ursache hierfür sind nicht verschiedenes Plasma, sondern die sehr großen Unterschiede in der Samengröße der Elternlinien. 1000-Körnergewicht von *fulvum* etwa 35 g, von *arvense* fast 200 g.

Die F_1 hatten eine mittlere Fertilität von etwa 12,5%, ausgenommen die Kreuzung Nr. 1341/II, die nur 2,2% erreichte. Bedingt sind diese Unterschiede durch sehr verschiedene Struktur der Chromosomen. Die Fertilität nimmt in F_2 auf ungefähr das Doppelte zu, um in weiteren Generationen noch mehr anzusteigen. Letzteres ist natürlich ganz davon abhängig, wie die Auslese betrieben wird. Im vorliegenden Material erfolgte diese ausschließlich mit Hinblick auf die abweichenden Merkmale von *fulvum*, also nicht in bezug auf den Fertilitätsgrad. Sonst könnten schon in F_4 und F_5 größtenteils fertile Nachkommen erhalten werden.

In allen vier Kreuzungen spalteten Zwerge und Chlorophyllmutanten aus. Letztere waren vom *chlorina*- bzw. *maculata*-Typ. Ein Teil der letzteren könnte auch durch Virusbefall bedingt gewesen sein. Zwerge spalteten nur in einem Fall noch in F_3 aus. In der Regel sind diese auf chromosomale Störungen zurückzuführen und spalten dann in folgenden Generationen nicht mehr aus.

Wie schon erwähnt, handelte es sich in vorliegender Untersuchung vor allem um die Feststellung, ob es *fulvum*-Merkmale gibt, die durch nach *arvense* nicht zusammen mit Fertilität überführbare Gene bedingt werden. Wäre dies der Fall, so würde hierdurch zwischen *arvense* und *fulvum* eine nicht überbrückbare Artbarriere aufrecht erhalten. Eine solche hat indessen nicht festgestellt werden können. Die hierbei in Frage stehenden Merkmale sind die Blütenfarbe *salmochraceus*, die purpurviolette Hülsenstreifung und die umbrabraune Farbe der Samenschale.

Abgesehen von der Blütenfarbe fand Spaltung in folgenden 14 Genen statt; die römischen Zahlen in Klammern geben wie üblich die Chromosomenzugehörigkeit an: *A, D, I* (I), *Pro, Td, V* (IV), *Fs, U* (V), *Fl, Pl* (VI), *Pa* (VII), sowie *Astr* und *Umb*, deren Lage in den Chromosomen noch unbekannt ist. Sämtliche diese Gene zeigen wie binnen *arvense* störungsfreie monohybride Spaltung und können in fertilen Nachkommen erhalten werden.

Die genanalytische Untersuchung der Blütenfarbe erbot das größte Interesse. Alle *arvense*-Linien waren rein weißblütig, *a*, aber in den Farbgenen *Am Ar B Cr* und *Ce* dominant. Wäre *fulvum* in *A* dominant, so würde man als F_1-Blütenfarbe *purpureus* erwarten, aber diese war *corallinus*, also dunkler als die *fulvum*-Blütenfarbe *salmochraceus*. Daß *fulvum* *A* sein sollte, dafür spricht die durch *Fs* bedingte dunkle Punktierung der Testa, die sich bei Dominanz in *A* geltend machen kann. Die übrigen Farbgene *Am Ar B Cr* und *Ce* können sich nun nur bei *A* manifestieren. Entscheidend erscheinen die Ergebnisse der Kreuzung Nr. 1376, in der in F_2 die vier den Genotypen *A Ar B, A ar B, A ar b* und *a* entsprechenden Blütenfarben *purpureus, coeruleoviolaceus, roseialbus* und *albus* ausspalteten. Dies besagt, daß die in F_1 erwartete Blütenfarbe *purpureus* durch die Gene *Cit* und *Cm* zu *corallinus* modifiziert wird.

Die Ergebnisse weiterer Generationen zeigten, daß *salmochraceus* durch die komplementäre Wirkung von zwei Genen *Cit* und *Cm* bedingt wird. *Cit* bedingt zusammen mit *A clariluteus*, fast rein zitronengelb, *Cm*, auch mit *A, claricorallinus*, blaßkorallenrot. Diese Farbe entspricht dem von FEDOTOV (1930) erwähnten Creampink, wofür er das Symbol *Cm* benutzte. FEDOTOV ist indessen der Ansicht, daß *Cm* auch bei Rezessivität in *A* dieselbe Wirkung hätte, was noch einer Überprüfung bedarf.

Die zahlreichen, z. T. oben angegebenen Blütenfarben, werden durch die verschiedenen Kombinationen der Gene *A Ar B Cr Ce Cit* und *Cm* bedingt. Es resultieren 64 Kombinationen.

Für die Hauptfrage, die nach der Artberechtigung von *P. fulvum* ist die Entscheidung indessen schon gefallen. *P. fulvum* ist nicht Träger von anderen Allelen interspezifischer Gene als *P. arvense*. Das heißt, die den angenommenen artentrennenden Merkmalen zugrunde liegenden Gene sind **intraspezifisch**. Sie können also in beiden Kreuzungsrichtungen von Generation zu Generation in fertilen Nachkommen erhalten werden. Dabei ist es ganz nebensächlich, daß nicht gleich volle Fertilität erhalten werden kann, eine Erscheinung, die durch den sehr großen Unterschied in der Chromosomenstruktur der Elternlinien verursacht wird. Und einmal ausgelesene fertile Individuen geben fast immer nur wieder solche Nachkommen. In bezug auf die Strukturunterschiede in den Chromosomen, die für die sehr verschiedenen Grade von Sterilität verantwortlich sind, vergleiche man den nächsten Abschnitt.

Die chromosomalen Unterlagen für die verschiedenen Sterilitätsgrade der F_1-Generationen von *Pisum*-Kreuzungen

Von verschiedenen Autoren wurde geltend gemacht, daß unterschiedliche Struktur der Chromosomen partielle oder auch vollkommene Sterilität von Hybriden zur Folge haben kann (s. z. B. GOLDSCHMIDT 1940, STEBBINS 1950). Dies sollte seinerseits eine Isolationsbarriere zwischen Arten bedingen können.

Vorstehend wurden diesbezügliche Ergebnisse von Kreuzungen zwischen Linien aus Kulturformen von *arvense* (einschließlich des oect. *sativum*) mit den als Arten aufgefaßten *Pisum abyssinicum, elatius, fulvum, humile, Jomardi* und *transcaucasicum* mitgeteilt. In mehreren dieser Kreuzungen waren die Hybriden durch mehr oder weniger partielle Sterilität, z. T. sogar durch vollkommene Sterilität gekennzeichnet. Im folgenden Abschnitt sollen die dieser Erscheinung zugrunde liegenden Strukturverhältnisse auf Grund der Ergebnisse genanalytischer Untersuchungen klargelegt werden. Ein Selbstbefruchter wie *Pisum* eignet sich ganz besonders hierfür. Soweit wie möglich werden die Ergebnisse auch zytologisch verifiziert. Die hierbei sich ergebenden Schwierigkeiten sind schon früher erwähnt worden.

Es soll soweit wie möglich die Frage klargelegt werden, ob durch größere Unterschiede in der Chromosomenstruktur ein vollkommener Isolationsmechanismus und damit eine Arten trennende Barriere zustande kommen kann. Dies sollte in Übereinstimmung mit der Auffassung vieler Forscher (wie z. B. DOBZHANSKY 1951, MAYR 1950, MOODY 1962, RENSCH 1947, SIMPSON 1947) zur Entstehung einer neuen Art aus gewissen Rassen führen können.

Die Bestimmung des Fertilitätsgrades erfolgte, wie schon oben erwähnt, stets durch Auszählung der Samenanlagen und aus diesen entwickelten Samen. Wie sich zeigen wird, kann ein bestimmter Grad von Fertilität meistens durch mehr als eine bestimmte Struktur, bzw. durch Kombination verschiedener Strukturen bedingt werden. In der folgenden Darstellung sind die verschiedenen Chromosomen durch Strichelung, Punktierung usw. voneinander zu unterscheiden. Von einer Bezugnahme auf die sieben *Pisum*-Chromosomen wird aus leicht einzusehenden Gründen Abstand genommen. Diese müssen von Fall zu Fall genanalytisch identifiziert werden. Zuoberst oder links sind stets die Gameten der Elternlinien dargestellt, darunter die Chromosomenstruktur der F_1-Gameten, die es gestattet den Fertilitätsgrad der F_1-Individuen anzugeben. Unter den betreffenden Chromosomenkombinationen gibt *f* fertil, *st* steril an. Sterilität tritt immer ein, wenn ein Stück eines Chromosoms fehlt, es sei denn, daß dieser Ausfall durch eine in einem anderen Chromosom vorhandene Duplikation aufgewogen wird (s. L. 1964 a).

Einfache Translokationen

Bei einer einzelnen einfachen Translokation ist ein Stück eines Chromosoms an ein anderes transloziert worden, ohne daß ein Stück vom letzteren im Austausch an das erstere abgegeben worden ist. Abb. 46

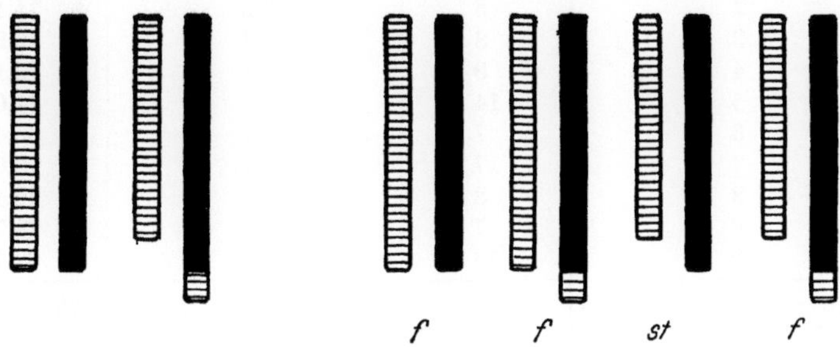

Abb. 46. Eine einfache Translokation. Links die beiden abweichenden Chromosomen der Elterngameten rechts die entsprechenden F_1-Gameten. Spaltung nach 3 fertil : 1 steril = 75% fertil

links zeigt die Elterngameten, rechts die vier Kombinationen dieser in den F_1-Gameten. Wie ersichtlich, fehlt einer der vier Gameten ein Chromosomenstück ganz, womit Sterilität folgt. Im Zusammenhang mit einer solchen einfachen Translokation resultiert demnach ein Fertilitätsprozent von 75. Ein Viertel der Gameten sind funktionsuntauglich, steril. Ganz allgemein gilt, daß eine einfache Translokation, hinzugekommen zu irgendeinem mehr weniger fertilen Strukturtyp den Prozent fertiler Individuen um 25% vermindert.

Die 75prozentige F_1-Fertilität des in Abb. 46 dargestellten Translokationstyps soll demnach durch eine zweite Translokation zwischen zwei anderen Chromosomen um ein Viertel von 75%, d. h. um 18,75% vermindert werden. Dies führt zu einer Fertilität von 56,25%. Signifikative solche Fertilitätsprozente sind, wie unten gezeigt wird, auch tatsächlich erhalten worden. Und eine dritte selbständige Translokation würde die 56,25 abermals um ein Viertel, d. h. um 14,06% auf 42,19% Fertilität herabsetzen. Auch solche signifikative Werte sind angetroffen worden.

Der Fertilitätsgrad von 75%, der für eine einfache Translokation charakteristisch ist, kann aber auch dadurch zustande kommen, daß bei einer einfachen Relokation (Interchange), die 50% Sterilität verursacht, die Hälfte dieser durch eine Duplikation fertil wird. Eine eindeutige Antwort auf diese Frage können natürlich nur Kreuzungen mit Linien ohne bzw. mit der in Rede stehenden Duplikation geben.

Tabelle 34. Die Fertilität der F_1-Individuen dreier Kreuzungen mit je einer einfachen Translokation: theoretisch 75,0%

Kreuzung, Jahr und Pflanzen-Nr.	Anzahl Hülsen	Mittlere Anzahl Samenanlagen je Hülse	Fertilität in Prozent
Kr. Nr. 538			
1941 1	14	6,4	78,9
2	6	7,2	74,4
3	8	6,8	72,2
4	9	7,4	76,1
5	14	7,4	74,0
6	7	6,7	66,4
7	17	7,1	73,6
8	8	6,9	76,4
9	7	6,7	78,7
10	19	7,3	68,1
Mittelwerte:	10,9	7,0	73,6 ± 1,3 0
1944, 16 Pflanzen			
Mittelwerte:	7,8	7,5	78,4 ± 1,58
Gesamt-M =	9,0	7,1	76,4 ± 1,00
Kr. Nr. 540, 17 Pflanzen			
Mittelwerte:	7,6	7,1	74,4 ± 1,00
Kr. Nr. 1017, 30 Pflanzen			
Mittelwerte:	23,2	7,6	76,5 ± 0,94

In der Tabelle 34 sind die Ergebnisse von drei Kreuzungen aufgenommen, die je eine 75prozentige Fertilität gegeben haben. Als Elternlinien wurden drei verschiedene Linien aus Kulturvarietäten von *arvense*, die Nrn. 448, 492 und 910, sowie Linie 611 benutzt, die aus einer in Ost-Tibet gebauten Varietät von *arvense* stammt. Es sind dies die Kreuzungen Nrn. 538, 540 und 1017. Für die erste F_1 der Kreuzung 538 sind die erhaltenen Werte pflanzenweise angeführt, um so einen Begriff von der Variation zu erhalten. Für alle übrigen F_1-Serien sind nur die Endergebnisse als Mittelwerte mit mittleren Fehlern angegeben. Wie ersichtlich, stimmen die Werte aller drei Kreuzungen bei Berücksichtigung der Größe der mittleren Fehler sehr gut mit 75% Fertilität überein.

Einfache Translokationen vereint mit Duplikationen

Eine graphische Darstellung solcher Fälle erübrigt sich. Sie sind leicht durch einfache Überlegung klarzulegen. Das Vorhandensein einer Duplikation hat selbstverständlich nur dann einen Einfluß auf den

Fertilitätsgrad, wenn dieselbe jenen Teil eines Chromosoms trifft, der infolge einer Translokation fehlt. Eine Duplikation des in einem Viertel der F_1-Gameten fehlenden Teiles eines Chromosoms in Abb. 46 würde zur Wiederherstellung von voller Fertilität führen. In entsprechender Weise kann durch eine Duplikation bei zwei Translokationen der Fertilitätsgrad von 56,25% (s. o.) auf 75% erhöht werden usw. Und zwei Duplikationen können die Wirkung von zwei Translokationen aufheben und damit wieder normale Fertilität herstellen.

Doppelte Translokationen

Hierher zu rechnen sind Translokationen, bei denen je ein Stück zweier verschiedener Chromosomen an ein gemeinsames drittes transloziert worden ist. Ein solcher Fall ist in Abb. 47 graphisch dargestellt.

Tabelle 35. Die Fertilität der F_1-Individuen dreier Kreuzungen mit je einer doppelten Translokation: theoretisch 62,5%

Kreuzung und Jahr	Anzahl Pflanzen	Mittlere Anzahl Hülsen	Mittlere Anzahl Samenanlagen je Hülse	Fertilität in Prozent
Kr. Nr. 507				
1941	10	10,7	7,0	67,1 ± 1,46
1944	27	9,0	7,0	61,8 ± 1,00
1947	9	17,0	8,3	60,1 ± 1,14
Mittelwerte:		10,7	7,25	62,7 ± 0,81
Kr. Nr. 1008				
1949	19	15,8	7,4	57,6 ± 1,16
1953	5	43,0	6,9	63,5 ± 1,13
Mittelwerte:		21,5	6,9	61,3 ± 1,24
Kr. Nr. 1130				
1952	15	7,3	7,4	63,2 ± 2,37
1953	17	21,3	6,6	61,6 ± 1,72
Mittelwerte:		15,3	7,0	62,0 ± 1,41

Wie ersichtlich, sind von den F_1-Gameten 5 fertil und 3 steril. In Prozenten ausgedrückt gibt dies 62,5% Fertilität bzw. 37,5% Sterilität. Eine zweite doppelte Translokation zwischen weiteren drei Chromosomen würde von den 62,5% Fertilen abermals 3/8 steril machen. Dies ergibt dann (62,5 — 23,44) eine Fertilität von 39,06%.

Kommt zu einer doppelten Translokation eine weitere, einfache Translokation, so vermindert diese die vorhandene Fertilität um ein Viertel (62,5/4 = 15,625), es resultiert 46,875% F_1-Fertilität. Wie ersichtlich, liegt dieser Wert schon so nahe an Semisterilität, 50%, daß es experimentell schwierig ist, eine signifikative Differenz zu erhalten.

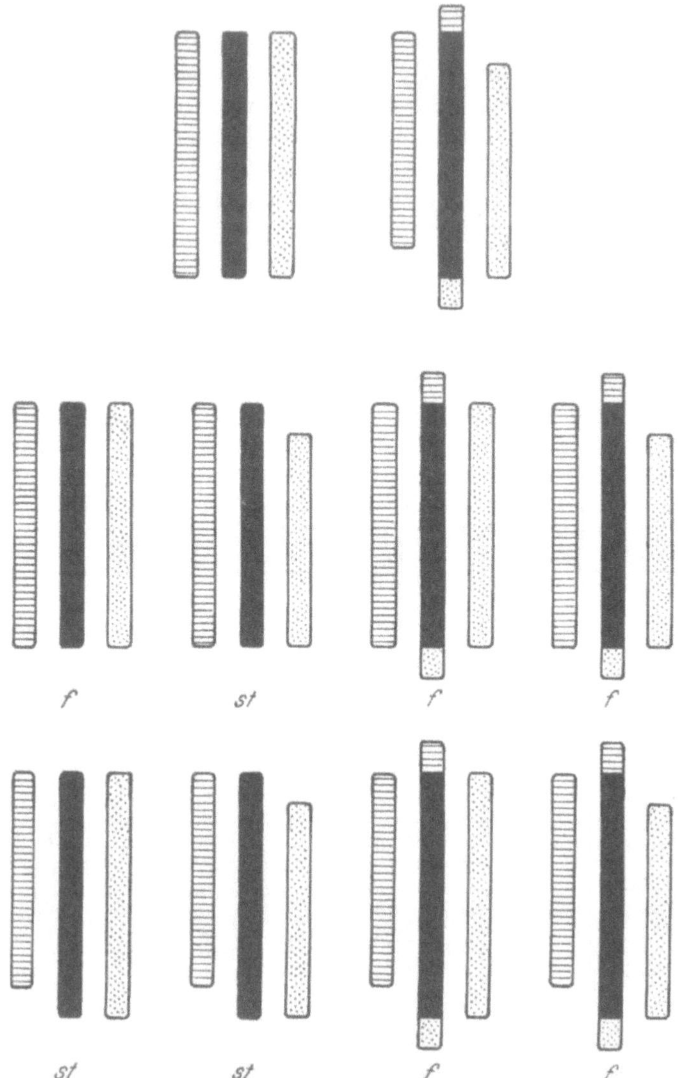

Abb. 47. Eine doppelte Translokation. Oberste Reihe die drei abweichenden Chromosomen der Elterngameten. Darunter die acht Kombinationen dieser in den F_1-Gameten. Spaltung nach 5 fertil : 3 steril = 62,5% fertil

Eine zweite einfache Translokation würde zusammen mit der doppelten eine Fertilität von 35,156% geben, wobei dann alle sieben *Pisum*-Chromosomen beteiligt wären.

Die Tabelle 35 zeigt die Ergebnisse von drei Kreuzungen, deren F_1 je eine Fertilität zeigen, die sehr gut mit dem theoretisch berechneten

Wert von 62,5% übereinstimmen. Die Elternlinien dieser Kreuzungen stammen durchweg aus Kulturmaterial. Derselbe Sterilitätsprozent kann aber auch in Kreuzungen mit Wildmaterial gefunden werden.

Die Ergebnisse der Kreuzung Nr. 507 (Tab. 35) zeigen zwei nicht selten anzutreffende Erscheinungen. Erstens zeigt die mittlere Anzahl Samenanlagen je Hülse für die Jahre 1941 und 1944 gegenüber der für 1947 einen ausgeprägten, signifikativen Unterschied. Ein zweiter solcher besteht im Fertilitätsprozent des Jahres 1941 gegenüber sowohl 1944 wie 1947. Die D/m_{diff}-Werte betragen hierfür 3,0 bzw. 3,54. Solche Beobachtungen wurden wiederholt gemacht (s. u. bei Reparationen). Es zeigt sich, daß die Umweltverhältnisse der einzelnen Jahre einen erheblichen Einfluß auf diese Erscheinungen besitzen. Höhere Temperaturen in einem gewissen Entwicklungszustand der Pflanzen werden vielleicht einen Einfluß hierauf haben. Auch die Fertilitätsprozente der Kreuzung Nr. 1008 zeigen für die Jahre 1949 und 1953 eine signifikative Differenz, $57,6 \pm 1,16\%$ gegenüber $63,5 \pm 1,13\%$.

Doppelte Translokationen vereint mit Duplikationen

Allgemein gilt hier dasselbe, was oben für einfache Translokationen vereint mit Duplikationen gesagt worden ist. Hier sei an Hand der Abb. 47 ein sehr bezeichnender Fall angeführt. Angenommen, daß die Wirkung des Ausfalls des fehlenden Stückes des punktierten Chromosoms infolge Duplikation in einem anderen Chromosom aufgehoben würde. Dann geht aus Abb. 48 hervor, daß hierdurch eine der sterilen F_1-Gameten (die zweite von links in der oberen Reihe) fertil würde. Und dies gäbe dann ein Verhältnis von 6 fertil : 2 steril, oder ausgedrückt in Prozent 75. Käme noch eine zweite Duplikation, das horizontal gestreifte Chromosom betreffend hinzu, so würde normale Fertilität die Folge sein.

Auf diese beiden Fälle sei ganz besonders aufmerksam gemacht, da sie zeigen, wie unsicher es ist, allein auf Grund eines gefundenen F_1-Fertilitätsprozentes auf die Strukturveränderungen zu schließen. Die 75prozentige Fertilität ist ja, wie oben gezeigt worden ist, auch für eine einzelne einfache Translokation kennzeichnend. Und Fälle mit Duplikationen, die zu voller F_1-Fertilität geführt haben, sind festgestellt worden (s. u.).

Einfache Relokationen

Die Wirkung einer einzelnen einfachen Relokation (Interchange) ist in Abb. 48 graphisch dargestellt. Es resultiert typische Semisterilität mit 50% fertilen und 50% sterilen F_1-Gameten.

Bei Vorhandensein einer Duplikation in einem der fehlenden Chromosomenstücke erhöht sich die Fertilität um die Hälfte, d. h. auf 75%, und wenn andere Chromosomen beide noch einmal enthalten sollten, wird überhaupt keine Sterilität gefunden, es resultiert normale Fertilität. Man vergleiche den als Chromutation Nr. 9 unten beschriebenen Fall.

Theoretisch ist es bei *Pisum* mit sieben Chromosomen möglich, daß sowohl zwei wie auch drei einfache Relokationen gleichzeitig vorkommen. Die bisher vorliegenden Kreuzungsergebnisse scheinen dies zu bestätigen.

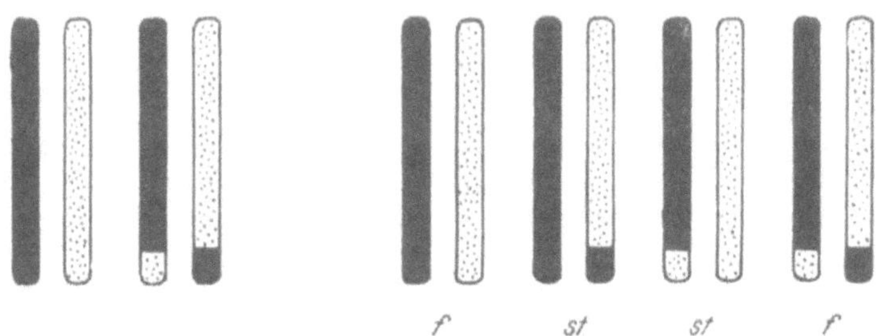

Abb. 48. Eine einfache Relokation (Interchange). Links die beiden abweichenden Chromosomen der Elterngameten, rechts die entsprechenden F_1-Gameten. Spaltung nach 2 fertil : 2 steril = 50% fertil; Semisterilität

Man vergleiche unten die bisher beobachteten Grade von F_1-Fertilität. Wenn in einem Fall von typischer Semisterilität eine zweite einfache Relokation hinzukommt, wird von den 50% fertilen F_1-Gameten offenbar wieder die Hälfte steril werden. Es resultiert eine Fertilität von nur 25%. Und bei Anwesenheit einer dritten einfachen Relokation ergibt sich entsprechend 12,5% Fertilität. Eine Anzahl solcher Fälle mit signifikativen Werten sind auch angetroffen worden (s. u.).

Die Wirkung von Duplikationen ergibt sich mit Hinblick auf das vorstehend Angeführte von selbst. So resultiert z. B. bei einer Duplikation eines der ausgetauschten Chromosomenstücke, die die Fertilität von 50 auf 25% herabgesetzt haben, eine solche von 37,5%. Sollten beide in Frage stehenden Teile als Duplikationen noch einmal anwesend sein, so verbleibt die 50prozentige Fertilität unverändert.

Der 50prozentige, meist als Semisterilität bezeichnete Fertilitätsgrad ist der am häufigsten anzutreffende und damit auch der am besten studierte. Man vergleiche unten die Besprechung der genanalytisch nachgewiesenen Chromutationen. Daß dem so ist, beruht natürlich ganz auf der Wahl des Ausgangsmaterials. In geographisch und gleichzeitig ökologisch stark abweichenden Gegenden, wie in Abessinien, im Orient usw. würde man andere Verhältnisse finden.

Die Tabelle 36 zeigt Ergebnisse von vier Kreuzungen mit Semisterilität. Die Elternlinien aller dieser Kreuzungen stammen entweder direkt aus Kulturformen Europas oder aus Kreuzungen zwischen aus solchen ausgelesenen Linien. Ihre vom Standardkaryotyp abweichende Chromosomenstruktur wurde in Kreuzungen entdeckt. Die Fertilitätsprozente aller Jahre der drei Kreuzungen Nrn. 627, 736 und 1311 stim-

Tabelle 36. Die Fertilität der F_1-Individuen von vier Kreuzungen mit je einer einfachen Relokation: theoretisch 50%

Kreuzung und Jahr	Anzahl Pflanzen	Mittlere Anzahl Hülsen	Mittlere Anzahl Samenanlagen je Hülse	Fertilität in Prozent
Kr. Nr. 627				
1943	5	31,4	7,4	51,8 $\pm$ 1,34
1946	8	9,1	7,5	54,8 $\pm$ 2,58
1949	6	9,0	7,2	52,1 $\pm$ 1,20
1950	5	35,8	7,4	47,7 $\pm$ 2,65
Mittelwerte:		19,4	7,4	50,7 $\pm$ 1,32
Kr. Nr. 736				
1955	15	16,9	7,3	50,9 $\pm$ 1,38
Kr. Nr. 983				
1948	30	11,6	7,3	53,8 $\pm$ 0,79
Kr. Nr. 1311				
1957	22	30,5	7,3	49,1 $\pm$ 0,66
1960	21	43,4	7,4	47,3 $\pm$ 1,02
Mittelwerte:		36,8	7,3	48,2 $\pm$ 0,48

men gut mit Semisterilität überein. Der Fertilitätsprozent der Kreuzung Nr. 983 liegt indessen bei 53,8 $\pm$ 0,79%, und ist damit signifikativ zu hoch. Wahrscheinlich handelt es sich in diesem Fall um eine sogenannte Reparation, Selbstverbesserung der Fertilität. Näheres hierüber s. u.

Einfache Relokationen vereint mit Translokationen

Kenntnis der durch die Kombination von sowohl einfachen wie doppelten Relokationen mit Translokationen resultierenden Fertilitätsprozente ist von besonderer Bedeutung. Nur hierdurch können viele anscheinend ganz aus der Reihe fallende Fertilitätsprozente ihre Erklärung finden. Als Beispiel ist in Abb. 49 das Ergebnis der Kombination einer einfachen Relokation mit einer einzelnen, einfachen Translokation graphisch dargestellt.

Wie die Abb. 49 zeigt, sind von den 16 Kombinationen sechs fertil und zehn steril. Die Fertilität beträgt demnach 3/5, d. h. die F_1 ist zu 37,5% fertil. Eine einfache Translokation bedingt, wie schon oben gezeigt worden ist, immer eine Verminderung der Fertilen um ein Viertel, im vorliegenden Fall 50 — 12,5 = 37,5%.

Das Vorhandensein einer zweiten einfachen Translokation würde den Fertilitätsprozent von 37,5 abermals um 25% herabsetzen, was zu

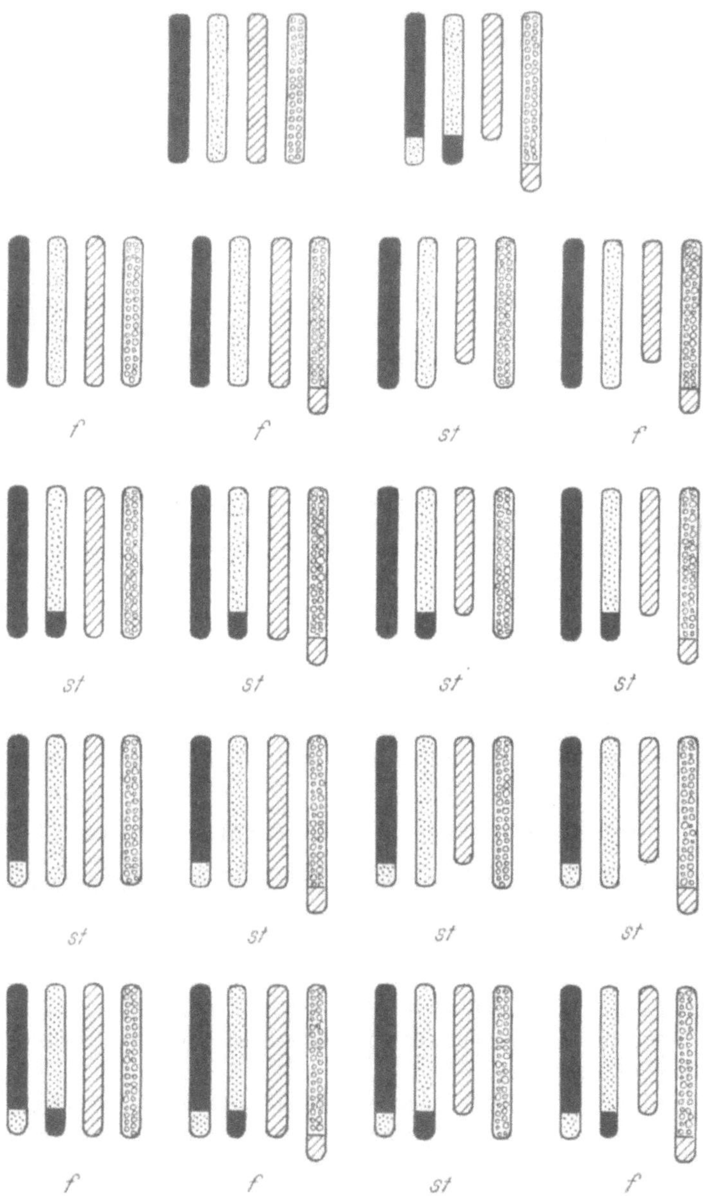

Abb. 49. Eine einfache Relokation, kombiniert mit einer einfachen Translokation zwischen zwei anderen Chromosomen. Oberste Reihe die vier beteiligten Elterngameten, darunter die 16 Kombinationen dieser in den F_1-Gameten. Spaltung nach 6 fertil : 10 steril = 37,5% fertil

28,125% Fertilität führen würde. Eine dritte einfache Translokation könnte mit Hinblick auf die Chromosomenzahl 7 von *Pisum* nur dann vorkommen, wenn sie eines der relozierten Chromosomen überdies treffen würde. Dagegen kann statt einer der ersten oder zweiten einfachen Translokation, ohne eines der schon relozierten Chromosomen zu treffen, eine doppelte solche vorkommen.

Tabelle 37. Die Fertilität der F_1-Individuen von fünf Kreuzungen mit je einer einfachen Relokation und einer einfachen Translokation: theoretisch 37,5%

Kreuzung und Jahr	Anzahl Pflanzen	Mittlere Anzahl Hülsen	Mittlere Anzahl Samenanlagen je Hülse	Fertilität in Prozent
Kr. Nr. 580				
1943	9	10,3	7,6	37,9 ± 2,04
1944	16	5,4	6,9	35,3 ± 1,28
1945	5	3,4	7,5	35,7 ± 1,52
1947	9	11,1	7,7	42,1 ± 1,22
Mittelwerte:		7,6	7,3	37,7 ± 0,81
Kr. Nr. 1220				
1954	13	11,5	7,3	41,8 ± 1,44
1955	10	20,6	7,4	38,1 ± 1,03
Mittelwerte:		15,5	7,3	39,5 ± 0,98
Kr. Nr. 1367				
1959	23	28,6	6,4	40,1 ± 0,71
1961	5	46,6	5,8	38,1 ± 1,85
1962	9	41,3	6,9	37,1 ± 1,11
Mittelwerte:		34,2	6,4	39,1 ± 0,86
Kr. Nr. 1474	16	46,2	6,9	37,8 ± 1,20
Kr. Nr. 1553	22	34,2	7,3	39,2 ± 1,23

In der Tabelle 37 sind die Ergebnisse von fünf Kreuzungen aufgenommen, die alle eine F_1-Fertilität von etwa 37,5% gezeigt haben. Die Elternlinien dieser fünf Kreuzungen stammen alle aus Sorten bzw. aus Kreuzungen zwischen Linien aus in der temperierten Zone der Palaearktis kultiviertem Material. In diesem gibt es, soweit mir bekannt ist, gleichzeitig abweichende Struktur in höchstens drei, vielleicht in seltenen Fällen in vier der *Pisum*-Chromosomen. Man vgl. unten die genanalytisch nachgewiesenen Chromutationen.

Wie die Zahlen in Tabelle 37 zeigen, sind die mittleren Fertilitätsprozente aller fünf Kreuzungen gut mit 37,5 übereinstimmend. Betrachtet man aber die in einzelnen Jahren gefundenen Prozente, so gibt es wenigstens einen Wert, Kreuzung Nr. 580/1947 mit 42,1 ± 1,22%, der vom theoretisch erwarteten Wert von 37,5% signifikativ abweicht. Ein Blick auf sämtliche Werte der Tabelle 37 zeigt auch, daß sie im Mittel mehr weniger über 37,5% liegen. In erster Linie ist hier an eine Reparation zu denken, in zweiter, aber weniger wahrscheinlichen, an die Werte, die durch Kombination verschiedener Chromutationen erhalten werden können. Es wurde früher erwähnt, wie durch solche Kombinationen Fertilitätsprozente von 35,156, 39,06 und 42,19 entstehen können. Mit diesen übereinstimmende Werte sind in den in Tabelle 37 aufgenommenen Kreuzungen wirklich erhalten worden. Aber die Mittelwerte sprechen eine andere Sprache, sie deuten in ihrer Gesamtheit am nächsten auf 37,5%. Das Mittel sämtlicher Werte beträgt 38,4%. In bezug auf nähere Details, die hier von untergeordneter Bedeutung sind, vergleiche man meine Arbeit von 1964 a.

Doppelte Relokationen

Eine doppelte Relokation ist dadurch gekennzeichnet, daß von einem Chromosom zwei Stücke an einem gegenseitigen Austausch teilnehmen, wobei das eine einen solchen mit einem zweiten und das zweite einen solchen mit einem dritten Chromosom eingeht. In Abb. 50 ist ein solcher einfachster Fall wiedergegeben.

Die voneinander in Struktur abweichenden Elterngameten betreffen hier also drei Chromosomen. In der oberen Reihe von Abb. 50 sind diese wiedergegeben. Die unteren Reihen veranschaulichen die acht verschiedenen, auf der F_1 entstehenden Kombinationen dieser drei Chromosomen.

Wie ersichtlich, enthalten von den achterlei Gameten nur zwei einen kompletten Chromosomensatz. Und diese beiden entsprechen den mit f bezeichneten Gameten der Elternlinien. Den übrigen sechs fehlt je ein Teil eines Chromosoms, im Zusammenhang womit sie funktionsuntauglich, steril werden. Es resultiert demnach ein Verhältnis von 2 fertilen : 6 sterilen Gameten, was einer F_1-Fertilität von nur 25% entspricht.

Mit Hinblick auf die Chromosomenzahl 7 können also auch zwei solche doppelte Relokationen gleichzeitig vorkommen. Solchenfalls würden die noch fertilen 25% um weitere 3/4 reduziert, was einen Fertilitätsprozent von nur 6,25 geben würde. In Kreuzungen mit der Linie 1256 aus *P. fulvum* sind z. T. Werte erhalten worden, die diesem Fertilitätsprozent entsprechen könnten. So gab z. B. die Kreuzung Nr. 1381 (s. o.) im Jahre 1961 eine F_1-Fertilität von 7,8 ±1,55%.

Eine doppelte Relokation verursacht also einen Fertilitätsgrad von etwa 25%, und ganz derselbe wird auch durch das Zusammenwirken von zwei voneinander unabhängigen einfachen Relokationen bedingt.

In der Tabelle 38 sind die Ergebnisse von vier Kreuzungen aufgenommen, die alle einen solchen F_1-Fertilitätsgrad zeigen. Drei von diesen Kreuzungen haben als einen Elter einen Wild- bzw. einen Primitivtyp. Die Kreuzungen Nrn. 847 und 855 haben die Linie 808 aus *P. abyssinicum*,

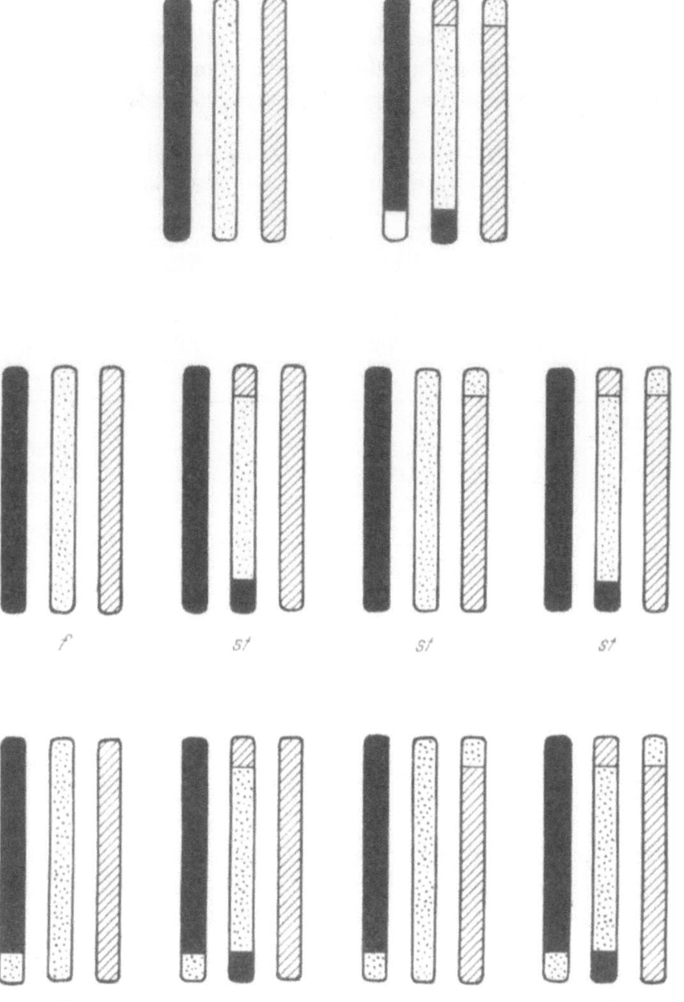

Abb. 50. Eine doppelte Relokation zwischen einem Chromosom und zwei anderen.
Oberste Reihe die drei Elterngameten. Darunter die acht Kombinationen dieser in
den F_1-Gameten. Spaltung nach 2 fertil : 6 steril $=$ 25% fertil

die Kr. 1467 eine aus Tibet stammende Linie Nr. 1477 als einen Elter.
Alle übrigen fünf Elternlinien dieser drei Kreuzungen stammen aus
europäischen Kultursorten.

Die hier in Frage stehenden Kreuzungen wurden also zwischen je zwei
Linien mit abweichender Chromosomenstruktur ausgeführt, wobei diese
stets wenigstens vier, wahrscheinlich z. T. mehr als vier Chromosomen

betroffen hat. Die Fertilitätsprozente liegen nahe 25, z. T. etwas, aber nicht signifikativ höher. Der Gesamtmittelwert erreicht 26,5%.

Die chromosomenstrukturelle Unterlage muß in den Fällen von 25prozentiger Fertilität als ungeklärt betrachtet werden. Hier können

Tabelle 38. Die Fertilität der F_1-Individuen von vier Kreuzungen mit zwei einfachen bzw. einer doppelten Relokation (s. Text): theoretisch 25,0%

Kreuzung und Jahr	Anzahl Pflanzen	Mittlere Anzahl Hülsen	Mittlere Anzahl Samenanlagen je Hülse	Fertilität in Prozent
Kr. Nr. 847				
1948	21	9,4	6,4	27,2 ± 1,03
1949	11	7,2	7,0	27,5 ± 1,65
Mittelwerte:		8,6	6,6	27,3 ± 0,86
Kr. Nr. 855				
1946	20	7,9	6,6	26,1 ± 1,00
1948	18	17,6	6,1	25,4 ± 0,88
1949	4	12,5	7,1	26,8 ± 1,10
1950	2	8,0	7,1	26,2 ± 0,30
Mittelwerte:		12,3	6,4	25,8 ± 0,58
Kr. Nr. 1458				
1961	2	4,5	5,2	24,2 ± 0,86
1963	16	18,9	6,6	26,5 ± 0,75
Mittelwerte:		17,2	6,5	28,4 ± 0,70
Kr. Nr. 1467				
1961	27	29,9	6,7	24,8 ± 0,43

nur in weiteren Generationen in großem Umfang ausgeführte Untersuchungen mit gleichzeitiger Spaltung von in den betroffenen Chromosomen gelegenen Genen endgültig Bescheid geben. Der gefundene Fertilitätsgrad allein kann hier keine Klarheit bringen. So könnte z. B. der in Kr. 847 gefundene Wert von 27,3% Fertilität sogar besser mit dem für eine einfache Relokation zusammen mit zwei einfachen Translokationen charakteristischen Wert von 28,125% übereinstimmen als mit 25,0%.

Drei einfache Relokationen

Diese bedingen, wie nun leicht einzusehen ist, eine F_1-Fertilität von nur 12,5%. Es liegen nur drei Kreuzungen vor, die eine einigermaßen einheitliche Fertilität von 12,5% zeigen. Beide diese sind zwischen Linien aus Kulturformen der temperierten Zone und Wildtypen ausgeführt. Die eine Kreuzung, Nr. 1345 (s. Tabelle 39), ist Linie 1292 aus einer im südlichen Israel am Rande der Negev-Wüste eingesammelten Probe × Linie 761, eine meiner Testlinien. Die zweite Kreuzung, Nr. 1378, ist Linie

1256 aus *P. fulvum* × L. 1344 aus einer nordamerikanischen Kreuzung. Die dritte Kreuzung, Nr. 1341/I, ist Linie 118 aus der Kneifelerbse Extra Rapid × Linie 1256 aus *fulvum*.

Tabelle 39. Die Fertilität der F_1-Individuen von drei Kreuzungen mit je drei einfachen Relokationen: theoretisch 12,5%

Kreuzung und Jahr	Anzahl Pflanzen	Mittlere Anzahl Hülsen	Mittlere Anzahl Samenanlagen je Hülse	Fertilität in Prozent
Kr. Nr. 1345				
1960	13	19,7	6,9	12,3 ± 1,23
Kr. Nr. 1378				
1958	2	3,5	6,0	13,9 ± 2,70
1961	4	65,8	5,8	11,4 ± 0,55
Mittelwerte:		45,0	5,9	12,4 ± 0,93
Kr.Nr.1341/I				
1959	22	24,5	5,8	13,4 ± 0,44

Die Kreuzung Nr. 1378 gab ein ziemlich einheitliches Resultat mit 12,4 ± 0,93% F_1-Fertilität (s. Tab. 39). Im übrigen geben aber Kreuzungen mit *fulvum* oft stark wechselnde Werte. So zeigte die Kreuzung Nr. 1345 für die einzelnen Individuen eine Variation des Fertilitätsgrades von 8,0 bis 20,8%. Mittelwert 12,3 ± 1,23%.

Mit Hinblick auf die sehr verschiedenen und auch binnen den einzelnen Kreuzungen oft stark wechselnden Fertilitätsgrade, die bei der Benutzung von Wildformen als Eltern auftreten, ist zu erwähnen, daß *Pisum*, trotz seiner Selbster-Morphologie, in Abessinien, im Mediterraneum und im Orient häufig Fremdbefruchtung durch Insekten ausgesetzt ist. Hierüber haben verschiedene Verfasser, wie Fedotov, Govorov u. a. berichtet. Damit geht, wie zu erwarten, auch einher, daß nicht nur in genischer Beziehung, sondern auch in bezug auf die Chromosomenstruktur häufig mit einer gewissen Heterozygotie zu rechnen sein wird. Und dies kann auch bei Linien vorkommen, da sich diese Heterozygotie nicht durch Störungen in der Fertilität zu erkennen geben braucht. Meine Kreuzungsergebnisse mit Linien aus diesen Gebieten zeigen in diese Richtung.

Die dritte Kreuzung in Tabelle 39, Nr. 1341/I, zeigt mit Hinblick darauf, daß es sich um eine Kreuzung mit *fulvum* handelt, ganz ungewöhnlich gleichmäßige Ergebnisse, was in dem kleinen mittleren Fehler von 0,44 zum Ausdruck kommt. Daß es sich bei dieser Kreuzung um eine F_1-Fertilität von 12,5% handelt, kann als praktisch genommen sicher betrachtet werden. Eine gewisse Verbesserung der Fertilität, hier von 12,5 auf 13,4%, ist eine, wie schon erwähnt, recht häufige Erscheinung. Ganz anders verhielt sich die zweite F_1 dieser Kreuzung, Nr. 1341/II, die auch auf andere Individuen von *fulvum* zurückgeht. Diese gab, wie schon früher mitgeteilt, eine mittlere F_1-Fertilität von nur 2,2 ± 0,37%, wobei zwei der Pflanzen vollkommen steril waren. Und eine von diesen beiden hatte 69 Hülsen und 338 Samenanlagen. Hier ist man also durch starke Unterschiede in der Chromosomenstruktur der Elternlinien bereits an der Grenze vollkommener Sterilität angelangt, was von manchen Autoren als erreichter Isolationsmechanismus gedeutet wird.

F_1-Fertilitätsprozente, die auf Grund bekannter chromosomstruktureller Unterlagen angegeben werden können

Im folgenden Verzeichnis werden 19 verschiedene Fertilitätsgrade zusammen mit den sie bedingenden Strukturveränderungen mitgeteilt. In Kreuzungen ist nicht nur mit dieser sondern mit einer sicherlich weit größeren Anzahl von Fertilitätsgraden zu rechnen. Hinzu kommen in erster Linie die Duplikationen, die allgemein zu einem besseren Fertilitätsgrad führen. Diese verbleiben im Verzeichnis unberücksichtigt; sie sind rechnerisch auch stets leicht zu ermitteln. Darüber hinaus gibt es aber die Erscheinung der sogenannten Reparationen, durch welche der Fertilitätsgrad mehr weniger deutlich erhöht werden kann. Bedingt wird dies durch interchromosomale Umlagerungen (s. u.).

Fertilitäts-prozent	Chromosomstrukturelle Unterlage
75,0	Eine einfache Translokation
62,5	Eine doppelte Translokation
56,25	Zwei einfache Translokationen
50,0	Eine einfache Relokation (Interchange)
46,875	Eine doppelte + eine einfache Translokation
42,19	Drei einfache Translokationen
39,06	Zwei doppelte Translokationen
37,5	Eine einfache Relokation + eine einfache Translokation
35,156	Eine doppelte + zwei einfache Translokationen
30,25	Eine einfache + eine doppelte Translokation
29,30	Zwei doppelte + eine einfache Translokation
28,125	Eine einfache Relokation + zwei einfache Translokationen
25,0	Zwei einfache Relokationen oder eine doppelte Relokation
22,69	Eine einfache Relokation + eine doppelte und eine einfache Translokation
18,75	Zwei einfache Relokationen + eine einfache Translokation
12,5	Drei einfache Relokationen
9,275	Drei einfache Relokationen + eine einfache Translokation
6,25	Zwei doppelte Relokationen
4,69	Zwei doppelte Relokationen + eine einfache Translokation

Von den oben angeführten Fertilitätsgraden betreffen fünf, nämlich 35,156, 29,30, 22,69, 9,275 und 4,69% alle sieben *Pisum*-Chromosomen. Für die beiden Werte von 29,30 und 4,69 muß hierbei bereits angenommen werden, daß die eine Translokation eines der Chromosomen ein zweites Mal, am entgegengesetzten Ende, trifft.

Die Variation der Fertilitätsprozente

Diese Variation hat nichts mit der binnen einer F_1 von Pflanze zu Pflanze zu beobachtenden zu tun. Sie bezieht sich ausschließlich auf die Variation zwischen verschiedenen F_1-Generationen ein und derselben Kreuzung. Die erste hier zu erwähnende Kreuzung ist Nr. 1221: Linie

Tabelle 40. Die Fertilität der F_1-Individuen von vier Kreuzungen mit diesbezüglich abweichenden Werten

Kreuzung und Jahr	Anzahl Pflanzen	Mittlere Anzahl Hülsen	Mittlere Anzahl Samenanlagen je Hülse	Fertilität in Prozent
Kr. Nr. 1221				
1954	6	3,0	5,6	$10,9 \pm 1,92$
1955	23	4,0	6,1	$18,2 \pm 0,93$
1956	16	7,3	5,8	$14,1 \pm 1,35$
Mittelwerte:		5,1	5,9	$16,1 \pm 0,72$
Kr. Nr. 1374				
1958	3	3,0	7,2	$14,9 \pm 4,29$
1959	7	5,1	6,5	$22,3 \pm 2,03$
1960	3	32,3	7,3	$21,6 \pm 1,01$
Mittelwerte:		10,9	6,9	$21,4 \pm 1,49$
Kr. Nr. 1398				
1959	8	13,0	7,3	$21,3 \pm 1,10$
1960	20	13,9	6,2	$20,2 \pm 0,66$
1961	8	19,4	5,2	$19,3 \pm 1,82$
1962	2	48,5	6,8	$21,6 \pm 1,05$
Mittelwerte:		16,7	6,2	$20,5 \pm 0,55$
Kr. Nr. 1376				
1959	9	5,3	6,4	$20,9 \pm 1,23$
1960	6	15,5	5,2	$9,2 \pm 1,83$
1961	5	40,0	5,5	$8,9 \pm 0,94$
Mittelwerte:		17,3	5,8	$13,7 \pm 1,36$

$462 \times$ Linie 808. L. 462 stammt aus einer Kreuzung zwischen Linien aus Kulturformen, L. 808 aus *P. abyssinicum*. Für beide diese kann auf Grund langjährigen Linienanbaus einheitliche Chromosomenstruktur als sicher betrachtet werden. Mehrere Kreuzungen haben dies auch bestätigt. Die Ergebnisse dreier in den Jahren 1954, 1955 und 1956 gebauten F_1 sind der Tabelle 40 zu entnehmen.

Wie aus Tabelle 40 hervorgeht, zeigten die drei F_1-Generationen folgende mittlere Fertilitätsgrade: $10,9 \pm 1,92$, $18,2 \pm 0,93$ und $14,1 \pm 1,35\%$. Die beiden ersten Werte sind signifikativ verschieden. Der Mittelwert für die Fertilität aller drei Serien beträgt $16,1 \pm 0,72\%$. Dieser Mittelwert könnte möglicherweise durch zwei einfache Relokationen plus einer einfachen

Translokation bedingt sein. Der theoretisch hierfür erwartete Wert ist 18,75%, also schon etwas zu hoch, um noch als ohne unbekannte Störungen mit 16,1 $\pm$ 0,72 übereinstimmend betrachtet werden zu können. Der zuerst gefundene Fertilitätsgrad von 10,9 $\pm$ 1,92% stimmt mit Hinblick auf die Größe des mittleren Fehlers noch gut mit 12,5% überein. Da eine Heterogenität in der Chromosomenstruktur der Elternlinien ausgeschlossen werden kann, halte ich diesen Wert als den richtigen. Auch der dritte Wert von 14,1 $\pm$ 1,35% ist mit 12,5% noch sehr gut vereinbar, dagegen nicht der von 18,2. Für diesen will ich annehmen, daß es sich um eine Verbesserung des Fertilitätsprozentes durch interchromosomale Umlagerungen handelt. Dieses Reaktionsvermögen der Chromosomen bestätigende Kreuzungsergebnisse werden im nächsten Abschnitt vorgelegt.

Eine weitere Kreuzung, Nr. 1374 (s. Tabelle 40), ist Linie 1241 aus der schwedischen Zuckererbse Norrlands × Linie 1292 aus Süd-Israel. Es wurden drei F_1 untersucht, die folgende Werte gaben: 14,9 $\pm$ 4,29, 22,3 $\pm$ 2,03 und 21,6 $\pm$ 1,01. Mit Hinblick auf die Größe der mittleren Fehler besteht kein sicherer Unterschied im Fertilitätsgrad. Der Mittelwert für alle drei Jahre beträgt 21,4 $\pm$ 1,49%. Bei einem Blick auf die oben angegebenen, theoretisch zu erwartenden Fertilitätsprozente sieht man sofort die Schwierigkeit einer Entscheidung, um welchen von diesen es sich handeln könnte.

Am nächsten liegt der Wert von 22,69% für die Kombination einer einfachen Relokation mit einer doppelten und einer einfachen Translokation. Da aber die Fertilitätsprozente in der Regel mehr weniger über der auf Grund der Chromosomenstruktur erwarteten zu liegen pflegen, aber kaum nennenswert darunter, halte ich es auch hier als das Wahrscheinlichere, daß es sich um eine durch interchromosomale Umlagerungen bedingte Verbesserung des theoretischen Wertes von 18,75% handelt. Dieser Wert ist für zwei einfache Relokationen plus einer einfachen Translokation kennzeichnend.

Einen guten Parallelfall zu der eben besprochenen Kreuzung bildet die in vier F_1-Generationen studierte Kreuzung Nr. 1398 (Tabelle 40). Diese ist Linie 808 aus *abyssinicum* × Linie 1241 aus der schwedischen Zuckererbse Norrlands. Die Fertilitätsprozente der in vier Jahren gebauten F_1 zeigen sehr gute Übereinstimmung. Die erhaltenen Mittelwerte sind 21,3, 20,2, 19,3 und 21,6 mit einem Gesamtmittelwert von 20,5 $\pm$ 0,55%. Auch diesem Fertilitätsgrad dürfte der theoretische Wert von 18,75% zugrunde liegen und gilt hier das diesbezüglich für die vorige Kreuzung Nr. 1374 Gesagte.

Die vierte Kreuzung in Tabelle 40 ist Nr. 1376: Linie 1251 aus der schwedischen Zuckererbse Signal × Linie 1256 aus *fulvum*. Die Ergebnisse der drei Jahre sind ganz ungewöhnlich stark voneinander abweichend. 1959 war die F_1 20,9 $\pm$ 1,23 fertil, 1960 waren es 9,2 $\pm$ 1,83% und

196178,9 $\pm$ 0,94%. Die Ergebnisse der beiden letzten Jahre können als übereinstimmend betrachtet werden. Aber das Ergebnis von 1959 ist, wie sofort ersichtlich, signifikant abweichend. Auch für die mittlere Anzahl Samenanlagen je Hülse bestand eine sichere Differenz. Dieses Merkmal pflegt, wie die Tabellenwerte im allgemeinen zeigen, je Kreu-

Tabelle 41. Die Fertilität der F_1-Individuen von drei weiteren Kreuzungen mit diesbezüglich abweichenden Werten

Kreuzung und Jahr	Anzahl Pflanzen	Mittlere Anzahl Hülsen	Mittlere Anzahl Samenanlagen je Hülse	Fertilität in Prozent
Kr. Nr. 1381				
1958	9	16,9	5,9	12,4 $\pm$ 0,79
1961	6	36,2	6,5	7,6 $\pm$ 1,21
Mittelwerte:		24,6	6,1	9,4 $\pm$ 0,86
Kr. Nr. 1439				
1961	2	92,5	4,9	11,4 $\pm$ 0,16
1962	13	41,5	5,3	9,8 $\pm$ 0,53
1963	8	18,0	5,9	12,3 $\pm$ 1,54
Mittelwerte:		37,8	5,5	10,5 $\pm$ 0,59
Kr. Nr. 1380				
1961	6	41,0	5,9	7,9 $\pm$ 1,10

zung sehr wenig zu variieren. Es hat den Anschein, als ob die Linie 1256 strukturheterozygot gewesen sei. Die den neun F_1-Pflanzen von 1959 zugrunde liegenden Befruchtungen wurden mit Pollen von anderen Pflanzen ausgeführt, als die für die nächsten beiden Jahre. Aber sicheres läßt sich diesbezüglich nicht aussagen.

Die für 1959 gefundene F_1-Fertilität von 20,9 $\pm$ 1,23% könnte gut mit dem durch zwei einfache Relokationen zusammen mit einer einfachen Translokation bedingten Wert von 18,75% übereinstimmen.

In der Tabelle 41 sind drei weitere Kreuzungen aufgenommen, deren F_1-Fertilitätsprozente mehr weniger unsicher zu deuten sind. Die erste Kreuzung, Nr. 1381, ist Linie 1256 aus *fulvum* $\times$ Linie 1346 aus einer Kreuzung zwischen nordamerikanischen Kultursorten. Die zwei studierten F_1 gaben eine mittlere Fertilität von 12,4 $\pm$ 0,79% bzw. 7,6 $\pm$ 1,21%. Der Unterschied zwischen diesen beiden Werten erscheint, rein zahlenmäßig betrachtet, statistisch sicher, da D/m$_{Diff}$ = 3,31. Man könnte hier den theoretisch berechneten Fertilitätsgrad von 9,275% vermuten, der durch drei einfache Relokationen und einer einfachen Translokation bedingt wird. Aber ein auch nur einigermaßen sicherer Bescheid kann diesbezüglich nicht gegeben werden. Zweifellos haben aber die von Jahr zu Jahr oft stark wechselnden Umweltverhältnisse einen bedeutenden Einfluß auf eine Veränderung, d. h. mehr weniger starke Verbesserung des Fertilitätsgrades (s. u. bei Reparationen).

Die Ergebnisse der nächsten Kreuzung, Nr. 1439, schließen sich nahe an die der vorigen an. Kr.-Nr. 1439 ist Linie 21 aus einer in Blütenfarbe abweichenden Ackererbse × Linie 1256 aus *fulvum*. Die in den drei Jahren 1961, 1962 und 1963 gefundenen Fertilitätswerte sind 11,4 $\pm$ 0,16, 9,8 $\pm$ 0,53 und 12,3 $\pm$ 1,54%; Gesamtmittel = 10,5 $\pm$ 0,59%. Zwischen den Werten dieser drei Jahre besteht keine statistisch sichere Differenz. Der Gesamtmittelwert steht sehr gut mit dem theoretisch berechneten von 9,275% in Übereinstimmung.

Die nächste Kreuzung, Nr. 1380, ist ausgeführt zwischen Linie 1256 aus *fulvum* und Linie 1345 aus einer Kreuzung der New York Experimental Station. Diese nur in einem Jahr untersuchte Kreuzung gab einen durchschnittlichen Fertilitätsprozent von 7,9 $\pm$ 1,10. Bemerkenswert ist, daß von den sechs F_1-Individuen zwei mit zusammen etwa 85 Samenanlagen vollkommen steril waren. Keine der Samenanlagen zeigte eine Tendenz zur Entwicklung. Die Hülsen waren aber normal ausgebildet. Der gefundene Fertilitätsgrad könnte möglicherweise dem theoretisch bei zwei doppelten Relokationen zu erwartenden, 6,25%, entsprechen.

In diesem Zusammenhang sei an die früher besprochene Kreuzung Nr. 1341/II erinnert, in der zwei von sieben Pflanzen vollkommen steril waren (s. Tab. 32). Und diese beiden Pflanzen hatten zusammen 81 Hülsen mit 402 Samenanlagen, von denen sich aber keine einzige zu einem Samen entwickeln konnte. Sowohl diese zwei wie die oben in Kr. 1380 angetroffenen Pflanzen waren gesund und zeigten gute Entwicklung; man vergleiche die Abb. 44 mit der einen dieser Pflanzen aus Kreuzung Nr. 1341/II.

Daß für diese vollkommene Sterilität ein großer Unterschied in der Chromosomenstruktur der Elternlinien verantwortlich ist, kann nicht in Zweifel gezogen werden. Erwähnt zu werden verdient hier noch, daß die Fertilität der einzelnen Individuen in Kreuzung Nr. 1341/II von 0 (zwei Pflanzen) bis zu 4,1% (eine Pflanze) variiert hat. Man kann auch hier mit der Möglichkeit rechnen, daß bei den von 2,0 bis 4,1% fertilen F_1-Pflanzen eine Erhöhung des Fertilitätsgrades durch interchromosomale Umlagerungen stattgefunden hat.

Hier sollen noch die Resultate einer meiner frühesten Kreuzungen, Nr. 22 (L. 1939) angeführt werden. Die Elternlinien dieser waren Linie Nr. 199 aus der niedrigen Varietät Badenia und der schon oben erwähnten, extrem frühen Kneifelerbse Extra Rapid, Linie Nr. 118. Die F_1 konnte hinsichtlich Fertilitätsgrad in zwei distinkt verschiedene Serien aufgeteilt werden. Die eine Serie zeigte eine Fertilität von 37,1 $\pm$ 3,45%, die zweite eine solche von 67,5 $\pm$ 1,0%. Der erste Wert stimmt gut mit 37,5% überein, ein durch eine einfache Relokation plus einer einfachen Translokation bedingter Wert. Der zweite Wert bezieht sich zweifellos auf den Fertilitätsgrad 62,5%, der durch eine doppelte Translokation verursacht wird. Aber der gefundene Wert von 67,5% ist signifikant zu hoch, Dm/$_{\text{Diff}}$ erreicht etwa 5,0. Hier hat demnach aus inneren Gründen, durch interchromosomale Umlagerungen, eine Verbesserung der Fertilität stattgefunden, eine Erscheinung, die von mir als Reparation bezeichnet worden ist (s. u.).

Über Reparationen

Als Reparationen bezeichne ich in Kreuzungen zwischen Linien von verschiedenem Strukturtyp erfolgende Veränderungen der Struktur von Chromosomen, die zu einer Erhöhung der Fertilität führen. Es dürfte sich hierbei um interchromosomale Umlagerungen handeln. Über die Ursachen solcher Veränderungen kann noch nichts Sicheres ausgesagt werden. In Frage kommen dürften hauptsächlich Beeinflussungen des Crossovers durch homologe Teile in nichthomologen Chromosomen sowie auch durch die genotypische Konstitution. Sicher erscheint, daß Reparationen und die Stärke bzw. der Grad dieser durch die Umweltverhältnisse in einem gewissen Entwicklungsstadium der Pflanze beeinflußt werden können.

Eine Feststellung des Effektes von Reparationen in Kreuzungen ist in folgender Weise möglich:

1. Wenn die Chromosomenstruktur der Eltern bekannt ist und der gefundene F_1-Fertilitätsgrad den theoretisch erwarteten Wert signifikativ übersteigt.

2. Wenn ein im gegebenen Fall als maximal bekannter Fertilitätsgrad (z. B. 75,0 oder 62,5%) in einer ganzen F_1-Generation signifikativ überschritten wird.

3. Wenn mehrere in allen Merkmalen übereinstimmende F_1 vorliegen und in gewissen eine typische Fertilität (z. B. 50%), in anderen dagegen ein signifikativ höherer Wert gefunden wird. Dann hat man damit zu rechnen, daß die Umweltverhältnisse im letzteren Fall für das deutliche Zutagetreten der Reparation verantwortlich sind.

Im folgenden werden die Ergebnisse von vier Kreuzungen besprochen, die den vorstehenden Punkten 2. und 3. entsprechen. Laut Punkt 1. deutbare Fälle sind bereits oben erwähnt. Da aber der theoretisch zu erwartende Fertilitätsprozent nicht immer mit Sicherheit anzugeben ist, erscheint auch eine Deutung als Reparation entsprechend unsicher.

Die Ergebnisse der hier in Frage stehenden vier Kreuzungen sind in der Tabelle 42 aufgenommen. In bezug auf die detaillierte, pflanzenweise Analyse dieser Fälle sei auf L. 1964 a verwiesen.

Kreuzung Nr. 1292 ist ausgeführt zwischen Linie 110 (Standardkaryotyp aus Roi des gourmands) ✕ Linie 1198, aus der alten Kneifelerbse

„Rapid" mit abweichender, aber nicht genauer bekannter Chromosomenstruktur. Diese Kreuzung zeigte eine durchschnittliche F_1-Fertilität von $78,6 \pm 0,71\%$. Dieser Wert war also signifikativ höher als der theoretisch höchste Wert von $75,0\%$, der durch eine einfache Translokation bedingt wird. Wie die Größe des mittleren Fehlers angibt, zeigten die 31, auf zwei Jahre verteilten F_1-Individuen einen sehr gleichmäßigen Fertilitätsgrad.

Tabelle 42. Ergebnisse von Kreuzungen mit durch sogenannte Reparationen erhöhten F_1-Fertilitätsprozenten

Kreuzung und Jahr	Anzahl Pflanzen	Mittlere Anzahl Hülsen	Mittlere Anzahl Samenanlagen je Hülse	Fertilität in Prozent
Kr. Nr. 1292				
1956	23	22,1	7,4	$78,3 \pm 0,83$
1959	8	21,1	7,5	$79,0 \pm 1,45$
Mittelwerte:		21,8	7,4	$78,6 \pm 0,71$
Kr. Nr. 1018				
1949	4	13,0	8,5	$73,4 \pm 2,22$
1950	28	35,1	7,9	$79,7 \pm 0,59$
1955	15	23,9	7,3	$65,9 \pm 1,81$
Mittelwerte:		29,5	7,7	$76,3 \pm 1,09$
Kr. Nr. 975				
1948	24	15,4	6,2	$56,8 \pm 0,98$
1952	5	38,8	6,1	$50,5 \pm 1,39$
1953	4	12,4	5,7	$53,3 \pm 3,41$
Mittelwerte:		18,4	6,1	$54,4 \pm 0,93$
Kr. Nr. 1161				
1952	17	20,6	7,7	$69,3 \pm 1,61$
1955	28	19,5	7,8	$66,6 \pm 1,17$
Mittelwerte:		19,9	7,7	$67,5 \pm 0,94$

Die Ergebnisse einer zweiten Kreuzung, Nr. 1018, zeigen ganz in dieselbe Richtung (s. Tabelle 42). Diese ist ausgeführt zwischen der aus Tibet stammenden Linie 611 mit einer einfachen Translokation und der Linie 993, die, soweit bekannt, Normalstruktur besitzt. Es war demnach typische 75prozentige Fertilität zu erwarten. Das Gesamtergebnis, $76,3 \pm 1,09\%$ steht damit auch in guter Übereinstimmung. Aber die Werte für die drei Jahre, in denen diese Kreuzung studiert worden ist, zeigen signifikative Differenzen. Der 1950 erhaltene Wert von $79,7 \pm 0,59$ ist mit Hinblick auf die Größe des mittleren Fehlers der sicherste und statistisch ganz sicher von $75,0\%$ verschieden; D/m_{Diff} erreicht über 6. Die F_1-Fertilität für 1955 liegt mit $65,9 \pm 1,81\%$ dem Wert von $62,5\%$ signifikant näher als dem von $75,0\%$ und ist wahrscheinlich durch eine abweichende Struktur einer der Elternlinien bedingt. Eine solche kann wohl einen niedrigeren, aber niemals höheren Fertilitätsprozent als 75 bedingen, es sei denn, daß normale Fertilität die Folge wäre.

Die nächste Kreuzung, Nr. 975, ist ausgeführt zwischen den Linien 825 und 924. Bisherige Untersuchungen haben gezeigt, daß Linie 924 bei Kreuzung mit Linien von Normalstruktur typische Semisterilität gibt. Über Linie 825 ist hinsichtlich Chromosomenstruktur nichts näheres bekannt. Beide Elternlinien stammen aus Kultursorten bzw. aus Kreuzungen zwischen solchen. Der mittlere F_1-Fertilitätsprozent von Kreuzung 975 beträgt 54,5 $\pm$ 0,93%, also signifikativ über dem theoretischen Wert von 50,0% liegend. Der Fertilitätsgrad für 1948 mit 24 Pflanzen beträgt 56,8 $\pm$0,98%, der für 1952 50,5% und der für 1953 wieder 53,3%. Hier sind zweifellos unter dem Einfluß von wechselnden Umwelteinflüssen verschieden starke Reparationen ausgelöst worden (s. auch u.).

Kreuzung Nr. 1161 ist Linie 1077 $\times$ Linie 1142. Über die Chromosomenstruktur dieser beiden Linien ist nichts sicheres bekannt. Zwei F_1 mit zusammen 45 Individuen wurden untersucht (s. Tab. 42). In beiden F_1 wurden signifikativ über 62,5% Fertilität liegende Werte gefunden: 69,3 $\pm$ 1,61 und 66,6 $\pm$ 1,17%. Als Gesamtmittelwert resultiert 67,5 $\pm$0,95%.

Eine weitere Kreuzung, Nr. 1282, hat zu praktisch genommen gleichen Resultaten geführt. Diese Kreuzung ist Linie 1080 $\times$ Linie 1243. Linie 1243 ist durch Röntgenbestrahlung der Ackererbse Parvus erhalten worden. Sie hat abweichende Chromosomenstruktur, aber es kann nicht angegeben werden, welchem Typ diese angehört. Es wurden 37 F_1-Individuen untersucht, die eine mittlere Fertilität von 68,9 $\pm$1,28% gegeben haben. Auch dieser Wert übersteigt den von 62,5% mit vollkommener Sicherheit.

Bei den oben besprochenen fünf Kreuzungen kann kein Zweifel darüber bestehen, daß es sich immer um die Wirkung von Reparationen gehandelt hat. Ich verfüge noch über eine Anzahl weiterer Kreuzungen, die in dieselbe Richtung zeigen, aber bei diesen handelt es sich um unter 50% Fertilität liegende Werte, bei denen es, wie die vorstehende Übersicht über die chromosomenstrukturellen Unterlagen zeigt, nur selten möglich ist sicher zu entscheiden, welchem Typ sie angehören.

Daß die Chromosomen das Vermögen haben durch Röntgenbestrahlung hervorgerufene Beschädigungen mehr weniger wieder zu eliminieren, ist gut bekannt. Auch ist dieser Vorgang stark temperaturabhängig. So konnte z. B. GELIN (1956) zeigen, daß die Röntgenschäden bei Gerste, Brüche, Strukturänderungen, bei Keimung der Samen bei 22° C gegenüber einer solchen bei 11° C auf etwa die Hälfte oder sogar mehr zurückgehen können (l. c. p. 142). Die Abhängigkeit der oben nachgewiesenen Reparationen von den Umweltverhältnissen scheinen mir eine in dieselbe Richtung zeigende Erscheinung darzustellen.

Genotypische Konstitution und Chromutationen
von *Pisum*

Vorstehend wurde die Bedeutung verschiedener Chromosomenstruktur für das Zustandekommen von partieller bis zu vollkommener Sterilität in *Pisum*-Kreuzungen nachgewiesen. In gewissen Fällen konnte vollkommene Sterilität festgestellt werden, was vielleicht als ein perfekter Isolationsmechanismus aufgefaßt werden könnte. In solchen Fällen haben die Verhältnisse dafür gesprochen, daß alle sieben Chromosomen von *Pisum* beteiligt gewesen sind.

Ungeklärt blieb hierbei, welche der Chromosomen und in welcher Weise diese hierbei beteiligt gewesen sind. Kenntnis dieser Verhältnisse würde zweifellos von großem Wert für die Beurteilung der Frage sein, ob es überhaupt möglich erscheint, daß eine ausschließlich chromosomal bedingte, vollkommene Sterilitätsbarriere, d. h. ein Isolationsmechanismus ohne die Beteiligung von interspezifischen Genen zustande kommen kann. *Pisum* erbietet in dieser Hinsicht unstreitbar das beste Objekt, da es, soweit mir bekannt, keine Pflanze gibt, die hinsichtlich Chromosomenstruktur genanalytisch auch nur annähernd so gut untersucht ist.

Es folgt eine Übersicht über bisher genanalytisch nachgewiesene Chromutationen. Als Verkürzungen werden benutzt: ***Tr*** = einfache Translokation, ***Trd*** = doppelte Translokation, ***Rl*** = einfache Relokation (Interchange), ***Rld*** = doppelte Relokation, ***Du*** = Duplikation, ***Inv*** = Inversion.

1. Die Chromutation *Rl* I/V. Gene A und Gp. HAMMARLUND (1923), HÅKANSSON (1929 und 1931), LAMPRECHT (1964 b). HAMMARLUND konnte in einer Strukturlinie starke Koppelung zwischen den Genen *A* (I) und *Gp* (V) nachweisen; CrO = 1,7 ±0,29%. Bei Normalstruktur waren diese Gene nicht gekoppelt. F_1 war wahrscheinlich semisteril. HÅKANSSON (l. c.) konnte zytologisch nachweisen, daß zwei nichthomologe Chromosomen in F_1 einen Viererring bildeten. Dies spricht für eine einfache Relokation. Verfasser (1964 b) konnte die Relokation I/V von HAMMARLUNDS Linie, meine Nr. 1476, bestätigen und überdies zeigen, daß die Chromosomen II, III, IV und VII an der Chromutation unbeteiligt sind. Für das Chromosom I ist Beteiligung der Gene *A* und *Lf*, für V der Gene *Gp* und *Fs* erwiesen. Man vergleiche stets die Chromosomenkarte Abb. 35.

2. Die Chromutation *Rl* VII/unbekannt, Gen R. RICHARDSON (1929) und PELLEW und RICHARDSON SANSOME (1932) fanden in einer Kreuzung zwischen „Thibet 7" und einer Linie aus „Duke of Albany" F_1-Semisterilität sowie einen starken Zusammenhang in der Spaltung im Gen *R* (VII) und der nach fertil : semisteril. CrO = 4,8 ±1,6%. In F_1 wurde ein Ring von vier Chromosomen nachgewiesen.

3. Die Chromutation *Rl* I/VII, Gene A (I) und Wsp-R-Tl-Bt (VII).

Verfasser (1939 und 1955 a) veröffentlicht die Ergebnisse einer Kreuzung Linie 21 × L. 206, mit Semisterilität in F_1 (48,9%). Crossover zwischen *Chf* (=Chromosomenfrakturstelle) und $R = 1,6 \pm 0,71\%$. Eine zweite Kreuzung, Nr. 265, war gleichfalls semisteril mit 49,7 bzw. 51,4% F_1-Fertilität. Crossover für $R\text{-}Chf = 5,3 \pm 1,36\%$ und für $Tl\text{-}Chf = 5,9 \pm 1,43\%$. Die Gene *R* und *Tl* sind stark gekoppelt.

In einer weiteren Kreuzung, Nr. 990, L. 21 × L. 982, zeigte F_1 gleichfalls Semisterilität, 50,5 bzw. 51,5% (zwei F_1). Diese Kreuzung spaltete in den im Chromosom VII gelegenen Genen *R* und *Bt*. Folgende Crossing-over-Werte wurden gefunden: $R\text{-}Chf = 10,0 \pm 1,99\%$, $Bt\text{-}Chf = 26,0 \pm 4,03\%$. *R* und *Bt* sind schwach gekoppelt mit durchschnittlich 38,5% CrO Das Ergebnis dieser Kreuzung spricht dafür, daß die *Chf* zwischen *R* und *Bt*, aber viel näher an *R* liegen soll.

In noch einer Kreuzung, Nr. 1062, L. 25 × L. 1014, spalteten drei im Chromosom VII gelegene Gene, nämlich *Wsp*, *R* und *Bt*. Zwei F_1-Generationen waren typisch semisteril: 52,3 bzw. 50,4% Fertilität. Die drei erwähnten Gene gaben folgende CrO-Werte: $R\text{-}Chf = 3,1 \pm 0,92\%$, $Bt\text{-}Chf = 23,2 \pm 2,99\%$ und $Wsp\text{-}Chf = 26,7 \pm 3,53\%$. Außer diesen drei Genen spalteten in Kr. 1062 noch folgende Gene: *I* (I); *Oh, Ar, S, Wb, K* (II), *St* und *B* (III), *Le* und *Con* (IV) sowie *Pl* (VI). Keines dieser Gene zeigte indessen einen Zusammenhang mit der Spaltung nach fertil : semisteril.

Eine weitere Kreuzung, Nr. 1089, brachte den Beweis, daß die hier in Frage stehende Chromutation der Linien 21 und 25 einer Relokation zwischen den Chromosomen I und VII entspricht. Kr. 1089 ist L. 614 × L. 924. Von diesen stammt L. 924 aus einer Kreuzung 434: Linie 25 × L. 578. Die letztere Linie hat Normalstruktur, weshalb die Chromutation auf die Linie 25 zurückgeführt werden kann. Die F_1 von Kr. 1089 hatte 49,5% Fertilität. Das Gen *A* zeigte weder mit *R* noch mit *Tl* eine Andeutung zu Koppelung. Folgende Crossover-Werte wurden erhalten:

$$A - Chf = 27,3 \pm 4,88\% \qquad R - Chf = 15,0 \pm 2,87\%$$
$$Tl - Chf = 14,0 \pm 2,75\%$$

Hier ist zu erwähnen, daß die Linien Nrn. 21 und 25 gleiche Chromosomenstruktur haben. L. 25 stammt aus einer Kreuzung zwischen L. 21 und einer Linie mit Normalstruktur. L. 21 stammt aus H. und O. TEDINS (1928) 01001.

Insgesamt zeigen die oben angeführten Kreuzungsergebnisse, daß es sich bei den Linien 21 und 25 um eine einfache Relokation zwischen den Chromosomen I und VII handelt. Es hat ein Austausch zwischen einem das Gen *A* enthaltenden Stück von Chromosom I und einem die Gene *R* und *Tl* enthaltenden Stück von Chromosom VII stattgefunden.

Die zytologischen Untersuchungen von Blixt (1955 und 1959) haben die oben vorgelegten Verhältnisse sehr gut bestätigt. Man vergleiche in Abb. 51 das Idiogramm des Normalkaryotyps (Linie 110) mit dem von Linie 21. Der eine Arm von Chromosom I ist kürzer geworden und entsprechend ist im Chromosom VII eine Verlängerung zu beobachten.

Zu erwähnen ist hier noch, daß die oben unter 2. besprochene Chromutation von Richardson et al. möglicherweise mit der Relokation I/VII identisch sein könnte. Das Ausgangsmaterial war indessen ein ganz anderes (Thibet 7) und in ihrer Kreuzung wurde auch noch ein weiterer Typ von Chromutation beobachtet (s. u. Nr. 4).

4. Die Chromutation *Rld* unbekannt/VII/unbekannt: Gen R. Im Material von Richardson et al. zeigte eine Pflanze nur etwa 30% Fertilität und in der Meiose einen Sechserring. Dieser spricht eindeutig dafür, daß an der Chromutation wenigstens drei Chromosomen beteiligt sein müssen. Da bisher keine mit dieser übereinstimmende Chromutation untersucht zu sein scheint, sei sie hier erwähnt.

5. Die Chromutation *Rl* III/V, die Gene F, St, B (III) und Gp, Fs (V). Verfasser konnte 1946 die Ergebnisse einer in großem Umfang studierten Kreuzung vorlegen, die eine einfache Relokation zwischen den Chromosomen III und V nachgewiesen haben. Die Kreuzung Nr. 353 ist Linie 232 aus De Winton × Linie 379 aus der Kr. Ambrosia × Extra Rapid. L. 232 hat normale Chromosomenstruktur. Die Kreuzung 353 war semisteril: 53,0 bzw. 51,7% Fertilität. Für die drei im Chromosom III spaltenden Gene resultierte folgender Zusammenhang mit der Spaltung nach fertil : semisteril. Die Crossingover-Werte sind:

$$F - Chf = 12{,}2 \pm 1{,}34\% \qquad St - Chf = 7{,}4 \pm 1{,}04\%$$
$$B - Chf = 17{,}2 \pm 1{,}68\%$$

In einer weiteren Kreuzung, Nr. 920, zwischen der Relokationslinie 379 und einer Linie mit Normalstruktur, Nr. 668, spalteten außer *St* und *B* im Chromosom III auch die Gene *Gp* und *Fs* im Chromosom V. Auch diese Kreuzung war semisteril, Fertilität = 53,7%. Folgende Crossover-Werte wurden gefunden:

$$B - Chf = 12{,}2 \pm 1{,}45\% \qquad Gp - Chf = 18{,}2 \pm 1{,}64\%$$

Zu erwähnen ist hier, daß *Fs* polymer zu *F* ist. In den beiden nichthomologen Chromosomen III und V wird es demnach ein kleines homologes Stück, das Gen *Fs* bzw. *F* enthaltend, geben.

Bei der Relokation III/V sind die zwischen diesen Chromosomen ausgetauschten Stücke von sehr ungleicher Größe, so daß sie zytologisch sehr leicht feststellbar gewesen ist. Man vergleiche diese Chromosomen in Abb. 51.

6. Die Chromutation *Rl* V/VII a, Gene Gp (V) und R (VII). Lamm (1956) fand in einer Kreuzung einen starken Zusammenhang zwischen

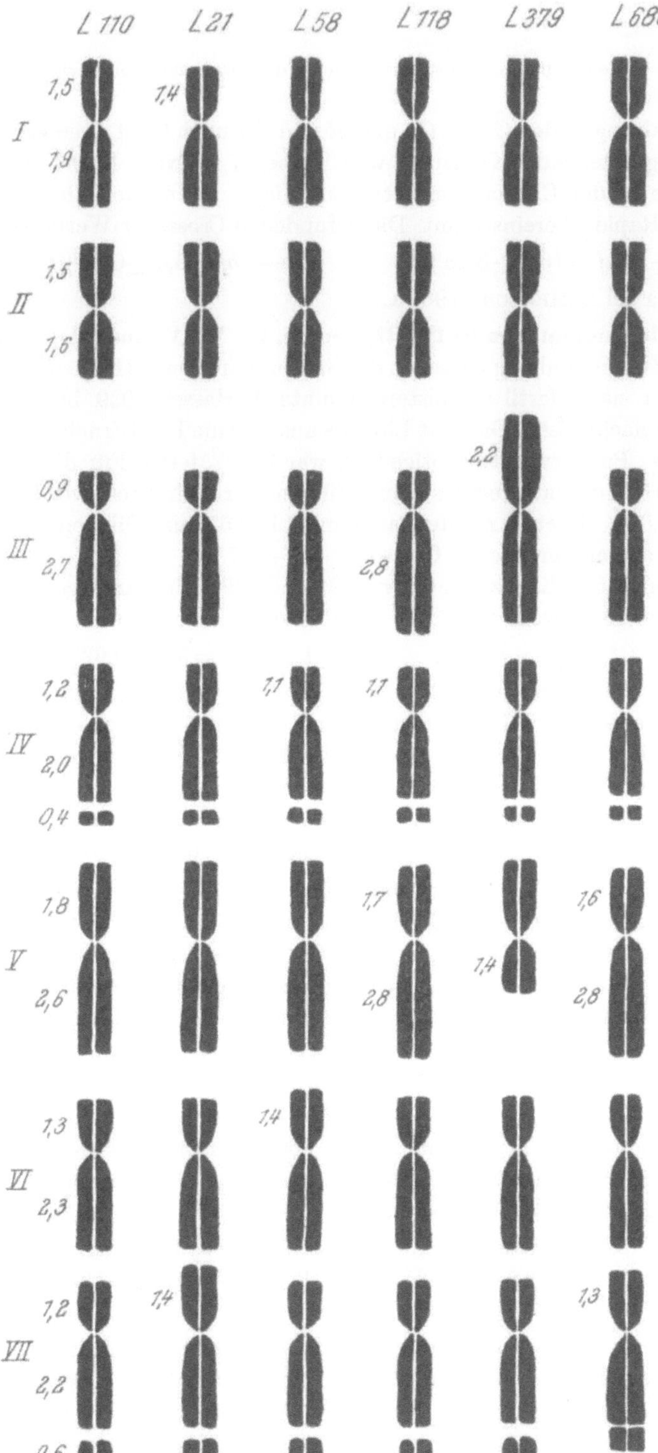

Abb. 51. Idiogramme verschiedener Strukturtypen von *Pisum*. Links des Standard-karyotyps, Linie 110 aus Roi des gourmands. Die Längen sind in μ angegeben. Wo Zahlen fehlen, sind die Längen mit denen des Standardkaryotyps übereinstimmend (nach BLIXT 1959)

der Spaltung in den Genen Gp und R und der nach fertil : semisteril. Die in Frage stehende Kreuzung war Thibet 7 × Extra Rapid N, welch letztere in der Chromosomenstruktur nicht mit meiner Linie 118 aus Extra Rapid übereinstimmt. Die gefundenen Crossover-Werte waren:

$$Gp - Chf = 16{,}9 \pm 3{,}28\% \qquad\qquad R - Chf = 5{,}5 \pm 0{,}75\%$$

Näheres bei LAMPRECHT 1964 a.

7. Die Chromutation Rl IV/VII, Gene N, Le, V (IV) und Wlo, P, Lt (VI). Einen Zusammenhang zwischen der Spaltung im Gen V (Hülsenmembran) und der nach fertil : semisteril konnte Verfasser 1939 in Kreuzung Nr. 208 nachweisen. Diese ist Linie 58 aus „Graue Posthörnchen" × Linie 151 aus „Purpurviolettschotige". F_1 war 51,5% fertil. Für die Spaltung im Gen V und nach fertil : semisteril resultierte ein Crossover-Wert von $0{,}6 \pm 0{,}06\%$. In einer zweiten, auch mit Linie 58 ausgeführten Kreuzung, betrug das entsprechende Crossover $1{,}4 \pm 0{,}7\%$.

Zwei weitere Kreuzungen, Nrn. 199 und 339, gaben analoge Resultate, und zwar für sowohl Le wie V. Die Crossover-Werte waren:

$$Le - Chf = 3{,}8 \pm 0{,}91\% \qquad\qquad V - Chf = 3{,}9 \pm 0{,}92\%$$

Eine weitere Kreuzung, Nr. 697, gab einen Hinweis, daß das mit V polymere Gen P im Chromosom VI mit derselben Chromosomenfraktur, die V im Chromosom IV kennzeichnet, einen Zusammenhang haben dürfte. Die Elternlinien der Kreuzung waren Nr. 690 aus Early dwarf, $p\ V$, und Nr. 685, die aus Linie 690 stammt und eine Mutante zu P darstellt. F_1 war semisteril und F_2 gab folgenden Crossover-Wert:

$$P - Chf = 14{,}1 \pm 4{,}4\%$$

Die für die Klarlegung der Relokation IV/VI wichtigste Kreuzung ist Nr. 1066: Linie 58 (s. o.) × Linie 996. Letztere stammt aus Kreuzung 673: L. 642 aus Kr. 293 [L. 33 aus Zuckererbse Englische Säbel × L. 341 aus E. NILSSONS (1933) *wlo* aus English Wonder] × Linie 680. Diese stammt aus Kr. 372: L. 330 aus Serpette cent pour un × L. 450 aus Kr. 72 (= L. 110 aus Roi des gourmands × L. 125 aus Pois Sabre). Die drei untersuchten F_1-Generationen waren typisch semisteril.

Es spalteten folgende Gene: N, Le und V im Chromosom IV und Wlo und P im Chromosom VI. Aus den Spaltungsverhältnissen berechnen sich folgende Crossover-Werte:

$$Wlo - Chf = \text{etwa } 50\% \qquad\qquad P - Chf = 34{,}6 \pm 4{,}60\%$$
$$Le - Chf = 6{,}5 \pm 1{,}15\% \qquad\qquad V - Chf = 12{,}8 \pm 2{,}32\%$$
$$N - Chf = 24{,}6 \pm 2{,}70\%$$

In einer weiteren Kreuzung, Nr. 1063, Linie 58 × Linie 642 spalteten die Gene N (IV), P, Wlo und Lt (VI) und gaben folgende Crossover-Werte:

$$N - Chf = 36{,}2 \pm 6{,}40\% \qquad\qquad Wlo - Chf = 33{,}4 \pm 5{,}30\%$$
$$P - Chf = 35{,}0 \pm 5{,}87\% \qquad\qquad Lt - Chf = 20{,}7 \pm 2{,}87\%$$

Eine Vereinigung der in den beiden Kreuzungen Nrn. 1063 und 1066 gefundenen Spaltungen gibt für die studierten sechs Gene (je drei im Chromosom IV und VI) folgende CrO-Werte:

Chromosom IV: $N - Chf = 28,9 \pm 2,59\%$ $Le - Chf = 6,5 \pm 1,15\%$
$V - Chf = 12,8 \pm 2,32\%$

Chromosom VI: $Wlo - Chf = 38,9 \pm 4,99\%$ $P - Chf = 34,6 \pm 3,59\%$
$Lt - Chf = 20,7 \pm 2,87\%$

Damit kann die Relokation IV/VI als folgendem Schema entsprechend klargelegt betrachtet werden.

IV: $- N \text{———} 28,9 \text{——} Chf - 6,5 - Le \text{——} 35,2 \text{——} V \text{——}$
VI: $\text{——} Lt \text{———} 20,7 \text{——} Chf \text{———} 34,6 \text{——} P - 12,1 - Wlo \text{—}$

8. Die Chromutation $Tr + Du$ V/VII, Gene Cp (V), Bt, R, Tl (VII).
Diese Chromutation ist für die Linie 680 charakteristisch. Herstammung von Linie 680 s. o. unter 7. bei Kr. 1066. Mit Linie 680 wurden sieben Kreuzungen mit Linien von, soweit bekannt, normaler Chromosomenstruktur ausgeführt. Sämtliche waren fertil. Die F_2-Generationen gaben indessen folgende Koppelungsverhältnisse:

CrO $Cp - Bt = 28,4 \pm 0,93\%$ CrO $Cp - R = 44,7 \pm 2,20\%$
CrO $Cp - Tl = 39,6 \pm 2,27\%$ CrO $Bt - R = 38,5 \pm 2,33\%$
CrO $Bt - Tl = 36,7 \pm 2,35\%$ CrO $R - Tl = 10,1 \pm 0,89\%$

Diese Zahlen fügen sich sehr gut zu folgender Koppelungsgruppe zusammen, wobei das Gen Cp vom Chromosom V zunächst Bt im Chromosom VII zu liegen kommt.

$\text{——} R - 10,1 - Tl \text{———} 36,7 \text{———} Bt \text{——} 28,4 \text{——} Cp \text{——}$

Daß es sich hier nicht um ein zweites im Chromosom VII gelegenes Gen Cp handelt, konnte in einer Kreuzung nachgewiesen werden, die sowohl in Gp und Cp im Chromosom V spalten sollte. Es spaltete Gp und das im Chromosom VII gelegene Gen Cp, aber nicht das bei normaler Chromosomenstruktur in V gelegene Cp.

Die für Linie 680 kennzeichnende Translokation V/VII konnte auch zytologisch sehr schön verifiziert werden (CAROLI und BLIXT 1955); s. Abb. 51. Die Duplikation war aber hierbei nicht nachweisbar.

Diese konnte indessen in Kreuzungen leicht festgestellt werden. Linie 680 muß eine sowohl vom Normaltyp wie auch von der Chromutation der Linie 379 (III/V, s. o.) abweichende Struktur haben. Denn L. 379 gibt bei Kreuzung mit dem Normaltyp typische Semisterilität. L. 680 gibt aber mit L. 379 Fertilität. Dies zeigt sich einwandfrei bei Kreuzung von sowohl L. 379 wie L. 680 mit einer gemeinsamen dritten Linie, Nr. 741. L. 680 × L. 741 gab Fertilität, L. 379 mit L. 741 dagegen partielle Sterilität von $57,7 \pm 0,84\%$, ein sowohl von Semisterilität wie 62,5% Fertilität signifikativ abweichender Wert. Dieser Wert stimmt am ehesten mit dem bei zwei einfachen Translokationen theoretisch erwarteten, 56,25%, überein (s. o.).

9. Die Chromutation *Du* IV, Gen V. In einer früheren Arbeit (1954 a) konnte Verfasser die Ergebnisse dreier Kreuzungen vorlegen, die das Bestehen dieser Duplikation nachweisen. Es sind dies folgende:

Kr.-Nr. 838: Linie 800, Normalstruktur × Linie 761 mit der Relokation IV/VI, Gen *V*. Kreuzung typisch semisteril.

Kr.-Nr. 835: Linie 800, Normalstruktur × Linie 759, Normalstruktur, Kreuzung, wie erwartet, normal fertil.

Kr.-Nr. 831: Linie 761 (s. o.) × Linie 759 (s. o.), statt, wie erwartet, semisteril — normal fertil.

Aus diesen Ergebnissen ist zu schließen, daß die Linie 759, die ursprünglich als von Normalstruktur aufgefaßt worden ist, Duplikationen enthält, die das Auftreten von Semisterilität inhibiert haben.

10. Die Chromutation *Rl* I/VII + *Rl* IV a/VI, Gene A, D (I), Con, Le, V (IV), Fl (VI) und R (VII). Diese Kombination von zwei Relokationen konnte vom Verfasser als für die Linie Nr. 808 aus der geographisch-ökologischen Rasse oect. *abyssinicum* BRAUN charakteristisch nachgewiesen werden. Drei Kreuzungen von Linie 808 mit den Linien 118, 379 und 463 gaben je nur etwa 25% F_1-Fertilität. Linie 118 hat eine Rl IV/VI plus einer bisher genanalytisch nicht klargelegten Rl + Duplikation. L. 379 ist III/V und L. 463 IV/VI.

Auf Grund der Ergebnisse dieser Kreuzungen war eine vollständige Klarlegung der Chromosomenstruktur von L. 808 noch nicht möglich. Nur das Vorhandensein einer Relokation IV/VI konnte als praktisch genommen bewiesen betrachtet werden. Weitere Kreuzungen haben folgendes gezeigt.

Kreuzung Nr. 847 hatte in F_1 27,5 ± 1,65% Fertilität, also noch gut mit 25% übereinstimmend (s. L. 1964 a). Es spalteten die Gene *D* und *I* im Chromosom I sowie *Le* und *V* im Chromosom IV. Folgende Crossover-Werte (auch als Rekombinationswerte bezeichnet) resultierten:

$$D - Chf = 17,8 \pm 3,95\% \qquad I - Chf = 33,0 \pm 8,02\%$$
$$Le - Chf = 16,4 \pm 3,73\% \qquad V - Chf = 17,8 \pm 3,95\%$$

Diese Ergebnisse zeigen betreffs Linie 808, teils daß die Relokation das Chromosom IV mit den Genen *Le* und *V* getroffen haben muß, teils das Chromosom I mit *D* und *I*. Die Crossover-Werte für die Gene des Chromosoms IV zeigen, daß dieses eine von der normalen abweichende Struktur haben muß, da die gefundenen CrO-Werte von 16,4 bzw. 17,8 gegenüber den normal hierfür festgestellten von 3 bis 6% signifikativ abweichen. Es soll daher mit IV a bezeichnet werden (s. o.). Ein zweiter Beweis hierfür ist, daß überhaupt ein Zusammenhang zwischen der Spaltung nach fertil : semisteril und der in den Genen *Le* und *V* gefunden worden ist. Denn ein solcher war mit Hinblick auf die Struktur der Elternlinie Nr. 463, IV/VI, überhaupt nicht zu erwarten. L. 463 gab ja bei Kreuzung mit dem Normalkaryotyp typische Semisterilität und einen Zusammenhang mit der Spaltung in *Le* und *V*.

Eine weitere Kreuzung, Nr. 848, L. 808 × L. 114 aus Chelsea mit, soweit bekannt, Normalkaryotyp, zeigte eine F_1-Fertilität von 37,5%. Die Spaltung in den Genen *A* und *D* (I) sowie *Fl* (VI) ergab folgende Zusammenhänge mit der nach fertil : partiell steril:

$$A - Chf = 18,6 \pm 7,49\% \qquad D - Chf = 22,5 \pm 8,17\%$$
$$Fl - Chf = 16,6 \pm 8,90\%$$

Für die in dieser Kreuzung überdies spaltenden Gene *I*, *U* und *Pl* konnte kein sicherer Zusammenhang mit der im Fertilitätsgrad gefunden werden. Der CrO-Wert von $D - Chf$ bestätigt den schon in Kr. 847 gefundenen von $17,8 \pm 3,95\%$. Darüber hinaus liegt nun hier ein sicherer CrO-Wert für das im Chromosom VI gelegene Gen *Fl* vor. Damit ist bewiesen, daß auch das Chromosom VI in *abyssinicum* abweichende Struktur hat.

Die Kreuzung Nr. 853: L. 118 (s. o.) × L. 808 hatte eine F_1-Fertilität von $24,8 \pm 1,02\%$. Wie schon erwähnt, hat die L. 118 außer einer Relokation noch eine weitere, bisher nicht klargelegte Chromutation. In Kr. 853 spalteten die Gene *A*, *D* und *I* (I), *U* (V) und *Ser* (unbekannt). Für die Gene *A*, *D*, *U* und *Ser* wurde kein sicherer Zusammenhang mit der Spaltung im Fertilitätsgrad gefunden. Das Gen *I* zeigte dagegen einen sehr starken Zusammenhang, entsprechend einem Crossover von $12,0 \pm 3,31\%$.

Dieser Wert für das Gen *I* ist von den früher in Kreuzungen mit L. 808 gefundenen sehr stark abweichend. In den Kreuzungen Nrn. 847 und 848 wurde gar kein solcher Zusammenhang gefunden. Der in Kr. 853 festgestellte starke Zusammenhang zwischen *I* und der *Chf* beweist, daß das Chromosom I der Elternlinie 118, das das Gen *I* enthält, eine ganz andere interne Struktur haben muß als die zu den eben genannten Kreuzungen Nrn. 847 und 848 benutzten Elternlinien Nrn. 463 und 114. Das Chromosom I von L. 118 soll daher mit Hinblick auf diese interne Umlagerung mit I a bezeichnet werden. Im Gegensatz zu den Kreuzungen Nrn. 847 und 848 wurde daher in Kr. 853 auch kein sicherer Zusammenhang zwischen der Spaltung der im Chromosom I gelegenen Gene *A* und *D* und der nach fertil : partiell steril gefunden.

Schließlich hat Kreuzung Nr. 855, L. 379, III/V × L. 808, folgende Resultate gegeben. F_1-Fertilität $= 24,9$ bzw. $26,3\%$. Aus den F_2-Ergebnissen berechnen sich folgende CrO-Werte:

$$A - Chf = 27,2 \pm 4,90\% \qquad D - Chf = 24,5 \pm 5,97\%$$
$$Con - Chf = 18,6 \pm 4,00\% \qquad Ser - Chf = 20,1 \pm 4,20\%$$

Kreuzung Nr. 855 zeigt demnach wiederum, daß die Chromutation das Chromosom I mit den Genen *A* und *D* getroffen hat. Neu ist hier der zu erwartende Zusammenhang mit dem im Chromosom IV gelegenen Gen *Con*, das nun zu den in diesem schon früher wiederholt beteiligt gefundenen Genen *Le* und *V* hinzukommt. Die Chromosomenzugehörigkeit von *Ser* (gesägte Blättchen) ist noch unbekannt. Der in Kr. 853 gefundene CrO-Wert spricht dafür, daß es in einem der an der Chromutation beteiligten Chromosomen liegt.

Mit Hinblick auf die oben mitgeteilten Kreuzungsergebnisse kann die für L. 808 aus *abyssinicum* kennzeichnende Chromutation Rl IV a/VI + I/VII geschrieben werden.

Ganz analoge Ergebnisse wie mit L. 808 konnten auch mit einer aus dem Jordantal (Israel) stammenden Linie, Nr. 1293, erhalten werden (s. L. 1963 a). L. c. konnte diese schon mit IV/VI + I/VII angegeben werden. Da aber auch mit der Jordanlinie hinsichtlich des Zusammenhanges von *Le* und *V* mit der Spaltung in Fertilität fast ganz gleiche Abweichungen im CrO gefunden worden sind wie mit der L. 808 (CrO = 17,9 bzw. 12,7% gegenüber sonst 3 bis 6%), so ist auch für die Linie 1293 IV a statt IV zu schreiben. Es ist demnach die intrachromosomale Umlagerung in IV sehr wahrscheinlich in beiden Linien, Nrn. 808 und 1293, dieselbe. In Betracht zu ziehen wäre hier das Bestehen einer Inversion.

11. und 12. Die Chromutationen *Rld* **I/IV/VII und I a/IV/VII, Gene I, Red, O (I), Tra, Con, Le, V (IV), R (VII).** Diese Chromutationen konnten durch die Ergebnisse von zwei Kreuzungen, Nrn. 1276 und 1260, nachgewiesen werden (L. 1958 a). Gemeinsam für beide Kreuzungen war: Die F_1-Fertilität betrug nahe 62,5% und die F_2-Generationen spalteten nach semisteril : partiell steril : fertil. Eine genügend scharfe Abgrenzung dieser Fertilitätsgrade gegeneinander war nicht durchführbar. Es wurden daher die Spaltungen nach (semisteril + partiell steril) : fertil bzw. semisteril : (partiell steril + fertil) mit den einzelnen Genspaltungen kombiniert.

Kreuzung Nr. 1276 ist Linie 1076 × Linie 1237. L. 1076 stammt aus Kr. 510: L. 449 aus WINGES (1936) Nr. 37 × L. 578 aus Kr. 246 L. [19 aus H. und O. TEDINS (1928) 0652 aus Glaenö × L. 232 aus DE WINTON (1927)]. L. 1237 stammt aus Kr. 895: L. 2 aus Goldkönig × L. 764 aus Kr. 274 (L. 206 aus Brechmarkerbse Olympia × L. 234, *le* U^{st}).

Für die Gene von Chromosom IV, *Tra* und *Le*, waren es immer die fertilen, die am stärksten abwichen, bei den Genen von Chromosom I waren es entsprechend *I*, *Red* und *O* in der Gruppe der semisterilen. Die Auswertung erfolgte in Übereinstimmung hiermit. Die berechneten CrO-Werte werden unten gemeinsam mit jenen von Kr. 1260 besprochen.

Kreuzung Nr. 1260 ist L. 360 aus Johnsons British Empire $\times$ L. 1241 aus der Zuckererbse Norrlands. Abgrenzung der Fertilitätsgrade wie bei Kr. 1276. Folgende CrO-Werte wurden erhalten:

	Kreuzung Nr. 1276	Kreuzung Nr. 1260
Chrom. I:	$I - Chf = 4,2 \pm 1,23\%$	$I - Chf = 31,5 \pm 4,62\%$
	$Red - Chf = 4,1 \pm 1,22\%$	
	$O - Chf = 31,9 \pm 5,22\%$	
Chrom. IV:	$Tra - Chf = 30,9 \pm 4,92\%$	$Tra - Chf = 23,5 \pm 3,64\%$
		$Con - Chf = 29,8 \pm 4,23\%$
	$Le - Chf = 26,0 \pm 3,87\%$	$Le - Chf = 39,5 \pm 8,20\%$
		$V - Chf = 31,9 \pm 4,70\%$
Chrom. VII:		$R - Chf = 29,8 \pm 4,23\%$

Insgesamt sind die CrO-Werte für eine Chromutation I/IV/VII beweisend. Für das Chromosom IV ergibt sich unter Berücksichtigung auch der CrO-Werte für die Genenkoppelung folgendes Bild:

$$-Tra - 23,5 - Chf --- 29,8 --- Con --- 30,3 --- Le - 15,8 - V -$$

Die Zahlen sprechen eindeutig dafür, daß die Chromosomenfraktur zwischen *Tra* und *Con* gelegen ist (näheres s. L. 1964 a).

Eine auffallende Diskrepanz besteht beim Vergleich der in beiden Kreuzungen für das Gen *I* im Chromosom I erhaltenen CrO-Werte. In Kr. 1276 wurde ein starker Zusammenhang mit der Spaltung im Fertilitätsgrad mit CrO $= 4,2 \pm 1,23\%$ gefunden, während in Kr. 1260 hierfür ein CrO-Wert von nicht weniger als $31,5 \pm 4,62\%$ resultierte. Diese beiden miteinander ganz unvereinbaren CrO-Werte zeigen an, daß hier zwei distinkt voneinander verschiedene Chromutationen vorliegen. Zwei Möglichkeiten sind hierfür in Betracht zu ziehen: 1. Die Chromosomenfraktur könnte bei gleicher Chromosomenstruktur an einer anderen Stelle stattgefunden haben, und 2. es kann hierfür eine interne Umlagerung, wahrscheinlich eine Inversion, im Chromosom I verantwortlich sein. Die letztere Möglichkeit ist die näher zur Hand liegende. Die Chromutation mit der schwachen Koppelung zwischen *I* und der *Chf* soll mit Rld I a/IV/VII bezeichnet werden.

13. Die Chromutation *Rld + Du* II/III/V. Gene Mifo (II), M und Rf (III) und Cp (V). Diese Chromutation konnte durch die Ergebnisse der Kreuzung Nr. 1404: L. 1249 $\times$ L. 1307, nachgewiesen werden. L. 1249 stammt aus Kr. 651: L. 578 (s. o. bei 11) $\times$ L. 614. Letztere stammt aus Kr. 342: L. 102 aus Acacia $\times$ L. 340, wachsschwach, Gen *wa* (II). L. 1307 geht auf Kreuzungen zwischen L. 206 aus Olympia, L. 369 aus DE HAANs (1931) „Pinkish White", L. 6 aus „*umbellatum*" und L. 20 aus H. und O. TEDINS (1928) 0651 aus Glaenö zurück; näheres s. LAMPRECHT 1962, p. 143—144.

Die F_1 dieser Kreuzung war normal fertil. Aber die F_2 spaltete nach 315 fertil:123 partiell bis semisteril; D/m $= 1,49$. Da eine sichere Aufteilung in Gruppen mit verschiedenen Fertilitätsgraden undurchführbar erschien, wurde die Spaltung der Gene (14 auf die Chromosomen I, II, III, IV und V verteilt) einfach mit der erwähnten Spaltung nach 315 fertil : 123 partiell bis semi-steril kombiniert. Ein stärkerer Zusammenhang wird sich auch hier zu erkennen geben. Folgende CrO-Werte wurden gefunden:

$$Mifo — Chf = 31,0 \pm 5,41\% \qquad M — Chf = 28,1 \pm 4,65\%$$
$$Rf — Chf = 31,1 \pm 5,47\% \qquad Cp — Chf = 30,0 \pm 5,13\%$$

Für die übrigen zehn spaltenden Gene konnte kein solcher Zusammenhang nachgewiesen werden.

Die vier CrO-Werte können als für die Chromutation II/III/V beweisend betrachtet werden. Hierzu kommt die Erscheinung, daß die F_1 normal fertil gewesen ist, die F_2 aber ein Viertel partiell bis semi-sterile Individuen ausspaltete. Die Erklärung hierfür dürfte zweifellos im Vorhandensein von Duplikationen zu suchen sein, die das Auftreten von Sterilität in F_1 verhinderten, in F_2 aber im Zusammenhang mit diesen zum Verhältnis 3 fertil : 1 partiell steril geführt haben. Der Zusammenhang zwischen Genspaltung und der im Fertilitätsgrad wäre sicherlich viel deutlicher zutage getreten, wenn die Möglichkeit bestanden hätte, die verschiedenen Grade von Sterilität in F_2 sicher gegeneinander abzugrenzen; vielleicht lag nur eine starke Variation von Semisterilität vor.

14. Die Chromutation *Rld* I a/IV/VI + *Du*. Gene Le, V (IV), P (VI). Diese noch nicht endgültig klargelegte, aber zweifellos ganz selbständige Chromutation kommt meiner Linie 118 aus Extra Rapid zu. Die Kneifelerbse Extra Rapid stammt von einer einzelnen, in der alten Sorte Rapid angetroffenen Pflanze ab (HAMMARLUND 1927). Erwähnt muß hier werden, daß aus Extra Rapid ausgelesene verschiedene Linien sich hinsichtlich Chromosomenstruktur nicht gleich verhalten haben. Es sei auch darauf hingewiesen, daß die zytologischen Befunde (Abb. 51) mit der oben angegebenen Rld + Du nicht übereinstimmen, oder diese wenigstens nicht kenntlich zeigen.

Die Linie 118 ist zu einer größeren Anzahl von Kreuzungen benutzt worden. Nebenbei sei hier erwähnt, daß E. NILSSON (1933) eine aus Extra Rapid ausgelesene Linie verwendet hat, die einen abweichenden Strukturtyp hatte. Eine meiner Kreuzungen, Nr. 199, ist L. 118 × L. 206 aus Olympia. In dieser konnte folgender starker Zusammenhang zwischen der Spaltung in den Genen *Le* und *V* von Chromosom IV und der nach fertil : semisteril festgestellt werden. Für beide diese Gene wurde gefunden: Le und $V — Chf = 1,6 \pm 0,83\%$.

Die Spaltung nach fertil : semisteril war aber nicht 1 : 1, sondern 3 : 1. Ein Zusammenhang mit der Spaltung in dem im Chromosom VI gelegenen Gen P ist auch schon mehrmals festgestellt worden (s. L. 1949). Daß die Linie 118 eine interne Umlagerung im Chromosom I besitzt, dafür sprechen die Ergebnisse der Kr. 853 (s. o. unter 10). Auch die Resultate der Kreuzung Nr. 199 stehen damit in gutem Einklang, da das mit I im Chromosom I stark gekoppelte Gen *Gri* sich hier analog verhält (s. Abb. 35).

Das Vorhandensein einer doppelten Relokation in L. 118 hat schon die vorstehend erwähnte Kr.Nr. 22, L. $118 \times$ L. 199 aus Badenia, gezeigt. Linie 199 hat, soweit bekannt, normale Chromosomenstruktur. Die F_1 von Kreuzung Nr. 22 war partiell steril, wobei zwei distinkt gegeneinander abgegrenzte Fertilitätsgruppen aufgetreten sind. 16 F_1-Individuen mit $66,0 \pm 1,28\%$ und 7 F_1-Individuen mit $37,1 \pm 4,91\%$. Wahrscheinlich entsprechen diese beiden Werte 62,5 bzw 37,5%, wie sie bei einer doppelten Translokation bzw. einer einfachen Relokation $+$ einer einfachen Translokation zu erwarten sind.

Die Annahme wenigstens einer Duplikation schließlich erscheint mit Hinblick auf die Spaltung in F_2 nach etwa 3 fertil : 1 semisteril anstatt 1 : 1 unvermeidlich. Hervorgehoben sei in diesem Zusammenhang noch, daß nach Röntgenbestrahlung der Linie 379 (III/V s. o. bei Chromutation 5) die Nachkommen 187 fertil : 56 semisteril gespalten haben; D/m = 0,78 für 3 : 1. Gleichwie für Linie 118 mußte auch in diesem Fall die Wirkung einer Duplikation als die Ursache betrachtet werden (s. L. 1957, p. 183—184).

15. Die Chromutation *Inv* in V: Gene Cp-Teu-Gp zu Gp-Teu-Cp. In den Kreuzungen Nrn. 1362, 1365 und 1366 (L. 1960) zeigen die Ergebnisse, daß die beiden Gene *Cp* und *Gp* Platz getauscht haben, so daß die Reihenfolge im Normalkaryotyp *Cp-Teu-Gp* durch eine Inversion zu *Gp-Teu-Cp* abgeändert worden ist (man vergleiche die Genenkarte, Abb. 35). Bei Wiederholung von Kr. 1366 (L. 1961, p. 208—210) konnte diese Inversion wie folgt bestätigt werden:

Normalkaryotyp: — Cp —— 7,3 —— Teu ——— 14,0 ——— Gp ——
$\longleftarrow$ ——————— 19,5 ——————— $\longrightarrow$
Inversionstyp: —— Gp ——— 6,2 ——— Teu ——— 10,1 —— Cp —
$\longleftarrow$ ——————— 10,1 ——————— $\longrightarrow$

16. Die Chromutation von oect. humile von P. arvense. Für diese Rasse von *Pisum arvense* L. (s. L. 1951 a) wurde vorläufig die Struktur V/III/IV angegeben. Die vorhandenen Kreuzungsergebnisse gestatten es auf die Beteiligung dieser Chromosomen zu schließen, gaben aber überdies Hinweise auf kompliziertere Verhältnisse. Diese sollen hier kurz besprochen werden.

Kreuzung Nr. 986 ist Linie 936 aus *humile* $\times$ Linie 379 III/V (s. o. bei 5). Die F_1 dieser Kreuzung hatte eine Fertilität von $62,3 \pm 2,11\%$. Dies besagt, daß an der Chromutation wenigstens drei Chromosomen beteiligt sind. In der F_2 wurde ein starker Zusammenhang zwischen der

Spaltung nach fertil : partiell steril und der im Gen *Fs* (V) bzw. *F* (III) festgestellt. *Fs* und *F* sind polymere Gene. Sie sind an der Relokation der L. 379 III/V beteiligt. Der CrO-Prozent in Kr. 986 betrug: $Fs - Chf = 7,8 \pm 2,9\%$. Dieser Zusammenhang beweist demnach, daß L. 936 hinsichtlich III/V nicht dieselbe Relokation besitzen kann wie L. 379.

Kreuzung Nr. 1031: Linie 58, IV/VI × Linie 936, *humile*. Die Chromosomenstruktur von L. 58 ist wiederholt als IV/VI nachgewiesen. Gleichzeitig mit einer Mutation des Membrangens *v* zu *V* entstand aus der L. 58 ein Normalkaryotyp, L. 59. Die F_1 von Kr. 1031 war typisch semisteril, Fertilität $= 48,9 \pm 2,32\%$ (s. L. 1951 a p. 118). Dies spricht dafür, daß die *humile*-Linie nicht Träger der Relokation IV/VI sein kann; möglicherweise könnten diese Chromosomen Normalstruktur besitzen.

Kreuzung Nr. 1032 ist L. 118 aus Extra Rapid × Linie 936. Die 34 F_1-Individuen mit zusammen 982 Samen hatten normale, von 90 bis 97% variierende Fertilität. Da für L. 118 genanalytisch sicher festgestellt ist, daß sie außer einer Relokation IV/VI noch durch andere strukturelle Abweichungen gekennzeichnet ist, war die F_1-Fertilität mit Hinblick auf in der vorigen Kreuzung Nr. 1031 erhaltene Resultate ganz unerwartet. Diese Kr. zeigte ja, daß L. 936 hinsichtlich der Chromosomen IV und VI wahrscheinlich normale Struktur besitzt.

Kreuzung Nr. 1033: Linie 611 aus Tibet × Linie 936. Die Tibet-Linie ist durch eine einfache Translokation, wahrscheinlich das Chromosom VII betreffend, charakterisiert. Die F_1 von Kr. 1033 war wieder normal fertil. A priori könnte man hier eine Übereinstimmung zwischen der Chromosomenstruktur der Tibet- und der *humile*-Linie annehmen. Mit Hinblick auf die Ergebnisse anderer mit diesen beiden Linien ausgeführter Kreuzungen erscheint dies indessen ausgeschlossen.

Außer der für *humile* auf Grund früherer Kreuzungsresultate angenommenen Struktur, V/III/IV, erscheint diese nunmehr durch interne Umlagerungen bzw. Duplikationen kompliziert. Dies bringt es mit sich, daß unerwartet keine F_1-Sterilität auftritt, was auf die Wirkung von Duplikationen zurückgeführt werden kann. Ferner können hierbei Spaltungen nach 3 fertil : 1 semi- bzw. partiell steril auftreten.

17. Die Chromutation von oect. *fulvum* von P. arvense. Die Ergebnisse von vier Kreuzungen zwischen *fulvum* und *arvense* oect. *sativum* sind schon vorstehend besprochen worden. In drei von diesen Kreuzungen ist die Fertilität der F_1-Pflanzen so uneinheitlich gewesen, daß man berechtigt ist, auf eine Heterogenität des *fulvum*-Elters zu schließen. Nur in einer Kreuzung, Nr. 1341, könnte dies auch mit der Linie 118 der Fall gewesen sein.

Hier ist folgendes festzustellen. In zwei der *fulvum*-Kreuzungen sind unter 6 bzw. 7 F_1-Individuen je zwei aufgetreten, die vollkommen steril gewesen sind. Die Anzahl Samenanlagen dieser Pflanzen betrugen in

Kreuzung Nr. 1380 48 und 31, in Kreuzung Nr. 1341/II 64 und 338. Die letztgenannte Kreuzung hatte eine mittlere F_1-Fertilität von nur 2,2%. Besonders aufgefallen ist die F_1-Pflanze mit 69 Hülsen und 338 Samenanlagen, die auch nicht einen Samen ausgebildet hatten (s. Abb. 44). Diese Ergebnisse mit *fulvum*-Kreuzungen zeigen, daß die Linie 1256 aus *fulvum* sicher in allen Chromosomen eine abweichende Struktur besitzt. Eine Klarlegung dieser Strukturverhältnisse ist mit den mir zur Verfügung gestellten Mitteln — besonders da das Material im Treibhaus gebaut werden mußte — ganz unmöglich gewesen.

Zusammenfassung der Ergebnisse von *Pisum*-Kreuzungen

Diese umfassen alle von den Systematikern als Arten aufgefaßten: *Pisum abyssinicum* BRAUN, *arvense* L. mit oect. *sativum, elatius* STEV., *fulvum* SIBTH. und SM., *humile* BOISS. und NOË, *Jomardi* SCHRANK und *transcaucasicum* (GOV.) STANKOV. Erwähnt sei hier, daß *P. formosum* ALEF. nicht zu *Pisum* gehört, sondern eine eigene Gattung, *Alophotropis*, mit echten Stipeln bildet (s. L. 1956). *Pisum sativum* betrachte ich als den Inbegriff aller weißblütigen Kulturformen, die als solche der zuerst beschriebenen wild vorkommenden *Pisum*-Spezies *arvense* L. als oect. untergeordnet werden.

Die vorstehend mitgeteilten Untersuchungsergebnisse bezweckten die Beantwortung der folgenden zwei Fragen:

1. Sind die laut den Diagnosen für die in Frage stehenden Arten als spezifisch angegebenen Merkmale wirklich artentrennend, d. h. durch interspezifische Gene bedingt, oder handelt es sich nur um Rassenmerkmale? Im letzteren Fall sollten diese durch intraspezifische Gene bedingt sein, die durch Kreuzung von Rasse zu Rasse ohne Verlust der Fertilität überführt werden können.

2. Besteht die Möglichkeit, daß gewisse Chromosomenstrukturen dieser Arten einen vollkommenen Isolationsmechanismus bilden?

Zur Frage Nr. 1. Unter den studierten sieben Arten hat es keine mit Merkmalen gegeben, die durch interspezifische Gene bedingt waren. Das heißt jedes als artspezifisch aufgefaßte Merkmal irgendeiner dieser Arten konnte mittels Kreuzung in andere Spezies überführt werden. Durch Auslese konnten immer fertile Nachkommen mit diesem Merkmal erhalten werden.

Eine kurze diesbezügliche Charakteristik für die einzelnen Arten zeigt folgendes:

P. abyssinicum BRAUN. Wild und kultiviert in Abessinien. Verhältnismäßig schwacher Wuchs, ein Paar mehr weniger scharf gezähnte Blättchen. Maculum fehlend oder als kleiner Punkt vorhanden. Vom Normalkaryotyp stark abweichende Chromosomenstruktur mit zwei Relokationen: IV a/VI +I/VII; festgestellt in Kreuzungen mit *arvense*. Extreme ökologische Anpassung an zwei Sommer mit jährlich zwei Regenperioden, sehr frühreifend, viel früher als auf Grund des Blühbeginns zu erwarten wäre.

Ein extremer oect. von *arvense* s. l.

P. elatius STEV. Am südlichen Balkan, im Mediterraneum bis nach Anatolien in verschiedenen Varietäten endemisch. Als artspezifisch wird angegeben: hochwüchsig, lange zweiblütige Infloreszenzen. Es gibt auch besonders kleinsamige Rassen mit Hartschaligkeit (SCHEIBE 1934 und Verfassers eigene Aufsammlung). Hat normalen Karyotyp und gibt bei Kreuzung mit *arvense* von Normalstruktur fertile F_1. Kann morphologisch nicht von *arvense* getrennt werden, da auch in dieser *elatius* entsprechende Varietäten vorkommen.

Kann nur als var. von *arvense* s. str. aufgefaßt werden.

P. fulvum SIBTH. und ṢM. Endemisch in Asia minor, Syrien, Irak, Libanon, Jordanien, Israel, Zypern. Als artspezifisch werden folgende Merkmale angeführt. Blütenfarbe *salmochraceus* = ockergelb mit lachsfarbigem Einschlag. Zarter Wuchs, kleine Blüten. Meist nur ein Paar Blättchen, mitunter auch mit zwei. Hülsen und Samen klein. Auf Feldern auf Zypern robuster im Wuchs und mit fast normalgroßen Hülsen und Samen. Alle Merkmale, auch die Blütenfarbe konnten durch Kreuzung nach *arvense* s. str. überführt werden. Der Karyotyp von *P. fulvum* ist vom Normaltyp in allen sieben Chromosomen abweichend. Wächst auf steinigem, nahrungsarmem Boden.

P. fulvum ist ein charakteristischer oect. von *arvense* s. l.

P. humile BOISS. und NOË. Endemisch im Orient, Syrien, Libanon, Antilibanon und Israel. Als artspezifische Merkmale werden angeführt: Stengel dünn, stark verzweigt, die Zweige etwa halbprostrat. Infloreszenz ziemlich kurz, ein- bis zweiblütig. Blütenfarbe bleifarbig. Flügel schmutzig-purpur. — Diese Blütenfarbe beruht auf einem schon in den Knospen beginnenden Verwelken; sie hat dieselbe genotypische Konstitution wie *purpureus, A Am Ar B Ce Cr*. Der Karyotyp ist vom normalen stark abweichend, mit wenigstens vier daran beteiligten Chromosomen. Alle Merkmale konnten durch Kreuzung störungsfrei nach *arvense* überführt werden. Wächst meist in Felsenritzen.

P. humile ist ein charakteristischer oect. von *arvense* s. l.

P. Jomardi SCHRANK. Diese Spezies zeigt keine typischen Unterschiede von *arvense* s. str. und repräsentiert nur eine unbedeutende Varietät dieser.

P. transcaucasicum (GOV.) STANKOV. Endemisch in Grusien. Als artspezifisch wird die Form und Größe der Blättchen angeführt: schmal, spitz und klein. Derselbe Blättchentyp ist schon früher von Mutanten sowie aus Kreuzungen ausspaltend gut bekannt gewesen (s. o.). Kreuzungen haben gezeigt, daß jedes der Charakteristika der Blättchen, Spitzigkeit, L/Br-I und Größe, beliebig umkombiniert werden können. *P. transcaucasicum* hat normalen Karyotyp.

P. transcaucasicum ist eine var. von *P. arvense* s. str.

P. sativum L. ist der Inbegriff sämtlicher, nur als Cultivar bekannter, weißblütigen Varietäten. Einheitlich gekennzeichnet durch Rezessivität im Grundgen *A* für die Ausbildung von Anthocyan. Damit folgt stets abweichende Reaktion gegen Umweltverhältnisse, Empfindlichkeit gegen Parasitenbefall usw. In der Wildnis nicht existenzfähig.

P. sativum ist ein charakteristischer oect. von *P. arvense* s. l. Damit sind auch sämtliche weißblütigen Varietäten der übrigen oect. von *Pisum* diesem zuzurechnen.

P. arvense s. str. ist der Inbegriff sämtlicher im Grundgen für die Anthocyanbildung *A* dominanten, wildwachsenden und kultivierten Rassen von *P. arvense* s. l. mit Ausnahme der drei oect. *abyssinicum*, *fulvum* und *humile*.

Gestützt auf die vorstehende Übersicht und die früher mitgeteilten experimentellen Ergebnisse resultiert folgende systematische Gruppierung der monospezifischen Gattung *Pisum*:

> *Pisum arvense* L. s. l., alle früher als selbständige Arten umfassend.
>   oect. *abyssinicum*
>   oect *arvense* s. str. (Synonyme: *elatius* STEV, *Jomardi* SCHRANK,
>   *transcaucasicum* STANKOV)
>   oect. *fulvum*
>   oect. *humile*
>   oect. *sativum*

Verwandtschaftsverhältnisse auf Grund von genischen und zytologischen Verhältnissen: *P. arvense* s. str. und *sativum* bilden diesbezüglich eine gemeinsame Gruppe. In beiden kommen jedoch zytologisch abweichende Varietäten vor. *P. abyssinicum* und *humile* stehen von dieser Gruppe ziemlich weit abseits. Die geringste Verwandtschaft mit allen diesen zeigt *fulvum*. Es ist sehr wahrscheinlich, daß die drei letztgenannten Ökotypen ihre Anpassung an extreme Umweltverhältnisse nicht nur ihrer genotypischen Konstitution, sondern auch ihren stark abweichenden Karyotypen verdanken. Experimentelle Ergebnisse sprechen hierfür.

Zur Frage Nr. 2. Ist es möglich, daß durch gewisse Chromosomenstrukturen ein vollkommener, d. h. artentrennender Isolationsmechanismus entstehen kann? Die oben besprochenen, diesbezüglichen Kreuzungsergebnisse haben folgendes gezeigt. In der Gruppe *arvense* s. str. und oect. *sativum* allein konnten Strukturunterschiede nachgewiesen werden, die jedes der sieben *Pisum*-Chromosomen trafen. Die folgende Übersicht gibt an, mit welchen Chromosomen jedes einzelne an einer Strukturveränderung beteiligt gefunden worden ist. Steht hinter einer Chromosomennummer ein a (z. B. I a, IV a), so sind von diesem Chromosom zwei Typen bekannt geworden, die ihre Entstehung internen Umlagerungen (Inversionen, Duplikationen usw.) zu verdanken haben.

Chromosom Nr. I mit IV, V, VII.
Chromosom Nr. I a mit IV, VI, VII.
Chromosom Nr. II mit III, V.
Chromosom Nr. III mit II, V.
Chromosom Nr. IV mit I, I a, V, VI.
Chromosom Nr. IV a mit VI.
Chromosom Nr. V mit I, II, III, IV, VII.
Chromosom Nr. VI mit I a, IV, IV a.
Chromosom Nr. VII mit I, I a, V.

Mit Hinblick auf die vorstehende Übersicht über die Beteiligung der *Pisum*-Chromosomen an Strukturveränderungen sei betont, daß alle diese sowohl im Rassenkomplex *arvense* s. str.-oect. *sativum*, wie auch in wildwachsenden Ökotypen (s. o.) anzutreffen sind. Nun sind in Kreuzungen mit dem in verwandtschaftlicher Beziehung am entferntesten stehenden oect. *fulvum* wiederholt F_1-Individuen mit vollkommener Sterilität erhalten worden. In diesen Kreuzungen traf der Unterschied im Karyotyp der Elternlinien sämtliche sieben Chromosomen. In welcher Weise, ist einstweilen noch nicht klargelegt.

Nun ist es leicht, von den oben besprochenen Fällen von Chromutationen im Komplex *arvense* s. str.-oect. *sativum* drei anzugeben, die in Kreuzungen gleichfalls zur Ausspaltung von Linien führen würden, die in allen sieben Chromosomen Strukturveränderungen zeigen. Es seien z. B. erwähnt die Nrn. 3 mit I/VII, 13 mit II/III/V und 14 mit I a/IV/VI. Nr. 3 könnte auch durch Nr. 11 mit I/IV/VII ersetzt werden. Aus der ersten Kombinationskreuzung Nr. 13 × 14 können Linien ausgelesen werden, bei denen schon sechs Chromosomen vom Normalkaryotyp abweichende Struktur aufweisen. Und aus einer Kreuzung zwischen einer solchen Linie mit z. B. Nr. 3 mit I/VII oder mit Nr. 11 mit I/IV/VII könnten dann Linien mit in allen sieben Chromosomen abweichender Struktur ausgelesen werden. Hinzu könnte man noch eine Inversion der Nr. 15 fügen. Es dürfte kaum zu bezweifeln sein, daß Kreuzungen zwischen einem solchen Karyotyp und einem mit in allen sieben Chromosomen abweichender Struktur ganz sterile F_1-Individuen geben könnten.

Zwei solche stark verschiedene Strukturtypen sind dann durch einen Isolationsmechanismus mit vollkommener Sterilitätsbarriere getrennt. Sie würden sicher als verschiedene Spezies aufgefaßt werden.

Wie ist nun die Frage Nr. 2 zu beantworten? Liegen bei solchen durch eine vollkommene Sterilitätsbarriere charakterisierte Rassen wirklich verschiedene Spezies vor? Diese Frage will ich unbedingt mit Nein beantworten.

Um diese Verneinung zu begründen, braucht man nur an die Ergebnisse verschiedener Kreuzungen mit oect. *fulvum* zu denken. Sobald als zweiter Elter eine Linie gewählt wird, die in gewissen Chromosomen mit *fulvum* strukturell übereinstimmt, ist die Barriere gesprengt. Es resultiert unmittelbar ein Grad von geringerer Sterilität, z. B. 25%, und damit ist der Isolationsmechanismus eliminiert. Und ganz Gleiches muß natürlich für alle Fälle Gültigkeit besitzen, wo auf dem Kreuzungswege hergestellte Strukturtypen vollkommen sterile F_1-Individuen geben. Es besteht hierbei eine vollkommene Analogie mit den *fulvum*-Kreuzungen.

Insgesamt kann aus diesen Untersuchungen geschlossen werden, daß abweichende Strukturverhältnisse in den Chromosomen allein niemals für unüberbrückbare Artbarrieren verantwortlich gemacht werden können. Hierzu ist, wie ich schon in früheren Arbeiten mehrmals hervorgehoben habe, nur der genische Inhalt der Chromosomen, das Vorhandensein von artentrennenden Allelen interspezifischer Gene befähigt. Und die Erneuerung dieser ist unter dem Einfluß der zugehörigen Progene nur im arteigenen Plasma möglich. Bei Homozygotie in artfremden Allelen besteht immer vollkommene Sterilität.

Mutationen in interspezifischen Genen, sogenannte Exmutanten

Die Ergebnisse der vorstehend besprochenen Artkreuzungen *Chrysanthemum carinatum* × *coronarium* und reziprok sowie *Phaseolus vulgaris* × *coccineus* und reziprok haben übereinstimmend gezeigt, daß die Spaltung in interspezifischen Genen stets folgendem Schema folgt:

<blockquote>
Mit AA als Mutter: 1 AA : 2 Aa : 0 aa
Mit aa   als Mutter: 1 aa   : 2 Aa : 0 AA
</blockquote>

Dies besagt also, daß das artfremde Genallel eines interspezifischen Gens, das in die Kreuzung mit dem Vater eingeführt worden ist, nicht im homozygoten Zustand vereint mit Fertilität ausspaltend erhalten werden kann. Zuweilen sind aber, je nach der Beschaffenheit der Eltern-linien, doch einzelne Individuen mit den artfremden, paternellen Merk-malen gefunden worden, aber solchenfalls waren diese alle entweder ganz oder doch hochgradig steril (s. o.).

Es konnte gezeigt werden, daß solche Individuen nur dann erhalten werden, wenn mit dem männlichen Kern etwas Plasma in die Zygote mitgekommen ist. Und dieses Plasma genügte, um eine gewisse, wenn auch geringe Reproduktion der für die Synthese der artfremden Allele erforderlichen Progene zu ermöglichen.

Nachkommen von auf solchen hochgradig sterilen Pflanzen erhaltenen Samen waren entweder wieder hochgradig steril, oder auch sie entwickel-ten Pflanzen mit den maternellen Merkmalen und normaler Fertilität. In den letztgenannten Fällen hat eine Rückmutation des artfremden, paternellen Genallels zum arteigenen, maternellen stattgefunden. Diese Erscheinung wurde in der *Phaseolus*-Artkreuzung mit *vulgaris* als Mutter, wenn auch nicht immer in hohem Grade, so doch regelmäßig angetroffen.

Was hat man nun bei der Mutation eines interspezifischen Gens zum artfremden Allel in im übrigen homozygoten Pflanzen zu erwarten. Da in fertilen Individuen stets nur das arteigene Genallel in homozygoter Form vorkommen kann, muß eine Mutation in diesem zwangsläufig zum rezessiven artfremden Genallel führen. Es wird demnach eine in diesem Gen heterozygote Pflanze entstehen. Und die Nachkommen solcher Pflan-zen sollten bei Selbstung ein Viertel im artfremden Allel homozygote Individuen ausspalten.

In mehreren solchen Mutationen ist dies, zum scheinbaren Unter-schied von den besprochenen Artkreuzungen, wenigstens z. T. auch der Fall gewesen. Aber es gab auch solche Fälle von Mutationen, wo diese Ausspaltung sehr stark, z. B. auf ein Zehntel oder noch mehr, reduziert war. Und überdies gab es einen Fall, in dem überhaupt keine Ausspaltung der betreffenden Mutante stattgefunden hatte. Mehrere solche Fälle wurden, wie unten gezeigt werden soll, auch in Kreuzungen studiert und haben dabei die eben erwähnten wechselnden Resultate gegeben. Damit wurde also ganz dasselbe Verhalten von Trägern artfremder Allele inter-spezifischer Gene an Mutanten beobachtet, wie es früher in den beiden Artkreuzungen mit *Chrysanthemum* und *Phaseolus* hat nachgewiesen werden können.

Hieraus kann geschlossen werden, daß die Exmutanten, wie die in einem artfremden Allel homozygoten Pflanzen bezeichnet werden, in bezug auf Ausspaltung ein sehr verschiedenes Verhalten zeigen, teils je nachdem um welches artfremde Allel es sich handelt, teils auch in wel-chem Genenhintergrund (inneres Milieu) sie mutiert haben.

Die Exmutanten sind immer vollkommen steril, abgesehen davon, wenn während der Entwicklung der Pflanzen im somatischen Gewebe

Rückmutationen zum arteigenen Genallel stattgefunden haben. Hier besteht insofern ein gewisser Unterschied zwischen diesen Exmutanten und den in einer Artkreuzung ausgespaltenen. Im letzteren Fall können, wie oben erwähnt, hochsterile Pflanzen, die doch etwas Samen geben, ausspalten, was darauf zurückzuführen ist, daß mit dem männlichen Kern etwas Plasma in die Zygote mitgekommen ist. Beim Mutieren in einem Progen eines interspezifischen Gens ist dies natürlich ausgeschlossen.

Das Rückmutieren zum arteigenen Allel im somatischen Gewebe von Exmutanten ist eine für diese sehr charakteristische Eigenschaft. Der Beweis, daß es sich wirklich um Rückmutationen im betreffenden interspezifischen Gen handelt, ist leicht zu erbringen. Wo sich am Gipfel von Exmutanten die vegetativen und floralen Teile, oder auch nur die letzteren normalisiert hatten, konnten häufig Samen erhalten werden. Und bei Aussaat dieser zeigte sich, daß ein Teil des rückmutierten Gewebes im interspezifischen Gen heterozygot war, in anderen Fällen war es bereits bis zur Homozygotie gekommen. Im ersteren Fall fand dann wieder Spaltung nach normal: Exmutante statt, im letzteren waren dagegen alle Pflanzen normal homozygot.

Für das Verständnis der Exotropie (s. o.) und damit der Morphologie der Exmutanten ist es von großer Bedeutung, sich der seit langem gut bekannten Erscheinung bewußt zu sein, daß die floralen Teile durch Umbildung aus vegetativen entstehen. Zahlreiche dies bestätigende Fälle sind beschrieben, in denen florale Teile, Blütenelemente in Blätter bzw. Blättchen verschiedener Gestalt umgewandelt sind. Einige Fälle seien kurz erwähnt.

An der Stelle jedes Fruchtblattes kann ein Laubblatt sitzen. Diese vollkommen verlaubten (auch vergrünt genannten) „Fruchtblätter" tragen dann meistens keine Samenanlagen mehr und sind jedenfalls funktionell untauglich. Oder, die Staubblätter können durchweg in kleine Laubblätter umgewandelt sein. Die Kelchblätter können die Gestalt von Laubblättern annehmen. Die Pistille können durch Blättchen ersetzt sein, ja sogar die Samenanlagen allein können dieselbe Umwandlung erfahren. (Man vgl. z. B. VELENOVSKY 1910 p. 978). Die Verlaubung kann Teile, Kreise der Blüte, aber auch sämtliche Kreise derselben treffen.

Sehr gut veranschaulicht wird die Umbildung von Laubblättern in zur Fortpflanzung geeigneten Organen bei den Pteridophyten, wo die Metamorphosierung von Laubblättern in Sporophylle augenscheinlich ist.

In den meisten, wenn nicht in allen Fällen von (abgesehen von durch Parasitierung bedingten) Verlaubung ist diese genbedingt. Für die Entwicklung der Pflanze gilt ganz allgemein, daß es eine recht große Anzahl von Genen gibt, die für die Ausbildung der vegetativen Teile verantwortlich sind, sowie eine Gruppe von Genen, die die Umwandlung vegetativer in funktionstaugliche florale Teile besorgen. Schon in meiner Arbeit von 1944 konnten diese Verhältnisse an Hand einer Anzahl von Exmutanten klargelegt werden. Die Grundlage für das Verhalten von Exmutanten bildet der Nachweis, daß es Gene gibt, deren Allele stets auf verschiedene Arten verteilt sind. Diese wurden l. c. als artentrennend bezeichnet. In einer nächsten Arbeit (L. 1945 a) wurden diese Gene dann als **interspezifisch**, d. h. mit zwischen Arten verteilten Allelen, bezeichnet, die Gene mit binnen der Art vorkommenden verschiedenen Allelen als **intraspezifisch**.

L. c. p. 90 bis 92 wurde auch besonders hervorgehoben, wie die Wirkung der Gene im Verlauf der Ontogenese sich nach und nach geltend macht. Erst wenn im vegetativen Teil eine bestimmte Entwicklungsstufe und ein gewisser physiologischer Zustand erreicht ist, macht sich die Wirkung eines oder einiger weiterer Gene geltend. So z. B. in dem Zeitpunkt, wo die Infloreszenzen angelegt werden und ferner, wo in den Blüten die Fortpflanzungsorgane ausgebildet werden. Gleiches gilt sicherlich auch für den Eintritt der Reduktionsteilung.

Jeder Art kommt nun ein bestimmter, begrenzter Formenkreis zu, dessen Biotypen durch die gewöhnlich enorm große Anzahl verschiedener Kombinationen der Allele von intraspezifischen Genen bestimmt werden.

Für die interspezifischen Gene, die je Art nur in einer Form vorhanden sind, besteht keinerlei Kombinationsmöglichkeit. Mutiert nun ein solches Gen mit Wirkung auf den vegetativen Teil zum artfremden Allel, so sind die auf das arteigene Genallel eingestellten interspezifischen Gene nicht mehr imstande, die für die Gestaltung funktionstauglicher Teile erforderliche Umbildung zu besorgen. Es kommt nicht nur zu artfremden Veränderungen im vegetativen, sondern auch im floralen Teil der Pflanze, Veränderungen, die häufig den Charakter von Mißbildungen zeigen, aber auf alle Fälle vollkommene Sterilität verursachen. Wenn Allele von interspezifischen Genen für die Gestaltung floraler Teile zu artfremden Allelen mutieren, kommt es nur in diesen Teilen der Pflanze zu funktionsuntauglichen Umbildungen, während der vegetative Teil hiervon unberührt bleibt, trotzdem diese artfremden Allele doch schon in allen Teilen der Pflanze vorhanden waren. Dies bildet wiederum einen Beweis dafür, daß die Gene ihre Wirkung immer erst in gewissen Zeitpunkten der Ontogenese, d. h. nach Erreichung eines bestimmten Entwicklungsstadiums bekunden. Man kann sagen, daß sie in diesem Zeitpunkt aktiviert werden.

Es besteht also ein System von in ihrer Wirkung aufeinander abgestimmten Allelen von interspezifischen Genen. Diese in ihrer Wirkung voneinander abhängigen beiden Gruppen von Genen wurden von mir l. c. als das **vegetativ-florale Genensystem** bezeichnet. Die Wirkung sowohl der inter- wie der intraspezifischen Gene verläuft in der Form einer Kettenreaktion, d. h. ihre Manifestation ist immer lokal und zeitlich determiniert.

Diese Erscheinung, daß die einzelnen Gene in verschiedenen Stadien der Entwicklung aktiviert werden, konnte auch zytologisch schön bestätigt werden. Laut den Untersuchungen von BEERMAN (1952) an Dipterenlarven gibt sich dies dadurch zu erkennen, daß gewisse den Genen entsprechende Abschnitte (Ringe = Loci) der Chromosomen im Zeitpunkt ihrer Aktivität stark anschwellen und sogar Ausstülpungen, sogenannte Balbiani-Ringe bilden. Nach einer Zeit von einigen Tagen werden diese Anschwellungen wieder rückgebildet. Dies besagt also, daß bestimmte Gene eine zeitlich begrenzte starke Aktivität entwickeln.

Es folgt nun die Beschreibung einer Anzahl von Exmutanten, die die Wirkung der artfremden Genallele von interspezifischen Genen veranschaulichen werden.

Exmutanten mit Veränderungen im vegetativen und floralen Teil der Pflanze

Die *atrifoliata*-Exmutante von *Phaseolus vulgaris*

Diese Exmutante wurde zweimal aus je einer Linie ausspaltend angetroffen. Einmal in einer Linie der alten Brechbohnensorte Hundert für Eine, das zweitemal in der schwedischen Brechbohnensorte Olsok. Bei meiner ersten Beschreibung dieser Mutante wurde sie mit Hinblick auf die einfachen Blätter als *unifoliata* bezeichnet, was dann zu *atrifoliata* geändert wurde, da auch ein normal fertiler Typ angetroffen worden ist, der normale Blattform hatte, aber bei dem vom dreiteiligen Blatt die ersten zwei Blättchen häufig fehlten. Für diesen wurde dann die Bezeichnung *unifoliata* beibehalten (s. L. 1935 a).

Die *atrifoliata*-Exmutante ist durch mehrere abweichende Merkmale ausgezeichnet. Das Auffallendste ist das einfache nierenförmige Blatt. Ab und zu kann auch ein dreiteiliges vorkommen, aber dann sind auch diese durchweg nierenförmig (s. Abb. 52). Die Infloreszenzen sind von den normalen stark abweichend. Anstatt aus einfachen Trauben bestehen sie aus homotaktisch zusammengesetzten. Von den Nodien der Blütenstände entspringen also wiederum seitliche Trauben. Dieses Merkmal, Verzweigung der Infloreszenzen, ist von mir wiederholt auf seine Vererbung hin untersucht worden (z. B. L. 1935 b), wobei sich herausgestellt hat, daß das Eigenschaftspaar unverzweigte — verzweigte Infloreszenz durch ein Genpaar *Ram — ram* bedingt wird. Bei wiederholter Verzweigung ist noch ein zweites Genpaar *Iter — iter* wirksam.

Die von mir untersuchten *atrifoliata*-Exmutanten zeigten ferner einen schwach fasziierten Stengel. Das *fasciata*-Merkmal ist indessen bei *Phaseolus vulgaris* in seiner Ausbildung sehr schwankend, so daß konstante *fasciata*-Linien nicht erhalten werden können.

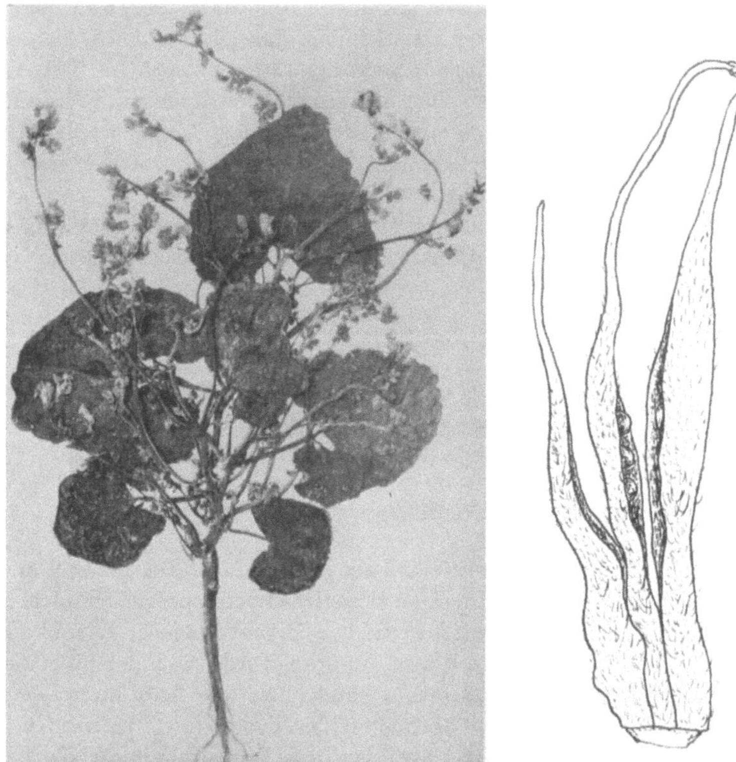

Abb. 52. Die Exmutante *atrifoliata* von *Phaseolus vulgaris*. Links Pflanze, die einfachen nierenförmigen Blätter zeigend, rechts das dreiteilige Gynoeceum

Eine weitere vom Normaltyp abweichende Eigenschaft ist, daß die Infloreszenzen schon vom ersten Verzweigungspunkt des Stengels an volle Entwicklung erreichen, während dies sonst erst vom zweiten bis dritten Verzweigungspunkt an der Fall ist.

Schließlich zeigt sich, daß sich in keiner der Blüten eine Hülse entwickelt. Es besteht vollkommene Sterilität. Die Hoch- und Kelchblätter haben etwa das Aussehen wie in normalen Blüten. Die Fahne ist etwas kürzer als gewöhnlich. Die Flügel sind dagegen sehr deutlich verkürzt und mit der Spiralröhre nicht seitlich, sondern erst an der Basis verwachsen. Ab und zu findet man in Blüten den oberen Teil eines oder beider Flügel etwas in die Spiralröhre eingezogen. Dies ist nur dadurch möglich, daß das Spiralrohr an seinem oberen Ende unvollständig ausgebildet ist. Es ist mehr oder weniger offen. Infolgedessen hat man in Knospen gleich nach dem Öffnen der Fahne schon freien Einblick zu den Staubgefäßen.

Das Androeceum zeigt nur eine unbedeutende Abweichung von der normalen Beschaffenheit. Die Staubfäden zeigen nicht die übliche Spiralkrümmung, was aber wohl mit der abnormalen Ausbildung des Spiralrohres zusammenhängen dürfte. Sie sind mehr weniger gerade. Die Staubbeutel erscheinen gut von Pollen erfüllt und dieser zeigt auch unter dem Mikroskop normales Aussehen.

Das Gynoeceum ist dagegen hochgradig mißbildet. Es besteht merkwürdigerweise aus drei Fruchtblättern. Abb. 52 rechts zeigt ein solches Gynoeceum. Wie aus dieser ersichtlich, zeigen die drei Fruchtblätter, die am Grund etwas miteinander verwachsen sind, nicht die sonst übliche Gestalt und Spiralkrümmung. Sie sind mehr oder weniger gerade, stets offen, und enthalten eine variierende Anzahl von Samenanlagen. Ihre Narbe ist immer mehr weniger reduziert oder fehlt mitunter ganz. Die Außenseite der Fruchtblätter ist stärker behaart als bei normalen Pflanzen.

Die Samenanlagen entwickeln sich niemals zu Samen, auch dann nicht, wenn Pollinierung mit normalem Pollen ausgeführt worden ist. Die Pollenschläuche erreichen überhaupt nicht die Mikropyle. Mitunter kommt es vor, daß die Fruchtblätter einzelner Blüten etwas weiterwachsen, so daß sie bei reifen Pflanzen eine Länge von bis zu ungefähr 2 cm erreichen können. Aber niemals hat in diesen auch nur eine Spur zur Entwicklung von Samen beobachtet werden können. Die Abb. 53 zeigt einige Zweige von Blütenständen, auf denen man auf drei die erwähnte Weiterentwicklung der Fruchtblätter beobachten kann.

Diese *atrifoliata*-Exmutante von *Phaseolus* wird durch Rezessivität im interspezifischen Gen *i-atri* bedingt. Die oben besprochenen Merkmale dieser Exmutante beleuchten in ausgezeichneter Weise die Wirkung eines artfremden Genallels. Die Leguminosen haben nur ein Fruchtblatt. Die allermeisten Leguminosen haben aber geteilte Blätter, dreiteilige, paarig oder unpaarig gefiederte. Für die Umbildung eines solchen geteilten Blattes zu einem einfachen Fruchtblatt ist eine Anzahl bestimmter Gene verantwortlich und diese haben artspezifischen Charakter. Wenn nun das artspezifische Allel eines solchen Gens für das geteilte Leguminosenblatt zum artfremden Allel für Ganzblättrigkeit mutiert, wie dies bei der *atrifoliata*-Mutante der Fall ist, dann sind die Gene für die Umbildung des geteilten Laubblattes zu einem einfachen Fruchtblatt nicht mehr imstande dies zu bewirken. Es resultiert, wie oben gezeigt wurde, ein aus drei am Grunde mehr weniger verwachsenen Fruchtblättern bestehendes Gynoeceum. Die drei Fruchtblätter sind offen. Dies entspricht offenbar dem dreiteiligen Laubblatt von *Phaseolus vulgaris*.

Würde nun nicht das Gen *i-atri*, sondern das für die Umbildung zum einfachen Fruchtblatt verantwortliche Gen zum artfremden Allel mutiert haben, so wäre die Kombination normal dreiteilige Laubblätter und dreiteiliges Fruchtblatt zu erwarten gewesen. Vielleicht wird es einmal möglich sein, durch Bestrahlung oder vielleicht besser durch gewisse spezifische Chemikalien eine solche Mutation auszulösen.

Abb. 53. Reifende „Blütenstände" der Exmutante *atrifoliata* von *Phaseolus* mit teilweiser Entwicklung von Hülsen ohne Samen

In bezug auf die Sterilität aller durch Mutieren von interspezifischen Genen entstandenen Formen sei hervorgehoben, daß man ab und zu funktionstaugliche Pollenkörner bzw. befruchtungsfähige Samenanlagen antreffen kann. Aber in allen bisher untersuchten Fällen hat sich dann herausgestellt, daß im somatischen Gewebe während der Entwicklung der Pflanze eine Rückmutation zum arteigenen Genallel stattgefunden hat, wodurch gegen den Gipfel der Pflanze wieder die arteigene genotypische Konstitution und damit Fertilität erreicht werden konnte.

Genter et Browns *unifoliata*-Exmutante von *Phaseolus vulgaris*

Diese von Genter und Brown (1941) beschriebene Exmutante wurde nach Röntgenbestrahlung erhalten. Die Blätter waren einfach, zum Teil zwei- bis dreiteilig, aber stets nierenförmig. Sie scheinen daher morphologisch ganz mit der von mir oben beschriebenen *atrifoliata*

Exmutante übereinzustimmen. Es herrschte vollkommene Sterilität. Angaben über Bau der Infloreszenzen bzw. Blüten wurden indessen nicht gemacht.

Die *unifoliata*-Exmutante von *Phaseolus coccineus (multiflorus)*

Eine solche wurde von RIESER (1924) in einem einzigen Exemplar aufgefunden. Heterozygote lagen nicht vor und damit auch keine Spaltung. Diese Exmutante zeigte ähnliche Erscheinungen wie die bei der *atrifoliata*-Exmutante von *Ph. vulgaris* beobachteten. Die Blätter einfach, nicht geteilt, bisweilen aber zweiteilig, also wie bei der *atrifoliata*-Exmutante, aber sie hatten nicht Nierenform, sondern glichen i. ü. ziemlich den normalen Blättern. Die Blütenelemente, sowohl Gynoeceum wie Androceum, waren durchweg in kleine, 3 bis 5 mm lange, grüne Blättchen umgewandelt. In diesem Fall war demnach Phyllodie, Verlaubung der Blütenelemente die Folge der Mutation zum artfremden Allel. Das hierfür verantwortliche Gen sei mit *i-uni* bezeichnet.

Die *unifoliata*-Exmutante von *Phaseolus angularis*

Über eine solche Exmutante wird von BLAKESLEE (1919) berichtet. Die dreiteiligen Blätter sind in einfache umgewandelt und haben deutlich größere Breite als Länge. Sie sind am ehesten als nierenförmig zu bezeichnen und ähneln damit stark den Blättern der oben beschriebenen *atrifoliata*-Exmutante von *Ph. vulgaris*. Die Infloreszenzen bestanden aus einer Anhäufung von kleinen Knospen, die sich nicht weiter entwickelten, sondern bald abfielen. Es herrschte vollkommene Sterilität. Nur eine *i-uni*-Pflanze wurde beobachtet.

Von den oben besprochenen vier Exmutanten von *Phaseolus* gehören zwei *vulgaris* an. Meine *atrifoliata*- und GENTER und BROWNS *unifoliata*-Exmutante verhielten sich in anscheinend ganz gleicher Weise. Die Blätter bekamen nierenförmige Gestalt, sie waren meist einfach, nur ab und zu zwei- bis dreiteilig. Es herrschte vollkommene Sterilität.

Auch die beiden Exmutanten von *Ph. coccineus* und *angularis* zeigten dieselbe oder eine ganz ähnliche Umbildung der Blätter. Es kann daher als wahrscheinlich betrachtet werden, daß in allen vier Fällen dasselbe artfremde Allel eines interspezifischen Gens wirksam gewesen ist. Die Umbildung zu Blütenelementen hat dagegen in den beiden letztgenannten Fällen zu einer anderen Morphologie geführt. Bei *coccineus* kam es zu einer Verlaubung, indem alle Blütenelemente in kleine, 3 bis 5 mm lange Blättchen umgewandelt worden sind. Und bei *angularis* bestand die Infloreszenz aus einer Anhäufung von kleinen Knospen. Dieses ver-

schiedene Ergebnis erscheint aber keineswegs unerwartet, da es sich ja
um verschiedene Spezies gehandelt hat, und solche sind, wie die Artkreuzungen gezeigt haben, immer auch durch verschiedene interspezifische Gene ausgezeichnet.

Genanalytisch untersucht ist von den oben erwähnten vier Exmutanten nur die *atrifoliata*-Mutante von *Ph. vulgaris*, die ich als monogen
rezessiv ausspaltend habe feststellen können. Doch dürfte es gar keinem
Zweifel unterliegen, daß sich auch die übrigen drei gleich verhalten.
Besonders verdient hier noch die Wirkung eines artfremden Allels auf die
Manifestation einer ganzen Anzahl von intraspezifischen Genen hervorgehoben zu werden. Im vegetativen Teil der Pflanze wurde der Blattypus
und die Stengelverzweigung abgeändert, im floralen Teil der Infloreszenzbau und der aller Blütenelemente. Für die letzteren glaube ich die Wirkung von wenigstens sechs verschiedenen Genen verantwortlich machen
zu können; Form der Fahne, der Flügel, des Fruchtblattes, des Griffels,
der Narbe, der Fertilität. Wahrscheinlich sind hier weit mehr Gene
beteiligt.

Die *obovatus*-Exmutante von *Pisum*

Diese Exmutante spaltete in F_5 meiner Kreuzung Nr. 22 aus. Kr. 22
ist ausgeführt zwischen Linie 118 aus der extrem frühen Kneifelerbse
Extra Rapid und Linie 199 aus der niedrigen, späten, purpurblütigen
Zuckererbse Badenia. Ausgeführt wurde diese Kreuzung zum Studium
von in *Pisum* auftretender partieller Sterilität (s. L. 1939). Die Pflanzen
der F_4 waren schon alle fertil und zeigten keine Abweichungen von Merkmalen, die auf Grund der die Elternlinien kennzeichnenden zu erwarten
gewesen wären. Nachkommen einer der F_4-Familien spalteten in F_5 die
obovatus-Exmutante in drei Familien wie folgt aus:

43 normal : 9 *obovatus*.

Dieses Spaltungsverhältnis stimmt mit dem monogenen von 40,5 : 13,6
sehr gut überein; D/m = 1,4 (s. L. 1945 a).

Die *obovatus*-Exmutante kann folgendermaßen charakterisiert werden.
Die Pflanzen sind stets etwas kleiner, variierend von etwa 20 bis 40%,
als man auf Grund der Elternlinien hätte erwarten können. Zwei weitere
Eigenschaften, Blattform und Panachierung, sind vom Normaltyp auffallend abweichend. Die Blättchen sind statt eiförmig, umgekehrt eiförmig, *obovatus*, auch die Form der Stipel ist in gleicher Richtung beeinflußt. Das hierfür verantwortliche interspezifische Gen wurde mit dem
Symbol *i-obo* belegt. Den Habitus dieser Exmutante zeigt Abb. 54.

Blättchen und Nebenblättchen sind immer stark panachiert. Dabei
ist die Panachierung stärker als die dem dominanten Gen *Fl* entsprechen-

de. Da die beiden Elternlinien von Kr. 22 unpanachierte Blättchen hatten, Gen *fl*, ist die Panachierung der Wirkung des artfremden Allels *i-obo* zuzuschreiben. Dies hat auch in einer Reihe von Kreuzungen mit Spaltung in *i-Obo* bestätigt werden können.

Die Infloreszenzen sind verkürzt. Von der normalen Morphologie der Blütenelemente bestehen deutliche Abweichungen (s. Abb. 55). Fahne und Flügel sind stark verschmälert, kaum die Hälfte so breit als bei normalen Blüten. An den Flügeln ist auch nichts von der sonst starken Einkerbung im unteren Teil und vom sogenannten Nagel zu bemerken. Auch am Schiffchen fehlen sonst stets vorhandene Einkerbungen. Das Gynoeceum ist wenig abweichend, aber deutlich offen, die Narbe ist schlecht ausgebildet. Die Staubbeutel sind rudimentär. Es besteht vollkommene Sterilität, was an über tausend Individuen hat festgestellt werden können.

Nicht selten, d. h. in einigen Prozenten, wurde aber am Gipfel von *i-obo* Pflanzen eine Normalisierung beobachtet, wobei normale Blättchen und Blüten zur Ausbildung kamen. Diese Normalisierung ist auf eine im

Abb. 54. Die *obovatus*-Exmutante von *Pisum;* Blättchen umgekehrt eiförmig

Abb. 55. Die abnormen Blütenelemente der Exmutante *obovatus* von *Pisum*

somatischen Gewebe stattfindende Rückmutation zum arteigenen Genallel zurückzuführen. Zuerst wird dies an der Blütenmorphologie beobachtet. In einzelnen Fällen wurden am Gipfel der Pflanzen sogar Hülsen mit keimfähigen Samen erhalten. Die Nachkommen von solchen Samen spalteten entweder wieder im Gen *i-Obo* oder auch sie waren konstant, d. h. bereits homozygot. Die *i-obo*-Exmutante wurde auch nach Röntgenbestrahlung erhalten.

Mit Hinblick auf die vollkommene Sterilität der *i-obo*-Exmutante sei
erwähnt, daß das für diese kennzeichnende Merkmal größte Breite der
Blättchen oberhalb statt unterhalb der Mitte an Arten verschiedener
Gattungen an Blättern wechselnd auftritt, ohne daß hierbei irgend eine
Störung der Fertilität zustande kommt. So gibt es von *Salix* Arten mit
eiförmigen und verkehrt eiförmigen Blättern, ja sogar bei derselben Art,
wie bei *S. nigricans* SM., können beide Formen vorkommen. Ja, auch von
Pisum gibt es eine Mutante in einem intraspezifischen Gen *cri* mit spatel-
förmigen Blättchen und damit oberhalb der Mitte größter Breite ohne
daß hierdurch Sterilität bedingt würde.

Insgesamt sprechen die Beobachtungen eindeutig dafür, daß die Wirkung der artfremden Allele von interspezifischen Genen nichts mit Pleiotropie im üblichen Sinne zu tun hat, sondern durch ihre Veränderung der
Manifestation einer ganzen Anzahl von intraspezifischen Genen und der
stets damit einhergehenden vollkommenen Sterilität von dieser wesens-
verschieden ist. Sie entspricht der oben im Abschnitt Terminologie
charakterisierten Exotropie. Weitere Beispiele mit noch viel allseitigerer
Wirkung von interspezifischen Genen folgen unten.

Mit Hinblick auf die Abhängigkeit der Wirkung interspezifischer Gene
von einem arteigenen Plasma (s. o. bei der experimentellen Umwandlung
von *Phaseolus vulgaris* in *coccineus*) kann also gesagt werden, daß falls
man das *arvense*-Plasma in der *obovatus*-Exmutante durch das Plasma
der ausgestorbenen Spezies *Pisum obovatus* ersetzen könnte, so würden
die Nachkommen einer solchen Pflanze nach:

3 *P. obovatus* fertil : 1 *P. arvense* steril mit mehr weniger mißbildeten
floralen Teilen spalten.

Die *lathyroides*-Exmutante von *Pisum*

Diese Exmutante wurde sowohl spontan wie nach Röntgenbestrahlung
angetroffen. Die spontane wurde von NILSSON-LEISSNER (1924) in Wintererbsen gefunden. Diese ist kurz darauf verloren gegangen, da die Nachkommen von erwartet heterozygoten Individuen sie nicht ausgespalten
haben. NILSSON-LEISSNERS Beschreibung stimmt mit der von mir nach
Röntgenbestrahlung erhaltenen und auf Freiland kultivierten gut überein. Es kann kein Zweifel bestehen, daß es sich um dasselbe interspezifische Gen gehandelt hat[1]. Vorhandene Unterschiede waren teils auf das
Gen *Le* für Internodienlänge, teils auf Umweltverhältnisse zurückzuführen.

---

[1] In bezug auf die von NILSSON-LEISSNER benutzte irrtümliche Bezeichnung
„aphacoides", die auf einen Druckfehler in den Tafeln von THOMÉS Flora von
Deutschland usw. zurückzuführen ist, vgl. man LAMPRECHT 1962 a p. 184.

Die von mir studierte *lathyroides*-Exmutante spaltete nach Röntgenbestrahlung der niedrigen Markerbse Witham Wonder monogen rezessiv aus. In zwei Generationen der Linie 1461 wurde gefunden 35 normal : 14 *i-lath*. Dann fand keine Ausspaltung dieser Exmutante mehr statt, d. h. die Linie 1461, die im Gen *i-lath* heterozygot sein sollte, war homozygot normal geworden. Die Ursache war somatische Rückmutation. Ich habe die *lathyroides* ausspaltende Linie aber unmittelbar mit vier verschiedenen normalen *Pisum*-Linien gekreuzt, wodurch später ein großes Material in Kreuzungen studiert werden konnte.

Die Morphologie der lathyroides-Exmutante. Bei Kultur auf Freiland resultierten folgende Merkmale. Der Habitus dieser Exmutante glich ganz dem einer *Lathyrus*-Art, wie dies die Abb. 56 zeigt. Eine bestimmte europäische *Lathyrus*-Spezies anzugeben, mit der sie even-

Abb. 56. Der Habitus der Exmutante *lathyroides* von *Pisum*

tuell identifiziert werden könnte, war indessen nicht möglich. Die Blätter, sowohl Nebenblätter, Blättchen wie Ranken stimmen sehr gut mit *Lathyrus* überein. Die Stengel und Blattstiele sind von schlauchartiger, weicher Konsistenz. Eine Untersuchung der Querschnitte zeigte, daß die Sklerenchymelemente unter der Epidermis sowie um die Leitbündel bedeutend schwächer ausgebildet waren als beim Normaltyp.

Ein auffallender Unterschied besteht auch in bezug auf die Blütenteile. Abb. 57 zeigt die Blütenteile Vexillum, Ala, Navicula und das ausgebreitete Staubfadenrohr. Abb. 58 zeigt das Gynoeceum des Normaltyps und der *i-lath*-Exmutante. Das Vexillum ist schmal, spießförmig und bespitzt, die Alae sind oben tief eingeschnitten, die Navicula hat das Mündungsrohr stark ausgezogen. Das Androeceum ist einigermaßen normal.

Das Gynoeceum ist offen und die Behaarung des Griffels unter der Narbe reicht, für die Gattung *Lathyrus* kennzeichnend, 2/3 bis 3/5 seiner Länge herab. Die *i-lath*-Exmutante stimmt demnach sowohl im Habitus wie

Abb. 57. Die Exmutante *lathyroides* von *Pisum*. Die Blütenteile von links nach rechts: Fahne (zweimal), Flügel, Schiffchen und Androeceum bei Freilandkultur

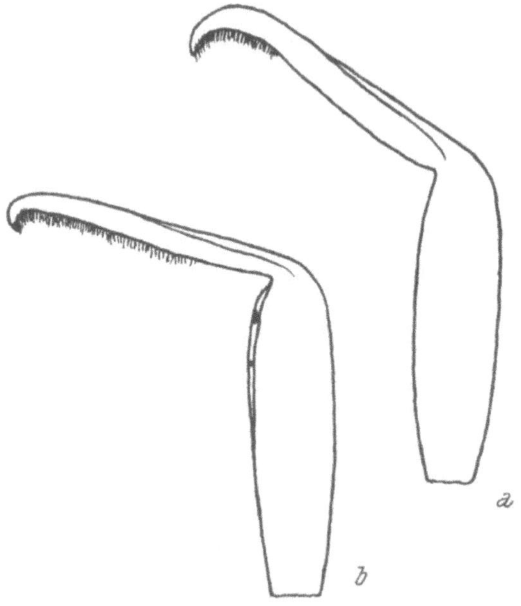

Abb. 58. Das Gynoeceum einer normalen *Pisum*-Pflanze *(a)*, sowie das der lathyroides Exmutante *(b)*. Beides bei Freilandkultur

auch in der für *Lathyrus* charakteristischen Griffelbehaarung gut mit dieser Gattung überein.

Bei Kultur im Treibhaus werden diese Merkmale mehr weniger modifiziert. Was vor allem auffällt, ist, daß die Rückmutation im somatischen Gewebe schneller einsetzt und am Gipfel der Pflanzen zur Ausbildung von ziemlich normalisierten Blüten führt. In einem Teil der Fälle, was auch für auf Freiland kultivierte Pflanzen gilt, kann es dann, wie bei Exmutanten überhaupt, auch zur Entwicklung von Hülsen mit Samen kommen.

Die beiden Abb. Nrn. 59 und 60 zeigen die Blütenteile der *i-lath*-Exmutante im Treibhaus. Abb. 59 entspricht einer unteren Blüte, Abb. 60 einer am Gipfel stehenden und damit bereits stark normalisierten

Blüte. Wie diese beiden Abbildungen zeigen, ist der Kelch der unteren Blüte dadurch abweichend, daß die beiden äußeren Zipfel fast dieselbe Gestalt haben wie die inneren, in der Gipfelblüte ist praktisch genommen

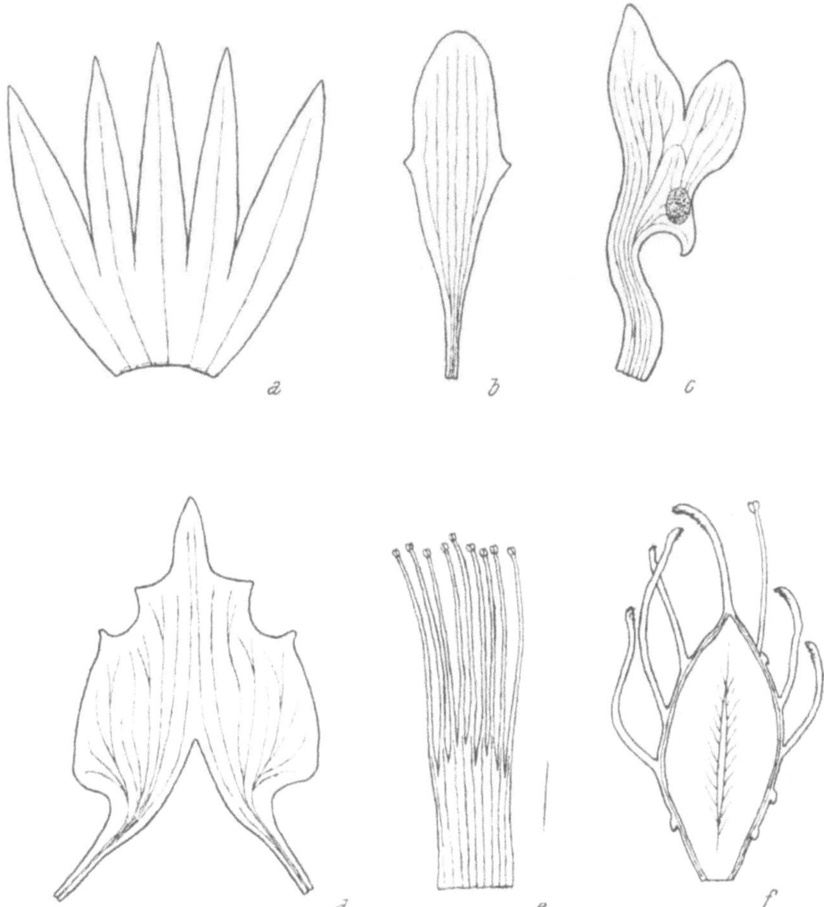

Abb. 59. Die Blütenteile der *lathyroides*-Exmutante von *Pisum* bei Kultur im Treibhaus (untere Blüten). *a* Calyx, *b* Vexillum, *c* Ala, *d* Navicula, *e* Stamina, *f* Gynoeceum

der Normaltyp erreicht. Das Vexillum ist in der unteren Blüte ausgesprochen schmal und langoval. In der Gipfelblüte zeigt es kaum eine Abweichung vom Normaltyp. Die Alae weichen in den untersten Blüten stark vom Normaltyp ab. Sie sind oben tiefer zweiteilig, mit langem Fuß, großem Nagel und über diesem mit einer matten, auffallenden Narbe. In den obersten Blüten nähern sich die Flügel dem Normaltyp recht stark. Beim Schiffchen, Navicula, sind die verlängerte Mündung und der mehr gerundete Basallappen das Auffallendste. In den obersten Blüten ist das Schiffchen fast ganz normal. Das Androeceum zeigt

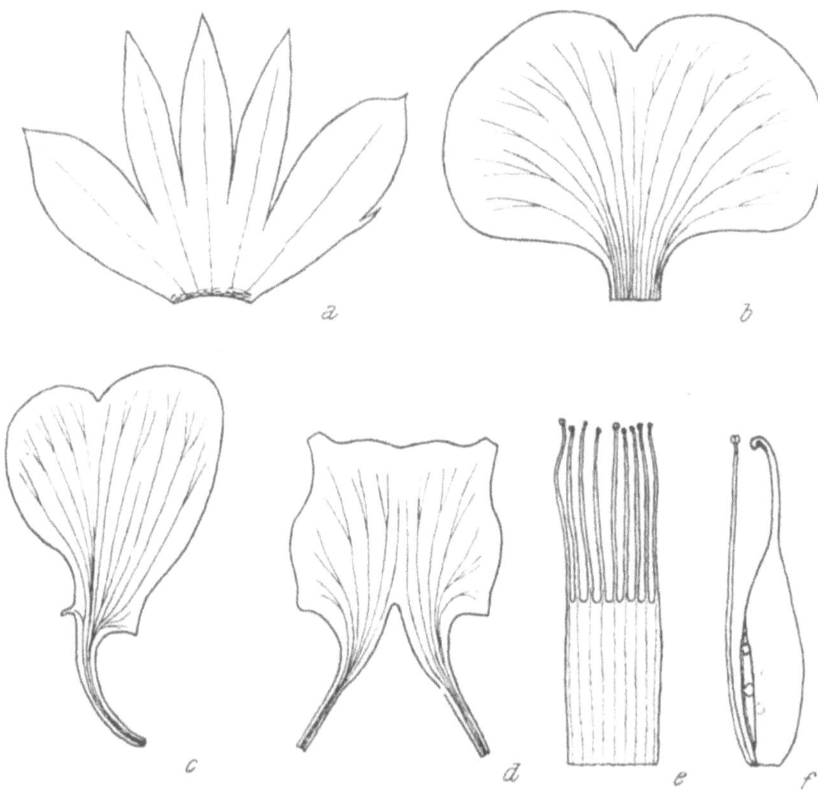

Abb. 60. Die Blütenteile der *lathyroides*-Exmutante von *Pisum* bei Kultur im Treibhaus aus einer am Gipfel der Pflanze ziemlich stark „normalisierten" Blüte. *a* Calyx, *b* Vexillum, *c* Ala, *d* Navicula, *e* Stamina, *f* Gynoeceum

nur geringe Abweichungen. In den untersten Blüten sind die Staubfäden in mehr weniger ungleicher Höhe miteinander verwachsen, in den obersten Blüten entspricht dies normalen Blüten.

Das Gynoeceum ist sowohl in den untersten wie in den obersten Blüten offen. In den untersten Blüten wachsen überdies die Samenanlagen zu Pistillen aus, eine Erscheinung, die auch bei anderen Exmutanten beobachtet worden ist (s. u. die *laciniata*-Exmutante). Gegen den Gipfel der Pflanze nimmt diese Tendenz zum Auswachsen der Samenanlagen zu Pistillen ab und schließlich resultiert ein offenes Gynoeceum, das ohne Knie in einen Griffel übergeht (s. Abb. 60). Die Behaarung des

Griffels geht, wie schon erwähnt, unter der Narbe viel weiter herab als beim Normaltyp.

Wie ersichtlich, haben die Umweltverhältnisse einen starken Einfluß auf die Ausbildung der artfremden Merkmale gezeigt. Aber diese Erscheinung ist hauptsächlich nur scheinbar, d. h. die bei Exmutanten stets festgestellte Rückmutation zum arteigenen Allel, die im somatischen Gewebe der Pflanze stattfindet, ist es, die in Ihrem Verlauf, in der Geschwindigkeit, mit der sie erfolgt, beeinflußt wird. Aber diese Rückmutation wird nicht nur durch die Umweltverhältnisse, sondern in wahrscheinlich noch höherem Grad von der übrigen genotypischen Konstitution der Pflanze beeinflußt. Beweise hierfür liefern die unten zu besprechenden Ergebnisse von Kreuzungen mit Spaltung im Gen i-*Lath*.

In diesem Zusammenhang will ich erwähnen, daß unter Treibhausverhältnissen anscheinend auch Mutationen zu artfremden Allelen eintreffen können. So habe ich bei einer *Pisum*-Pflanze begrenztes Wachstum des Stengels beobachtet, der oben in eine pelorische Blüte endigte. An einer anderen Pflanze wurden einmal geflügelte Stengel gefunden, wie sie für viele *Lathyrus*-Arten kennzeichnend sind. Aber in beiden Fällen, waren die Nachkommen dieser Pflanzen normal. Vielleicht könnte diese Erscheinung durch somatische Mutation erklärt werden, die aber keinen Einfluß auf die genotypische Konstitution von Androeceum und Gynoeceum gehabt haben können, jedenfalls nicht auf die der Gameten.

Ergebnisse von Kreuzungen mit der *lathyroides*-Exmutante

Die unten zu besprechenden Resultate von Kreuzungen mit der *lathyroides*-Exmutante, Linie 1461, werden die Wirkungen des interspezifischen Gens i-*Lath* beleuchten, dessen beide Allele auf zwei verschiedene, aber miteinander verwandte Gattungen, *Pisum* und *Lathyrus* verteilt sind.

Gemeinsam für die in Frage stehenden Kreuzungen gilt folgendes: Die Individuen sämtlicher F_1-Generationen stimmten vollkommen mit den betreffenden Elternlinien vom Normaltyp (L. 851, 993, 1080 und 1331) überein. Die für die *lathyroides*-Exmutante beschriebenen Merkmale sind daher durchweg als vollkommen rezessiv aufzufassen.

In den F_2-Generationen glichen die Pflanzen vom normalen *Pisum*-Typ gleichfalls ganz den entsprechenden Elternlinien. Dies beweist, daß die für einen *Lathyrus*-Typ mit Recht anzunehmenden, verschiedenen Erbanlagen, die je für die einzelnen Merkmale der *lathyroides*-Exmutante und gemeinsam für ihren Gesamthabitus verantwortlich sind, in *Pisum*-Pflanzen mit einem artfremden Plasma sich nicht einzeln manifestieren und daher auch nicht spalten können.

Die Manifestation solcher Gene ist von einem bestimmten *Lathyrus*-Plasma und den in diesem vorhandenen Allelen von interspezifischen Genen abhängig. Im *Pisum*-Plasma spaltet nur das interspezifische Gen *i-lath* aus und mit diesem folgen, wenigstens scheinbar, alle übrigen für den hier in Frage stehenden *Lathyrus*-Typ charakteristischen Gene unverändert mit.

Das artfremde Allel *i-lath* hat aber auf die Manifestation mehrerer gut bekannter intraspezifischer *Pisum*-Gene einen sehr stark modifizierenden Einfluß. Hierdurch manifestieren sich solche *Pisum*-Gene, wie unten gezeigt werden soll, in binnen dieser Art unbekannter Weise. Dies besagt, daß durch die Wirkung eines Allels eines einzigen interspezifischen Gens ein ganzer Komplex von Merkmalen so abgeändert wird, daß die betreffenden Individuen einer anderen Gattung zuzurechnen sind.

Es braucht vielleicht nicht noch einmal besonders hervorgehoben zu werden, daß es sich bei Wirkung artfremder Allele von interspezifischen Genen keineswegs um Pleiotropie im üblichen Sinne handeln kann. Bei dieser wird durch ein Gen binnen der Art mehr als ein Merkmal gleichzeitig beeinflußt, wobei keine Abhängigkeit von fremdem Plasma vorhanden ist und auch keine somatische Mutation zu einem anderen Allel feststellbar erscheint. Die Wirkung der artfremden Allele von interspezifischen Gene ist eine, verglichen mit der bei Pleiotropie von intraspezifischen Genen, ganz wesensfremde. Die mannigfaltige Wirkung von Allelen interspezifischer Gene auf für eine Spezies charakteristische Merkmale ist immer nur dann vorhanden, wenn sie sich in artfremdem Plasma befinden. Es handelt sich um die Erscheinung der Exotropie, die eingangs charakterisiert worden ist.

Mit Hinblick auf die oben besprochenen Verhältnisse kann sich die genanalytische Untersuchung der F_2- und höheren Generationen auf ein Studium der Merkmale der *i-lath*-Individuen beschränken, d. h. ob und wie sich gut bekannte *Pisum*-Gene in den ausspaltenden *lathyroides*-Pflanzen manifestieren.

Kreuzung Nr. 1409. Linie 1331 × Linie 1461 (s. o.). Linie 1331 stammt aus der schwedischen Kocherbse Weitor. Diese hat die Formel *le a R I St Tl td*. Weitere Gene für Hülsen- und Samenmerkmale verbleiben hier unberücksichtigt, da sich diese an der *lathyroides*-Exmutante nicht feststellen lassen; dies gilt auch für alle folgenden Kreuzungen. Der Längen-Breiten-Index (L/Br-I) der Stipel variiert bei Linie 1331 von etwa 1,80 bis 2,00. Die Blätter haben zwei bis drei Paar Blättchen und zwei bis drei Paar Ranken + Terminalranke. Die Infloreszenzen sind meist zweiblütig. Die Blütenelemente sind normal und der Griffel ist auf der Unterseite von der Narbe nach unten in etwa einem Drittel seiner Länge mit Härchen besetzt (s. Abb. 58 rechts). Die L. 1331 entspricht demnach ganz dem Normaltyp von *Pisum*. Die Linie 1461 hat mit Hinblick auf ihre Herstammung von L. 200 die Formel *le a r i St Tl Td*, wozu *i-lath* kommt.

Die F_1 zeigte volle Dominanz in allen Genen und war normal fertil. In F_2 bis F_4 wurden die in der Tabelle 43 mitgeteilten Ausspaltungen von *lathyroides*-Individuen festgestellt. Wie aus dieser hervorgeht, ist in $F_2/60$ und $F_3/61$ eine schöne monogene Spaltung erhalten worden; für beide zusammen ist D/m = 0,21.

Tabelle 43. Die Ausspaltung von *lathyroides*-Individuen in $F_2—F_4$ von Kreuzung Nr. 1409

Generation und Jahr	Anzahl Individuen		Summe Pflanzen	D/m für 3 : 1
	Normaltyp	*lathyroides*		
$F_2/1960$	24	7	31	0,31
$F_2/1961$	112	40	152	0,37
$F_3/1962$	332	73	405	3,25
$F_4/1963$	315	87	402	1,56
$F_2—F_4$ S : a	783	207	990	2,97

Für F_3 und F_4 1962/63 zusammen besteht indessen ein ziemlich großes Defizit an *lathyroides*-Individuen; D/m erreicht hierfür —3,38. Ich halte es für wahrscheinlich, daß die *lathyroides*-Samen, die *r* sind, infolge ihrer Empfindlichkeit gegen feuchte Kälte im Jahr 1962 zum Teil eingegangen sind.

Insgesamt wurden zu F_2 bis F_4 (1960 bis 1963) 55 Familien untersucht. Von diesen spalteten 39 *i-lath*-Pflanzen aus, was einem Verhältnis von 39 spaltenden : 16 nicht spaltenden Familien entspricht. Die Übereinstimmung mit dem erwarteten 2 : 1 Verhältnis ist also eine sehr gute; D/m = 0,67.

Der Habitus der *lathyroides*-Pflanzen in Kr. 1409 stimmt im großen mit dem der Röntgenmutante überein. Nur die Form der Nebenblätter ist zum Teil eine etwas andere. Bei Linie 1461 ist die Stipelbasis gerade, quer abgestutzt (s. Abb. 63 mitte). Bei den *i-lath*-Individuen von Kr. 1409 ist diese mehr oder weniger schräg nach abwärts gerichtet (vgl. die Abb. 63 Mitte und unten mit Abb. 62). Die großen, an der Basis stark stengelumfassenden Nebenblätter der Elternlinie 1331 (Abb. 61) wurden also durch den Einfluß des Gens *i-lath* zu diesem ganz artfremden Typ umgeändert. Eine gewisse Spaltung im Stipeltyp war jedoch zu beobachten, indem die Mehrzahl der Pflanzen die stärker schräg nach unten gehende Basis, wie in Abb. 63 oben, zeigte, ein geringerer Teil mehr den Stipeln von L. 1461 ähnelte (Abb. 56), aber keineswegs ganz mit diesen übereinstimmte. Möglicherweise handelte es sich um eine monogene Spaltung, aber die gegenseitige Abgrenzung dieser beiden Typen in Kr. 1409 erschien unsicher. Bei den niedrigen Pflanzen stand der Typ der Stipel jenem der Mutante (L. 1461) näher (vgl. die Abb. 56 und 62).

Die Wüchsigkeit der *i-lath*-Pflanzen ließ nichts zu wünschen übrig. Sie erreichten dieselbe Größe wie die normalen Pflanzen. Auch die Stengelverzweigung war annähernd dieselbe. Die diesbezüglich beste Pflanze von Kr. 1409 hatte fünf Zweige mit 125 bis 145 cm Höhe. Im

Abb. 61. Oberer Teil einer Pflanze der Linie Nr. 1331, der eine Elter von Kreuzung Nr. 1409 (s. Text)	Abb. 62. Oberer Teil eines aus Kreuzung Nr. 1409 ausgespaltenen *lathyroides*-Individuums

Gen für Internodienlänge, *Le*, fand normale Spaltung nach 534 *Le* : 165 *le* statt; D/m = 0,85.

Im übrigen sind für die *lathyroides*-Pflanzen von Kr. 1409 folgende Merkmale hervorzuheben. Stengel und Blattstiele haben die weiche schlauchähnliche Konsistenz, die vor allem auf schwächer ausgebildete Sklerenchymelemente zurückzuführen ist. Wie bei der L. 1461 sind gewöhnlich nur zwei Paar sehr schmale Blättchen mit einem L/Br-Index von etwa 15 vorhanden. Meistens sind nur ein Paar Ranken + Terminalranke ausgebildet.

Was die Blättchen betrifft, so war mit Hinblick auf die Herstammung der *i-lath*-Exmutante von einer Linie (Nr. 200) mit gezähnten Blättchen zu erwarten, daß dieses Merkmal auch bei der L. 1461 anzutreffen sein sollte. Es konnte aber nicht die Spur einer Zähnung weder bei der *lathyroides*-Mutante selbst, noch bei den *i-lath*-Pflanzen der drei untersuchten Kreuzungen festgestellt werden. Nicht undenkbar ist allerdings, daß das Gen *Td* für treppenförmige Zähnung zu *td* (ungezähnt) mutiert hat, weshalb man diese Erscheinung nicht mit absoluter Sicherheit der Wirkung des Gens *i-lath* zuschreiben kann.

Soweit Infloreszenzen vorhanden sind, tragen sie meist nur eine Blüte. Die Blütenelemente entsprechen den oben in Abb. 57 wiedergegebenen. In bezug auf diese sei besonders die Behaarung des Griffels hervorgehoben. Diese nimmt bei den *lathyroides*-Individuen etwa zwei Drittel oder zuweilen mehr seiner Länge ein (s. Abb. 58). Dieses Merkmal wird von den Systematikern als für *Lathyrus* und *Pisum* gattungstrennend aufgefaßt.

Kreuzung Nr. 1423. Linie 993 × L. 1461. Diese Kreuzung wurde ausgeführt, um den Einfluß des Gens *i-lath* auf Blattfarbe, *o*, Maculum, D^w, *fasciata*-Stengel, *fa fas*, und lokale Ausbildung von Wachs, *wlo*, zu studieren. L. 993 hat die Formel *Le a Z fn gp o p v D^w fa wlo r i pl m*. F_1 war normal. Zur F_2 wurden 500 auf 19 Familien verteilte Samen gesät. Trotz eines Aufganges von über 90% spaltete in keiner der Familien eine *i-lath*-Pflanze aus; D/m ist hierfür 6,20. Zweifellos setzte die Rückmutation zum arteigenen Allel *i-Lath* hier früh ein.

Kreuzung Nr. 1425. Linie 851 × L. 1461. In dieser Kreuzung waren es die beiden bekannten *Pisum*-Gene *tl* und *st*, deren Beeinflussung durch das Gen *i-lath* studiert werden sollte. *tl* bedingt Umwandlung der Ranken in Blättchen und *st* eine starke Reduktion der Nebenblätter, die hierbei sowohl schmäler wie kürzer werden.

Hierzu wurde die Testlinie Nr. 851 benutzt. Diese stammt aus Kr. 394 : L. 232 aus DE WINTON (1927) × L. 470 aus Kr.-Nr. 25 : L. 5 aus Chenille × L. 102 aus Acacia. Linie 851 hat die Formel *le A Z r i b k st tl td*. Die beiden erwähnten, durch *tl* und *st* bedingten Merkmale sind also für diese Linie kennzeichnend. Abb. 64 zeigt einen Teil einer solchen Pflanze. Die Blätter tragen 5 bis 7, meistens 6 Paar Blättchen sowie ein terminales solches. Es sind demnach sämtliche Ranken in Blättchen umgewandelt. Die Nebenblätter sind stark reduziert, sie haben nur etwa ein Viertel der Breite und ein Drittel der Länge normaler, gut entwickelter solcher. Die Blütenelemente haben Normaltyp.

Die F_1 zeigte gleichwie in Kr. 1409 vollkommene Dominanz der Gene, also auch in *Tl* und *St*, die ja für die Elternlinie von 1461 (L. 200 aus Witham Wonder) und daher auch für diese charakteristisch sein werden. Es herrschte normale Fertilität. Von dem unbedeutenden Unterschied der *Tl tl*-Pflanzen wird hier abgesehen.

Zur F_2 wurden 500 Samen gesät, die 18 Familien entsprachen. Von diesen spalteten indessen nur vier die *lathyroides*-Exmutante aus. Statt eines erwarteten Verhältnisses von 12 spaltenden : 6 konstanten Familien resultierte demnach ein solches von 4 spaltenden : 14 konstanten, im Gen *i-Lath* homozygoten Familien. D/m erreicht hierfür einen Wert von 4,00, also eine sehr starke, signifikative Abweichung anzeigend. Als

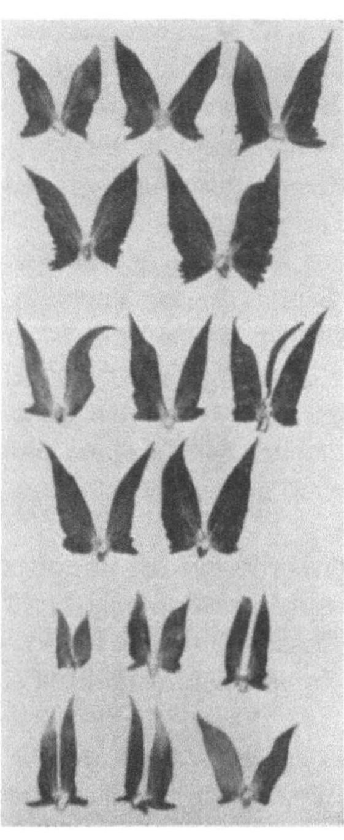

Abb. 63. Sechs Reihen Stipelpaare der *lathyroides*-Exmutante. Die beiden oberen sind charakteristisch für die Kreuzung Nr. 1009, die mittleren zwei entsprechen Kr. 1425 und die unteren beiden Kr. 1427

Abb. 64. Teil einer Pflanze der Testlinie Nr. 851 *tl*, der einen Elternlinie von Kreuzung Nr. 1425 (s. Text)

Ursache hierfür ist, wie bereits für das Verhalten der Linie 1461 erwähnt worden ist, eine sehr starke Rückmutation des Gens *i-lath* zur dominanten, arteigenen Form verantwortlich, die bei Exmutanten stets im somatischen Gewebe vor sich geht.

Die vier spaltenden Familien gaben 91 vom Normaltyp : 21 *lathyroides*-Pflanzen; D/m = 1,53. Auch in dieser Kreuzung läßt sich also ein gewisses Defizit an *i-lath*-Individuen feststellen. Die 21 *lathyroides*-

Pflanzen gaben mit Hinblick auf die Spaltungen in *St* und *Tl* folgendes digene Verhältnis:

$$12\ St\ Tl : 3\ St\ tl : 4\ st\ Tl : 2\ st\ tl$$
$$D/m = \quad +0{,}84 \qquad -0{,}53 \quad +0{,}03 \quad +0{,}62$$

Diese Werte zeigen gute Übereinstimmung mit dem theoretisch erwarteten Verhältnis von 9 : 3 : 3 : 1.

Der Habitus der *lathyroides*-Pflanzen von Kr. 1425 zeigt mehreres von besonderem Interesse. Die Form der Nebenblätter ist hier nicht dieselbe wie in Kr. 1409. In Kr. 1425 zeigen die Stipel von *St Tl*-Individuen ganz dieselbe Form wie die der Röntgenmutante, L. 1461, indem die Stipelbasis ganz gerade, quer abgestutzt ist. Man vgl. in Abb. 63 die beiden mittleren Reihen von Stipeln mit jenen in der Abb. 62. In Abb. 63 entstammen die oberen zwei Reihen von Stipelpaaren der Kreuzung Nr. 1409, die mittleren der Kr. 1425 und die unteren der Kreuzung Nr. 1427 (s. u.). Die seitliche Stipelzähnung oberhalb der Basis wechselt etwas an Stärke, ist aber durchschnittlich deutlich schwächer als bei den *i-lath*-Individuen von Kr. 1409.

Von besonderem Interesse sind die Stipel und Blättchen bei den *st tl*-Individuen. Beide sind auffallend lang und die Blättchen sind überdies breiter als bei den *St Tl*-Pflanzen; man vergleiche die Pflanze in Abb. 66 (*st tl*) mit der in Abb. 65 (*St Tl*).

Ganz unerwartet erscheint die Form der Nebenblätter. Diese sind sehr schmal, nur 2 bis 3 mm breit, aber gleichzeitig ungewöhnlich lang, ebenso lang wie die der normalen *St Tl*-Individuen in Abb. 65. Die stark stipelverkürzende Wirkung des Gens *st* von L. 851 (s. Abb. 64) erscheint hier durch den Einfluß von *i-lath* vollkommen eliminiert.

Abb. 66 zeigt eine *st tl*-Pflanze aus dieser Kreuzung. Auch die Wirkung des Gens *tl* ist verändert. Zusammen mit *i-lath* bedingt es im vorliegenden Fall wohl auch eine Umbildung der Ranken in schmale Blättchen, aber die Terminalranke verbleibt unverändert (s. Abb. 66). Das Gen *i-lath* hat demnach, außer den schon von Kr. 1409 bekannten Merkmalen, in Kr. 1425 die Manifestation zweier weiterer, gut bekannter *Pisum*-Gene, *st* und *tl*, in markanter Weise abgeändert.

Kreuzung Nr. 1427. Linie 1080 × Linie 1461. Linie 1080 stammt aus Kr. 746: L. 578 × L. 621. Linie 578 ist *Le A z R I k st Tl td* und stammt aus Kr. 246: L. 232 aus DE WINTON (1927), *Le A Z R I st Tl td* × L. 19 aus H. und O. TEDINS (1928) 0652 aus Glaenö, *Le A z R I St Tl td*. Linie 621 stammt aus Kr. 272: L. 234 (ein Findling), *Le A Z R I St Tl Td U^{st}* × L. 241 aus Goldfähnchen, *le a Z R I St Tl td*. Linie 1080 hat die Formel *Le A z R I k st Tl td*. Die reduzierten Stipel, Gen *st*, gehen auf die Linie 232 zurück, in der *st* die typische Reduktion der Nebenblätter bedingt, wie sie in Figur 8 zu sehen sind.

Da die Stipel von Linie 1080 indessen noch erheblich stärker reduziert sind als dies durch die Wirkung von *st* allein bedingt wird, ist hier mit der Wirkung eines weiteren, bisher nicht näher analysierten Gens zu rechnen. Die Stipel sind auffallend klein, gerade zugespitzt und von

Abb. 65. Eine F_2-Pflanze aus der Kreuzung Nr. 1425, *lathyroides*-Exmutante mit querer Stipelbasis, *St Tl*

Abb. 66. Eine F_2-Pflanze aus der Kreuzung Nr. 1425, *lathyroides*-Exmutante mit Rezessivität in *st* und *tl*

ungleicher Größe. L. 1080 hat meist zwei Paar Blättchen und 2 bis 3 Paar Ranken + Terminalranke. Die Form der Stipel ist jedoch, namentlich in bezug auf den L/Br-I keineswegs abnorm.

Die F_1 dieser Kreuzung zeigte wie in den vorherigen Kreuzungen vollkommene Dominanz der Gene und war normal fertil. Zur F_2 wurden 500 Samen gesät, die 17 Familien angehörten. Von diesen spalteten indessen nur zwei *i-lath*-Individuen aus. Es gab also 15 im Gen *i-Lath* homozygote, konstante Familien und nur zwei spaltende. Erwartet war das Verhältnis 11,33 spaltende : 5,66 konstante Familien. Für die große Abweichung hiervon ergibt sich ein D/m von 4,82, also ein sehr signifikativer Wert.

Die beiden spaltenden Familien gaben 49 vom Normaltyp : 7 *lathyroides*-Pflanzen; D/m = 2,16. Auch hier besteht demnach ein deutliches Defizit an *i-lath*-Individuen. Von den 7 *i-lath*-Pflanzen waren 5 *St* und 2 *st*. Den Habitus dieser Pflanzen zeigen die Abb. 67 und 68.

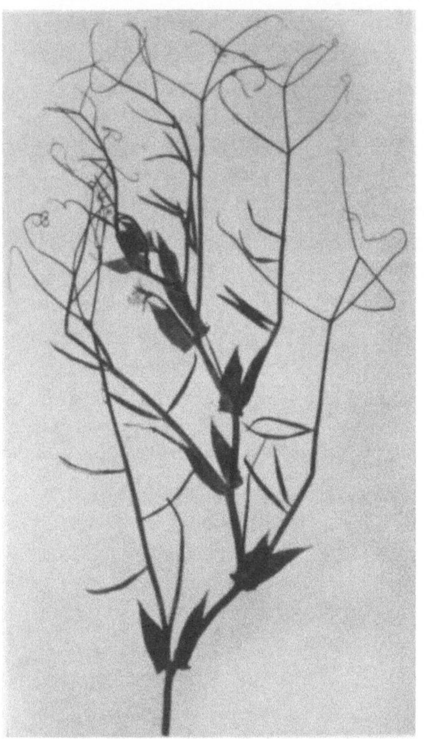

Abb. 67. Eine F_2-Pflanze aus der Kreuzung Nr. 1427, eine *lathyroides*-Exmutante mit *St Tl*

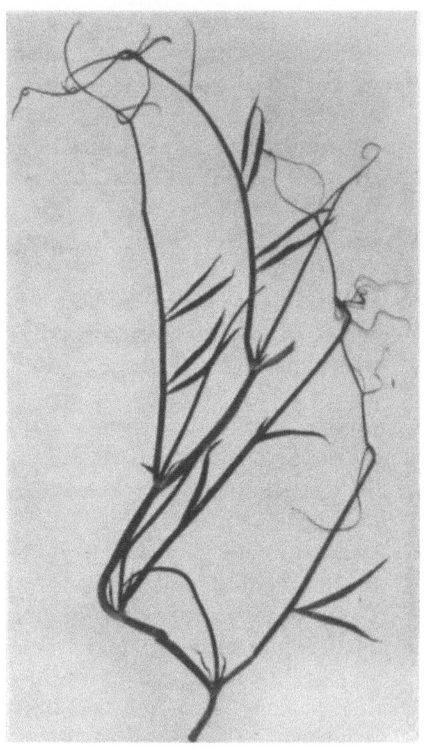

Abb. 68. Eine F_2-Pflanze aus der Kreuzung Nr. 1427, eine *lathyroides*-Exmutante mit *st Tl*

Die Form der Nebenblätter bei den *St*-Pflanzen (Abb. 67) ist dadurch gekennzeichnet, daß ihre Basis ganz gerade, quer abgestutzt ist, daß sie mehr parallele Seiten haben als die entsprechenden in den Kreuzungen Nrn. 1409 und 1425, sowie daß sie seitlich an der Basis gewöhnlich nur einen bis zwei Zähne besitzen. Man vergleiche die beiden untersten Stipelpaare in Abb. 63, die aus Kr. 1427 stammen.

Auffallend ist bei diesen *i-lath*-Pflanzen ferner die relativ große Länge der Blätter. Für die *st*-Individuen gilt dasselbe, nur daß hier die Stipel auffallend klein und schmal sind (Abb. 68). Diese wurden durch das Gen *i-lath*, abgesehen von einer gewissen Verschmälerung, offenbar nicht nennenswert verändert. Für alle anderen, entsprechenden Teile dieser *i-lath*-Pflanzen gilt das bei den Kreuzungen Nrn. 1409 und 1425 Gesagte.

Zusammenfassung. Über die Spaltung im interspezifischen Gen *i-Lath* ist folgendes zu sagen. Die Nachkommen der ursprünglich angetroffenen, in *i-Lath* spaltenden Familie zeigten, abgesehen von einem gewissen Defizit an Rezessiven, annähernd monogene Spaltung. Aber in der nächsten Generation, wo also zwei Drittel aller Familien heterozygot sein und daher in *i-Lath* spalten sollten, wurde trotz Aussaat des ganzen Materials kein einziges *i-lath*-Individuum mehr angetroffen. Es handelte sich hierbei um mehrere Hunderte von Pflanzen. Ganz dieselbe Erfahrung hat auch schon Nilsson-Leissner (1924) machen müssen.

Mit Hinblick hierauf habe ich unmittelbar Kreuzungen mit den Pflanzen der noch spaltenden Familien ausführen lassen. Es sind dies die oben besprochenen Kreuzungen Nrn. 1409, 1423, 1425 und 1427. Ohne dieser unmittelbaren Maßnahme wäre auch mein *i-lath*-Material restlos verloren gegangen. Die Ursache ist ganz zweifellos eine starke somatische Rückmutation zum arteigenen Allel *i-Lath*. Solche Rückmutationen konnten bei allen bisher einigermaßen gut untersuchten Exmutanten festgestellt werden (s. u.).

Die vier Kreuzungen geben diesbezüglich auch klaren Bescheid. Nur die Kreuzung Nr. 1409 zeigte einigermaßen normale monogene Spaltung (s. Tabelle 43). In Kr. 1409 gab es in F_2 bis F_4 55 Familien, von denen 39 spalteten und 16 homozygot konstant *i-Lath* waren. Dies gibt, wie bereits erwähnt, ein gutes 2 : 1 Verhältnis. In der Kreuzung Nr. 1425 mit 18 F_2-Familien spalteten aber nur 4 statt 12; D/m = 4,00. In der Kr.-Nr. 1427 gab es unter 17 F_2-Familien gar nur zwei spaltende; D/m = 4,92. Und in der Kreuzung Nr. 1423 schließlich wurde unter 19 F_2-Familien keine einzige spaltende angetroffen, wofür sich ein D/m von 6,20 berechnet.

Diese vier Kreuzungen sind nun mit derselben *i-lath*-Pflanzen ausspaltenden Linie 1461, aber mit verschiedenen Partnern ausgeführt worden. Die Ursache des sehr ungleichen Verhaltens dieser Kreuzungen hinsichtlich in *i-Lath* spaltenden Familien muß daher in der genotypischen Konstitution der vier Elternlinien Nrn. 851, 993, 1080 und 1331 gesucht werden. Nun ist in allen Exmutanten das Rückmutieren des artfremden Allels zum arteigenen eine durchweg zu beobachtende Erscheinung. Dies ist zu erwarten mit Hinblick darauf, daß das Plasma nicht darauf eingestellt ist, die für die Synthese eines artfremden Allels erforderlichen Stoffe zur Verfügung zu stellen. Was aber in den einzelnen Fällen verschieden ist, ist die Geschwindigkeit mit der diese Rückmutation im Verlaufe der Entwicklung der Pflanze vor sich geht. Und zweifellos ist es diese, die in den vier Kreuzungen das so ungleich häufige Auftreten von im Gen *i-Lath* spaltenden Familien verursacht hat. Die

Frequenz des Rückmutierens, die wir visuell feststellen, ist ein Ausdruck für die Geschwindigkeit, mit der diese vor sich geht. Kommt es bald nach der Keimung zum Rückmutieren, dann werden natürlich, wie in Kreuzung 1423, überhaupt keine Exmutanten mehr gefunden.

Die evolutionäre Bedeutung der Wirkung des Gens i-lath. Schon bei der Besprechung der *obovatus*-Exmutante von *Pisum* hat sich gezeigt, daß die Anwesenheit eines einzigen artfremden Allels die Manifestation einer Anzahl intraspezifischer Gene gleichzeitig abgeändert hat. Da dies bei der *lathyroides*-Exmutante in vielseitigster Weise zutagetritt, sollen diese Effekte hier übersichtlich kurz besprochen werden. Eine eingehendere Behandlung der evolutionären Bedeutung soll am Ende dieser Arbeit folgen. Folgende die Manifestation von intraspezifischen *Pisum*-Genen ändernde Wirkungen des Genallels *i-lath* konnten beobachtet werden:

1. Abweichender anatomischer Bau von Stengel- und Blattstielen, gekennzeichnet durch im stützenden Gewebe schwächer entwickelte Sklerenchymelemente.

2. Durchgreifende morphologische Veränderung der durch Zusammenwirken der Gene *fo, fob, fol, fom, lat, ten, x* und *y* in verschiedenen Kombinationen bedingten Form der Nebenblätter (s. L. 1960 a). Dies gilt für diese Gene sowohl bei Dominanz wie bei Rezessivität. Man vergleiche die beiden Pflanzen in den Abb. 61 und 62.

3. Die pleiotrope Wirkung der unter 2. angeführten *Pisum*-Gene auf die Form der *Pisum*-Blättchen wird durch das Gen *i-lath* in stark abweichender Weise verändert; es entstehen mehr weniger langschmale Blättchen (s. gleichfalls Abb. 61 und 62).

4. Die Manifestation des *Pisum*-Gens *tl*, das eine Umwandlung sämtlicher Ranken, einschließlich der Terminalranke in Blättchen bedingt (s. Abb. 64), manifestiert sich zusammen mit *i-lath* nicht in der Terminalranke (s. Abb. 66 und 68).

5. Das Gen *st* bedingt die in Abb. 64 wiedergegebene Reduktion der Stipel. Mit *i-lath* werden diese in etwa doppelt so lange, aber sehr schmale Blättchen umgewandelt (s. Abb. 66).

6. Zusammen mit einer gewissen genotypischen Konstitution für die Form der Nebenblätter bedingt *i-lath* eine sehr starke Reduktion dieser zu ganz echten Stipeln entsprechenden, kurz spießförmigen Gebilden.

7. Die Behaarung des Griffels unter der Narbe, die bei *Pisum* ein Drittel der Länge dieses einnimmt, erreicht bei *i-lath*-Individuen zwei Drittel desselben und mehr (s. Abb. 58). Letzteres Merkmal wird als für *Lathyrus* typisch betrachtet. Es wird als die Gattungen *Pisum* und *Lathyrus* trennend aufgefaßt.

8. Das Vexillum wird durch *i-lath* in ein langschmales, bespitztes Blättchen umgewandelt (s. Abb. 57).

9. Die Flügel von *i-lath*-Exmutanten zeigen keine dem Vexillum entsprechende Verschmälerung, sondern in der Hauptsache nur eine auffallend starke Einkerbung am oberen Rand (s. Abb. 57).

10. Beim Schiffchen von *i-lath*-Pflanzen ist das Mündungsrohr stark verlängert, die Form im übrigen aber wenig von der normalen abweichend.

11. Bei gewisser genotypischer Konstitution verursacht *i-lath* eine auffallende Verlängerung der Blätter (s. Abb. 66).

Vorstehend konnten elf Merkmale der *Pisum*-Pflanze angeführt werden, die durch die Wirkung des artfremden Genallels *i-lath* in ihrer Manifestation stark verändert worden sind. Die Anzahl der Gene für diese *Pisum*-Merkmale beträgt aber wenigstens 16, ist jedoch sehr wahrscheinlich größer. Hierzu kommt noch die vollkommene Sterilität.

Kein Zweifel scheint mir darüber bestehen zu können, daß das Gen *i-lath* als die Gattungen *Pisum* und *Lathyrus* trennend aufzufassen ist. Eine bestimmte europäische *Lathyrus*-Art anzugeben, die der *lathyroides*-Exmutante entspricht, ist natürlich nicht möglich. Wohl können aber gewisse Übereinstimmungen hervorgehoben werden. So stimmt die Form der Blättchen sehr gut mit der von *Lathyrus paluster* L. überein (s. HEGI 1924, Bd. IV, 3. Teil, Taf. 172, Abb. 2). Die Form der Nebenblätter ist aber von der für diese Art charakteristischen abweichend; sie ähnelt einigermassen der von *L. maritimus* (s. l. c. Abb. 1). Erwähnt sei hier, daß die Nebenblätter von *Lathyrus pisiformis* L. viel mehr solchen von *Pisum* als von *Lathyrus* gleichen (s. l. c. p. 1585).

Im vorliegenden Fall hat demnach die Einführung eines Allels, eines einzigen gattungstrennenden, interspezifischen Gens, *i-lath*, den ganzen Bauplan von *Pisum* schlagartig zu dem einer anderen Gattung verändert. Es bedurfte hierzu also nicht des Zusammenwirkens einer ganzen Reihe von intraspezifischen Genen, wie dies von den meisten das Gebiet der Evolution behandelnden Forschern angenommen wird. Das Gen *i-lath* allein genügte hierfür. Diese vielseitige Wirkung von *i-lath* hat aber, worauf schon oben hingewiesen worden ist, gar nichts mit Pleiotropie binnen der Art zu tun, es handelt sich hier um ausgesprochene Exotropie (s. o.). In allen Hinsichten verständlich wird diese Erscheinung indessen nur bei gründlicher Kenntnis der Wirkung von Arten und höhere systematische Einheiten trennenden Genen, die via den Progenen nur im arteigenen, dem für sie spezifischen Plasma reproduziert werden können.

Die Wirkung des Genallels *i-lath* veranschaulicht in ausgezeichneter Weise den Schritt, der im Verlauf der stammesgeschichtlichen Entwicklung von einer Gattung, von einer Art, oder auch von einer höheren Kategorie zur anderen getan werden mußte. Näheres hierüber in einem späteren Abschnitt.

Ergebnisse von Kreuzungen mit der *laciniata*-Exmutante von *Pisum*

Die *laciniata*-Exmutante von *Pisum* hat in F_5 meiner Kreuzung Nr. 72, Linie 110 aus Roi des gourmands × L. 125 aus Pois Sabre ausgespalten. Die in Frage stehende Familie von Kr. 72 gab 14 normal : 3 *laciniata*. Nachkommen von Pflanzen dieser spaltenden Familie gaben im darauffolgenden Jahr keine Ausspaltung von *laciniata*-Pflanzen, aber bei weiterem Anbau von reichlichem Reservematerial wurde eine gute monogene Spaltung gefunden. Das hiefür verantwortliche Gen ist mit dem Symbol *i-lac* bezeichnet worden. Nach Auslese und Vermehrung resultierte eine in *i-Lac* heterozygote Linie, Nr. 751, die gute monogene Spaltung zeigte: bis 1945 234 normal : 72 *i-lac*; D/m = 0,60.

Die im Gen *i-Lac* heterozygoten Pflanzen sind vollkommen normal und haben ausschließlich normalen Pollen und ebensolchen Samenansatz. Die *laciniata*-Pflanzen haben normale Wurzeln, Stengel und normalen Verzweigungstyp. In allen übrigen Teilen der Pflanze, Blätter, Nebenblätter, Blütenstände und Blütenelemente sind sie stark verändert (s. Abb. 69).

Die Blätter tragen stets nur ein Paar Blättchen, die oberen 2 bis 3 Paare sind in Ranken umgebildet, die häufig noch einmal verzweigt sind. Der Grund der Blättchen ist stark verschmälert und die Ränder sind von der Ansatzstelle ab häufig auf einer Strecke von 1 bis 2 cm röhrenförmig miteinander verwachsen. Der obere, freie Teil der Spreite ist zipfelig gespalten. Die Spitze der Blättchen ist stets ausgeschnitten und der Hauptnerv setzt vom Grunde dieses Einschnittes aus 1 bis 2 cm als Ranke fort. Die Nebenblätter sind, im Gegensatz zu den für *Pisum* normalen, nicht stengelumfassend. Auch sind sie, in Übereinstimmung mit den Blättchen an der Basis stark verschmälert. Die Zähnung ist mehr oder weniger deutlich ausgebildet.

Die Infloreszenz besteht aus einer Achse ohne jede Andeutung zur Verzweigung. Sie trägt terminal eine leicht abfallende, kleine Knospe. In Kreuzungen (s. u.) konnte aber auch eine erheblich bessere Entwicklung, einer allerdings auch terminal stehenden, aber sich schön öffnenden Blüte fast normaler Größe beobachtet werden. Auch gab es bei solchen gut entwickelten Pflanzen häufig zwei statt nur ein Paar Blättchen (s. Abb. 70). Die fünf, zuweilen sechs, am Grund verwachsenen Sepalen sind langschmal und spitz. Ihre Länge erreicht höchstens 10 bis 12 mm. Wie bei der Normalform sind zwei derselben deutlich breiter. Die Petalen erreichen im besten Fall eine Länge von 6 mm; sie sind als verkümmert zu bezeichnen. In ihrem unteren Drittel sind sie grünlich, nach obenzu verblaßt. Die das Schiffchen bildenden Petalen sind nur am Grund wenig miteinander verwachsen. Die 10 Staubblätter sind entweder am Grund miteinander verwachsen, wobei zwischen den Staubfäden Einschnitte in der Röhre vorhanden sind, oder auch es stehen alle 10 frei. Im letzteren

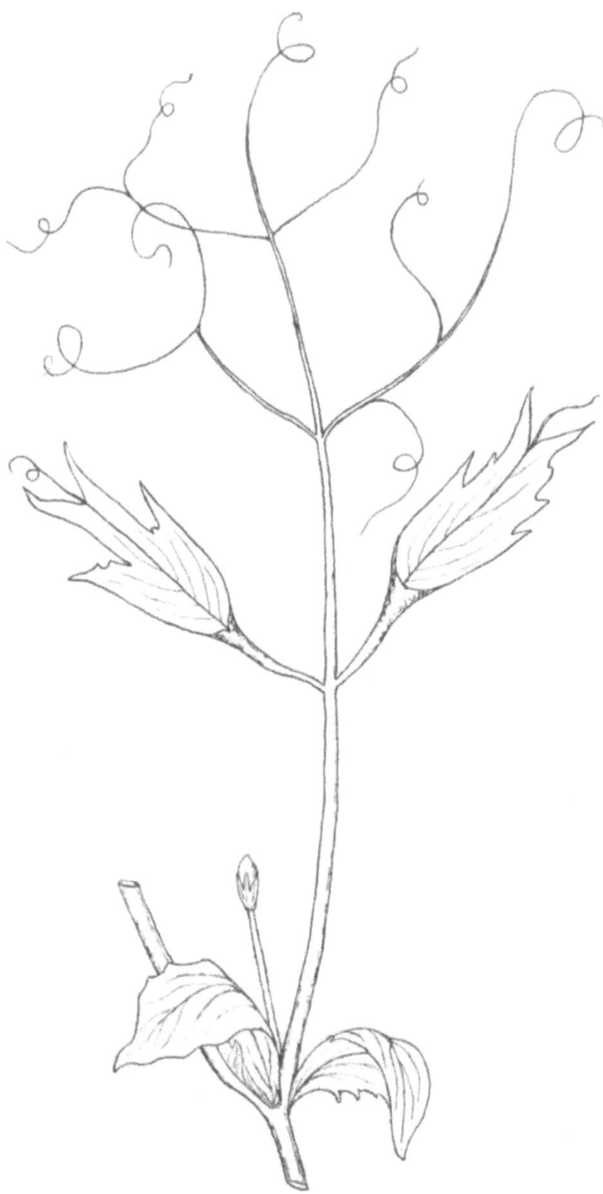

Abb. 69. Die *laciniata*-Exmutante von *Pisum*. Habitus: trichterförmige und stark geschlitzte Blättchen

Fall haben sie in ihrem unteren Teil an jeder Seite einen grünlichen Blattsaum. Die Antheren sind kleiner als normal und haben die typische orange Farbe. Sie enthalten kleine, zu etwa 80% ganz leere, untaugliche Pollenkörner. Griffel und Narbe haben, abgesehen von ihrer geringen Größe und starken Nachinnenkrümmung, annähernd normales Aussehen.

Abb. 70. Gipfelteil einer *laciniata*-Exmutante, die Tendenz zur Normalisierung der Blätter und namentlich der Blüten zeigend (= Rückmutation im Gen *i-lath* zu *i-Lath*)

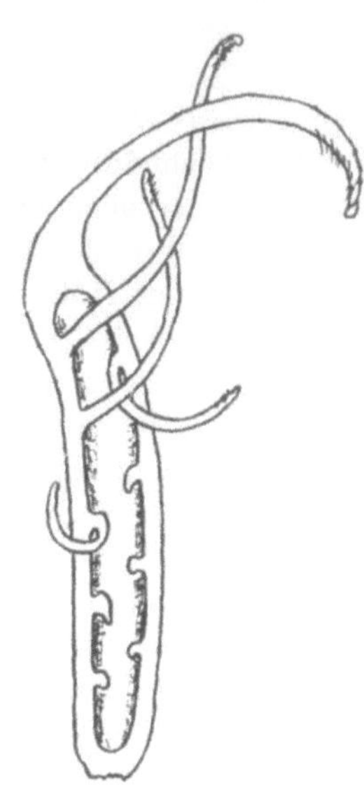

Abb. 71. Das Gynoeceum der *laciniata*-Exmutante von *Pisum*: offen und die Samenanlagen zu Pistillen auswachsend

Das Fruchtblatt ist ganz offen und von den Samenanlagen wachsen in der Regel 3 bis 4, zuweilen alle, zu Griffeln mit Narbe aus (s. Abb. 71). Bestäubungen mit normalem Pollen blieben, wie erwartet, erfolglos. Die *laciniata*-Exmutante ist, gleichwie alle übrigen vollkommen steril. Eine durch Rückmutation des Gens *i-lac* zum arteigenen Allel auftretende Fertilität ist diesbezüglich natürlich ganz ohne Interesse (s. Abb. 70).

Kreuzung Nr. 1089. Linie 614 × L. 924. Die Elternlinien dieser Kreuzung haben eine ganz andere Herstammung als die der Kreuzung Nr. 72, in der die Exmutante *i-lac* zuerst ausgespalten hat. L. 614, *Le a Z r pl m fs tra fl td wa* (Dominanz ist nur für *Le* und *Z* angegeben) stammt aus der Kr. 342: L. 102 aus Acacia × L. 340 aus Emerald Gen. Der zweite

Elter, Linie 924, *Le A z mp s pl m oh ar b k st pa wb*, stammt aus Kr. 494:
L. 25 aus H. und O. TEDINS (1928 p. 6) Blaublütige × L. 578. Diese Linie
stammt aus Kr. 246: L. 332 aus DE WINTON (1928) × L. 19 aus H. und O.
TEDINS 0652 aus Glaenö.

In der F_2 der Kreuzung Nr. 1089 gab es eine Familie, die nach 101
normalen : 3 *i-lac*-Pflanzen spaltete (6 der 110 gesäten Samen gingen
nicht auf). Von einer monohybriden Spaltung kann hier keine Rede sein.
(D/m = 5,20). Wahrscheinlich handelt es sich hier um eine Mutation von
i-Lac zu *i-lac*, die in F_1 eine einzelne Hülse getroffen hat. Beim Weiterbau
des Materials resultierte in F_3 eine Spaltung nach 25 normal : 5 *i-lac*;
D/m = 1,05, demnach sehr gut mit monogener Spaltung übereinstimmend.
Ein gewisses Defizit an *i-lac*-Individuen war indessen stets zu beobachten.

Die Ausbildung der *laciniata*-Exmutante war in der Kreuzung 1089
teils mit der oben beschriebenen übereinstimmend, teils in bezug auf
Entwicklung und Infloreszenzen etwas abweichend. Die *i-lac*-Pflanzen
erreichten eine Höhe von 140 bis 180 cm. Bei mehreren der großen Individuen waren die Infloreszenzen viel länger und Blüten entfalteten sich
gut. Auch gab es ein paar zweiblütige Infloreszenzen. Aber die Blüten
erreichten nicht die Größe von normalen Pflanzen. In bezug auf Bau von
Androeceum und Gynoeceum verhielten sie sich jedoch wie die ursprünglich angetroffene Exmutante (s. o.).

Die Ursache der sich verschieden gut entwickelnden Infloreszenzen
und Blüten ist zweifellos in ungleicher Vitalität im Zusammenhang mit
abweichender genotypischer Konstitution zu suchen, was wiederholt hat
festgestellt werden können. Die z. T. stark verminderte Assimilationsfläche dürfte hier eine Rolle spielen. Auch die von Jahr zu Jahr wechselnden Umweltverhältnisse haben einen gewissen Einfluß.

Auch die ursprüngliche in *i-Lac* heterozygote Linie konnte durch vieljährige Auslese insofern verbessert werden, teils daß in der Regel auch
sich öffnende Blüten auftraten, teils auch daß das Spaltungsverhältnis
besser mit 3 : 1 übereinstimmte. Eine Variation dieser Eigenschaften
konnte auch in verschiedenen Kreuzungen mit der *i-lac*-Linie beobachtet werden.

Kreuzung Nr. 1099. Linie 751 × L. 1029. L. 751 ist die oben beschriebene, im Gen *i-Lath* heterozygote Linie. L. 1029 stammt aus Kr. 743:
L. 490 aus Kr. 60: (L. 6 aus *umbellatum* × L. 110 aus Roi des gourmands),
× Linie 741 aus Kr. 272: (L. 234, ein Findling, s. o. × L. 241 aus Goldfähnchen). L. 751 ist *Le a I Fs u Tra Gp con V Fa fas D/lac* und L. 1029
ist *le A i fs Ust tra gp Con v fa Fas d Lac*. Diese Kreuzung wurde ausgeführt, teils um die Manifestation des Genallels *i-lac* zusammen mit verschiedener genotypischer Konstitution kennen zu lernen, teils um womöglich die Lage von *i-Lac* in den Chromosomen festzustellen (s. L.
1956 d).

Die F_1 war normal fertil und zeigte die auf Grund der genotypischen Konstitution der Elternlinien erwarteten Merkmale. Es wurden zwei F_2-Generationen mit zusammen 1240 Samen gesät (1955 und 1956). Auch eine F_3 nach Samen von in F_2 in *i-Lac* spaltenden Familien wurde untersucht. Das Gen *i-Lac* zeigte folgende Spaltungen:

$$F_2: \quad 762 \; \textit{i-Lac} : 210 \; \textit{i-lac}; \; \mathrm{D/m} = -2{,}38$$
$$F_3: \quad 261 \; \textit{i-Lac} : 92 \; \textit{i-lac}; \; \mathrm{D/m} = +0{,}46$$

$$F_2 + F_3: 1023 \; \textit{i-Lac} : 302 \; \textit{i-lac}; \; \mathrm{D/m} = -1{,}81$$

Wie ersichtlich, war in F_2 noch ein deutliches Defizit an *i-lac*-Individuen vorhanden, während die Spaltung in F_3 ganz ungestört verlaufen ist.

Die Koppelungsuntersuchungen haben gezeigt, daß das Gen *i-Lac* im Chromosom I gelegen ist. Es spalteten die Gene A, D und I dieses Chromosoms. Für F_2 und F_3 zusammen wurden folgende Crossover-Werte erhalten:

$$A - D = 39{,}5 \pm 2{,}31\% \qquad A - \textit{i-Lac} = 49{,}1 \pm 2{,}33\%$$
$$A - I = 48{,}9 \pm 2{,}00\% \qquad D - \textit{i-Lac} = 32{,}8 \pm 2{,}85\%$$
$$D - I = 43{,}9 \pm 2{,}14\% \qquad I - \textit{i-Lac} = 39{,}6 \pm 2{,}28\%$$

Diese Werte geben die folgende Koppelungsgruppe:

$$- A \underline{} 39{,}5 \underline{} D \underline{} 32{,}5 \underline{} \textit{i-Lac} \underline{} 39{,}6 \underline{} I \underline{}$$

(Näheres hierüber s. L. 1956 e, p. 188—191).

Was die Ausbildung der *laciniata*-Exmutante betrifft, so konnten in dieser Kreuzung nur die oben bei Kr. 1089 gemachten Beobachtungen bestätigt werden.

Nebenbei sei hier noch erwähnt, daß das Auftreten von Mutanten überhaupt in Kreuzungen mit Spaltung in einer größeren Anzahl von Genen, d. h. bei größerer Heterozygotie, erheblich häufiger vorkommt, als in Material von seit langem reingezüchteten Linien. Eine Erklärung dieser Erscheinung ist nicht leicht zu geben, doch könnte man vermuten, daß die attrahierenden und repulsierenden Kräfte zwischen den Chromatiden bei stärkerer Heterozygotie weniger gleichmäßig wirken, was vielleicht ein gewisses Inzitament für die Auslösung von Mutationen bilden könnte.

Die *laciniata*- und *asplenifolia*-Exmutanten von *Fagus silvatica*

Fagus silvatica L. var. *laciniata* und var. *asplenifolia* LODD. Diese beiden in Parks nicht selten kultivierten Formen seien hier erwähnt, da sie ihren Ursprung mit Sicherheit der Mutation von interspezifischen Genen zu artfremden Allelen zu verdanken haben. Die Abb. 72 zeigt links ein typisches Blatt der *laciniata*-Exmutante, rechts einen Teil eines Zweiges der *asplenifolia*-Exmutante. Beide diese Formen sind vollkom-

men steril, es sei denn, daß ein Zweig zum Normaltyp, d. h. zum arteigenen Allel zurückmutiert hätte (s. u.).

Von der *laciniata*-Exmutante habe ich ein paar sehr große Bäume
(etwa 20 m Höhe) Jahre hindurch in Graz (Austria) beobachten können.
An diesen Bäumen erkennt man sehr deutlich den Ring, der der Pfropf-
stelle des Reises der sterilen *laciniata*-Form entspricht. Das Aufpfropfen
auf eine normale Unterlage ist erforderlich, da eine Fortpflanzung mit

Abb. 72. Die Exmutanten *laciniata* und *asplenifolia* LODD. von *Fagus silvatica* L.
Links ein *laciniata*-Blatt, rechts ein Teil eines Zweiges der Exmutante *asplenifolia*
(letzteres nach HESSELMAN 1911)

Früchten infolge der vollkommenen Sterilität dieser Form nicht möglich
erscheint (betreffs seltenen und nur scheinbaren Ausnahmen s. u.). Die
Bezeichnung *laciniata* wird für diese Form in Arbeiten über Bäume und
Sträucher verwendet; s. z. B. JENSEN, V., PALUDAN, H. K. und SØREN-
SEN, C. TH. 1948.

An den erwähnten beiden *laciniata*-Bäumen konnte ich vor 1964
keine Ausbildung von Infloreszenzen, geschweige denn von Früchten
wahrnehmen. Zu erwähnen ist allerdings, daß meine Beobachtungen je
Jahr zeitlich begrenzt waren, so daß sie z. T. vielleicht zu früh einfielen
um ein Fruktifieren feststellen zu können. Je Jahr wurden sehr viele
Knospen gebildet, die die Sprosse zu neuen *laciniata*-Zweigen darstellten.
Diese *laciniata*-Bäume sind auffallend blattreich.

Von der Rotbuche ist bekannt, daß sie, je nach den örtlichen Verhältnissen, nur alle 5 bis 10 Jahre einmal eine reiche Produktion von Früchten

hat. Im Jahre 1964 aber bildete sowohl der Baum im Stadtpark zu Graz sowie ein ähnlicher neben dem botanischen Garten sehr reichlich sowohl männliche wie weibliche Blüten aus. Eine Untersuchung der Staubgefäße und der Cupulae zeigte aber, daß beide vollkommen steril waren. Die Antheren waren taub, ganz ohne Pollen und von den Früchten waren nur die Fruchtwände vorhanden. Die sonst dickfleischigen Keimblätter fehlten. Hierdurch nahmen die Früchte das in Abb. 73 wiedergebene Aussehen an[1].

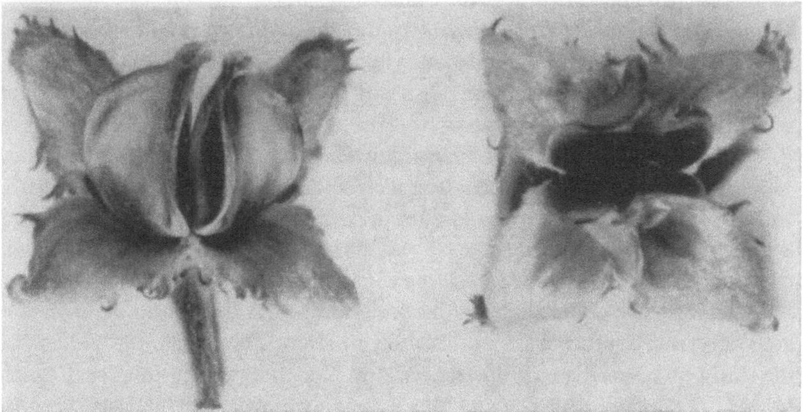

Abb. 73. Offene *Cupulae* mit leeren Früchten der *laciniata*-Exmutante von *Fagus silvatica* L.

Dieses Verhalten der *laciniata*-Buchen stimmt ganz mit mehreren der von mir studierten Exmutanten einjähriger Pflanzen überein. Auch bei diesen wird häufig Androeceum und Gynoeceum ausgebildet, aber beide sind, vorausgesetzt daß keine Rückmutation zum arteigenen Gen-allel stattfinden, vollkommen steril.

Wie schon früher erwähnt, ist diese Rückmutation zum arteigenen Allel eine immer zu beobachtende Erscheinung bei interspezifischen Genen, und dies trifft vor allem am Gipfel der Pflanzen ein. In erster Linie läßt sich dies in der Blütenregion erkennen. *Fagus silvatica* var. *laciniata* und var. *asplenifolia* machen hiervon keine Ausnahme. Mit Hinblick auf die wenigen und sehr großen *laciniata*-Bäume, die ich gesehen habe, besteht natürlich keine Sicherheit, daß im Gipfel dieser Bäume nicht Rückmutationen zum Normaltyp vorgekommen sind. HESSELMAN (1911) sagt indessen, daß für *laciniata*-Buchen seit langem bekannt ist, daß sie zur ganzblättrigen Form zurückschlagen und daß dies besonders bei den oberen Zweigen der Krone der Fall ist.

---

[1] Für freundliche Hilfe sowohl beim Einsammeln wie beim Untersuchen bin ich Univ.-Prof. Dr. F. WIDDER, Graz, zu großem Dank verpflichtet.

Über den *asplenifolia*-Typ (s. Abb. 72 rechts) berichtet HESSELMAN (l. c.) folgendes. Diese Exmutante ist nicht nur durch die stark abweichende Form ihrer Blätter charakterisiert, sondern auch der ganze Habitus derselben ist abweichend. Die beiden schönen von HESSELMAN in Ronneby, Provinz Blekinge in Schweden, beobachteten Exemplare waren etwa 40 Jahre alt, aber nur ungefähr 7 m hoch. Die Verzweigung war außerordentlich dicht. Auch sind sie wie die *laciniata*-Exmutanten auf normale Buchen gepfropft. Sie sind vollkommen steril. In einem der reichsten Bucheckernjahre in Schweden, 1909, waren die normalen Buchen in Ronneby von Früchten ganz beladen, während die *asplenifolia*-Bäume gar keine Früchte entwickelt hatten.

HESSELMAN berichtet dann, daß auf den *asplenifolia*-Bäumen immer wieder ganzblättrige Zweige aufgetreten sind. Diesbezüglich sagt er (l. c. p. 191) „Bei den ganzblättrigen Zweigen treten nie *asplenifolia*-blättrige Sprosse auf, sie verhalten sich völlig konstant, wachsen kräftig weiter, ihre Sprosse werden dicker als die *asplenifolia*-blättrigen und scheinen auch das Vermögen zu haben, die *asplenifolia*-blättrigen zu unterdrücken". Alles was HESSELMAN an dieser Exmutante beobachtet hat, stimmt, wie ersichtlich, vollkommen mit dem Verhalten der von mir genanalytisch studierten Exmutanten überein. Namentlich gilt dies für das Auftreten von Rückmutationen zum Normaltyp, das in allen Exmutanten im somatischen Gewebe der Pflanze während der Entwicklung in terminaler Richtung zunimmt.

Einzelne Verfasser (zitiert nach HESSELMAN) haben auch berichtet, teils daß vereinzelt eine wurzelechte *asplenifolia*-Buche angetroffen worden ist, teils auch, daß man aus Samen *asplenifolia*-Pflanzen erhalten habe. Diese beiden Erscheinungen stehen vollkommen in Übereinstimmung mit den an Exmutanten gemachten Beobachtungen. Denn die Rückmutationen zum arteigenen Allel eines interspezifischen Gens führen selbstverständlich nicht immer unmittelbar zu Homozygotie, sondern wahrscheinlich zuerst zu Heterozygotie. Auf phänotypisch normalen Zweigen oder Infloreszenzen können daher in dem in Rede stehenden interspezifischen Gen sowohl heterozygote wie homozygote Samen erhalten werden. Und bei der Saat von heterozygoten Samen kommt es dann zu einer Spaltung unter den Nachkommen mit dem Ergebnis, daß wieder Exmutanten auftreten können. Diese Erscheinung konnte von mir an mehreren verschiedenen Exmutanten nachgewiesen werden. Man vergleiche z. B. nur das Ergebnis der oben besprochenen Kreuzungen mit der *lathyroides*-Exmutante. Das für die beiden *Fagus*-Exmutanten geschilderte Verhalten dürfte sicherlich an ähnlichen Exmutanten anderer Bäume und Sträucher auch festzustellen sein. Ähnliche Fälle scheinen bei z. B. *Alnus glutinosa* und *Alnus incana* vorzukommen. Man vergleiche die abnormen Varietäten, die HYLANDER 1957 beschrieben hat. Die für die beiden Exmutanten von *Fagus silvatica* verantwortlichen Gene will ich, trotzdem für diese noch keine regelrechte Spaltung nachgewiesen ist, mit den Symbolen *i-lac* und *i-asp* belegen. Direkte genanalytische Untersuchungen dürften wegen der langen Ontogenese wohl noch auf sich warten lassen.

Meiner Ansicht nach ist es als erstaunlich zu bezeichnen, daß sowohl Genetiker wie am Artbegriff interessierte Systematiker an solchen sterilen Varietäten vorbeigegangen sind ohne der Frage irgendwie nachzugehen, wieso ausschließlich die Veränderung der Blattform eine solche Wirkung auf die Ausbildung der floralen Teile sowie auf die Fertilität haben kann. Daß tief eingeschnittene bzw. schmale Blätter an und für sich, z. B. als pleiotrope Wirkung eines einzelnen intraspezifischen Gens vollkommene Sterilität bedingen könnten, muß wohl als ein absurder Gedanke betrachtet werden. Gibt es doch zahlreiche Spezies mit tief eingeschnittenen bzw. schmalen Blättern und normaler Fertilität. Ich erwähne z. B. *Aconitum commarum* L., *Ranunculus acris* L. und *polyanthemus* L., *Sisymbrium altissimum* L., *Saxifraga groenlandica* L., *Potentilla multifida* L., *Artemisia absinthium* L. usw., die alle tief eingeschnittene Blätter besitzen.

Im Zusammenhang hiermit ist zu beachten, daß stärker von den für eine Art charakteristischen Merkmalen im vegetativen Teil abweichende Veränderungen allein niemals zu der Annahme berechtigen, daß es sich um die Wirkung eines artfremden Allels eines interspezifischen Gens handelt. Man kann binnen derselben Art ähnliche Merkmale antreffen, von denen das eine durch Rezessivität in einem intraspezifischen Gen, das andere durch die Wirkung eines interspezifischen Gens bedingt wird. Im ersteren Fall herrscht Fertilität, im letzteren vollkommene Sterilität. Ich erwähne z. B. die var. *incisum* Post von *Pisum* mit tief eingeschnittenen Blättchen und normaler Fertilität, während die Exmutante *laciniata* von *Pisum* vollkommen steril ist. Ganz Analoges läßt sich bei *Pisum* für Schmalblättrigkeit feststellen. Eine gewisse Genenkombination für den Längen/Breiten-Index gibt sehr schmale Blättchen. Praktisch genommen dasselbe Merkmal wird bedingt durch Rezessivität in einem interspezifischen Gen (s. L. 1959 u. u.). Im letzteren Fall herrscht vollkommene Sterilität, im ersteren normale Fertilität, wobei natürlich von einer Herabsetzung des Samenertrages infolge der starken Verminderung der assimilierenden Fläche abgesehen werden muß.

Das absolut eindeutige Charakteristikum der interspezifischen Gene ist eben, daß mit einer von ihrem artfremden Allel bedingten Veränderung im vegetativen Teil der Pflanze stets vollkommene Sterilität und mehr weniger starke Veränderungen im floralen Teil folgen. Ausschließlich auf Grund einer morphologischen Veränderung im vegetativen Pflanzenteil kann aber niemals auf die Wirkung eines artfremden Allels eines interspezifischen Gens geschlossen werden. Es sei an die oben erwähnten schmalblättrigen Varietäten von *Pisum* erinnert (s. L. 1959), von denen die eine durch eine Kombination gewisser intraspezifischer Gene, die andere, die überdies vollkommen steril war, durch die Wirkung eines artfremden Allels eines einzigen interspezifischen Gens bedingt wird.

Gleichwie die oben besprochenen *Fagus*-Exmutanten zeigen auch alle übrigen bisher untersuchten Exmutanten als stetes Charakteristikum das Rückmutieren des artfremden zum arteigenen Allel des betreffenden interspezifischen Gens im somatischen Gewebe. Eine Übersicht wird unten folgen.

Nicht selten sind aber auch intraspezifische Gene bekannt geworden, die im vegetativen Teil der Pflanze anscheinend artfremde morphologische Veränderungen hervorrufen, aber keinerlei Einfluß auf die Fertilität haben. Solche Gene spalten auch normal monogen. Bei *Pisum* können als Beispiele die Gene *Tl* und *Coch* angeführt werden. Rezessivität in *tl* gibt den *Acacia*-Typ mit allen Ranken in Blättchen umgewandelt (vgl. Abb. 64). Bei einer Bestimmung dieser *Pisum*-Varietät mit Hinblick ausschließlich auf die Blattgestaltung gelangt man zu den *Astragalae*. Rezessivität im Gen *Coch* (s. WELLENSIEK 1959 und 1962) bedingt eine löffelähnliche Umformung der Stipel, die überdies an einem langen Stiel sitzen. Aber bei keiner von diesen beiden Mutanten handelt es sich um die Wirkung eines interspezifischen Gens. Beide sind auch normal fertil.

Die *unifoliata*-Exmutante von *Pisum*

Es ist dies die erste von mir veröffentlichte Exmutante (s. L. 1933). Diese Exmutante wurde von G. ERIKSSON (1929) in einer in züchterischer Absicht ausgeführten Kreuzung zwischen den schwedischen Erbsensorten Stens und Concordia angetroffen. ERIKSSON fand in F_3 und F_4 eine annähernd monogen rezessive Ausspaltung dieser Exmutante. Selbst hatte ich diese seit 1930 in Kultur. Es bestehen sehr starke Abweichungen von der normalen *Pisum*-Morphologie. Diese betreffen 1. die Form der Blätter, 2. die Verzweigung der Blütenstände und 3. die Blütenelemente.

Die Blätter fast sämtlicher Varietäten der Erbse sind paarig gefiedert und mit 2 bis 4 Paar Blättchen sowie 2 bis 4 Paar Ranken samt einer Terminalranke. Nur bei Rezessivität im Gen *tl* sind sämtliche Ranken in Blättchen verwandelt. Die *unifoliata*-Exmutante wird durch Rezessivität im interspezifischen Gen *i-uni* bedingt. Bei den *i-uni*-Pflanzen sind die Blätter im allgemeinen nicht gefiedert. Die meisten Blätter sind einfach, wie dies Abb. 74 zeigt. Ab und zu kommen zwei- und dreiblättrige, ganz selten auch vier- und fünfblättrige vor. Bei diesen gehen also die Blättchen von einem Punkt am Ende des Blattstieles aus. In Kreuzungen sind vereinzelt auch Pflanzen vorgekommen, bei denen außer einfachen

Blättern auch solche mit einem bzw. zwei Paar Blättchen vorgekommen sind (s. L. 1933 und 1933 a). Sämtliche *i-uni*-Pflanzen hatten aber zum größten Teil immer einfache Blätter.

Die Blütenstände der gewöhnlichen Erbse haben ein, zwei, drei und selten mehr seitlich abgehende Verzweigungen. Im Zusammenhang hier-

Abb. 74. Zwei Pflanzen der *unifoliata*-Exmutante von *Pisum*

mit sind die Infloreszenzen ein-, zwei-, drei- oder zuweilen auch mehr-blütig. Diese Merkmale entsprechen den Genkombinationen $Fn\,Fna$, $Fn\,fna$, $fn\,Fna$ und $fn\,fna$; die erste entspricht dem einblütigen, die zweite und dritte dem zweiblütigen und die vierte dem drei- und mehrblütigen Typ. Bei den *i-uni*-Pflanzen zeigt die Infloreszenz nach der ersten Ver-zweigung in zunehmend kürzer werdenden Abständen wiederholte Ver-zweigungen. Ihre Anzahl kann 60 und mehr erreichen und sie liegen so dicht, daß ein köpfchenähnliches Gebilde entsteht. Die Art der Verzweigung in diesem Blütenstand entspricht am ehesten der in einer Trugdolde. Abb. 75 a zeigt das Aussehen von zwei solchen „Blütenständen". In Abb. 74 links ist die obere Hälfte einer *i-uni*-Pflanze abgebildet. Das Aussehen ist ein sehr eigentümliches und für *Pisum* fremdartig.

Diese „Blütenstände" enthalten keine Kelch-, Blumen- oder Staubblätter, sondern sie bestehen durchweg aus kleinen grünen Blättchen. Bei
flüchtigem Zusehen könnte man annehmen, daß es sich um einen beson-

Abb. 75. Das Aussehen der Infloreszenzen und der Blütenteile der *unifoliata*-Exmu-
tante von *Pisum; a* Stammteil mit zwei Blütenständen, *b* Kelch- und Blumenblätter,
c das Pistill, *d* pistilloid umgebildetes Staubgefäß

deren Fall von Verlaubung, um eine Umwandlung sämtlicher Blütenelemente in blattartige Gebilde handelt. Eine genauere Untersuchung
zeigt indessen, daß hier ein extremer Fall von Pistilloidie vorliegt. Sämtliche Blütenteile sind mehr oder weniger stark pistilloid umgebildet.
Zwei verschiedene Typen können aber unterschieden werden.

Der eine Typus besteht aus dünnen spitzen Blättchen, die im allgemeinen länger als die übrigen sind. Die längsten von diesen ragen aus den köpfchenähnlichen Gebilden vor (s. Abb. 75 a). Sie sitzen an den Kelchblättern entsprechenden Stellen und zum Teil in unmittelbarer Nähe der Verzweigungspunkte. Wahrscheinlich handelt es sich um umgebildete Kelchblätter, z. T. möglicherweise auch um Hochblätter. Die Ränder dieser Blättchen sind meist nach innen umgebogen, zuweilen sind sie sogar teilweise miteinander verwachsen und oft findet man an den umgebogenen Stellen der im übrigen offenen Blättchen gut ausgebildete Samenanlagen. Abb. 75 b zeigt ein solches Blättchen.

Der zweite Typus besteht durchweg aus mehr oder weniger unvollkommen ausgebildeten Pistillen. Sämtliche diese Gebilde haben aber ihren ursprünglichen Charakter vollkommen verloren, wenn man von dem jeder Blüte zukommenden Pistill absieht. Aber auch dieses hat hier annähernd gleiches Aussehen wie die übrigen pistilloiden Gebilde und kann daher nicht mehr als solches erkannt werden. Hätten die in den Köpfchen vorhandenen Knäuel von pistilloiden Gebilden den Plan im Bau der *Pisum*-Blüte beibehalten, so könnten die verschiedenen Blütenelemente an ihrer Lokalisation wiedererkannt werden. Dies ist hier aber nicht der Fall, denn sowohl die Anzahl wie die Lokalisation der Blütenelemente wird durch die auch in den Knäueln auftretenden wiederholten Verzweigungen gestört. Die an den äußersten Verzweigungspunkten auftretenden pistilloiden Gebilde haben eine Länge von kaum $\frac{1}{2}$ mm. Das Aussehen dieser Gebilde geht aus Abb. 75 d und e hervor. Den häufigsten Typus repräsentiert Abb. 75 d. Zwischen diesem und c sowie e gibt es alle Übergänge. Abb. 75 e ist ein offenes Pistill. An dem einen Fruchtblattrand sitzen drei Samenanlagen, am anderen eine. Abb. 75 c ist stark vergrößert, in natürlicher Größe jedoch nur etwa 6 mm lang, also bedeutend kürzer als ein normales Pistill von *Pisum*, von dem es sich übrigens auch durch den vom Fruchtknoten gerade fortsetzenden Griffel unterscheidet. Eine Narbe ist häufig angedeutet, aber niemals deutlich ausgebildet. Zuweilen gewahrt man auch eine schwache Behaarung des Griffels unter dieser (s. Abb. 75 c).

Die Exmutante *i-uni* wurde als Linie Nr. 187 weitergebaut. Die Spaltung war ganz störungsfrei monogen. So spalteten 1931 sechs Familien nach 92 *i-Uni* : 40 *i-uni* mit D/m $= 1{,}41$. 1932 wurden 64 Familien untersucht. Von diesen spalteten 42 und 22 verblieben konstant normal. D/m für 2 : 1 $= 0{,}175$. Im Gen *i-Uni* resultierte

$$849 \; \textit{i-Uni} : 270 \; \textit{i-uni}; \; \text{D/m} = 0{,}675$$

Zu erwähnen ist, daß es unter den *i-uni*-Individuen mehrere gab, die am Gipfel normalisierte Blüten ausbildeten, und einige dieser entwickelten sogar Hülsen mit keimfähigen Samen. Diese entwickelten sich teils zu normalen Pflanzen, teils wieder zu *i-uni* Pflanzen. Im letzteren Fall, der seltener vorkam, hat die somatische Rückmutation zu Heterozygotie der Fortpflanzungsorgane geführt, so daß sowohl *i-Uni-* wie *i-uni-* Gameten ausgebildet worden sind. Für das interspezifische Gen *i-uni* konnte nachgewiesen werden, daß es stark mit M im Chromosom III gekoppelt ist (s. L. 1933 a).

Angesichts der Morphologie der *i-uni*-Pflanzen, einfache Blätter und trugdoldenähnliche Blütenstände, kann man sich fragen, welche Kategorien dieses interspezifische Gen trennen könnte. Mit Hinblick auf die Morphologie europäischer Leguminosen hegte ich lange die Auffassung, daß die Allele dieses Gens verschiedenen Familien angehören könnten. Unter außereuropäischen Leguminosen gibt es aber nun eine Gattung, die teils einfache Blätter, teils razemöse Blütenstände hat. Es ist dies die Gattung *Crotalaria*, zu der u. a. der Bengalische Hanf, *Crotalaria juncea* L. gehört. Daher bin ich nunmehr der Ansicht, daß die *i-uni*-Exmutante eine ausgestorbene Gattung der *Leguminosae* repräsentiert, die mit *Crotalaria* verwandt ist.

Die *tripistillum*-Exmutante von *Pisum*

Diese Exmutante ist in einer Linie der niedrigen Brechmarkerbse Olympia aufgetreten. Letztere, Linie Nr. 206, wurde aus der Kreuzung Roi des Gourmands (hohe Brechzuckererbse) × Witham Wonder (niedrige Markerbse) ausgelesen. Olympia ist *a le r i m u pl v n pa pur*. Habituell wird die hier in Rede stehende Linie von Olympia bei guter Entwicklung überdies wie folgt charakterisiert: Pflanzenhöhe etwa 65 cm, Längen/Breiten-Index der Nebenblätter 2,13 ±0,017, der Blättchen 1,81 ±0,020.

Den Habitus der somatischen Mutante zeigt Abb. 76. Die Pflanze erreichte eine Höhe von nur etwa 30 cm. Wie ersichtlich, geht vom Stengel etwa 2½ cm über dem Boden links ein Zweig ab, der in allen seinen Eigenschaften der oben beschriebenen Linie von Olympia entspricht. Er zeigt normal entwickelte Blüten, Pollen und Hülsenansatz. Kurz oberhalb dieses normalen Zweiges verzweigt sich der Stengel noch zweimal. Die hierdurch entstandenen drei Zweige sind in allen ihren Teilen stark vom ersten Zweig abweichend und können folgendermaßen gekennzeichnet werden.

Die Laub-, Neben- und Kelchblätter haben lanzettliche Gestalt. Für die Blättchen wurde ein von 3,20 bis 3,57 variierender Längen/Breiten-Index erhalten, während dieser für die Olympia-Linie 1,81 betrug. Die entsprechenden Werte für die Nebenblätter sind 3,44 bis 4,37 gegenüber 2,13. Für die Kelchblätter wurden an dem mutierten Teil der Pflanze 3,15 bzw. 4,40 erhalten. Der erste Wert gilt für die beiden „äußeren", stets etwas breiteren, der zweite für die drei „inneren", stets schmäleren Kelchblätter. Die Olympia-Linie hatte demgegenüber die L/Br-Indices 2,36 und 2,70. Relativ waren also die Blättchen und Nebenblätter beim mutierten Teil fast halb so schmal, die Kelchblätter gut ein Drittel schmäler als beim normalen Teil der Pflanze.

Der Bau der Infloreszenz ist vom normalen stark abweichend. Die Infloreszenzachse ist ganz unverzweigt und trägt terminal eine Blüte.

Abb. 76. Die somatische Exmutante *tripi-stillum* von *Pisum*

Abb. 77. Die Blütenelemente der Exmutante *tripistillum* von *Pisum*

Bei normal einblütigen Blütenständen findet man dagegen stets eine Verzweigung. Der Zweig trägt die Blüte, die Fortsetzung der Achse endigt normal ohne Blüte.

Die Blütenelemente (s. Abb. 77) sind mehr oder weniger stark von den normalen abweichend. Fahne und Flügel sind deutlich schmäler als sonst. Stark abweichend sind das Schiffchen, das Androeceum und das Gynoeceum. Die Gestalt des Schiffchens ist von der für *Pisum* charakteristischen ganz fremd. Es besteht aus zwei, gewöhnlich nur einseitig miteinander verwachsenen lanzettlichen Blättchen. Zuweilen waren auch die anderen Ränder mehr oder weniger miteinander verwachsen. Die das Schiffchen bildenden Blättchen zeigten also keine Erweiterung nach oben und bildeten daher auch nicht die charakteristische, schützende Hülle für Androeceum und Gynoeceum.

Das Androeceum besteht aus neun am Grunde mehr oder weniger miteinander verwachsenen Staubblättern und einem zehnten freien. Das sonst regelmäßig ausgebildete Staubfadenrohr war hier also sehr unvollständig. Die Staubfäden sind ungleich lang und tragen zuweilen kaum eine Spur von Staubbeuteln. Diese, wenn vorhanden, sind immer klein, mehr oder weniger verkümmert und enthalten nur untauglichen Pollen, der zum größten Teil aus farblosen, kleinen, geschrumpften Körnern besteht. Nur hin und wieder konnte man etwas gelblichen Inhalt wahrnehmen. Etwa 20 mit diesem Pollen ausgeführte Bestäubungen auf normalen, kastrierten Knospen sind erfolglos geblieben.

Von besonderem Interesse ist die Gestalt des Gynoeceums. Es bestand nicht aus einem einfachen, sondern aus einem dreiteiligen Fruchtblatt (s. Abb. 77). Natürlich könnte der Fruchtknoten auch aus drei, am Grunde miteinander verwachsenen Fruchtblättern bestehend aufgefaßt werden. Die Arten der Familie *Leguminosae* werden aber bekanntlich durch einen einblättrigen Fruchtknoten gekennzeichnet. Der Übergang der „Fruchtblätter" zu den Griffeln erfolgt allmählich und nicht, wie normal, scharf markiert.

Ein Vergleich der morphologischen Umbildung des Gynoeceums bei der *tripistillum*-Exmutante von *Pisum* (Gen *i-tri*) mit analogen Verhältnissen bei u. a. *Phaseolus* ergibt folgendes. Für *Phaseolus vulgaris* konnte vorstehend eine *atrifoliata*-Exmutante mit einfachen, nierenförmigen Blättern beschrieben werden, bei der gleichfalls das Gynoeceum aus drei am Grunde miteinander verwachsenen Fruchtblättern bestand. Sicher erscheint, daß die *Leguminosae* durchweg Träger eines oder einiger Gene sind, die für die Umbildung der meistens geteilten Blätter in ein einfaches Fruchtblatt verantwortlich sind. Sobald nun die Blätter durch die Wirkung eines interspezifischen Gens eine artfremde Morphologie erhalten, sind diese Gene nicht mehr imstande die Umbildung von Blättern in funktionstaugliche florale Teile, hier das Gynoeceum, zu besorgen. Es entstehen funktionsuntaugliche Blütenteile und vollkommene Sterilität. Die interspezifischen Gene für die hier in Frage stehende Umbildung brauchen natürlich nicht in jeder Art zu derselben abnormen Gestaltung der Blütenteile zu führen. Denn die verschiedenen Arten sind ja im übrigen auch nicht Träger derselben Allele von interspezifischen Genen.

So ist bei BLAKESLEES *unifoliata*-Exmutante von *Phaseolus angularis* die Infloreszenz in eine Anhäufung kleiner Knospen verwandelt, die sich nicht weiter entwickeln, sondern bald abfallen. Bei der *unifoliata*-Exmutante von *Phaseolus coccineus* (RIESER 1924), die auch einfache Blätter hatte, waren sowohl Gynoeceum wie Androeceum ganz verlaubt. Bei der *tripistillum*-Exmutante von *Pisum* hatte die artfremde Gestaltung des Blattes die Ausbildung eines dreiteiligen Gynoeceums zur Folge, das aber am Grunde eine viel stärkere Verwachsung zeigte als die *atrifoliata*-Exmutante von *Phaseolus vulgaris*.

Die bei der *tripistillum*-Exmutante beobachtete Dreiteilung des Gynoeceums betrachte ich mit Hinblick auf die Umbildung aus einem Laubblatt für einen starken Beweis dafür, daß der Bauplan des *Pisum*-Blattes dreiteilig ist, bestehend aus den beiden Stipeln und dem paarblättrigen mittleren Blatteil. Dies scheint mir auch mit Bestimmtheit dafür zu sprechen, daß die Stipel als grundständige Blättchen aufzufassen sind. Diesbezüglich sind die Ansichten geteilt gewesen; man vergleiche H. GLÜCK 1919.

Die *inflorescentia-conversa*-Exmutante von *Pisum*

Diese Exmutante spaltete in F_2 meiner Kreuzung Nr. 1238 in zusammen drei Familien, die von einer einzigen Befruchtung herstammen, monogen rezessiv aus. Das Spaltungsverhältnis des hierfür verantwortlichen Gens *i-Inc* war: 109 *i-Inc* : 30 *i-inc* mit D/m = —0,93. Die *inflorescentia-conversa*-Exmutante wird demnach durch Rezessivität in einem einzigen Gen bedingt. Die drei wichtigsten Merkmale dieser Exmutante sind:

1. Anstatt Infloreszenzen sitzen in den Blattachseln Stammverzweigungen mit stark verkürzten Internodien.

2. Sämtliche Blättchen sind an der Basis mehr oder weniger stark trichterförmig verwachsen.

3. Es besteht vollkommene Sterilität, wenn von Rückmutationen an terminalen Stellen der Zweige bzw. des Stengels abgesehen wird.

Abb. 78 zeigt den Habitus einer *i-inc*-Pflanze. Die in Kreuzung Nr. 1238 in F_2 ausgespaltenen Exmutanten waren einheitlich hoch, *Le*. Es spaltete aber das Gen *St*, das in rezessiver Form die Stipel stark reduziert. *st*-Stipel sind zungenförmig und ihre Oberfläche erreicht bei i. ü. gleicher genotypischer Konstitution für die Blattgröße kaum mehr als ein Zehntel der von *St*-Stipeln. Um die in diminutive Stammverzweigungen umgewandelten Blütenstände besser zeigen zu können, ist in Abb. 78 eine *st*-Pflanze abgebildet. Bei *St*-Individuen würde ein beträchtlicher Teil der diminutiven Stammverzweigungen verdeckt werden.

Die Pflanze in Abb. 78 zeigte etwa 18 diminutive Verzweigungen des Stengels. Ein paar sich nicht weiter entwickelnde Knospen sind an diesen vorhanden. Solche werden vor allem am Gipfel der Hauptstämme ausgebildet, und in einem Teil von diesen entwickeln sich auch kleine bis mittelgroße Hülsen mit Samen. Ganz dieselbe Erscheinung ist auch terminal an den diminutiven Zweigen zu beobachten. Diese Ausbildung von Hülsen und Samen beruht, wie bei allen Exmutanten bisher festgestellt, auf einer Rückmutation des artfremden Allels des interspezifischen Gens *i-inc* zum arteigenen. Fallweise erhaltene Samen waren im Gen *i-Inc* entweder homozygot oder heterozygot, was sich im Verhalten der Nachkommen bekundigte. Die erwähnten Verzweigungen der Stengel sind zum Teil sehr klein, nur 5 bis 10 mm lang, meistens gekrümmt und verkümmert aussehend, wie am unteren Teil der Pflanze in Abb. 78 links zu sehen ist.

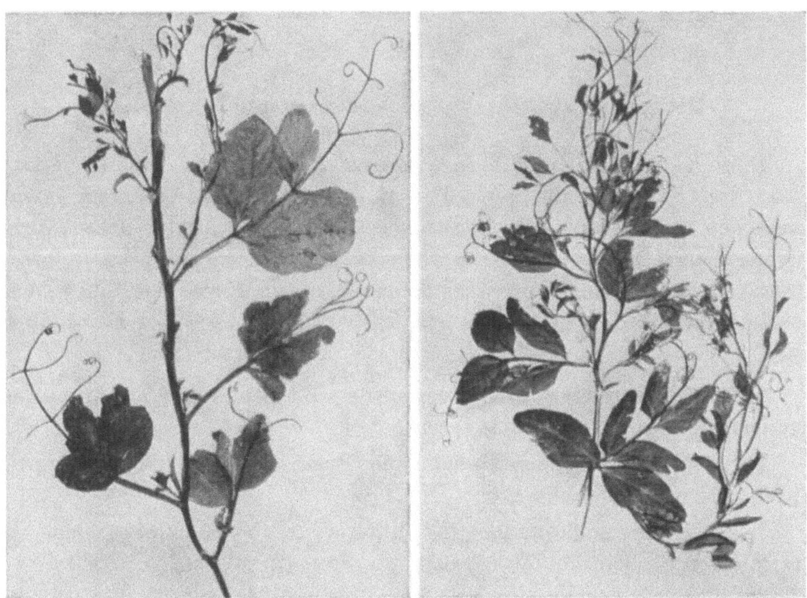

Abb. 78. Der Habitus der *inflorescentia conversa*-Exmutante von *Pisum*. Unterer und oberster Teil einer Pflanze

Die Variation der Pflanzenhöhe sowie die des Baues von Haupt- und Nebenstengel ist dieselbe wie bei normalen Individuen. Dasselbe gilt auch für Anzahl und Länge der Internodien. Die Pflanzenhöhe erreicht durchschnittlich 110 cm, variierend von 90 bis 135 cm. Die mittlere Anzahl der Internodien des Hauptstammes beträgt 22 bis 23, die der normalen Zweige 15 bis 16. Die größte Internodienlänge wird am Hauptstamm beim 10. bis 12. Nodus mit etwa 71 mm erreicht, auf den Zweigen schon beim 4. bis 6. mit ungefähr 80 mm.

Eine ganz entsprechende Untersuchung wurde an den *i-inc*-Zweigen ausgeführt. An etwa einem Achtel der *i-inc*-Zweige trat noch ein kleinerer akzessorischer Zweig auf. Die mittlere Anzahl Internodien der *i-inc*-Zweige betrug 6,9 und ihre mittlere Länge nur 20,8 mm. Die akzessorischen *i-inc*-Zweige hatten durchschnittlich 3,3 Internodien mit einer mittleren Länge von 5,5 mm. In bezug auf eine eingehende, mit reichlichem Zahlenmaterial versehene Untersuchung s. L. 1958.

Die Blätter und Nebenblätter der Exmutante zeigen folgende Merkmale. Die Anzahl Blättchen variiert von 1 bis 3 Paar; am häufigsten findet man 1 bis 2 Paar. Die Ränder der Blättchen sind an der Basis immer trichterförmig miteinander verwachsen. Hiervon wurde keine sichere Ausnahme gefunden. Aber der Trichter ist gewöhnlich recht kurz, bei den normalen Blättchen von 1 bis etwa 10 mm variierend. Bei den Blättchen der diminutiven Stengelverzweigungen ist er entsprechend kleiner, zuweilen kaum erkennbar. Abb. 79 zeigt Blättchen mit sehr deutlich ausgebildetem, längerem Trichterrohr. Man vergleiche auch Abb. 78.

Die Nebenblätter dieser Exmutante zeigen eine mehr weniger auffallende Asymmetrie und dies gilt sowohl für die nichtreduzierten *St-* wie für die reduzierten *st-* Stipel. Für erstere zeigt

Abb. 79. Zweig und Blättchen der *inflorescentia conversa*-Exmutante von *Pisum* mit deutlich trichterförmiger Basis

dies Abb. 79 links. Die Asymmetrie der *st*-Nebenblätter ist gut in Abb. 78 links unter der Mitte zu sehen. Das eine Nebenblatt ist nicht selten 2- bis 3mal so groß wie das andere.

Die Blüten, soweit solche am Gipfel der Pflanze oder an den äußersten Teilen der *i-inc*-Zweige ausgebildet sind, zeigen von den normalen mehr oder weniger abweichende Beschaffenheit. Blüten werden bei dieser Exmutante überhaupt nur am Gipfel oder an den terminalen Teilen der *i-inc*-Zweige ausgebildet. Von 283 *i-inc*-Zweigen war an 76 die eine oder andere Knospe bzw. Blüte, zuweilen auch mit einer kleinen, nie vollentwickelten Hülse, vorhanden. Diese Blüten traten in erster Linie an den am besten entwickelten *i-inc*-Zweigen auf. In drei Fällen gab es auch an akzessorischen Zweigen Blüten. In diesen drei Fällen waren aber beide *i-inc*-Zweige fast gleich gut ausgebildet, mit den Internodienzahlen 6 bzw. 5, 6 bzw. 5 und 7 bzw. 5.

Die Kelchblätter waren verschieden ausgebildet, meistens ähnelten sie den bei sehr schmalblättrigen Erbsenlinien mit einem Längen/Breiten-Index der Blättchen von etwa 3 anzutreffenden (s. HÄRSTEDT 1950). Auf Grund des L/Br-Index von etwa 1,7 bis 1,8 der Blättchen der Exmutante

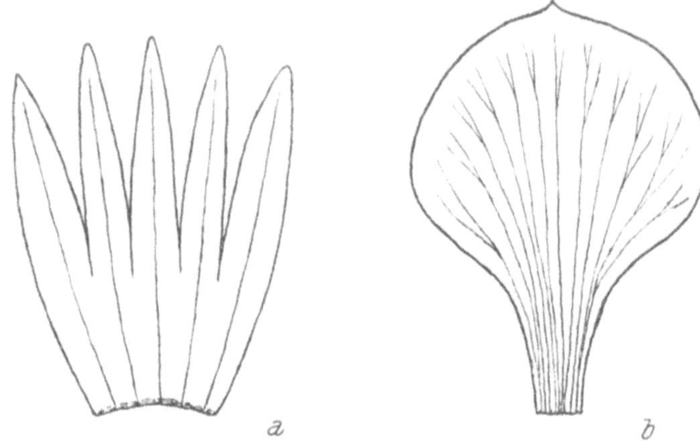

Abb. 80. Die Exmutante *inflorescentia conversa* von *Pisum. a* Kelchblätter (Höhe 11 mm), *b* Fahne (Höhe 13 mm)

wären breitere Sepalen zu erwarten gewesen. Die Länge der Sepalen der Exmutante erreicht etwa das Sechsfache ihrer Breite an der Basis (Verwachsungsstelle). Aber in anderen Fällen wiederum waren die Sepalen bis viel weiter hinauf miteinander verwachsen, so daß sie als scharfe Zähnchen erschienen. Auch ist der Unterschied in der Breite an der Basis zwischen den beiden äußeren und den drei inneren geringer als normal (vgl. Abb. 80 a sowie HÄRSTEDT 1950).

Die Blumenblätter weichen auch vom Normaltyp deutlich ab. Die Fahne ist im Verhältnis zur Länge wenig breit, aber, abgesehen von ihrer geringeren Größe (Länge etwa 6 bis 12 mm), nicht stark abweichend. Die in der Mitte des oberen Randes gewöhnlich vorhandene Einkerbung oder Einziehung fehlt. An ihrer Stelle kann man ab und zu, wie Abb. 80 b zeigt, eine Bespitzung finden.

Die Flügel sind im Verhältnis zu ihrer Länge breit, was auch für das Schiffchen gilt. Dies wird namentlich dadurch verursacht, daß der Stiel von sowohl Flügel wie Schiffchen auffallend stark gekrümmt ist (s. Abb. 81 a und b).

Das Gynoeceum weicht vom normalen vor allem dadurch ab, daß der Griffel vom Fruchtknoten fast in gleicher Richtung wie dieser gerade nach oben fortsetzt, während er sonst einen deutlichen Winkel mit dem Fruchtknoten bildet. Die Narbe und die unter ihr befindliche Behaarung sind schwächer als normal ausgebildet (s. Abb. 81 c).

Das Androeceum hat den üblichen Bau mit neun zu einem Rohr verwachsenen Staubfäden und einem freistehenden, das an der Basis mit

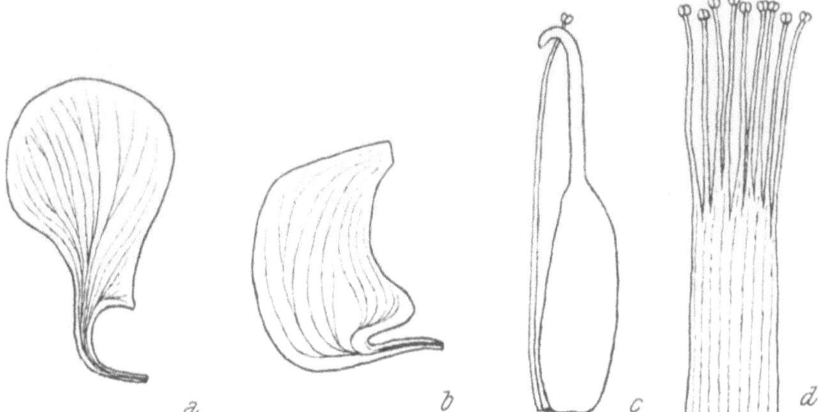

Abb. 81 Die Exmutante *inflorescentia conversa* von *Pisum*. a Flügel (Höhe 10 mm), b Schiffchen (H = 7 mm), c Gynoeceum (H = 12 mm), d Androeceum (H = 12 mm)

dem Gynoeceum verwachsen ist. Die Ansatzstellen der Staubfäden am Staubfadenrohr liegen in etwas ungleicher Höhe, während sie beim Normaltyp in gleicher Höhe abgehen (s. Abb. 81 d). Die Antheren haben die übliche Form, nur sind sie bedeutend kleiner als normal.

Der Pollen hat hinsichtlich Form und Inhalt normales Aussehen. Überraschend war, daß es in den untersuchten Fällen (3 Proben) sowohl normal gelbe, wie blaßgelbe und ganz reinweiße Pollenkörner gab. Es wurden 5 Gesichtsfelder diesbezüglich mit folgendem Ergebnis untersucht: 312 Gelborange + Blaßgelb : 105 Reinweiß; D/m = 0,09.

Die Spaltung im Gen *i-Inc* wurde mit der in weiteren zehn Genen in Kreuzung Nr. 1238 studiert. Von diesen zehn Genen, *B*, *Bt*, *Fs*, *Gp*, *Oh*, *S*, *St*, U^{st}, *Un* und *Wb*, zeigte *Wb* Koppelung mit *i-Inc*, entsprechend einem Crossover von 27,0 ± 4,54%.

Die *infundibulum*-Exmutanten

Über Exmutanten mit an der Basis trichterförmigen Blättchen ist schon früher von zwei Autoren berichtet worden. DELWICHE und RENARD

(1926 p. 25 und 1926 a) beschrieben eine solche Exmutante, die in einer
Familie im Verhältnis 27 normal : 5 mit trichterförmigen Blättchen ausspaltete. Die Exmutante war, da sie überhaupt keine Blüten ausbildete,
ganz steril. Meistens waren nur ein Paar Blättchen, aber dafür umso

Abb. 82. Links Blättchen der *infundi-
buliformis*-Exmutante nach DELWICHE
und RENARD (1926), rechts Blättchen
der Exmutante *laciniata* von *Pisum*
(s. o.)

mehr Ranken vorhanden. Letztere
zeigten auch sekundäre Verzweigungen, eine Erscheinung, die auch bei
meiner *laciniata*-Exmutante hat festgestellt werden können (s. o.). Die
Trichterbildung der Blättchen war
stark ausgeprägt, d. h. sie betraf gewöhnlich ein Drittel und etwas mehr
der Blättchenlänge. Außerdem waren
die Blättchen bei dieser Exmutante
am oberen Rand häufig gekerbt bis
eingeschnitten (s. Abb. 82 links).
Die Stipel waren nicht trichterförmig,
aber stark gekrümmt, mehr oder
weniger schalenförmig.

RASMUSSON (1938 p. 247—250 sowie Abb. 7 und 9) berichtet über die
Ausspaltung genau desselben Typs
nach Röntgenbestrahlung einer Linie
aus der hohen Markerbse Stens. Insgesamt fand er folgende Spaltung:
323 normal : 97 mit trichterförmigen Blättchen; D/m = 0,90. Das
hierfür verantwortliche Gen ist *i-if*, abgeleitet von *infundibulum* = Trichter (s. i. ü. L. 1958 p. 113).

Zusammenfassung von Beobachtungen an Exmutanten mit an der Basis trichterförmigen Blättchen

Vorstehend wurde über vier Exmutanten berichtet, die alle dadurch
charakterisiert waren, daß die Ränder der Blättchen am Grunde mehr
oder weniger röhrenförmig miteinander verwachsen waren. Alle diese
Exmutanten waren steril. An vielen dieser Pflanzen konnte auch das für
alle Exmutanten charakteristische Rückmutieren des artfremden Allels
des interspezifischen Gens zum arteigenen beobachtet werden. Im Zusammenhang hiermit kommt es dann zur Ausbildung von Blüten mit z. T.
auch Hülsen und Samen. Die Nachkommen solcher Samen haben, wie
erwartet, entweder nur normale Pflanzen gegeben oder auch es kam
wieder zu Spaltung im interspezifischen Gen *i-Inc* bzw. *i-Lac*. Über die

von DELWICHE und RENARD sowie RASMUSSON mitgeteilten Fälle liegen diesbezüglich keine Angaben vor.

In allen diesen Fällen mit röhrenförmigem Grund der Blättchen, womit Sterilität folgt, hat man an die schon früher wiederholt erwähnte Abhängigkeit der Wirkung von interspezifischen Genen für die Ausbildung von funktionstauglichen floralen Teilen der Pflanze von den Genen für die arteigene Gestaltung vegetativer Organe zu denken. Die Gene für die Gestaltung des Gynoeceums haben die Aufgabe, das Blatt in ein schlauchartiges Fruchtblatt umzuwandeln. Bekommt das Laubblatt bzw. Blättchen durch die Wirkung eines artfremden Allels schon eine trichterförmige, schlauchartige Basis, so ist das für die Umgestaltung zum Gynoeceum verantwortliche Gen nicht mehr imstande, diese seine Aufgabe durchzuführen. Es entsteht ein steriles Gebilde. Daß es sich in den geschilderten vier Fällen um drei verschiedene interspezifische Gene handeln dürfte, dafür spricht die verschiedene Morphologie der drei Exmutanten *laciniata*, *infundibulum* und *inflorescentia-conversa*.

Kein Zweifel scheint mir darüber bestehen zu können, daß die hier in Frage stehenden interspezifischen Gene *i-lac*, *i-if* und *i-inc*, die alle, wenngleich in verschiedener Gestalt, an der Basis röhren- bis trichterförmige Blättchen ausbilden, höhere Kategorien als Genera trennen. Aber diesbezüglich auch nur einigermaßen Sicheres auszusagen, erscheint nicht gut möglich. Es sei nur daran erinnert, daß dieses Merkmal, am Grunde verwachsene Blätter, in verschiedenen Pflanzenfamilien anzutreffen ist. Bei den stengelumfassenden Blättern ist dies eine allgemeine Erscheinung. Florale Teile schützende Blätter, wie bei *Canna*-Arten, haben bereits ausgesprochene Trichterform. Und schildförmige Blätter haben auch oft einen schlauchförmigen Grund, so z. B. bei *Umbilicus pendulinus* Dc. Ganz schlauchförmige, sich nur im obersten Teil trichterförmig öffnende Blätter hat u. a. *Sarracenia purpurea*. Weitere extreme solche Beispiele finden sich bei den Insektivoren. Indessen braucht man gar nicht erwarten, daß man im rezenten Pflanzenmaterial Arten bzw. Gattungen findet, die durch den oben beschriebenen Blattypus gekennzeichnet sind. Es könnte sich ja ebensogut um ausgestorbene Typen handeln.

Die *breviramosus*-Exmutante von *Pisum*

Die hier in Rede stehende Mutante spaltete in einer F_6-Familie meiner Kreuzung Nr. 398 aus. Diese ist Linie 241 aus der gelbhülsigen Zuckererbse Goldfähnchen × Linie 464, einer hohen Brechmarkerbse, einer Geschwisterlinie zu Apollo. Die F_6-Familie spaltete nach 14 normal : 2 *breviramosus*.

Diese Exmutante kann folgendermaßen gekennzeichnet werden. Habituell fällt vor allem ein großer Reichtum an Blättern und das Nichtaus-

schlagen von Blüten auf. Die Pflanzen erreichen eine Höhe von etwa
einem Meter. Der Stengel erscheint normal. Aber an keinem Nodus desselben entspringt in den Blattachseln eine Infloreszenz, sondern immer
eine Verzweigung. Diese Zweige zeigen einen auffallend abweichenden
Bau. Das erste Internodium ist sehr gestaucht, dick und kurz, gewöhnlich 3 bis 4 cm lang (vgl. Abb. 83 a bis b bzw. bei d). Von dem auf diesem

Abb. 83. Die *breviramosus*-Exmutante von
Pisum. Stammverzweigungen mit gestauch-
tem ersten Internodium, am nächsten Nodus
entspringt ein Miniaturblatt

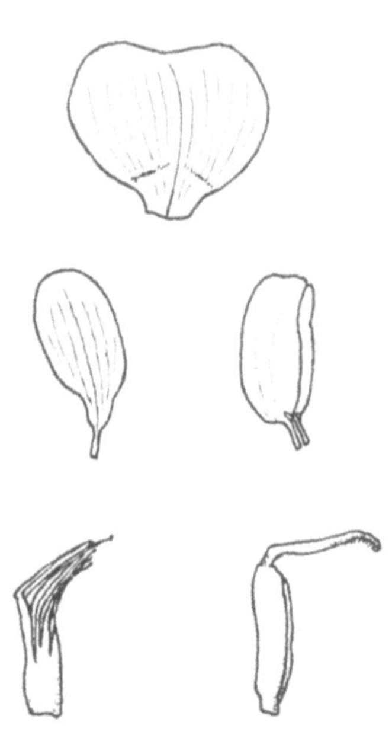

Abb. 84. Die Blütenelemente der
breviramosus-Exmutante von
Pisum

kurzen dicken Internodium folgenden Nodus entspringen nun zwei abweichend gestaltete Nebenblätter, sowie ein langgestieltes Miniaturblatt
(s. oberhalb d bzw. bei c in Abb. 83). Das nächste, auf das gestauchte
folgende Internodium ist wieder normal. Der auf dieses oder auf das
nächste Internodium folgende Nodus trägt nun eine Infloreszenz.

Die Blütenstände haben eine sehr stark verkürzte Achse. Letztere
erreicht gewöhnlich nur eine Länge von 4 bis 6 mm. Sie scheint ganz dem
gestauchten ersten Internodium der Stammverzweigungen zu entsprechen, was den Eindruck einer pleiotropen Wirkung eines Gens hervorruft.

Die Blüten weichen in allen ihren Teilen vom normalen Bau ab. Der
Kelch zeigt verschiedene Größe, hat aber meistens eine Länge von

17 bis 18 mm. Da die Blumenblätter nur 13 bis 14 mm Länge erreichen, werden sie vom Kelch gewöhnlich ganz eingeschlossen. Die Form der einzelnen Blütenteile zeigt die Abb. 84. Sowohl Fahne wie Flügel und Schiffchen zeigen von der normalen abweichende Form. Das Schiffchen hat eine Länge von 9 bis 10 mm und seine beiden Hälften sind nur wenig miteinander verwachsen.

Das Androeceum besteht aus neun mehr oder weniger miteinander verwachsenen Staubblättern und einem freien solchen. Das Staubfadenrohr ist nur in seiner unteren Hälfte vollkommen verwachsen, in der oberen dagegen mehr oder weniger geschlitzt. Die Mehrzahl der Staubfäden ist ohne Staubbeutel, und wenn solche vorhanden sind, erscheinen sie klein und enthalten nur kleine geschrumpfte, blaße und untaugliche Pollenkörner. Das Gynoeceum weicht in der Form vom normalen weniger ab. Es hat etwas geringere Größe und der Fruchtknoten ist infolge mangelhaftem Verwachsens des Fruchtblattes mehr oder weniger offen. Die Narbe ist ganz klein.

Die *breviramosus*-Exmutante ist vollkommen männchen- wie weibchensteril. Sie wird durch Rezessivität in einem interspezifischen Gen bedingt, das mit dem Symbol *i-bre* belegt worden ist.

Die *aphyllus*-Exmutante von *Phaseolus vulgaris*

Es ist dies die Exmutante mit den extremsten mir bekannten Abänderungen der Morphologie einer Pflanze. Sie ist in meinem Material dreimal angetroffen worden. Das erstemal wurde sie durch Röntgenbestrahlung von gequollenen Samen der schwedischen Wachsbohne Expreß mit 8 kg r erhalten. In der X_2-Generation spaltete eine Familie nach 15 normal : 4 *aphyllus*. Ein zweitesmal spaltete sie in meiner Farbentest-Linie Nr. 214, die nur im Grundgen *P* für Testafarbe dominant ist aus. In dieser Linie sind 1958 unter 96 Individuen zwei *aphyllus*-Exmutanten aufgetreten. Das drittemal spaltete sie in meiner Kreuzung Nr. 712 in einer F_3 im Verhältnis 14 normal : 5 *aphyllus* aus. Diese Kreuzung war ausgeführt zwischen Linie 860 aus einer aus Peru stammenden Stangenbohne und meiner Linie 159 aus der Kreuzung Nr. 7 : Linie 29 aus de la Chine × Linie 30 aus Lyonnais. In beiden Fällen von Spaltung waren diese zweifellos monohybrid. Das für die *aphyllus*-Exmutante verantwortliche Gen wurde mit dem Symbol *i-aph* belegt. Eine in *i-Aph* heterozygote Linie, Nr. 598, wurde zu Kreuzungen benutzt (s. u.).

Das Hauptcharakteristikum der *aphyllus*-Exmutante ist, daß von den Laubblättern nur die Primärblätter normal entwickelt sind. Alle übrigen Blätter sind auf kleine, Vorblättern ähnliche Gebilde reduziert. Diese Blättchen sind also einfach und nicht dreiteilig, wie es das *Phaseolus*-Blatt normal ist. Unmittelbar bei oder in den Ansatzstellen der Kotyledonen entspringen Stengel, die sich gleich ein- oder mehrmals verzweigen. Der Stengel oberhalb der Primärblätter verzweigt sich gleichfalls wiederholt; s. die Abb. 85.

Die Infloreszenzen und Blütenteile sind sehr stark umgebildet. Und diese Umbildungen sind verschieden, je nachdem ob man die nach Röntgenbestrahlung oder die aus Kreuzungen ausgespaltenen Exmutan-

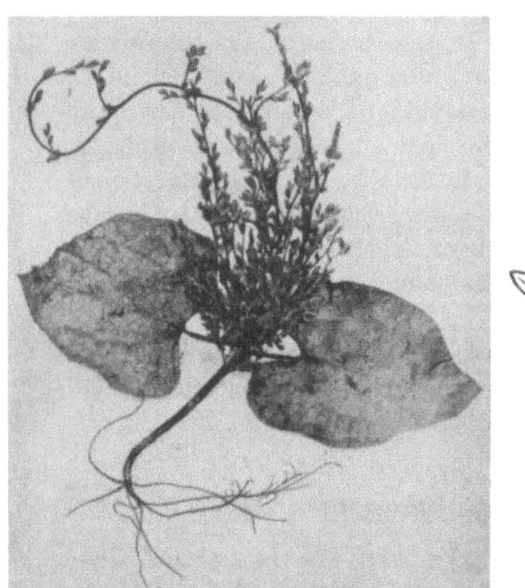

Abb. 85. Gut entwickelte Pflanze der *aphyllus*-Exmutante von *Phaseolus*, ausgespalten in F_2 der Kreuzung Nr. 711

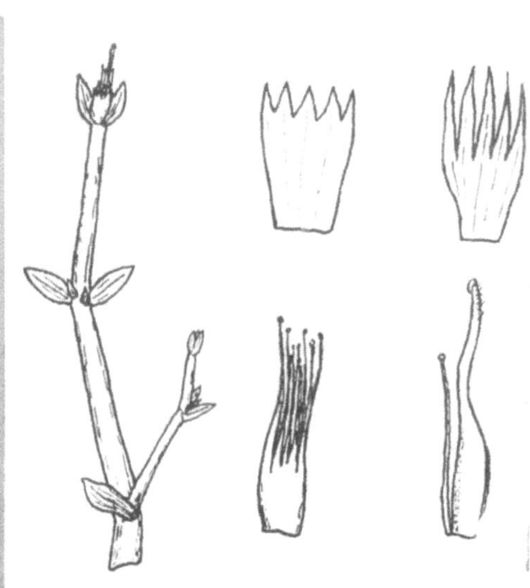

Abb. 86. Die *aphyllus*-Exmutante von *Phaseolus*. Oben Mitte Kelch, rechts die miteinander verwachsenen Blumenblätter, unten Androeceum und Gynoeceum

ten in Betracht zieht. Dies steht ganz in Übereinstimmung mit den früher gemachten Beobachtungen, daß die artfremden Allele von interspezifischen Genen die Manifestation intraspezifischer Gene abändern. So konnte dies bei der *lathyroides*-Exmutante für nicht weniger als 15 Gene nachgewiesen werden (s. o. bei dieser).

Es folgt zuerst die Beschreibung der nach Röntgenbestrahlung erhaltenen *i-aph*-Exmutante. Der Stamm verzweigt sich gleich überhalb der Primärblätter in sehr gestauchte, etwa 1 mm lange Internodien und von jedem dieser geht eine abnorme Infloreszenz aus. Gesamthöhe der Pflanze 12 bis 15 cm. An der Stelle der abgefallenen Kotyledonen ist wie immer eine kleine Narbe (bzw. Knoten) sichtbar (s. Abb. 85). Die Infloreszenzen sind schwach verzweigt. Solche Verzweigungen entspringen dann in den Achseln eines kleinen, vorblattähnlichen Blättchens (s. Abb. 86 links).

Die meisten Blüten sind nur als kleine, 1 bis 2 mm lange Knospen vorhanden. Bei bester Entwicklung erreicht die Länge der Petalen 4,5 mm, die des Androeceums 6,5 mm und die des Gynoeceums etwa 7,5 mm. Der Kelch bildet ein fünfzackiges Rohr (s. Abb. 86 oben Mitte) und ist stark behaart. Fahne, Flügel und Schiffchen sind in ein kelchähnliches Gebilde von gelbgrüner Farbe verwandelt (s. Abb. 86 oben rechts). Die Zipfel des Kronrohres nehmen gut die Hälfte der Länge dieses ein.

Das Androeceum und Gynoeceum (s. Abb. 86 unten) sind länger als die Petalen. Das Androeceum besteht wie sonst aus $9 + 1$ Staubblättern. Die neun Staubfäden sind in ungleicher Höhe zu einem kurzen Rohr verwachsen. Die Krümmung der Staubfäden oberhalb des Rohres fehlt. Die Staubbeutel sind sehr klein, verkümmert und enthalten blaßgelbe, geschrumpfte, funktionsuntaugliche Pollenkörner. Das Pistill ist fast gerade, eine Griffelspirale fehlt ganz. Die Narbe ist klein, zeigt aber etwas an, daß sie auf der Innenseite der Griffelspirale herablaufen würde. Das Fruchtblatt ist offen. Es besteht in beiden Geschlechtern vollkommene Sterilität. Eine Rückmutation ist in diesem Material nicht beobachtet worden, dagegen in einer Kreuzung mit der *aphyllus*-Exmutante.

Meine Kreuzung Nr. 711 wurde ausgeführt zwischen der in *i-Aph* heterozygoten Linie Nr. 598 und einer Linie, Nr. 702, aus der holländischen Perlbohnensorte Fruca. Die ausgespaltenen *i-aph*-Pflanzen variierten etwas, was auf die übrige genotypische Konstitution zurückzuführen ist. Es folgt die Beschreibung gut entwickelter Exemplare.

Abb. 85 zeigt ein gut entwickeltes *i-aph*-Individuum. Die Anzahl und Größe der Stammverzweigungen variiert in Kr. 711 am stärksten. Bei schwacher Entwicklung gibt es etwa 6 bis 10, bei guter weit über 30. Die Kreuzung spaltete nach 329 normal : 98 *i-aph*; $D/m = 0,97$, also ein gutes monogenes Verhältnis. Von den 98 *i-aph*-Individuen zeigte eines eine schöne Rückmutation, indem auf einer links von der Kotyledonenansatzstelle ausgehenden Stammverzweigung unweit deren Basis ein dreiteiliges, abnormes Blatt entspringt. Die zwei seitlichen Blatteile sind groß und von etwa normaler Form. Ihre Blattstiele sind aber sehr kurz. Das mittlere Blatt ist stark reduziert und gekrümmt.

Der in Kreuzung 711 ausgespaltene Typ weicht von dem durch Röntgenbestrahlung erhaltenen hauptsächlich darin ab, daß nicht nur unmittelbar oberhalb der Ansatzstelle der Primärblätter eine reichere Stammverzweigung stattfindet, sondern daß auch bei den Ansatzstellen der Kotyledonen, also 1 bis 2 cm unter denen der Primärblätter, verzweigte Stengel entspringen (s. Abb. 85).

Die Morphologie der Stammverzweigungen zeigt Abb. 87 links. Wie aus den Abbildungen hervorgeht, sind nirgends die für *Phaseolus* charakteristischen dreiteiligen Blätter anzutreffen. Es gibt nur kleine, einfache, morphologisch mit den Vorblättern übereinstimmende Blättchen. Die

Blüten sitzen, wie normal, je eine terminal an einem Blütenstiel und mit zwei Vorblättern an ihrer Basis. Der Blütenstiel soll nun in einer Blattachsel sitzen.

Nun gibt es aber auch Blütenstände mit zwei Blüten, die allerdings meistens nur als Knospen vorhanden sind. Der Stiel, solchenfalls dem-

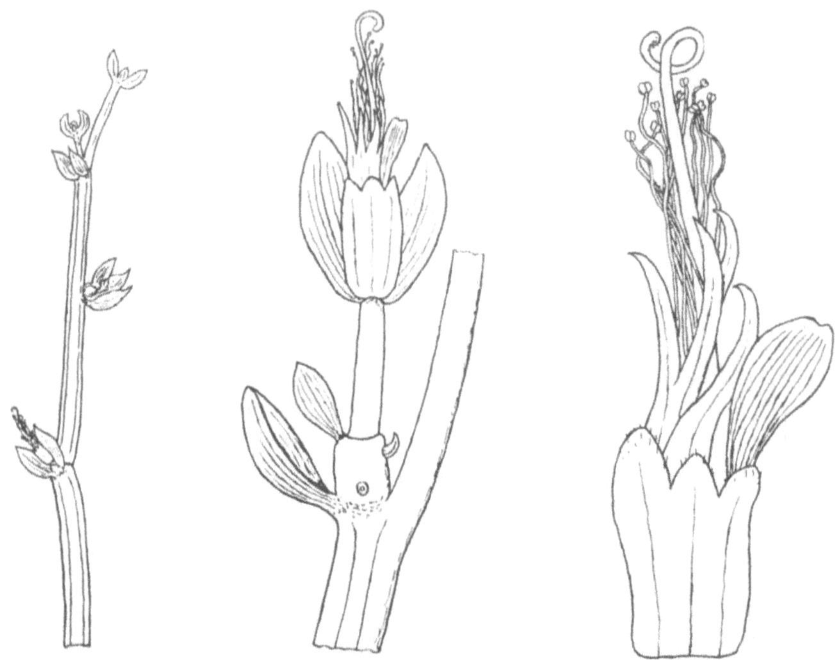

Abb. 87. Die *aphyllus*-Exmutante von *Phaseolus*, ausgespalten in F_2 von Kreuzung Nr. 711. Links ein Stammzweig, Mitte Stammzweig mit Infloreszenz, rechts eine der größten Blüten (Höhe 12 mm)

nach die Infloreszenzachse, sitzt auf einem kleinen Postament, das teils ein kleines Blättchen, teils gewöhnlich zwei kleine Anlagen (s. Abb. 87 Mitte) zu weiteren Stammverzweigungen trägt. Jede dieser Anlagen hat ein kleines Schüppchen (Blättchen) an der Basis und das ganze Postament entspringt, wiederum gestützt von einem einfachen, im Bau mit den Vorblättern übereinstimmenden Blatt. Mit Hinblick auf diese Verhältnisse sind die vielen Verzweigungen oberhalb der Primärblätter zweifellos als Stammverzweigungen anzusprechen. Diese haben meistens 4 bis 6 Nodien, an denen in den Blattachseln weitere, stark gestauchte Stammverzweigungen sitzen (s. Abb. 87, Mitte). Furchung und Behaarung der Stengel entsprechen der auf solchen von normalen Pflanzen anzutreffenden.

Die Blüten verbleiben meistens im Knospenstadium mit einer Länge von 2 bis 5 mm. Selten, wahrscheinlich bei hierfür günstiger sonstiger genotypischer Konstitution, kann die Blüte eine Länge von bis zu 12 mm erreichen. Eine solche zeigt Abb. 87 rechts. Sie ist an ihrer Basis mit Vorblättern umgeben, die hinsichtlich Form mit solchen normaler Pflanzen übereinzustimmen scheinen.

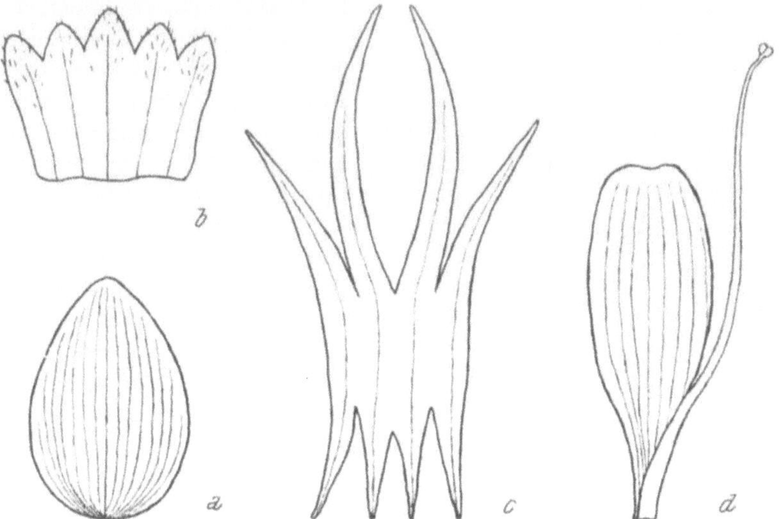

Abb. 88. Die *aphyllus*-Exmutante von *Phaseolus*. *a* Vorblatt, *b* Kelch, *c* die zu einem abnormen Gebilde verwachsenen Flügel und Schiffchenteile, *d* die Fahne mit dem zehnten, gewöhnlich mit der Gynoeceumbasis verwachsenen Staubblatt

Der Kelch zeigt, aufgeschnitten und ausgebreitet, die in Abb. 88 b wiedergegebene Form. In Abb. 87 rechts sieht man aus dem Kelch ein größeres Blättchen herausragen (rechts), das der Fahne entspricht. Die Form dieser ist am ehesten als spatelförmig zu bezeichnen. Die übrigen vier Blumenblätter, normal die beiden Flügel und das Schiffchen bildend, sind in der Mitte miteinander verwachsen, nach unten und obenzu aber aufgespalten (s. Abb. 88 c). Die Länge dieser Verwachsung variiert. Wie ersichtlich, bilden diese Blumenblätter nach oben zu ziemlich lange, mehr weniger gekrümmte Zipfel (s. Abb. 87 rechts).

Das Gynoeceum ist am Grunde offen, bis zum Beginn des Griffels stark behaart (s. Abb. 89). Meist enthält es nur wenige Samenanlagen. Der Griffel bildet oft gar keine oder nur eine undeutliche Spirale aus. Eine Narbe ist angedeutet und, wenn deutlicher erkennbar, auf der Innenseite der Griffelkrümmung liegend.

Das Androeceum besteht, wie normal, aus neun zu einem Rohr verwachsenen Staubfäden und einem zehnten, frei von diesem stehenden.

Die Auflösung des Rohres in die voneinander freien Staubfäden findet gewöhnlich in ziemlich ungleicher Höhe statt (s. Abb. 89). Das zehnte Staubgefäß ist am Grunde sowohl mit der Fahne wie mit dem Gynoeceum verwachsen. Die Antheren sind verhältnismäßig klein und die Pollen körner mehr oder weniger verkümmert, funktionsuntauglich.

Aus der obigen Beschreibung geht hervor, daß die durch Röntgenbestrahlung erhaltene und die in Kreuzung Nr. 711 ausgespalteten *aphyllus*-Exmutanten in ihren vegetativen Teilen praktisch genommen übereinstimmen. Deutliche Unterschiede sind in den floralen Teilen vorhanden. Dies betrifft vor allem den Kelch und die Blumenblätter. Bei der Röntgenmutante ist der Kelch (ausgebreitet) 1½-mal so hoch wie breit und mit fünf spitzen Zipfeln besetzt. Bei der Kreuzungs-Exmutante ist er breiter als hoch und hat etwa gleichbreite, abgerundete Zipfel. Die Blumenblätter sind in beiden Fällen miteinander verwachsen, bei der Röntgenmutante mit fünf tief eingeschnittenen, sehr spitzen Zipfeln, bei der Kreuzungs-Exmutante sowohl am oberen wie am unteren Rand mit nur vier (!) Zipfeln (vgl. Abb. 86 rechts oben und 88 c).

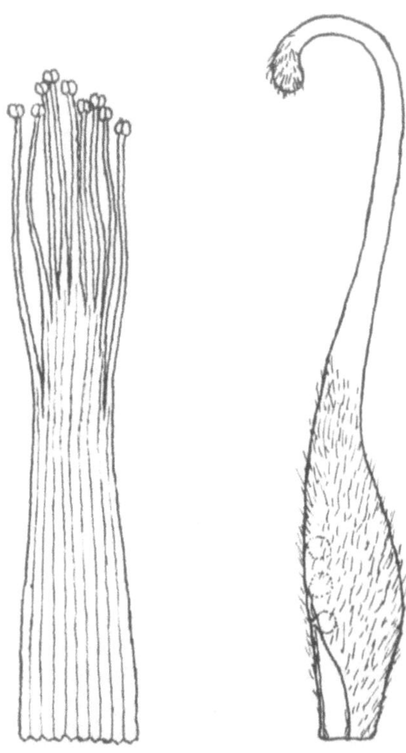

Abb. 89. Die *aphyllus*-Exmutante von *Phaseolus*. Androeceum und Gynoeceum. Das zehnte Staubblatt ist mit der Vexillum-Basis verwachsen (s. Abb. 88)

Wie bei allen Exmutanten hat die durch das Gen *i-aph* bedingte starke Änderung der Morphologie des vegetativen Teils der Pflanze, die Reduktion der dreiteiligen Laubblätter zu vorblattähnlichen Blättchen im floralen Teil erhebliche Umbildungen und vollkommene Sterilität ausgelöst. Was die Rückmutation im somatischen Gewebe zum arteigenen Genallel betrifft, die für alle bisher untersuchten Exmutanten kennzeichnend gewesen ist, so war eine solche bei der *i-aph*-Exmutante mit Hinblick auf die außerordentliche Reduktion der assimilierenden Teile kaum zu erwarten. Es wären hierfür doch reichlich Assimilate für die

Ausbildung der großen Laubblätter erforderlich gewesen. Trotzdem konnte eine solche beobachtet werden.

Sich darüber zu äußern, welche Kategorien das interspezifische Gen *i-Aph* trennt, erscheint natürlich ganz unmöglich. Vielleicht hat es eine ausgestorbene, mit *Sarothamnus* verwandte Gattung mit stark reduzierten und einfachen Blättchen gegeben?

Die *cuneatus*-Exmutante von *Vicia sativa* L.

Diese Exmutante wurde von GELIN (1954) nach Bestrahlung der Samen der bekannten Criewener-Wicke mit 15.000 r erhalten (Samen

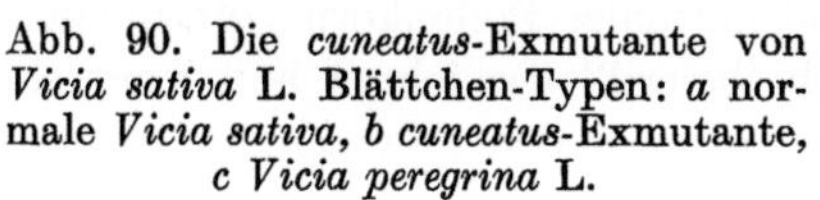

Abb. 90. Die *cuneatus*-Exmutante von *Vicia sativa* L. Blättchen-Typen: *a* normale *Vicia sativa*, *b cuneatus*-Exmutante, *c Vicia peregrina* L.

gequollen). In einer X_2 von 3742 Pflanzen gab es sieben Individuen, deren Blätter durch ganz markant spatelförmige (keilförmige) Blättchen abwichen. Diese Pflanzen waren hochgradig steril, gaben aber in gipfelständigen Blüten doch einige Samen. Aber in den darauf folgenden Generationen entwickelten sich aus diesen Samen nur ganz normale Pflanzen. Die *cuneatus*-Exmutante hat ihre Entstehung zweifellos der Mutation in einem interspezifischen Gen zu verdanken. Dieses soll mit dem Symbol *i-cun* (L. 1959) bezeichnet werden. Die Entstehung von Samen auf dieser sterilen Exmutante ist analog mit schon oben beschriebenen Fällen auf eine somatische Rückmutation im Gen *i-cun* zurückzuführen.

Das interspezifische Gen *i-Cun* fasse ich als zweifellos nur zwei *Vicia*-Arten trennend auf. Die Abb. 90 zeigt links, *a*, ein typisches Blättchen der Elternlinie aus der Criewener-Wicke, in der Mitte, *b*, ist ein solches der *cuneatus*-Exmutante abgebildet. Auch in der europäischen Flora gibt es wenigstens eine *Vicia*-Art mit keilförmigen Blättchen, *V. peregrina* L., die namentlich im Mittelmeergebiet anzutreffen ist; man vgl. Abb. 90 rechts, *c*. Die *i-cun*-Exmutante bildet eine ausgezeichnete Parallele zu der *obovatus*-Exmutante von *Pisum*. Auch bei dieser bestand die Veränderung im vegetativen Teil der Pflanze in einem so einfachen Unterschied wie normal = *ovatus*-Form gegenüber *obovatus*-Form der Blättchen. In beiden Fällen war die Folge vollkommene Sterilität. Wahrscheinlich repräsentiert auch die *cuneatus*-Exmutante eine ausgestorbene *Vicia*-Spezies.

Die *tenuifolia*-Exmutante von *Vicia faba*

Diese Exmutante wurde von SIRKS (1932) in einem Zuchtstamm der Pferdebohne ausspaltend angetroffen. Es konnten leicht heterozygote Linien erhalten werden, mit Hilfe derer die Exmutante am Leben gehalten werden konnte. Es gab nur ein Primärblatt von schmaler, obovater Form. Die Blättchen waren schmal, mit Einkerbungen an den apikalen Enden. Die Blattstellung war unregelmäßig.

Die Blüten sind deformiert, knäuelförmig. Der Blütenstiel ist reduziert, so daß die deutliche Traube des normalen Typus in einen scheinbaren Knäuel umgebildet erscheint. Fahne, Flügel und Schiffchen sind noch zu erkennen, aber in ihrer Ausbildung doch wesentlich gehemmt, so daß eine auffallende Gestaltsänderung vorliegt. Die Staubblätter sind stark rückgebildet mit sehr kleinen nadelkopfgroßen Antheren. Das Gynoeceum scheint ganz verschwunden zu sein. In den Antheren war eine sehr kleine Anzahl anscheinend normaler Pollenkörner vorhanden, weshalb SIRKS diesen Typus als „halbsteril" bezeichnet hat. Versuche mit diesem Pollen eine Befruchtung auf normalen Pflanzen zu erreichen schlugen indessen fehl, so daß diese Exmutante gleich wie alle anderen vollkommen steril ist, wenn nicht terminal somatische Rückmutationen sich geltend machen können.

SIRKS fand sehr schöne monogene Spaltung; nach einer Anzahl spaltender F_2-Familien gaben die Nachkommen 1075 normale : 369 *i-ten*-Exmutanten. Von besonderem Interesse ist hier zu erwähnen, daß die im Gen *i-Ten* Heterozygoten von den normal Homozygoten unterschieden werden können. Der Blattyp der Heterozygoten konnte von dem der Homozygoten dadurch unterschieden werden, daß die Blättchenanzahl zunahm und der gemeinsame Blattstiel geringere Ausbildung zeigte. Diese Möglichkeit, die in einem interspezifischen Gen Heterozygoten von den Homozygoten zu unterscheiden, war für die Hybriden beider vorstehend besprochenen Artkreuzungen der Gattungen *Chrysanthemum* und *Phaseolus* kennzeichnend, während bei den spontan angetroffenen bzw. durch Bestrahlung erhaltenen Exmutanten die Heterozygoten mit den dominant Homozygoten praktisch genommen übereinstimmten. Zu bedenken ist allerdings, daß die Anzahl genanalytisch genügend studierter Exmutanten bisher eine allzu geringe ist, um sich diesbezüglich ein endgültiges Urteil bilden zu können.

Die *tenuifolia*-Exmutante von *Vicia faba* L. ist als Repräsentant einer mit dieser verwandten, aber rezent wahrscheinlich nicht existierenden Spezies zu betrachten.

Die *gibbifolia*-Exmutante von *Phaseolus vulgaris*

Diese Exmutante wurde vom Verfasser (L. 1945 p. 135) in zwei Familien der bekannten fadenlosen Brechbohne Konserva angetroffen. Es

gab Spaltung nach 28 normal : 5 *gibbifolia*; D/m = 1,31. Nachkommen
dieser Familien spalteten nach 134 normal : 44 *gibbifolia*; D/m = 0,46.
Das hierfür verantwortliche Gen wird mit *i-gibb* bezeichnet.

Den Habitus dieser Exmutante zeigt Abb. 91. Die sehr charakteristischen Blättchen sind breiter als lang und haben ganz queren Grund. Sie
sind ferner immer stark höckerig gewellt und mehr oder weniger eingerollt. Bedingt wird dies dadurch, daß das Wachstum der Nerven früher
aufhört als das des Gewebes zwischen ihnen.

Abb. 91. Die *gibbifolia*-Exmutante von *Phaseolus vulgaris*. Links Habitus, rechts
ein gepreßtes Blatt

Der Bau der Blüten ist vom normalen nicht sicher verschieden. Die
Staubbeutel enthalten jedoch zu etwa neun Zehntel kleine, leere Pollenkörner. Die übrigen sind mehr oder weniger gefüllt und ein geringer Teil
von diesen, 1 bis 3%, hat normales Aussehen. Aber eine Befruchtung mit
diesen ist nicht gelungen. Auch diese Pollenkörner waren offenbar funktionsuntauglich, obwohl es nicht ausgeschlossen wäre, daß funktionstaugliche Pollenkörner durch Rückmutation entstanden sein könnten.
Interessant ist das Verhalten des Gynoeceums. Ohne daß eine Befruchtung stattgefunden hat, entwickeln sich Hülsen bis zu einer Länge von
5 bis 7 cm. Diese Hülsen sind sehr weichfleischig und fühlen sich wie
Kautschuk an. Der Hülsenansatz ist sehr reichlich. Die Hülsen enthalten
eine normale Anzahl von Samenanlagen, aber keine dieser hat sich zu
Samen entwickelt. Anscheinend im Zusammenhang hiermit bleiben
gibbifolia-Pflanzen bis spät in den Herbst hinein grün.

Die in *i-Gibb* heterozygoten Pflanzen lassen sich von normalen nicht
unterscheiden. Kein Zweifel scheint mir darüber bestehen zu können,
daß es sich um eine durch Rezessivität in einem interspezifischen Gen
bedingte Exmutante handelt. Wahrscheinlich repräsentiert die *gibbifolia*-

Pflanze eine ausgestorbene, vielleicht nicht konkurrenzfähige, mit *Ph. vulgaris* verwandte Spezies.

Über *angustifolia*-Exmutanten bei *Phaseolus*

JOHANNSEN (1909) hat an einer i. ü. normalen Pflanze von *Phaseolus vulgaris* einen schmalblättrigen Zweig gefunden, der seinen Ursprung offenbar einer somatischen Mutation zu verdanken hatte. Der normale Längen/Breiten-Index der Blättchen von etwa 1,3 war bei den Blättchen dieses Zweiges auf 2,4 bis 2,6 erhöht. Es bestand vollkommene Sterilität.

Selbst habe ich (L. 1945) wiederholt eine Ausspaltung von schmalblättrigen Exmutanten sowohl in Kreuzungen binnen *Phaseolus vulgaris*, wie auch in der Artkreuzung *Ph. vulgaris* ×*coccineus* gefunden. Der L/Br-I der Blättchen variierte bei diesen um etwa 3,5. Es gab mehrere

Abb. 92. Eine *angustifolia*-Exmutante aus der Kreuzung *Phaseolus vulgaris* × *Ph. coccineus*

in dieser Hinsicht etwas voneinander abweichende Exmutanten. Die Blüten waren immer stark umgebildet. Kelch- und Blumenblätter waren grün und hatten die Form von Vorblättern. Das Androeceum bestand aus einem Bündel gestauchter Staubblätter und war nur etwa 1 mm lang. Die Antheren waren blaßgelb, die Pollenkörner klein und mehr weniger taub. Narbe und Griffel waren mißbildet und stark gestaucht. Zuweilen wuchs indessen das Fruchtblatt zu einer kleinen, bis höchstens 25 mm langen Hülse aus, ohne daß es aber zu einer Entwicklung von Samen gekommen wäre. Es bestand vollkommene Sterilität.

In der Kreuzung *Ph. vulgaris* × *coccineus* wurden mehrere ähnliche Exmutanten angetroffen. Auch hier war der L/Br-I ungefähr 3,5, weshalb es sich wahrscheinlich um dasselbe interspezifische Gen wie bei der oben erwähnten Exmutante in *Ph. vulgaris* gehandelt haben dürfte. In einer der Artkreuzungen von *Phaseolus*, Nr. 34, wurde eine schöne monogene Spaltung nach 234 normal : 68 *angustifolia* erhalten; D/m = 1,00. In allen Fällen von schmalblättrigen Exmutanten von *Phaseolus* konnten die Heterozygoten nicht von den dominant Homozygoten unterschieden werden. Die Abb. 92 zeigt den Habitus der durch das Gen *i-ang* bedingten Exmutante.

Die *lancifolia*-Exmutante aus der Kreuzung *Phaseolus vulgaris* × *coccineus*

Diese Exmutante ist der *angustifolia*-Exmutante ähnlich, unterscheidet sich aber von dieser stark durch die noch erheblich schmäleren Blättchen. Der L/Br-I dieser variierte von etwa 6 bis 8. Man vergleiche Abb. 93. Auf dieser Exmutante war von Infloreszenzen, die man als solche hätte erkennen können, nichts vorhanden. In den Blattachseln saßen nur ganz unscheinbare Knospen von etwa 1 mm Länge. Es bestand natürlich vollkommene Sterilität. Die Ausspaltung dieser Exmutante war gleichfalls monogen rezessiv. Das hierfür verantwortliche Gen wurde mit dem Symbol *i-lanc* belegt.

Abb. 93. Eine *lancifolia*-Exmutante aus der Kreuzung *Phaseolus vulgaris* × *Ph. coccineus*

Über *angustifolia*-Exmutanten bei *Pisum*

Solche sind von mehreren Autoren angetroffen worden. Diese Exmutanten sind besonders schmalblättrig mit einem L/Br-I von wenigstens 3,4. Sämtliche diese sind durch ein artfremdes Allel eines interspezifischen Gens bedingt und spalten daher monogen rezessiv aus. Sie sind auch alle vollkommen steril, wenn nicht Rückmutation im floralen Teil wieder Fertilität herstellen kann. Hierher gehört meine schon oben eingehend beschriebene *tripistillum*-Exmutante, die durch ein dreiteiliges Gynoeceum charakterisiert ist.

SHAW (1909 in lit.: s. L. 1945 p. 131) fand in einer reinen Linie von *Pisum* Ausspaltung einer auffallend schmalblättrigen Mutante. Der L/Br-I variierte von 4 bis 5. Auffallend war, daß Hülsen ausgebildet wurden, aber diese waren alle offen und ohne Samenentwicklung. Es bestand vollkommene Sterilität.

BATESON und PELLEW (1915) sowie SVERDRUP (1927) beschreiben eine ähnliche, schmalblättrige und weibchensterile Exmutante von *Pisum*. Der L/Br-I der Blättchen variierte von etwa 5 bis 7. Sie waren demnach schon fast lanzettlich. Die Fahne war schmal und in eine Spitze ausgezogen, die Flügel waren gleichfalls schmal und ließen das Schiffchen frei. Das Androeceum war anscheinend normal und es gab jedenfalls funktionstauglichen Pollen (Rückmutation?). Das Gynoeceum war offen und mißbildet, mit hakenförmigem, spitz endigendem Griffel ohne Narbe.

Die Verfasser stellten für diese Exmutante monogen rezessive Ausspaltung fest. Ich habe das hierfür verantwortliche interspezifische Gen mit dem Symbol *i-ang* belegt (s. L. 1959).

Eine *oblongus*-Exmutante von *Trifolium hybridum*

Eine solche wurde von JULÉN (1956) folgendermaßen beschrieben. Die abnormen Pflanzen waren ausgesprochen schmalblättrig, mit einem L/Br-I von etwa 2,5 anstatt normal 1,5. Diese Exmutante spaltete in zwei Kreuzungen aus und gab ein Verhältnis von 43 normal : 7 abnorm. Ich symbolisierte das hierfür verantwortliche Gen mit *i-obl*. Die Fahne ist schmal und verbleibt gefaltet. Auch die übrigen Blumenblätter sind schmal und das Schiffchen ist ganz offen, so daß Androeceum und Gynoeceum frei liegen. Bei Kreuzungsversuchen konnten keine Samen erhalten werden. Aber die 7 abnormen Pflanzen gaben bei freiem Abblühen 4 Samen. Wahrscheinlich haben diese ihre Entstehung einer Rückmutation zu verdanken.

Linearifolia-Exmutanten von *Trifolium pratense*

WITTE (1923) fand eine solche in einer Kreuzung ausspaltend. Während der L/Br-I bei der Normalform von 2 bis etwa 3 variierte, betrug er bei der Exmutante ungefähr 7,8. Die Blüten waren stark verändert. Fahne und Flügel waren schmal und das Schiffchen offener als beim Normaltyp. Der Pollen hatte normales Aussehen, war aber funktionsuntauglich. Es bestand sowohl im Androeceum wie im Gynoeceum vollkommene Sterilität.

Eine zweite *linearifolia*-Exmutante von *Trifolium pratense* wird von SCHWANBOM (1947) beschrieben. Bei den Normalpflanzen hatte das mittlere Blättchen einen L/Br-I von 1,59, bei der Exmutante variierte dieser von 2,81 bis 8,68 und lag im allgemeinen bei 5. Die Blüten waren stark vom Normaltyp abweichend. Die Fahne war spießförmig und auch die Flügel waren sehr schmal. Das Schiffchen war offen, so daß es Androeceum und Gynoeceum nicht schützte. Diese Exmutante war vollkommen steril. Spaltende Nachkommen nach heterozygoten Pflanzen zeigten, daß es sich um ein monogen rezessives Merkmal handelte, aber es gab stets ein Defizit an *linearifolia*-Individuen. Das hierfür verantwortliche Gen wurde von mir mit dem Symbol *i-lin* belegt.

Eine *linearifolia*-Exmutante von *Beta vulgaris*

Eine solche wurde vom Verfasser (L. 1945 p. 137) in einer kleinen Vermehrung aus Elitewurzeln einer Familie von etwa 40 Individuen angetroffen. Es gab drei abnorme Pflanzen. Die Blätter dieser waren ganz ungewöhnlich schmal, nur 1,5 bis 2,5 cm breit, hatten aber i. ü. die gewöhnliche Länge von etwa 30 bis 40 cm, was einen L/Br-I von ungefähr 20 gibt.

Die Infloreszenzen dieser Exmutante fielen auch bei beginnender Reife der normalen Pflanzen noch durch ihre grüne Farbe auf. Die Blüten bestanden aus Knäueln von kleinen grünen Blättchen. Sämtliche Blütenelemente waren in solche umgebildet, es herrschte demnach vollkommene Verlaubung und damit Sterilität. Über Spaltungsverhältnisse kann bei diesem Fremdbefruchter nichts Sicheres ausgesagt werden. Die Exmutante verdankt aber ihre Entstehung wahrscheinlich der Wirkung eines interspezifischen Gens *i-lin*.

Über *filiformis*-Exmutanten von *Lycopersicum esculentum*

Eine solche wurde von SCHIEMANN (1933) in der Sorte Komet monogen rezessiv ausspaltend angetroffen. Die Exmutante hatte ausgesprochen fadenförmige Blätter, indem die Blattspreite bis auf die Mittelrippe reduziert war. Nur weiter nach obenzu konnten wieder teilweise ausgebildete Blattspreiten zutage treten. Die *filiformis*-Exmutante war vollkommen steril. Die Antheren waren verkümmert und häufig wurde überhaupt kein sporogenes Gewebe ausgebildet. Das Gynoeceum ist mehr oder weniger apokarp. Die Karpelle sind unten teilweise, aber ganz unregelmäßig miteinander verwachsen. Die Karpellränder schließen gewöhnlich nicht zusammen, so daß die Samenanlagen frei liegen. Die Griffel sind stark reduziert, oft spiralig eingerollt. Auch auf *filiformis*-Pflanzen scheinen somatische Rückmutationen vorzukommen. Alle diese Angaben deuten in die Richtung, daß es sich bei diesen *filiformis*-Individuen um eine Exmutante, um eine durch ein artfremdes Allel eines interspezifischen Gens bedingte, sterile Form handelt. Das hierfür verantwortliche Gen sei durch *i-fil* symbolisiert.

LESLEY J. W. und M. M. (1929) fanden gleichfalls eine Exmutante von *Lycopersicum*, die sie „wiry" tomato nannten. In einer ihrer Tomatenkreuzungen, Aristocrat × derivative of Santa Clara, fand in F_2 eine rezessive Ausspaltung von Pflanzen mit fadenförmigen Blättern statt. Diese Exmutante spaltete in mehreren Generationen monogen rezessiv aus und war immer vollkommen steril.

Laut SCHIEMANN (l. c.) fand auch W. F. BEWLEY dieselbe Form rezessiv homozygot ausspaltend.

Eine *filiformis*-Exmutante von *Nicotiana tabacum*

HONING (1917) berichtet über die Ausspaltung einer Exmutante von *Nicotiana tabacum* mit fadenförmigen Blättern. In diesem Fall waren die

Heterozygoten intermediär und als solche gut zu erkennen. Aber die homozygot Rezessiven waren stets vollkommen steril. Er erhielt Spaltung nach 704 normal : 1446 heterozygot : 746 abnorm fadenblättrig; D/m für 3 : 1 = 0,94, also eine ganz ungestörte monogene Spaltung.

Über die Beziehungen schmalblättriger Exmutanten zu anderen Arten

Vorstehend wurde eine Anzahl von schmalblättrigen Exmutanten verschiedener Spezies beschrieben. Es waren dies *angustifolia-*, *oblonga-*, *lancifilia-*, *linearifolia-* und *filiformis-*Typen. Allen gemeinsam ist eine mehr weniger starke Reduktion der Breite der Blätter bzw. der Blättchen. Sie sind also durch einen zunehmend höheren Längen/Breiten-Index charakterisiert. Diese Exmutanten repräsentieren andere Spezies, Gattungen oder auch höhere Kategorien.

Nur für eine dieser Exmutanten scheint es mir möglich, eine einigermaßen sichere Beziehung anführen zu können. Es ist dies die *angustifolia-*Exmutante von *Phaseolus vulgaris* sowie der dieser entsprechenden, aus der Kreuzung *Ph. vulgaris × coccineus* erhaltenen. Diese Exmutanten repräsentieren höchstwahrscheinlich eine andere Spezies dieser Gattung. Denn es sind einige *Phaseolus-*Arten bekannt, deren Blattform mit diesen sehr nahe übereinstimmt. Zu erwähnen ist hier vor allem *Ph. acutifolius* ssp. *tenuifolius* (A. GRAY pro var.) DITM., die im L/Br-I sehr gut mit den *angustifolia-*Exmutanten übereinstimmt.

Was die übrigen Exmutanten mit sehr schmalen bis fadenförmigen Blättern bzw. Blättchen betrifft, so kommen solche in verschiedenen Familien vor. Mit Hinblick hierauf erscheint es nicht möglich, sich auch nur mit einiger Wahrscheinlichkeit über Verwandtschaftsbeziehungen zu anderen Arten oder höheren Kategorien zu äußern.

Die *alienifolius-*Mutante von *Cerinthe major* L.

In den Arbeiten über Teratologie der Pflanzen, wie z. B. MASTERS (1869) und PENZIG (1921), findet sich eine große Anzahl von Fällen beschrieben, die durch hauptsächlich abnorme, mehr oder weniger mißbildete florale Teile gekennzeichnet sind. Unter diesen Fällen kommt es nur ganz vereinzelt vor, daß man auf Grund der Beschreibung auf die Wirkung eines interspezifischen Gens schließen kann. Entscheidend hierfür ist ja, wie oben gezeigt, daß es im vegetativen Teil der Pflanze zu einer artfremden Umbildung kommt, mit der dann abnorme florale Teile und vollkommene Sterilität folgen. Einen diesbezüglich vollkommen sicheren Beweis bilden Ergebnisse von Kreuzungen bzw. Spaltungen. Das Spaltungsverhältnis 1 *AA* : 2 *Aa* : 0 *aa* bzw. nicht fertil *aa* gibt definitiven Bescheid.

Die Unsicherheit, die der Deutung solcher Mutanten ohne genanalytische Untersuchung anhaftet, gilt in noch höherem Grade der durch mutagene Agenzien (Bestrahlung usw.) erhaltenen mißbildeten Organe. Denn solchenfalls können noch chromosomale Veränderungen, maternelle Einflüsse und Nachwirkungen hinzukommen, so daß der mit der Wirkung intraspezifischer Gene verknüpfte Metabolismus mehr weniger gestört werden kann (s. z. B. GOTTSCHALK 1964).

Hier soll nur über eine in PENZIGS großer Arbeit mitgeteilte Mutante berichtet werden, die, meiner Ansicht nach, mit großer Wahrscheinlichkeit als durch die Wirkung eines interspezifischen Gens bedingt ist. Mit Hinsicht auf die sehr fremdartige Gestaltung der Blätter habe ich sie *alienifolius*-Exmutante bezeichnet. Beobachtet wurde diese bei der Borraginacee *Cerinthe major* L. Sie wurde wildwachsend angetroffen. Bei den Laubblättern der Stengel war die eine Spreitenhälfte entweder gar nicht oder nur ganz unbedeutend ausgebildet. Der Mittelnerv war auf der nackten Seite konvex gekrümmt, so daß die Blätter eine sichelförmig unsymmetrische, in eine lange Spitze auslaufende Spreite hatten. Die schwach entwickelten Blüten zeigten nur fünf lineare Kelchblätter und einige freie Antheren mit langem Filament, ohne Spur von Blumenkrone oder Gynoeceum. Die Pflanzen waren natürlich ganz steril. Sie wären, wie PENZIG sagt, i. ü. der Spezies nach unerkenntlich gewesen, wenn sie nicht zusammen mit normalen *Cerinthe major* vorgekommen wären und mit diesen übereinstimmende anatomische Struktur gezeigt hätten.

Die *brevifilamentosus*-Exmutante von *Pisum*

Es ist dies die Exmutante mit der wohl denkbar geringsten Änderung im vegetativen Teil der Pflanze und einer damit zusammenhängenden, sehr einleuchtenden Veränderung im floralen Teil. Die genisch und zytologisch bedingte Fertilität wird damit in keiner Weise beeinträchtigt, aber die *Pisum*-Pflanze, die durch ihren Blütenbau auf Selbstung eingestellt ist, wird infolge Änderung dieses von Fremdbefruchtung abhängig, womit dann vollkommene Sterilität folgt.

Diese Exmutante spaltete 1932 in F_3 einer Kreuzung zwischen den beiden Markerbsensorten Hamlet und Witham Wonder in sechs Familien wie folgt aus:

$$462 \text{ normal} : 147 \text{ } brevifilamentosus; \text{ D/m} = 0,50$$

Als Gensymbol gilt *i-brev*. Abb. 94 zeigt den Typ einer *i-brev*-Pflanze. Damit wenigstens einer der *compactum*-Zweige an dieser Pflanze gut erkennbar ist, wurden mehrere Blätter entfernt. Im vegetativen Teil entspringen in der Mehrzahl der Blattachseln statt Infloreszenzen kompakte Verzweigungen mit kleinen dicht gestellten Blättern in deren

Achseln meist abermals ebensolche Zweige entspringen. Einen solchen
Zweig zeigt Abb. 94 rechts. Die kompakten Zweige erreichen eine zwischen 7 und 15 cm variierende Gesamtlänge. Die allermeisten Knospen
dieser Pflanzen, die auf den Stammverzweigungen auftraten, kamen

Abb. 94. Die Exmutante *brevifilamentosus* von *Pisum:* Habitus

nicht oder kaum zum Aufblühen und es entwickelten sich aus ihnen mei·
stens keine Hülsen (s. auch unten). Nur ab und zu, namentlich gegen den
Gipfel der Pflanzen gab es einige fast normale Hülsen. Die aus Samen
dieser Hülsen erhaltenen Familien spalteten teils wieder im Gen *i-brev*,
teils waren sie einheitlich normal (s. L. 1935).

Die *compactum*-Verzweigungen sehen infolge ihrer abermaligen Verzweigungen und kurzen Internodien wie aus Blättchen, Ranken und
Knospen bestehende Knäuel aus. Die Infloreszenzachsen sind sehr kurz,
nur 1 bis 1,5 cm erreichend. Das erste Internodium der *compactum*-Ver-
zweigungen ist 3 bis 5 cm, das der weiteren 0,5 bis 1,5 cm lang. Die in der
ersten, zweiten bzw. dritten Blattachsel entspringenden sekundären
compactum-Zweige sind noch kürzer. Erst auf diesen sekundären Zweigen
kommen Knospen zur Ausbildung. Die Ausspaltung der *i-brev*-Pflanzen

wurde durch eine Anzahl weiterer Jahre mit demselben Ergebnis untersucht.

Von den Blütenteilen sind Fahne, Flügel und Schiffchen von etwa gleicher Gestalt wie bei normalen Pflanzen, aber kleiner. Das Androeceum bestand wie gewöhnlich aus neun zu einem Rohr verwachsenen und einem freien Staubblatt. Die Staubfäden waren indessen in ihrem freien, nicht verwachsenen Teil erheblich kürzer als bei normalen Pflanzen. Ganz

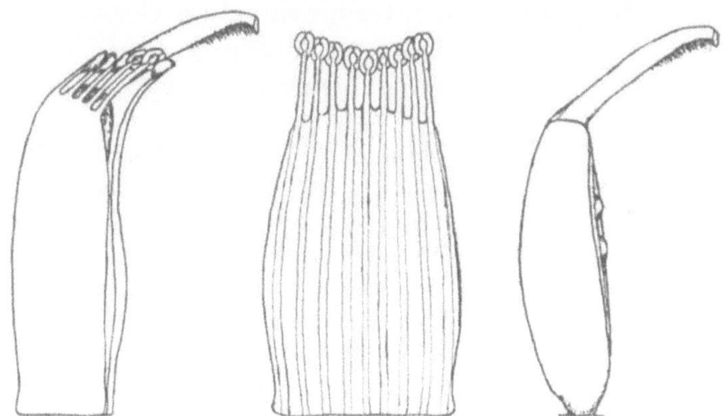

Abb. 95. Die Exmutante *brevifilamentosus* von *Pisum:* Androeceum und Gynoeceum, ersteres mit den stark verkürzten Staubfäden

dasselbe gilt auch für das zehnte, freie Staubblatt. In Abb. 95 sind Androeceum und Gynoeceum dargestellt. Die Verkürzung trifft die mittleren Staubfäden stärker als die äußeren. Die ersteren erreichen kaum ein Drittel der normalen Länge, die letzteren etwa die Hälfte dieser.

Das Gynoeceum zeigt im großen normale Gestalt. Jedoch ist das Fruchtblatt in den meisten Fällen, aber nicht immer, mit seinen Rändern nur unvollständig verwachsen. Anzahl und Aussehen der Samenanlagen ist normal.

Der Pollen ist ganz normal; bei einem Vergleich mit Pollen von normalen Pflanzen hat kein Unterschied gefunden werden können. Er ist funktionstauglich, wie wiederholt ausgeführte Befruchtungen gezeigt haben. Aber die *i-brev*-Exmutante ist funktionell steril. Gegen den Gipfel der Pflanzen zu kommt es sehr häufig zu einem Rückmutieren zum dominanten Gen *i-Brev*, so daß es hier zur Ausbildung normaler Hülsen und Samen kommen kann. Aber auch in den Blüten der *i-brev*-Zweige kann es unter gewissen Verhältnissen zur Entwicklung von Hülsen kommen. Es war dies immer dann der Fall, wenn in gewissen Jahren reichlich Blasenfüßer, *Thrips*, aufgetreten sind. Diese besorgen dann, sowohl als Imagines wie als Larven, den Transport des Pollens auf die

Narbe hinauf. Die sich dann entwickelnden Hülsen erreichen nicht volle
Größe und enthalten gewöhnlich nur einen oder zwei Samen. Daß auf der
i-brev-Exmutante häufig Rückmutationen zum arteigenen Allel vorkommen, wurde bereits erwähnt.

Mutationen in interspezifischen Genen
mit alleiniger Wirkung
im floralen Teil der Pflanzen

An Hand der oben besprochenen Ergebnisse der Kreuzung *Phaseolus
vulgaris* × *coccineus* und reziprok konnte nachgewiesen werden, daß für
die Artbarriere stets die Allele von zwei interspezifischen Genen verantwortlich sind. Diese beiden bilden, wenn Fertilität beibehalten werden
soll, ein untrennbares vegetativ-florales Genenpaar. Ganz dieselben Verhältnisse konnten vorstehend für eine größere Anzahl von Exmutanten
sowie auch in Kreuzungen mit solchen nachgewiesen werden.

In den oben besprochenen Fällen handelte es sich nun durchweg um
die Mutation eines arteigenen Allels für den vegetativen Teil zum artfremden. Damit folgte stets mehr oder weniger starke Umbildung der
floralen Teile und vollkommene Sterilität. Dies war ja mit Hinblick auf
den früher erbrachten Nachweis eines untrennbaren Paares von Allelen
zweier interspezifischer Gene zu erwarten. Es hat in allen Fällen bestätigt
werden können.

Genauso wie arteigene Allele für den vegetativen Teil mutieren
können, so gilt dies auch für die entsprechenden Allele des floralen Teiles
der Pflanze. Auch diese bedingen Umbildungen und vollkommene Sterilität, gewöhnlich in beiden Geschlechtern, selten nur in einem. Diese
Mutationen haben natürlich keinen Einfluß auf die Gestaltung der vegetativen Teile. Im folgenden wird über eine Anzahl solcher berichtet,
wobei außer von mir selbst untersuchten Fällen anschließend auch eine
Auswahl von in der Literatur über Pflanzenteratologie (MASTERS 1869
und PENZIG 1921) enthaltene berücksichtigt werden. Für letztere
geschieht dies natürlich nur dann, wenn mit großer Wahrscheinlichkeit
auf den hier in Frage stehenden Typ von Mutation geschlossen werden
kann.

Die *inflorescentia reducta*-Exmutante von *Pisum*

Diese Exmutante wurde von E. NILSSON (1932) in einer Familie der
Kreuzung Dippes Mai × Dicksons Früheste und Beste im Verhältnis 37
normal : 6 steril ausspaltend angetroffen. Die sterilen Individuen

hatten Blüten, die sich nicht öffneten, sie verblieben im Knospenstadium. Die Blumenblätter in den Knospen waren erheblich schlechter entwickelt als in entsprechend alten normalen. Die Farbe der Blumenblätter war grünlicher und diese z.T. häutiger als normal. Gynoeceum und Androeceum waren stark deformiert. Der Fruchtknoten war stark verkürzt und der Griffel zeigte nicht die hakenförmige Krümmung, sondern war fast gerade, bei älteren Knospen war er z. T. hakenförmig gekrümmt. Die Staubfäden waren stark verkürzt, so daß sich die Antheren gleich am oberen Ende des Fruchtknotens befanden. Selbstpollination war hierdurch unmöglich gemacht.

Befruchtungen der abnormen Pflanzen hatten niemals einen Erfolg, aber mit Pollen von diesen konnte zuweilen eine Befruchtung erzielt werden. Es gab ganz selten einzelne funktionstaugliche Pollenkörner, die ihre Entstehung einer Rückmutation zu verdanken haben mußten. Die Spaltung nach normal : steril zeigte ein großes Defizit an Rezessiven mit D/m = 13,26. Nilsson bezeichnete das hierfür verantwortliche Gen mit *Re*, abgeleitet von reproduktionsletal. Das Verhältnis spaltender : konstanten Familien stimmte sehr gut mit 2 : 1 überein. Hierdurch war eindeutig bewiesen, daß es sich um eine monogene Spaltung handelte. Nilsson erwähnt nichts darüber, daß die *re*-Pflanzen gegen den Gipfel zu fruktifizieren können.

Selbst habe ich aus Nilssons Material, das schon viele Jahre alt war, eine in *Re* spaltende Linie, Nr. 963, auslesen können. Die Morphologie der *re*-Knospen stimmt gut mit der von Nilsson angegebenen überein. Die Kelchblätter sind nicht von jenen normaler Blüten abweichend. Abb. 96 zeigt den vom normalen abweichenden Bau von Gynoeceum und Androeceum. Man beachte die ganz ungewöhnliche Gestalt des Griffels und die sehr kurzen Staubfäden. Das Gen *Re* wird nun als interspezifisches mit dem Symbol *i-Re* bezeichnet.

Worin meine Linie, soweit auf Grund der Angaben Nilssons beurteilt werden kann, stark von seinen *i-re*-Pflanzen abweicht, ist die an jeder solchen Pflanze nach dem Gipfel zu stattfindende Normalisierung der Infloreszenzen. In meiner Linie ist überhaupt niemals eine Pflanze angetroffen worden, bei der alle Knospen das *i-re*-Merkmal gezeigt hätten. Stets sind nur 1 bis 2, selten 3, *i-re*-Knospen ausgebildet worden, worauf an den höher gelegenen Nodien gewöhnlich nur normal fruktifizierende Blüten sich entwickelt haben. Selten sind auch zuerst eine oder zwei fruktifizierende Blüten ausgebildet worden, worauf 1 bis 2 *i-re*-Knospen folgten. Aber oberhalb dieser bis zum Gipfel trugen die Nodien immer normale Hülsen mit Samen. Durchschnittlich saßen an den 9. bis 11. Nodien *i-re*-Knospen und vom 12. bis etwa 16. Nodus normale Blüten und Hülsen. Auf den Seitenzweigen waren alle Knospen normal fruktifizierend.

Von der Linie 963 habe ich sechs Jahre hindurch Nachkommen von in *i-Re* spaltenden Familien untersucht. Es gab insgesamt 43 spaltende und 23 in *i-Re* konstante Familien, demnach eine sehr schöne theoretisch erwartete 2 : 1 Spaltung anzeigend; D/m = 0,26. Aber die monogene Spaltung in *i-Re* zeigte ein erhebliches Defizit an Rezessiven: 566 *i-Re* : 97 *i-re* mit D/m = —6,24.

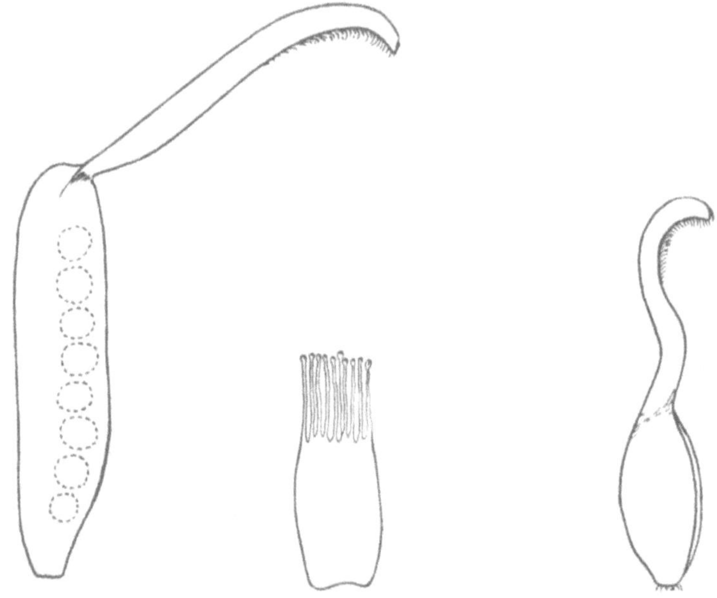

Abb. 96. Die Exmutante *inflorescentia reducta* von *Pisum*. Androeceum und Gynoeceum. Links normales Pistill, rechts das mißbildete und stets sterile *i-re*-Pistill; in der Mitte das stark verkürzte Androeceum

Von besonderer Bedeutung ist hier, wie sich die Nachkommen der auf *i-re*-Pflanzen geernteten Samen verhalten haben. Sie verhielten sich ganz ähnlich wie die Nachkommen von in *i-Re* spaltenden Familien, nur daß die spaltenden Familien in etwas größerer Frequenz aufgetreten sind als dem Verhältnis 2 : 1 entspricht. Damit dürfte auch die Ursache der Ausbildung von samentragenden Hülsen auf *i-re*-Pflanzen eindeutig angegeben werden können. Es muß im somatischen Gewebe dieser Pflanzen eine wiederholte Rückmutation von *i-re* zu *i-Re* stattgefunden haben. Die Frequenz dieser Rückmutation muß etwa so groß sein, daß sie das Verhältnis von *i-re*-Knospen : *i-Re*-Blüten bedingen kann. Ferner muß diese Mutation hauptsächlich zu in *i-Re* heterozygotem Gewebe und nur in weitaus kleinerem Teil zu homozygotem solchen geführt haben. Dem entspricht, daß ein kleinerer Teil der Nachkommen von *i-re*-Pflanzen in *i-Re* homozygot war, während der größere Teil (etwa zwei Drittel bis fünf Sechstel) wieder in *i-Re* spaltete.

Insgesamt sprechen alle beobachteten Erscheinungen dafür, daß die *i-re*-Pflanzen von Linie 963 ausgesprochene Chimärennatur haben, die durch wiederholte somatische Mutationen von *i-re* zu *i-Re* verursacht wird. Für die stets normal fruktifizierenden Seitenzweige ist daher anzunehmen, daß bei der auf diesen später erfolgenden Anlage von Infloreszenzen *i-re* bereits allgemein zu *i-Re* mutiert haben wird. Infolge dieser durch Mutation im somatischen Gewebe bedingten Chimärennatur erscheint auch das etwas launenhafte Auftreten von sterilen *i-re*-Knospen bzw. normal fruktifizierenden Blüten an den ersten zwei bis drei Infloreszenzen tragenden Nodien in natürlicher Weise erklärt (s. i. ü. L. 1960 b).

Die Spaltung im interspezifischen Gen *i-Re* wurde dann in drei Kreuzungen eingehend studiert (s. L. 1960). Von den in diesen erhaltenen Ergebnissen sind hier zwei zu erwähnen. Erstens haben in diesen Kreuzungen auch Pflanzen ausgespalten, auf denen sämtliche Infloreszenzen nur als sterile *i-re*-Knospen vorhanden waren. Dies entspricht also den von NILSSON (l. c.) beschriebenen Pflanzen. Offenbar ist hierbei die übrige genotypische Konstitution entscheidend. Zweitens konnte die Lage von *i-Re* im Chromosom I nachgewiesen werden. Folgender Crossover-Wert wurde für A-i-Re erhalten: $39,5 \pm 1,09\%$. Man vergleiche die Genenkarte in Abb. 35.

Die oben besprochenen Ergebnisse haben gezeigt, daß das artfremde Allel des interspezifischen Gens *i-re* bei der genotypischen Konstitution der Linie 963 im Verlauf der Ontogenese durchweg zum arteigenen, d. h. dominanten Allel zurückmutiert. Es hat sich gezeigt, daß von den gegen den Gipfel der *i-re*-Pflanzen erhaltenen Samen nicht weniger als ungefähr 75% in *i-Re* heterozygot, die restlichen etwa 25% homozygot waren. In Kreuzungen konnten aber Pflanzen angetroffen werden, die, wenigstens visuell betrachtet, keine Rückmutation erkennen ließen, d. h. es kam auf diesen nicht zur Ausbildung von Hülsen und Samen. Diese sehr starke Abhängigkeit des Rückmutierens zum arteigenen Allel von der übrigen genotypischen Konstitution sei besonders hervorgehoben. Sie wurde, wie oben nachgewiesen, in hohem Grade auch in den Kreuzungen mit der *lathyroides*-Exmutante angetroffen.

Die *stipuloides*-Exmutante von *Pisum*

Diese Exmutante spaltete in einer F_5-Familie meiner Kreuzung Nr. 462 aus. Die Elternlinien waren L. 479 aus Kr. 72: L. 110 aus Roi des gourmands × L. 125 aus Pois Sabre, sowie L. 579 aus Kr. 246: L. 19 aus H. u. O. TEDINS (1928) Glaenö × L. 232 aus DE WINTON (1927). Die in Frage stehende F_5-Familie spaltete nach 14 normal : 3 *stipuloides*.

Abb. 97 zeigt einen Teil einer solchen Pflanze. Wie ersichtlich, ist der vegetative Teil ganz normal. Die vegetative Entwicklung dieser abnormen Pflanzen war eine sehr gute, sogar etwas besser als die der normalen; sie erreichten eine Höhe von 2,0 bis 2,1 m, während letztere 1,8 bis 1,9 m hoch waren. Die Infloreszenzen der abnormen Pflanzen waren etwas kürzer als für so hohe Pflanzen normal ist. Auf den Blütenständen

Abb. 97. Die *stipuloides*-Exmutante von *Pisum:* Habitus

sitzen mit kurzen Zwischenräumen (0,3 bis 1 cm) Paare von Nebenblättern ähnlichen Blättchen, gewöhnlich fünf (s. Abb. 97). Sie sind ganz stipelähnlich, variieren aber etwas in Form, L/Br-I und Stärke der Zähnung.

Auch die Blüte ist von zwei solchen Blättchen, im gleichen Abstand und im Anschluß an die darunter gelegenen, umgeben. Aber in der Blüte sind außer zwei von der Form der *Pisum*-Petalen stark abweichenden, fast weißen Blättchen und ein paar schlecht entwickelte Staubgefäße keine Petalen und Sepalen zu finden. Abb. 98 b zeigt das Aussehen einer solchen Blüte, in der das eine der sie umgebenden stipelähnlichen Gebilde entfernt worden ist. Das linke Blättchen in der Abbildung ist bedeutend kleiner als das rechte und hat am Rand ein Staubgefäß, das rechte, bedeutend größere, hat ein oder ein paar Staubgefäße und am Grund dieses Blattes sitzt ein mißbildetes Gynoeceum, das ohne Einschnürung in den hakenförmig gekrümmten Griffel übergeht. Wie oben erwähnt, spaltete diese Exmutante monogen rezessiv aus. Das hierfür verantwortliche Gen ist *i-sti*, abgeleitet von *stipuloides* = nebenblattähnlich und *iterare* = wiederholen. Die Infloreszenzen tragen stets wenigstens zwei solche „Blüten", sind aber nicht selten verzweigt (s. Abb. 97) und haben dann 3 bis 5 „Blüten".

Abb. 98. Die *stipuloides*-Exmutante von *Pisum*: Die stipuloid umgewandelten Blütenteile (s. Text)

Wie ist nun die Wirkung des Gens *i-sti* auf den Bau der Infloreszenz und der Blüte zu deuten? Zu erwähnen ist in diesem Zusammenhang, daß auf den Blütenstielen gewöhnlich fünf stipelähnliche Blättchenpaare vorhanden sind, und im obersten Paar dieser sitzt die eben beschriebene „Blüte". Es dürfte nun kaum Schwierigkeiten bereiten, die einzelnen Elemente der *Pisum*-Blüte wiederzuerkennen. Die fünf Paare stipelähnlicher Blättchen entsprechen den 5 Sepalen + 5 Petalen; das Gynoeceum ist als solches leicht erkenntlich. Verbleibt das Androeceum. Dieses besteht bei *Pisum* aus neun im unteren Teil zu einem Staubfadenrohr verwachsenen Staubblättern und einem freistehenden zehnten. Das letztere entspricht wohl ohne Zweifel dem in Abb. 98 b links stehenden, kleineren Blättchen mit einem Staubgefäß und das bedeutend größere rechts stehende verbleibt dann für die neun am Staubfadenrohr sitzenden Staubgefäße. Wie ersichtlich erinnern auch diese beiden Blättchen durch ihre Zähnung an Nebenblätter.

Das Gen *i-Sti* ist in dominanter Form verantwortlich für die Umbildung von vegetativen Teilen in funktionstaugliche florale. Da es bei Rezessivität hierzu nicht imstande ist und die Entstehung der von *Pisum* abweichenden Infloreszenzen und funktionstauglichen Fortpflanzungsorgane bedingt, ist es zweifellos als interspezifisch aufzufassen. Es sei hier an einen analogen, sehr instruktiven Fall bei *Phaseolus vulgaris* erinnert, bei dem das artfremde Allel *i-atri* (s. o.) das dreiteilige Laubblatt in ein einfaches nierenförmiges verwandelt mit der Folge, daß das Fruchtblatt statt einfach, dreiteilig, offen und funktionsuntauglich wird.

Die *sine vexillo*-Exmutante von *Pisum*

Diese Exmutante spaltete in der durch eine Relokation zwischen den Chromosomen gekennzeichneten Linie Nr. 58 aus der Zuckerbrecherbse Graue Posthörnchen nach Bestrahlung mit 10.000, 12.000 und 14.000 r in X_2 aus. Die Spaltungszahlen zeigten immer ein sehr großes Defizit an Rezessiven an. Folgende Verhältnisse resultierten:

$$X_2 \quad 657 \text{ normal} : \quad 67 \text{ \textit{sine vexillo}}$$
$$X_3 \quad 930 \text{ normal} : 108 \text{ \textit{sine vexillo}}$$

Zusammen: 1587 normal : 175 *sine vexillo*

Dieses Verhältnis kann weder als monogen noch als digen aufgefaßt werden. Die Erklärung hierfür ist in der großen Rückmutation des hier wirksamen Gens *i-siv* zu erblicken (s. u.).

Diese Exmutante ist dadurch gekennzeichnet, daß in der Blüte die Fahne fehlt. Aber sie fehlt auf keiner Pflanze in allen Blüten. Wenn überhaupt, so fehlt sie in der ersten, zweiten, selten auch in der dritten und vierten Infloreszenz. Nach oben zu werden die Blüten normal. Jede Blüte ohne Fahne ist vollkommen steril, die mit Fahne teils partiell, teils normal fertil. Die Kelchblätter der fahnenlosen Blüten weichen von der Norm dadurch ab, daß der Unterschied zwischen den mittleren drei schmäleren und den äußeren breiteren größtenteils verschwunden ist. Mitunter kommt es auch vor, daß eines der Kelchblätter zweiteilig ist, wodurch es den Anschein hat, daß sechs Kelchblätter vorhanden sind (s. Abb. 99 links).

Das Gynoeceum der fahnenlosen Blüten wächst gewöhnlich etwas aus, es entsteht eine kleine Hülse, die aber im besten Fall nur eine Länge von 3,5 bis 4 cm erreicht. Es entwickelt sich jedoch niemals eine Samenanlage zu einem Samen (s. Abb. 99 rechts). Im übrigen sind diese Pflanzen vollkommen normal entwickelt und geben eine gute Samenernte.

Wie schon erwähnt, kann das gefundene Spaltungsverhältnis weder als mono- noch als digen aufgefaßt werden; es entspricht am ehesten 10 : 1. Um hierin Klarheit zu gewinnen, wurden 71 X_3-Familien nach

normalen X_2-Pflanzen aus spaltenden Familien untersucht. Es resultierte
44 spaltende : 27 konstante Familien. Also ein gutes 2 : 1 Verhältnis
(D/m = 0,84), womit bewiesen erscheint, daß es sich in X_2 um eine monogene Spaltung im Gen *i-Siv* ge-
handelt hat. Die Genspaltung
war aber auch in der X_3 etwa
10 *i-Siv* : 1 *i-siv*.

Diese Ergebnisse zeigen,
daß das Gen *i-siv* durchweg
zum dominanten *i-Siv* zurückmutiert. Es konnte nicht
eine einzige Pflanze gefunden

Abb. 99. Die *sine vexillo*-Exmutante von
Pisum

werden, bei der dies nicht der Fall gewesen wäre. Die Untersuchung von
18 X_3-Familien nach *i-siv*-Pflanzen zeigten, daß nicht weniger als
15 Familien wieder in *i-Siv* spalteten, während nur 3 konstant *i-Siv*
waren. Die Rückmutation zum dominanten arteigenen Allel ist in diesem
Fall also zum Großteil nur bis zu Heterozygotie gegangen.

Die *gametae steriles*-Exmutante von *Phaseolus vulgaris*

In einer größeren Vermehrung der Linie 124 aus der Brechbohnensorte Konserva spalteten Pflanzen aus, die wohl reichlich Hülsen ansetz-
ten, in denen sich aber keine Samen entwickelten. Im Zusammenhang
hiermit verblieben diese Pflanzen bis spät in den Herbst frisch grün. Die
Hülsen hatten kautschukähnliche Konsistenz, ähnlich wie bei der oben
beschriebenen Exmutante *gibbifolia* von *Phaseolus*. Sie erreichten eine
Länge von etwa 5 bis 7 cm. Nach Einzelpflanzen-Ernte wurden drei
Familien erhalten, die im Verhältnis 39 normal : 7 gametensteril spalteten. Für 3 : 1 ist D/m = 1,54. Nachkommen der drei Familien spalteten
nach 1343 normal : 430 steril; D/m = 0,73. Das hierfür verantwortliche
Gen wird mit *i-gas* symbolisiert. Es herrschte vollkommene Sterilität.
Aber in 7 von 1000 Pflanzen wurde je ein Samen in einer Hülse gefunden.
Nachkommen dieser Pflanzen verblieben normal fertil. Diese sieben
Samen haben ihren Ursprung demnach einer Rückmutation zum art-
eigenen Allel des Gens *i-gas* zu verdanken.

Die *umbellatus*-Exmutante von *Trifolium pratense*

Diese Exmutante wurde von SCHWANBOM (1947) als einzelnes Individuum in einem Feld zu Samenbau angetroffen. Der vegetative Teil der
Pflanze war vollkommen normal. Aber anstatt des für *Trifolium* charakteristischen Köpfchens war ein den Umbelliferen sehr ähnlicher Blütenstand vorhanden. So verzweigte sich die Infloreszenzachse wie bei den

Umbelliferen und am Ende jedes der Zweige saß ein köpfchenähnliches
Gebilde, das wiederum aus in kleinere Köpfchen endigende Verzweigungen bestand usw. (s. Abb. 100).

Diese Köpfchen erinnern stark an die bei der *unifolata*-Exmutante
von *Pisum* beobachteten (s. o.). Es herrschte natürlich vollkommene
Sterilität. Auch in diesem Fall
kann kaum ein Zweifel darüber
bestehen, daß es sich um die
Wirkung eines Allels eines interspezifischen Gens handelt, das
für die Umbildung vegetativer
Teile in funktionstaugliche florale verantwortlich ist. Das Gen
wird mit dem Symbol *i-umb* bezeichnet.

Es ist sehr wohl möglich, daß
man es bei *i-umb* mit einem fa-
milientrennenden Gen zu tun
hat. Wie schon früher erwähnt,
ist die Wirkung der Allele von
interspezifischen Genen prinzipiell
ganz dieselbe, ob es sich nun um
die Aufrechterhaltung der Barriere zwischen Arten, Gattungen
oder höheren systematischen
Kategorien handelt. Entscheidend wird diesbezüglich sein,
wie groß die Gruppen von
Spezies sind, denen die Wir-

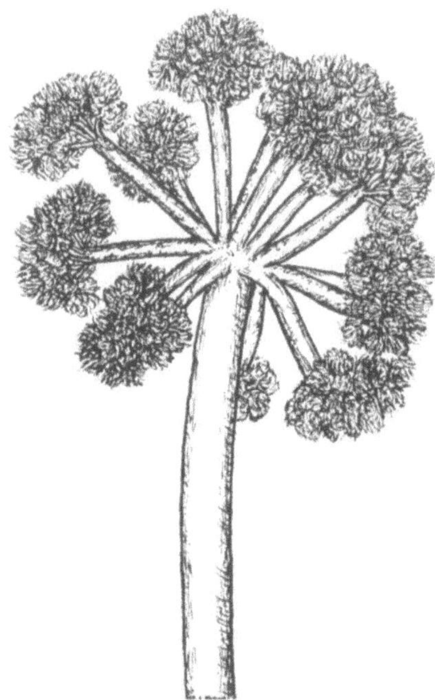

Abb. 100. Die *umbellatum*-Exmutante von *Trifolium pratense*

kung eines solchen Genallels gemeinsam ist. Solche Gruppen werden
dann zu höheren Kategorien vereinigt. Daß es auch artenarme, höhere
Kategorien gibt, hat andere Ursachen. Erstens ist damit zu rechnen, daß
gewisse von diesen Genallelen nur mit wenigen anderen im Kampf ums
Dasein konkurrenzkräftige Kombinationen geben, wobei in Extrem-
fällen monotypische Gattungen oder sogar solche höhere Kategorien entstehen können. Zweitens kann es hierfür rein historische Gründe geben.
Ein großer Teil der Arten einer Gruppe kann im Lauf der Zeiten durch
Veränderungen der Umweltverhältnisse ausgemerzt worden sein.

Die *microsurculus*-Exmutante von *Pisum*

Diese Exmutante spaltete unerwartet in F_2 meiner Kreuzung Nr. 1288
aus. Das Spaltungsverhältnis war stark gestört mit einem erheblichen

Defizit an Rezessiven 877 normal : 117 *microsurculus* steril. Die Kr. 1288 ist Linie 577 aus Kr. 209: [L. 151 aus Purpurviolettschotige × L. 187 aus einer Kreuzung Markerbse Stens × Concordia] × L. 862 aus Kr. 430: [L. 232 aus DE WINTON (1927) × L. 563 aus Kr. 60: (L. 7 aus Chenille × L. 110 aus Roi des gourmands)].

Abb. 101. Die *microsurculus*-Exmutante von *Pisum;* hoher Wuchs, *Le*, sehr kleine Sprosse; s. Abb. 103 links

Die *microsurculus*-Exmutante ist dadurch charakterisiert, daß bei ihr die Infloreszenzen durch kleine, abnorme Sprosse ersetzt sind. Von ganz besonderem Interesse ist in dieser Hinsicht, daß diese Sprosse, die doch durch ein einziges interspezifisches Gen bedingt werden, ganz verschiedene Gestalt haben, je nachdem ob die Pflanze im Gen *Le* für Internodienlänge dominant oder rezessiv ist. Das in Frage stehende Gen wird durch *i-mis* symbolisiert.

Abb. 101 zeigt den mittleren und obersten Teil einer hohen, Gen *Le*, *i-mis*-Pflanze. Abb. 102 zeigt den größten Teil einer niedrigen, Gen *le*, *i-mis*-Pflanze. Am Stengel des mittleren Teiles der hohen Pflanze (links) sind drei, am obersten Teil (rechts) sechs Nodien zu sehen. Außer am obersten Nodus trug diese Pflanze in allen Blattachseln, wo sonst Infloreszenzen zur Ausbildung hätten kommen sollen, nur ganz unansehnliche, etwa 4 mm lange Sproßanlagen. Eine solche ist in Abb. 103 stark vergrößert wiedergegeben. Der Sproß besteht aus einem verzweigten Stengel, an dessen Basis und Verzweigungsstellen mehr oder weniger stark behaarte Blättchen mit gekrümmter Spitze entspringen.

Am sechsten Nodus, oben links in Abb. 101 rechts, entspringt indessen ein Sproß, an dem drei noch nicht ausgeschlagene Blüten sitzen. Diese sind als das Ergebnis einer somatischen Rückmutation zum arteigenen Allel *i-Mis* aufzufassen. Diese für artfremde Allele von interspezifischen stets zu beobachtende Erscheinung soll unten in einer Übersicht besprochen werden.

Ein ganz anderes Bild findet man bei den auf niedrigen Pflanzen, Gen *le*, an der Stelle der Infloreszenzen ausgebildeten sterilen Sprosse; s. Abb. 103 rechts. Gleich von unten an, wo die ersten Infloreszenzen sitzen sollen, entspringen in den Blattachseln stark gestauchte, sterile Sprosse von erheblicher Größe. Diese sind aber mit Hinblick auf ihre Morphologie keineswegs als Verzweigungen anzusprechen. Abb. 103 zeigt einen solchen Sproß in etwa 1½facher Vergrößerung. Die Länge dieser Sprosse

Abb. 102. Die *microsurculus*-Exmutante von *Pisum*; niedriger Wuchs, *le*, verhältnismäßig große Sprosse; s. Abb. 103 rechts

variiert von 5 bis zu etwa 10 cm. Die Nodien sind nur wenig oder gar nicht angedeutet und an diesen entspringt regelmäßig ein Paar Stipel, deren Form von der der normalen Stipel derselben Pflanze stark abweicht. Sie haben wenig oder gar nicht herablaufende Basis, sie sind mehr parallel und meist weniger zugespitzt. Diese abnormen Sprosse haben meistens auch wieder Verzweigungen vom selben Typ, wie dies Abb. 103 oben zeigt.

Die Ausbildung dieser *microsurculus*-Sprosse auf *le*-Pflanzen hört nach oben zu auf und wird hier durch rudimentäre solche, von 1 bis 2 cm Länge ersetzt. Diese tragen gewöhnlich nur ein Paar Stipel oder auch gar keine. Am Gipfel solcher Pflanzen kann es, wie schon für die *Le*-Individuen erwähnt worden ist, auch zur Ausbildung von Knospen normaler Bauart kommen. Auch hier handelt es sich um somatische Rückmutation zum arteigenen Allel *i-Mis*.

Das eben erwähnte Rückmutieren von *i-mis* zu *i-Mis* ist nun keineswegs selten, sondern im Gegenteil eine ganz allgemeine Erscheinung. Mit Ausnahme von ganz vereinzelten Pflanzen konnte am Gipfel stets wenigstens eine beginnende Knospenbildung festgestellt werden. Und in nicht wenigen Fällen kam es auch zur Ausbildung von Hülsen und reifen

Abb. 103. Die Exmutante *microsurculus* von *Pisum*. Links das Aussehen der kleinen Sprosse auf *Le*-Pflanzen, etwa 4 mm lang, rechts das Aussehen der Sprosse auf *le*-Pflanzen, etwa 60 mm lang

Samen. Tabelle 44 zeigt die Frequenz von Individuen mit Samen, verteilt auf *Le*- und *le*-Pflanzen. Aufgenommen sind natürlich nur in *i-Mis* spaltende Familien, in denen es Individuen mit Samen gegeben hat.

Wie Tabelle 44 zeigt, hat das Rückmutieren zum arteigenen Allel *i-Mis* an insgesamt 30 von 93 Pflanzen bis zur Ausbildung von Hülsen mit Samen geführt. Das heißt, daß es in etwa 32% der *i-mis*-Pflanzen zur Ausbildung von Samen gekommen ist. Das Gesamtbild spricht dafür, daß es überhaupt keine einzige *i-mis*-Pflanze gegeben haben dürfte, in deren somatischem Gewebe nicht Rückmutationen zu *i-Mis* stattgefunden haben. Nur bei einem geringen Teil der Individuen konnte am Gipfel noch keine beginnende Knospenbildung wahrgenommen werden. An allen übrigen hatte sich die Rückmutation demnach bereits visuell manifestiert.

Ein Vergleich der Rückmutationsfrequenz bis zur Samenproduktion bei *Le-* und *le-*Individuen gibt ungefähr dieselben Prozentzahlen, nämlich für *Le* 28,4% und für *le* 31,8%. Es kann geschlossen werden, daß die Neigung zum Rückmutieren des artfremden Allels *i-mis* zum arteigenen *i-Mis* durch die oben festgestellte, stark verschiedene morphologische Ausbildung der *i-mis-*Sprosse auf *Le-* bzw. *le-*Pflanzen nicht beeinflußt wird.

Tabelle 44. Die Verteilung der 93 rückmutierten *i-mis-*Individuen (von zusammen 116) auf solche mit und ohne Samen sowie auf die Gene *Le* und *le*

Generation und Jahr	Anzahl *Le*-Pflanzen		Anzahl *le*-Pflanzen		Summe Individuen
	ohne Samen	mit Samen	ohne Samen	mit Samen	
F_2 1959	19	5	5	1	30
F_2 1960	3	11	4	2	20
F_3 1960	26	7	6	4	43
Summen:	48	23	15	7	93

Die Aussaat von auf *i-mis-*Pflanzen erhaltenen Samen zeigte, daß die meisten dieser in *i-Mis* heterozygot waren. Nur ein geringerer Teil war in *i-Mis* homozygot. Die ersteren spalteten die *microsurculus-*Exmutante wieder monogen rezessiv aus. So spalteten in F_4 sieben Familien nach 117 *i-Mis* : 28 *i-mis* mit D/m = 1,58. Auf Grund von an anderen Exmutanten gemachten Beobachtungen ist indessen anzunehmen, daß auch bei *i-mis-*Pflanzen die Rückmutation zu *i-Mis* schließlich stets bis zu Homozygotie stattfinden würde, wenn es nur der Entwicklungsrhythmus gestattete. In Kreuzungen findet ja normal auch Spaltung in der Entwicklungsgeschwindigkeit statt. Findet die Rückmutation bei sich langsamer entwickelnden Pflanzen früh genug statt, so dürften auch schon von Anfang an, d. h. die ersten Infloreszenzen *i-Mis-*Charakter besitzen. Dies würde dann zu einem gewissen Defizit an *i-mis-*Individuen führen, was u. a. in sehr hohem Grad bei der *sine vexillo-*Exmutante hat festgestellt werden können.

Hier sind noch einige Ergebnisse der Kreuzung mit Spaltung in *i-Mis* von Interesse. Außer *i-Mis* spalteten noch weitere elf Gene, aber von diesen konnten zusammen mit *i-Mis* gewöhnlich nur die an vegetativen Teilen feststellbaren betreffs Koppelung sicher beurteilt werden. Es konnte keine sichere Koppelung mit *i-Mis* gefunden werden. Von Interesse ist hier die Veränderung des Defizites an *i-mis-*Individuen in aufeinanderfolgenden Generationen. Folgende Werte wurden erhalten:

$$F_2: 556 \ i\text{-}Mis : \ 44 \ i\text{-}mis; \ \text{D/m} = -9,99$$
$$F_3: 321 \ i\text{-}Mis : \ 72 \ i\text{-}mis; \ \text{D/m} = -2,97$$
$$F_4: 385 \ i\text{-}Mis : 118 \ i\text{-}mis; \ \text{D/m} = -0,80$$
$$F_5: 104 \ i\text{-}Mis : \ 22 \ i\text{-}mis; \ \text{D/m} = -1,96$$

Wie ersichtlich, war in F_2 ein sehr großes Defizit an *i-mis*-Individuen vorhanden. Auch in F_3 war dieses noch bedeutend, es war signifikativ, betrug aber nur mehr einen Bruchteil des in F_2 beobachteten. Der Ausfall an *i-mis*-Pflanzen in F_4 und F_5 ist gering und vom monogenen 3 : 1 Verhältnis nicht sicher abweichend. Zwei Ursachen können als Erklärung dieser Defizite hauptsächlich in Betracht kommen. Teils eine schwächere Vitalität der *i-mis*-Samen und -Pflänzchen, teils eine früh einsetzende Rückmutation von *i-mis* zu *i-Mis*. Wahrscheinlich haben beide diese Ursachen eine Rolle gespielt. Mit Hinblick auf die erhebliche Abnahme dieses Defizites in den nach F_2 folgenden Generationen ist zu beachten, daß immer eine Auslese der vitalsten und sich am schnellsten entwickelnden Pflanzen stattgefunden hat, was hiermit in guter Übereinstimmung steht.

Erwähnt zu werden verdient hier noch die Abhängigkeit der Manifestation des Gens *i-mis* von Dominanz bzw. Rezessivität in *Le*. Diese anscheinend vollkommene Korrelation kann nun auf Grund der Resultate in vier Generationen eindeutig klargelegt werden. Folgende Spaltungsverhältnisse liegen vor:

$$F_2 : \quad 37 \; Le \; i\text{-}mis : 12 \; le \; i\text{-}mis$$
$$F_3 : \quad 44 \; Le \; i\text{-}mis : 15 \; le \; i\text{-}mis$$
$$F_4 : 130 \; Le \; i\text{-}mis : 35 \; le \; i\text{-}mis$$
$$F_5 : \quad 13 \; Le \; i\text{-}mis : \;\; 9 \; le \; i\text{-}mis$$

Zusammen: 224 *Le i-mis* : 71 *le i-mis*

Diese zusammen 295 *i-mis*-Individuen zeigen hinsichtlich *Le* eine sehr schöne monogene Spaltung mit D/m = 0,38. Da alle 224 *Le*-Individuen den in Abb. 103 a abgebildeten und alle *le*-Pflanzen den in Abb. 103 b wiedergegebenen Sproßtyp gezeigt haben, genügen diese Zahlen für die Feststellung, daß die Wirkung des artfremden Allels *i-mis* auf *Le*-Pflanzen eine ganz andere ist als auf solche mit *le*. In bezug auf die zehn übrigen in Kreuzung 1288 spaltenden Gene hat keine abweichende Manifestation von *i-mis* nachgewiesen werden können.

Unter den interspezifischen Genen, die die Umbildung vegetativer Teile in funktionstaugliche florale besorgen, erscheint mir das Gen *i-Mis* als das wertvollste für das Verständnis der Wirkung solcher Gene. Es zeigt in seiner Manifestation alle Charakteristika der Exotropie, der Wirkung von Allelen, die für artfremde Umbildungen im vegetativen Teil der Pflanze verantwortlich sind. Es sind dies:

1. Die artfremde Morphologie,
2. die Veränderung der Wirkung intraspezifischer Gene,
3. die vollkommene Sterilität, und
4. die immer vorhandene Rückmutation zum arteigenen Allel und damit zu Fertilität.

Zu 1. Es genügt ein Hinweis auf die vorstehend besprochenen Exmutanten *obovatus, lathyroides, unifoliata, laciniata* von *Pisum* usw. Entsprechend bedingt *i-mis* die starke morphologische Umbildung der Infloreszenz.

Zu 2. Stets sind solche Wirkungen festzustellen, am ausgeprägtesten bei der *lathyroides*-Exmutante von *Pisum*, wo die Manifestation von wenigstens 15 intraspezifischen Genen durch die Einführung des Gens *i-lath* abgeändert worden ist. Für *i-mis* bekundet sich dies in der verschiedenen Manifestation des intraspezifischen Allelenpaares *Le-le*.

Zu 3. Gleichwie für alle bisher studierten Exmutanten ist für *i-mis* vollkommene Sterilität kennzeichnend.

Zu 4. Die gleichfalls für alle Exmutanten charakteristische Rückmutation des artfremden Allels zum arteigenen im somatischen Gewebe ist bei der *microsurculus*-Exmutante an praktisch genommen allen Individuen festzustellen.

Die hier nachgewiesenen Beziehungen des interspezifischen Gens *i-mis* zum Allelenpaar *Le-le* für lange bzw. kurze Stengelinternodien bilden einen Beweis dafür, daß die Infloreszenzachsen durch Umbildung von Stengelinternodien zustande kommen. Das Allel *i-Mis* verwandelt sowohl lange wie kurze Stengelinternodien zu Infloreszenzachsen, deren Längen nahe Korrelationen zueinander aufweisen, d. h. lange Stengelinternodien — längere Infloreszenzen, kurze Stengelinternodien — kürzere Infloreszenzen. Das artfremde Allel *i-mis* kann diese „normale" Umbildung nicht durchführen, indem lange Stengelinternodien zu einem extrem kurzen Sproß (etwa 4 mm) werden, während kurze Stengelinternodien einen teils morphologisch ganz anders gestalteten und mittellangen (5 bis 10 cm) Sproß geben.

Wahrscheinliche Exmutanten des floralen Teiles der Pflanze aus der Literatur über Teratologie

Die Wirkung der interspezifischen Gene und die durch diese bedingte Erscheinung der Exotropie verbunden mit Sterilität ist durch die vorstehenden Ausführungen eindeutig charakterisiert. Nun gibt es aber auch eine ganze Anzahl von mit Sterilität verknüpften Veränderungen in der Blütenregion, die nichts mit interspezifischen Genen zu tun haben. Viele solche „teratologische" sind beschrieben, aber nur ein Teil von diesen kann als Exmutanten aufgefaßt werden. Nicht zu diesen gehörig sind vor allem alle durch Parasiten bedingten Veränderungen der Blütenelemente.

Dies gilt namentlich für die Verlaubung, in gewissen Fällen auch für die Petaloidie. Einige Fälle sollen dies beleuchten. Bei den Cruciferen ist Phyllodie häufig und dann oft durch die Angriffe von Blattläusen (*Aphis*) hervorgerufen. Bei *Cardamine* konnte Phyllodie auf den Angriff der Larven einer *Apion*-Art (Rüßler) zurückgeführt werden. Vielleicht ist dies bei der häufig zu beobachtenden Phyllodie von *Trifolium* z. T. auch der Fall. Bei *Viola* wurde Phyllodie durch die Stiche einer Gallmücke (*Cecidomyia*) hervorgerufen und bei *Cerastium* war hierfür eine *Psylla*-Art (Blattfloh) verantwortlich. Bei *Echium* kann Phyllodie durch den Angriff einer Milbe (*Eriophyes*) hervorgerufen werden. Eine Anzahl dieser Wirkungen von Parasitenangriffen konnte durch Laborversuche bestätigt werden.

Die unten aus der Literatur für Teratologie angeführten Beispiele sind nach den Beschreibungen als Exmutanten aufzufassen. Eine gewisse Reservation erscheint hier am Platz. Es könnte sich in einem Teil der Fälle auch um Mutationen in intraspezifischen Genen handeln, die einen ähnlichen Effekt haben könnten. Die Ursache der oben erwähnten und mit Sterilität vereinten Umbildung von Blütenelementen durch Parasiten ist darin zu erblicken, daß ein durch diese veränderter Stoffwechsel die hierfür verantwortlichen Gene ihrer normalen Funktion beraubte. Solche Störungen des Metabolismus können auch durch Bestrahlung oder Chemikalien hervorgerufen werden und haben natürlich nichts mit der Wirkung interspezifischer Gene zu tun.

Charakteristisch für solche Mißbildungen ist, daß sie gewöhnlich mehr oder weniger unregelmäßig ausgebildet sind. Ferner können dieselben Individuen in verschiedenen Zeitpunkten der Entwicklung ungleiche oder auch ein Fehlen der Mißbildungen aufweisen. Zum Teil können daher auch nicht betroffene Blüten vorkommen. Bei den Exmutanten müssen die Umbildungen in den Blüten regelmäßig sein und in allen Blüten bzw. Infloreszenzen gleichmäßig auftreten; eine Ausnahme hiervon kann es nur durch Rückmutation zum arteigenen Allel, meist erst in der Gipfelregion, geben.

Von intraspezifischen Genen gibt es eine ganze Reihe von Mutanten, bei denen der Metabolismus abgeändert ist, im Zusammenhang womit die Ausbildung von funktionstauglichen floralen Teilen oder sogar ganzer Organe inhibiert werden kann. So konnte ich eine Röntgenmutante von *Phaseolus* studieren, die wohl noch ganz normale Primärblätter ausbildete, aber dann ihr Wachstum einstellte (s. u.). Eine Anzahl solcher Fälle wird in einem folgenden Abschnitt besprochen werden. Es folgt ein Bericht über Fälle aus der Literatur über Teratologie, die höchstwahrscheinlich Exmutanten in Genen für die Ausbildung funktionstauglicher Blütenteile darstellen.

Hooker und Thomson (laut Penzig 1921) beschreiben Phyllodie bei *Anemone nemorosa* L. Sämtliche Blütenelemente waren in kleine grüne

Blättchen umgebildet und schopfähnlich zusammengedrängt. Es herrschte vollkommene Sterilität. Dieser Fall erinnert stark an die Blütenköpfchen der *unifoliata*-Exmutante von *Pisum*, nur ist bei dieser teils der ganze vegetative Pflanzenteil verändert und teils sind die Blättchen in den Blüten pistilloid. Der vegetative Teil der *Anemone* war ganz normal.

In einem von MASTERS (1869) beschriebenen Fall bei *Anemone coronaria* L. waren nur die Fruchtblätter, namentlich die Griffel petaloid geworden, während das Androeceum keine Veränderungen zeigte. Vollkommene Sterilität war die Folge. Der Pollen dürfte normal funktionstauglich gewesen sein. Hier liegt ein Fall vor, der dafür spricht, daß es besondere Gene für die Umbildung vegetativer Teile in teils funktionstaugliche Fruchtblätter, teils eben solche Staubblätter gibt. Im allgemeinen ist aber zu sagen, daß das Gynoeceum am häufigsten funktionsuntauglich wird. Für die Spezies als solche hat es natürlich dieselben Folgen ob nur ein- oder zweigeschlechtliche Sterilität vorhanden ist. In beiden Fällen ist die Fortpflanzung verhindert.

Eine den floralen Teil von *Anemone pratensis* L. (= *Pusatilla pr.*) treffende Exmutation beschreibt HEINRICHER (1881: 47—48). Der vegetative Teil der Pflanze war normal. Das Involucrum war in seine einzelnen Blätter aufgelöst und der Quirl der Involucralblätter verdoppelt. Die einzelnen Blätter waren kleiner als normal, an Anzahl stark vermehrt und spiralig angeordnet. Die Kelchblätter waren in 2 bis 3 Zipfel zerspalten, die Staubblätter waren petaloid. Die Fruchtblätter waren mehr oder weniger offen und etwas vergrößert. Es bestand vollkommene Sterilität.

Apetale, sterile Blüten bei *Ranunculus auricomus* hat MASTERS (l. c.) gefunden. Bei diesen Formen waren die Blüten ganz apetal, die Staubblätter stark verkümmert und steril, so daß die Blüten rein weiblich erschienen. Es wurden auch z. T. Umbildungen der Staubblätter in Fruchtblätter festgestellt. In diesem Fall mag es zweifelhaft erscheinen, ob es sich um die Wirkung eines interspezifischen Gens gehandelt hat. Der Verlust der Blumenblätter allein könnte durch ein intraspezifisches Gen bedingt sein, aber die zu Fruchtblättern umgebildeten Staubblätter deuten auf die Wirkung eines interspezifischen Gens hin.

Eine der ältesten Angaben über starke Umbildungen in der floralen Region stammt von GESSNER (1735). Er beschreibt ein *Ranunculus bellidiflorus*, das ein *R. bulbosus* L. darstellte, bei dem aber an der Stelle der Blüten zwei „Köpfchen von *Bellis perennis*" saßen. Dies erscheint mir, mit Hinblick auf die nun genanalytisch studierten ähnlichen Fälle, sehr bezeichnend für eine Mutation in einem interspezifischen Gen, wodurch die wahrscheinlich stark gestauchte Blütenachse wiederholt verzweigt und durch von jeder Verzweigung entspringende Blüten ein köpfchenartiges Gebilde entsteht. Man vergleiche z. B. die Köpfchen meiner *unifoliata*-Exmutante von *Pisum*.

Von *Aconitum anthora* L. beschreibt Braun (zit. nach Penzig) ein Exemplar mit 8 flach ausgebreiteten, also pelorisch angeordneten Kelchblättern, ohne Petalen, mit vielen Staubblättern, aber ganz ohne Gynoeceum. Hier besteht eine gewisse Wahrscheinlichkeit, daß ein interspezifisches Gen als artfremdes Allel anwesend war, wodurch Petalen und Gynoeceum in Staubblätter umgebildet worden sind.

Bei *Epimedium musschianum* Morr. und Decsne beschreibt Marchand (1864) eine starke Blütenmißbildung. Die Petalen waren meist ohne Sporn und die Zahl der Staubblätter war durch Verdoppelung auf 6 bis 8 erhöht. In den Achseln der Staubblätter entwickelten sich kurze, mit 1 bis 4 Blättchen versehene Sprosse. Diese Blättchen waren als unvollkommene, meist offene Fruchtblätter ausgebildet, die ab und zu auch Reste von Staubgefäßen und Pollen neben den Ovulae trugen. Sie machten also den Eindruck von Zwittergebilden. Vermehrung dieser Exmutante ist als kaum möglich zu betrachten, wenn nicht eine Rückmutation eintritt, worauf dann normale Individuen resultieren könnten.

Von *Sisymbrium officinale* L. sind laut Penzig (l. c.) Fälle bekannt geworden, in denen sämtliche Blütenteile vergrünt gewesen sind. Die Fruchtblätter standen getrennt, waren offen und mit vergrünten Samenanlagen besetzt.

Eine starke Umbildung der Blüten von *Sinapis arvensis* L. wird von Guillard (laut Penzig) beschrieben. Die Petalen fehlten ganz, die Sepalen waren z. T. mit den Staubblättern verwachsen und die Fruchtblätter standen frei und waren offen. Es herrschte natürlich vollkommene Sterilität. Höchstwahrscheinlich die Wirkung eines interspezifischen Gens.

Bei einer *Bunias*-Spezies beschreibt Baillon (1862, laut Penzig) das Auftreten einer Form mit vergrünten Blüten, die außerdem durch Umbildung eines Fruchtblattes in ein Staubblatt sowie Ausbildung von Pollensäcken an Stelle der Samenanlagen auf der Plazenta gekennzeichnet war. Auch hier dürfte es sich um die Wirkung eines interspezifischen Gens handeln.

Bei *Reseda lutea* L. sind laut Penzig (l. c.) Individuen mit Vergrünung sämtlicher Wirtel bekannt. Dabei sind die Infloreszenzen häufig verzweigt, rispig und reichblütig. Die Fruchtblätter stehen voneinander getrennt und sind offen, was sicherlich zu vollkommener Sterilität geführt haben dürfte. Wie die von mir untersuchten, recht zahlreichen Fälle von Exmutanten gezeigt haben, sind offene Fruchtblätter anscheinend immer die Folge einer Exmutation.

Von *Viola tricolor* beschreibt Henfray (laut Penzig) eine Anomalie, bei der am Ende eines etwas verdickten Pendunculus ein Wirrwarr von petaloiden Blättchen und sterilen Stamina vorhanden war, die sich um mehrere Zentren gruppierten. Sterilität war die Folge.

Vollkommene Petaloidie ist bei *Dianthus caryophyllus* L. bekannt (PENZIG l. c.). Es wurden auch Formen mit nur vergrünten Fruchtblättern angetroffen, die dabei getrennt standen und offen waren. In diesem Fall konnten auch die Samenanlagen petaloid umgewandelt sein oder auch die Gestalt kleiner Fruchtblätter annehmen.

Von *Silene Atocion* MURR. wird von A. MEYER (1851) eine starke Mißbildung und Umbildung der Blüten beschrieben. Der Kelch bestand aus zwei dreigliedrigen Wirteln, von denen der äußere dreispaltig, der innere tief dreiteilig war. Innerhalb dieses Involucrums war die Blütenachse in fünf Teile gespalten, von denen jeder als eine unvollkommene Blüte mit 5 bis 12 Petalen, verkümmerten Staubblättern und halb petaloiden Fruchtblättern ausgebildet war. Im Zentrum der ganzen Blüte stand ein Büschel rot gerandeter Blättchen, wahrscheinlich ein Rudiment des umgebildeten Pistills. Diese Form war steril und wohl zweifellos durch ein interspezifisches Gen bedingt.

Von *Silene pendula* L. sind laut PENZIG (l. c.) gefüllte Blüten bekannt, bei denen die Füllung durch Petalisierung und Spaltung der Staubblattanlagen eingeleitet wird und auch die Fruchtblätter und Samenanlagen erfassen kann.

Einen Fall mit starker Verkümmerung aller Staubblätter und damit vollkommener Sterilität beschreibt MASTERS (l. c.) für *Cerastium tetrandrum* CURT.

REHDER (1911) berichtet über Pflanzen von *Hypericum nudiflorum* MICHX., bei denen in jeder Blüte drei bis zehn Staubblätter in z. T. offene, gekrümmte Fruchtblätter umgebildet waren.

Für *Citrus vulgaris* L. beschreibt PENZIG (l. c.) einen Fall mit auffallender Anomalie der Blüten. Diese waren klein und monströs, sie hatten einen ziemlich normalen, aber weißen Kelch, der petaloid ausgebildet war. Die inneren Blütenorgane waren durchweg in kleine weiße Schuppen umgewandelt, die auf der etwas verlängerten Blütenachse in aufsteigender Spirale standen, also eine Art Petalomanie. Hier dürfte sicher die Wirkung eines interspezifischen Gens vorliegen.

Trifolium hybridum L. Bei dieser Art ist laut PENZIG (l. c.) häufig Vergrünung zu finden. Die Blüten sind langgestielt, so daß aus dem Köpfchen eine vielblütige Dolde wird. Das Pistill ist in solchen Fällen typisch verändert und in ein dreiteiliges Blatt umgewandelt. Die Zahl der Ovulae ist vermehrt und zuweilen sind auch diese vergrünt. — Mit der vorstehend beschriebenen *atrifoliata*-Mutante von *Phaseolus vulgaris* besteht insofern sehr gute Übereinstimmung, als in beiden Fällen ein dreiteiliges Fruchtblatt vorhanden ist. Man vergleiche auch oben die Beschreibung der *linearifolia*-Exmutante von *Trifolium* (SCHWANBOM 1947). In PENZIGS Fall scheint aber, da er nichts über eine Veränderung im vegetativen Teil der Pflanze erwähnt, nur ein interspezifisches Gen für den floralen Teil mutiert zu haben; Symbol: *i-atri*.

Für *Pisum sativum* L. beschreibt MASTERS (laut PENZIG) einen Fall von sogenannter Bracteomanie, bei dem an Stelle der Blüten sehr zahlreiche, kleine schuppenartige Bracteen vorhanden waren. Diese waren alle dicht gedrängt und spiralig geordnet und machten hierdurch den Eindruck einer Knospe oder eines Zapfens. Auch in diesem Fall dürfte es sich um eine Exmutante gehandelt haben.

Einen Fall von Petalomanie beschreibt RENDLE (1909) bei *Erica cinerea* L. Die Spitzen der Blütenzweige waren bei diesem Typ mit dicht gedrängten, petaloiden Blättchen besetzt. Eigentliche Blüten fehlten überhaupt ganz. RENDLE bezeichnete diesen Fall als Bracteomanie. Ich halte diesen Fall für eine sichere Exmutante.

Bei *Primula auricula* L. ist laut MASTERS (l. c.) wiederholt Phyllodie der Blüten beobachtet worden, wobei sich die einzelnen Quirlglieder voneinander trennten und mehr oder weniger verlaubten. Auch die Samenanlagen konnten zu grünen Blättchen umgebildet werden. Gleichzeitig findet man häufig zentrale Durchwachsung der Blüte mit einer Sekundärblüte oder mit einem Laubsproß.

Auch bei *Primula sinensis* LINDL. kommt Phyllodie nicht selten vor. Wenn Staubblätter noch vorhanden sind, zeigen sie wenig veränderte Form, sind aber steril. Das Pistill ist durch Vergrünung stark mißbildet und Griffel sowie Narbe können vollkommen abortieren. Auch diese beiden *Primula*-Anomalien sind sehr wahrscheinlich Exmutanten.

Von *Trientalis europaea* L. fand DAHLSTEDT (1917) Pflanzen, bei denen sich an der Stelle der Blüte ein terminaler, langer, aufrechter, mit wenigen Laubblättern besetzter Laubsproß befand. Sicher eine Exmutante.

Von *Antirrhinum* sind Exmutanten bekannt, bei denen mit Sterilität verknüpfte Umbildungen in der floralen Region einhergehen. Drei solche von BAUR (1924) beschriebene seien hier erwähnt: Die Exmutanten *squamosa* und *sterilis*, bei denen anstatt der Blüten eine Anhäufung von kelchblattartigen, grünen Schüppchen vorhanden ist, sowie die Exmutante *globosa*, bei der die Blüten durch verzweigte Sprosse mit verbildeten Blüten ersetzt sind. Mit Hinblick hierauf wären die drei bisher benutzten Gensymbole *squa*, *ste* und *glo* (s. STUBBE 1941) durch *i-squa*, *i-ste* und *i-glo* zu ersetzen.

Über Genokopien zu Exmutanten

Im allgemeinen sind die verschiedenen Arten genanalytisch viel zu wenig untersucht, um solche nachweisen zu können. Für *Pisum* ist indessen eine Anzahl solcher klargelegt. Ein sehr gutes Beispiel hierfür ist die starke Schmalblättrigkeit. Dieses, meistens als *angustifolia* bezeichnete Merkmal wurde vorstehend für mehrere Exmutanten angeführt. Zu diesen gehören die *tripistillum*- und *lathyroides*-Exmutanten sowie die von SHAW (s. L. 1945), BATESON und PELLEW (1915) und SVERDRUP (1927) beschriebenen schmalblättrigen Exmutanten. Sämtliche diese waren vollkommen steril und hatten mehr weniger mißbildete Blütenteile. Sie waren alle das Ergebnis der Wirkung eines artfremden Allels eines interspezifischen Gens.

In der Abb. 104 sind nun Teile von zwei ausgesprochen schmalblättrigen *Pisum*-Pflanzen abgebildet, deren genotypische Konstitution gut bekannt ist. Die Blättchen der Pflanze in Abb. 104 links haben einen mittleren L/Br-I von etwa 5, die der Pflanze in Abb. 104 rechts ungefähr 7. In beiden Fällen ist diese Schmalblättrigkeit durch die komplementäre Wirkung mehrerer intraspezifischer Gene bedingt. Abb. 104 links entspricht *Fo fob fol Ten red* und Abb. 104 rechts *fo fob fol Ten red*. Ein Blick auf den Habitus dieser Pflanzen überzeugt sofort, daß diese hinsichtlich ihres Blattyps allein unmöglich von schmalblättrigen Exmutanten unterschieden werden können. Ja, unter den letzteren gibt es welche, deren Blättchen und Stipel nicht so schmal sind, also kleineren L/Br-I haben als die in der Abb. 104 abgebildeten.

Eine Verwechslung mit den durch interspezifische Gene bedingten Exmutanten ist natürlich nicht möglich. Denn diese sind vollkommen steril und spalten aus dem Normaltyp monogen aus. Die in den Abbildungen ersichtlichen Genokopien zu diesen sind dagegen sowohl genisch wie chromosomal fertil und spalten bei Kreuzung mit Linien vom Normaltyp (L/Br-I etwa 1,8) in wenigstens drei, oder auch mehr Genen. Diese sehr schmalblättrigen Genokopien geben im Zusammenhang mit ihrer stark reduzierten Assimilationsfläche natürlich nur einen geringen Ertrag, einzelne Hülsen mit je 1 bis 2 oder auch zuweilen gar keine Samen.

Eine weitere interessante Genokopie bildet die *foliolatus*-Mutante von *Pisum*, die durch Rezessivität in Gen *tl* bedingt wird. Diese ist dadurch gekennzeichnet, daß sämtliche Ranken der Blätter, also auch die terminale, in Blättchen umgewandelt sind. Hierdurch wird also das paarig gefiederte *Pisum*-Blatt in ein unpaarig gefiedertes verwandelt (vgl. Abb. 64).

Die *foliolatus*-Mutante von *Pisum* zeigt demnach ein Merkmal, das einem ganz anderen Tribus der *Leguminosae* eigen ist, als demjenigen, dem *Pisum* angehört. *Pisum* gehört zu den *Viciae* mit den Gattungen

Cicer, Lens, Lathyrus, Vicia usw. Auf Grund der Blattform allein wäre die *foliolatus*-Mutante in die Tribus *Astragalae* mit den bekannten Gattungen *Amorpha, Astragalus, Glycyrrhiza, Indigofera, Robinia, Wistaria* usw. einzureihen.

Das Gen *Tl* hat indessen ausgesprochen intraspezifischen Charakter, es kann, soweit bisher bekannt, mit allen übrigen Genen von *Pisum*

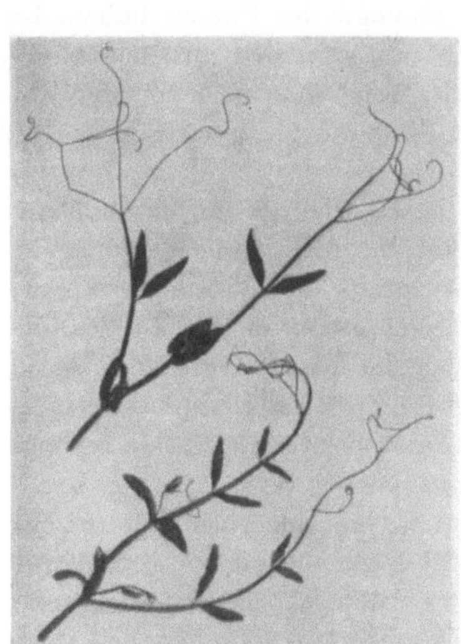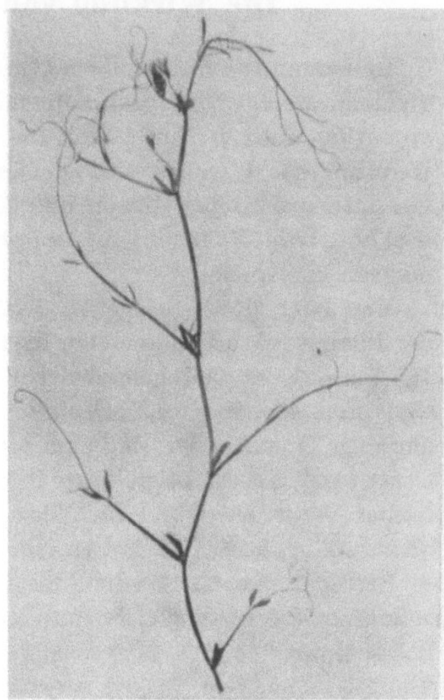

Abb. 104. Genokopien zu schmalblättrigen Exmutanten, bedingt durch Kombinationen mehrerer intraspezifischer Gene. Links: *Fo fob fol Ten red*, eine fertile Genokopie der sterilen *angustifolia*-Exmutante, rechts: *fo fob fol Ten red*, eine fertile Genokopie der sterilen, extremen *angustifolia*-Exmutante

störungsfrei kombiniert werden. Ob die Blattform der *Astragalae* wirklich durch das Gen *tl* bedingt wird, erscheint aber sehr fraglich. Höchst wahrscheinlich handelt es sich nur um eine Genokopie.

Die Beziehungen der oben besprochenen Genokopien zu den durch interspezifische Gene bedingten, habituell ganz ähnlichen und visuell sicher abweichenden Formen geben mir Anlaß auf die früher gegebene Definition und Besprechung des Artbegriffes zu verweisen. Selbstverständlich ist hier bei den Exmutanten von den Umbildungen in der floralen Region abzusehen, denn diese gäbe es nicht, wenn sich das betreffende interspezifische Genallel im arteigenen Plasma befinden würde. Die oben erwähnten Genokopien zeigten auch zur Genüge, wie schwierig und nicht selten unmöglich es ist, ausschließlich auf Grund von visueller Betrachtung Merkmale als sicher artentrennend angeben zu können. Einwandfreien Bescheid gibt diesbezüglich nur die Artkreuzung (s. o.).

Die Wirkung von Organgrundgenen

In diesem Abschnitt soll eine Orientierung über Gene gegeben werden, die nicht als interspezifisch aufgefaßt werden können, aber einen außerordentlich starken Einfluß auf die Morphologie der Pflanze haben. Die Kenntnis der Wirkung solcher Gene ist im Vergleich mit dem Effekt von interspezifischen Genen unerläßlich, wenn man sich von der Entwicklung von Pflanzen mit abnormer Morphologie ein richtiges Bild machen können soll.

Man kann davon ausgehen, daß es keinen Schritt im Metabolismus der Pflanze, natürlich auch der Tiere, gibt, der nicht genisch bedingt ist. Im Verlauf der Ontogenese der Pflanze greift die Wirkung des einen Gens nach dem anderen in Gestalt einer Kettenreaktion ein. Ein Studium einzelner Organe zeigt, daß eine beträchtliche Anzahl von Genen an der Gestaltung und Funktion dieser beteiligt ist. Zum Teil sind diese artspezifischer Natur, also durch die Allele von interspezifischen Genen bedingt, aber zum größten Teil sind es *intraspezifische* Gene.

Betrachten wir z. B. die Anlage und Ausbildung einer Infloreszenz, so können hierfür vielleicht hundert oder sogar mehr Gene verantwortlich sein, aber es gibt, wie unten gezeigt werden soll, unter diesen immer wenigstens ein Gen, dessen Anwesenheit in dominantem Zustand erforderlich ist, damit es überhaupt zur Anlage eines Blütenstandes kommen kann. Eine solche Erbanlage hat demnach den Charakter eines Grundgens. Bei Rezessivität wirkt dieses Gen organinhibierend. Es wird keine Initialzelle für die Entwicklung der Infloreszenz gebildet.

Besonders muß hier hervorgehoben werden, daß sowohl die unten wie im nächsten Abschnitt erwähnten Formen (Mutanten usw.) nicht als durch chromosomale Veränderungen bedingt aufgefaßt werden können. Solche treten ab und zu, und zwar hauptsächlich, in der Form verschiedener Zwerge auf. Im Zusammenhang hiermit spalten Nachkommen der Geschwister solcher Zwerge in der Regel überhaupt keine solche mehr aus. Die durch abnorme Chromosomenverhältnisse, wie Trisome, Defizienzen usw., bedingten Formen verschwinden meist vollkommen von einer Generation zur nächsten. Sie können demnach nicht wie rein genisch bedingte Mutanten durch direkten Nachbau, oder in gewissen Fällen, wenn physiologische Schwächen vorliegen, wenigstens als heterozygote Linien von Generation zu Generation erhalten bleiben.

Für die Hauptfrage dieser Arbeit sind solche chromosomal abweichende Formen von ganz untergeordnetem Interesse und verbleiben daher im weiteren unberücksichtigt.

Die *surculus reductus*-Mutante von *Phaseolus vulgaris*

Diese Mutante hat nach Bestrahlung von trockenen Samen zweier Linien mit 10 kg r in X_2 ausgespalten. Auch in einer Kreuzung hat diese Mutante ausgespalten.

Die eine Linie, Nr. 687, stammt aus der amerikanischen Brechbohnensorte Red Kidney. Sie ist niedrig, grünhülsig und hat ganzfarbige, weinrosa Testa. Die zweite Linie, Nr. 798, stammt aus einer Kreuzung und hat i. ü. dieselben Charakteristika wie die L. 687. Beide diese Linien spalteten in X_2 die *surculus reductus*-Mutante monogen rezessiv aus. Das spaltende Gen wurde mit dem Symbol *sre* belegt. L. 687 gab 7 normal :

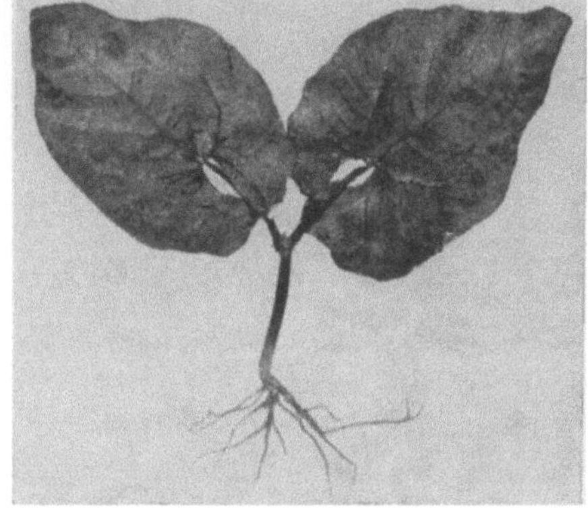

Abb. 105. Die *surculus-reductus*-Mutante von *Phaseolus vulgaris* (Röntgenmutante)

2 *sre* und L. 798 gab 7 normal : 3 *sre*. Zusammen resultierte also 15 normal : 5 *sre*, wofür sich ein D/m von 0,13 berechnet.

Wie die Bezeichnung der Mutante, *surculus reductus*, angibt, ist der Sproß reduziert. Die Mutante zeigt ein ganz ungewöhnliches Verhalten, indem ihr Wachstum bis zur Ausbildung der Primärblätter ganz normal verläuft, aber dann vollkommen aufhört. Die Primärblätter haben gut die Größe der von normalen Pflanzen und besitzen auch dieselbe charakteristische Form (s. Abb. 105). Bis zu diesem Punkt ist die Entwicklung in keiner Weise gestört. Keimung und Entwicklung der jungen Pflanzen stimmen ganz mit der von normalen überein. Die Keimblätter fallen, wie üblich, bald ab.

In vier von den fünf mutierten Individuen war am Stammende, von dem die beiden Primärblätter abgehen, keine Spur eines Sprosses wahrzunehmen. An seiner Stelle befand sich ein glatter, kleiner Buckel. Beim fünften Individuum, dem in Abb. 105 abgebildeten, war auch kein Sproß angedeutet, aber zu beiden Seiten saßen am Stammende Effloreszenzen von mikroskopisch kleinen Blättchen. In Abb. 105 sieht diese Ansammlung wie eine kleine Raute aus. Bei Vergrößerung sieht man, daß diese aus wenigstens 30 kleinen, stark behaarten Blättchen besteht. An einzelnen dieser kann man starke Einschnitte beobachten, wahrscheinlich eine Andeutung zum dreiteiligen *Phaseolus*-Blatt. Es ist denkbar, daß diese Effloreszenz den ganzen Blattbestand repräsentiert, den die Pflanze bei normaler Entwicklung ausgebildet haben würde.

Die *sre*-Pflanzen ausspaltenden Familien wurden dann in mehreren Generationen weitergebaut, wobei sich die Manifestation dieses Gens in gleicher Weise bekundet hat. Dasselbe war mit der Kreuzung der Fall, in der *sre*-Pflanzen ausgespalten haben. Das Charakteristikum dieses Gens in rezessiver Form ist es also, daß am Stammteil beim Verzweigungspunkt zu den Blattstielen der Primärblätter keine Spur einer Anlage zu einem weiteren Sproß zu entdecken ist. Wahrscheinlich ist das dominante Gen *Sre* für die normale Entwicklung des Sprosses für viele Phanerogamen gemeinsam.

Die *solum folia*-Mutante von *Phaseolus vulgaris*

Diese Mutante hat nach Bestrahlung von trockenen Samen meiner Linie Nr. 1 aus der schwedischen Kocherbse Stella mit 9 kg r in X_3 ausgespalten. Stella ist niedrig, grünhülsig, fädig und mit starker Hülsenmembran. Die Mutante spaltete in einer X_3-Familie von 14 Pflanzen im Verhältnis 12 normal : 2 *solum folia* aus. Das hierfür verantwortliche Gen wurde mit dem Symbol *sof* belegt. Auch in diesem Fall konnte durch Anbau der Nachkommen festgestellt werden, daß es sich um ein monogen rezessiv bedingtes Merkmal handelte.

Wie die Bezeichnung angibt, sollen nur Blätter vorhanden sein. Abb. 106 zeigt die Mutante. Die Primärblätter sind sehr stark entwickelt, aber von normaler Form. In der Abb. 106 sind sie, da die

Abb. 106.   Die *solum folia*-Mutante von *Phaseolus vulgaris* (Röntgenmutante)

sof-Pflanzen zur Beobachtung am Felde absichtlich lange stehen gelassen worden sind, schon teilweise beschädigt. Vom Vegetationspunkt am Stamm zwischen den Primärblättern entspringt nun kein Sproß mit

Blättern und Infloreszenzen, sondern alle diese Teile sind als dreiteilige Blätter vorhanden. Die Anzahl dieser dürfte etwa 30 betragen. In der Abbildung sind 7—8 gut zu erkennen, aber gleich am Stammende zwischen den Primärblättern befinden sich, stark zusammengeballt, wohl 25—30 diminutive Blätter.

Gleichwie das oben besprochene Gen *sre* manifestiert sich auch *sof* als ein Inhibitor ganzer Organe der Pflanze. Dominanz in *Sof* dürfte daher in vielen Phanerogamen für die normale Entwicklung erforderlich sein. Somatische Rückmutationen sind weder bei *sre* noch bei *sof* beobachtet worden.

Die *sine inflorescentis*-Mutante von *Phaseolus*

Diese Mutante spaltete in F_3 meiner Kreuzung Nr. 405 B [*Ph. coccineus* × (*Ph. vulgaris* × *coccineus*)] × *vulgaris* aus (s. L. 1958). In F_3 dieser Kreuzung spalteten zwei Familien wie folgt:

Nr. 1173 .... 23 normal :	6 *sine inflorescentis*	
Nr. 1177 .... 29 normal :	6 *sine inflorescentis*	

Zusammen: 52 normal : 12 *sine inflorescentis*

D/m beträgt für diese Spaltung 1,16, also eine klar monogene Spaltung anzeigend. Das hier verantwortliche Gen wurde, abgeleitet von *sine inflorescentis*, mit dem Symbol *sif* belegt.

Die Abb. 107 zeigt den Habitus der *sif*-Mutante. Die *sif*-Pflanzen sind kleiner als normale, etwa 20 cm hoch, gegenüber normal etwa 35 cm; sie könnten auch als Halbzwerge bezeichnet werden. Wie Abb. 107 zeigt, fehlt jede Andeutung zu Infloreszenzen. Aber in den Blattachseln findet man ab und zu

Abb. 107. Die *sine inflorescentis*-Mutante von *Phaseolus vulgaris*

ganz kleine dreiteilige Blättchen. Man könnte mit Hinblick hierauf vielleicht in Frage stellen, ob der *sif*-Typ nicht in die Gruppe der interspezifischen Gene, Exmutanten, mit alleinigen Veränderungen in der floralen Region eingereiht werden könnte. Solchenfalls würde es sich um zu Miniaturblättchen umgebildete Infloreszenzen handeln. Indessen waren diese Blättchen nicht in allen Blattachseln anzutreffen und Rückmutationen zum Normaltyp sind auch nicht beobachtet worden. Es dürfte daher auch das Gen *Sif* als ein für die Anlage der Infloreszenzen erforderliches intraspezifisches Gen darstellen. Rezessivität in *sif* inhibiert die Ausbildung von Infloreszenzen.

Die *sine inflorescentis*-Mutante von *Antirrhinum majus*

Diese Mutante wurde vom Blumenzüchter Dr. A. NILSSON (Weibullsholm) in Kreuzungsmaterial angetroffen. Die Mutante hatte ganz mit normalen Pflanzen übereinstimmenden Habitus. Die ganze Familie war diesbezüglich einheitlich. Die Mutante hatte dunkelgrüne Farbe und gleiche Größe. Aber in den Blattachseln fehlten die Infloreszenzen vollkommen und es waren auch keinerlei Anlagen zu solchen zu finden. Eine von mir vorgenommene Auszählung ergab 42 normale Pflanzen : 13 ohne Infloreszenzen. Das hierfür verantwortliche Gen wird, gleichwie bei der vorigen Mutante, mit *sif* symbolisiert.

Möglicherweise ist dieses bei *Antirrhinum* festgestellte Grundgen für die Ausbildung von Infloreszenzen mit dem oben bei *Phaseolus* nachgewiesenen identisch.

Die *sine floribus*-Mutante von *Pisum*

Diese Mutante spaltete in einer F_3-Familie meiner Kreuzung Nr. 669 monogen rezessiv nach 13 normal : 3 *sine floribus* aus. Die Kreuzung Nr. 669 ist Linie 642 aus (L. 33 aus Englische Säbel × L. 341, partiell wachslos) × Linie 646. Die *sine-floribus*-Mutante ist in Abb. 108 abgebildet. Die links und in der Mitte abgebildeten Infloreszenzen tragen große und auffallend unsymmetrische Hochblätter, aber keine Blüten. Wenn Hochblätter vorhanden sind, sitzen diese auf der Infloreszenzachse unmittelbar unter den Blüten. Rechts in Abb. 108 ist eine Infloreszenz abgebildet, bei der unmittelbar oberhalb des ersten Hochblattes eine kleine Hülse sitzt. Alle angetroffenen Mutanten hatten dieselben großen Hochblätter, und überdies fehlen bei wenigstens einem Teil der Infloreszenzen die Blüten ganz. Aber bei der Mehrzahl der Mutanten war gewöhnlich die eine oder andere Blüte, dann jedoch immer nur beim ersten Hochblatt ausgebildet, wie in Abb. 108 rechts. Auffallend ist, daß, wenn überhaupt, immer nur die erste und niemals auch die zweite Blüte zur Entwicklung gelangt. Die Infloreszenz endigt also stets mit einem Hochblatt.

In F_4 wurden insgesamt 19 Familien untersucht. Zwei von diesen mit je 15 Pflanzen bestanden überraschenderweise nur aus Mutanten.

Drei Familien hatten normale Infloreszenzen mit Hochblättern. Die übrigen 14 Familien zeigten folgende Spaltung:

$$151 \text{ normal} : 54 \text{ } \textit{sine floribus}; \text{ D/m} = 0{,}44$$

Es gab demnach eine ganz ungestörte monogene Spaltung. Das hierfür verantwortliche Gen wurde mit dem Symbol *sifl* belegt.

Abb. 108. Die *sine floribus*-Mutante von *Pisum arvense*

Mit Hinblick auf die öftere Ausbildung einer Blüte und damit zuweilen auch einer Hülse, die allerdings nicht normale Entwicklung erreichte und auch meistens schwach entwickelte Samen enthalten konnte, bin ich der Ansicht, daß das intraspezifische Gen *sifl* entweder schwache Durchschlagskraft besitzt oder labil ist. Das letztere dürfte am ehesten der Fall sein, so daß es sich um ein labiles intraspezifisches Gen handelt. Als interspezifisch kann es wegen des Vorkommens von zwei ausschließlich aus Mutanten bestehenden Familien, zu je 15 Individuen, nicht gut aufgefaßt werden.

Weitere Eigenschaften intraspezifischer Gene mit besonderer Berücksichtigung der homologen Merkmalsserien

Im vorigen Abschnitt wurde die Wirkung einiger intraspezifischer Gene besprochen, die als Grundgene für die Ausbildung von ganzen Organen der Pflanze aufzufassen sind. Dies geschah vor allem, um zu zeigen, daß ganz erhebliche Veränderungen in der Morphologie der Pflanzen nicht nur durch inter-, sondern auch durch intraspezifische Gene bedingt werden können. Mit dem vorgelegten Material dürfte indessen auch der markante, in dieser Hinsicht bestehende Unterschied zwischen der Wirkung von inter- und intraspezifischen Genen klar zutage treten. Es sei nochmals auf die schon früher besprochenen, für jede Art charakteristischen beiden Komplexe von interspezifischen Genen verwiesen, von denen der eine für die Ausbildung arteigener vegetativer Merkmale verantwortlich ist, während der zweite Genenkomplex die Umbildung dieser zu funktionstauglichen floralen Teilen besorgt.

Von intraspezifischen Genen gibt es nun eine ganze Anzahl, die je für sich, natürlich abhängig von der übrigen genotypischen Konstitution, physiologische Schwächen, Anfälligkeit für pflanzliche oder tierische Parasiten bedingen, zu Sterilität, Subletalität oder auch Letalität führen können. Für die beiden letztgenannten Defekte kommen namentlich Mängel im Chlorophyllapparat in Frage. Mutanten wie *albina*, *xantha* und *lutea* führen binnen kurzem zum Absterben der Keimpflanzen. Andere wiederum, wie ein Teil der *chlorina*-Mutanten, erreichen noch die Reife und geben wenige Samen, wieder andere erreichen ein ziemlich vorgeschrittenes Entwicklungsstadium, verändern ihre Farbe nach oben zu und verbleiben damit ohne Samenbildung.

Auch für Gewebedefekte gibt es einzelne Gene, wie z. B. für die *crispa*-Mutante von *Pisum*, die i. ü. normal erscheint, aber einen deutlich verminderten Samenansatz gibt. Eine Anzahl Erbanlagen verändert die Morphologie mit starker Verminderung der assimilierenden Fläche, so wie dies oben bei der Besprechung von Genokopien gezeigt werden konnte. Extreme solche Fälle entwickeln kaum Hülsen und dann wenigstens z. T. keine keimfähigen Samen.

Schließlich gibt es Gene, die für die Produktion gewisser chemischer Stoffe verantwortlich sind. Veränderungen dieser können vitalitätsvermindernd und auch fortpflanzungsinhibierend sein. Sehr typische und nicht selten anzutreffende Fälle dieser Art sind Mutationen im Grundgen für Blütenfarbe. Es entstehen weißblütige Varietäten, die in der Natur schnell ausgemerzt werden und daher nur ab und zu anzutreffen sind.

Alle diese sicherlich sehr zahlreichen intraspezifischen Gene dürften, je für sich genommen, weder für die Barriere zwischen den Arten noch für die Entstehung von neuen Arten von direkter Bedeutung sein. Sehr kennzeichnend hierfür ist das vorstehend besprochene Ergebnis der Kreuzung *Phaseolus vulgaris* × *coccineus* und reziprok. Diese Kreuzung spaltete, soweit visuell festgestellt werden konnte, in etwa 80 Genen (s. L. 1944, 1948b). Insgesamt wird diese Anzahl, wenn alle physiologisch wirksamen Gene berücksichtigt worden wären, wahrscheinlich bedeutend größer gewesen sein. Aber diese beiden Arten trennende, d. h. interspezifische Gene, gab es nur zwei. Die Ursache der großen Schwierigkeiten für die einwandfreie Feststellung dieser wird damit offenbar. Es war eine vieljährige Untersuchung einer großen Anzahl von Kreuzungen erforderlich, um sicheren Bescheid zu erhalten, welche Gene inter- und welche nur intraspezifischer Natur sind.

Im Zusammenhang hiermit konnte an Hand der *Phaseolus*-Kreuzungen auch nachgewiesen werden, daß den beiden Arten eine große Anzahl von intraspezifischen Genen gemeinsam ist, d. h. daß diese in beiden Arten bald in der Form des einen oder des anderen Allels vorkommen können. Für jede dieser Arten sind indessen, wie zu erwarten, gewisse Kombinationen von intraspezifischen Genen am vitalsten. Dies gilt vor allem für die wild vorkommenden Varietäten. Als Beispiele seien erwähnt die Gene für Höhenwachstum, das Grundgen für die Ausbildung von Anthocyan, die Gene für Färbung und Farbenverteilung auf der Testa.

Daß ein wesentlicher Teil der für die *Phaseolus*-Arten gemeinsamen intraspezifischen Gene in diesen als verschiedene Allele vorhanden waren, besagt, daß im Wildmaterial (beide Arten wurden auch als solches untersucht) eine im Verhältnis zur Gesamtanzahl der Gene nur relativ beschränkte Anzahl von Kombinationen intraspezifischer Gene zu Rassen führen kann, die sich im Kampf ums Dasein behaupten können. Durch artifizielle Kreuzung können aber alle, mit Ausnahme der artentrennenden, interspezifischen Gene, von der einen Art in die andere überführt werden. Welches Ergebnis dabei in den einzelnen Fällen erzielt wird, ist natürlich eine andere Frage. Und selbstverständlich kann bei weitem nicht jede beliebige Kombination dieser Gene in lebenstüchtigen Biotypen erhalten werden, was schon aus der vorstehend erwähnten Wirkung verschiedener intraspezifischer Gene zu erwarten ist.

Studiert man nun die Merkmale verwandter Arten und Gattungen, so zeigt sich, daß häufig eine größere Anzahl von Merkmalen in diesen gemeinsam anzutreffen ist. VAVILOV (1935 und 1951) bezeichnete diese Erscheinung als homologe Serien. In ausgezeichneter Weise konnte VAVILOV diese Verhältnisse in der Familie *Leguminosae* nachweisen. Die hierbei gefundenen Regelmäßigkeiten faßt er in folgende zwei Punkte zusammen:

1. Genetisch nahe verwandte Arten und Gattungen sind durch ähnliche Serien erblicher Variation mit solcher Regelmäßigkeit gekennzeichnet, daß man auf Grund der Kenntnis der Formenserie binnen einer Spezies das Vorkommen entsprechender Formen in anderen Spezies und Gattungen vorhersagen kann. Je näher verwandt Spezies im allgemeinen sind, eine um so größere Ähnlichkeit wird in den Variationsserien anzutreffen sein.

2. Ganze Pflanzenfamilien sind gewöhnlich durch bestimmte Variationsreihen charakterisiert, die in allen Gattungen und Spezies der Familie vorkommen.

Für die Familie *Leguminosae*, die wahrscheinlich als die hierfür günstigste zu betrachten sein dürfte, verglich VAVILOV das Vorkommen von 90 Merkmalen in 14 Spezies, von denen 13 verschiedenen Gattungen angehören. Hierbei wurden sowohl Wild- wie Kulturformen berücksichtigt. Die folgende Übersicht zeigt, wie viele von diesen 90 Merkmalen je untersuchter Spezies aufgefunden werden konnten. Natürlich wechseln diese von Art zu Art.

Pisum sativum L. (= *arvense* L.)	86
Vicia sativa L.	86
Vicia faba L.	71
Lens esculenta MOENCH.	68
Lathyrus sativus L.	70
Cicer arietinum L.	66
Glycine hispida MAX.	66
Phaseolus vulgaris L.	84
Canavalia gladiata DC.	59
Stizolobium hassjoo PIPER	51
Cajanus indicus SPRENG.	65
Medicago sativa L.	50
Trifolium pratense L.	46
Lotus corniculatus L.	49

Für die 86 oben für *Pisum* angeführten Merkmale sind bisher wenigstens 57 Gene nachgewiesen. Was die genische Unterlage dieser Merkmale betrifft, so ist es keineswegs sicher, daß sie in allen erwähnten Arten dieselbe ist. Zu erwähnen ist, daß es auch nicht selten Merkmale gibt, die nur in geringer Anzahl in verwandten Gattungen wiedergefunden werden können. Häufig scheinen auch Merkmale mit gleichem Genenhintergrund in verschiedenen Gattungen nicht dieselbe Ausprägung zu erhalten. Diesbezüglich sei auf die bei den Exmutanten *lathyroides, microsurculus* und *obovatus* von *Pisum* besprochenen Verhältnisse erinnert, wo die Einführung eines einzigen artfremden Allels die Manifestation einer ganzen Anzahl von intraspezifischen Genen abgeändert hat. Dabei ist zu beachten, daß dies im gleichen *Pisum*-Plasma geschehen ist.

Die intraspezifischen Gene je für sich haben keinen direkten Zusammenhang mit der Artbarriere und können dies daher auch nicht mit der Entstehung der Arten haben. Aber Kombinationen von intraspezifischen Genen dürften indirekt sowohl bei der Entstehung neuer Arten wie auch für das Weiterbestehen solcher eine nicht unbedeutende Rolle spielen können. Diese Frage soll unten näher erörtert werden.

Die Wirkung interspezifischer Gene bei höheren Tieren

Seit altersher sind die reziproken Bastarde zwischen Pferd (*Equus caballus* L.) und Esel (*Equus asinus* L.) sehr gut bekannt. Es sind dies bei Verwendung des Esels als Mutter der Maulesel (*Equus hinnus* genannt) und mit dem Pferd als Mutter das Maultier (*Equus mulus* L.). Es handelt sich demnach um zwei Artbastarde.

Wenn dieselbe erblich einheitliche Pferderasse und eine entsprechend einheitliche Eselrasse zur Herstellung dieser beiden Bastarde verwendet werden (was gewöhnlich der Fall zu sein pflegt; z. B. in Poitou, Südfrankreich), so ist zu sagen, daß beide Bastarde dieselbe genotypische Konstitution haben werden. Aber die beiden Bastarde unterscheiden sich stark und ganz typisch voneinander, auch ziemlich gleichgültig, welche Rassen der beiden Elternarten zu den Kreuzungen herangezogen werden.

Der Maulesel ist erheblich kleiner, er hat die längeren Ohren des Esels, aber vom Pferd den schlankeren und längeren Kopf, die starken Schenkel, den in seiner ganzen Länge behaarten Schwanz und überdies noch die wiehernde Stimme.

Das Maultier ist in seinem Körperbau nur wenig schwächer als das Pferd und erinnert auch in der Gestalt des Körpers stark an das Pferd. Die Kopfform ist abweichend, die Ohren sind länger als beim Pferd und der Schwanz ist nur an der Wurzel behaart. An den Esel erinnern auch die schmächtigeren Schenkel und die schmäleren Hufe. Das Maultier hat die Stimme des Eselvaters.

Werden nun Maultier und Maulesel, ohne auf ihre Herstammung Rücksicht zu nehmen, von dem Standpunkt aus betrachtet, den gegenwärtig viele, wenn nicht die meisten Genetiker hinsichtlich Artbegriff und Evolution einnehmen, so würde wohl zweifellos der Schluß gezogen werden, daß sich diese beiden „Arten" in einem ganzen Komplex, d. h. in einer größeren Anzahl von Genen unterscheiden müssen.

Die reziproke Kreuzung zwischen zwei erblich einheitlichen Rassen von Pferd und Esel beweist aber, wie schon erwähnt, daß sie dieselbe genotypische Konstitution besitzen müssen. Worauf beruht nun der große und stets vorhandene Unterschied und weshalb sind diese beiden Bastarde immer vollkommen steril? — Nebenbei sei hier nur erwähnt, daß bei solchen Bastarden wohl eine gewisse Variation, vor allem hinsichtlich Färbung, vorkommen kann, was aber ausschließlich auf die zur Kreuzung verwendeten Elternrassen zurückzuführen ist. Die oben angeführten markanten Unterschiede werden hiervon jedoch in keiner Weise berührt.

Nun sind die Dominanzverhältnisse, wie erwähnt, in beiden Kreuzungsrichtungen verschieden. Ganz dasselbe konnte auch bei Artkreuzungen zwischen Pflanzen festgestellt werden, so z. B. bei *Epilobium, Chrysanthemum* und *Phaseolus* (s. o.). A priori könnte man annehmen, daß dieselben Gene sich in verschiedenem Plasma verschieden manifestieren. Die Ergebnisse meiner oben besprochenen Artkreuzungen und vor allem die Kreuzungen mit Exmutanten haben die Ursache dieser verschiedenen Manifestation intraspezifischer Gene wie folgt eindeutig klargelegt. Die Einführung eines Allels eines interspezifischen Gens in ein artfremdes Plasma kann die Manifestation einer ganzen Reihe von intraspezifischen Genen stark abändern. In besonders hohem Grade dokumentierte sich diese Wirkung in Kreuzungen mit der *lathyroides*-Exmutante von *Pisum* (s. o.). Das artfremde Allel *i-lath* bedingte im artfremden Plasma eine Änderung der Manifestation von wenigstens 15 intraspezifischen Genen. Und naturbedingte Spezies, d. h. Arten, die durch die Allele von interspezifischen Genen getrennt sind, dürften laut allen bisher vorliegenden Ergebnissen zu urteilen immer verschiedenes Plasma besitzen.

Mit Hinblick auf das oben und schon früher geschilderte Verhalten interspezifischer Gene erscheinen die Verhältnisse bei Maulesel und Maultier nun in ganz natürlicher und einfacher Weise erklärbar. Pferd und Esel unterscheiden sich nur in einem einzigen interspezifischen Gen für den somatischen Teil der Tiere. Für den generativen Teil kommt noch ein zweites auf dieses eingestelltes Allel hinzu (s. o.). Die Einführung des für das Soma des Pferdes arteigenen Allels des speziestrennenden interspezifischen Gens bedingt im Eselplasma die Änderung der Manifestation einer Anzahl von intraspezifischen Genen, die zu den oben angeführten Merkmalen des Maulesels führt. Ganz Entsprechendes gilt für die Einführung des anderen Allels desselben interspezifischen Gens vom Esel in das Pferd. Es führt zu den für das Maultier charakteristischen Merkmalen.

Sowohl Maulesel wie Maultier scheinen immer vollkommen steril zu sein. Die Ursache hierfür ist, daß bei der Reduktionsteilung die für die Synthese der Gene verantwortlichen Progene für das artfremde Allel nicht erneuert werden, wie dies z. B. die *Phaseolus*-Kreuzungen mit *coccineus* als Mutter ausnahmslos gezeigt haben. Bei Pflanzen wurde festgestellt, daß hiervon gewisse Ausnahmen vorkommen können, nämlich dann, wenn mit dem männlichen Kern etwas Plasma in die Zygote mitkommt, wie dies in *Phaseolus*-Kreuzungen mit *vulgaris* als Mutter hat beobachtet werden können. Das im Vergleich mit *vulgaris* viel größere Pollenkorn von *coccineus* scheint hierfür prädisponiert zu sein. Mit diesem Plasma kommen Stoffe mit, die für die Erneuerung der Progene unerläßlich sind. In umgekehrter Richtung mit *coccineus* als Mutter ist unter einem sehr großen Material auch nicht ein einziger solcher Fall aufgetreten (näheres s. o.).

Was für Maulesel und Maultier gilt, dürfte wahrscheinlich für das ganze Tierreich Gültigkeit besitzen. Leider liegen aber besonders auf diese Frage abzielende Untersuchungen kaum vor.

Alle bisher und schon recht zahlreichen Beobachtungen sprechen eindeutig dafür, daß die Reproduktion arteigener Allele von interspezifischen Genen, wie sie aus vom Plasma zur Verfügung gestellten Stoffen durch die Wirkung von Progenen synthetisiert werden, für die unüberbrückbare Barriere zwischen naturbedingten Spezies und höheren Kategorien verantwortlich sind. Und eine Entstehung neuer Arten kann daher auch nur durch einen diese Barriere überwindenden Schritt, eine weitere Differenzierung des Plasmas für die Produktion zweier neuer Progene und damit diesen entsprechenden interspezifischen Genen stattfinden.

Zusammenfassung der experimentellen Ergebnisse und Beobachtungen

Das Ziel der vorstehend besprochenen Untersuchungen war die experimentelle Klarlegung der Barriere vor allem zwischen Arten, aber auch höheren Kategorien. Bei einem Studium der Literatur findet man diesbezüglich, daß es — immer zwischen nächstverwandten Arten — teils wirklich unüberbrückbare, teils nur scheinbare Barrieren gibt. Im letzteren Fall können die als artentrennend aufgefaßten Merkmale zweier Arten durch Kreuzung neukombiniert werden, womit eine angenommene Selbständigkeit der in Frage stehenden Spezies zusammenbricht.

Nun wissen wir, daß alle Merkmale — selbstverständlich bei Ausschluß aller wechselnden Umwelteinflüsse — durch drei innere Faktoren bedingt werden. 1. Die genotypische Konstitution, 2. die Struktur der Chromosomen und 3. die Beschaffenheit des Plasmas. Diese drei Faktoren wurden in Artkreuzungen eingehend studiert.

Die Untersuchungen sollten zweierlei klarlegen. Erstens sollte eine ganz eindeutige Definition des Artbegriffes erreicht werden, und zweitens sollte der Schritt klargelegt werden, der getan werden muß, um, wie im Verlauf der Evolution, von einer Art zu einer (oder zwei, s. u.) neuen zu gelangen.

Methodisch ist folgendes zu erwähnen. Sobald eine Kreuzung in beiden Richtungen gezeigt hat, daß weder plasmatische noch chromosomstrukturelle, sondern nur genische Unterschiede vorhanden waren, d. h. daß die Kreuzung im Zusammenhang hiermit nur fertile Nachkommen gab, so verblieb es bei einer genanalytischen Untersuchung der als artcharakteristisch aufgefaßten Merkmale. Waren chromosomstrukturelle Unterschiede vorhanden, so wurden auch diese eingehend studiert. Plasmatische Unterschiede haben sich in den untersuchten Kreuzungen stets in reziprok verschiedenen F_1-Generationen zu erkennen gegeben.

Chrysanthemum carinatum Schousb. **und** **coronarium** L. Größe des untersuchten Materials in beiden Kreuzungsrichtungen zusammen etwa 10.000 Pflanzen in F_2 bis F_5.

Fertilität: Ziemlich hochgradig steril.

Zytologie: Übereinstimmende Morphologie der Chromosomen; ungestörte Meiose.

Plasmatisch: Erhebliche Unterschiede vorhanden. Große Differenzen in den reziproken Kreuzungsrichtungen, indem 15 Merkmale je nach Kreuzungsrichtung verschieden ausgebildet waren.

Genisch: Der Spaltung in den 15 Merkmalen liegen etwa 25 Gene zugrunde. Sämtliche Merkmale, mit Ausnahme des Blattypus, konnten von der einen in die andere Art und umgekehrt zusammen mit Fertilität überführt werden. Die Ausnahme bildete das interspezifische Gen *i-Com* für den Blattypus. Dieser spaltete mit *carinatum* als Mutter nach:

1 *carinatum* : 2 Hybrid : 0 *coronarium* bzw. steril,

mit *coronarium* als Mutter nach:

1 *coronarium* : 2 Hybrid : 0 *carinatum* bzw. steril.

Man vergleiche die Abbildungen 2, 3, 12 und 13.

Dieses Ergebnis beweist, daß die Allele des Gens *i-Com* auf verschiedene Arten verteilt sind; sie sind interspezifisch. Die Allele eines solchen Gens können zusammen mit Fertilität durch Kreuzung nicht in die andere Art überführt werden.

Die F_1 ist in diesem Gen heterozygot und in Übereinstimmung hiermit ist der Blattypus der Hybride intermediär. Dies besagt, daß das mit dem männlichen Kern eingeführte Allel *i-com* in der Hybride von Zellteilung zu Zellteilung hunderttausende Male reproduziert wird. Aber nach der Reduktionsteilung entstehen keine im artfremden Allel homozygote Zygoten, die entwicklungsfähig sind, bzw. sich zu fertilen Pflanzen entwickeln können. Im ersteren Fall wäre es auch denkbar, daß eine Rückmutation des artfremden zum arteigenen Allel stattgefunden hat. Man vergleiche unten das Verhalten der Exmutanten, d. h. Mutanten von arteigenen zu artfremden Allelen.

Das Verhalten der F_1 beweist, daß mit dem männlichen Kern bei der Befruchtung Stoffe mitgekommen sind, die eine Reproduktion der artfremden Genallele möglich gemacht haben. Aber nach der Reduktionsteilung auf den Hybriden fehlen diese Stoffe mit dem Resultat, daß entweder gar keine im artfremden Allel homozygote oder nur sterile Pflanzen erhalten werden. Diese Stoffe, die für die Synthese der Gene erforderlich erscheinen, wurden von mir als Progene und ihre Gesamtheit als Progenom bezeichnet.

Phaseolus vulgaris L. und coccineus L. Sowohl Wild- wie Kulturformen wurden zu den Kreuzungen verwendet. Größe des untersuchten Materials in beiden Kreuzungsrichtungen zusammen während 35 Jahren (1929 bis 1964) ungefähr 500.000 Individuen.

Fertilität: Ziemlich hochgradig steril.

Zytologisch: Übereinstimmende Morphologie der Chromosomen: ungestörter Verlauf der Meiose.

Plasmatisch: Bedeutende Unterschiede vorhanden. Starke Differenzen zwischen den beiden Kreuzungsrichtungen, Habitus, Hülsenform usw. betreffend sowie außerordentlich große physiologische Unterschiede, die die Möglichkeit Befruchtung und Samenentwicklung zu erhalten, beeinflussen.

Genisch: Insgesamt wahrscheinlich Spaltung in etwa 80 Genen, für visuell leichter feststellbare Merkmale etwa 40 bis 45. Mit Ausnahme von zwei Genen, die Keimblattstellung bzw. die Form der Narbe betreffend, konnten alle von *vulgaris* nach *coccineus* oder in umgekehrter Richtung überführt werden. Die erwähnten beiden Gene spalteten mit *vulgaris* als Mutter nach:

1 *vulgaris* : 2 Hybrid : 0 *coccineus* bzw. steril, und
mit *coccineus* als Mutter nach:

1 *coccineus* : 2 Hybrid : 0 *vulgaris*.
Man vergleiche die Abbildungen 23 und 24.

In bezug auf die durch die Allele von interspezifischen Genen bedingte, unüberbrückbare Artbarriere gilt für die *Phaseolus*-Arten ganz dasselbe, was betreffs der *Chrysanthemum*-Arten gesagt worden ist. Hinzu kommt hier nur, daß in der Kreuzung mit *coccineus* als Mutter niemals auch nur eine sterile Pflanze mit *vulgaris*-Merkmalen erhalten worden ist, während dies in der umgekehrten Richtung, also mit *vulgaris* als Mutter nicht selten vorgekommen ist. Wie sich gezeigt hat, beruht dies darauf, daß mit dem großen *coccineus*-Kern (etwa 1 *vulgaris* : 1,6 *coccineus*) mehr oder weniger Plasma in den Embryosack von *vulgaris*, und damit auch wahrscheinlich in die Zygote, mitkommt. Dies hat dann zur Folge, daß eine gewisse Reproduktion der artfremden Progene möglich ist. Das Endresultat ist genau dasselbe, es resultieren niemals in den artfremden Genallelen homozygote und fertile Individuen.

Petunia axillaris (LAM.) B. S. P., *violacea* LINDL. und *inflata* R. FRIES. Größe des untersuchten Materials etwa 7000 Individuen.

Fertilität: Vollkommen normal.

Zytologisch: Übereinstimmende Morphologie der Chromosomen; ungestört verlaufende Meiose.

Plasmatisch: Keine Unterschiede zwischen den drei Arten.

Genisch: Folgende fünf Merkmale werden von den Autoren zur gegenseitigen Abgrenzung der drei Arten herangezogen: 1. die Form des Kronrohres (zylindrisch, trichterförmig), 2. der Kronrohrbuckel (an- bzw. abwesend), 3. die Symmetrie der Blüte (stark asymmetrisch bzw. ganz symmetrisch), 4. die Insertionsstelle der Staubfäden im Kronrohr (nahe dem Grund, in der Mitte) und 5. die Form der Fruchtstiele (gerade, gekrümmt).

Es konnten alle Kombinationen dieser fünf Merkmale in fertilen Individuen angetroffen werden. Sollte jedes dieser Merkmale als artentrennend aufgefaßt werden, so gäbe es 32 verschiedene Kombinationen, die je eine Art repräsentieren sollten. Mit den mitgeteilten Ergebnissen ist bewiesen, daß es sich bei diesen *Petunia*-Arten nur um drei in der Natur ausdifferentiierte Rassen ein und derselben Spezies, nämlich *Petunia axillaris* (LAM.) B. S. P, handelt.

Lactuca canadensis L. und *L. graminifolia* MICHX. WHITAKER (1944) kommt zu folgenden Kreuzungsergebnissen.

Fertilität: Vollkommen normal.

Zytologisch: Übereinstimmende Morphologie der Chromosomen: ungestörter Verlauf der Meiose.

Plasmatisch: Kein Unterschied in den beiden Kreuzungsrichtungen.

Genisch: Folgende vier Merkmale werden als artentrennend aufgefaßt. 1. Blätter gefiedert — ganzrandig, lanzettlich, 2. zweijährig — einjährig, 3. Pollen orange — grau und 4. Ligula orangegelb — purpurblau. Die drei erstgenannten Eigenschaften spalteten ungestört monogen. Die Ligulafarbe spaltete in mehreren Farben, aber ungestört. Hier gilt dasselbe, was in bezug auf die *Petunia*-Arten gesagt worden ist. Die beiden *Lactuca*-Arten stellen nur zwei Rassen ein und derselben Art, nämlich von *L. canadensis* L. dar.

Die Antirrhinum-Arten. E. BAUR (1924 und 1933) studierte Kreuzungen zwischen einer Reihe von Arten der Sektion *Antirrhinastrum*, von denen sich die meisten ohne Schwierigkeit kreuzen ließen. War dies einmal nicht der Fall, so gelang die Kreuzung via einer dritten „Spezies". Irgendeine feste Artbarriere konnte BAUR nicht feststellen. Er sagt, daß man aus Kreuzungen der „Arten" *Barrelieri, glutinosum, latifolium, majus, molle, ramosissimum* und *siculum* alles herstellen könne, was jetzt in Spanien, Italien und Nordafrika an wildwachsenden „Arten" und Formen vorkommt. Insgesamt sprechen BAURS Kreuzungsergebnisse dafür, daß die von den Systematikern als Arten aufgefaßten *Antirrhinum*-Formen der Sektion *Antirrhinastrum* nur als ökologisch und geographisch isolierte Rassen, Ökotypen, von *A. majus* zu betrachten sind.

Nemesia strumosa BENTH. und *versicolor* E. MEY. Kreuzungen zwischen diesen beiden Arten wurden von A. NILSSON (1947) studiert.

Fertilität: Vollkommen normal.

Zytologisch: Keine feststellbaren Unterschiede.

Plasmatisch: Kein Unterschied in den beiden Kreuzungsrichtungen.

Genisch: Die als artentrennend aufgefaßten Merkmale, hauptsächlich die Gestalt der Sporne, lassen sich in Kreuzungen störungsfrei mit beliebigen anderen Merkmalen in fertilen Nachkommen kombinieren. Das Ergebnis ist, daß *N. versicolor* nur als eine Varietät von *strumosa* BENTH. aufgefaßt werden kann.

Geum rivale L. und *Geum urbanum* L. WINGE (1926 und 1932) studierte ein großes Kreuzungsmaterial zwischen diesen beiden Arten. Die Hybriden haben dieselbe vollkommene Fertilität wie die Eltern. Es gab keinerlei Störungen, weder chromosomale noch plasmatische. Auch die folgenden Generationen verhielten sich gleich.

G. rivale und *urbanum* sind zwei typische Ökotypen ein und derselben Art. *G. rivale* gedeiht auf naßfeuchten Böden, *urbanum* auf ziemlich trockenen.

Ganz analog wie die oben besprochenen Kreuzungen zwischen Arten von *Petunia, Lactuca, Antirrhinum, Nemesia* und *Geum* verhalten sich noch weitere; so z. B. *Cucurbita andreana* × *maxima* (WHITAKER 1951), *Avena sativa* L., *sterilis* L. und *chinensis, Lolium perenne* L. und *multiflorum* LAM. (s. L. 1959).

Pisum-Kreuzungen. Diese inkludierten folgende als Arten aufgefaßte Rassen: *abyssinicum* BRAUN, *arvense* L. s. str. mit oect. *sativum, elatius* STEV., *fulvum* SIBTH. u. SM., *humile* BOISS. u. NOË, *Jomardi* SCHRANK und *transcaucasicum* (GOV.) STANKOV. Die Kreuzungsstudien mit diesen

Pisum-Spezies wurden ganz besonders eingehend behandelt. Hierfür lagen, wie schon früher erwähnt, folgende sehr starke Gründe vor. Erstens bestand die Möglichkeit alle Arten miteinander zu kreuzen und auf diesem Wege ihre verwandtschaftlichen Verhältnisse klarzulegen. Zweitens sind von *Pisum* eine beträchtliche Anzahl verschiedener Chromosomenstrukturen bekannt, von denen wenigstens 16 durch genanalytische Untersuchungen als bewiesen zu betrachten sind. Es gibt keine andere Pflanze, die in dieser Hinsicht auch nur annähernd gleich gut untersucht ist. Bei *Pisum* gibt es sogar Fälle, in denen alle sieben Chromosomen an Strukturveränderungen beteiligt sind. Damit ergab sich die Möglichkeit, die Frage weitgehendst klarzulegen, ob gewisse Chromosomenstrukturen allein die Grundlage für einen vollkommenen Isolationsmechanismus bilden können.

Die Kreuzungen mit den sieben in Frage stehenden *Pisum*-Arten haben gezeigt, daß es in keinem Falle ein durch die Allele eines interspezifischen Gens bedingtes, diese Arten voneinander trennendes Merkmal gibt. Jedes dieser konnte mittels Kreuzung von einer in die andere Art überführt und in fertilen Individuen erhalten werden. Es gab auch keinerlei plasmatische Unterschiede, dagegen ist in vielen Fällen chromosomal bedingte, mehr oder weniger hochgradige Sterilität aufgetreten.

Bei der Untersuchung dieser Verhältnisse wurde von dem von mir gewählten Normalkaryotyp, der Linie 110 aus Roi des gourmands, ausgegangen. Die große Mehrzahl der in der temperierten Zone gebauten *Pisum*-Varietäten haben mit dieser übereinstimmende Chromosomenstruktur. Vereinzelt kommen aber auch abweichende Strukturen vor, die ein, zwei, drei oder, selten, sogar vier Chromosomen umfassen können.

In bezug auf die von mir untersuchten Linien der sieben Arten, die mit den Originalbeschreibungen übereinstimmten, konnte folgendes festgestellt werden: *arvense* s. str. mit oect. *sativum, elatius, Jomardi* und *transcaucasicum* zeigten Normalkaryotyp. *P. abyssinicum* hat vier und *humile* wenigstens vier Chromosomen mit abweichender Struktur. *P. fulvum* weicht von allen anderen Arten am stärksten ab, indem alle sieben Chromosomen an Strukturveränderungen beteiligt sind.

Diese Verhältnisse haben sich in den Kreuzungen in der mehr oder weniger hohen Sterilität der F_1 usw. zu erkennen gegeben. Eine einfache Translokation gibt 25% Sterilität, eine doppelte 62,5%, zwei einfache geben 56,25%, eine einfache Relokation gibt 50% Sterilität usw. Je nach Wahl der Elternpartner konnten Sterilitätsgrade bis zu etwa 98% erhalten werden. Und in einigen wenigen Fällen wurden auch vollkommen sterile Individuen gefunden, trotzdem diese eine ganz normale Entwicklung gezeigt hatten. In einem Fall hatte eine solche Pflanze 69 Hülsen mit **338** Samenanlagen, von denen sich aber keine einzige zu einem Samen entwickelt hatte.

Die Ergebnisse von Kreuzungen binnen *arvense* haben gezeigt, daß es durch Wahl von geeigneten Kreuzungspartnern möglich sein muß, vollkommen sterile F_1-Pflanzen zu erhalten. So wie in der erwähnten *fulvum*-Kreuzung wäre das Ergebnis zwei durch einen strukturellen Isolationsmechanismus mit vollkommener Sterilitätsbarriere getrennte Linien.

Könnten solche Linien als verschiedene, als selbständige Arten aufgefaßt werden? Diese Frage ist unbedingt mit Nein zu beantworten. Denn es gibt in solchen Fällen immer Strukturlinien, die bei Kreuzung mit diesen nur eine partielle Sterilität, 75% oder 50% oder sogar weniger geben würden. Dies hat bei gewissen *fulvum*-Kreuzungen festgestellt werden können.

Insgesamt kann geschlossen werden, daß abweichende Chromosomenstruktur allein niemals eine wirkliche Artbarriere bedingen kann. Hierzu sind ausschließlich die Allele interspezifischer Gene befähigt. Und diese werden unter dem Einfluß der zugehörigen Progene bei Homozygotie immer nur im arteigenen Plasma erneuert. In artfremden Allelen homozygote Pflanzen sind, wenn es überhaupt zu ihrer Entstehung kommt, stets vollkommen steril.

Ein außerordentlich wertvoller Beitrag zur Kenntnis der Wirkung von interspezifischen Genen wurde durch das Studium der sogenannten Exmutanten (= Mutanten in interspezifischen Genen) erhalten.

In einer größeren Anzahl von Fällen konnte gezeigt werden, daß die Pflanze ihre Entwicklung der Wirkung zweier aufeinander eingestellter Komplexe von Genen zu verdanken hat. Der eine Komplex bedingt die Ausbildung der vegetativen Teile, der andere die Umbildung dieser zu funktionstauglichen floralen Teilen (Infloreszenzen bis zu Gameten). Ich erwähne hier von der *Phaseolus*-Artkreuzung die Keimblattstellung und die Narbenform. Für diese in ihrer Wirkung voneinander abhängigen Genenkomplexe wurde von mir für Pflanzen der Ausdruck vegetativflorales, und für Tiere die Bezeichnung somatisch-generatives Genensystem geprägt.

Die Gene dieser Systeme sind interspezifischer Natur. Damit folgt, daß wenn ein solches Gen für den vegetativen Teil zum artfremden Allel mutiert, so wird in diesem Teil ein artfremdes Merkmal zur Ausbildung gelangen, im Zusammenhang womit die Gene für den floralen Teil nicht mehr imstande sind diese zu funktionstauglichen Organen umzubilden. Es resultiert vollkommene Sterilität. Mutiert ein interspezifisches Gen für den floralen Teil zum artfremden Allel, so kommt es in diesem zu entsprechenden Mißbildungen, vereint mit vollkommener Sterilität. Dies hat natürlich keinen auf den vegetativen Teil rückwirkenden Einfluß. Für die sowohl vegetative wie florale Teile stark abändernde Wirkung artfremder Allele von interspezifischen Genen wurde, mit Hinblick auf die Veränderungen zu artfremden Merkmalen, der Ausdruck Exotropie geprägt.

In der vorliegenden Arbeit sind 33 Fälle von Exmutanten für den vegetativen und floralen Teil sowie 32 nur für den floralen Teil besprochen. Von den 33 erstgenannten sind 15 und von letzteren sind 5 vom Verfasser selbst genanalytisch studiert. Von anderen Verfassern ausspaltend untersucht bzw. beobachtet oder beschrieben sind in der ersten Gruppe 17, in der letzteren 27 aufgenommen. Es gäbe noch ziemlich viele weitere Fälle von Mißbildungen, vor allem in den Blüten, die vielleicht noch hierher zu rechnen wären. Diesbezüglich sei auf die Arbeiten von MASTERS (1869), PENZIG (1921) und GOTTSCHALK (1964) verwiesen.

Die im artfremden Allel eines interspezifischen Gens Heterozygoten sind von den im arteigenen Allel Homozygoten meistens nicht zu unterscheiden. Solchenfalls besteht vollständige Dominanz. Von den 33 Exmutanten für den vegetativen Teil waren nur bei zwei, *Vicia faba* und *Nicotiana tabacum*, die Heterozygoten intermediär. In den beiden Artkreuzungen mit *Chrysanthemum* und *Phaseolus* waren diese auch intermediär. Es dürften also ähnliche Verhältnisse vorhanden sein wie bei den Mutanten in intraspezifischen Genen, wo die Heterozygoten, außer bei quantitativen Merkmalen, auch nur zu geringerem Teil intermediär sind.

Die artfremden Allele von interspezifischen Genen zeigen im Zusammenhang damit, daß sie sich in artfremdem Plasma befinden, durchweg eine mehr weniger starke Tendenz zum Zurückmutieren zum arteigenen Allel. Die Ursache dieser Erscheinung ist darin zu erblicken, daß das Plasma nicht darauf eingestellt ist, den Progenen das hierfür erforderliche Material zur Verfügung zu stellen. Es ist auf arteigene Allele eingestellt. Soweit bisher festgestellt ist, findet diese Rückmutation gewöhnlich im somatischen Gewebe im Laufe der Entwicklung statt.

In vielen Fällen kommt es dann in höher gelegenen Abschnitten der Pflanze oder am Gipfel derselben zu einer Normalisierung, vor allem der floralen Teile, und nicht selten kommt es auch zur Ausbildung von Samen. Durch Aussaat dieser kann dann die Rückmutation sehr leicht festgestellt werden. Je nachdem ob die Rückmutation bis zur Hetero- oder Homozygotie stattgefunden hat, findet man dann Spaltung nach 3 normal : 1 Exmutante oder ausschließlich normale Pflanzen. Es folgt nun eine Übersicht über die Frequenz der Rückmutationen verschiedener Exmutanten. Es sei schon hier betont, daß diese nur die visuell feststellbare Frequenz betreffen kann. In Wirklichkeit dürften alle Exmutanten mehr weniger rückmutiert haben.

Rückmutationen von Genen für Veränderungen im vegetativen und floralen Teil der Pflanze

Spezies	Mutiertes Gen	Visuell feststellbare Mutationsfrequenz u. Bemerkungen
Phaseolus	*i-aph*	Einige Promille. Viele hunderte untersuchter Pflanzen.
Pisum	*i-brev*	Sehr häufig, auf den meisten Pflanzen. Ziemlich großes Material.
	i-inc	Ziemlich häufig. Großes untersuchtes Material.
	i-lac	Ziemlich häufig. 10 bis 20% und mehr. Mehrere hundert untersuchter Individuen.
	i-lath	Häufig, auf der Mehrzahl der gut entwickelten Pflanzen. Großes Material.
	i-obo	Wenige Prozente, etwas ungleich in verschiedenem Material. Mehrere hunderte untersuchter Individuen.
	i-uni	Einige Promille. Viele hunderte untersuchter Pflanzen.
Trifolium	*i-lin*	Häufig, auf der Mehrzahl der Pflanzen. Material relativ klein (SCHWANBOM l. c.).
Vicia sativa	*i-cun*	Häufig, auf der Mehrzahl der Pflanzen. Relativ kleines Material (GELIN l. c.).
Fagus silvatica	*i-lac*	Nicht selten (HESSELMANN l. c.). Relativ kleines Material.
	i-asp	Nicht selten (HESSELMANN l. c.). Relativ kleines Material.

Rückmutationen von Genen für Veränderungen nur im floralen Teil der Pflanze

Spezies	Mutiertes Gen	Visuell feststellbare Mutationsfrequenz u. Bemerkungen
Phaseolus vulgaris	*i-gas*	Höchstens ein Prozent. Sehr großes studiertes Material (über 10.000 Samenanlagen).
Pisum	*i-mis*	Sehr häufig, auf der Mehrzahl der Pflanzen.
	i-re	100prozentig, früher oder später auf allen Pflanzen.
	i-siv	100prozentig, fast stets schon nach ein bis zwei *i-siv*-Blüten nach oben normalisiert.
	i-sti	Wahrscheinlich häufig, da unter den Nachkommen von 14 Geschwisterpflanzen keine Ausspaltung mehr stattgefunden hat.

Wie ersichtlich, variierte die visuell feststellbare Frequenz der Rückmutation sehr stark, von nur einigen Promille (*i-uni*) bis zu konstant 100% (*i-re* und *i-siv*). Nebenbei sei hier erwähnt, daß natürlich alle somatisch rückmutierten Pflanzen Chimären sind, denn sie haben im oberen Teil, bisweilen auch in verschiedenen Zweigen, eine andere genotypische Konstitution als in ihrem unteren Teil.

Gleichzeitige Abänderung der Manifestation mehrerer intraspezifischer Gene durch die Wirkung eines einzigen interspezifischen Gens

Diese Wirkung eines artfremden Allels verdient hier zusammenfassend besonders hervorgehoben zu werden, da sie für das Verständnis des Ablaufes der Evolution von großer Bedeutung ist. Die wichtigsten Beobachtungen sollen unten durch vier Fälle veranschaulicht werden.

1. Die *lathyroides*-Exmutante, bedingt durch das artfremde Genallel *i-lath*, zeigt eine ganz unerwartet vielseitige Veränderung der Wirkung von wenigstens 15 gut bekannten Genen von *Pisum*. Die Stipel, die Blättchen, der Griffel usw. haben *Lathyrus*-Typ erhalten (s. Abb. 56 bis 63). Dies besagt, daß die Einführung eines einzigen, in diesem Fall gattungsfremden Allels den Habitus einer Gattung schlagartig in den einer anderen verwandelt hat.

2. Das für *Pisum* artfremde Allel *i-obo* verändert die *ovatus*-Form der Blättchen in eine typische *obovatus*-Form. Gleichzeitig hiermit wird die Größe der Pflanzen um 20 bis 30% reduziert und es tritt starke Panachierung auf Stipel und Blättchen auf, trotzdem diese genotypisch keine Panachierung haben sollten, sie sind *fl* (s. Abb. 54, 55).

3. Bei der *microsurculus*-Exmutante von *Pisum*, Gen *i-mis*, sind die Infloreszenzen in Sprosse verwandelt. Diese zeigen nun sehr verschiedene Morphologie, je nachdem das Gen für Internodienlänge *Le* in dominanter bzw. rezessiver Form anwesend ist. Mit *le* ist es ein 5 bis 10 cm langer, mit abnormen Stipeln besetzter Sproß, mit *Le* ist es nur ein ungefähr 4 mm langer, kompakter, mit behaarten Blättchen besetzter Sproß (s. Abb. 101 bis 103).

4. Annähernd analog zu der *lathyroides*-Mutante verhalten sich die Bastarde *Equus caballus* × *Equus asinus* und reziprok. Fünf durch intraspezifische Gene bedingte Merkmale werden durch die Einführung eines einzigen artfremden Allels distinkt abgeändert (s. o.).

Diese Wirkung artfremder Allele von interspezifischen Genen erklärt in natürlicher Weise die von paläontologischer Seite stets betonte Erscheinung des plötzlichen, sprunghaften Auftretens von Organismen mit ganz neuen Bauplänen.

Experimenteller Beweis für die Abhängigkeit der Genensynthese vom Plasma

Sowohl das Verhalten aller Exmutanten wie die Ergebnisse der Artkreuzungen zeigten, daß artfremde Allele von interspezifischen Genen bei Homozygotie immer zu vollständiger Sterilität führen. Dies beweist seinerseits, daß diese Allele auf solchen Pflanzen bei der Reduktionsteilung nicht erneuert werden. — Selbstverständlich muß hierbei von der oben erwähnten Rückmutation abgesehen werden. — Hieraus ist zu schließen, daß das Plasma den für die Synthese artfremder Allele verantwortlichen Progenen die hierzu erforderlichen Stoffe nicht hat zur Verfügung stellen können.

In der Kreuzung *Phaseolus vulgaris* × *coccineus* sind nun immer wieder Pflanzen mit den artfremden Allelen aufgetreten, die aber dann mehr oder weniger hochsteril oder vollkommen steril gewesen sind. In der reziproken Kreuzungsrichtung war dies niemals zu beobachten. Das Ausspalten solcher Pflanzen wurde dadurch bedingt, daß mit dem männlichen Kern von *coccineus* etwas Plasma in die Zygote mitgekommen ist. Das *coccineus*-Pollenkorn hat etwa 60% größeres Volumen als das von *vulgaris*.

Mit Hinblick auf dieses Verhalten wurde in Betracht gezogen, ob durch Rückkreuzung der Hybride mit *coccineus* bzw. mit ebensolchen hochsterilen Pflanzen mit den artfremden Merkmalen eine so starke Anreicherung mit *coccineus*-Plasma zu erreichen wäre, daß dieses überhand nehme, worauf dann bei einer Entmischung das *vulgaris*-Plasma eliminiert werden könnte. In einer solchen Pflanze sollten also anwesend sein: die beiden interspezifischen Gene im heterozygoten Zustand und womöglich ein gewisser Überschuß an *coccineus*-Plasma. Dieser Versuch ist über Erwarten gut gelungen (s. L. 1957c und oben), indem eine solche Hybride dann anstatt nach

1 *vulgaris* : 2 Hybride : 0 fertile *coccineus*
nach 1 *coccineus* : 2 Hybride : 0 *vulgaris* gespalten hat.

Damit war ein direkter experimenteller Beweis für die Bedeutung des Plasmas als Produzent von für die Genensynthese erforderlichen Stoffen erbracht. Dies bestätigt auch die Richtigkeit des Verhaltens von interspezifischen Genen in Kreuzungen und Exmutanten und bildet gleichzeitig die Grundlage für den Schritt, der für die Entstehung neuer Arten im Verlauf der Evolution getan werden muß.

Ergänzende Betrachtungen zum Artbegriff

Die eindeutige Definition der Art wurde bereits mehrmals erwähnt. Sie lautet: „Die Art ist der Inbegriff sämtlicher Biotypen, die Träger derselben Allele von interspezifischen Genen sind" (L. 1945, 1948).

Das vegetativ-florale bzw. somatisch-generative Genensystem

Vorstehend wurde schon auf die Wirkung des vegetativ-floralen bzw. somatisch-generativen Genensystems hingewiesen. Diese Genensysteme sind nicht nur für das Verständnis des Artbegriffes, der natürlichen Verwandtschaft der Arten und damit für die Systematik, sondern in gleich hohem Grad für die evolutionäre Entstehung von Arten und höheren Kategorien von grundlegender Bedeutung. Müssen doch bei der Entstehung neuer Arten diese Systeme als durch das Zusammenwirken von interspezifischen Genen bedingte unüberbrückbare Barrieren jedesmal neukreiert werden.

Eine bedeutungsvolle Konsequenz der Wirkung der in Rede stehenden Genensysteme für Pflanzen und Tiere sind die morphologischen Beziehungen zwischen vegetativen und floralen Teilen bei Pflanzen sowie der von somatischen und Fortpflanzungsteilen bei Tieren. Aus der Abhängigkeit der Wirkung der Allele von interspezifischen Genen für die Ausbildung der Fortpflanzungsorgane von jener für den vegetativen bzw. somatischen Teil der Organismen ergibt sich unmittelbar, daß die Merkmale in diesen beiden Teilen der Organismen miteinander korreliert sein müssen. Eine Art muß durch artspezifische Merkmale in beiden Teilen gekennzeichnet sein. Es kann nicht zwei Arten mit verschiedener Konstitution in interspezifischen Genen für den vegetativen Teil, aber mit gleicher für den floralen Teil geben. Und ganz dasselbe wird auch im Tierreich Gültigkeit besitzen. Es mag sein, daß der eine Teil visuell vielleicht schwer erkennbar sein mag, aber vorhanden muß er sein, wenn dies auch nur physiologisch nachweisbar wäre.

Eingehend untersucht sind diese Erscheinungen vor allem bei gewissen Insektengruppen, wie Coleopteren und Lepidopteren, bei denen die äußeren morphologischen Unterschiede die sichere Abgrenzung von Arten nicht selten sehr schwierig gestalten können. Die Morphologie der Fortpflanzungsorgane gibt dann in der Regel klaren Bescheid. Es besteht aber, wie nur zu erwarten ist, auch eine gewisse Variation der Morphologie der Geschlechtsteile binnen einer Art, denn es gibt ja auch intraspezifische Gene für eine solche Variation.

Bei Pflanzen sind recht zahlreiche solche Fälle bekannt. Ich erwähne z. B. für *Pisum* die verschiedene Ausbildung von Blumenblättern, Form, Längen/Breiten-Index derselben, mehr weniger starke Reduktion der

Flügel bis zur Gestalt der Schiffchenblätter, offenes statt geschlossenes Schiffchen usw. Merkmale, die großenteils genanalytisch klargelegt sind. Sie fehlen auch bei den Insekten nicht, obgleich diesbezüglich gewöhnlich keine genanalytischen Untersuchungsergebnisse vorliegen. So berichtet z. B. BERNARDI (1954) über die Variation der Fortpflanzungsorgane bei *Dixeia doxo* GOD. (Lepidopt.) und WAGNER (1958) über dieselbe Erscheinung bei *Psammotettix helvolus* KIRSCHB. (Homopter.). Auch für gewisse Arten der Gattung *Carabus* sind solche Variationen nachgewiesen. Namentlich bei den Coleopteren wird der Nachweis eines morphologischen Unterschiedes der Fortpflanzungsorgane als ein untrügliches Indizium dafür betrachtet, daß es sich um verschiedene Spezies handeln muß. Diese Betrachtungsweise wurde fast zum Axiom erhoben.

Zweifellos sollte man in diesem Punkt aber eine gewisse Vorsicht walten lassen. Denn wenn geringere Abweichungen z. B. im Bau des Aedeagus von Coleopteren beobachtet werden, oder wenn morphologische Unterschiede überhaupt nur hier feststellbar sind, wie z. B. bei einer *Atheta*-Art (*Staphylinidae*), dann besteht bei der Anerkennung einer solchen als Spezies große Gefahr, daß es sich nur um eine Rasse handelt. Denn es gibt, wenigstens in einer Reihe von Fällen, zweifellos Ökotypen, die in der Morphologie der Fortpflanzungsorgane Unterschiede aufweisen, so wie dies z. B. bei der oben erwähnten *Dixeia doxo* GOD. zutrifft.

Inter- und intraspezifische Gene entsprechend Arten und Rassen

Die Wirkung von interspezifischen Genen ist schon vorstehend eingehend gekennzeichnet worden. Hier soll ein kurzer Vergleich der Charakteristika intra- und interspezifischer Gene folgen: was Kreuzungen bzw. Kreuzbarkeit aussagen können, ihre Manifestation, Verhalten beim Mutieren sowie in der Literatur vorkommende Auffassungen betreffs Arten kontra Rassen.

Was kann Kreuzbarkeit bzw. was können die Ergebnisse einer Kreuzung aussagen? Ganz offenbar können diese nur einen einzigen sicheren Bescheid geben, daß, wenn eine Kreuzung normale Fertilität zeigt, es sich nicht um verschiedene Arten, sondern nur um Rassen ein und derselben Art handeln kann. Eine mehr oder weniger hohe Sterilität einer Kreuzung sagt dagegen gar nichts darüber aus, ob es sich um wirkliche, naturbedingte Arten handelt oder nicht. Hierüber können nur die Nachkommen der F_1 Aufschluß geben, die zu zeigen haben, ob es als artentrennend aufgefaßte Merkmale gibt, die von dem einen in den anderen Elter mit Beibehalten der Fertilität überführt werden können oder nicht. Ist dies möglich, dann liegen nur Rassen, aber keine Arten vor.

Hier ist, wie die *Pisum*-Kreuzungen gezeigt haben, zu beachten, daß es sogar F_1-Generationen mit vollkommener Sterilität geben kann, die durch hochgradige Unterschiede in der Chromosomenstruktur bedingt sind, aber dennoch als Rassen zu betrachten sind (s. o.). Die solchenfalls in Frage stehenden Eltern können nämlich dann via einer dritten Rasse wieder eine freie Umkombination der Merkmale ermöglichen. In dieser Hinsicht sind auch BAURS (l. c.) Kreuzungsversuche mit *Antirrhinum* zu erwähnen.

Es folgt eine Übersicht über das Verhalten von inter- und intraspezifischen Genen.

Interspezifische Gene

Kommen zusammen mit Fertilität nur in dominanter Form vor.

Wenn interspezifische Gene mutieren sind die Heterozygoten in der Regel mit den dominant Homozygoten übereinstimmend.

Können durch Kreuzung in nächstverwandte Arten nicht bzw. nur zusammen mit Sterilität überführt werden.

Rezessive Allele mutieren, anscheinend stets im somatischen Gewebe zu Dominanz zurück.

Die visuell feststellbare Mutationsfrequenz erreicht zuweilen bis 100%, ist in Wirklichkeit wahrscheinlich immer sehr hoch.

Stete Anwesenheit zweier aufeinander eingestellter arteigenen Allele, eines für den vegetativen und eines für den floralen Teil.

Die Allele sind immer auf verschiedene Arten verteilt, bedingt durch ein artspezifisches Plasma.

Bedingen eine unüberbrückbare Barriere zwischen wirklichen Arten.

Intraspezifische Gene

Sowohl das dominante wie das rezessive Allel kann zusammen mit Fertilität vorkommen.

Der Grad der Dominanz wechselt, nicht selten sind die Heterozygoten mehr weniger intermediär.

Können durch Kreuzung in nächstverwandte Arten beliebig überführt werden.

Wenn Mutationen auftreten, so gehen diese fast immer von Dominanz zu Rezessivität.

Die Mutationsfrequenz ist gewöhnlich sehr gering, von wenigen Promille bis zu nur einmal unter vielen Millionen Individuen.

Manifestieren sich in dieser Hinsicht ganz unabhängig voneinander.

Die Allele sind binnen den Arten frei kombinierbar.

Bilden keine Barriere zwischen wirklichen Arten.

Zum zweiten Punkt im vorstehenden Vergleich ist zu sagen, daß das seltene Vorkommen von intermediären Heterozygoten bei interspezifischen Genen wohl in der Hauptsache dadurch bedingt sein mag, daß es sich bei diesen fast stets um qualitativ stark verschiedene Merkmale handelt. Und die vielen intermediären Heterozygoten von intraspezifischen Genen beziehen sich zum Großteil auf mehr quantitative Eigenschaften.

Erwähnt sei hier noch, daß nicht nur in Artkreuzungen, sondern auch bei der Ausspaltung von Exmutanten aus in interspezifischen Genen heterozygoten Linien ein großes Defizit oder überhaupt keine in diesen Genen rezessiv Homozygote angetroffen werden können. In der Kreuzung *Phaseolus coccineus* × *vulgaris* hat niemals auch nur eine einzige (natürlich sterile) im arttrennenden Allel Homozygote ausgespalten. Aber auch in der *Pisum*-Kreuzung Nr. 1423 (s. o.), in der die *lathyroides*-Exmutante monogen rezessiv ausspalten sollte, wurde keine einzige solche angetroffen. Und in vielen anderen analogen Fällen bestand ein signifikatives bis sehr großes Defizit an solchen Rezessiven. Das Endergebnis war aber in allen Fällen ganz dasselbe, es wurden niemals fertile Individuen mit dem artfremden Allel in homozygoter Form angetroffen.

Es könnte hier vielleicht schon überflüssig erscheinen, auf das so ausgeprägt Wesensverschiedene in der Wirkung der intra- und interspezifischen Gene hinzuweisen, wie sie in den beiden Kategorien der Rassen einerseits und der Arten andererseits zum Ausdruck kommen. Mit Hinblick auf die diesbezüglich in der Literatur herrschenden, wechselnden und mehr oder weniger unklaren Auffassungen, erachte ich dies aber als unerläßlich. Der Beispiele gibt es eine sehr große Anzahl. Wir finden diese vor allem in der reichlichen Literatur der Neodarwinisten. Ich will mich hier mit einem der typischesten Beispiele begnügen. Der Neodarwinismus wird auf alle Fälle im nächsten Abschnitt dieser Arbeit eingehender besprochen werden.

MAYR (l. c.) vertritt in seinen Arbeiten die Ansicht, daß wenn zwei wildwachsende Arten in Kultur genommen werden und sich unter den dabei herrschenden Verhältnissen kreuzen lassen und fertile Nachkommen geben, dies doch nichts daran ändere, daß es sich um zwei gute, in der Natur ausdifferenzierte Spezies handle. MAYR nonchaliert damit die experimentellen Ergebnisse von Artkreuzungen, die doch einwandfrei gezeigt haben, daß es „in der Natur" Arten gibt, die, wie die oben besprochenen *Chrysanthemum*-Arten, trotz ihrer nahen Verwandtschaft miteinander durch eine unüberbrückbare Barriere voneinander getrennt gehalten werden.

Außer solchen Arten gibt es eine nicht geringe Anzahl von Spezies, die nur auf Grund visueller Beurteilung als selbständig betrachtet worden sind, die aber im Kreuzungsexperiment gezeigt haben, daß sie nur Rassen ein und derselben Art repräsentieren. Aber was bedeutet die Auffassung MAYRS vom Standpunkt der Systematik, der Taxonomie, aus? Ja, doch nicht mehr und nicht weniger, als daß er keine Unterschiede zwischen den Kategorien unter der Gattung, Arten, Subspezies, Varietäten, anerkennt, denn er wirft sie mit seiner Auffassung samt und sonders in denselben Topf. Einer solchen Auffassung, wo doch in jedem Fall die Möglichkeit einer experimentellen Überprüfung zu Gebote steht, kann man unmöglich beipflichten. Experimentell klargelegte Verhältnisse sind doch immer etwas anderes, Sicheres, als nur Annahmen.

Hier scheint es mir angebracht, an die morphologische Variation eines rezenten Säugetieres zu erinnern, das in dieser Hinsicht wohl von keinem anderen übertroffen wird. Es ist dies der Hund. Heute weiß man, daß der Wolf (*Canis lupus* L.), der Wildhund Australiens (*Canis dingo* BLBCH.), die halb- oder ganzwilden Pariahunde, die ungezählten Rassen des Haushundes (*Canis familiaris* L.) und die Windhunde (*Canis grajus* L.) alle nur als Rassen einer einzigen Art aufzufassen sind. Bei Betrachtung der Variationsbreite des Haushundes und der übrigen oben genannten Rassen kann man sich mit Recht fragen, ob nicht noch der Marderhund (*Canis procyonoides* GRAY), der Malaiische Wildhund (*Cuon javanicus* DESM.), der Hyänenhund (*Lycaon pictus* L.) und noch weitere der gleichen Art zuzurechnen sind.

Man halte sich einmal die morphologische Variation des Hundes unter Zuhilfenahme gewisser Rassen vor Augen: Wolf, Lappländer, Schäfer, Terrier, Dachs, Bulldogge, Pekinese und Whippet. Man nehme nun den Standpunkt ein, den viele Autoren zu ihrem gemacht haben, deutlich voneinander abweichende Rassen als Arten zu beschreiben und dann, wie oben für E. MAYR erwähnt worden ist, die Kreuzbarkeit und Fertilität der Nachkommen von Kreuzungen als für diese Auffassung belanglos zu bezeichnen. Dann kann man sich mit Hinblick auf die Hunderassen wohl mit Recht fragen, aus wievielen Gattungen und Arten besteht der Hund?

Man sage nicht, daß die große Variation der Hunde nicht die hier angeführte Bedeutung haben könne, da diese durch die Eingriffe des Menschen, durch die Züchtungsarbeit zustande gekommen sei. Es herrschen bei diesem Eingriff des Menschen ganz dieselben Verhältnisse wie in der Natur. Infolge der Panmixie bei den Tieren und der Fremdbefruchtung bei den Pflanzen kommt es in der Natur zur Ausspaltung von sehr verschiedenen Rassen, von denen alle nicht konkurrenzfähigen so gut wie unmittelbar eliminiert werden. Ganz dasselbe geschieht bei der Züchtungsarbeit des Menschen. Man produziert sehr variationsreiche Populationen und wirft dann alles weg, was nicht von Wert oder Interesse ist. Daß dabei die selektierenden Faktoren in der Natur andere sind als beim Menschen, ist selbstverständlich, ändert aber nichts im Prinzip.

Arten primären und sekundären Ursprungs

Mit Hinblick auf die vorstehend experimentell nachgewiesene Definition der Art, die der Gesamtheit der arteigenen Allele der interspezifischen Gene entspricht, ergibt sich, daß zwei nächstverwandte Arten sich nur in den Allelen zweier interspezifischer Gene unterscheiden werden. Das eine dieser Gene manifestiert sich im vegetativen, das zweite im floralen Teil der Pflanze. Bei den Tieren ist dies entsprechend im somatischen bzw. in dem zur Fortpflanzung bestimmten Teil der Fall.

Diese Verhältnisse besagen auch, daß die Arten ursprünglich von den intraspezifischen Genen nur je eines besessen haben werden. Gleiches wird auch für die arteigenen Genallele der interspezifischen Gene gegolten haben. Solche Arten, die in ihrem Genenbestand noch keine Veränderungen durch sekundäre Ereignisse, Duplikationen, Polyploidie, Defizienzen, Umlagerungen in den Chromosomen usw. erfahren haben, bezeichne ich als **Arten primären Ursprungs** oder einfach als **primäre Arten**. Schematisch kann man den Genenbestand einer primären Spezies folgendermaßen darstellen:

1. Die Allele von interspezifischen Genen

$$A \begin{cases} \text{i-}A_1 \text{ i-}B_1 \text{ i-}C_1 \ldots \text{i-}AB_1 \text{ i-}AC_1 \text{ i-}AD_1 \ldots \text{i-}BC_1 \text{ i-}BD_1 \text{ i-}BE_1 \ldots X_1 \\ \text{i-}A_1 \text{ i-}B_1 \text{ i-}C_1 \ldots \text{i-}AB_1 \text{ i-}AC_1 \text{ i-}AD_1 \ldots \text{i-}BC_1 \text{ i-}BD_1 \text{ i-}BE_1 \ldots X_1 \end{cases}$$

$$B \begin{cases} \text{i-}A_2 \text{ i-}B_2 \text{ i-}C_2 \ldots \text{i-}AB_2 \text{ i-}AC_2 \text{ i-}AD_2 \ldots \text{i-}BC_2 \text{ i-}BD_2 \text{ i-}BE_2 \ldots X_2 \\ \text{i-}A_2 \text{ i-}B_2 \text{ i-}C_2 \ldots \text{i-}AB_2 \text{ i-}AC_2 \text{ i-}AD_2 \ldots \text{i-}BC_2 \text{ i-}BD_2 \text{ i-}BE_2 \ldots X_2 \end{cases}$$

2. Die Allele von intraspezifischen Genen

$$A\ B\ C\ D \ldots AB\ AC\ AD\ AE \ldots BC\ BD\ BE\ BF \ldots\ldots\ldots X\ S\text{-}S_n\ As$$
$$a\ b\ c\ d \ldots ab\ ac\ ad\ ae \ldots bc\ bd\ be\ bf \ldots\ldots\ldots x\ s\text{-}sn\ as$$

Zu dieser schematischen Darstellung ist folgendes anzuführen. Die arteigenen Allele der interspezifischen Gene bilden in ihrer Gesamtheit ein qualitativ absolut unveränderliches Charakteristikum jeder naturbedingten Spezies. Wie das Schema zeigt, sind die interspezifischen Gene auf zwei Gruppen, A und B, verteilt worden. Die Gene der Gruppe A bedingen in ihrer Gesamtheit die artspezifischen Merkmale des vegetativen Teiles einer Pflanze bzw. des somatischen Teiles eines Tieres, die Gene der Gruppe B haben eine entsprechende Wirkung auf den floralen Teil einer Pflanze bzw. auf die Fortpflanzungsorgane eines Tieres.

Die interspezifischen Gene sind, wie die ausschließlich großen Buchstaben im Schema anzeigen, stets nur im homozygot dominanten Zustand anwesend. Dies gilt für sämtliche Gene sowohl der Gruppe A wie der Gruppe B. Hierbei wird natürlich ganz davon abgesehen, daß es durch Mutationen zu Rezessivität in diesen Genen kommen kann, die aber dann zur Entstehung von vollkommen sterilen Individuen führen, die unmittelbar ausgemerzt werden. Sie gehören nicht zu der in Frage stehenden Spezies.

Die Wirkung der interspezifischen Gene als Grundlage des vegetativ-floralen Genensystems kommt dadurch zum Ausdruck, daß stets einem Gen der Gruppe A, z. B. i-AD_1, ein diesem entsprechendes der Gruppe B, also i-AD_2, zugeordnet ist.

Die hierdurch ganz eindeutig definierte und festgelegte Art bildet daher eine Realität und nicht, wie man die Spezies betreffend häufig angenommen hat, eine Abstraktion. Diesem auf Grund experimenteller Ergebnisse so festgestellten Artbegriff fehlt somit ganz die Unsicherheit, der man bei von Systematikern aufgestellten Spezies nicht selten begegnet, die ausschließlich auf Grund von nur visuell als artentrennend aufgefaßten Merkmalen kreiert worden sind. Die bisherige Spezies der Systematiker stellt daher, wie von mir schon vor langem hervorgehoben worden ist, in nicht wenigen Fällen nur einen konventionellen Begriff dar (s. L. 1954, 1959).

Die untere Reihe des Genenschemas entspricht der großen Zahl von intraspezifischen Genen, die, wie durch große und kleine Buchstaben angedeutet ist, sowohl in dominanter wie in rezessiver, aber damit natürlich auch in heterozygoter Form anwesend sein können. Letzteres ist für gewisse Gene bei Fremdbefruchtern mehr weniger Regel. Die Genenreihen schließen mit S und As. S entspricht dem Gen für Selbststerilität (Parasterilität), das gewöhnlich durch eine große Anzahl von Allelen gekennzeichnet ist. s symbolisiert das Allel für Selbstfertilität. Das Gen As schließlich bedeutet Asynapsis, hier ausschließlich als für die ungeschlechtliche Fortpflanzung durch Apomixis bedingt aufgefaßt.

Wie erwähnt, kommen die Gene, sowohl die inter- wie die intraspezifischen, in primären Arten nur je einmal vor. Nun gibt es aber auch zahlreiche Arten, deren Gene durch sekundär binnen der Spezies erfolgter Veränderungen zu einem anderen Karyogenom geführt haben. Solche das Karyogenom betreffende Erscheinungen sind in der Hauptsache folgende: 1. Verdoppelung oder Vervielfachung des Chromosomenbestandes, Autoploidie, 2. Veränderungen der Chromosomenstruktur, wie Translokationen, Relokationen, Duplikationen usw., 3. Alloploidie, d. h. Addition der Chromosomenbestände zweier wirklicher, durch die Genallele von interspezifischen Genen getrennter Arten. Hinzu kommen von diesen laut 2. abgeleitete Rassen. Eine weitere hier nur nebenbei zu erwähnende Erscheinung ist die der Aneuploidie, die bei allen erwähnten Strukturtypen vorkommen kann.

In bezug auf die Entstehungsweise aller erwähnten, der Art nebengeordneten Formen wie auch der Arten selbst können folgende zwei Hauptgruppen unterschieden werden.

A. Durch Evolution entstandene Arten. Das heißt durch Neubildung von interspezifischen Genen, was in Übereinstimmung mit dem Verhalten dieser als eine Differenzierung, einer Aufspaltung eines Genallels eines interspezifischen Gens in zwei neue gleichkommt.

B. Durch Diversition entstandene Rassen bzw. Arten. Dieser Vorgang ist, wie schon erwähnt, immer durch eine Veränderung des Karyogenoms gekennzeichnet. Es kommen in Frage: alle Erscheinungen der Ploidie, Defizienz, Strukturveränderungen in den Chromosomen wie Duplikationen, Umkombinationen von intraspezifischen Genen und durch alle diese Veränderungen in verschiedener Kombination bedingte Verbreiterung des Formenkreises der primären Art.

Mit einer Ausnahme, nämlich der Alloploidie, sind sämtliche auf diese Weise durch sekundäre Veränderungen entstandene Formen der primären Art, als selbständige Spezies betrachtet, angehörig. Die alloploiden Arten, und natürlich auch die von diesen durch Diversition abgeleiteten Formen sind selbständige Arten, da sie Allele von interspezifischen Genen zweier wirklicher Arten in sich vereinigen. Sie entsprechen damit der wiederholt gegebenen Definition der Art. Die Entstehung solcher selbständiger, alloploider Arten ist natürlich nur dann möglich, wenn sich das Plasma der beiden addierten Spezies als miteinander verträglich erweist und damit die für die Synthese der Progene beider früheren Arten erforderlichen Stoffe zur Verfügung stellen kann.

Ganz besonders soll hier betont werden, daß die hier in Rede stehende Gruppierung der Arten mit Hinblick auf ihre Entstehung nichts mit einer Aufstellung von Kategorien unter der Art zu tun hat. Sie soll nur einen Hinweis auf die Entstehungsweise von oft als Arten aufgefaßten Rassen bilden. Für die Kategorien unter der naturbedingten Spezies, Ökotypen, Varietäten und Reatypen (s. unter Terminologie u. u.) sind gewöhnlich die verschiedenen Abläufe der Diversition entscheidend.

Die Alloploiden, die laut der Definition der Art selbständige Spezies sind, sollen als „Addospezies“ bezeichnet werden. Die Addospezies können ihren Formenkreis natürlich genau in derselben Weise durch Diversition erweitern wie alle anderen naturbedingten Arten. Besonders sei hier erwähnt, daß in der Literatur nicht selten von Alloploiden gesprochen worden ist, obwohl es sich nicht um die Addition der Genome wirklicher Arten, sondern nur um die von Rassen ein und derselben Art gehandelt hat.

Mit Hinblick auf die Entstehungsweise beim Vorgang der Diversition können für alle wirklichen Arten folgende sechs Gruppen aufgestellt werden. Die von mir häufig benutzten Bezeichnungen „wirkliche“ bzw. „naturbedingte“ Arten geben immer an, daß diese der wiederholt angegebenen Definition „Träger derselben Allele von interspezifischen Genen“ entsprechen.

1. Superspezies (L. 1945, 1959), entstanden durch Verdoppelung bzw. Vervielfachung des Chromosomenbestandes oder einzelner Chromosomen (Tetraploidie, Hexaploidie, Aneuploidie usw.). Abb. 109 c und d.

2. Mixtospezies (L. 1945, 1959), entstanden durch chromosomale Strukturveränderungen binnen der Art, wie Translokationen, Relokationen, Duplikationen, Inversionen usw. Die Mixtospezies sind demnach Rassen mit verschiedenen Karyogenomen. Sie können recht starke, aber keineswegs unüberbrückbare Sterilitätsbarrieren mit anderen Mixtospezies derselben Art aufweisen. Abb. 109 b.

3. **Apomikten**, bei denen die Art zusammen mit geschlechtsloser Fortpflanzung vollständig oder teilweise in Mikrospezies aufgeteilt wird. Abb. 109 e und f.

4. **Ökotypen.** Diese bilden binnen einer Art gut abgegrenzte Biotypengruppen, die erstens visuell leicht unterscheidbar und überdies eine typische Anpassung an ein bestimmtes ökologisches Milieu aufweisen müssen. Verschiedene Ökotypen sind durch bestimmte Allelenkombinationen ausgezeichnete Biotypengruppen.

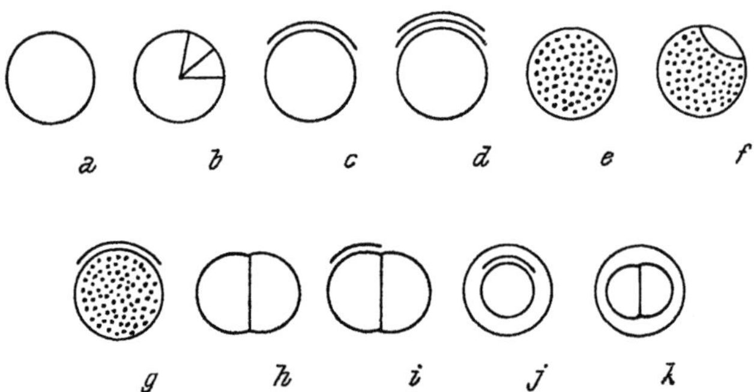

Abb. 109. Schematische Darstellung von Arten verschiedener Valeur, alle durch sekundäre Veränderungen entstanden. *a* primäre Art, *b* primäre Art mit zwei durch unvollständige Barrieren getrennte Formengruppen, *c* tetraploide Art, *d* hexaploide Art, *e* durch Apomixis vollständig in Mikrospezies aufgeteilte primäre Art, *f* primäre Art mit hauptsächlich spomiktischen Mikrospezies sowie einer Gruppe von sexuellen Rassen, *g* durch Apomixis vollständig in Mikrospezies aufgeteilte tetraploide Art, *h* aus zwei primären Arten synthetisierte alloploide Art, *i* aus einer tetraploiden und einer primären Art synthetisierte alloploide Art, *j* primäre Art, evolutionär von einer tetraploiden abstammend, *k* primäre Art, evolutionär von einer alloploiden Art abstammend

5. **Varietäten.** Diese repräsentieren Biotypengruppen mit visuell leicht zu unterscheidenden morphologischen Merkmalen, aber ohne daß diese Gruppen an bestimmte, sie trennende ökologische Umweltverhältnisse angepaßt erscheinen.

6. **Reatypen.** In diese Gruppe gehören alle Biotypen, die morphologisch keine visuell feststellbaren Unterschiede aufweisen, aber gegenüber wechselnden Umweltverhältnissen verschieden reagieren. Hierher gehören demnach alle Biotypen, die nicht in die Gruppen 4. und 5. eingereiht werden können.

Die vorstehende Klassifikation bildet, wie man sieht, teils eine Charakteristik verschiedener sekundärer Arten, die selbstverständlich stets einer bestimmten wirklichen Art angehören (Punkte 1 bis 3), teils eine solche der Kategorien unter der Art (Punkte 4 bis 6).

Nicht selten wird man natürlich auf Fälle stoßen, die als Kombinationen anzusprechen sind und damit in zwei der angeführten Gruppen fallen. So z. B. der oect. *abyssinicum* von *P. arvense*, der teils infolge seiner in vier Chromosomen stark abweichenden Struktur als Mixtospezies aufzufassen ist, aber überdies einen ganz extremen Ökotypus darstellt (s. o.). In der Abb. 109 sind elf verschiedene Biotypengruppen graphisch schematisch dargestellt. Man vergleiche den Text zu dieser Abbildung. Zu dieser schematischen Darstellung ist noch zu erwähnen, daß bei den aneuploiden Arten der Halbkreis über dem Ring, dessen Breite bei euploiden dem Ringdurchmesser entspricht, entsprechend fehlender oder überzähliger Chromosomen zu verkürzen oder zu verlängern ist. Die Abb. 109 j und k mit einer tetraploiden Rasse bzw. einer alloploiden Art innerhalb des einer primären Art entsprechenden Ringes, geben über die evolutionäre Entwicklung dieser letzteren Bescheid.

Wie ersichtlich, erhielt die Subspezies der Systematiker in der vorstehenden Gruppierung der der Art untergeordneten Kategorien keinen Platz. Verschiedene Formen einer Art, die keine deutlichen Beziehungen zu den ökologischen Umweltverhältnissen zeigen, wohl aber in geographisch voneinander isolierten Gebieten endemisch sind, sind meiner Ansicht nach nur als Varietäten aufzufassen (Punkt 5). Die Ursache ihrer geographisch verschiedenen Verbreitung ist, wenn sie keinen sicheren ökologischen Grund hat, gewöhnlich nur historisch begründet. Es erscheint mir auch schwierig, die geographische Verbreitung allein, d. h. den Längen- und Breitengrad als Initiator für Artbarrieren verantwortlich zu machen.

Erwähnt soll hier auch werden, daß es zweifellos viele Rassen gibt, die wohl physiologisch deutlich differenziert, aber morphologisch nicht sicher unterscheidbar sind. Und damit können sie nicht als Ökotypen, sondern nur als Reatypen klassifiziert werden.

Mit Hinblick auf die oben besprochenen genetischen und zytologischen Grundlagen der Art sollen in der Systematik (Taxonomie) nur solche selbständige Spezies mit dem binären Namen belegt werden. Alle der Art untergeordneten Kategorien, oect., var., reat. sind durch zusätzliche Bezeichnungen anzugeben. Gleiches gilt auch für die sekundären Arten. Soweit wie möglich soll dies in der Nomenklatur zum Ausdruck kommen. Diesbezüglich will ich folgende Vorschläge machen.

1. Die primäre Art ist ausschließlich mit dem gebräuchlichen binären Namen anzugeben, z. B. *Phaseolus vulgaris*. Hierbei wird es natürlich nicht selten vorkommen, daß eine Art als primär aufgefaßt wird, da man über ihre Entstehung nichts Näheres weiß. Diese Reservation besteht immer. Genanalytische Untersuchungen können zeigen, daß eine als primär aufgefaßte Art doch schon sekundäre Veränderungen in ihrem Karyogenom erlitten hat, worauf dies im Namen näher angegeben werden kann (s. u.).

2. Von den übrigen sieben Kategorien, Addospezies, Superspezies, Mixtospezies, Apomikt, Ökotypus, Varietät und Reatypus, ist nur die

Addospezies mit einem eigenen binären Namen zu belegen. Zu diesem hinzuzufügen sind die Namen der sie bildenden Arten: z. B. *Galeopsis Tetrahit* L., adsp. *pubescens* BESS. + *speciosa* MILL.

3. Die Superspezies: z. B. *Empetrum nigrum* L. ssp. *hermaphoditum* (LGE.) HAGERUP (4×). Durch diese Zusätze erhält man Bescheid, daß diese Superspezies einer Verdoppelung des Karyogenoms von *nigrum* L. entspricht. Ist von einer tetraploiden Spezies, wie diese, keine diploide Rasse bekannt, dann wird hinter dem binären Namen einfach nur das (4×) angefügt.

4. Die Mixtospezies: z. B. *Pisum arvense* L. oect. *abyssinicum* (BRAUN), mxsp. Dies besagt erstens, daß *abyssinicum* der Spezies *arvense* L. angehört, zweitens als oect. von dieser sowohl morphologisch wie ökologisch deutlich unterschieden ist, sowie drittens, daß es sich um eine sekundäre Rasse mit abweichender Chromosomenstruktur handelt.

5. Der Apomikt: z. B. *Taraxacum officinale* WEB., apom. *aculeatum* HAGL. (3×). Da Apomikten in der Regel polyploid sind, erscheint es angezeigt, das Vielfache der Grundzahl in Klammern anzugeben.

6. Der Ökotypus: z. B. *Lactuca canadensis* L. oect. *graminifolia* (MICHX). Dies besagt, daß *graminifolia* sowohl in bezug auf interspezifische Gene wie hinsichtlich Chromosomenstruktur mit *canadensis* übereinstimmt, sich aber sowohl morphologisch wie in bezug auf ihre Reaktion auf ökologische Verhältnisse stark unterscheidet.

7. Die Varietät: z. B. *Coccinella undecimpunctata* L. var. *boreolitoralis* DONIST. Dies besagt, daß *boreolitoralis* von *undecimpunctata* in gewissen Merkmalen abweicht, daß aber zwischen diesen und dem ökologischen Milieu kein sicher erkennbarer Zusammenhang besteht. Die geographische Verbreitung kann aber, wie der Name andeutet, eine verschiedene sein. In diese Gruppe sind alle als *aberratio, morpha, natio* usw. beschriebenen Coleopteren sowie entsprechende andere Insekten einzureihen, solange nicht ein sicherer Zusammenhang zwischen ihren Merkmalen und den ökologischen Umweltfaktoren festgestellt ist.

8. Der Reatypus: z. B. *Cichorium Intibus* L. reat. *borealis* und reat. *meridionalis*. Es besteht kein sicherer morphologischer Unterschied, aber wohl an ökologisch stark verschiedene Umweltbedingungen angepaßt. Ersterer in Nordschweden heimisch, letzterer in Nordafrika.

Die oben vorgeschlagene Nomenklatur ist natürlich nicht als erschöpfend zu betrachten, da man auch mit Kombinationen zwischen den einzelnen Gruppen rechnen muß. Aber die Bezeichnungen gestatten auch jede beliebige Kombination.

Der Verlauf und die Ursachen der Evolution
Bisherige Auffassungen

Vor 1800 waren Botaniker und Zoologen allgemein der Ansicht, daß die Arten seit jeher keine Veränderungen erfahren haben. Charakteristisch hierfür und allgemein bekannt sind in dieser Hinsicht Linnés Ansichten. Er sagte, daß es so viele Arten gibt, wie verschiedene Formen ursprünglich erschaffen worden sind. Die Arten sollten sich seit der Schöpfung unverändert erhalten haben. „Species sunt constantissime." Linné war der Ansicht, daß durch Züchtung erhaltene neue Varietäten von z. B. Zierpflanzen nicht in das Gebiet des wissenschaftlich arbeitenden Botanikers gehören. Die Schwierigkeiten ein Merkmal als sicher artentrennend zu erkennen bestanden schon bei Linné (s. L. 1959, p. 112).

Der Lamarckismus

Der Gedanke, daß die Arten keine unveränderlichen Einheiten darstellen, wurde das erstemal von Lamarck (1809) vom naturwissenschaftlichen Standpunkt aus begründet. Lamarck ist als der Begründer der Deszendenztheorie zu betrachten. Er verneinte geradezu den alten Artbegriff, wie er in der Unveränderlichkeit der Arten zum Ausdruck gekommen ist. Seine Lehre, der Lamarckismus, läuft darauf hinaus, daß die Lebewesen sich an verschiedene Umweltverhältnisse anpassen können und so durch mehr oder weniger starken Gebrauch oder Nichtgebrauch gewisser Organe oder innerer physiologischer Einrichtungen sich verändern und so zur Entstehung neuer Arten führen können.

Lamarck stellte zwei Naturgesetze auf. Das erste besagt, daß bei jedem Tier der stärkere Gebrauch eines Organs dasselbe allmählich entwickelt und vergrößert, während der konstante Nichtgebrauch eines Organs dasselbe allmählich schwächer macht, vermindert bis es endlich ganz verschwindet. Das zweite besagt, daß das, was die Tiere durch einen vorherrschenden Gebrauch oder konstanten Nichtgebrauch eines Organs erwerben oder verlieren, auf die Nachkommen vererbt werden soll.

Was heute noch volle Gültigkeit besitzt, sind die Folgen des Nichtgebrauchs von Organen, die sich in der Reduktion bzw. Rudimentation zu erkennen geben, so z. B. bei den Prämolaren mancher Säugetiere (s. u.).

Die von Lamarck gegründete Deszendenztheorie fand bei den Naturforschern indessen wenig Anklang. Entweder wurde sie, als nicht durch direkte Beobachtungen oder Erfahrungen gestützt, ignoriert oder auch, wie z. B. durch Cuvier (1840), scharf bekämpft. Daß Cuvier am alten Artbegriff so starr festhielt, ist übrigens überraschend, da ihm durch seine eigenen paläontologischen Untersuchungen die großen Veränderungen in der organischen Welt im Laufe der geologischen Perioden nur allzu gut bekannt gewesen sein müssen.

Der Darwinismus

In nachhaltigster Weise wurde die Deszendenztheorie durch CH. DARWINS Arbeit "On the Origin of Species by Means of Natural Selection" gestützt. Entscheidend für den Erfolg dieser seiner Arbeit, die ganz neue Ausblicke in der Naturforschung eröffnete, war sicher größtenteils, daß er sich auf ein umfangreiches und gediegenes Material von Beobachtungstatsachen stützen konnte. Ein wesentlicher Teil dieses stammt von seiner Teilnahme an der fünfjährigen Expedition der Beagle nach Brasilien-Magalhaesstraße-Westküste Südamerikas-Südseeinseln.

Auf die Frage nach dem Ursprung der jetzt lebenden Arten des Tier- und Pflanzenreiches kam DARWIN durch seine Beobachtung, daß eine nahe Verwandtschaft zwischen rezenten südamerikanischen Tieren und dort fossil gefundenen, aber doch sicher artverschiedenen, besteht. Dies veranlaßte eingehende Studien der Variabilität der Arten, wie man sie u. a. besonders bei Haustieren und Kulturpflanzen unter dem Einfluß der Züchtung beobachten kann.

DARWIN fand, daß auch in der Natur Einflüsse wirksam sein müssen, die eine Variabilität der Arten zur Folge haben. Diese Variabilität bildet laut DARWIN die Grundlage dafür, daß es im Kampf ums Dasein in der Natur zur Auslese der konkurrenzfähigsten Formen kommen kann. DARWIN betont auch, daß schon die Tatsache, daß Bastardierung zur Entstehung zahlreicher verschiedener Formen innerhalb einer Art führen kann, gegen das Dogma von der Unveränderlichkeit der Arten spricht. Die Erfahrungen der Tier- und Pflanzenzüchter zeigten, daß die allermeisten der nach Kreuzung ausspaltenden Formen erblich fixiert werden können. Diese Vererbungsfähigkeit neu auftretender Merkmale war für DARWIN ein weiterer sehr wichtiger Stützpunkt seiner Theorie.

Zu diesen Beobachtungen kam noch eine weitere, nämlich die ständige große Überproduktion an Nachkommen, deren Anzahl jährlich oder wenigstens binnen sehr kurzer Zeit wieder auf den usprünglichen Umfang reduziert wurde. Die Auslese der an die Umweltverhältnisse am besten angepaßten Formen konnte sich demnach beständig in einem Material auswirken, das sehr viel größer war, als die Zahl der Individuen, die bei den herrschenden Verhältnissen zu überleben vermochten.

Auf Grund dieser Erscheinungen, Variabilität binnen der Arten, Auftreten neuer Formen nach Bastardierung, erbliche Fixierung dieser sowie Auslesemöglichkeiten der an die Umweltverhältnisse am besten angepaßten unter einer infolge Überproduktion reichen Nachkommenschaft, kam DARWIN zu dem Schluß, daß die Varietäten als beginnende Arten zu betrachten seien. Die so entstandenen Varietäten brauchten sich nur so weit voneinander zu entfernen, z. B. durch Änderung des Zeitpunktes

der Befruchtung, der Art dieser, der Reifezeit oder durch eine ökologisch
starke Differenzierung, so daß eine geschlechtliche Vermischung unterbunden wurde, um als gute Arten betrachtet werden zu können. Die
Ursache solcher Differenzierung im variierenden Material der Art ist in
den verschiedensten Umwelteinflüssen zu erblicken.

Diese letzterwähnten Ansichten DARWINS sind deshalb von ganz
besonderem Interesse, weil sie, abgesehen von ganz unbedeutenden und
übrigens variierenden Modifikationen in den jetzigen Arbeiten über Evolution, im sogenannten Neodarwinismus, wiederzufinden sind. Hier gehen
sie unter der Rubrik „Die Ausbildung von Isolationsmechanismen".

Nach dem Erscheinen von DARWINS Arbeit kam es längere Zeit hindurch zu einem starken Streit betreffs der Haltbarkeit seiner Theorie.
Aber binnen wenigen Dezennien wurde die Auffassung, daß die Art konstant sei, allgemein fallen gelassen und man erkannte, daß die natürliche
Verwandtschaft der Arten das Ergebnis phylogenetischer Entwicklung
sein muß. Die Deszendenztheorie war damit als bewiesen betrachtet, und
heute zweifelt kaum ein ernst zu nehmender Naturforscher an ihrer
Realität.

Der Neolamarckismus

Kurz nach der Wiederentdeckung der Mendelschen Gesetze (1900)
wurde versucht, sowohl den Lamarckismus wie auch den Darwinismus
mit den Ergebnissen der Vererbungsforschung in Einklang zu bringen.

v. WETTSTEIN (1901, 1903) versuchte wohl als erster die Lamarcksche
Lehre von der Neubildung der Arten durch Vererbung der im individuel-
len Leben erworbenen Eigenschaften wieder zu beleben. Diesen Neolamarckismus erblickt v. WETTSTEIN darin, daß die Änderung von
Lebensbedingungen und Lebensgewohnheiten das Primäre darstelle, die
Organisationsänderung das Sekundäre. Letztere sollte dann erblich
fixiert werden.

Wie die Ergebnisse von Vererbungsstudien indessen zeigten, kann
es sich in allen solchen Fällen entweder nur um Neukombinationen von
Allelen von intraspezifischen Genen oder auch um Mutationen von einem
Allel zu einem anderen desselben Gens handeln. Und damit ist über
die Artbarriere nicht hinauszukommen. Eine neue Art kann also auf
diesem Wege niemals entstehen. Alle bisher untersuchten Fälle bestätigen
dies. Damit ergab sich für den Neolamarckismus eine mit den Resultaten
der Genetik nicht zu überwindende Diskrepanz. Auf diese Diskrepanz
hat v. WETTSTEIN selbst später (1928) hingewiesen und diesbezüglich
klarlegende Experimente verlangt. In dieser Hinsicht positive Resultate
konnten indessen niemals erhalten werden.

Der Neodarwinismus

Bald nach der Jahrhundertwende wurde die Darwinsche Auffassung, daß die durch natürliche Zuchtwahl im Kampf ums Dasein und durch Selektion erworbenen Eigenschaften vererbt werden sollen, namentlich durch WEISMANN (1914) bekämpft. Die direkte Bewirkung und die Vererbung erworbener Anlagen wurde auch durch HERTWIG (1922) einer lebhaften Diskussion unterzogen. Hierbei kommen schon die Mutationen in das Bild, wonach neue Formen, Arten, auch ohne direkte Bewirkung in erblich fixierter Gestalt zustande kommen könnten. Es wird u. a. auf NÄGELIS (1894) Grundsatz zurückgegriffen, daß „Bau und Funktion der Organismen in den Hauptzügen eine notwendige Folge von den der Substanz innewohnenden Kräften und somit unabhängig von äußeren Zufälligkeiten" sei. Mit Hinblick auf die großen Schwierigkeiten schließt HERTWIG (l. c. p. 667) mit den Worten, daß es keine allgemeine Formel gäbe, aus der sich das Werden der Organismen begreifen, ja nicht einmal der Schein, es begriffen zu haben, erwecken läßt.

Etwa von dieser Zeit an haben sich hauptsächlich Genetiker der Frage nach dem Verlauf und den Ursachen der Evolution gewidmet. An den Kopf dieser Besprechungen seien die Ansichten von STEBBINS im Vorwort seiner großen Arbeit "Variation and Evolution in Plants" (1950) angeführt. Er sagt, daß man jetzt nicht mehr nach verborgenen Ursachen für evolutionäre Veränderungen oder Fortschritte zu suchen brauche. Die Richtung und Geschwindigkeit der Evolution jeder Organismengruppe in jedem Zeitpunkt sei das Ergebnis der komplexen Wirkung einer Reihe von sowohl hinsichtlich Vererbung wie Umwelteinflüsse recht gut bekannter Faktoren und Prozesse.

STEBBINS sagt ferner, daß die individuelle Variation durch Genmutation und genische Rekombination beherrscht wird, die Mikroevolution durch die natürliche Selektion, die Makroevolution durch eine Kombination von Selektionswirkung und der Entwicklung von Isolationsmechanismen, von vor allem genisch-physiologischer Natur. In jedem Stadium der Evolution sind die Fortschritte hauptsächlich durch die Anhäufung kleiner Veränderungen, je mit einem relativ schwachen Effekt, aber kaum durch einzelne große Sprünge entstanden.

DOBZHANSKY (1937, 1951) stellt folgende allgemeine Richtlinien über den Verlauf der Evolution auf: 1. Lebewesen stammen von anderen, früher existierenden ab, 2. ein evolutionärer Wechsel ist mehr oder weniger graduell, so daß alle einmal existierenden Individuen eine kontinuierliche Reihe bilden würden, 3. der Formenwechsel war vorzugsweise divergent, so daß die Vorfahren der jetzt lebenden, sich weniger voneinander unterschieden haben als diese, und 4. all dieser Wechsel ist durch Kräfte verursacht, die auch jetzt noch wirken und daher experimentell studiert werden können.

Die Evolution bezeichnet DOBZHANSKY als einen Wechsel der genischen Zusammensetzung der Populationen. Mikro- und Makroevolution faßt er als relative Ausdrücke und nur von deskriptivem Wert auf. Für den Mechanismus des makroevolutionären Geschehens, für den geologische Zeiten erforderlich sind, gäbe es keine klare Erkenntnis. Die Bedeutung des Plasmas sei noch unzulänglich studiert.

Den Verlauf der Evolution hält DOBZHANSKY für opportunistisch, wobei den Kleinmutationen wahrscheinlich größte Bedeutung zukommen soll. Er zitiert FISHER (1936): "Evolution is progressive adaptation and consists of nothing else."

DOBZHANSKY ist ganz auf die Bedeutung der Entstehung von Isolationsmechanismen eingestellt. Er faßt Rassen als in Entstehung begriffene Spezies (incipient species) auf. Wenn zwischen Rassen infolge einer neuerworbenen, abweichenden genotypischen Konstitution eine reproduktive Isolation entstanden ist, so ist damit auch die Bildung einer neuen Art vollzogen. Eine Vermischung mit der ursprünglichen Art soll dann durch Kreuzung ausgeschlossen sein.

Die Ausführungen von DOBZHANSKY besagen folgendes: 1. Neue Arten entstehen aus Rassen, d. h. die Evolution geht von niedrigeren zu höheren Kategorien. 2. Der evolutive Prozeß besteht hierbei in einer Änderung der genotypischen Konstitution, also in einer Neukombination von Genallelen. 3. Dieser Vorgang soll nur bei räumlicher (geographischer) Isolation von Populationen stattfinden können.

Punkt 1. soll später, gemeinsam mit den diesbezüglichen Ansichten anderer Verfasser besprochen werden. Für die Punkte 2. und 3. sei hier als Beispiel kurz das Verhältnis der beiden bekannten *Geum*-„Arten", *rivale* L. und *urbanum* L. zueinander angeführt. Beide sind über Eurasien weit verbreitet und zeigen folgende sehr deutliche Unterschiede:

G. rivale: Blüten nickend, Kelchblätter postfloral ausgerichtet, Kronblätter breit umgekehrt herzförmig, lang benagelt, schmutzigrot.

G. urbanum: Blüten aufrecht, Kelchblätter postfloral zurückgeschlagen, Kronblätter eiförmig, unbenagelt, gelb.

Zwischen diesen beiden Arten ist ein intermediärer Bastard, *G. intermedium* EHRH., bekannt, der *urbanum* etwas näher steht.

Die Merkmale zeigen, daß zwischen den beiden *Geum*-Arten Unterschiede in mehreren Genen bestehen müssen. Damit ist DOBZHANSKYS Punkt 2. erfüllt. Diese beiden Arten wachsen stets räumlich getrennt, d. h. *rivale* nur auf feuchtem Gelände, *urbanum* nur auf ziemlich trockenem. Damit ist auch Punkt 3. Genüge getan. Aber zwischen diesen beiden „Spezies" besteht, außer dem räumlichen kein reproduktiver Isolationsmechanismus. Wo sie sich, bei geringerem Abstand voneinander, begegnen, kann der Bastard *intermedium* angetroffen werden. Und dieser, wie auch seine Nachkommen sind vollkommen fertil (s. WINGE l. c.). Die Nachkommen spalten in allen die Eltern trennenden Merkmale und Eigenschaften. Aber im Freien verbleiben als konkurrenzkräftig nur die den beiden Eltern entsprechenden Typen, *rivale* und *urbanum*. Damit ist eindeutig bewiesen, daß es sich in diesem Fall nur um zwei stark verschiedene Ökotypen ein und derselben Spezies handelt. Und solche Fälle sind keineswegs selten, es gibt ihrer recht viele, so z. B. *Lolium perenne* und *multiflorum*, die *Pisum*-Arten usw. (s. o.).

Bei der im Sinne des Neodarwinismus aufgefaßten Entstehung der Arten sollten die eben besprochenen Verhältnisse doch von größter Bedeutung sein, aber sie verblieben unberücksichtigt. Und diesbezügliche Experimente fehlen.

Auch ohne das Beispiel von *Geum* und weiterer, analoger Fälle, können die unter Punkt 2. und 3. angeführten Auffassungen nicht anerkannt werden. Eine Veränderung der genotypischen Konstitution, d. h. eine andere Kombination von Genallelen kann nur zu neuen Rassen, aber niemals zu neuen Arten führen. Und an die Wirkung interspezifischer Gene kann solchenfalls gar nicht gedacht werden, da sie je Art immer nur durch eines ihrer Allele in einem auf sie eingestellten, spezifischen Plasma vorkommen können.

Die laut Punkt 3. bei einer geographischen Isolierung wirksamen Faktoren erscheinen mindestens sehr problematisch. Längen- und Breitengrad allein können kaum auf die Entstehung der Arten fördernd einwirken. Aber im Zusammenhang mit verschiedenen ökologischen Faktoren (z. B. Tageslänge usw.) können zweifellos aus Populationen gewisse Ökotypen selektioniert werden, die indessen nur als Rassen, Genneukombinationen, dagegen nicht als neue Arten mit einem neuen, spezifischen Plasma aufgefaßt werden können.

HUXLEY (1945) schreibt in seinem Vorwort: „Die Zeit ist reif für einen schnellen Fortschritt in unserem Verstehen der Evolution." Dann heißt es, daß die Evolution, das zentrale Problem der Biologie, für die Klarlegung ihres Verlaufes Tatsachen und Methoden von jedem Zweig der Wissenschaft erfordert — Ökologie, Genetik, Paläontologie, geographische Verbreitung, Embryologie, Systematik, vergleichende Anatomie — nicht ganz zu vergessen Geologie, Geographie und Mathematik.

Im Lichte der modernen Genetik erscheine die Evolution als ein gemeinsames Produkt von Mutationen, Neukombinationen und Selektion. Die Mutation wird für die Entstehung neuer Gene verantwortlich gemacht, obwohl es sich hierbei nur um die Allele von intraspezifischen Genen handeln konnte. HUXLEY sagt, daß es zwischen einer Spezies und einer Subspezies oder Varietät keine feste Abgrenzung geben kann, da die eine im Laufe der Evolution meistens gradweise aus der anderen hervorgegangen sei. Hierbei kommt HUXLEY in das große Dilemma, wie eine Spezies definiert werden sollte. „Gute Spezies" sollen sterile Hybriden geben. Fertilität der Hybriden beweise, daß es sich nicht um Arten, sondern nur um Varietäten handle. Dann glaubt er aber wiederum, daß es auch zweifellose Spezies gäbe, die sich kreuzen und voll fertile Hybriden geben können.

Mit Hinblick auf diese Verhältnisse wird dann gesagt, daß zwischen Spezies und Subspezies keine scharfe Grenze gezogen werden könne sowie daß die Diskontinuität zwischen Gruppen gradweise entstehen soll. Aber kurz darauf zitiert er BATESONs bekannte Äußerung: „Obwohl wir keine strenge Definition der Spezies geben können, so besitzt sie doch Eigenschaften, die die Varietäten nicht haben, und ... der Unterschied ist nicht eine Frage des Grades." HUXLEY meint noch die Arten mit Hinblick auf ihre Entstehung in zwei Gruppen einteilen zu können: 1. Solche bei denen nur Konkurrenz und nicht natürliche Auslese mit der Ausbildung der grundlegenden Merkmale zu tun hatte. Bei solchen Arten werden die Merkmals-Unterschiede als abrupt und anfänglich ursprünglich bezeichnet. 2. Arten, bei denen die natürliche Auslese eine graduelle Merkmals-Ausbildung bedingt hat.

Man sieht die großen Schwierigkeiten, mit denen HUXLEY zu kämpfen hatte. Die Crux des Artbegriffes geht wie ein roter Faden durch sein Buch. Nur hat HUXLEY dies vielleicht stärker betont als irgendeiner der anderen Neodarwinisten. Auch in einem zweiten Buch über Evolution (zusammen mit HARDY und FORD 1954) ist man in diesen Grundfragen nicht weiter gekommen.

RENSCH (1929 und 1947) schreibt im Vorwort der letzteren Arbeit: Es soll eine Darstellung der großen Züge der Evolutionsregeln unter einheitlicher Betrachtungsweise gegeben werden, die sich auf rein kausalistische Gedankengänge beschränkt (gesperrt vom Verfasser).

Es wird zwischen Mikro- und Makroevolution unterschieden, die er mit den Ausdrücken intra- und transspezifische Evolution belegt. Aber eine Definition ist von der üblichen abweichend, indem er sagt, daß intraspezifische sich auf phylogenetische Vorgänge innerhalb der Art bzw. bis zur neuen Art bezieht, transspezifische Evolution aber im Gegensatz hierzu auf Wandlungen jenseits dieser Grenze zu neuen Gattungen, Familien usw. abzielt. Sonst bezeichnet Mikroevolution Veränderungen binnen der Spezies und Makroevolution den Schritt zu neuen Arten und höheren Kategorien (s. GOLDSCHMIDT l. c.).

RENSCH erwähnt, daß folgende vier Faktoren: 1. Mutation, 2. Schwankungen in der Populationsgröße, 3. Isolationsvorgänge und 4. Selektion als befriedigende und daher schon ziemlich allgemein vertretene Vorstellungen über Rassen- und Artbildung entwickelt worden sind. Geographische Rassenbildung komme so häufig vor, daß die vorhandene

Artenfülle überwiegend hierdurch entstanden gedacht werden kann. RENSCH vertritt die Ansicht, daß Rassen, die sich in der Natur aus physiologischen Gründen nicht paaren doch als gute Arten aufzufassen sind, auch wenn sie bei künstlicher Befruchtung fertile Nachkommen geben. Wie sich bereits aus Vorstehendem ergeben hat, kann man dieser Auffassung nicht beipflichten.

Die richtungslose Entwicklung wird auch für die transspezifische Evolution als grundlegend und weit verbreitet angenommen. Die zunächst richtungslose Umbildung der Organismen soll dann durch die speziellen Umweltverhältnisse selektiv in bestimmte Bahnen geleitet werden, wobei es zur Anpassung für die Lebensweise typischer Merkmale, Organformen oder auch neuer Organe kommen können soll. Ferner sollen „sowohl Differenzierungen von untergeordneter Bedeutung wie auch wichtige Organbildungen und Baupläne auf Grund ungerichteter transspezifischer Evolution zustandekommen können". Laut RENSCH sollen damit die wesentlichen Linien in der transspezifischen Evolution bereits festliegen. Noch unbefriedigend sei aber die Erklärung der Höherentwicklung der Organismenwelt sowie auch der Herausbildung des Menschengeschlechtes durch die „Zufälligkeiten" der im ganzen richtungslosen Mutationen und der natürlichen Auslese.

Der ganzen Arbeit von RENSCH liegt die irrtümliche Annahme zugrunde, daß durch Mutation von Genen, d. h. von einem Genallel zu einem anderen Allel intraspezifischer Gene, die von mir nachgewiesene, naturbedingte Barriere zwischen Arten und höheren Kategorien überbrückt werden könne. Nur die Differenzierung interspezifischer Gene, die ausschließlich via einen neuen Plasmatyp möglich ist, führt hier zum Ziel.

SIMPSON (1947) ist gleichwie HUXLEY der Ansicht, daß der Verlauf der Evolution nur durch das Zusammenarbeiten einer ganzen Reihe von Wissenschaften klargelegt werden könne. Das Entscheidende erblickt er in der Differenzierung einer Population, d. h. in der Entstehung von Isolationsmechanismen. Die hierfür verantwortlichen Ursachen, die geographischer, ökologischer, morphologischer, physiologischer und psychologischer Art sein können, bilden einen komplizierten Prozeß, dessen Lösung aber bereits skizziert sei. Er erwähnt Mikro- und Makroevolution, von denen letztere Diskontinuität bedinge.

Besonders hervorgehoben wird das universale Fehlen von Übergangsformen in der Paläontologie. Von den großen Klüften hat keine durch eine allmähliche Folge von Fossilien gefüllt werden können. Diese Sprünge seien im Lichte des genetischen Mechanismus unwahrscheinlich, wenn nicht unmöglich zu verstehen.

Der typische Prozeß für die Entstehung von Arten (speciation) sei die lokale Differenzierung weitverbreiteter Populationen. Es soll zu permanenten und bedeutungsvollen Veränderungen kommen, die auf höherem

Niveau ein temporäres Äquilibrium erreichen und damit etwa Subspezies entsprechen sollten. Eine endgültige Isolierung von Gruppen als geschlossene Systeme würde der Entstehung von Spezies entsprechen, die aber bei weiterer Fortsetzung solcher Prozesse zu Genera und höheren Kategorien führen könnten. Das Ergebnis wären immer genetisch isolierte Populationseinheiten.

Man sieht, daß SIMPSONS Ideen vom Verlauf der Artbildung ganz nahe mit jenen der oben referierten Neodarwinisten übereinstimmen. Ein diesen Verlauf stützendes Versuchsmaterial fehlt immer. Auch vertritt er den Standpunkt, daß die Evolution von Kategorien unter der Art zu dieser und höheren hinaufgeführt hat.

STEBBINS will die Evolution von dreierlei Niveaus aus betrachtet wissen: 1. die individuelle Variation in Fortpflanzungsgemeinschaften oder in Kolonien von asexuellen Organismen, 2. die Verteilung und Frequenz von Varianten in einem System von sich kreuzenden Populationen, d. h. die Variation einer Spezies, und 3. die Aufteilung von Populationen oder Populationssystemen als das Ergebnis der Entstehung von Isolationsmechanismen, d. h. der Entstehung der Arten. Diese soll hauptsächlich durch eine Akkumulation von kleinen Veränderungen stattgefunden haben.

In seinem Abschnitt "Isolation and the Origin of Species" zitiert STEBBINS die Autoren CLAUSEN und HIESEY, DOBZHANSKY und MAYR, und sagt, daß diese sich in folgendem einig sind: Binnen Spezies gibt es eine Reihe morphologisch und physiologisch verschiedener Typen. Die Barriere zwischen Spezies mit sexuell reproduzierenden Organismen ist eine Realität, bedingt durch Isolationsmechanismen, die den Austausch von Genen hindern. Es besteht Diskontinuität in morphologischen und physiologischen Merkmalen. Austausch von Genen zwischen verschiedenen Spezies kommt selten oder gar nicht vor. Die Arten entstehen durch den Aufbau von Isolationsmechanismen.

Das kritische Ereignis bei der Entstehung der Arten ist der Zerfall früher kontinuierlicher Populations-Systeme in zwei oder mehrere solcher Systeme, die morphologisch und physiologisch diskontinuierlich und reproduktiv voneinander isoliert sind.

Wie ersichtlich steht STEBBINS, wenn es sich um die Entstehung von Arten aus Rassen, Varietäten handelt, d. h. um die Ausbildung von Isolationsmechanismen, auf demselben Standpunkt wie HUXLEY, DOBZHANSKY, RENSCH und SIMPSON. Auch er erachtet für die endgültige Lösung des Evolutionsproblems das Zusammenarbeiten einer ganzen Reihe von Wissenschaftszweigen für erforderlich. Schließlich spielt bei STEBBINS gleichwie bei den eben genannten Autoren die geographische Isolierung eine sehr große Rolle für die Ausdifferenzierung neuer Arten.

Die Auffassung, daß die Evolution von den der Art untergeordneten Kategorien nach oben zuerst zur Spezies, dann zu den Genera usw. stattgefunden hat, die ich als ganz unhaltbar betrachte (s. u.), ist in weiten Kreisen ganz unkritisch akzeptiert worden.

So schreibt HEBERER (1960): Die moderne Evolutionsgenetik hat die Grundsätze des historischen „Darwinismus" bestätigt. Und die moderne Evolutionsgenetik baut auf der „angenommenen" Entstehung von Arten aus diesen untergeordneten Kategorien, aus Rassen, via der Entwicklung von Isolationsmechanismen. HEBERER sagt (l. c.) weiter: Von den Arten sind einige so nahe verwandt, daß sie auch als Rassen einer Art betrachtet werden könnten. Wir kennen zahlreiche solche „Grenzfälle" zwischen Rasse und Art, die uns eindeutig darauf hinweisen, daß auch heute noch ein Wandel der Formen, Bildung von Rassen und Weiterbildung dieser zu genetisch isolierten Arten, stattfindet. So müssen auch unter den Darwin-Finken einige als „beginnende Arten" betrachtet werden.

Um was handelt es sich in allen solchen Fällen? Ausschließlich um die Neukombination von Genallelen intraspezifischer Gene, die niemals zur Entstehung einer neuen, einer selbständigen Art führen kann.

Eine kürzlich erschienene Arbeit ist für die Akzeptation der neodarwinistischen Auffassung der Entstehung von Arten aus Rassen sehr bezeichnend. MICHALOWSKI (1964) schreibt: „Verschiedene Arten kreuzen sich in gewissem Umfange in der Natur ohne Schwierigkeit und ihre Nachkommenschaft ist befruchtungsfähig. — Die in der Natur anzutreffende Hybridisierung verändert den Genotypus der ihr unterliegenden Populationen erheblich und kann über eine Genrekombination zur Entstehung neuer Arten führen". Das mag am Papier einfach und plausibel aussehen, nur der letzte Schritt in diesem Prozeß von Neukombinationen, der zu der von der Natur kreierten Spezies, mit unüberbrückbaren Barrieren zu den nächstverwandten Arten führt, ist bisher ein Mysterium geblieben, d. h. wenn man sich auf dem Boden des Neodarwinismus befindet. Wie bereits erwähnt, gibt es auf diesem Gebiet eine beträchtliche Anzahl Bücher und noch viel mehr Schriften, die alle, mit ein paar Ausnahmen (s. u.), ungefähr dieselben Ansichten verfechten; es seien hier nur noch erwähnt: ZIMMERMANN 1953 und 1960 sowie MOODY 1962.

Die Unhaltbarkeit des Neodarwinismus

Es ergibt sich hier die Frage, auf welche Beobachtungen man sich stützen konnte, um den Darwinismus, nun soweit wie möglich kombiniert mit den Erkenntnissen der Genetik, in der Gestalt des Neodarwinismus weiter auszubauen. Das in diesem für mich schon seit Dezennien (1944, 1948 und früher) ganz Unverständliche war, wie von Populationen einer Spezies durch einen Isolationsmechanismus Gruppen von Biotypen abgetrennt werden konnten, die dann als Spezies ausgehend von höheren Kategorien fast immer eine dichotomische Verzweigung zeigten. Schon l. c. und seither wiederholt habe ich darauf hingewiesen, daß die Aufteilung der Allele von interspezifischen Genen direkt als die Ursache der Dichotomie betrachtet werden könnte.

Gerade die Dichotomie ist die immer wieder anzutreffende Erscheinung, die die Grundlage der natürlichen Verwandtschaft der Organismen bildet. Würde die Evolution nun wirklich von den den Arten untergeordneten Kategorien nach oben zu verlaufen, dann wäre man wohl genötigt, anzunehmen, daß die Biotypengruppen, die von einer Population als eine neue Spezies abgetrennt werden, sich dessen bewußt sein müßten, welche Merkmalskombinationen sie auszubilden hätten, um dann der von oben nach unten zu charakteristischen dichotomischen Verzweigung gerecht zu werden. Es ist wahrlich ein mystischer, phantastischer Gedanke, der natürlich mit der Wirklichkeit gar nichts zu tun hat! Evolutionäre Schritte von niedrigeren Kategorien zu Spezies und höheren Einheiten würden nicht zu einem natürlichen Verwandtschaftssystem, sondern zu einem Chaos führen. — Die Ursache davon, daß der Neodarwinismus trotzdem in besagter Weise ausgebaut worden ist, war wohl die, daß man nichts Besseres an seine Stelle zu setzen hatte.

Auch andere Verfasser sind, obgleich ohne auf experimentelle Ergebnisse gestützt, von der Unhaltbarkeit des Neodarwinismus überzeugt gewesen. Solche Gesichtspunkte finden sich bei GUPPY (1922) und WILLIS (1922, 1940, 1949). Sie betonen auch, daß jede Theorie des Evolutionsmechanismus mit den Tatsachen der Verbreitung der Kategorien im Einklang stehen muß. Mit Bestimmtheit wird hervorgehoben, daß Arten niemals aus Varietäten oder Subspezies entstanden sein können, sondern nur durch größere evolutionäre Schritte, sowie, daß die Genera und nöheren Kategorien zuerst entstanden sind und diese sich darauf in Spezies differenziert haben. Damit hat WILLIS sich auch zu einem Artbegriff bekannt, charakterisiert dadurch, daß zwischen den Spezies eine physiologisch bedingte, unüberbrückbare Barriere besteht. Rassen, wie Subspezies und Varietäten können von ihm nicht als selbständig, oder als im Werden begriffene Arten anerkannt werden.

Die sachlich-kritischsten Ansichten im vorliegenden Zusammenhang verdanken wir dem hervorragenden Genetiker R. GOLDSCHMIDT (1940, 1948). Gestützt auf ein großes Beobachtungsmaterial kommt GOLDSCHMIDT zu dem Schluß, daß es keine Kategorie von in Entstehung begriffener Spezies (species in statu nascendi) gibt. Spezies und höhere Kategorien sollen durch einfache makroevolutionäre Schritte als vollkommen neue genetische Systeme entstehen. Zuerst hielt GOLDSCHMIDT hierfür eine durchgehende Umgruppierung der Chromosomenstruktur für erforderlich (1940), aber später betrachtete er dies nicht mehr als notwendig (1948). Mit dieser letzteren Ansicht stimmen auch meine umfangreichen Untersuchungen über die Wirkung verschiedener Chromosomenstruktur bei *Pisum* sehr gut überein (s. o.). Sie bestätigen GOLDSCHMIDTS Ansicht.

GOLDSCHMIDT verneint mit Bestimmtheit, daß es Subspezies gibt, die als inzipiente Arten aufgefaßt werden könnten. Subspezies geben bei Kreuzung fertile Bastarde und Nachkommen solcher. Alle Subspezies und noch niedrigere Kategorien sind praktisch genommen direkte oder indirekte Anpassungsprodukte. Ohne ein Minimum an genetischer Anpassung kann weder ein Individuum noch eine Population überleben. Diese sehr bedeutungsvolle Feststellung werde in den heutigen evolutionistischen Spekulationen gewöhnlich vernachlässigt.

GOLDSCHMIDT hält es mit Recht für einen schweren Irrtum, auf Grund von bei Subspezies beobachteten genetischen Anpassungsschritten den Schluß zu ziehen, daß die großen Schritte in der Evolution, wie z. B. die Anpassung an terrestrisches oder aquatisches Leben, die Beziehungen von Insekten zu Blüten usw. durch Addition von genetischen Anpassungen zustande gekommen sein könnten. Er stellt direkt die Frage, ob es berechtigt sei, hinsichtlich des Ursprunges von Arten, aber auch Genera, Familien usw. auf Grund von analysierten Adaptionsformen einen solchen Schluß zu ziehen. GOLDSCHMIDT verneint dies kategorisch.

Forscher auf dem Gebiete der Populations-Genetik betrachten es im allgemeinen als ein Axiom (Dogma), daß alle Erscheinungen der Evolution auf Selektion und Akkumulation von Mikromutationen zurückgeführt werden können. GOLDSCHMIDT erachtet diese Auffassung als vollkommen unhaltbar und sagt (1948, p. 8), daß die Populationsgenetik uns keinerlei Aufschluß über den Verlauf der Evolution auf höherem Niveau als dem der Subspezies gegeben hat oder geben kann.

Der Mechanismus im Niveau der Subspezies ist recht klar. Die Schwierigkeiten ergeben sich bei der Spezies und höheren Generationen. Die Taxonomisten fühlen sich seit DARWIN immer berechtigt von der Subspezies zur Spezies zu extrapolieren. Sie betrachten es als bewiesen, daß wenn an den Extremen einer subspezifischen Differentiation genug unterscheidende Anpassungsmerkmale akkumuliert sind, so sei der Schritt zur Spezies getan. Dieser „Idee" wurde Ausdruck gegeben im Satz: „Subspezies sind Spezies *in nascendo*" (l. c.). GOLDSCHMIDT sagt hierzu, daß das von ihm studierte Material keinen solchen Schluß gestattet, sowie daß ihm auch keinerlei Beweise für eine solche Annahme von anderer Seite bekannt seien.

GOLDSCHMIDT erwähnt dann einen hierfür typischen Fall: der Formenkreis *Larus argentatus-cachinnaus-fuscus*, aus dem man nach Belieben zwei oder drei Arten machen kann. Dies bildet ein klassisches Beispiel für den Neodarwinismus. GOLDSCHMIDT betont mit Hinblick hierauf, daß

es sich bei der Auffassung der Subspezies als einer Spezies *in nascendo*
nur um eine nicht durch Tatsachen begründete Annahme handelt, bei
der der Wunsch der Vater des Gedankens gewesen sei.

Auch Genetiker sind, wie GOLDSCHMIDT hervorhebt, zuweilen der
Ansicht, daß der Neodarwinismus bewiesen sei, wenn nach einer Spezies-
Kreuzung Spaltung in „multiplen Faktoren" auftritt. Diesbezüglich hebt
GOLDSCHMIDT hervor, daß Spezies-Kreuzungen in der Regel keine fertilen
Nachkommen geben. Und wenn solche erhältlich sind, handle es sich
gewöhnlich um Subspezies.

In bezug auf die von mir studierte *Phaseolus*-Artkreuzung[1] sagt
GOLDSCHMIDT dann: LAMPRECHT (1944), der diese Kreuzung eingehender
studiert hat als von irgendeinem anderen Fall bekannt ist, kommt
schließlich zu dem Schluß, daß die wirklich Arten differenzierenden Faktoren von den kleinen auftretenden Mutanten verschieden sind, sowie
daß die Artunterschiede durch einfache monogene Determinatoren
bedingt werden.

Die Auffassung, daß eine Akkumulation kleiner genetisch bedingter
Differenzen zu größeren Anpassungen führen könnte, ist nicht aufrecht
zu halten. Daher ist auch eine Anzahl von Biologen zu der Auffassung
gekommen, daß alle größeren Merkmals-Unterschiede durch einfache
große Schritte entstanden sein müssen. Die ersten Genetiker (BATESON,
DE VRIES) waren ähnlicher Ansicht, aber später wurde von Genetikern
der Neodarwinismus, auch Hyperdarwinismus genannt, entwickelt.
Damit wurde versucht, die Schritte zu neuen Arten und höheren Kategorien auf dem Wege einer Anhäufung von Mikromutationen zu erklären.
Als charakteristisch hierfür seien vom Verfasser die Arbeiten von
E. MAYR (1940, 1950, 1963) erwähnt.

GOLDSCHMIDT betont dann besonders, daß es den Neodarwinisten
niemals gelungen sei, auch nur den Schein einer neuen Spezies durch
Umkombination von Mikromutationen zu erreichen. In einer so gut
studierten Spezies wie *Drosophila*, in der eine sehr große Zahl von sicht-
baren und kleinen unsichtbaren Mutanten kombiniert worden ist, konnte
auch der erste Schritt in Richtung einer neuen Art niemals vollzogen
werden, geschweige denn an höhere Kategorien zu denken.

---

[1] In GOLDSCHMIDTs Arbeit steht irrtümlich *Pisum* statt *Phaseolus*.

Die Entstehung der Arten und höheren Kategorien im Lichte der experimentellen Ergebnisse

Die erste und wesentlichste Aufgabe, um den evolutionären Schritt von einer Art zur nächsten angeben zu können, war die Feststellung, was eine Art ist, ob sie eine in der Natur bestehende Realität darstellt, oder inwieweit sie eine menschliche Abstraktion ist. Es handelte sich demnach um den Nachweis, welche Merkmale, erblich bedingt, wirklich artentrennend sind. Nun ist gut bekannt, daß es — Umwelteinwirkungen selbstverständlich ausgeschlossen — dreierlei innere Faktoren gibt, die auf die Ausbildung von Merkmalen einen Einfluß besitzen. Es sind dies 1. die genotypische Konstitution, 2. die Chromosomenstruktur und 3. die Beschaffenheit des Plasmas.

In Kreuzungen zwischen hierzu geeigneten, nahe verwandten Arten können alle diese drei Faktoren eingehend studiert werden. Die Endergebnisse sind einfach und leicht verständlich, dagegen ist die genanalytische Aufarbeitung solcher Kreuzungen, wegen der meist gleichzeitigen Spaltung in einer großen Anzahl für artentrennende Merkmale nicht verantwortlichen Gene kompliziert und sehr zeitraubend.

Es werden die wichtigsten für die Klarlegung des Verlaufes der Entstehung der Arten notwendigen Kreuzungsergebnisse wiederholt. Die Kreuzungen wurden stets in beiden Richtungen ausgeführt. Die Bastarde waren je nach Kreuzungsrichtung sowohl morphologisch wie physiologisch verschieden. Die artspezifischen Merkmale, in der Kreuzung *Phaseolus vulgaris* × *coccineus* auf der Innen- bzw. Außenseite der Griffelspirale herablaufende Narbe und epi- bzw. hypogäische Keimblattstellung, in der Kreuzung *Chrysanthemum carinatum* × *coronarium* der stark verschiedene Bauplan der Blätter (s. die Abb. 1 bis 3, 24 bis 25). Die Bastarde waren in allen Fällen in diesen Merkmalen intermediär.

Die F_2-Generationen (und auch weitere) spalteten in den artentrennenden Merkmalen je nachdem welche Art als Mutter verwendet wurde in folgender Weise: Die für diese Merkmale verantwortlichen Gene werden schematisch mit *AA* bzw. *aa* bezeichnet. Bei Benutzung von *AA* als Mutter resultiert:

1 *AA* maternell : 2 *Aa* Bastard : 0 *aa* paternell bzw. nicht fertil, und bei Verwendung von *aa* als Mutter ist die Spaltung:

1 *aa* maternell : 2 *Aa* Bastard : 0 *AA* paternell bzw. nicht fertil.

Wie viele Generationen hindurch *Aa*-Samen auch ausgesät worden sind, in einem Fall sogar bis in F_{19}, so wurden immer diese Spaltungen gefunden. Welche Schlüsse können aus diesen Beobachtungen gezogen werden?

1. Die verschiedene Beschaffenheit der in reziproker Richtung erhaltenen Bastarde beweist, daß die Elternlinien Träger stark voneinander abweichendes Plasma besitzen müssen.

2. Die intermediäre Form der artentrennenden Merkmale auf den Bastarden beweist, daß die mit dem väterlichen Kern eingeführten Genallele für diese mit dem Plasma der anderen Elternart gut verträglich waren, denn sie wurden während der Ontogenese von Zellteilung zu Zellteilung hunderttausende Male reproduziert.

3. Aber in der F_2 gab es niemals auch nur ein einziges, in den Genallelen für die artentrennenden Merkmale homozygotes und fertiles Individuum. Sterile Individuen wurden zuweilen angetroffen.

4. Mit Hinblick auf das vollständige Fehlen von fertilen F_2-Pflanzen mit Homozygotie in den interspezifischen Genen ist zu schließen, daß für die Reproduktion dieser nach der Reduktionsteilung auf den Bastardpflanzen gewisse hierfür verantwortliche Stoffe fehlen müssen. Diese wurden von mir als Progene bezeichnet.

5. Dieses Ausfallen der Genreproduktion in den F_2-Generationen beschränkte sich aber ganz auf die für die Ausbildung von artspezifischen Merkmalen verantwortlichen Allele von interspezifischen Genen.

Hieraus kann ferner geschlossen werden, daß bei der Entstehung einer neuen Art, die natürlich auch durch artspezifische Merkmale gekennzeichnet sein muß, das Zustandekommen von entsprechenden Progenen eine *conditio sine qua non* sein muß.

Mit den oben vorgelegten Ergebnissen muß auch als bewiesen betrachtet werden, daß jede selbständige Art durch ein arteigenes Plasma charakterisiert ist. Und nur dieses Plasma kann den auf die Reproduktion der artspezifischen Allele eingestellten Progenen die hierfür erforderlichen Stoffe zur Verfügung stellen. Und weiters, nur in diesem Plasma werden die Progene bei der Reduktionsteilung erneuert und ermöglichen so die Entwicklung von in den artspezifischen Genallelen homozygoten und fertilen Pflanzen.

Damit kann als festgestellt betrachtet werden, daß die Synthese der artspezifischen sowie auch aller übrigen Gene durch eine Komplexwirkung von Progenen und Genen (letztere in der vorhandenen Genenform, dominant bzw. rezessiv) aus vom Plasma zur Verfügung gestellten Stoffen stattfindet.

Befindet sich aber ein Progen für ein artspezifisches Genallel infolge Überführung mittels Artkreuzung in einem fremden Plasma, so kommt es entweder überhaupt nicht zur Ausbildung von Pflanzen mit den artfremden Merkmalen, oder auch diese sind steril. Fertile solche Pflanzen werden niemals erhalten.

Der direkte Beweis für die erwähnte Funktion des Plasmas. In der Kreuzung *Phaseolus vulgaris* × *coccineus* wurde beobachtet, daß immer wieder einzelne Individuen mit *coccineus*-Artmerkmalen aufgetreten sind, die aber niemals fertil waren (in der reziproken Kreuzungsrichtung ist dies nie vorgekommen). Diese Individuen verdanken ihre Entstehung dem Umstand, daß mit dem großen Pollenkorn (und Kern) von *coccineus*, das ein etwa 60% größeres Volumen als das von *vulgaris* hat, Plasma mit in die Zygote gekommen ist. Die mit dem Kern eingeführten artspezifischen *coccineus*-Progene konnten dann die Ausbildung der *coccineus*-Merkmale in einem geringen Teil der Fälle ermöglichen. In der Regel hat eine Entmischung der Plasmen stattgefunden, so daß keine *coccineus*-Merkmale ausgebildet werden konnten. Man beachte, daß solche Pflanzen im übrigen ja nur *vulgaris*-Plasma enthielten.

Diese Erscheinung führte auf den Gedanken, daß es vielleicht möglich sein sollte, durch Rückkreuzung mit *coccineus* oder durch Kreuzen mit ebensolchen Pflanzen mit artfremden Merkmalen eine so große Anreicherung des artfremden Plasmas zu erreichen, daß dieses bei der Entmischung die Oberhand gewann. Auch wurden hierzu Pflanzen gewählt, die i. ü. Träger möglichst vieler intraspezifischer Allele von *coccineus* waren. Der Versuch gelang unerwartet gut, und es resultierten Pflanzen mit teils Merkmalen, die nur von *vulgaris* bekannt waren (Buschbohnentyp, Gen *fin* sowie wiederholt verzweigte Infloreszenzen, Gene *ram* und *iter*), i. ü. aber die artspezifischen Merkmale von *coccineus* (s. o.) sowie *coccineus*-Plasma enthielten. Letzteres war durch Kreuzen mit *vulgaris* leicht nachzuweisen.

Die Feststellung der Umwandlung ergab sich aus folgender Spaltung: Vor Ersatz des *vulgaris*-Plasmas durch solches von *coccineus*:

$$1 \; vulgaris : 2 \; \text{Bastard} : 0 \; coccineus$$

und nach Ersatz des *vulgaris*-Plasmas durch solches von *coccineus*, d. h. in der nächsten Generation:

$$1 \; coccineus : 2 \; \text{Bastard} : 0 \; vulgaris.$$

Damit war einwandfrei bewiesen, daß das Plasma der primäre Träger der Stoffe für die Synthese der artspezifischen Progene und damit indirekt auch für die Ausbildung der artentrennenden Gene und Merkmale ist.

Hinzu kommt noch, daß eine größere Anzahl von Mutanten in interspezifischen Genen studiert worden sind, die die oben mitgeteilten Kreuzungsergebnisse durchweg bestätigt haben. Man vergleiche den diesbezüglichen Abschnitt oben.

Die Entstehung der Arten und höheren Kategorien, der Verlauf der Evolution, dürfte nun mit Hinblick auf die besprochenen Ergebnisse leicht und eindeutig angegeben werden können.

Hierbei ist von der Tatsache auszugehen, daß die Organismen in größtem Ausmaß eine, man kann wohl sagen, außerordentlich gute Anpassung an die verschiedensten Umweltverhältnisse, an die ihnen dargebotenen Möglichkeiten im Kampf ums Dasein besitzen. Wie ist es hierzu gekommen? — Der darwinistische Gedanke, daß Zufallsmutationen auftreten und unter diesen durch Selektion und zusammen mit natürlicher Zuchtwahl neue besser angepaßte Arten entstehen könnten, ist im Lichte der experimentellen Ergebnisse vollkommen ausgeschlossen. Auf diesem Wege kann es wohl zu einer Vergrößerung der Variationsbreite der Merkmale binnen der Art und damit zur Entstehung neuer Rassen, aber niemals zu der einer neuen Spezies kommen.

Die Veränderungen binnen der Art, Diversitionen, können hierbei alle früher besprochenen Erscheinungen, wie Wechsel der genotypischen Konstitution, der Chromosomenstruktur, Autoploidie usw. betreffen. Es kommt zur Entstehung von Arten sekundären Ursprungs, die aber alle ein und derselben Spezies untergeordnet sind. Eine neue wirkliche Art, die durch die Träger arteigener Allele von interspezifischen Genen gekennzeichnet ist, kann hierbei niemals entstehen.

Hierfür verbleibt nur die Annahme, daß die Arten von der Umwelt Eindrücke, Impulse erhalten, die sie registrieren und über anscheinend beliebig lange Zeiträume magazinieren können. Und diese Registrierung von Umweltimpulsen kann selbstverständlich nur stofflich erfolgen. Sie muß auch von Generation zu Generation weitergegeben werden können. Man könnte dies als das materielle Gedächtnis der Organismen bezeichnen. Und wo diese Impulse registriert und magaziniert werden können, diesbezüglich gestatten die mitgeteilten Kreuzungsergebnisse nur eine Möglichkeit: Es können weder die Gene, noch die Progene in Frage kommen, sondern nur das Plasma.

Die hier in Frage kommenden Veränderungen des Plasmas werden sich vor allem dann stark geltend machen, wenn die Impulse seitens der Umwelt längere Zeit hindurch in eine bestimmte Richtung gehen, d. h. wenn z. B. stärker abweichende ökologische Verhältnisse eingetreten sind. Dann könnte durch die Entstehung neuer Arten eine bessere Anpassung hieran erreicht werden. Für die im Plasma infolge der Impulse veränderte stoffliche Unterlage für die Synthese der arteigenen Progene wird es zur Erreichung von Schwellenwerten kommen, die zu einer Differenzierung des Plasmas (wahrscheinlich des Proplasmons, s. o.) in zwei neue Typen führen werden.

Diese Differenzierung des Plasmas wird mit Hinblick auf den Verlauf der oben besprochenen Umwandlung von *Phaseolus vulgaris* in *coccineus* wahrscheinlich bei der Reduktionsteilung stattfinden und gleichzeitig zu einer Entmischung der beiden Plasmatypen führen. Im Zusammenhang hiermit wird es zur Entstehung von zweierlei neuen Gameten, je mit ihrem artspezifischen Plasma kommen. Mit der Plasmadifferenzierung wird, worauf die Versuche hindeuten, auch die Synthese zweier neuer Progenallele und der diesen entsprechenden arteigenen Genallele parallel gehen. Es entstehen zwei neue vegetativ-florale, bzw. somatisch-generative Genensysteme.

Das Ergebnis ist, daß dieser Organismus zweierlei Zygoten produziert, die je einer neuen Spezies entsprechen. Damit ist der evolutionäre Schritt zur Entstehung neuer Arten vollzogen.

Hierbei ist es natürlich keineswegs sicher, daß wirklich zwei neue Arten entstehen. Dies kann der Fall sein, aber es kann auch die Zygote für die eine der beiden Arten nicht entwicklungsfähig sein, oder es kann der aus ihr entstandene Organismus sich im Kampf ums Dasein nicht behaupten und binnen kürzester Zeit oder unmittelbar ausgemerzt werden.

Der vorstehend angegebene Verlauf der Entstehung neuer Arten scheint mir sowohl mit Hinblick auf die experimentellen Ergebnisse, wie auch auf die Verwandtschaftsverhältnisse und die Gruppierungsmöglichkeit in der Systematik, der einzig richtige zu sein. Ganz dasselbe gilt für die Entstehung höherer Kategorien. Ich erinnere diesbezüglich an die oben besprochene Wirkung des interspezifischen Gens *i-lath*, das für die Entstehung der *lathyroides*-Exmutante von *Pisum* verantwortlich ist. Dieses Gen allein verändert die Manifestation von nicht weniger als 15 visuell sicher feststellbaren Merkmalen von *Pisum* zu solchen bei *Lathyrus* anzutreffenden.

Diese, den Verlauf der Evolution charakterisierende dichotomische Aufspaltung von Progenen dürfte für die ganze lebende Welt Gültigkeit besitzen. Es erscheint im Zusammenhang hiermit nicht als Phantasterei, wenn von Paläontologen gesagt worden ist, daß der *Archaeopteryx* aus einem Reptilei geschlüpft sei. Man kann die Gedanken zurückgehen lassen in den Abschnitt der ersten organischen Entwicklung auf der Erde und sich fragen, wie haben sich Pflanzen- und Tierreich differenziert? Man könnte sich gut eine chemische Substanz vorstellen, die eine Differenzierung in zwei Farbstoffe, einen rötlichen und einen grünen, erfahren hat — analog der oben erwähnten Entstehung zweier neuer Arten. Der rötliche Farbstoff könnte als lichtempfindlich für die Orientierung niedrigster Repräsentanten des Tierreiches, als eine Art Augenfleck fungiert haben, der grüne, als dem Chlorophyll entsprechend und zur Assimilation befähigte.

Hier ist noch eine Frage zu berühren. Welche Rolle können die intraspezifischen Gene und die binnen den Arten sekundär entstandenen Veränderungen, hinsichtlich Chromosomenstruktur usw., für Rolle bei der Evolution spielen? Daß sie keinen direkten Anteil an der Entstehung neuer Arten haben, dürfte aus Vorstehendem zur Genüge hervorgegangen sein.

Aber indirekt können sie in zwei Hinsichten zweifellos von großer Bedeutung sein. Erstens kann der Artbildungsprozeß nur von den vorhandenen Populationen einer Art seinen Ausgang nehmen. Und hierbei kann der Erfolg neuentstandener Arten von der Beschaffenheit dieser entweder begünstigt oder auch begrenzt werden. Aber sehr wahrscheinlich, man kann es wohl als sicher bezeichnen, setzt der Artbildungsprozeß nicht etwa nur an einem einzelnen Individuum ein, sondern immer an einer größeren Anzahl solcher. Laut dem oben geschilderten Verlauf der Evolution ist ja nur zu erwarten, daß der Artbildungsprozeß an jenen Individuen einer Population einsetzt, deren plasmatischer Zustand sich in dem hierfür erforderlichen Zustand befindet. Die Evolution neuer Arten will ich daher als polyphyletisch auffassen.

Eine große Rolle wird die genotypische Zusammensetzung einer Population insofern spielen können, als sie die Voraussetzung für die Möglichkeit bildet, daß sich binnen der neuen Art schnellstens solche Neukombinationen von intraspezifischen Genen bilden können, die an verschiedene ökologische Verhältnisse angepaßt sind. In diesem Zusammenhang wird teils das Überleben der neuen Art gesichert, teils wird sie hierdurch imstande gesetzt, ökologisch verschiedene Gebiete zu besiedeln. Man vergleiche die Ökotypen von *Pisum abyssinicum*, *fulvum* und *humile* und ihre stark verschiedene Chromosomenstruktur.

Paläontologische und phylogenetische Aspekte

Der Artbegriff. An rezentem Material konnte der Artbegriff experimentell eindeutig festgestellt werden. „Die Art ist der Inbegriff sämtlicher Biotypen die Träger derselben Allele von interspezifischen Genen sind.“ Wie das umfangreiche Kreuzungsmaterial gezeigt hat, gibt es aber unter den Spezies der systematischen Arbeiten nicht wenige, die keine Arten repräsentieren, sondern nur diesen untergeordnete Kategorien. Zum Teil sind es charakteristische Ökotypen, sehr häufig auch nur Varietäten (man vgl. den Abschnitt Terminologie). Solche „Pseudoarten“ wurden mit Hinblick auf gewisse konstante Merkmale beschrieben, die man als artentrennend aufgefaßt hat, die aber im Kreuzungsversuch sich als nur durch einfache Genenunterschiede bedingte Varietäten herausgestellt haben.

Mit fossilem Material ist natürlich jede solche Prüfung ausgeschlossen. Aber es besteht doch reichlich Möglichkeit Vergleiche hinsichtlich der morphologischen Variationsbreite mit rezentem Material anzustellen. Solche Vergleiche ermöglichen es dann, recht sichere Schlußsätze zu ziehen. Erwähnt sei hier wiederum das Beispiel des Hundes. Zum Hund gehören auf Grund fertiler Kreuzungsnachkommen nun auch der Wolf, der Dingo und die ungeheuer formenreiche Gruppe der halbwilden und gezüchteten Haushunde. Man halte sich die verschiedenen Hunderassen in ihrer ganzen morphologischen Variationsbreite einmal vor Augen, z. B. Wolf, Lappländer, Dingo, Terrier, Bulldoggen, Dachshund, Pekinese und Whippet sowie darüber hinaus die vielen hunderte weiterer Rassen. Man nehme nun an, daß ein Großteil dieser Rassen, die doch zweifellos einer einzigen Art angehören, nur fossil bekannt wären. In welche systematischen Kategorien würden diese eingereiht worden sein? Ich vermute in wenigstens 20 verschiedene Gattungen und ein paar hundert Arten.

Man stelle nun einen Vergleich mit den fossilen und rezenten Bären an! Von *Ursus* werden laut THENIUS und HOFER (1960) seit dem Pliozän folgende Arten unterschieden: *boeckhi* SCHLOSS., *etruscus* CUV., *spelaeus* BLUM., *deningeri* REICH., *arctos* L. und *maritimus* PHIPPS. Die Variationsbreite der Morphologie dieser Bären beträgt nur einen relativ kleinen Bruchteil der bei den jetzigen Hunden vorhandenen. Auch die Zahnformeln dieser Bären geben keine sichere Unterlage für eine Unterscheidung von Arten. Diesbezüglich besteht nur eine wechselnde Reduktion der Prämolaren, wie man sie auch bei rezenten Säugern antrifft. Nicht selten ist an Bärenfunden auch ein mehr weniger häufiges Wiederauftreten eines meist schon reduzierten Prämolars beobachtet worden (MOTTL 1964). Diese Reduktionen betreffen stets nur die Wirkung von intraspezifischen, aber nie die von interspezifischen, artentrennenden Genen; s. i. ü. unten bei Reduktionen. Ich zögere keinen Augenblick diese sechs *Ursus*-Arten als Rassen einer einzigen Spezies aufzufassen. Bemerkenswert ist übrigens, daß THENIUS und HOFER (1960) *arctos* und *maritimus* noch als getrennte Arten anführen, wo doch bekannt ist, daß diese sich leicht kreuzen und fertile Nachkommen geben.

Ein Säugetier, in bezug auf das man allgemein mit einer lückenlosen Entwicklungsserie rechnet, ist das Pferd. Die im nordamerikanischen Tertiär reichlichen Funde der Vorfahren unseres Pferdes führten zur Aufstellung von nicht weniger als sechs Gattungen, nämlich: *Eohippus*, *Orohippus*, *Mesohippus*, *Meryhippus*, *Pliohippus* und unser jetziges *Equus caballus*. Es bestehen starke Unterschiede in der Größe vom kleinen *Eohippus* aufwärts. Aber auch heute bestehen noch erhebliche, nicht viel geringere Größenunterschiede beim *Equus caballos*. Das Färö-Pony mit etwa 60 kg und die schweren Belgier mit ungefähr 900 kg Gewicht. Und die morphologischen Unterschiede im Knochenbau der erwähnten fossilen Gattungen sind auch viel geringer als die bei den Hunden anzutreffenden. Mit Hinblick auf die Wirkung der artentrennenden, der interspezifischen Gene können die erwähnten Gattungen nur als einer einzigen Spezies angehörig aufgefaßt werden.

Die interspezifischen Gene haben stets eine distinkte Merkmale bedingende Wirkung und verändern überdies gleichzeitig immer die Manifestation einer Anzahl von intraspezifischen Genen. Namentlich diese letztere Erscheinung hatte zur Folge, daß man Artenunterschiede, die sich gewöhnlich auf eine mehr oder weniger große Anzahl von Merkmalen bezogen, als durch den komplexen Effekt einer größeren Anzahl von Genen bedingt betrachtete.

Man vergleiche oben den Unterschied zwischen *Equus caballus* und *E. asinus*. Der Esel wird, obgleich er sich vom Pferd sicherlich nur in einem einzigen interspezifischen Gen unterscheidet, nun auch als selbständige Gattung, *Asinus*, angeführt. Bezüglich der vielseitigen Wirkung eines interspezifischen Gens sei auf die vorstehend eingehend studierte *lathyroides*-Exmutante von *Pisum* verwiesen, bei der das Gen *i-lath* allein die Manifestation von wenigstens 15 intraspezifischen Genen schlagartig veränderte.

Diese Wirkung der interspezifischen Gene kann mit Hinblick auf den in der Paläontologie benutzten Artbegriff nicht stark genug hervorgehoben werden. Gradweise Abänderungen von Merkmalen, allmähliche Rückbildungen, Reduktionen und Größenänderungen haben nichts mit der artentrennenden Wirkung der interspezifischen Gene zu tun. Sie sind ausschließlich durch Neukombinationen von intraspezifischen Genen bedingt. Ein gutes Beispiel hierfür bildet gerade die erwähnte Entwicklungsreihe der Pferde, die allmähliche Größenzunahme und die zunehmende Reduktion der Seitenfinger sowie die Ausbildung zum Einhufer. Die Größenunterschiede sind ja auch an rezentem Material oft sehr beträchtlich. Auch jetzt gibt es Pferderassen, deren mittlere Gewichte sich wie etwa 1 : 7 verhalten (Shetlandpony : Belgier). Unter den *Pisum*-Rassen gibt es den zartwüchsigen oect. *fulvum* mit einem 1000-Körnergewicht von etwa 35 g, während die großsamigsten Kulturformen auf mehr als das zehnfache, etwa 450 g, kommen.

Die Reduktionen. Auch Rudimentationen genannt. Zahlreiche Fälle in den verschiedensten Familien sowohl des Tier- wie des Pflanzenreiches sind bekannt (s. z. B. KRUMBIEGEL 1960). Hier ist vor allem von Interesse, daß solche Reduktionen von Organen allmählich vor sich gehen, ohne daß sie mit der Entstehung von Arten irgend etwas zu tun haben. Sie sind, wie schon LAMARCK (l. c.) sagte, die Folge des Nichtgebrauches, also etwas für den Kampf ums Dasein Entbehrliches.

Erwähnt sei hier die in der Familie *Carabidae* (*Coleoptera*) wohlbekannte Erscheinung der Reduktion der Flügel (*alae*). So gibt es bei verschiedenen Arten der Gattung *Bembidion* Fälle mit brachypteren Flügeln sowie auch solche, wo von denselben nur mehr Spuren zu erkennen sind.

Die Reduktion der Prämolaren bei gewissen Säugern ist gleichfalls eine typische solche Erscheinung und hier von besonderem Interesse, da die Zahnformel in der Paläontologie z. T. als artentrennendes Merkmal herangezogen wird. Unter rezenten Tieren ist dies beim Hund je nach Rasse eine sehr auffallende Erscheinung. Von Hunden habe ich selbst eine Anzahl Schädel untersucht, von denen zwei in der Abb. 110 wieder-

gegeben sind. Wie ersichtlich, hat der Kopf des Schnauzers (Pinscher)
alle vier Prämolaren gut ausgebildet. Beim Bulldoggen in Abb. 110 gibt es
nur drei Prämolaren, was bei dieser Rasse wohl immer der Fall sein
dürfte. Man sieht, daß der P^4 sehr an Platzmangel leidet und im Zusammenhang hiermit ganz quergestellt ist. An kleinköpfigen Rassen konnte
ich auch beobachten, daß zuweilen der Molar 3 fehlte.

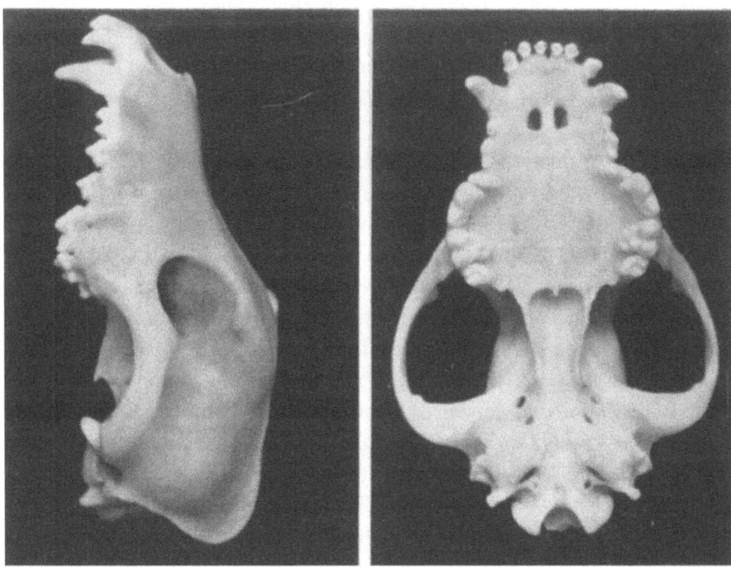

Abb. 110. Die Reduktion der Prämolaren im Gebiß des Hundes. Links Schnauzer
mit normal entwickelten vier Prämolaren, rechts Bulldogge mit drei Prämolaren,
von denen der letzte infolge Platzmangels überdies ganz quer gestellt ist

Die Reduktion der Prämolaren tritt natürlich auch ohne Platzmangel
(vgl. den Bulldoggen) ein. In solchen Fällen kommt es dann mehr oder
weniger häufig vor, daß ein in einer Rasse normal schon verschwundener
Prämolar wieder ausgebildet wird. Mit Hinblick auf den Verlauf der
Genensynthese ist dies gut erklärbar. Das für die Ausbildung des Zahns
verantwortliche Gen ist keinesfalls verschwunden, aber der für die Genensynthese vorhandene Mechanismus, Plasma-Progen-Gen, ist durch den
Nichtgebrauch des Zahns gestört, in seinem Effekt vermindert.

Man hat sich dies folgendermaßen vorzustellen. Für jedes in Gebrauch
befindliche Organ ist eine ununterbrochene Erneuerung von Zellen erforderlich. Da die Chromosomen und damit der ganze Genenbestand je Zellteilung reproduziert werden müssen, folgt, daß die hierfür verantwortlichen Progene in gleichem Maße tätig sein müssen.

Nun werden die Progene nur einmal je Generation, bei der Reduktionsteilung, erneuert. Und in einem infolge geänderter Morphologie

nicht mehr benutzten Organ wird die Funktion des Progens überflüssig. Das Progenquantum wird nicht, wie sonst normal, im Laufe des Lebens verbraucht, es verbleibt ungenutzt und wird reduziert. Diese Voraussetzungen für die Entwicklung solcher wenig oder gar nicht mehr benutzter Zähne verschwinden nicht gleich ganz, sondern sind längere Zeit hindurch nur quantitativ mehr weniger stark reduziert. Dies hat zur Folge, daß Individuen oder auch Rassen mit hierfür günstigen Voraussetzungen — und so lange noch Platz vorhanden ist — die bereits wegreduzierten Zähne ab und zu wieder ausbilden können. Verschwindet das hierfür verantwortliche Progen aber einmal ganz, was dann ja auch das Gen betrifft, so kann es nicht mehr zur Ausbildung einmal wegreduzierter Zähne kommen.

Sehr gut veranschaulicht werden diese Verhältnisse durch die von MOTTL (1955, 1964) eingehend studierten Funde von *Ursus spelaeus* in der Steiermark. *Ursus spelaeus* hat die vorderen Prämolaren bereits verloren, es ist nur der P^4 noch vorhanden, aber in der Repolusthöhle konnte MOTTL unter 43 *spelaeus*-Schädeln nicht weniger als 15 Exemplare ($= 35\%$) feststellen, die beiderseits noch den P^3 ausgebildet hatten. Beim älteren *Ursus deningeri* ist der P^3 normal vorhanden. Die von MOTTL gefundenen Schädel mit P^3 wurden als *spelaeus deningeroides* n. ssp. beschrieben.

Dollos Gesetz, Orthogenese, Iteration und Parallelentwicklung. Das von O. ABEL aufgestellte Dollosche Gesetz besagt: „Die Entwicklung ist nicht umkehrbar, sie ist irreversibel." Wer oben den für die Entstehung der Arten angegebenen Verlauf mit der Differenzierung eines Progens in zwei neue studiert hat, wird unmittelbar einsehen, daß das Dollosche Gesetz uneingeschränkte Gültigkeit besitzen muß. Der in einem Organismus einmal vorhandene Mechanismus für die Synthese von Genen, Plasma-Progene-Gene, kann durch eine weitere Differenzierung nicht ausgelöscht, sondern nur weiter ausgebaut werden. Die Paläontologen sind auch allgemein von der Richtigkeit des Dolloschen Gesetzes überzeugt. Wenn Genetiker dagegen eingewendet haben, daß es auch Rückmutationen von Genen gäbe, und daß dieses Gesetz daher nicht allgemeine Gültigkeit haben könnte, so ist dies ein Irrtum, da es sich bei eventuell in Frage kommenden Rückmutationen ausschließlich um solche in intraspezifischen Genen handeln kann. Und diese haben keinerlei Einfluß auf die zwischen den Arten bestehenden Barrieren.

Dagegen muß im Zusammenhang hiermit erwähnt werden, daß im Verlauf der Evolution, rein theoretisch gesehen, dieselbe Spezies, ganz unabhängig von der schon früher einmal in Erscheinung getretenen, noch einmal zur Entwicklung gelangen kann. Denn es kann in einem Organismus einmal ein artspezifisches Genallel *A* sich zu *B* und *b* differenzieren, wobei zwei neue Spezies entstehen können (s. o.), aber in einem anderen

Organismus kann das artspezifische Genallel *B*, ohne von *A* seinen Ursprung zu haben, sich in *A* und *a* differenzieren und so zu der Entstehung derselben Art führen; d. h. wie im erstgenannten Fall.

Es dürfte leicht einzusehen sein, daß die in der Phylogenie als Orthogenese, Iteration und Parallelentwicklung beschriebenen Erscheinungen alle durch die immer dichotomisch verlaufende Aufspaltung interspezifischer Gene erklärt werden können. Die Orthogenese, d. h. die in gewisser Richtung verlaufende Entwicklung ist eine Folge dieser Differenzierung der Progene. Aber bei der Beurteilung in ihren Einzelheiten ist große Vorsicht am Platze. Denn, wie schon zur Genüge betont, kann ein neues Progen auch die Manifestation einer ganzen Anzahl von intraspezifischen Genen abändern, so daß hierdurch mehr oder weniger Unklarheit entstehen kann. Namentlich bei Parallelentwicklung von Merkmalen in verwandten Gattungen muß stets der Verdacht entstehen, daß es sich um die analoge Wirkung von nur intraspezifischen Genen handelt. Man vergleiche die vorstehend besprochenen, homologen Serien von Merkmalen, die von Vavilov (l. c.) für gewisse Pflanzengattungen mitgeteilt worden sind. Diese können als ausgezeichnete Beispiele für Parallelentwicklung betrachtet werden, sind aber nur durch intraspezifische Gene bedingt und haben daher mit der Evolution von Art zu Art direkt nichts zu tun. Sie sind eine Begleiterscheinung sekundärer Natur.

Der Verlauf der Evolution wurde früher eingehend besprochen, ebenso seine Abhängigkeit vom äußeren und inneren Milieu. Ersteres entspricht den veränderlichen ökologischen Verhältnissen der Umwelt, letzteres dem Produktionsmechanismus für die Gene, d. h. dem artspezifischen Plasma plus Progenom. Die Beschaffenheit des Plasmas in einem gewissen Zeitabschnitt ist evolutionsauslösend, das Progenom richtungsgebend (Orthogenesis). Aber bei der Entstehung neuer Arten brauchen, wie schon erwähnt, nicht die Möglichkeiten für ein Fortbestehen beider gegeben zu sein. Es kann auch, wie zahlreiche paläontologische Funde bestätigen, zur Entstehung von Arten kommen, die z. T. mit für den Kampf ums Dasein wenig glücklichen Organen, übergroßen Körpern usw. ausgerüstet sind. Wenn dann nicht weitere Differenzierungen von Progenen, mehr oder weniger vereint mit Neukombinationen von intraspezifischen Genen in günstiger Richtung möglich sind, so können solche Arten früher oder später zum Aussterben verurteilt sein. Beispiele hierfür gibt es genug, z. B. viele Saurier, *Smilodon californicus* Bov., *Elephas columbi* Lalc. usw.

Dann trifft es wiederholt ein, daß es bei weniger hoch differenzierten, mehr ursprünglichen Formen zu einer Neuentstehung von Gattungen oder auch höhere Einheiten trennenden Progenen kommt, worauf ein neuer Zweig der Entwicklung mit oft lebhafter Arten-Neubildung einsetzen kann.

Die Entstehung des Menschen

Es mag von ganz besonderem Interesse sein, das uns nun reichlich zur Verfügung stehende fossile Material der *Hominidae* und *Pongidae* im Lichte der Wirkung von intra- und interspezifischen Genen zu studieren. Kurz wiederholt: Die intraspezifischen Gene sind verantwortlich für die Variation der Merkmale binnen der Art, eine Variation, die, wie gezeigt werden konnte, ganz erheblich sein kann. Man vergleiche die Rassen der rezenten Hunde. Die interspezifischen Gene bedingen stets einen markanten Unterschied zwischen Spezies und höheren Kategorien sowie verändern gleichzeitig die Manifestation mehrerer, oft vieler intraspezifischer Gene. Man vergleiche die Wirkung des die Gattungen *Pisum* und *Lathyrus* trennenden Gens *i-lath*.

Nun zum Menschen. Zu den *Hominidae* werden folgende Gattungen gerechnet: *Homo, Pithecanthropus, Sinanthropus, Atlanthropus, Palaeanthropus, Meganthropus, Africanthropus, Paranthropus* und *Australopithecus*. Zu den fossilen *Pongidae: Dryopithecus, Oreopithecus, Proconsul* u. a. (s. GIESELER 1959, HEBERER 1959, HOWELLS 1959). Eine Gegenüberstellung der für jede dieser Gruppen (Familien) charakteristischen Merkmale gibt folgendes Bild:

Hominidae	Pongidae
Canis des Oberkiefers nicht hervortretend, von etwa gleicher Größe wie die anschließenden Incisiven.	Canis des Oberkiefers stark hervortretend, etwa doppelt so groß wie die anschließenden Incisiven.
Prämolar 1 etwa wie P_2 usw. ausgebildet.	Prämolar 1 von canisähnlicher Form.
Kopf senkrecht auf der Wirbelsäule sitzend, daher aufrechte Haltung. *Foramen occipitale magnum* in der Mitte der Schädelbasis.	Kopf schräg auf der Wirbelsäule sitzend, stark nach unten geneigt. *Foramen occipitale magnum* im hinteren Drittel der Schädelbasis.
Beinknochen senkrecht über den Fußgelenken, zum aufrechten und elastischen Gehen.	Füße handähnlich, in Schrägstellung zu den Beinen, zum Hangeln geeignet.
Daumenstellung zu den übrigen Fingern opponiert.	Daumen in fast paralleler Stellung zu den übrigen Fingern.
Ausgeprägte Lendeneinbiegung der Wirbelsäule, wodurch Rumpf gerade über den Hüftgelenken sitzend.	Keine Lendeneinbiegung der Wirbelsäule.

In bezug auf weitere Einzelheiten, die hier aber von untergeordneter Bedeutung sind, s. die oben zitierten Arbeiten.

Die angeführten sechs Merkmale zeigen sich als Komplexe, von denen der eine für die *Hominidae*, der andere für die *Pongidae* kennzeichnend ist.

Mit Hinblick auf die früher mitgeteilten experimentellen Ergebnisse mit intra- und interspezifischen Genen fasse ich die *Hominidae* mit allen ihren „Gattungen" als einer einzigen Spezies, *Homo sapiens*, angehörig auf. Diese Gattungen repräsentieren also ausschließlich Rassen dieser einen Art. Kann nun das fossile Material diesbezüglich mit Beweisen beitragen?

Die bejahende Antwort auf diese Frage drängt sich mit Hinblick auf die Wirkung i n t e r spezifischer Gene unmittelbar auf. Der Unterschied in den sechs Merkmalen zwischen *Pongidae* und *Hominidae* ist auf die Wirkung eines einzigen interspezifischen Gens zurückzuführen. Jede andere Erklärung erscheint unmöglich, denn wäre dies nicht der Fall, so könnte man doch keine Ursache dafür finden, weshalb nicht verschiedene Kombinationen dieser Merkmale gefunden werden. Aber hierfür ist auch nicht eine Andeutung zu finden. Weshalb sollte man nicht einen *Dryopithecus* mit einem hominiden Gebiß, weshalb nicht einen *Proconsul* mit hominider Fußstellung antreffen können usw.? Bei einer allmählichen Evolution im neodarwinistischen Sinne sollte man 15 verschiedene solcher Kombinationen und noch dazu mit Übergängen finden können.

Die Erklärung dieser Verhältnisse ist bei Kenntnis der Wirkung der interspezifischen Gene einfach und nur zu erwarten. Die innerhalb der *Hominidae* bzw. der *Pongidae* vorhandenen Merkmale sind je durch die Wirkung von i n t r aspezifischen Genen verursacht. Da diese aber in ihrer Gesamtheit, d. h. als Komplex, von der Wirkung eines einzigen i n t e r spezifischen Gens abhängig sind, können solche Kombinationen niemals gefunden werden. Dies besagt auch, daß es keine allmähliche Evolution von den Pongiden zu den Hominiden gegeben hat. Das Auffinden von „fehlenden Gliedern" in der Evolutionsreihe, die durch solche Kombinationen repräsentiert sein würden, erscheint damit ausgeschlossen.

Die E n t s t e h u n g v o n *Homo sapiens* erfolgte via einen durch zeitlich langdauernde Umwelteinflüsse entstandenen Plasmatyp, der sich in zwei neue Plasmatypen mit je einem Allel eines neuen interspezifischen Gens *(i-Homo)* entmischte. Mit Hinblick auf die experimentell festgestellte Erneuerung der Progene bei der Reduktionsteilung wird auch diese Plasmaentmischung im selben Stadium mit gleichzeitiger Produktion der für die neuen interspezifischen Genallele erforderlichen Progene stattgefunden haben. Dieser Prozeß wird, wie es mir scheint, sicherlich in einer größeren Anzahl von Individuen vor sich gegangen sein. Es entstanden zwei neue Arten bzw. Gattungen, von denen die eine dem Menschen entspricht. Die zweite könnte sehr gut ein Pongide vom Gorillatyp gewesen sein. Aber direkte Anhaltspunkte hierfür gibt es nicht. Auch könnte die zweite Art aus inneren Ursachen nicht realisierbar gewesen oder im Kampf ums Dasein schnell verschwunden sein.

Stammbäume und experimentelle Phylogenie

Ein Studium der von Paläontologen entworfenen Stammbäume zeigt in der Regel dieselben Schwierigkeiten. Man konstruiert eine Entwicklungslinie zurück, worauf man plötzlich absolut nicht weiter kann. Es folgt dann z. B. eine durch eine strichlierte Linie angedeutete Unterbrechung, die nicht ausfüllbar erscheint. Schließlich mündet diese Linie an einem Punkt in einer Organismengruppe, betreffs der man mit der Möglichkeit oder Wahrscheinlichkeit rechnet, daß der in Frage stehende Zweig des Stammbaumes dort seinen Ursprung genommen hat.

Ein sehr typisches Beispiel hierfür ist, daß man bis heute noch keinen auch nur einigermaßen sicheren Beleg dafür gefunden hat, in welcher Pflanzengruppe die Angiospermen in der Kreideperiode ihren Ursprung haben. Welches ist nun die Ursache dieser Schwierigkeiten? Die Paläontologen sagen ganz richtig, daß plötzlich tiefgehende Änderungen des Bauplanes von Organismen stattfinden. Das heißt, daß in gewissen Schichten plötzlich Organismen auftreten, mit Hinblick auf deren morphologische Beschaffenheit man keinen Anschluß nach rückwärts finden kann. Aber bei Kenntnis des Effektes der interspezifischen Gene ist dies nur zu erwarten. Namentlich soll diese Erscheinung in früheren Stadien der Phylogenese aufgetreten sein.

Als Beispiel für eine solche Wirkung eines einzigen interspezifischen Gens verweise ich auf die früher besprochene *unifoliata*-Exmutante von *Pisum*. Bei dieser hat ein einziges Gen, *i-uni*, den Bauplan von *Pisum* so stark abgeändert (einfache Blätter, stark verzweigte Infloreszenz usw.), daß ich lange im Zweifel darüber gewesen bin, ob es sich wirklich noch um eine Leguminose handeln könnte. Aber dies ist anscheinend doch der Fall. Der Bauplan der *unifoliata*-Pflanze stellt diese in eine andere Subfamilie, in die *Genistae* in der Nähe der Gattung *Crotalaria*, während *Pisum* zu den *Viciae* gehört. Und dies ist der Effekt eines einzigen interspezifischen Gens. Die *unifoliata*-Pflanze repräsentiert daher eine ausgestorbene Gattung.

In anderen Fällen aber konnten die Exmutanten in interspezifischen Genen betreffs ihrer Verwandtschaft sofort eindeutig gekennzeichnet werden. So z. B. die Exmutante *obovatus* von *Pisum* (s. o.). Diese entspricht einer ausgestorbenen Spezies von *Pisum* mit *obovatus*- statt *ovatus*-Blättchen, ein *P. obovatus*. Entsprechendes konnte in bezug auf die *lathyroides*-Exmutante von *Pisum* ausgesagt werden. Damit ergeben sich direkte Möglichkeiten für die experimentelle Erforschung der Phylogenie. Durch die artifizielle Herstellung solcher Exmutanten kann die Morphologie vieler ausgestorbener Organismen und Gruppen solcher erforscht werden. Eine umfangreichere Kenntnis solcher Exmutanten würde es ermöglichen, in den phylogenetischen Verlauf und die Verwandtschaftsverhältnisse tieferen Einblick zu bekommen. Im Pflanzenreich dürfte die interessanteste Exmutante jene sein, die uns den Anschluß der Angiospermen an die Gymnospermen offenbart. Bei blind endigenden Zweigen, die ausgestorbenen Organismengruppen entsprechen, wird dies natürlich nicht möglich sein.

Ich schließe diese Arbeit mit dem von mir seinerzeit geprägten Motto, das mir für alle Abläufe in der Natur, von den kleinsten physikalischen Einheiten angefangen bis zu den größten sowohl anorganischen wie organischen Organisationen Gültigkeit zu haben scheint:

Contrarium semper rerum naturae causa.

Literatur

1. ALEFELD, FR., 1866: Landwirthschaftliche Flora, Berlin.
2. ASCHERSON, P., und P. GRAEBNER, 1909—1910: Synopsis der Mitteleuropäischen Flora, Bd. VI. Leipzig.
3. AURIVILLIUS, CHR., 1912: Coleopterorum Catalogus. *Cerambycidae* **39**, 1—576. Berlin.
4. BATESON, W., 1922: Evolutionary Faith and Modern Doubts. Science **55**, 55—61.
5. — and C. PELLEW, 1915: On the Genetics of "Rogues" among Culinary Peas (*Pisum sativum*). J. of Genet. **5**, 13—36, pl. VIII—XIII.
6. — —, 1920: The Genetics of "Rogues" among Culinary Peas (*Pisum sativum*). Proc. Roy. Soc. London **91**, 186—195.
7. BAUR, E., 1924: Untersuchungen über das Wesen, die Entstehung und Vererbung von Rassenunterschieden bei *Antirrhinum majus*. Bibl. Genet. IV.
8. —, 1933: Artumgrenzung und Artbildung in der Gattung *Antirrhinum*, Sektion *Antirrhinastrum*. Z. indukt. Abstamm.- u. Vererbl. **63**, 256—302.
9. BEERMAN, W., 1952: Chromomerenkonstanz und spezifische Modifikationen der Chromosomenstruktur in der Entwicklung und Organdifferenzierung von *Chironomus tentans*. Chromosom **5**, 193—198.
10. BERNARDI, B., 1954: Note sur la variation de l'armure genitale ♂ de *Dixeia doxo* GODART, Rev. Franç. d'Entom. **21**, 122—124. 8 figs.
11. BLIXT, ST., 1955: Cytological Investigation of Line no. 21 of *Pisum*. Agri Hort. Genet. **13**, 207—213.
12. —, 1958: Cytology of *Pisum* I. Methodical Investigation. Agri Hort. Genet. **16**, 66—77.
13. —, 1958a: Cytology of *Pisum* II. The Normal Karyotype. Agri Hort. Genet. **16**, 221—235.
14. —, 1959: Cytology of *Pisum* III. Investigation of Five Interchange Lines and Coordination of Linkage Groups with Chromosomes. Agri Hort. Genet. **17**, 47—75.
15. BOISSIER, E., 1856: Diagnoses Plantarum Orientalium Novarum. Vol. 3, 1854—59, No. 2.
16. —, 1872: Flora orientalis sive Enumeratio Plantarum in Oriente etc. II.
17. — et NOË., 1856: In: BOISSIER 1856.
18. BRAUN, AL., 1841: Bemerkungen über die Flora von Abyssinien. Flora, allg. Bot. Ztg. **24**, 257—288, 337—351.
19. BREUNING, ST., 1932/34: Monographie der Gattung *Carabus* L. Bestimm. Tabellen d. europ. Coleopt. 104—110, 1610 p. 41 Taf.
20. BROTHERTON, W., 1919: The Heredity of "Rogue" Types in Garden Peas (*Pisum sativum*). Rep. Michigan Acad. Sci. **21**, 263—279.
21. —, 1923: Further Studies in the Inheritance of "Rogue" Type in Garden Peas (*Pisum sativum* L.). J. agr. Res. **24**, 815—852.

22. CAESALPINUS, A., 1583: De plantis libri XVI. — Firenze, Appendix, Roma 1603.

23. CAROLI, G., and S. BLIXT, 1955: A Cytological Investigation for Verifying the Genanalytical Results Regarding Line no. 680 of *Pisum*. Agri Hort Genet. **13**, 95—102.

24. CIFERRI, R. and F., 1957: The Evolution of Cultivated Cacao. Evolution **11**, 381—397.

25. CLAUSEN, J., D. KECK, and W. HIESEY, 1945: Experimental Studies on the Nature of Species. II. Waschingon, VII + 174 p.

26. — — — and P. GRUN, 1950: Experimental Taxonomy. Carnegie Inst. of Washington, Year Book 49.

27. CLAVAUD, A., 1884: Flore de la Gironde. Actes Soc. Linn. Bordeaux **38**, 461—583.

28. CUVIER, C., 1840: Discours sur les revolutions de la surface du globe et sur les changements qu'elles ont produits dans le règne animal. 8me ed.

29. DAHLSTEDT, F., 1917: En sällsynt bildningsavvikelse hos *Trientalis europaea*. Svensk Bot. Tidskr. **11**, 387—391.

30. DARWIN, CH., 1859: On the Origin of Species by Means of Natural Selection. London: Watts & Co.

31. —, 1868: The Variation of Animals and Plants under Domestication. 2 vols. London: J. Murray.

32. DELWICHE, E. J., and E. RENARD, 1926: Mutations in the Pea. J. of Hered. **17**, 105—106.

33. DOBZHANSKY, TH., 1937: Genetics and the Origin of Species. New York: Columbia Univ. Press. 3d ed. 1951. XII + 364 p.

34. DÖDERLEIN, L., 1902: Über die Beziehungen nah verwandter Formen miteinander. Z. Morph. u. Anthrop. **4**, 394—442.

35. ERIKSSON, G., 1929: Erbkomplexe des Rotklees und der Erbsen. Z. Pflanzenzüchtung **14**, 445—475.

36. FEDOTOV, V. S., 1930: On the Hereditary Factors of Flower Color and of some Other Characters in the Peas. U. S. R. Congr. Genetices, Plant and Animal Breeding **2**, 523—537.

37. —, 1935: The Genetics of Anthocyanin Pigmentation in Peas. Bull. Appl. Bot. Gen. Pl. Breed. 163—274.

38. FERGUSON, M. C., and A. M. OTTLEY, 1932: Studies on *Petunia* III. A Redescription and Additional Discussion of Certain Species of *Petunia*. Amer. J. Botany **19**, 385—405.

39. FISHER, R. A., 1930: The Genetical Theory of Natural Selection. Oxford.

40. FRIES, E. R., 1911: Die Arten der Gattung *Petunia*. Kgl. Sv. Vet.-Akad. Handlingar **46**, No. 5, 72 p., 7 pl.

41. GAJEWSKI, W., 1957: A Cytogenetic Study on the Genus *Geum* L. Monographiae Botanicae IV. 416 p.

42. GEERTS, S. J., 1949: Orienterend onderzoek over de reuzen- en dwergplanten in F_1 en volgende generaties van *Phaseolus vulgaris* L. × *Phaseolus multiflorus* LAM. Groningen: J. B. Wolter. IV + 138 p., 2 pl.

43. GELIN, O. E. V., 1954: X-ray Mutants in Peas and Vetches. Acta Agric. Scand. **4**: 3, 558—568.

44. —, 1956: Conditions Affecting Radiation Induced Cytological Changes in Barley. Agri. Hort. Genet. **14**, 137—147.

45. GENTER, C. F., and H. M. BROWN, 1941: X-ray Studies on the Field Bean. J. of Hered. **32**, 39—44.

46. Gessner, 1753: Dissertatio physica de Ranunculo bellidifloro et plantis degeneribus. Tiguri.

47. Gieseler, W., 1959: Die Fossilgeschichte des Menschen. In: G. Heberer, Die Evolution der Organismen. 2. Aufl. S. 951—1109. Stuttgart: G. Fischer.

48. Glück, H., 1919: Blatt- und blütenmorphologische Studien. Jena. XXIII + 696 S. 7 Taf.

49. Goldschmidt, R., 1940: The Material Basis of Evolution. New Haven. XI + 436 p.

50. —, 1948: Ecotype, Ecospecies, and Macroevolution. Experientia IV/12, 22 p.

51. Gottschalk, W., 1964: Die Wirkung mutierter Gene auf die Morphologie und Funktion pflanzlicher Organe. Botanische Studien, H. 14. Jena: G. Fischer. VIII + 359 S.

52. Govorov, L. J., 1930: The Peas of Abyssinia. Bull. appl. bot. genet. plant breeding **24** (2), 399—441. 3 pl.

53. —, 1937: Peas in: Vavilov, N. J., and Wulff, E. V., Flora of Cultivated Plants 4. Grain *Leguminosae*. Moscow.

54. Guppy, H. B., 1917: Plants, Seeds, and Currents in the West Indies and Azores. London.

55. —, 1922: The Position of the Age and Area Theory. In: Willis, J. C. Age and Area. Cambridge.

56. Haan, H. De, 1931: Contributions to the Genetics of *Pisum*. Gravenhage: N. Nijhoff. VIII + 120 p.

57. Håkansson, A., 1929: Chromosomenringe in *Pisum* und ihre mutmaßliche genetische Bedeutung. Hereditas **12**, 1—10.

58. —, 1931: Über Chromosomenverkettung in *Pisum*. Hereditas **15**, 17—61.

59. —, 1936: Die Reduktionsteilung in einigen Artbastarden von *Pisum*. Hereditas **21**, 215—222.

60. Hammarlund, K., 1923: Über einen Fall von Koppelung und freier Kombination bei Erbsen. Hereditas **2**, 235—238.

61. —, 1927: Weibulls Original Extra Rapid. En ny mycket tidig spritärt. W. Weibulls årsbok f. växtförädling och växtodling. **22**, 27—29.

62. Härstedt, E., 1950: Über die Vererbung der Form von Laub- und Kelchblättern von *Pisum sativum*. Agri Hort. Genet. **8**, 7—32.

63. Heberer, G., 1959: Die Evolution der Organismen. 2 Bde. Stuttgart: G. Fischer. XVI + 1326 S.

64. —, 1960: Was heißt heute Darwinismus. Göttingen: Musterschmidt. 60 S., 1 Frontisp.

65. Hedrick, U. P., 1928: The Vegetables of New York. Peas. VI + 132 p. 24 col. pl.

66. Hegi, G., 1924: Illustrierte Flora von Mitteleuropa. Bd. IV, 3. München.

67. Heinricher, E., 1881: Beiträge zur Pflanzenteratologie. Sitzber. Akad. Wiss. Wien, Abt. I. 84.

68. Hertwig, O., 1922: Das Werden der Organismen. Jena: G. Fischer, XX + 686 S.

69. Hertwig, R., 1914: Abstammungslehre. In: Die Kultur der Gegenwart. III/4, Leipzig, Berlin. 1—91.

70. Hesselman, H., 1911: Über sektorial geteilte Sprosse bei *Fagus silvatica* L. *asplenifolia* Lodd, und ihre Entwicklung. Svensk Botan. Tidskr. **5**, 174—196, 16 figs.

71. Honing, J. A., 1917: A Sterile Dwarf form of Deli Tobacco Originated as a Hybrid. Bull. Deli Proefstation **10**, 24 p.

71 a. HOWELLS, W., 1959: Mankind in the Making. — Deutsche Übers. von G. KURTH. Rüschlikon-Zürich: A. Müller Verlag. 1963. 544 S., 59 Abb., 8 Taf.

72. HUXLEY, J., 1945: Evolution. The Modern Synthesis. 4. ed. London: G. Allen & Unwin Ltd. 645 p.

73. —, HARDY, A. C., and E. B. FORD, 1954: Evolution as a Process. London: G. Allen & Unwin Ltd. VIII + 367 p.

74. HYLANDER, N., 1956/57: Om flikbladiga och småbladiga former av klibbal och gråal. Lustgården 85—120, 5 figs. pl. 17—32.

75. JENSEN, V., H. K. PALUDAN, og C. TH. SØRENSEN, 1948: Buske og Traeer. København.

76. JEPSEN, G. L., E. MAYR, and G. G. SIMPSON, 1949: Genetics, Paleontology, and Evolution. Princeton Univ. Press. N. J. XVI + 474 p.

77. JOHANNSEN, W., 1909: Über Knospenmutation bei *Phaseolus*. Z. indukt. Abstamm.- u. Vererbl. **1**, 1—10.

78. —, 1926: Elemente der exakten Erblichkeitslehre. 3. Aufl. Jena: G. Fischer. XII + 736 S.

79. JULEN, G., 1945: En abnorm form av alsikeklöver (*Trifolium hybridum*). Botan. Notiser, 72—74.

80. JUSSIEU, A. L., 1803: Ann. Musee d'Hist. natur. II, 215 (zit. laut R. E. FRIES, 1911, p. 25).

81. KARPECHENKO, G. D., 1925: On the Chromosomes of *Phaseolinae*. Bull. Appl. Bot. Gen. and Plant Breeding **14**, 142—147.

82. —, 1935: Theorie der entfernten Bastardierung. In: Theoretische Grundlagen der Pflanzenzüchtung. Bd. I. Moscow-Leningrad, 293—354.

83. KLEBS, G., 1905: Über Variationen der Blüten. Jb. wiss. Bot. **42**, 155—320.

84. KORSCHEFSKY, R., 1932: Coleopterorum Catalogus, *Coccinellidae* II, **120**. 225—659, Berlin.

85. KRUMBIEGEL, I., 1960: Die Rudimentation. Stuttgart: G. Fischer. VIII + 144 S., 113 Figs.

86. LAMARCK, J. B. DE, 1809: Philosophie zoologique. Paris.

87. LAMM, R., 1956: Localization of *Gp* and *R* in *Pisum*. Hereditas **42**, 520—521.

88. —, 1957: Three New Genes in *Pisum*. Hereditas **43**, 541—548.

89. LAMPRECHT, H., 1933: Ein *unifoliata*-Typus von *Pisum* mit gleichzeitiger Pistilloidie. Hereditas **18**, 56—64.

90. —, 1933a: Das Gen *Uni* und seine Koppelung mit anderen Genen bei *Pisum*. Hereditas **18**, 269—296.

91. —, 1935: Eine *Pisum*-Form mit *compactum*-Verzweigung und verkürzten Staubfäden. Hereditas **20**, 94—102.

92. —, 1935a: Komplexe und homologe Mutationen, insbesondere bei *Phaseolus vulgaris*, *Ph. multiflorus* und *Pisum sativum*. Hereditas **20**, 273—288.

93. —, 1939: Translokation, Genspaltung und Mutation bei *Pisum*. Hereditas **25**, 431—458.

94. —, 1939a: Über Blüten- und Komplex-Mutationen bei *Pisum*. Z. indukt. Abstamm.- u. Vererbl. **77**, 177—185.

95. —, 1940: Die Artgrenze zwischen *Phaseolus vulgaris* L. und *multiflorus* LAM. Lund Glerup, 125 S.

96. —, 1941, wie 1940: Hereditas **27**, 51—175.

97. —, 1944: Die genisch-plasmatische Grundlage der Artbarriere. Agri Hort. Genet. **2**, 75—142.

98. —, 1944a: Die Beziehungen zwischen *Pisum tibetanicum* und *sativum* im Lichte von Kreuzungsergebnissen. Svensk. Botan. Tidskr. **38**, 365—380.

99. LAMPRECHT, H., 1945: Durch Komplexmutation bedingte Sterilität und ihre Vererbung. Arch. Julius-Klaus-Stiftung f. Vererbf. (Festschrift f. Prof. A. ERNST). Zürich, 126—141.

100. —, 1945a: Intra- and Interspecific Genes. Agri Hort. Genet. **3**, 45—60.

101. —, 1946: Die Koppelungsgruppe *Uni-M-Mp-F-St-B-Gl* von *Pisum*. Agri Hort. Genet. **4**, 15—42.

102. —, 1947: Studien über die Zeitigkeit bei *Pisum* I. Die Begriffe Zeitigkeit und Lebensdauer. Agri Hort. Genet. **4**, 105—118.

103. —, 1947a: The Inheritance of the Number of Flowers per Inflorescence and the Origin of *Pisum* in the Light of Polymeric Genes. Agri Hort. Genet. **5**, 16—25.

104. —, 1947b: The Seven Allels of the Gene *R* of *Phaseolus*. Agri Hort. Genet. **5**, 46—64.

105. —, 1948: Further Studies of the Linkage-Group *Cp-Gp-Fs-Ast* of *Pisum sativum*. Agri Hort. Genet. **6**, 1—9.

106. —, 1948a: The Genic Basis of Evolution. Agri Hort. Genet. **6**, 83—86.

107. —, 1948b: Zur Lösung des Artproblems. Neue und bisher bekannte Ergebnisse der Kreuzung *Phaseolus vulg.* × *cocc.* und reziprok. Agri Hort. Genet. **6**, 87—141.

108. —, 1949: Systematik auf genischer und zytologischer Grundlage. Agri Hort. Genet. **7**, 1—28.

109. —, 1949a: Interchanges in *Pisum* Caused by Gene-Mutations and the Partner of the Interchange of *V-Le*. Agri Hort. Genet. **7**, 85—95.

110. —, 1949b: Über Entstehung und Vererbung von schmalblättrigen Typen bei *Pisum*. Agri Hort. Genet. **7**, 134—153.

111. —, 1950: Koppelungsstudien im Chromosom V von *Pisum*. Agri Hort. Genet. **8**, 163—184.

112. —, 1951: Die Vererbung der Testafarbe bei *Phaseolus vulgaris*. Agri Hort. Genet. **9**, 18—83.

113. —, 1951a: Genanalytische Studien zur Artberechtigung von *Pisum humile* BOISS. et NOË. Agri Hort. Genet. **9**, 107—134.

114. —, 1951b: Über partielle und Semisterilität, insbesondere bei *Pisum sativum*. Z. f. Pflanzenzüchtg. **30**, 422—433.

115. —, 1952: Weitere Koppelungsgruppen von *Phaseolus vulgaris*. Agri Hort. Genet. **10**, 141—151.

116. —, 1952a: Polymere Gene und Chromosomenstruktur bei *Pisum*. Agri Hort. Genet. **10**, 158—168.

117. —, 1953: New and Hitherto Known Polymeric Genes of *Pisum*. Agri Hort. Genet. **11**, 40—54.

118. —, 1953a: *Petunia axillaris* (LAM.) B.S.P. und ihre Synonyme *P. violacea* LINDL. und *P. inflata* R. FRIES, mit Betrachtungen zum konventionellen und naturbedingten Artbegriff. Agri Hort. Genet. **11**, 83—108.

119. —, 1953b: Further Studies of the Interchange Between the Chromosomes III and V of *Pisum*. Agri Hort. Genet. **11**, 141—148.

120. —, 1954: Die Spezies, ein konventioneller oder naturbedingter Begriff. Mitteil. Naturw. Ver. Steiermark **84**, 71—80.

121. —, 1954a: Zur Kenntnis der Chromosomenstruktur von *Pisum*. Eine Übersicht und ein neuer Fall mit chromosomal bedingter Ausspaltung von sterilen Zwergen. Agri Hort. Genet. **12**, 121—149.

122. —, 1955: Über die Wirkung der Gene *Con* und *Co* bei *Pisum* mit einer Übersicht von bisher über die Vererbung der Hülsenform Bekanntem. Agri Hort. Genet. **13**, 19—36.

123. LAMPRECHT, H., 1955a: Ein Interchange zwischen den Chromosomen I und VII von *Pisum*. Agri Hort. Genet. **13**, 173—182.

124. —, 1956: *Pisum sativum* L. oder *P. arvense* L. Eine nomenklatorische Studie auf genetischer Basis. Agri Hort. Genet. **14**, 1—4.

125. —, 1956a: Zur Artberechtigung von *Pisum elatius* STEV. und *Jomardi* SCHRANK. Agri Hort. Genet. **14**, 5—18.

126. —, 1956b: Über die Wirkung und Koppelung des Gens *Tram* von *Pisum*. Agri Hort. Genet. **14**, 45—53.

127. —, 1956c: Röntgenempfindlichkeit und genotypische Konstitution bei *Pisum*. Agri Hort. Genet. **14**, 161—176.

128. —, 1956d: Neues Auftreten der Mutation im interspezifischen Gen *lac* von *Pisum*. Agri Hort. Genet. **14**, 177—184.

129. —, 1956e: Die Koppelung des interspezifischen Gens *lac* von *Pisum*. Zur Kenntnis der Genenkarten der Chromosomen I, IV und V. Agri Hort. Genet. **14**, 185—194.

130. —, 1956f: Die Art-Kreuzung *Chrysanthemum carinatum* SCHOUSB. × *Chr. coronarium* L. Ein experimenteller Beitrag zur Kenntnis des Artbegriffes. Agri Hort. Genet. **14**, 203—254.

131. —, 1957: Durch Röntgenbestrahlung von *Pisum*-Samen erhaltene neue und bekannte Genmutationen. Agri Hort. Genet. **15**, 142—154.

132. —, 1957a: Eine neue Blütenfarbe von *Pisum* mit einer Übersicht über bisher bekannte Blütenfarben und deren genische Bedingtheit. Agri Hort. Genet. **15**, 155—168.

133. —, 1957b: Röntgeninduzierte spezifische Mutationen bei *Pisum* in ihrer Abhängigkeit von der genotypischen Konstitution. Agri Hort. Genet. **15**, 169—193.

134. —, 1957c: Artifizielle Umwandlung einer Spezies in eine andere. Agri Hort. Genet. **15**, 194—206.

135. —, 1958: Zur Genbedingtheit des *obscuratum*-Merkmals von *Pisum*. Agri Hort. Genet. **16**, 49—53.

136. —, 1958a: Über die Chromosomenstruktur von *Pisum* mit einem neuen Fall von doppeltem Interchange. Agri Hort. Genet. **16**, 54—65.

137. —, 1958b: Weitere Studien über die *aphyllus*-Mutante von *Phaseolus vulgaris*. Agri Hort. Genet. **16**, 103—111.

138. —, 1958c: Eine *Pisum*-Mutante mit in diminutive Stammverzweigungen umgewandelte Infloreszenzen und ihre Vererbung. Agri Hort. Genet. **16**, 112—129.

139. —, 1958d: Über grundlegende Gene für die Gestaltung höherer Pflanzen sowie über neue und bekannte Röntgen-Mutanten. Agri Hort. Genet. **16**, 145—195.

140. —, 1959: Der Artbegriff. Seine Entwicklung und experimentelle Klarlegung. Agri Hort. Genet. **17**, 103—264.

141. —, 1960: Weitere Studien zur Genenkarte von Chromosom V von *Pisum*. Agri Hort. Genet. **18**, 23—56.

142. —, 1960a: Zur Wirkung und Koppelung des Gens *Fom* für die Blattform von *Pisum*. Agri Hort. Genet. **18**, 62—73.

143. —, 1960b: Studien zur Manifestation und Koppelung des Sterilität bedingenden Gens *Re* von *Pisum*. Agri Hort. Genet. **18**, 181—204.

144. —, 1961: Ein neues monogen bedingtes Merkmal bei *Pisum*: Purpurviolette Streifung der Hülsen. Agri Hort. Genet. **19**, 241—244.

145. —, 1961a: *Pisum fulvum* SIBTH. & SM. Genanalytische Studien zur Artberechtigung. Agri Hort. Genet. **19**, 269—297.

146. LAMPRECHT, H., 1961 b: Eine neue sterile Mutante von *Pisum, microsurculus*, mit einer Übersicht über bisher bekannte sterile Mutanten der Erbse. Züchter **31**, 155—162.

147. —, 1961 c: Die Genenkarte von *Pisum* bei normaler Struktur der Chromosomen. Agri Hort. Genet. **19**, 360—401.

148. —, 1962: Gleichzeitiges Mutieren in mehreren Genen bei *Pisum* nach Behandlung mit Äthylenimin. Agri Hort. Genet. **20**, 167—179.

149. —, 1962a: Die Entstehung der Arten und höheren systematischen Einheiten, bedingt durch eine Veränderung des Plasmas. Paläontologie und Genetik. Agri Hort. Genet. **20**, 181—213.

150. —, 1963: Zur Kenntnis von *Pisum arvense* L. oect. *abyssinicum* BRAUN. Mit genetischen und zytologischen Ergebnissen. Agri Hort. Genet. **21**, 35—55.

151. —, 1963a: Die Vererbung des *ascendens*-Merkmals von *Pisum*. Genmanifestation und Chromosomenzugehörigkeit. Agri Hort. Genet. **21**, 87—110.

152. —, 1963b: Ein zweites Gen für Anthocyanfärbung des Schiffchens von *Pisum* und seine Koppelung. Agri Hort. Genet. **21**, 166—173.

153. —, 1964: Der Effekt interspezifischer Gene. Neue Ergebnisse mit der Exmutante *microsurculus*. Agri Hort. Genet. **22**, 1—55.

154. —, 1964a: Partielle Sterilität und Chromosomenstruktur bei *Pisum*. Agri Hort. Genet. **22**, 56—148.

155. —, 1964b: Zur Chromosomenstruktur von Hammarlund's K-Linie von *Pisum*. Agri Hort. Genet. **22**, 227—242.

156. —, 1964c: Genanalytische Studien zur Artberechtigung von *Pisum transcaucasicum* (Gov.) STANKOV. Agri Hort. Genet. **22**, 243—255.

157. —, 1964d: Species Concept and the Origin of Species. The Two Categories of Genes, Intra- and Interspecific Ones. Agri Hort. Genet. **22**, 272—280.

158. —, und H. MRKOS, 1950: Die Vererbung des Vorblattes bei *Pisum* sowie die Koppelung des Gens *Br*. Agri Hort. Genet. **8**, 153—162.

159. LANGVAD, BJ., 1952: Systematische Studien in *Petunia hybrida* hort. Agri Hort. Genet. **10**, 19—50.

160. LEHMANN, E., 1928: Reziprok verschiedene Bastarde in ihrer Bedeutung für das Kern-Plasma-Problem. Stuttgart: F. Enke. 29 S.

161. LESLEY, J. W. and M. M., 1929: The "Wiry" Tomato. J. of Hered. **19**, 333—344.

162. LINDLEY, 1833: Botan. Reg. tab. 1626 (zit. laut R. E. FRIES 1911).

163. LINNE, C. v., 1753: Species Plantarum. Holmiae.

164. —, 1754: Genera Plantarum. Holmiae.

165. —, 1758: Systema Naturae, ed. X. Holmiae.

166. —, 1761: Fauna Suecia, ed. II. Stockholmiae.

167. —, 1767: Systema Naturae, ed. XIII. Holmiae.

168. LUTKOV, A. N., 1829/30: Interspecific Hybrids of *Pisum humile* BOISS. × *P. sativum* L. Proc. USSR Congress of Genetics, Plant and Animal Breeding. II. 353—367.

169. —, 1937: Reciprocal Translocations and Gene Mutations in *Pisum*, Induced by X-radiation of Pollen. Bull. appl. Bot. II. 377—416, 12 figs., 9 pl.

170. MALINOWSKI, E., 1914: Mieszance Petunii. (Die Hybriden von *Petunia*). Compt. rend. Soc. Sci. Varsovie **7**, 1—12.

171. —, 1914a: O dziedziczeniu niektorych cech u Petunii. (Über die Vererbung einiger Merkmale von *Petunia*). Compt. rend. Soc. Sci. Varsovie **7**, 533—545.

172. MARCHAND, L., 1864: Sur les fleures monstreuses d'*Epimedium*. Adansonia **5**, Paris.

173. MASTERS, M. T., 1869: Vegetable Teratology. London, Ray Soc. XXXVIII
+ 534 p.

174. MAYR, E., 1947: Systematics and the Origin of Species. New York: Columbia Univ. Press. XIV + 334 p.

175. —, 1950: Isolation, Dispersal and Evolution. Evolution 4, 367.

176. —, 1957: The Species Problem. Washington, X + 395 p.

177. MENDEL, GR., 1866: Versuche über Pflanzenhybriden. Verh. natf. Ver.
Brünn 4, 3—47.

178. MEUNISSIER, A., 1920: Observations faites a Verrieres par PHILIPPE DE
VILMORIN, sur le caractere «hile noir» chez le pois. J. Genet. 10, 53—60.

179. MEYER, A., 1851: Einige Pflanzenmißbildungen. Mélanges biolog. St. Pe-
tersbourg. 1.

180. MICHAELIS, P., 1929: Über den Einfluß von Kern und Plasma auf die
Vererbung. Biol. Zentralbl. 49, 302—316. 7 Abb.

181. —, 1935: Entwicklungsgeschichtlich-genetische Untersuchungen an *Epilobium*. III. Zur Frage der Übertragung von Pollenschlauchplasma in die Eizelle
und ihre Bedeutung für die Plasmavererbung. Planta 23, 486—500.

182. —, 1939: Über den Einfluß des Plasmons auf die Manifestation der Gene.
Z. indukt. Abstamm.- u. Vererbl. 77, 548—567.

183. —, 1949: Prinzipielles und Problematisches zur Plasmavererbung. Biol.
Zentralbl. 68, 173—195.

184. —, 1954: Cytoplasmatic Inheritance in *Epilobium* and its Theoretical Signi-
ficance. Advances in Genetics VI, 287—401.

185. —, 1963: Probleme, Methoden und Ergebnisse der Plasmavererbung. Naturwiss. 50, 581—585.

186. MICHALOWSKI, J., 1964: Isolationsmechanismen und Bastardierungsmög-
lichkeiten bei Amphibien. Biol. Zentralbl. 83, 561—585.

187. MOODY, P. A., 1962: Introduction to Evolution. 2d ed. New York: Harper
& Brothers. XIV + 553 p.

188. MOTTL, M., 1955: Neue Grabungen in der Repolusthöhle bei Peggau in der
Steiermark. Mitt. Mus. f. Bergbau, Geologie etc. Graz, Heft 15, 77—87.

189. —, 1964: Bärenphylogenese in Südost-Österreich. Mitt. Mus. f. Bergbau,
Geologie etc. Graz, Heft 26, 56 S., 6 Taf., 8 Tab.

190. NÄGELI, C., 1894: Mechanisch-physiologische Theorie der Abstammungslehre, München. 833 S., 3 Abb.

191. NILSSON, A., 1947: Tva nyförädlingar i ettåriga blomsterväxter vid Weibullsholm. Agri Hort. Genet. 5, 65—71.

192. —, 1948: *Chrysanthemum carinarium* Margareta och Corona, två nya ettåriga
prästkragar. Weibulls Allehanda nr. 3, Landskrona.

193. —, 1953: Några nyförädlingar från Weibullsholm. Weibulls Allehanda nr. 1,
Landskrona.

194. —, 1954: *Chrysanthemum carinatum* SCHOUSB. und *coronarium* L., ihre
Bastardformen, Geschichte und Variation. Agri Hort. Genet. 12, 65—106.

195. NILSSON, E., 1932: Erblichkeitsversuche mit *Pisum*. III. Ein reproduk-
tionsletaler Biotypus und seine Spaltungsverhältnisse. Heredias 17, 71—78.

196. —, 1933; Erblichkeitsversuche mit *Pisum*. VI—VIII. Hereditas 17, 197—222.

197. NILSSON-LEISSNER, G., 1924: Über eine aberrante Form von Wintererbsen.
Hereditas 5, 87—92.

198. PELLEW, C., 1928: Further Data on the Genetics of "Rogues" among
Culinary Peas (*Pisum sativum*). Verh. V. Intern. Kongr. Vererbsw. Berlin
1927. II. 1157—1181.

199. Pellew, C. and Sansome, E. Richardson, 1931/32: Genetical and Cytological Studies on the Relation Between Asiatic and European Varieties of *Pisum sativum*. I and II. 24—54, 125.

200. Penzig, O., 1921: Pflanzen-Teratologie. 2. Aufl. Berlin. 3 Bde.

201. Plate, L., 1907: Die Variabilität und Artbildung nach dem Prinzip geographischer Rassenketten bei den *Cerion*-Landschnecken der Bahama-Inseln. Arch. Rassenviol. **4**, 433—470, 581—614, 5 Taf.

202. —, 1914: Prinzipien der Systematik mit besonderer Berücksichtigung des Systems der Tiere. In: Die Kultur der Gegenwart, 3. Teil, Abt. IV. Bd. **4**, 92—164.

203. Poiret, J. L., 1804: In: Lamarcks Encyclopédie méthodique V.

204. —, 1916: Ibid. Supplem. IV.

205. Post, G., 1932: Flora of Syria, Palestine and Sinai (2 vols.).

206. Rasmuson, H., 1918: Über die *Petunia*-Kreuzung. Botan. Notiser 287—294.

207. Rasmusson, J., 1938: Notes on Some Mutants in *Pisum*. Hereditas **24**, 231—257.

208. Raven, Ch. E., 1950: John Ray Naturalist, His Life and Works. Cambridge: Univ. Press.

209. Ray, J., 1682: Methodus Plantarum.

210. —, 1686, 1688 and 1704: Historia Plantarum, vols. I—III.

211. Rehder, A., 1911: Pistilloidy of Stammens in *Hypericum nudiflorum*. Bot. Gazette **51**, 230—231.

212. Rendle, A. B., 1909: Abnormal Flowers in *Erica cinerea*. J. of Botan. **47**, 437—439.

213. Rensch, B., 1929: Das Prinzip geographischer Rassenkreise und das Problem der Artbildung. Berlin: Borntraeger. IV + 206 S.

214. —, 1947: Neuere Probleme der Abstammungslehre. Die transspezifische Evolution. Stuttgart: F. Enke. VIII + 407 S.

215. —, 1953: Ditto. 2. Aufl. 436 S.

216. Richardson, E., 1929: A Chromosome Ring in *Pisum*. Nature **124**, 578—579.

217. Richter, R., 1948: Einführung in die Zoologische Nomenklatur. Frankfurt/M.: W. Kramer. 252 p.

218. Ridgway, R., 1912: Color Standards and Color Nomenclature. Washington, D. C. Baltimore; A. Hoen & Co. IV + 44 p., 53 col. pl.

219. Rieser, D., 1924: Sur une mutation de *Phaseolus multiflorus*. Dissertation, Lausanne, 35 p.

220. Rietz, E. Du, 1930: The Fundamental Units of Biological Taxonomy. Svensk Botan. Tidskr. **24**, 333—428.

221. Rosen, G. v., 1944: Artkreuzungen in der Gattung *Pisum*, insbesonders zwischen *P. sativum* L. und *P. abyssinicum* Braun. Hereditas **30**, 261—400.

222. Rudorf, W., 1954: Neue Beobachtungen an Bastarden von *Phaseolus vulgaris* L. × *Phaseolus multiflorus* Lam. und *Ph. multiflorus* × *Ph. vulgaris*. Proc. 91th Internat. Congr. of Genetics II, 844—845.

223. —, 1961: Untersuchungen über die bei der Bastardierung von *Phaseolus vulgaris* L. ♀ × *Phaseolus coccineus* L. ♂ und der reziproken Bastardierung auftretenden besonderen Probleme. II. Untersuchungen über die Genetik der Spaltung der F_1. Z. f. Pflanzenzüchtg. **46**, 307—324.

224. Sansome, E. R., 1938: A Cytological Study of an F_1 between *Pisum sativum* and *P. humile*, and of some Types from the Cross. J. of Genet. **36**, 469—499, pl. XIII.

225. SCHEIBE, A., 1934: Über Vorkommen und Nutzungsweise der Wilderbse (*Pisum elatius* STEV.) und der „Wildbohne" (*Vicia narbonensis* var. *intermedia* STROBL) in Anatolien. Züchter **6**, 234—240, 9 figs.

226. —, 1955: Die Wirkung der natürlichen Auslese bei *Pisum arvense*-Formen mit und ohne Wachsschicht. Züchter **25**, 97—103.

227. SCHIEMANN, E., 1932: Zur Genetik einer fadenblättrigen Tomatenmutante. Z. indukt. Abstamm.- u. Vererbl. **63**, 43—93.

228. SCHINDEWOLF, O. H., 1950: Grundfragen der Paläontologie. Stuttgart: Schweizerbart. 506 S., 32 Taf.

229. SCHRANK, J., 1821: Schreiben des Herrn Direktors SCHRANK an Herrn Dr. HOPPE. Botan. Zeitung Regensburg **4**, 305—320.

230. SCHWANBOM, N., 1947: Two Abnormal Red Clover Types caused by Mutation in Interspecific Genes. Agri Hort. Genet. **5**, 1—9.

231. SEMENOV-TIAN-SHANSKI, A., 1910: Die taxonomischen Grenzen der Art und ihrer Unterabteilungen. Berlin: Friedländer. 24 p.

232. SIBTHORN, J., und E. SMITH, 1813: Florae Graecae Prodromus. Vol. II.

233. SIMPSON, G. G., 1947: Tempo and Mode in Evolution. 2d ed. New York: Columbia Univ. Press. XVIII + 237 p.

234. SIRKS, M. J., 1932: Beiträge zu einer genotypischen Analyse der Ackerbohne, *Vicia Faba*. L. Genetica **13**, 209—631.

235. SJÖGREN, T., 1930/31: Die juvenile amaurotische Idiotie. Hereditas **14**, 197—426.

236. STANKOV, 1949: In: STANKOV and TALIEV, Systematic Classification of Vascular Plants in European Russia.

237. STEBBINS, L., 1950: Variation and Evolution in Plants. London: Oxford Univ. Press. XX + 643 p.

238. STEERE, W., 1932: Chromosome Behavior in Triploid *Petunia*-hybrids. Amer. J. Botan. **19**, 340—356.

239. STEFFEN, K., 1951: Zur Kenntnis des Befruchtungsvorganges bei *Impatiens glanduligera* LINDL. Cytologische Studien am Embryosack der Balsamineen. Planta **39**, 175—244.

240. STEVEN, D., 1808: In: BIEBERSTEIN, L. B. Fr. Flora Taurico-Caucasica II.

241. STUBBE, H., 1941: Die Gene von *Antirrhinum majus* IV. Z. indukt. Abstamm.- u. Vererbl. **79**, 401—443.

242. SUTTON, E., 1937: Cytological Studies on *Pisum*. I. Structural Hybridity in *P. humile*. Ann. Botan. **1**, 785—796. 25 figs.

243. SVERDRUP, A., 1927: Linkage and Independant Inheritance in *Pisum sativum*. J. of Genet. **17**, 221—251.

244. TEDIN, H. and O., 1928: Contributions to the Genetics of *Pisum* V. Seed Coat Color, Linkage and Free Combination. Hereditas **11**, 1—62, 1 col. pl.

245. THENIUS, E., und H. HOFER, 1960: Stammesgeschichte der Säugetiere. Berlin-Göttingen-Heidelberg: Springer. VI + 322 S.

246. TURESSON, G., 1922: The Species and Variety as Ecological Units. Hereditas **3**, 100—113.

247. —, 1922a: The Genotypical Response of the Plant Species to the Habitat. Hereditas **3**, 211—315.

248. VAVILOV, N. I., 1935: The Scientific Bases of Plant Breeding. Moscow.

249. —, 1951: The Origin, Variation, Immunity and Breeding of Cultivated Plants. (Translation). Chronica Botanica **13**, XVIII + 364 p.

250. VELENOVSKY, J., 1910: Vergleichende Morphologie der Pflanzen. III. 4 Tle. Prag.

251. WAGNER, A., 1908: Geschichte des Lamarckismus. Stuttgart: Franckh.

252. WAGNER, W., 1948: Über die Variabilität der Penisform bei der Delto-
cephalide *Psammotettix helvolus* KIRSCHB. (Homopt.). Mitt. Deutsch. Ent.
Ges. **17**, 90—92.

253. WALL, J. R., and T. L. YORK, 1957: Inheritance of Seedling Cotyledon
Position in *Phaseolus* Species. J. of Hered. **48**, 71—74.

254. WEINSTEIN, A. L., 1926: Cytological Studies on *Phaseolus vulgaris*. Amer.
J. of Botany **13**, 248—263.

255. WEISMANN, A., 1913: Vorträge über Deszendenztheorie. Jena: G. Fischer.
2 Bde. XIV + 342 S., 93 Abb., 3 Taf., VII + 356 S.

256. WELLENSIEK, S. J., 1959: Neutronic Mutations in Peas. Euphytica **8**,
209—215.

257. —, 1962: The Linkage Relations of the *cochleata* Mutant in *Pisum*. Genetica **33**, 145—153.

258. WETTSTEIN, R., 1898: Grundzüge der geographisch-morphologischen Me-
thode der Pflanzensystematik. Jena: G. Fischer.

259. —, 1901: Handbuch der Systematischen Botanik. Leipzig und Wien.

260. —, 1903: Der Neulamarckismus und seine Beziehungen zum Darwinismus.
Jena.

261. —, 1924: Handbuch der Systematischen Botanik. Wien: Fr. Deuticke.
VIII + 1018 p.

262. —, 1928: Das Problem der Evolution und die moderne Vererbungslehre.
Z. indukt. Abstamm.- u. Vererbl. Suppl. I, 370—380.

263. WHITAKER, TH. W., 1944: The Inheritance of Certain Characters in a
Cross of Two American Species of *Lactuca*. Bull. Torrey Bot. Club. **71**,
347—355.

264. —, 1951: A Species Cross in *Cucurbita*. J. of Hered. **42**, 65—69.

265. WHITE, O., 1917: Studies in Inheritance in *Pisum*. II. The Present State
of Knowledge of Heredity and Variation in Peas. Proc. Americ. Philosoph.
Soc. **56**, 487—588.

266. WIEBE, G. A., 1934: Complementary Factors in Barley Giving a Lethal
Progeny. J. of Hered. **25**, 273—274.

267. WILLIAMS, W., 1947: Genetics of the Red Clover (*Trifolium pratense* L.)
Compatibility. II. J. of Genetics **48**, 51—68.

268. WILLIS, J. C., 1922: Age and Area. Cambridge: Univ. Press. X + 259 p.

269. —, 1940: The Course of Evolution. Cambridge: Univ. Press. VIII + 207 p.

270. —, 1949: The Birth and Spread of Plants. Boissiera **8**, XIV + 561 p.

271. WINGE, ÖJ., 1926: Artkrydsningsproblemer i Planteriget. Nordisk Jord-
bruksforskn. Kongr. **3**, 592—596.

272. —, 1938: The Genetic Aspect of the Species Problem. Proc. Linn. Soc.
London. 231—238.

273. WINKLER, H., 1916: Über die experimentelle Erzeugung von Pflanzen mit
abweichenden Chromosomenzahlen. Z. Botan. **8**, 417.

274. WINTON, D. DE, 1927: Further Work in *Pisum sativum* and *Primula
sinensis*. Verh. V. Intrn. Kongr. Vererbs.-wiss. Berlin **2**, 1594—1600.

275. WITTE, H., 1923: A Probable Case of "Rogue" in Red Clover. Hereditas 41,
55—58.

276. ZIMMERMANN, W., 1953: Evolution. Die Geschichte ihrer Probleme und
Erkenntnisse. München: K. Alber. X + 623 p.

277. —, 1959: Die Phylogenie der Pflanzen. Ein Überblick über Tatsachen und
Probleme. Stuttgart: G. Fischer. XXIV + 777 p.

Namenverzeichnis

Alefeld, Fr. 211, 215, 281
Ascherson, P. 212, 215
Aurivillius, Chr. 29

Bateson, W. 2, 38, 219, 347, 374, 415, 421
Baur, E. 180, 373, 391, 400
Beerman, W. 289
Bernardi, B. 399
Blakeslee (in Lit.) 293, 328
Blixt, St. 51, 186, 238, 270, 271
Boissier, E. 13, 199, 212, 215, 217, 226, 227, 282
Braun, Al. 13, 98, 185, 215
Breuning, St. 9, 10, 11, 15
Brotherton, W. 219, 220, 223

Caesalpinus, A. 27, 28
Caroli, G. 273
Ciferri, R. und F. 22
Clausen, J. 12, 33
Clavaud, A. 217
Cuvier, C. 30, 409

Dahlstedt, F. 373
Darwin, Ch. 27, 30, 31, 32, 34, 39, 40, 410—411, 420
Delwiche, E. 333, 335
Dobszhansky, Th. 32, 38, 39, 246, 412—413
Döderlein, L. 34

Eriksson, G. 322

Fedotov, V. S. 201, 202, 232, 245, 259
Ferguson, M. C. 160
Fisher, R. A. 413

Fries, E. R. 158—160, 170, 174, 177, 178

Gajewski, W. 182
Geerts, S. J. 109, 110
Gelin, O. E. V. 267, 343, 395
Genter, C. F. 292, 293
Gessner 370
Gieseler, W. 433
Glück, H. 329
Goldschmidt, R. 38, 39, 246, 415, 419—421
Gottschalk, W. 351, 394
Govorov, L. J. 185, 217—219, 259
Guppy, H. B. 419

Haan, H. De 212, 232, 277
Håkansson, A. 201, 268
Hammarlund, K. 268, 278
Härstedt, E. 20, 220, 224, 332
Heberer, G. 39, 418, 433
Hedrick, U. P. 215
Hegi, G. 212, 213, 215
Heinricher, E. 370
Hertwig, O. 23, 412
Hertwig, R. 1
Hesselman, H. 319, 320, 395
Honing, J. A. 349—350
Hooker und Thomson 369
Howells, W. 433
Huxley, J. 414—415, 416
Hylander, N. 320

Jensen, V. 318
Jepsen, G. L. 22
Johannsen, W. 9, 346
Julén, G. 348
Jussieu, A. L. 159

Karpechenko, G. D. 92, 201
Klebs, G. 34
Korschefsky, R. 29
Krumbiegel, I. 429

Lamarck, J. B. 27, 30, 40, 159, 177, 178, 409, 429
Lamm, R. 224, 270
Langvad, Bj. 161
Lehmann, E. 41
Lesley, J. W. 349
Lindley 159, 177, 178
Linne, C. v. 28, 29, 182, 409
Lutkov, A. N. 200—202

Malinowski, E. 161
Marchand, K. 378
Masters, M. T. 350, 354, 370, 372, 373, 394
Mayr, E. 32, 36—39, 86, 178, 246, 401, 402, 421
Meunissier, A. 212
Meyer, A. 372
Michaelis, P. 7, 41, 127, 158
Michalowski, J. 418
Moody, P. A. 246, 418
Mottl, M. 428, 431

Nägeli, C. 412
Nilsson, A. 42, 49, 55, 59, 183, 184, 391
Nilsson, E. 278, 354, 355, 357
Nilsson-Leissner, G. 296, 310

Pellew, C. 207, 219, 268, 347
Penzig, O. 350, 354, 371, 372, 373

Gattungs- und Artenverzeichnis

Wo es sich um Artkreuzungen handelt, werden nach dem Gattungsnamen die in Frage stehenden Artnamen nacheinander angeführt. In vielen Fällen, wo nur die Gattung als solche besprochen wird, scheint dieser Name allein auf.

Druck R. Spies & Co. Wien